高等学校辅导教材

工程力学学习辅导

——导学·导考

主编　顾致平　刘金涛

编者　刘金涛　刘新龙　李三庆

胡桂梅　张文荣

西北工业大学出版社

【内容简介】 本书是配合“十一五”规划教材《工程力学》(顾致平主编)而编写的课程学习辅导和应试用书。全书分为三部分,各十五章。第一部分为理论与习题,逐章列出其基本理论与方法、基本要求与重点、基本概念练习题和基本计算练习题;第二部分逐章给出练习题解答及专家帮助;第三部分逐章列出各章基本概念。

本书可供学习“工程力学”课程的本科学生、考研者和教师使用,也可供有关工程技术人员参考。

图书在版编目(CIP)数据

工程力学学习辅导:导学·导考/顾致平,刘金涛主编.—西安:西北工业大学出版社,2010.4
ISBN 978-7-5612-2765-7

Ⅰ.①工… Ⅱ.①顾…②刘… Ⅲ.①工程力学—高等学校—教学参考资料 Ⅳ.①TB12

中国版本图书馆 CIP 数据核字(2010)第 055945 号

出版发行:西北工业大学出版社
通信地址:西安市友谊西路 127 号 **邮编**:710072
电　　话:(029)88493844 88491757
网　　址:www.nwpup.com
印 刷 者:陕西向阳印务有限公司
开　　本:787 mm×1 092 mm 1/16
印　　张:24.75
字　　数:605 千字
版　　次:2010 年 4 月第 1 版 2010 年 4 月第 1 次印刷
定　　价:33.00 元

前　言

本书是“工程力学”课程的课外自学辅导教材。它是按现行工程力学学科架构编排章节，尤其适合与《工程力学》(顾致平主编，西北工业大学出版社出版)“十一五”规划教材配套使用。

根据高等工业学校“工程力学”课程基本要求，在近年来笔者主编的本课程教材和参考书的基础上提炼并编写了本书。本书的编写欲体现一个思想，即为了学好“工程力学”，一是要理解“工程力学”的基本概念，掌握基本理论和基本方法；二是要重视实践，掌握“工程力学”的解题思路及其工程应用。通过分析、演算一定数量的习题，加深对基本概念的理解和对基本理论、基本方法的应用，从而培养分析解决工程实际问题的能力。

本书分为三部分，各十五章。第一部分内容为理论与习题，逐章列出其基本理论与方法、基本要求与重点、基本概念练习题和基本计算练习题；第二部分内容为练习题解答及专家帮助；第三部分内容为各章基本概念。全书试题分为五大类：是非题、单项选择题、多项选择题、选择填空题和计算题。本书还另列有工程力学相关基本概念。

本书由顾致平、刘金涛任主编，参加编写的有刘金涛(各部分的第六、七、九章)、刘新龙(各部分的第十一～十五章)、李三庆(各部分的第一～四章)、胡桂梅(各部分的第五、八章)、张文荣(各部分的第十章)。全书由顾致平统稿。

限于笔者水平，书中难免有不妥之处，敬请广大读者指正。

编　者

2009 年 8 月

目　录

第一部分　理论与习题

第二部分　练习题解答及专家帮助

第三部分　基本概念

第一部分　理论与习题

第一章　静力分析基础

1.1　基本理论与方法

1. 基本概念

(1)刚体。刚体是在力的作用下，其体内任意两点之间的距离始终保持不变的物体，也就是不发生变形的物体。刚体是理论力学中的理想模型。静力学的研究对象为刚体，故静力学又称为刚体静力学。

(2)力。力是物体间相互的机械作用，这种作用使物体的运动状态或形状发生改变。相应地，力对物体的效应为运动效应(外效应)和变形效应(内效应)。

(3)平衡。平衡是指物体相对于惯性参照系静止或作匀速直线运动，它是物体机械运动的一种特殊形式。静力学就是研究物体(或物体系统)的平衡规律。

2. 静力学公理及推论

(1)静力学公理。

1)二力平衡公理。作用在刚体上的两个力使刚体处于平衡的充分必要条件是这两个力等值、反向、共线。

2)加减平衡力系公理。在任意力系中加上或减去一个平衡力系，并不改变原力系对刚体的效应。

3)平行四边形法则。使作用在物体上同一点的两个力可以合成为一个合力，此合力也作用于该点，合力的大小和方向是以这两个力为邻边所构成的平行四边形的对角线来表示的。

4)作用与反作用力定律。两物体间的相互作用力，即作用力及反作用力，总是大小相等、指向相反的，并沿同一直线分别作用在这两个物体上。

5)刚化公理。若变形体在某一力系作用下处于平衡，则将此变形体刚化为刚体，其平衡状态保持不变。

(2)推论。

1)力的可传性。作用在刚体上的力可沿其作用线移动而不改变其对刚体的效应。

2)三力平衡汇交定理。若刚体在三个力的作用下平衡，若其中两个力的作用线相交于一点，则此三力必处于同一平面内，且第三个力的作用线必通过汇交点。

3. 物体的受力分析

(1)约束。约束是指限制物体运动的条件。

(2)约束力。约束对被约束物体的作用力，也称约束反力，其方向与约束所能阻碍物体的运动方向相反。

(3)物体的受力图。物体的受力图表示研究对象所受全部力(包括主动力和约束反力)的简图。

4.画受力图的步骤及注意事项

(1)步骤。

1)根据所研究的问题确定研究对象,取分离体。

2)在分离体上画主动力。

3)根据约束类型在去掉约束的地方画约束反力。

(2)注意事项。

1)要将研究对象周围的约束一一解除,并相应地画出约束力。

2)要分清内力和外力,只画外力,不画内力。

3)要用静力学公理来判断所画受力图是否正确。

4)整体与部分受力图中,同一约束反力的方向及表示的符号必须一致。

1.2 基本要求与重点

(1)静力学公理是静力学的理论基础,要注意每个公理的适用对象及范围。二力平衡公理、加减平衡力系公理仅适用于刚体;平行四边形法则及作用与反作用力定律则是普遍适用的法则。

(2)不同的约束类型,其约束反力是不同的,正确地画出不同约束的约束反力,是求解静力学问题的基础。

1.3 基本概念练习题

1.是非判断题

第1-1题:二力杆是指在一构件上只受两个力作用下的构件,对吗?

第1-2题:力的可传性只适用于刚体模型,对吗?

第1-3题:刚体的平衡条件对变形体平衡是必要的而不是充分的,对吗?

第1-4题:对刚体而言,力是滑动矢量,对吗?

第1-5题:三力平衡汇交定理是三力平衡的充要条件,对吗?

第1-6题:对物体运动施加限制的其他物体,构成该物体的约束,对吗?

第1-7题:除约束力以外的其他作用于物体的力称为主动力,对吗?

第1-8题:约束力特征决定于被约束体与约束体接触面的物理性质和连接方式,对吗?

第1-9题:如题1-9图所示两个力三角形的含义一样,对吗?

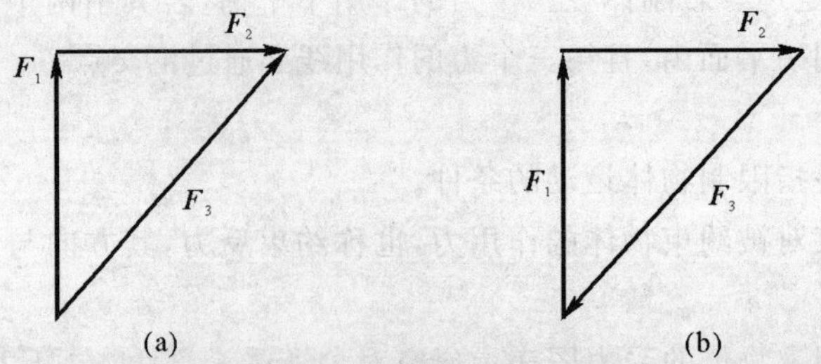

题1-9图

第 1-10 题：合力一定比分力大，对吗？

第 1-11 题：如题 1-11 图所示，将作用于 AC 杆的力 $\boldsymbol{P}$ 沿其作用线移至 BC 杆上而成为 $\boldsymbol{P}'$，结构的效应不变，对吗？

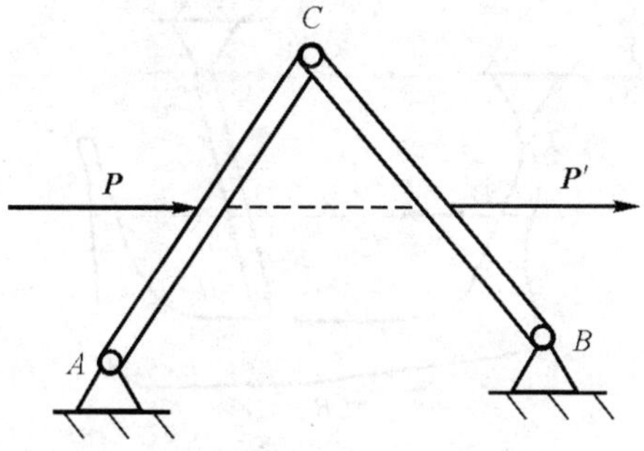

题 1-11 图

第 1-12 题：如题 1-12 图所示的物体所受各力作用线在同一平面内，且各作用线彼此汇交于同一点，则该力系是一平衡力系，对吗？

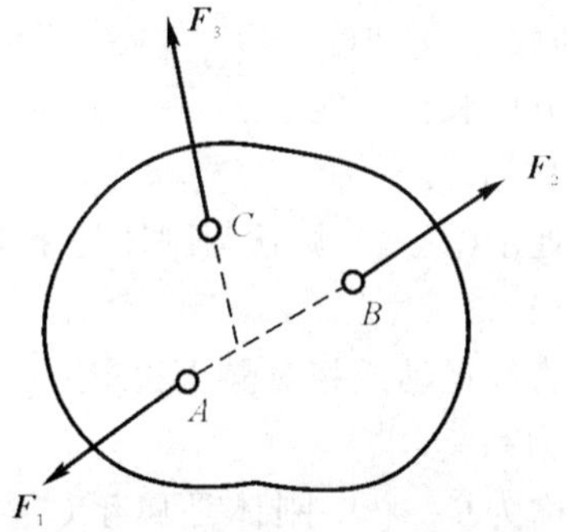

题 1-12 图

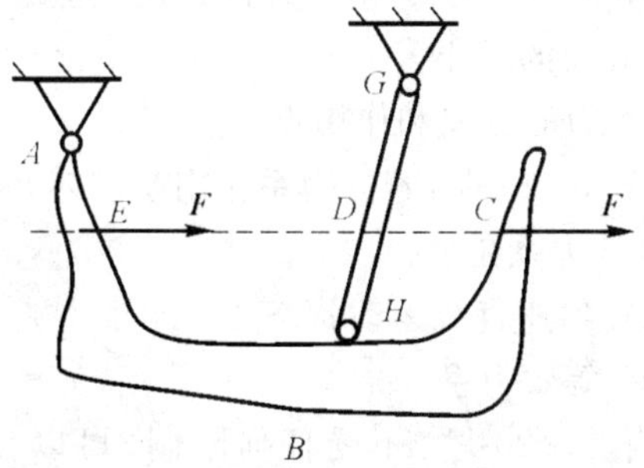

题 1-13 图

第 1-13 题：如题 1-13 图所示刚性构件 ABC 由销钉 A 和拉杆 GH 支撑，在构件的点 C 作用有一水平力 $\boldsymbol{F}$，将力 $\boldsymbol{F}$ 沿其作用线移至 E 点，不会改变销钉 A 的受力状况，对吗？

第 1-14 题：如题 1-14 图所示刚性构件 ABC 由销钉 A 和拉杆 GH 支撑，在构件的点 C 作用有一水平力 $\boldsymbol{F}$，将力 $\boldsymbol{F}$ 沿其作用线移至 D 点，不会改变销钉 A 的受力状况，对吗？

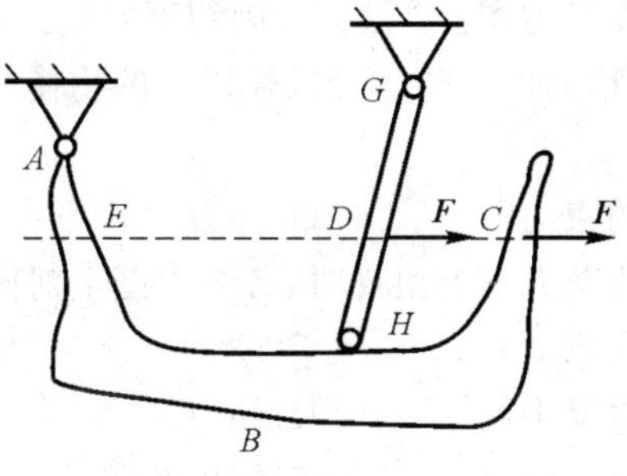

题 1-14 图

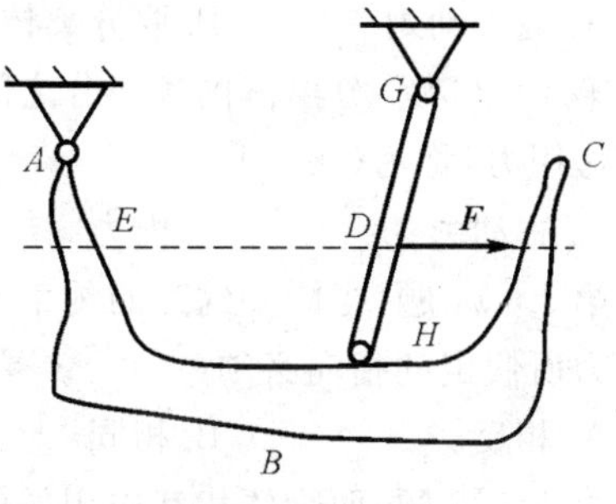

题 1-15 图

第 1-15 题：如题 1-15 图所示，刚性构件 ABC 由销钉 A 和拉杆 GH 支撑，力 $\boldsymbol{F}$ 作用于 GH

杆上的 D 点，则刚性构件 ABC 为二力杆，销钉 A 的受力方向沿 AH 连线，对吗？

第 1－16 题：如题 1－16 图所示，刚性构件 ABC 由销钉 A 和拉杆 GH 支撑，力 $\boldsymbol{F}$ 作用于刚性构件 ABC 上的 E 点，则 GH 为二力杆，销钉 A 的受力方向沿 AD 连线，对吗？

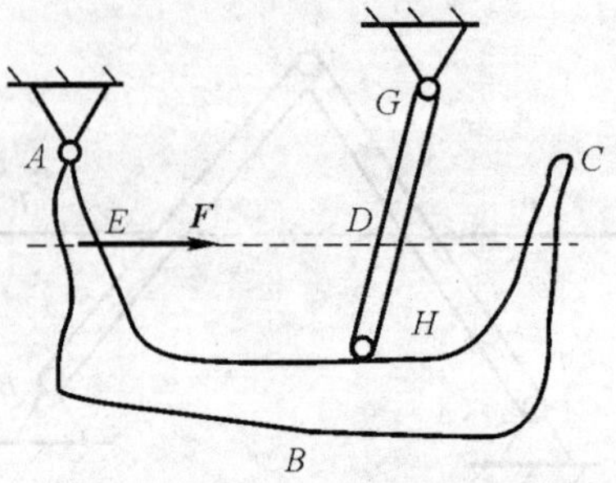

题 1－16 图

2. 选择填空题

第 1－17 题：力是物体间相互的（　　），这种作用使物体的（　　）发生变化。

A. 机械作用　　B. 机械运动状态　　C. 变形　　D. 位置

第 1－18 题：力对物体的作用效应取决于三个要素，即（　　）和（　　）。

A. 力的大小　　B. 力的方向和作用线

C. 力的方向和作用点　　D. 力的作用线

第 1－19 题：若一力系作用于刚体并使其相对于地球处于（　　），则认为刚体处于平衡状态，且该力系是（　　）。

A. 匀速直线运动状态　　B. 匀速直线运动或相对静止状态

C. 等效力系　　D. 平衡力系

第 1－20 题：不受任何限制，可以自由运动的物体称为（　　）. 刚体是属于（　　）质点系。

A. 自由体　　B. 非自由体

C. 连续分布的　　D. 任意两质点间的距离保持不变的

第 1－21 题：（　　）约束力的方向总是（　　）。

A. 柔体　　B. 光滑支撑面　　C. 背离被约束体　　D. 指向约束体

第 1－22 题：物体的受力分析包含两步：（　　），（　　）。

A. 画主动力　　B. 取分离体　　C. 作受力图　　D. 画约束力

第 1－23 题：分离体内各部分之间相互作用的力，称为（　　）。分离体以外的物体对分离体的作用力，称为（　　）。

A. 主动力　　B. 内力　　C. 约束力　　D. 外力

第 1－24 题：当同一约束的约束反力在几个不同的受力图上出现时，各受力图上对同一约束反力所假定的指向必须（　　）。受力图上只能出现（　　）。

A. 相反　　B. 相同　　C. 主动力　　D. 外力

第 1－25 题：两物体相互作用的作用力与反作用力，总是（　　）分别作用在（　　）。

A. 大小相等、方向相反　　B. 方向相反，作用线共线

C. 同一物体上　　D. 不同物体及物体系统

3. 单项选择题

第 1－26 题：$\boldsymbol{F}_1$，$\boldsymbol{F}_2$ 两力对某一刚体作用效应相同的充要条件是(　　)。

A. $\boldsymbol{F}_1$，$\boldsymbol{F}_2$ 两力大小相等

B. $\boldsymbol{F}_1$，$\boldsymbol{F}_2$ 两力大小相等，方向相同，作用在同一条直线上

C. $\boldsymbol{F}_1$，$\boldsymbol{F}_2$ 两力大小相等，方向相同，且必须作用于同一点上

D. 力矢 $\boldsymbol{F}_1$ 与力矢 $\boldsymbol{F}_2$ 相等

第 1－27 题：二力平衡条件适用的范围是(　　)。

A. 变形体　　B. 刚体系统

C. 刚体　　D. 任何物体或物体系

第 1－28 题：加、减平衡力系公理适用的范围是(　　)。

A. 刚体　　B. 变形体

C. 刚体系统　　D. 任何物体

第 1－29 题：作用与反作用力定律的适用范围是(　　)。

A. 只适用于刚体　　B. 只适用于变形体

C. 只适用于物体处于平衡态　　D. 对任何物体均适用

第 1－30 题：如题 1－30 图所示，在力平行四边形中，表示力 $\boldsymbol{F}_1$ 和力 $\boldsymbol{F}_2$ 的合力 $\boldsymbol{R}$ 的图形是(　　)。

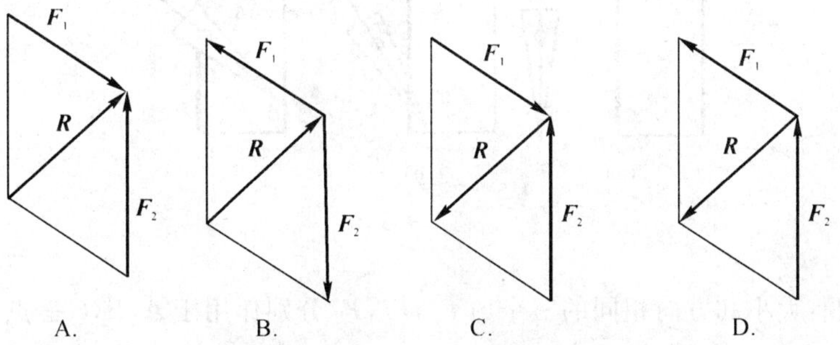

题 1－30 图

第 1－31 题：如题 1－31 图所示的力三角形中，表示力 $\boldsymbol{F}_1$ 和力 $\boldsymbol{F}_2$ 的合力 $\boldsymbol{R}$ 的图形是(　　)。

A. 图(a)　　B. 图(b)　　C. 图(c)　　D. 图(d)

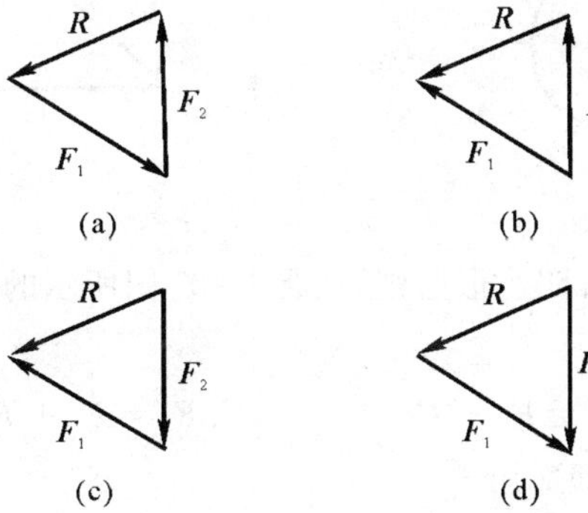

题 1－31 图

第 1－32 题：柔性体约束的约束反力，其作用线沿柔性体的中心线（　　）。

A. 其指向在标示时可先任意假设

B. 其指向在标示时有的情况可任意假设

C. 其指向必定是背离被约束物体

D. 其指向也可能是指向被约束物体

第 1－33 题：$\boldsymbol{R}$ 是两力的合力，用矢量方程表示为 $\boldsymbol{R}=\boldsymbol{F}_1+\boldsymbol{F}_2$，则其大小之间的关系为（　　）。

A. 必有 $R=F_1+F_2$　　B. 不可能有 $R=F_1+F_2$

C. 必有 $R>F_1, R>F_2$　　D. 可能有 $R<F_1, R<F_2$

第 1－34 题：一物体能否看做刚体，取决于（　　）。

A. 变形是否微小　　B. 变形不起决定因素

C. 物体是否坚硬　　D. 是否研究物体的变形

第 1－35 题：将雨伞挂在桌边，如题 1－35 图所示，能保持平衡的位置是（　　）。

A. AC 向右偏斜　　B. AC 垂直于水平面

C. AC 向左偏斜　　D. 无论如何也不能平衡

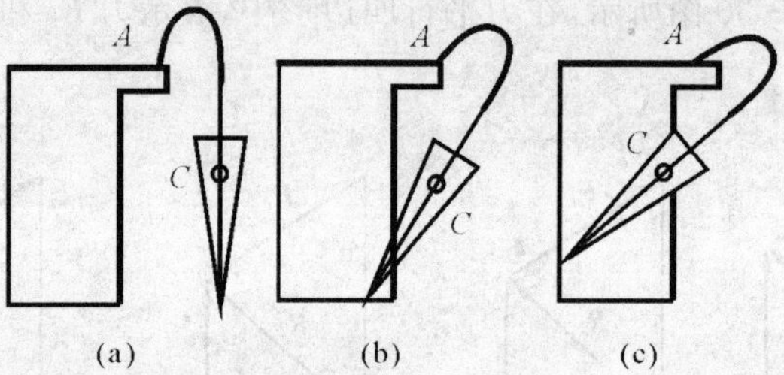

题 1－35 图

第 1－36 题：大小和方向相同的三个力 $\boldsymbol{F}_1, \boldsymbol{F}_2, \boldsymbol{F}_3$ 分别作用于 A, B, C 三点，C 点在 $\boldsymbol{F}_2$ 作用线上，如题 1－36 图所示，其中两个等效的力是（　　）。

A. $\boldsymbol{F}_1, \boldsymbol{F}_2$　　B. $\boldsymbol{F}_2, \boldsymbol{F}_3$　　C. $\boldsymbol{F}_1, \boldsymbol{F}_3$

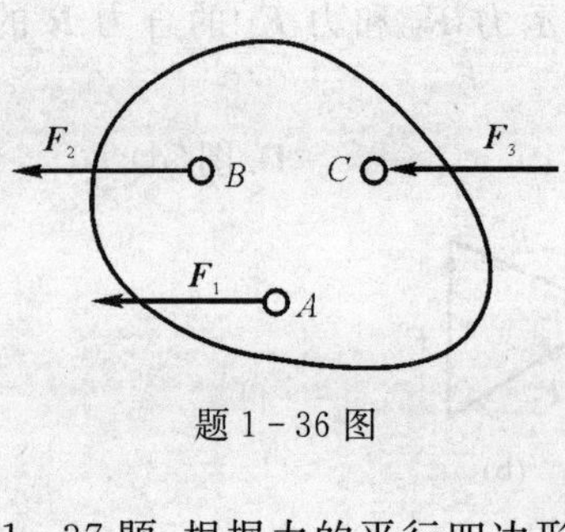

题 1－36 图

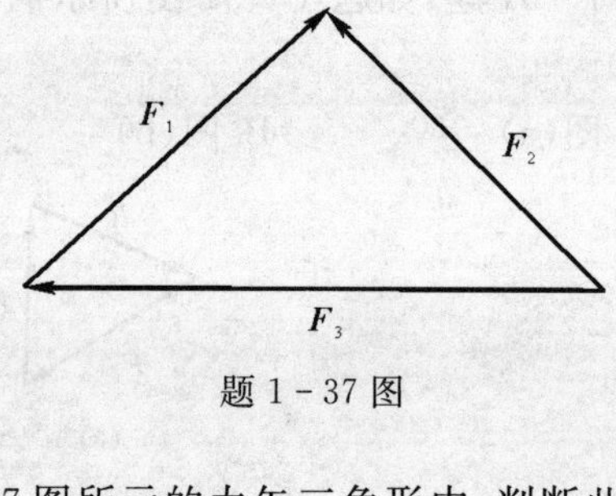

题 1－37 图

第 1－37 题：根据力的平行四边形法则，从题 1－37 图所示的力矢三角形中，判断此三力关系的表达式是（　　）。

A. $\boldsymbol{F}_1=\boldsymbol{F}_2+\boldsymbol{F}_3$　　B. $\boldsymbol{F}_2=\boldsymbol{F}_1+\boldsymbol{F}_3$　　C. $\boldsymbol{F}_3=\boldsymbol{F}_1+\boldsymbol{F}_2$　　D. $\boldsymbol{F}_3=\boldsymbol{F}_1-\boldsymbol{F}_2$

第 1－38 题：二力平衡定理适用于（　　）。

A. 刚体　　B. 变形体　　C. 刚体及变形体　　D. 刚体系统

第 1－39 题：加减平衡力系公理适用于(　　)。

A. 刚体　　B. 变形体　　C. 刚体及变形体　　D. 刚体系统

第 1－40 题：力的平行四边形法则适用于(　　)。

A. 刚体　　B. 变形体　　C. 刚体及变形体　　D. 刚体系统

第 1－41 题：作用与反作用力定理适用于(　　)。

A. 刚体　　B. 变形体　　C. 刚体及变形体　　D. 刚体系统

4. 多项选择题

第 1－42 题：柔索类约束的约束反力，其作用线沿柔索(　　)。

A. 在作图时其指向可以任意假设　　B. 在作图时其指向不能任意假设

C. 其指向可能指向被约束物体　　D. 其指向必定背离被约束物体

第 1－43 题：光滑圆柱铰链约束的约束反力，一般可以用两个相互垂直的分力表示(　　)。

A. 该两分力一定要分别沿水平和铅垂方向

B. 该两分力不一定沿水平和铅垂方向

C. 该两分力的指向可先任意假设

D. 该两分力的指向不能任意假设

第 1－44 题：如题 1－44 图所示均质杆 AB 重 W，A 为固定铰支座，BC 为绳索。AB 杆的受力图为(　　)。

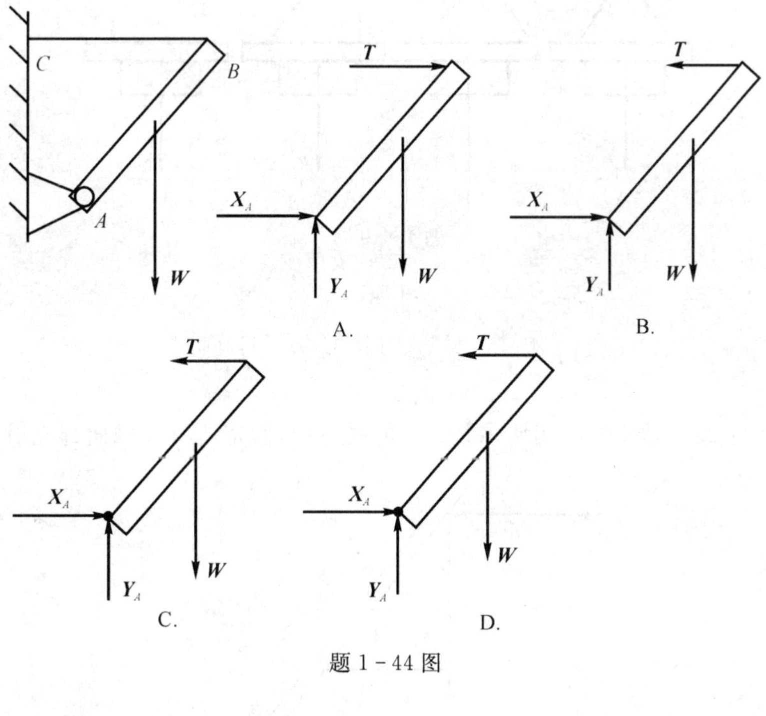

题 1－44 图

第 1－45 题：辊轴支座的约束反力(　　)。

A. 可以用任意两个相互垂直的分力表示

B. 必须用一个垂直于支撑面且过铰心的力表示

C. 必须指向被约束物体

D. 指向不能确定

第 1-46 题：二力构件或二力杆两端圆柱形铰链的约束反力(　　)。

A. 一定要用一个沿其两端铰链中心连线方向的力表示

B. 可以用任意两个相互垂直的分力表示

C. 指向在标示时不能任意假设

D. 指向在标示时可任意假设

第 1-47 题：将一力 $\boldsymbol{R}$ 分解为 $\boldsymbol{F}_1$，$\boldsymbol{F}_2$ 两个分力，要得到唯一解，其可能的条件有(　　)。

A. 已知 $\boldsymbol{F}_1$ 和 $\boldsymbol{F}_2$ 大小　　B. 已知 $\boldsymbol{F}_1$ 和 $\boldsymbol{F}_2$ 的方向

C. 已知 $\boldsymbol{F}_1$ 和 $\boldsymbol{F}_2$ 的大小和方向　　D. 已知 $\boldsymbol{F}_1$ 的大小或 $\boldsymbol{F}_2$ 的方向

第 1-48 题：一刚体受两个作用在同一直线上、指向相反的力 $\boldsymbol{F}_1$，$\boldsymbol{F}_2$ 作用，它们大小之间的关系是 $F_1 = 2F_2$，则两力的合力 $\boldsymbol{R}$ 可表示为(　　)。

A. $\boldsymbol{R} = \boldsymbol{F}_2 + \boldsymbol{F}_1$　　B. $\boldsymbol{R} = \boldsymbol{F}_1 + \boldsymbol{F}_2$

C. $\boldsymbol{R} = \boldsymbol{F}_2 - \boldsymbol{F}_1$　　D. $\boldsymbol{R} = -\boldsymbol{F}_2$

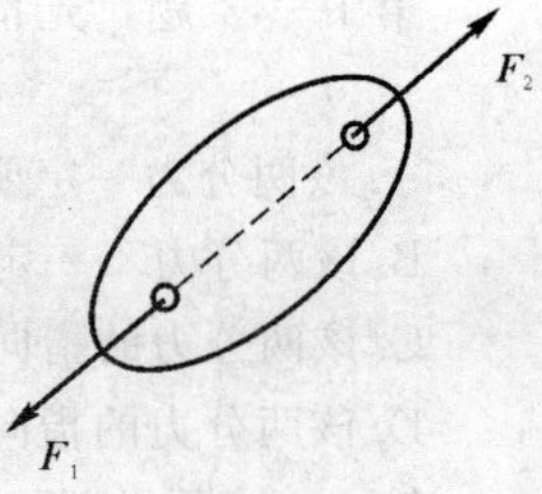

题 1-48 图

第 1-49 题：如题 1-49 图所示，日光灯受不为 0 的三个力作用，三力不能构成平衡力系的是(　　)。

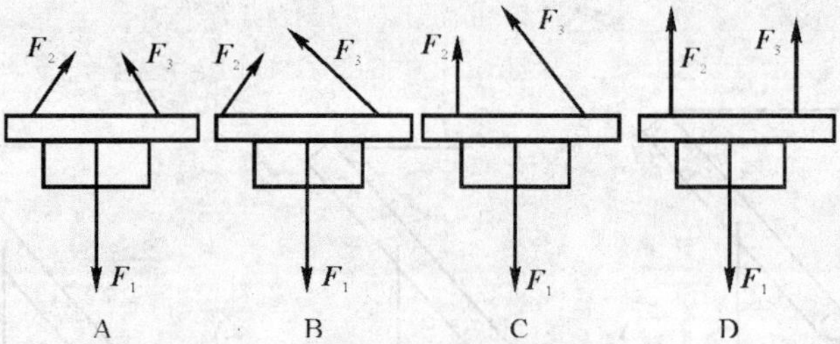

题 1-49 图

1.4　基本计算练习题

第 1-50 题：画出题 1-50 图所示杆 AB 的受力图，假定所有接触面都光滑。

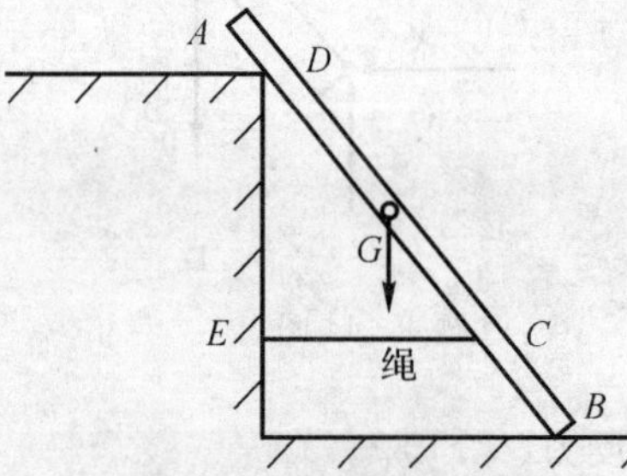

题 1-50 图

第 1－51 题：画出题 1－51 图所示构件 ABC 的受力图，假定所有接触处均光滑。

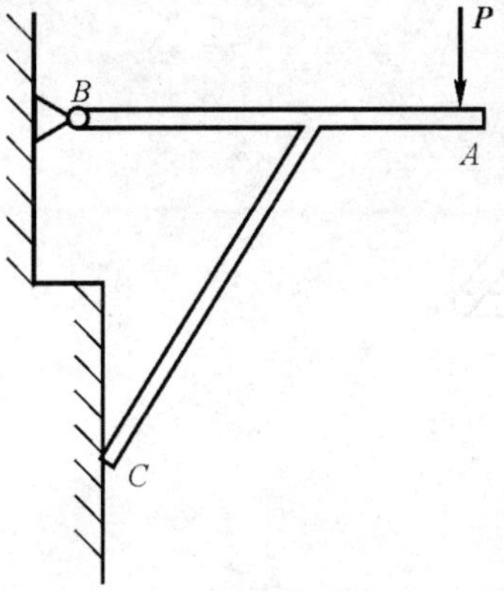

题 1－51 图

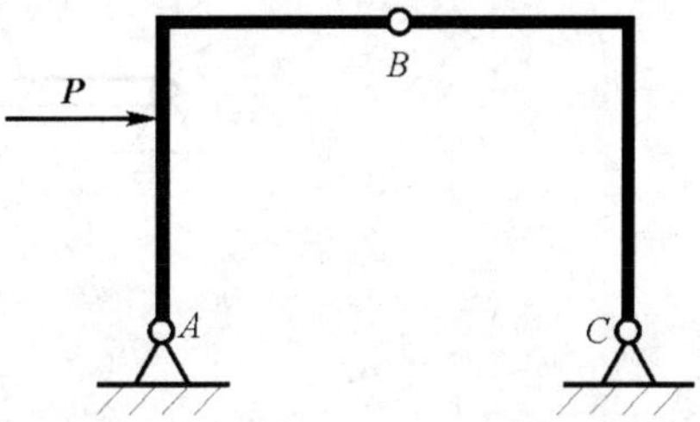

题 1－52 图

第 1－52 题：画出题 1－52 图所示构件 AB 的受力图，A，B，C 处均为光滑铰链。

第 1－53 题：画出题 1－53 图所示杆 AO、杆 CBD 的受力图，假定所有接触处均光滑。

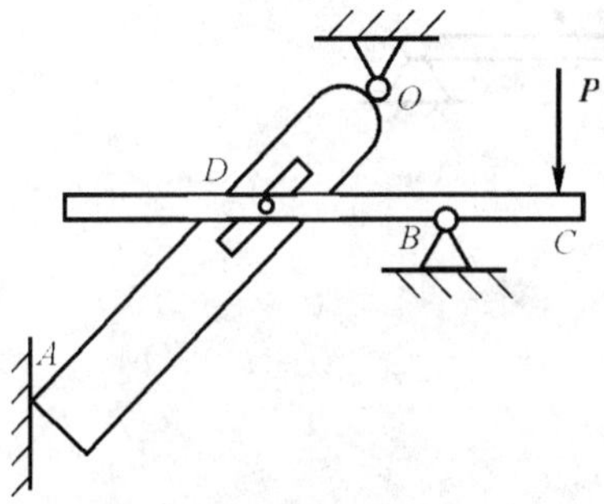

题 1－53 图

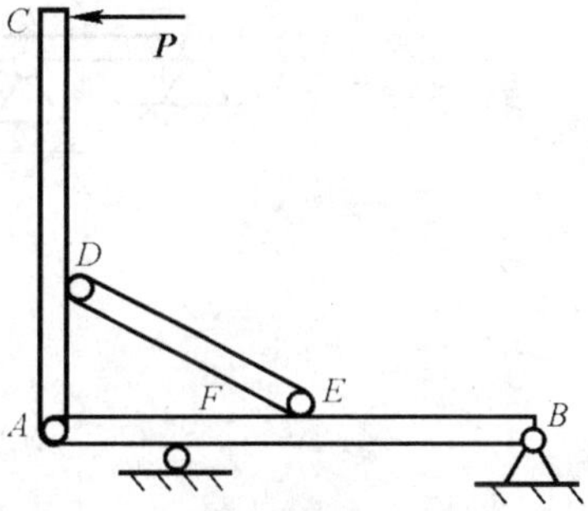

题 1－54 图

第 1－54 题：画出题 1－54 图所示杆 AB、杆 AC、杆 DE 及整个系统的受力图，假定所有接触处均光滑。

第 1－55 题：画出题 1－55 图所示杆 AB、杆 AC、杆 DE、杆 FG 及整个系统的受力图，假定所有接触处均光滑。

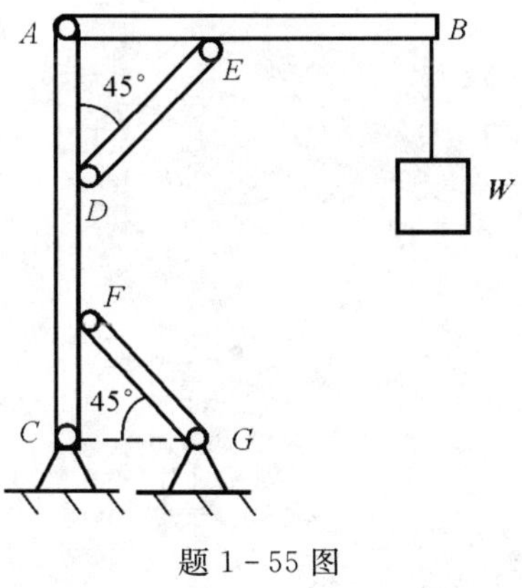

题 1－55 图

第 1－56 题：画出题 1－56 图所示 AB 杆的受力图，滑轮及各杆重力不计，所有接触处均光滑。

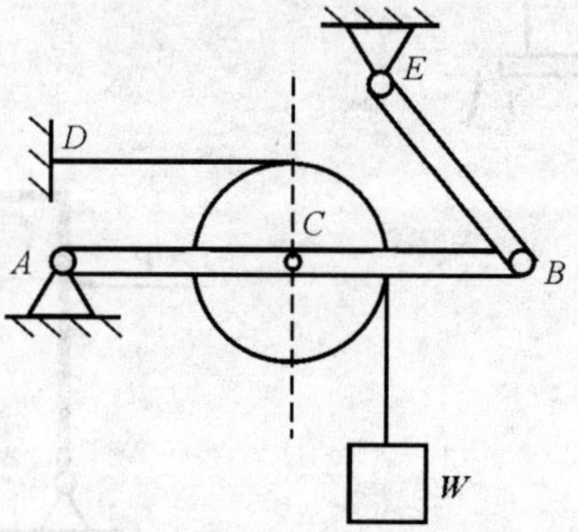

题 1－56 图

第 1－57 题：画出题 1－57 图所示两梁 AC，CD 的受力图，假定所有接触处均光滑。

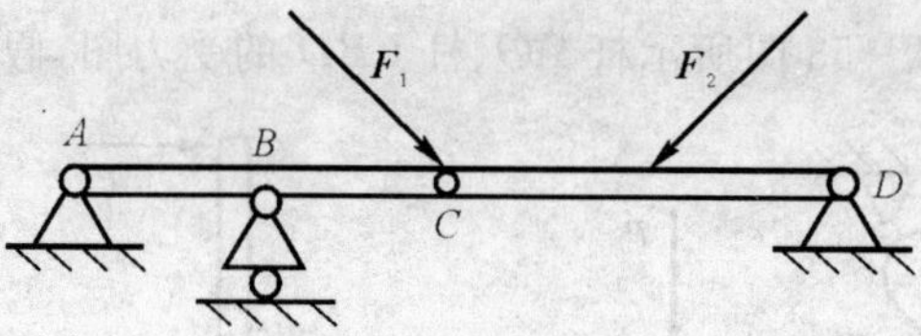

题 1－57 图

第二章　汇交力系

2.1　基本理论与方法

1. 基本概念

（1）平面汇交力系。平面汇交力系是力的作用线共面且汇交于一点的平面力系。

（2）力的分解。力的分解是求一个已知力的分力的一种方法，是力的合成的逆运算。

（3）力的合成。力的合成是求几个汇交于一点的已知力的合力的方法，具体包括解析法和矢量多边形法。

（4）力的投影。将一个力投影到某坐标轴上，得到一个代数量，它等于力的模乘以力与投影轴正向间夹角的余弦。

（5）平面汇交力系的平衡。若平面汇交力系的力多边形自行封闭，则该平面汇交力系是平衡力系。

（6）空间汇交力系。力的作用线汇交于一点的空间力系，称为空间汇交力系。

（7）空间汇交力系的平衡。空间汇交力系的合力为零，则该空间力系平衡。

2. 基本方法

（1）汇交力系的合成方法。

1）几何法。合力矢是力多边形的封闭边，其作用线通过力系的汇交点。

$$\boldsymbol{F}_{\mathrm{R}}=\boldsymbol{F}_1+\boldsymbol{F}_2+\cdots+\boldsymbol{F}_n=\sum \boldsymbol{F}_i$$

2）解析法。当三坐标轴正交时，有

$$F_{\mathrm{R}}=\sqrt{F_{\mathrm{R}x}^2+F_{\mathrm{R}y}^2+F_{\mathrm{R}z}^2}=\sqrt{(\sum X)^2+(\sum Y)^2+(\sum Z)^2}$$

$$\left.\begin{aligned}\cos(\boldsymbol{F}_{\mathrm{R}},x)&=\frac{F_{\mathrm{R}x}}{F_{\mathrm{R}}}=\frac{\sum X}{F_{\mathrm{R}}}\\ \cos(\boldsymbol{F}_{\mathrm{R}},y)&=\frac{F_{\mathrm{R}y}}{F_{\mathrm{R}}}=\frac{\sum Y}{F_{\mathrm{R}}}\\ \cos(\boldsymbol{F}_{\mathrm{R}},z)&=\frac{F_{\mathrm{R}z}}{F_{\mathrm{R}}}=\frac{\sum Z}{F_{\mathrm{R}}}\end{aligned}\right\}$$

（2）平面汇交力系的平衡方法。

1）平面汇交力系平衡的几何条件为力的多边形自行封闭。

2）平面汇交力系平衡的解析条件是力系中各力在两个坐标轴上投影的代数和分别等于零，即

$$\begin{cases}\sum X=0\\ \sum Y=0\end{cases}$$

3）空间汇交力系的平衡条件是

$$\begin{cases}\sum X=0\\ \sum Y=0\\ \sum Z=0\end{cases}$$

2.2　基本要求与重点

(1) 掌握平面汇交力系的合成的方法 —— 几何法和解析法。

(2) 掌握平面汇交力系平衡的几何条件，应用力系的力多边形封闭和静力平衡方程解平面汇交力系的平衡问题。

(3) 重点、难点分析。

1）力的分解与力的投影。

2）平面汇交力系的合成。

3）平面汇交力系的平衡。

4）空间汇交力系的合成。

5）空间汇交力系的平衡。

6）用解析法求解平面汇交力系的平衡问题。

在分析和求解这类问题时须把握以下两点：

① 恰当地选取分离体；

② 恰当地选取坐标轴，恰当地选取方程式，尽量避免解联立方程。

7）用解析法求解空间汇交力系的平衡问题。

2.3　基本概念练习题

1. 是非判断题

第 2-1 题：用解析法求汇交力系的合力时，若取不同的坐标系（正交或非正交坐标系），所求的合力相同，对吗？

第 2-2 题：一刚体受三个力，且三力汇交于一点，此刚体一定平衡，对吗？

第 2-3 题：如题 2-3 图所示，两个力三角形中三力的关系一样，对吗？

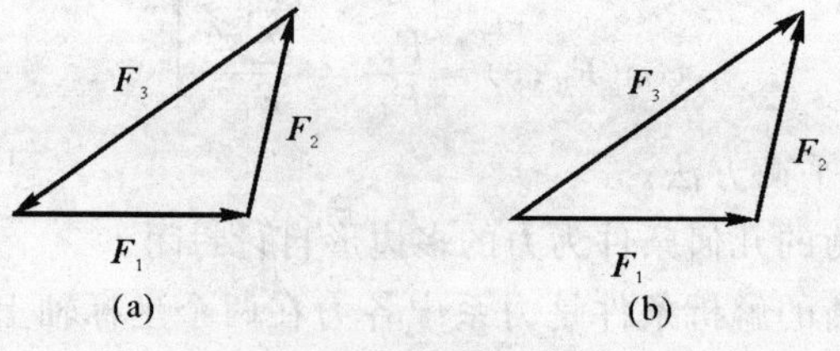

题 2-3 图

第 2-4 题：汇交力系的合力和主矢两者具有相同的概念，对吗？

第 2-5 题：当作力多边形时，任意变换力的次序，可得到不同形状的力多边形，故合力的大小和方向不同，对吗？

第 2-6 题：几何法求力的主矢的多边形均是平面多边形，对吗？

第 2-7 题：三力的力多边形必为平面图形，对吗？

第 2-8 题：解析法中投影轴必须采用直角坐标形式，对吗？

第 2-9 题：对于汇交力系而言，求主矢的力多边形与平衡力系的力多边形相同，对吗？

第 2-10 题：力沿某轴分力的大小不总是等于该力在同一轴上的投影的绝对值，对吗？

第 2-11 题：汽车 A 陷入泥坑，如题 2-11 图所示，司机用绳索一端系在牢固的树上，另一端用 B 车拉拽，常能把车拉出，其原因是 AC 绳所受的张力大于 B 车的牵引力。

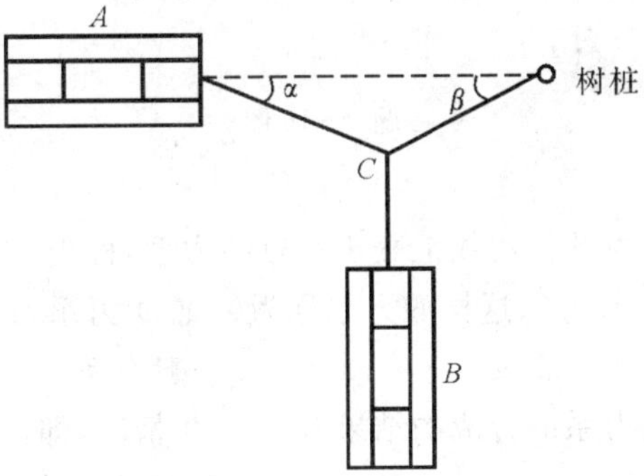

题 2-11 图

第 2-12 题：已知 $\boldsymbol{F}_1,\boldsymbol{F}_2,\boldsymbol{F}_3,\boldsymbol{F}_4$ 为一平面汇交力系，而且这四个力之间有如题 2-12 图所示的关系，因此，这个力系是平衡力系。

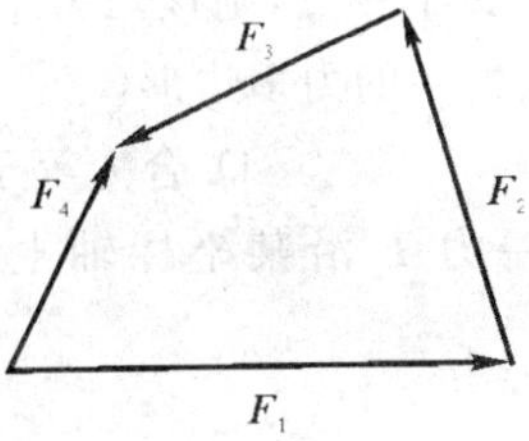

题 2-12 图

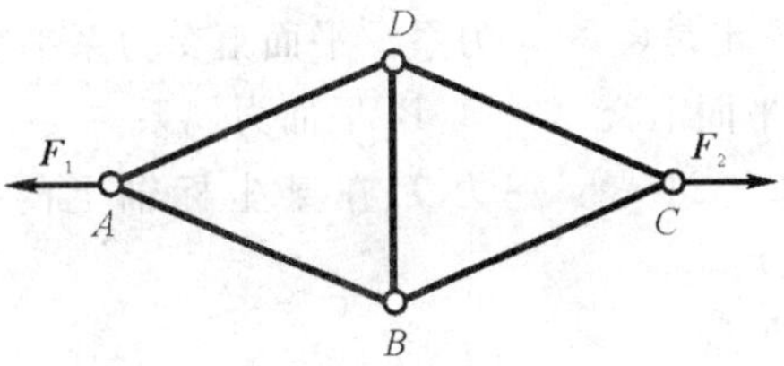

题 2-13 图

第 2-13 题：五杆等长，用铰链连接如题图 2-13 所示，$\boldsymbol{F}_1,\boldsymbol{F}_2$ 为一对平衡力，节点 B,D 未受外力，故 BD 杆受力为零。

第 2-14 题：起重机中的滑轮 A 受力如题 2-14 图所示，其中，$T=P$ 为已知，$\boldsymbol{N}_1,\boldsymbol{N}_2$ 为未知约束反力，可使投影方程中只包含一个未知力，因而计算最简便。

第 2-15 题：在 2-14 题中，对 A 点列出的平衡方程为

$$\sum X=0,\quad P\cos30^\circ+T\cos60^\circ=N_2$$

$$\sum Y=0,\quad N_2+T\cos30^\circ=-P\sin30^\circ$$

正确吗？

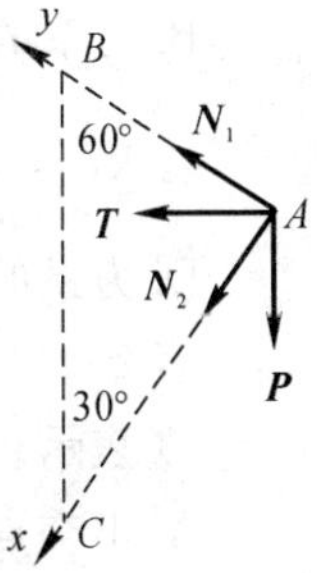

题 2-14 图

第 2-16 题：铰接四连杆机构 $ABCD$ 的 AD 杆固定，在铰链 C 上作用水平

力 $\boldsymbol{Q}$，铰链 B 上作用向上的力 $\boldsymbol{F}$，机构处于平衡状态，如题 2－16 图所示，若不计杆重，则 $F/Q=0.577$，对吗？

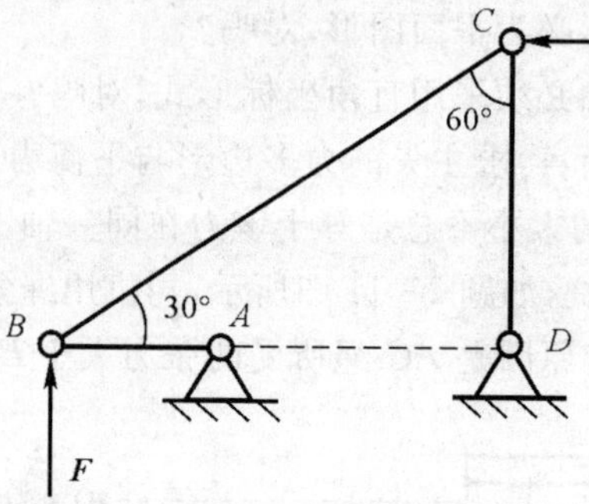

题 2－16 图

2. 选择填空题

第 2－17 题：力系中各力的作用线汇交于一点的力系，称为（　　）力系；力系中各力的作用线在同一平面内，且汇交于一点，这样的力系称为（　　）力系。

A. 汇交　　B. 平面汇交　　C. 一般力系　　D. 共点力系

第 2－18 题：平面汇交力系的合成的结果有（　　）情况，即（　　）。

A. 两种　　B. 合力或者平衡

C. 三种情况　　D. 合力或者和力偶或者平衡

第 2－19 题：平面汇交力系平衡的充要条件是该力系的（　　）等于（　　）。

A. 合力　　B. 合力偶　　C. 合力和合力偶　　D. 零

第 2－20 题：刚体在三力作用下平衡，其中两力的作用线汇交于一点，则该三力组成的平衡力系一定是（　　）力系。平面汇交力系平衡的几何条件是该力系的力多边形（　　）。

A. 平面汇交　　B. 平面力偶系　　C. 自行封闭　　D. 合力等于零

第 2－21 题：一力 $\boldsymbol{F}$ 在某坐标轴上的投影是（　　），一力 $\boldsymbol{F}$ 沿某坐标轴上的分解是（　　）。

A. 矢量　　B. 代数量

C. 不能确定　　D. 可以为矢量，也可以为代数量

第 2－22 题：合力投影定理的数学表达式为（　　），力学含义是（　　）。

A. $\boldsymbol{R}=\sum_{i=1}^{n}\boldsymbol{F}_i$

B. 力系的合力在任意轴上的投影等于力系中各力在同一轴上的投影的代数和

C. $R_X=\sum_{i=1}^{n}F_{iX}$

D. 力系的合力力系中各力的矢量和

第 2－23 题：平面汇交力系的合力作用线通过（　　），其大小和方向可用力多边形的（　　）表示。

A. 汇交点　　B. 任意点　　C. 不能确定　　D. 封闭边

第 2－24 题：平面汇交力系有（　　）平衡方程，只能求解（　　）。

A. 两个独立的　　B. 三个独立的　　C. 两个未知量　　D. 三个未知量

第 2-25 题：平面汇交力系的合力 $\boldsymbol{R}$ 沿某坐标轴上的分量（　　）力系中各力沿（　　）。

A. 大小　　B. 等于

C. 同一坐标轴上分量的矢量和　　D. 同一坐标轴上分量的代数和

第 2-26 题：当运用平衡的解析条件求解实际问题时，若解得某一力的大小为负，说明原假定该力的（　　）与其原力（　　）。

A. 大小　　B. 方向　　C. 相同　　D. 相反

3. 单项选择题

第 2-27 题：已知 $\boldsymbol{F}_1,\boldsymbol{F}_2,\boldsymbol{F}_3,\boldsymbol{F}_4$ 为作用在一刚体上的平面汇交力系，其力矢之间的关系有题 2-27 图所示的关系，所以（　　）。

A. 其力系的合力为 $\boldsymbol{R}=\boldsymbol{F}_4$　　B. 其力系的合力为 $\boldsymbol{R}=\boldsymbol{0}$

C. 其力系的合力为 $\boldsymbol{R}=2\boldsymbol{F}_4$　　D. 其力系的合力为 $\boldsymbol{R}=-\boldsymbol{F}_4$

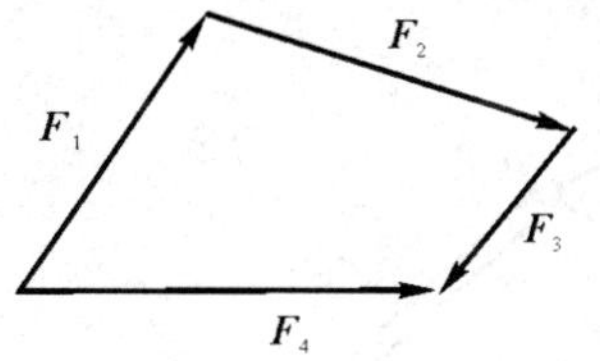

题 2-27 图

第 2-28 题：如题 2-28 图所示的四个力多边形，分别由平面汇交力系的几何法与平衡的几何条件作出，其中，表示原力系平衡的图形是（　　）。

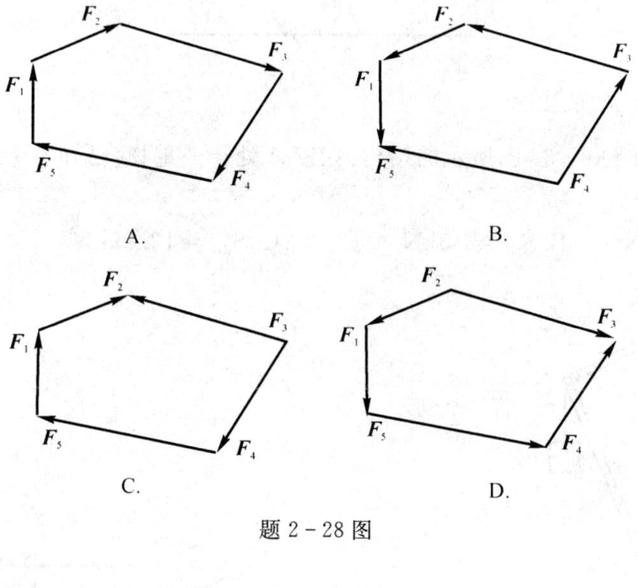

题 2-28 图

第 2-29 题：一力 $\boldsymbol{F}$ 与 x 轴正向之间的夹解 α 为钝角，那么该力在 x 轴上的投影为（　　）。

A. $X=-F\cos\alpha$　　B. $X=F\sin\alpha$　　C. $X=-F\sin\alpha$　　D. $X=F\cos\alpha$

第 2-30 题：力沿某一坐标轴的分力与该力在同一坐标轴上的投影之间的关系是（　　）。

A. 分力的大小必等于投影

B. 分力的大小必等于投影的绝对值

C. 分力的大小可能等于、也可能不等于投影的绝对值

D. 分力与投影是性质相同的物理量

第 2-31 题：如题 2-31 图所示的某平面汇交力系中四力之间的关系是(　　)。

A. $\boldsymbol{F}_1+\boldsymbol{F}_2+\boldsymbol{F}_3+\boldsymbol{F}_4=\boldsymbol{0}$

B. $\boldsymbol{F}_1+\boldsymbol{F}_3=\boldsymbol{F}_4-\boldsymbol{F}_2$

C. $\boldsymbol{F}_1=\boldsymbol{F}_2+\boldsymbol{F}_3+\boldsymbol{F}_4$

D. $\boldsymbol{F}_1+\boldsymbol{F}_2=\boldsymbol{F}_3+\boldsymbol{F}_4$

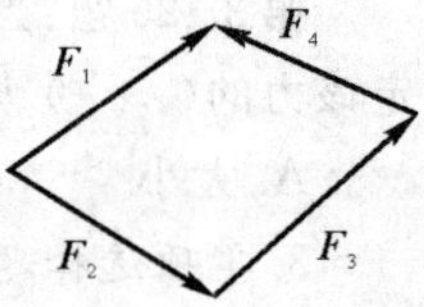

题 2-31 图

第 2-32 题：杆 AC 和 BC 铰接于 C，自重不计，一水平力 $\boldsymbol{P}$，其大小 $P=200$ kN。设杆 AC 与铅垂线之间的夹解为 α，而 AC 杆至多只能承受 100 kN 的力的作用，若保证结构不破坏，则(　　)。

A. $\alpha=0°$　　B. $\alpha=45°$　　C. $\alpha=30°$　　D. $\alpha=60°$

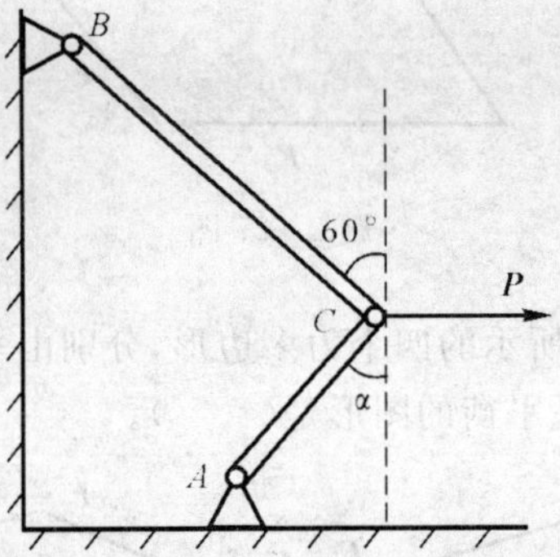

题 2-32 图

第 2-33 题：如题 2-33 图所示的结构，在铰 A 处挂一重物，已知 $W=15$ kN，各杆自重不计，则 AB 杆的受力大小为(　　)。

A. $S_{AB}=7.5$kN　　B. $S_{AB}=15$kN　　C. $S_{AB}=12.99$kN　　D. $S_{AB}=30$kN

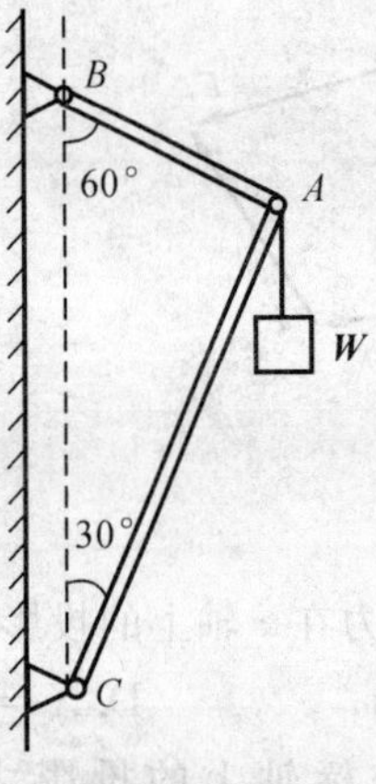

题 2-33 图

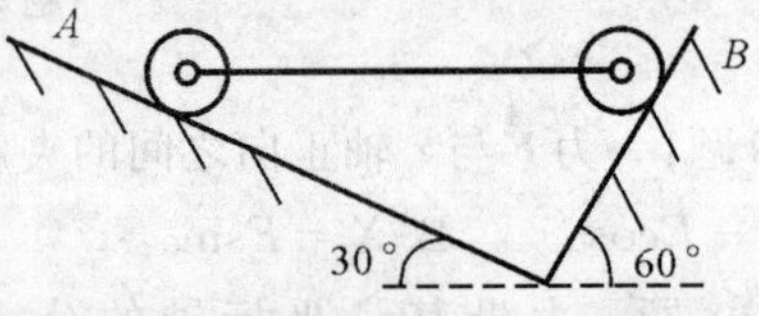

题 2-34 图

第 2-34 题：杆 AB 的两端分别用铰链与均质球 A，B 的球心连接，二球分别置于两个正交

的光滑斜面上，如题 2-34 图所示。不计杆 AB 自重，如杆在水平位置平衡，两球的质量应满足(　　)。

A. $W_A=3W_B$　　B. $W_A=2W_B$　　C. $W_A=\frac{1}{3}W_B$　　D. $W_A=\frac{1}{2}W_B$

第 2-35 题：已知 Ox，Oy 轴的夹角为 120°，力 $\boldsymbol{F}$ 在 Ox，Oy 轴上的投影为$\frac{1}{2}F$，力 $\boldsymbol{F}$ 沿着 Ox，Oy 轴上的分力大小为(　　)。

A. $2F$　　B. $0.5F$　　C. F　　D. $0.866F$

第 2-36 题：曲柄所受约束力及主动力如题 2-36 图所示。铰支座 A 处反力方向一定沿直线(　　)。

A. $\overline{AC}$　　B. $\overline{AE}$　　C. $\overline{AF}$　　D. $\overline{AG}$

第 2-37 题：如题 2-37 图所示三角刚架，A，B 支座处反力方向一定通过(　　)。

A. C 点　　B. D 点　　C. E 点　　D. F 点

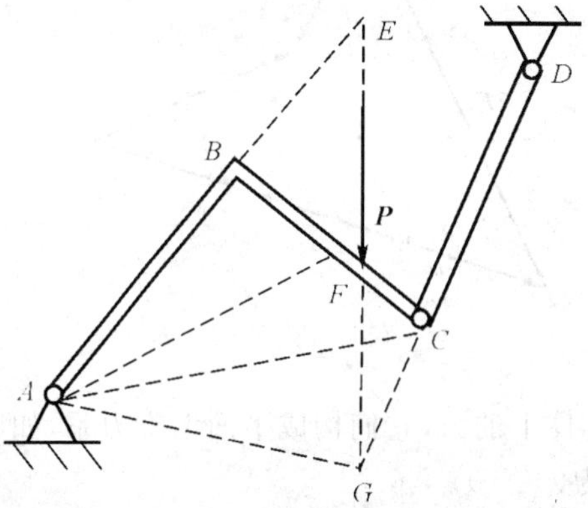

题 2-36 图

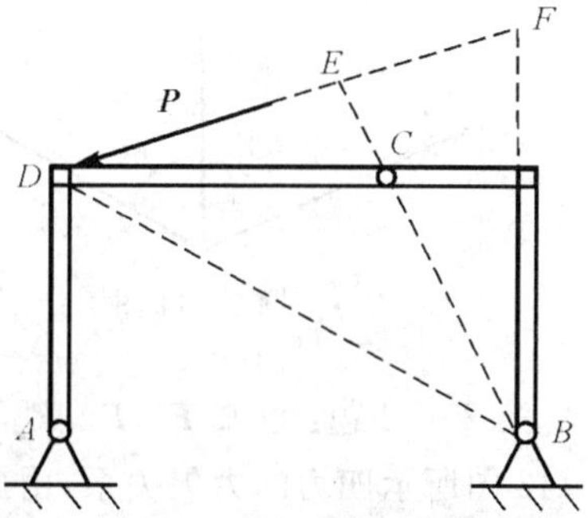

题 2-37 图

第 2-38 题：如题 2-38 图所示的机构中，杆 DEF 上的销子 E 置于杆 BC 的光滑槽内。在图示载荷作用下，E 处的约束反力(　　)。

A. 大于 B 点处的约束反力，作用线垂直于 BC，指向右上方

B. 小于 B 点处的约束反力，作用线垂直于 BC，指向左下方

C. 与 B 点处的约束反力大小相等，作用线沿水平直线，指向左方

D. 为零

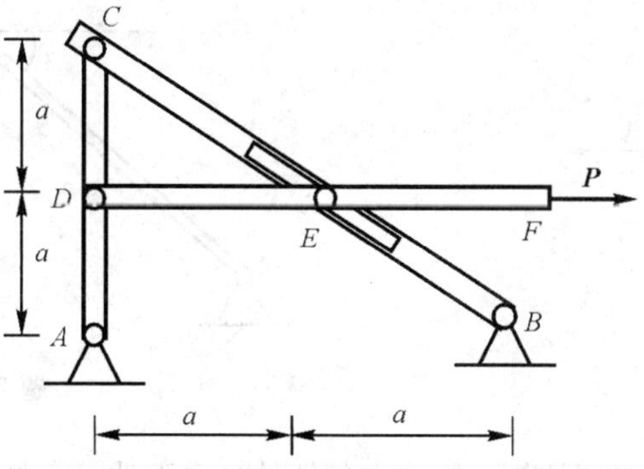

题 2-38 图

第 2-39 题：$\boldsymbol{F}_1$，$\boldsymbol{F}_2$ 作用于刚体的同一直线上，且有 $F_1=2F_2$，其方向相反，如题 2-39 图所示，则合力可表示为（　　）。

A. $\boldsymbol{R}=\boldsymbol{F}_1-\boldsymbol{F}_2$　　B. $\boldsymbol{R}=\boldsymbol{F}_2-\boldsymbol{F}_1$

C. $\boldsymbol{R}=\frac{1}{2}\boldsymbol{F}_1$　　D. $\boldsymbol{R}=-\frac{1}{2}\boldsymbol{F}_1$

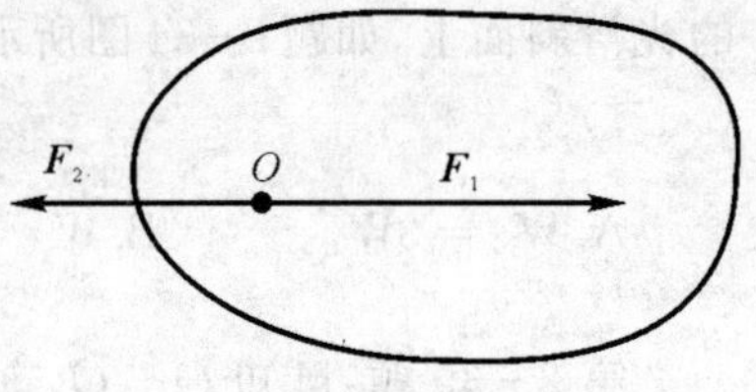

题 2-39 图

第 2-40 题：下列表示正确的是（　　）。

A. $|\boldsymbol{F}|=\boldsymbol{F}$　　B. $F_X=X\boldsymbol{i}$　　C. $\boldsymbol{F}_Y=Y$　　D. $\boldsymbol{F}=X\boldsymbol{i}+Y\boldsymbol{j}$

第 2-41 题：三个大小均为 F 的力作用于一点，如题 2-41 图所示，要使质点处于平衡状态，必须外加一外力，此外力大小为（　　）。

A. F　　B. $2F$　　C. $3F$　　D. $4F$

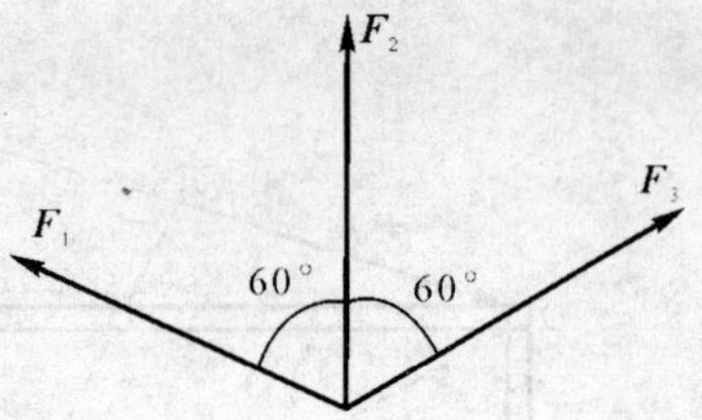

题 2-41 图

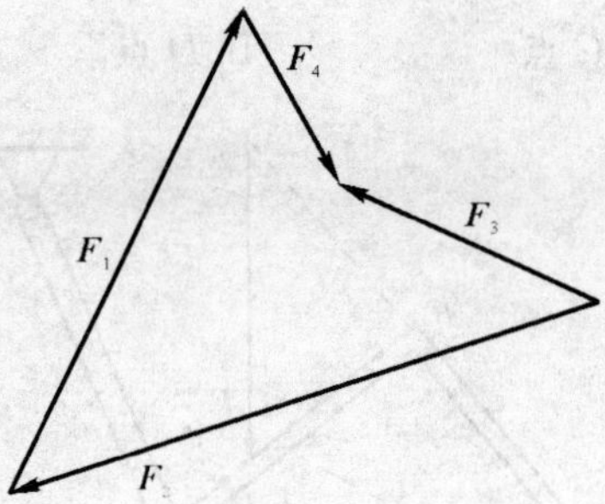

题 2-42 图

第 2-42 题：已知 $\boldsymbol{F}_1$，$\boldsymbol{F}_2$，$\boldsymbol{F}_3$，$\boldsymbol{F}_4$ 为作用于同一刚体上的力，它们构成平面汇交力系，如题 2-42 图所示四力的力矢关系，由此表示各力关系式为（　　）。

A. $\boldsymbol{F}_1=\boldsymbol{F}_2+\boldsymbol{F}_3+\boldsymbol{F}_4$　　B. $\boldsymbol{F}_4=\boldsymbol{F}_1+\boldsymbol{F}_2+\boldsymbol{F}_3$

C. $\boldsymbol{F}_3=\boldsymbol{F}_1+\boldsymbol{F}_2+\boldsymbol{F}_4$　　D. $\boldsymbol{F}_2=\boldsymbol{F}_1+\boldsymbol{F}_3+\boldsymbol{F}_4$

4. 多项选择题

第 2-43 题：如题 2-43 图所示，力 $\boldsymbol{F}_1$，$\boldsymbol{F}_2$，$\boldsymbol{F}_3$，$\boldsymbol{F}_4$ 在坐标轴 y 上的投影为（　　）。

A. $Y_1=F_1\cos\alpha_1$　　B. $Y_2=F_2\sin\alpha_2$

C. $Y_3=F_3\sin\alpha_3$　　D. $Y_4=F_4\cos\alpha_4$

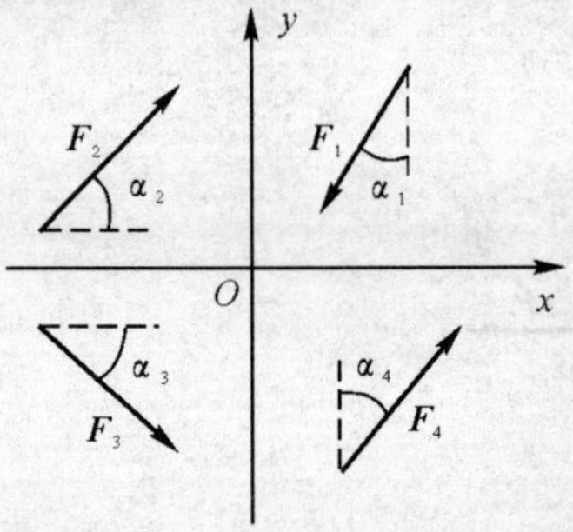

题 2-43 图

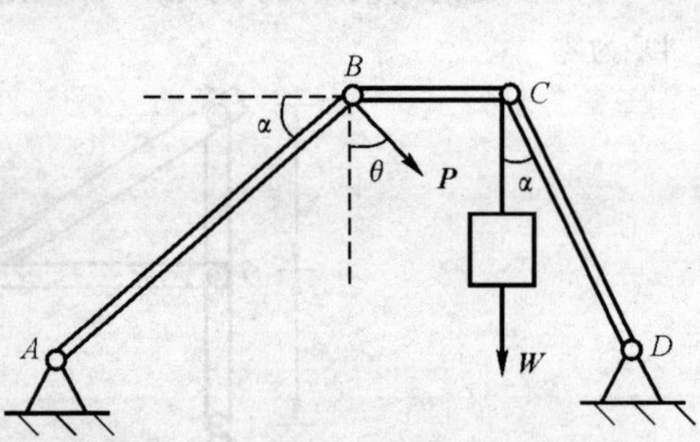

题 2-44 图

第 2-44 题：如题 2-44 图所示，机构中各杆的自重不计，BC 杆水平，$\alpha=30°$，在 C 点悬挂

重物的重力为 $W=300\text{kN}$。现若在 B 点作用一力 $\boldsymbol{P}$，其大小为 $P=100\text{kN}$，设它与铅垂线的夹角为 θ，当机构处于平衡时，θ 角允许为(　　)。

A. 30°　　B. 60°　　C. 90°　　D. 0°

第 2-45 题：如题 2-45 图所示的力多边形中自行封闭的图形是(　　)。

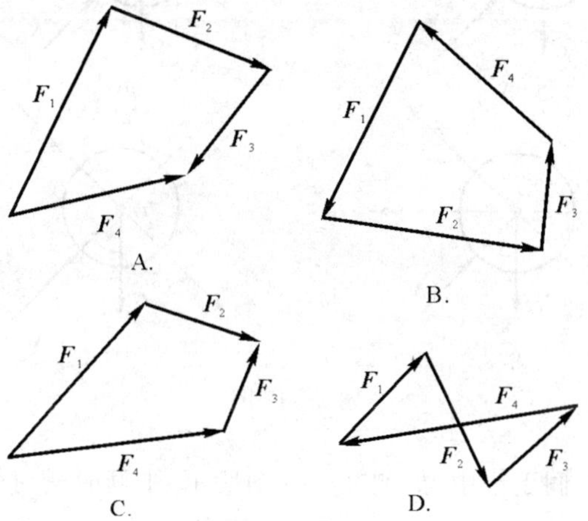

题 2-45 图

第 2-46 题：已知 $\boldsymbol{F}_1$、$\boldsymbol{F}_2$、$\boldsymbol{F}_3$ 分别作用于刚体上 A、B、C 三点，三力构成的力三角形自行封闭，如题 2-46 图所示，刚体平衡的是(　　)。

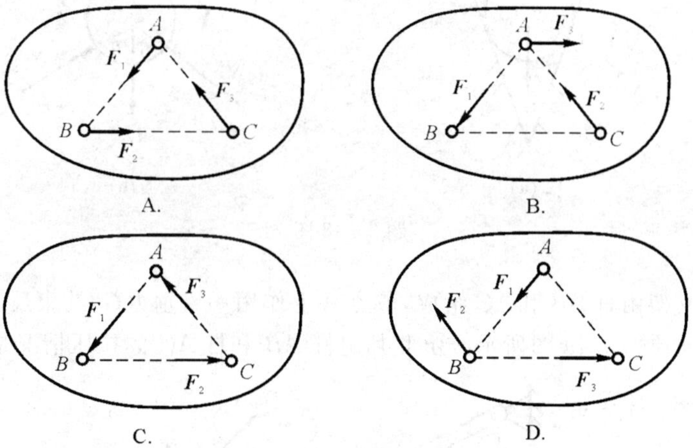

题 2-46 图

第 2-47 题：圆柱 O 受主动力 $\boldsymbol{G}$、约束反力 $\boldsymbol{T}$,$\boldsymbol{N}$ 作用。在如题 2-47 图所示的坐标系中，哪种坐标系使求约束反力的平衡方程最简单，即一个方程只含有一个未知量(　　)。

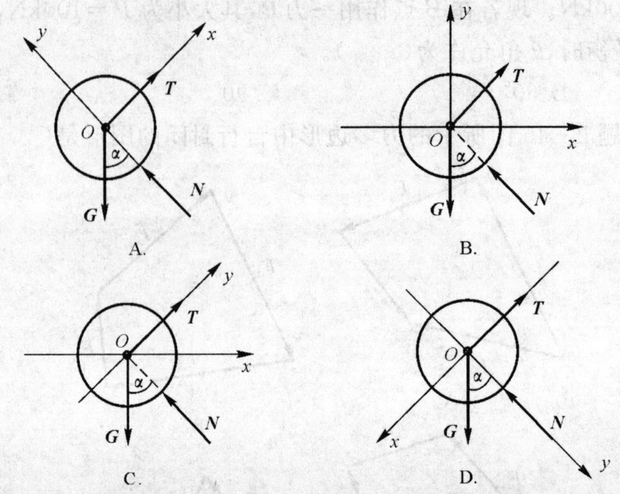

题 2-47 图

第 2-48 题：钢管 C 搁于槽中，如题 2-48 图所示，平衡时槽对管的反力是（　　）。

A. $R_A = R_B = G\cos\theta$　　　　B. $R_A = R_B = G\sin\theta$

C. $R_A = R_B = \dfrac{G}{2\cos\theta}$　　　　D. $R_A = R_B = \dfrac{G}{2\sin\theta}$

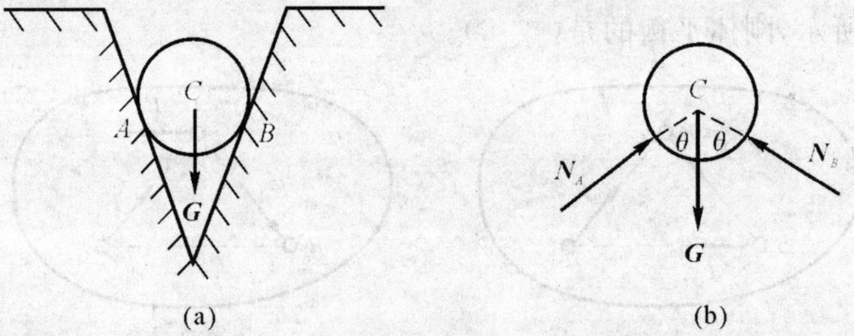

题 2-48 图

第 2-49 题：支架由杆 AB 和 AC 组成，节点 A 上作用一铅垂力 $\boldsymbol{G}$，约束反力为 $\boldsymbol{N}_{AB}$，$\boldsymbol{N}_{AC}$，构成封闭力多边形，如题 2-49 图所示。由此判定杆 AB 和杆 AC 的拉压情况是（　　）。

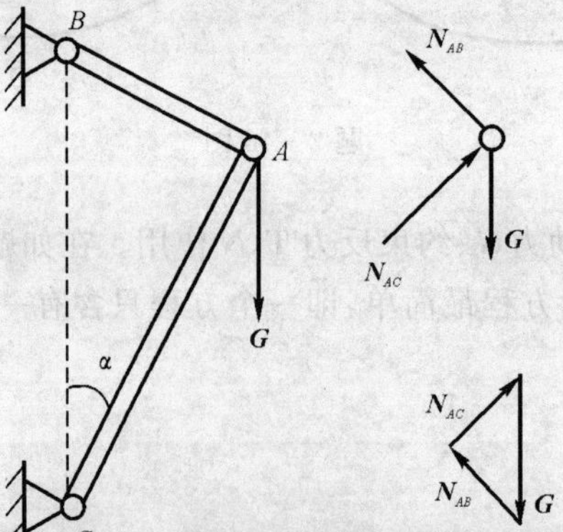

题 2-49 图

A. AB 杆受压，AC 杆受拉　　B. AB 杆受拉，AC 杆受压

C. AB 杆、AC 杆均受压　　D. N_{AB} 与 N_{AC} 均为正

第 2－50 题：一个物体系统平衡，则(　　)。

A. 整体平衡，局部不一定平衡

B. 整体平衡，局部及每一构件均平衡

C. 整体平衡，局部平衡，每一构件不一定平衡

D. 可建立与组成物体系统的刚体数目相应的平衡方程

2.4　基本计算练习题

第 2－51 题：平面共点力系 $\boldsymbol{F}_1$，$\boldsymbol{F}_2$，$\boldsymbol{F}_3$，$\boldsymbol{F}_4$ 作用在物体的 O 点，如题 2－51 图所示。$F_1 = 300\text{N}$，$F_2 = 400\text{N}$，$F_3 = 500\text{N}$，$F_4 = 600\text{N}$。试用解析法求力系的合力 $\boldsymbol{R}$ 的大小和方向。

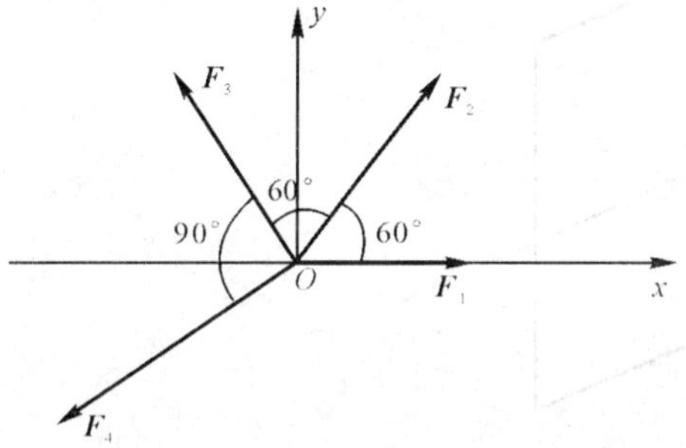

题 2－51 图

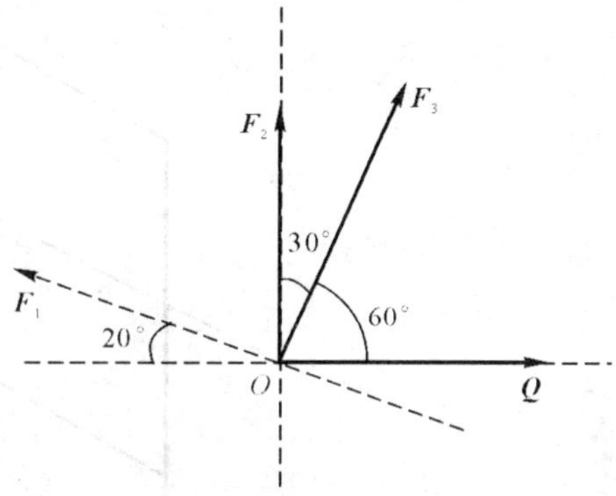

题 2－52 图

第 2－52 题：力 $\boldsymbol{Q}$ 为平面共点力系 $\boldsymbol{F}_1$，$\boldsymbol{F}_2$，$\boldsymbol{F}_3$ 的合力。力 $\boldsymbol{Q}$，$\boldsymbol{F}_1$，$\boldsymbol{F}_2$，$\boldsymbol{F}_3$ 的方位如题 2－52 图所示。已知 $Q = F_3 = 1\text{kN}$，求力 $\boldsymbol{F}_1$，$\boldsymbol{F}_2$ 的大小和指向。

第 2－53 题：四连杆机构 $ABCD$ 的 AD 边固定，铰链 B 和 C 分别作用有力 $\boldsymbol{Q}$ 和 $\boldsymbol{P}$ 而使机构处于平衡，如题 2－53 图所示。若不计各杆质量，设 $Q = 3\text{kN}$，求力 $\boldsymbol{P}$ 的大小。

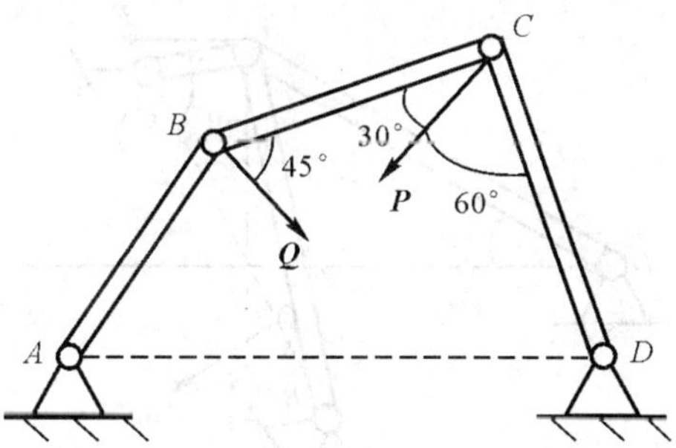

题 2－53 图

第 2－54 题：如题 2－54 图所示，两小球 D 和 E 的重力分别为 $\boldsymbol{G}$ 和 $\boldsymbol{W}$，穿在折成直角的光滑细杆 ABC 上，小球间用细绳连接。已知，AB 与水平面间的夹角为 α，试求当系统平衡时，DE 和 AB 间的夹角 θ，以及细绳的拉力 T 的值。

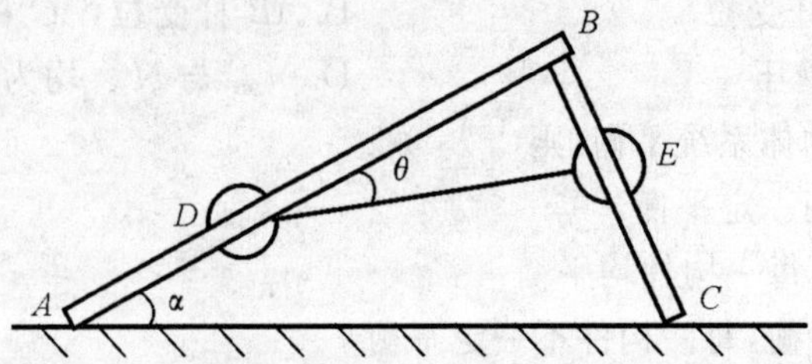

题 2 - 54 图

第 2 - 55 题：重力为 **P**、半径为 r 的圆球用长为 $l=r$ 的绳索吊在两个相互垂直墙面的交角处，如题 2 - 55 图所示。不计摩擦，求绳的拉力和墙面的反力。

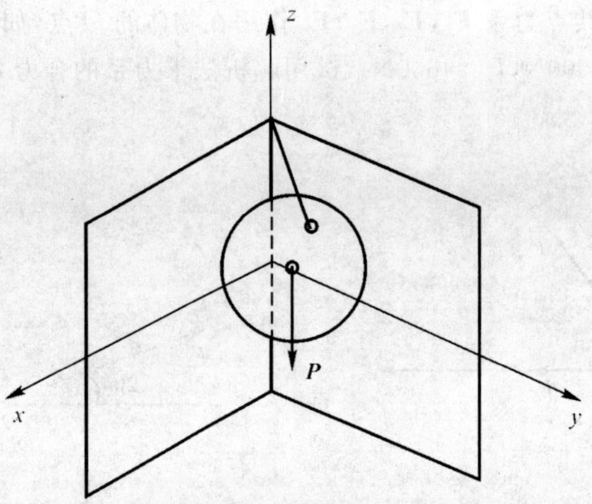

题 2 - 55 图

第 2 - 56 题：直杆 AB，AC，AD 用光滑铰链接成支架。铅直平面 ADO 是支架的对称面，几何关系和坐标系如题 2 - 56 图所示（z 轴铅直）。若作用在 A 的水平力 $F=900\text{N}$，求杆 AB，AC，AD 所受的力。

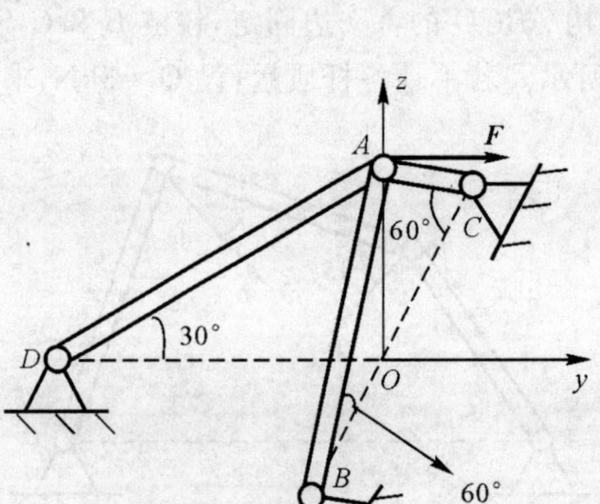

题 2 - 56 图

第 2 - 57 题：如题 2 - 57 图所示空间桁架由七根直杆铰接而成。已知直角坐标系 z 轴铅直，

坐标平面 Oyz 是桁架的对称面。$AB=8\text{m}$，$CD=5\text{m}$，杆 CE 平行于 y 轴。铅直载荷 $P=10\text{kN}$，杆重不计。设固定铰支座 A，B 不产生 x 方向反力，求各杆所受的力。

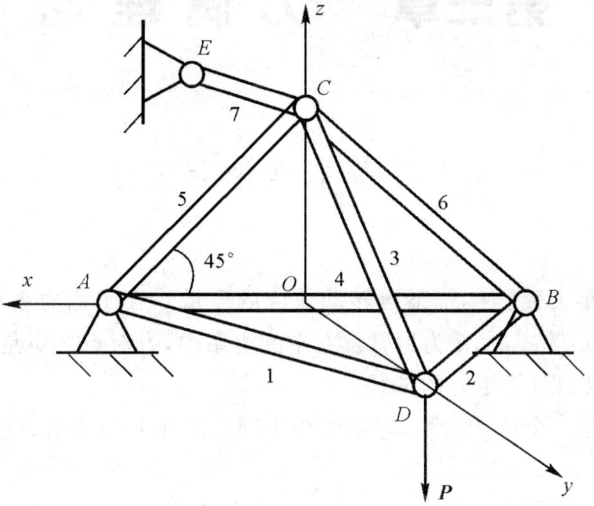

题 2-57 图

第 2-58 题：如题 2-58 图所示结构由四根直杆和拉索组成。已知直角坐标系 z 轴铅直，杆长 $AB=AC=A'B'=A'C'=5\text{m}$，$BC$ 平行于 $B'C'$，$AE=A'E'=4\text{m}$，$DE=D'E'=2\text{m}$，铅直载荷 $P=30\text{kN}$，杆重不计。A、B、C、A'、B'、C' 各处可视为铰链连接。试求杆 AB，AC 和拉索 AD 所受的力。

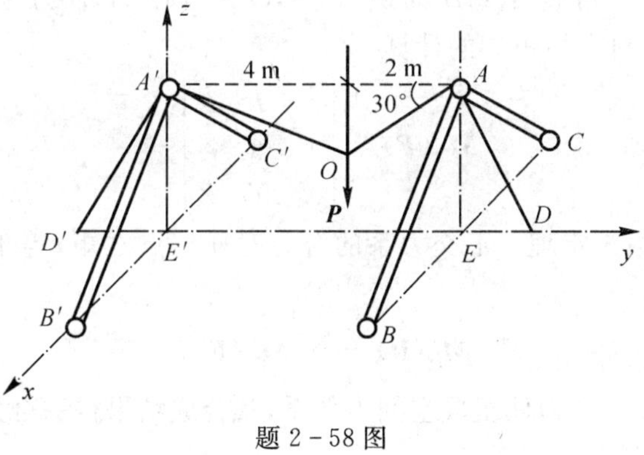

题 2-58 图

第三章　力偶理论

3.1　基本理论与方法

1. 基本概念

(1) 力矩。力矩是力使物体绕某点转动效应的度量。在平面力系中，力矩是一代数量，$M_O(F)=\pm Fd$，其中 O 为矩心，d 为力臂。在空间力系中，力对点之矩是一矢量，$\boldsymbol{M}_O(\boldsymbol{F})=\boldsymbol{r}\times\boldsymbol{F}$，其中，$\boldsymbol{r}$ 为 $\boldsymbol{F}$ 作用点相对于矩心的矢径。

(2) 力偶。力偶是一个特殊力系，它由作用于同一刚体上的等值、反向而不共线的两个平行力组成。

(3) 力偶矩。力偶矩是力偶使物体转动效应的度量。$\boldsymbol{M}=\boldsymbol{r}_{AB}\times\boldsymbol{F}$，其中，$\boldsymbol{r}_{AB}$ 是两力作用点的相对矢径。

2. 基本方法

(1) 平面力系中，力对点之矩的计算。

1) $M_O(\boldsymbol{F})=\pm Fd$，其中，若力使物体绕 O 点逆时针方向转动，取正号；力使物体绕 O 点顺时针方向转动，取负号。

2) $M_O(\boldsymbol{F})$ 大小等于三角形 ΔOAB 面积，其中，O 为矩心，A、B 为力矢的矢端和矢尾。

(2) 空间力系中，力对点的矩矢的计算。

$$\boldsymbol{M}_O(\boldsymbol{F})=\begin{vmatrix}\boldsymbol{i} & \boldsymbol{j} & \boldsymbol{k}\\ x & y & z\\ X & Y & Z\end{vmatrix}$$

(3) 汇交力系的合力矩定理。汇交力系的合力对任一点之矩，等于力系各力对同一点之矩的矢量和。

$$\boldsymbol{M}_O(\boldsymbol{R})=\sum\boldsymbol{M}_O(\boldsymbol{F}_i)$$

(4) 力偶系的合成。n 个力偶组成空间力偶系，其合成结果得一合力偶。合力偶的力偶矩等于所有分力偶矩的矢量和。

$$\boldsymbol{M}=\sum\boldsymbol{M}_i$$

(5) 力偶系的平衡。空间力偶系平衡的充要条件是合力偶矩等于零，即各个分力偶矩矢量和等于零。

3.2　基本要求与重点

1. 基本要求

(1) 掌握力对点之矩的概念。

(2) 掌握合力矩定理。

(3) 掌握力偶和力偶矩的概念和性质。

(4) 掌握力偶系合成的方法和平衡条件,应用平衡方程解力偶系平衡问题。

2. 重点、难点

(1) 力矩与力偶矩概念及两者之间的相似与区别。

(2) 力矩的计算。

(3) 力偶的性质。

(4) 力偶系平衡方程的应用。

3.3　基本概念练习题

1. 是非判断题

第 3－1 题：力偶是物体间相互的机械作用,这种作用的效果是使物体的转动状态发生改变。力偶没合力,不能用一个力来等效代换,也不能用一个力来与之平衡。这种说法对吗?

第 3－2 题：力偶使物体转动的效果完全由力偶矩来确定,而与矩心位置无关。只有力偶矩相同,不管其在作用面内任意位置,其对刚体的作用效果都相同。这种说法对吗?

第 3－3 题：力矩与力偶矩是不同的两个概念,对吗?

第 3－4 题：$\sum_{i=1}^{n} M_i = 0$ 是平面力偶系平衡的充要条件,对吗?

第 3－5 题：不平衡的平面力偶系最终可简化为一个合力偶,对吗?

第 3－6 题：半径为 R 的圆轮可绕通过轮心的轴 O 转动。轮上作用一个力偶矩为 M 的力偶和一与轮缘相切的力 $\boldsymbol{F}$,如题 3－6 图所示,使轮处于平衡状态。这说明力偶可用一力与之平衡,对吗?

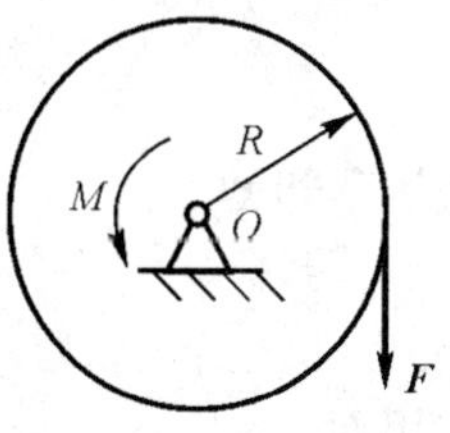

题 3－6 图

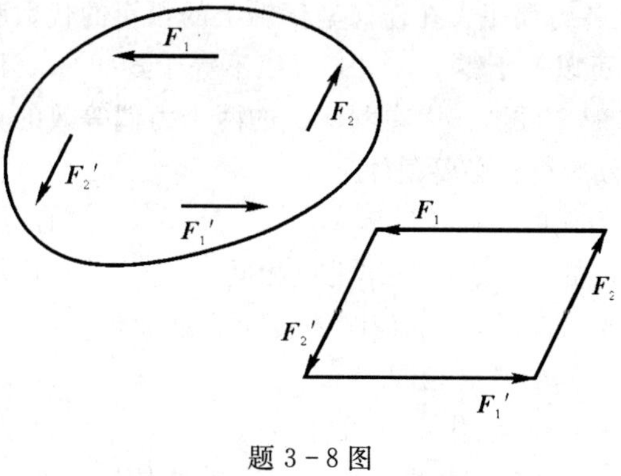

题 3－8 图

第 3　7 题：刚体的某平面内作用一力和一力偶,由于力与力偶不能等效,所以不能将它们等效变换为一个力,对吗?

第 3－8 题：物体受同一平面内四个力的作用,这四个力组成两个力偶(F_1,F'_1) 和(F_2,F'_2),其组成的力多边形自行封闭。该物体处于平衡,对吗?

第 3－9 题：如题 3－9 图所示,A,B 支座的约束反力必等值反向,对吗?

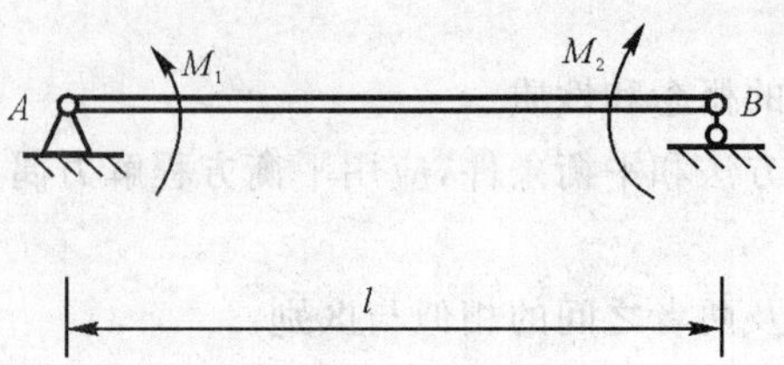

题 3-9 图

第 3-10 题：在空间力系中，各力使刚体的转动效应取决于各力矩的大小及其在各自作用平面内的转向，对吗？

第 3-11 题：力矩矢量是定点矢量，对吗？

第 3-12 题：力偶不是基本力学量，因为构成力偶的两力为基本量，对吗？

第 3-13 题：空间力偶矩矢量是滑动矢量，对吗？

第 3-14 题：力偶的合成符合矢量加法法则，对吗？

第 3-15 题：自由刚体受到力偶作用时总绕力偶臂中点转动，对吗？

第 3-16 题："力偶的合力等于零"这种说法对吗？

2. 选择填空题

第 3-17 题：在代数式 $M_O(\boldsymbol{F})=\pm Fh$ 中，正、负号代表力 F 使物体绕矩心 O 的（　　），若取正号＋，则物体绕矩心 O 的转动方向为（　　）。

A. 转动方向　　B. 移动方向　　C. 顺时针　　D. 逆时针

第 3-18 题：力偶是由（　　）构成，且（　　）。

A. 两个平行力　　B. 该两个力大小相等

C. 不共面的两个力　　D. 该两个力大小不相等

第 3-19 题：在一般情况下，不平衡力偶系中各力偶在任何坐标轴上的投影的代数和（　　）；各力偶矩矢在任何坐标轴上的投影的代数和（　　）。

A. 可以等于零　　B. 可以不等于零　　C. 不等于零　　D. 肯定等于零

第 3-20 题：作用在刚体上的两个力偶等效的充分必要条件是（　　）；作用在刚体上的两个力等效的充分必要条件是（　　）。

A. 力偶的转向相同　　B. 力偶矩相等

C. 力的大小、方向、作用点相同　　D. 力的大小、方向、作用线相同

第 3-21 题：力偶使刚体转动的效果与（　　）无关，完全由（　　）决定。

A. 力偶的转向相同　　B. 力偶矩

C. 矩心位置、作用点相同　　D. 力的大小、方向、作用面

第 3-22 题：力偶矩是（　　）使物体转动效果的度量。其代数式是（　　）。

A. 力偶　　B. 力偶大小　　C. $M=Fd$　　D. $M=+Fd$

第 3-23 题：平面力偶系平衡的必要与充分条件是（　　）；空间力偶系平衡的必要与充分条件是（　　）。

A. 力偶系中各力偶的力偶矩的代数和等于零

B. 力偶系中各力偶的大小

C. 力偶系中各力偶的力偶矩矢在某轴上的投影的代数和等于零

D. 力偶系中各力偶的力偶矩矢在任意轴上的投影的代数和等于零

第 3－24 题：力偶无合力，不能用(　　)来等效代换，也不能用(　　)来平衡。

A. 一个力　　B. 一个力偶　　C. 一个力加一个力偶　D. 不能确定

第 3－25 题：符号 $M_O(\boldsymbol{F})$ 中，角标 O(　　)，若没有角标 O，则 $M(\boldsymbol{F})$(　　)。

A. 表示矩心　　B. 表示一个力偶

C. 表示力 $\boldsymbol{F}$ 的作用点　　D. 无意义

第 3－26 题：作用于刚体上的两个力偶的等效条件是(　　)。当力偶在其作用面内随意移动时，作用效果(　　)。

A. 二力偶作用面相同　　B. 二力偶矩相等

C. 保持不变　　D. 发生改变

第 3－27 题：力偶与力都是(　　)，力偶的作用效果是改变物体的(　　)状态。

A. 物体发生移动　　B. 物体间相互的机械作用

C. 转动　　D. 移动

第 3－28 题：力和力偶是力学中的(　　)，它们都是(　　)。

A. 两个基本量　　B. 物体间相互的机械作用

C. 物体发生转动　　D. 物体发生移动

第 3－29 题：力矩矢量是一个(　　)矢量。力偶矩矢是(　　)矢量。

A. 自由　　B. 滑动　　C. 定位　　D. 不能确定

第 3－30 题：空间力系中，力使刚体的转动效应与(　　)有关，最终会使(　　)。

A. 力矩的大小，作用平面内转向

B. 力矩的大小，作用平面方位，作用平面内转向

C. 转动效应发生改变

D. 移动效应发生改变

3. 单项选择题

第 3－31 题：如题 3－31 图所示，一力 $\boldsymbol{F}$ 作用于 P 点，其方向水平向右，其中，a,b,α 为已知，则该力对 O 点的矩为(　　)。

A. $M_O(\boldsymbol{F})=-F\sqrt{a^2+b^2}$　　B. $M_O(\boldsymbol{F})=Fb$

C. $M_O(\boldsymbol{F})=-F\sqrt{a^2+b^2}\sin\alpha$　　D. $M_O(\boldsymbol{F})=F\sqrt{a^2+b^2}\cos\alpha$

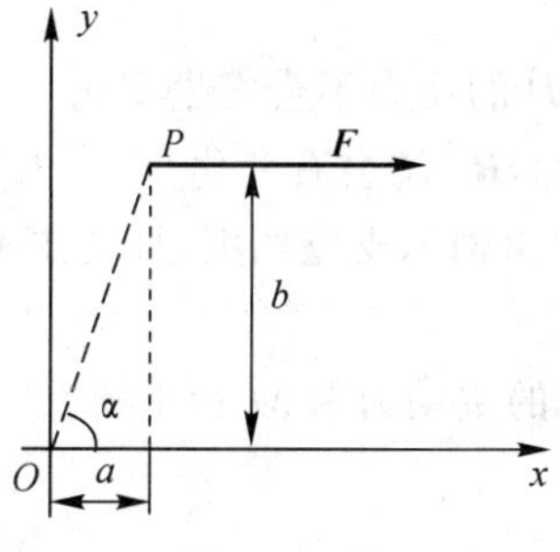

题 3－31 图

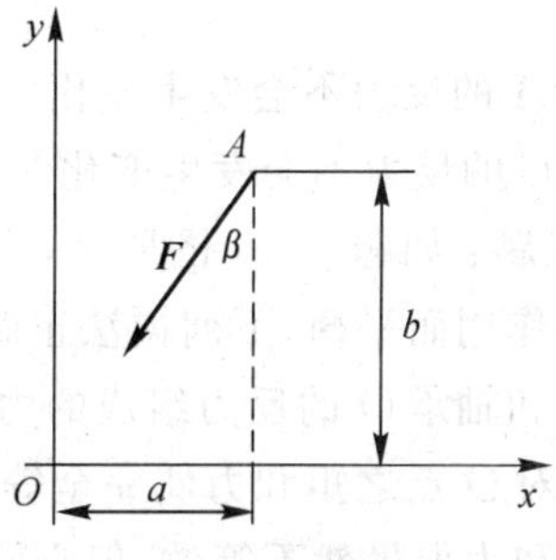

题 3－32 图

第 3－32 题：如题 3－32 图所示，力 $\boldsymbol{F}$ 作用于 A 点，已知，a,b,β，则该力对 O 点的矩为(　　)。

A. $M_O(\boldsymbol{F})=F(b\sin\beta-a\cos\beta)$　　B. $M_O(\boldsymbol{F})=F\sqrt{a^2+b^2}$

C. $M_O(\boldsymbol{F})=-F\sqrt{a^2+b^2}\sin\beta$　　D. $M_O(\boldsymbol{F})=F\sqrt{a^2+b^2}\cos\beta$

第3-33题：如题3-33图所示，已知鼓轮上受绳索的拉力为$\boldsymbol{T}$，其作用线与水平面的倾角为30°，且知$r_2=2r_1$。则力$\boldsymbol{T}$对A点的矩为(　　)。

A. $M_A(\boldsymbol{T})=r_1T$

B. $M_A(\boldsymbol{T})=-(\sqrt{3}-1)r_1T$

C. $M_A(\boldsymbol{T})=\frac{1}{2}(1+\sqrt{3})Tr_1$

D. $M_A(\boldsymbol{T})=2r_1T$

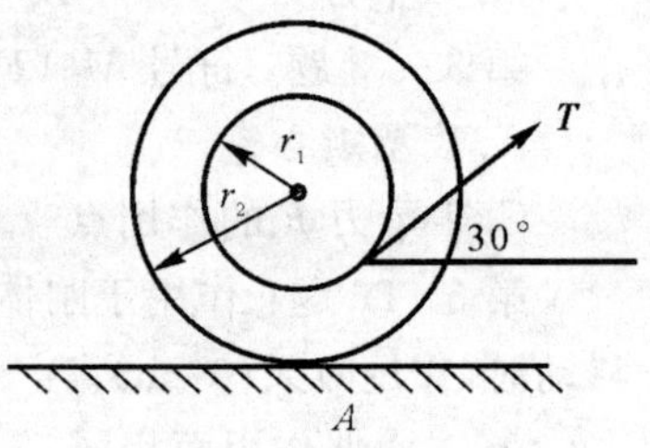

题3-33图

第3-34题：力偶对刚体产生下列哪种运动效应(　　)?

A. 既能使刚体转动，又能使刚体移动

B. 与力产生的效应，有时可以相同

C. 只可能使刚体移动

D. 只可能使刚体转动

第3-35题：如题3-35图所示，一正方形薄板置于光滑的水平面上，开始处于静止状态。当沿正方形的四边作用如图所示的大小相等的四个力后，则薄板(　　)。

A. 仍保持静止　　B. 只会移动　　C. 只会转动　　D. 既会移动也会转动

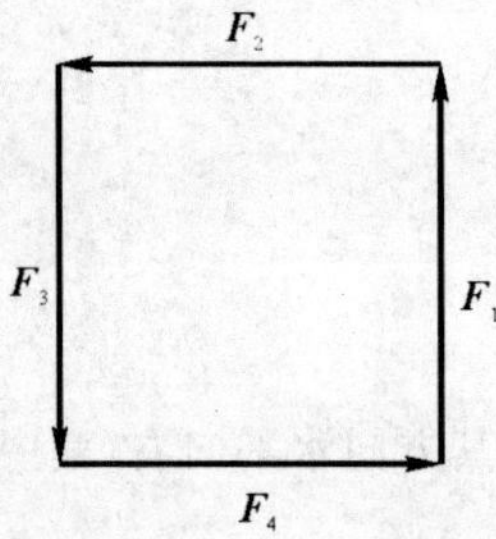

题3-35图

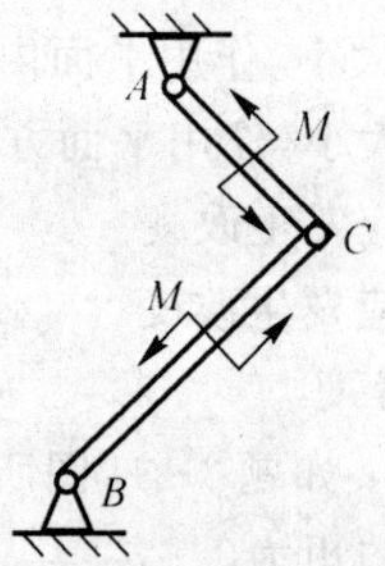

题3-36图

第3-36题：如题3-36图所示的结构中，如果将作用在AC上的力偶移到构件BC上，则(　　)。

A. 支座A的反力不会发生变化　　B. 支座B的反力不会发生变化

C. 铰链C的反力不会发生变化　　D. $\boldsymbol{R}_A,\boldsymbol{R}_B,\boldsymbol{R}_C$均会有变化

第3-37题：如题3-37图所示，一轮子在其中心O由轴承支座约束，且受图示一作用力$\boldsymbol{P}$和一力偶M作用而平衡，下列说法正确的是(　　)。

A. 力$\boldsymbol{P}$和轴承O的反力组成的力偶与轮子上所受的主动力偶M相平衡

B. 力$\boldsymbol{P}$对O点之矩和力偶完全等效

C. 力$\boldsymbol{P}$和力偶虽然不等效，但它们可以与力偶平衡

D. 力$\boldsymbol{P}$和力偶矩M相平衡

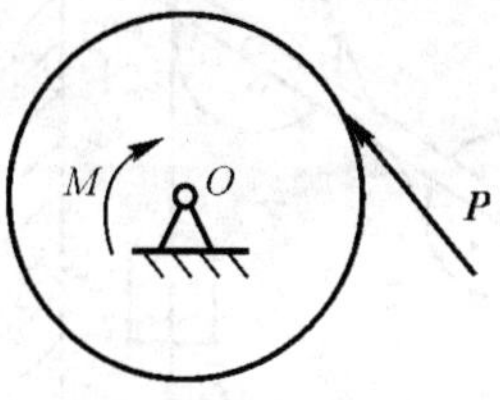

题 3-37 图

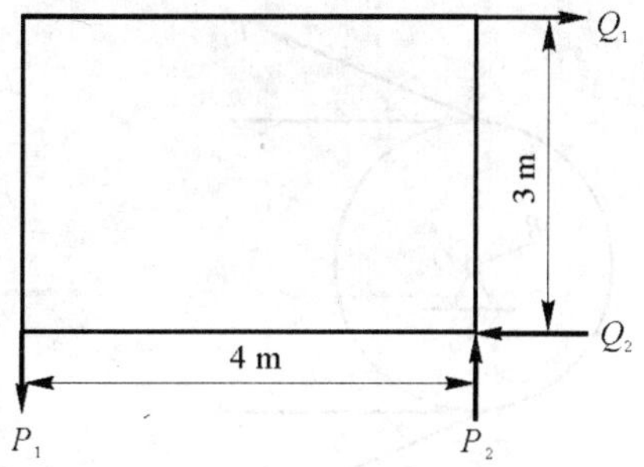

题 3-38 图

第 3-38 题：两力偶作用在同一平板上，如题 3-38 图所示，其中，$P_1 = P_2 = 3$ kN，$Q_1 = Q_2 = 4$ kN，此两力偶的关系是(　　)。

A. 等效　　B. 平衡

C. 既不等效也不平衡　　D. 可合成一个合力偶

第 3-39 题：如题 3-39 图所示一矩形钢板，为使钢板转过一角度，在 A，C 两点加两反向平行力构成力偶，当力偶矩一定时，为使所加的力最小，加力方案是(　　)。

A. 两力顺长边 a　　B. 两力顺宽边 b

C. 两力垂直于对角线 AC　　D. 两力垂直于对角线 BD

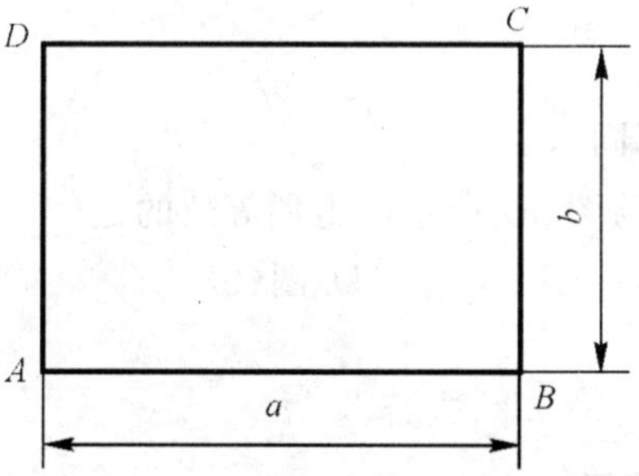

题 3-39 图

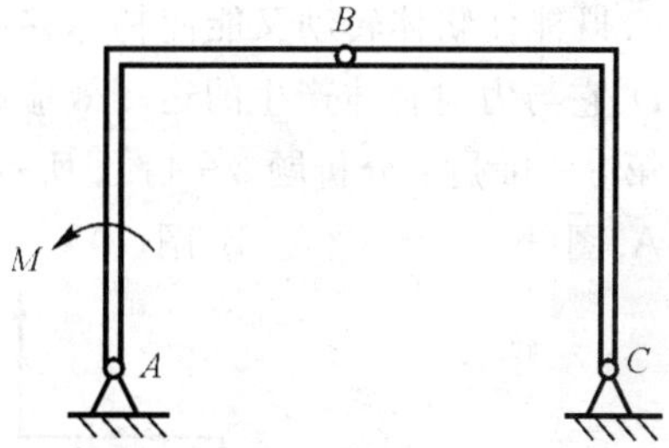

题 3-40 图

第 3-40 题：如题 3-40 图所示结构，力偶矩为 M 的力偶作用在 AB 杆上，则 A 点的约束反力作用线方位应为(　　)。

A. 铅垂向上　　B. 沿 AB 连线

C. 通过 A 点平行于 BC 连线　　D. 水平方向

第 3-41 题：如题 3-41 图所示皮带传动，主动边拉力 $\boldsymbol{T}_1$，从动边拉力 $\boldsymbol{T}_2$($T_1 > T_2$)，两力对 O 点之矩为(　　)。

A. $\sum M_O(\boldsymbol{F}) = (T_1 - T_2)R$　　B. $\sum M_O(\boldsymbol{F}) = (T_2 - T_1)R$

C. $\sum M_O(\boldsymbol{F}) = (T_1 - T_2)R\cos\alpha$　　D. $\sum M_O(\boldsymbol{F}) = (T_2 - T_1)R\cos\alpha$

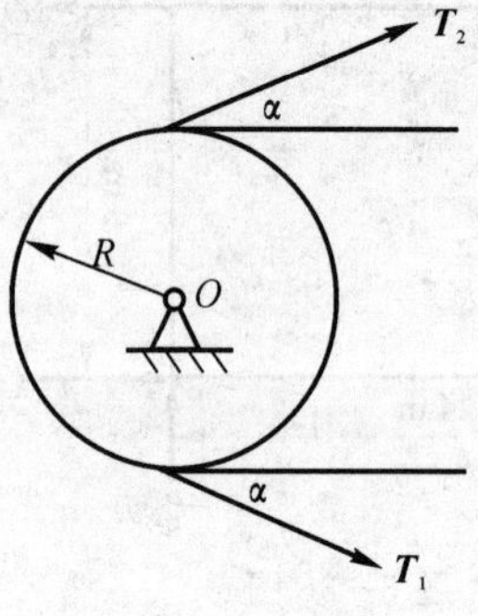

题 3-41 图

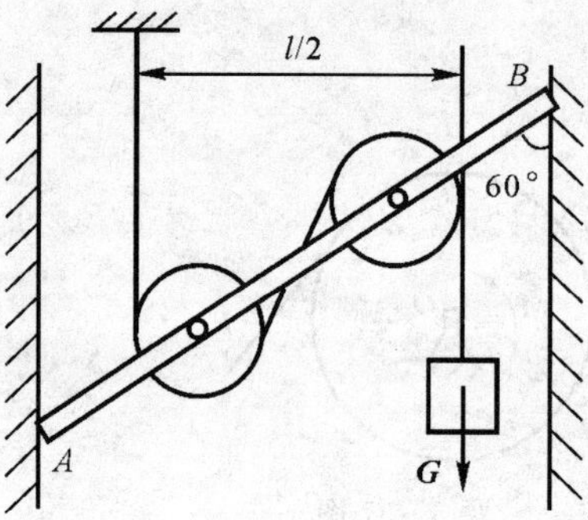

题 3-42 图

第 3-42 题：在平行的光滑面间有一 AB 杆，如题 3-42 图所示，杆上装有两个滑轮，并挂有重物 $\boldsymbol{G}$，杆与绳所决定的平面与两平行的铅垂面相垂直。设 $AB=l$，不计杆与滑轮自重，则 AB 杆的两端约束反力为(　　)。

A. $N_A=N_B=\frac{\sqrt{3}}{3}G$　B. $N_A=N_B=\frac{1}{2}G$　C. $N_A=N_B=G$　D. $N_A=N_B=\frac{\sqrt{2}}{2}G$

第 3-43 题：力偶对物体产生的运动效应为(　　)。

A. 只能使物体转动

B. 只能使物体移动

C. 既能使物体转动又能使物体移动

D. 它与力对物体产生的运动效应有时相同，有时不同

第 3-44 题：分析题 3-44 图所示四个共面力偶，与图(a) 所示的力偶等效的是(　　)。

A. 图(b)　B. 图(c)　C. 图(d)　D. 图(e)

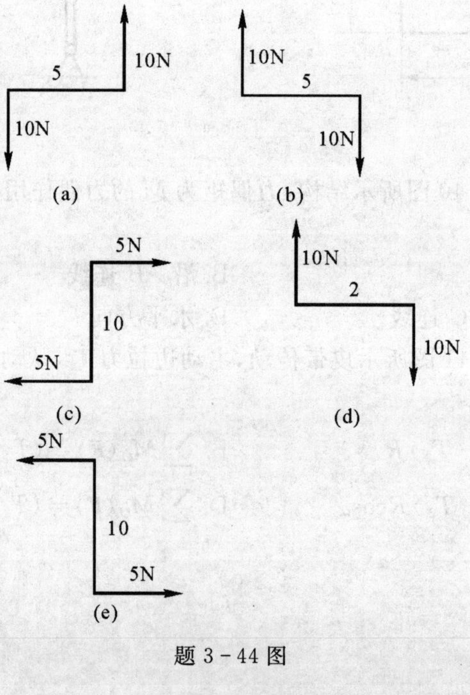

题 3-44 图

4. 多项选择题

第 3-45 题：如题 3-45 图所示的结构，已知其尺寸和受力偶作用的情况(　　)。

A. 铰 A 的约束反力与铰 B 的约束反力等值、反向

B. 铰 A 的约束反力大于铰 B 的约束反力

C. 铰 A 的约束反力和铰 B 的约束反力均为零

D. 铰 A 的约束反力与铰 B 的约束反力，不仅等值、反向，而且共线

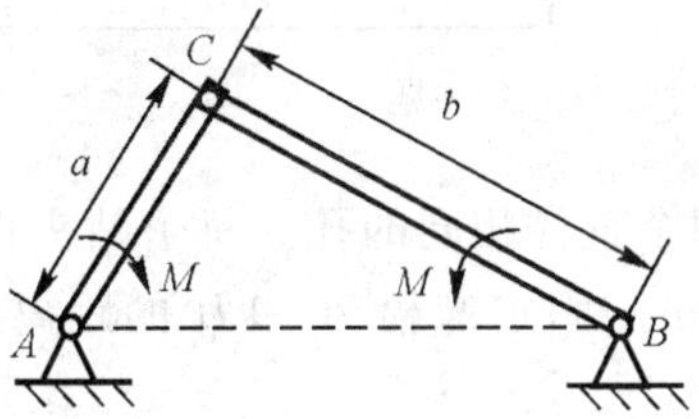

题 3-45 图

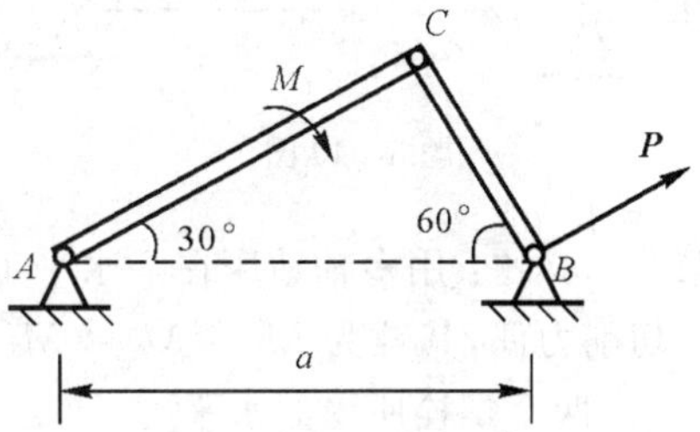

题 3-46 图

第 3-46 题：如题 3-46 图所示，一折杆左端铰接于 A 点，右端受一力 $\boldsymbol{P}$ 作用，且在杆上还受一力偶 M，折杆处于平衡状态，则有(　　)。

A. 力 $\boldsymbol{P}$ 对 A 点的矩 $M_A(\boldsymbol{P})=\frac{\sqrt{3}}{2}Pa$　　　B. 力 $\boldsymbol{P}$ 对 A 点的矩 $M_A(\boldsymbol{P})=\frac{1}{2}Pa$

C. 铰 A 的约束反力 $\boldsymbol{N}_A=-\boldsymbol{P}$　　　D. 铰 A 的约束反力大小 $N_A=\frac{M}{a}$

3.4　基本计算练习题

第 3-47 题：已知正六面体的边长 a,b,c，在 A 点沿 AC 作用一力 $\boldsymbol{F}$，写出力 $\boldsymbol{F}$ 对 O 点之矩的解析表达式。

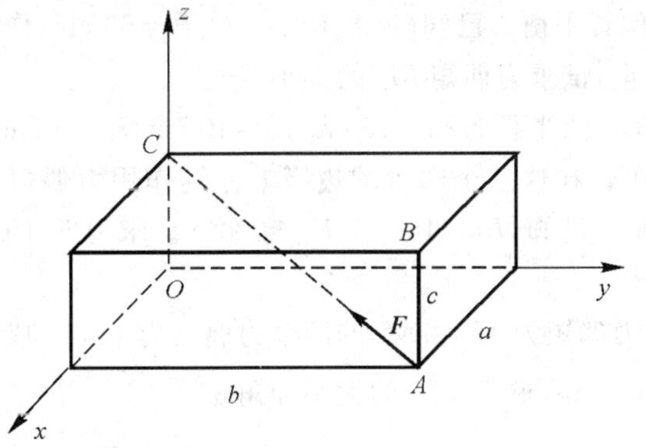

题 3-47 图

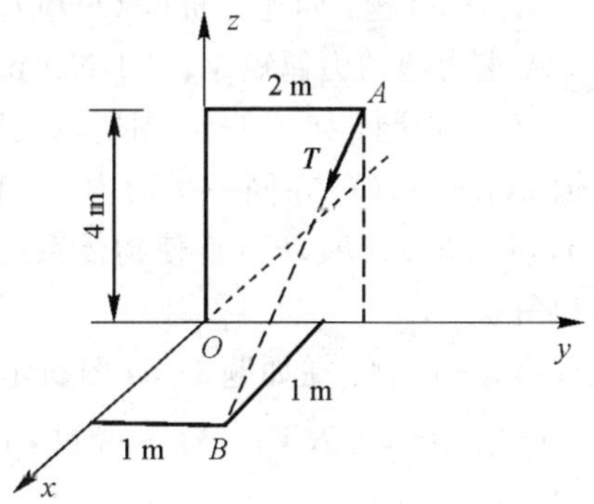

题 3-48 图

第 3-48 题：如题 3-48 图所示，钢缆 AB 中的张力的值 $T=10$ kN，试用解析式表示出张力对 O 点之矩。

第 3-49 题：曲杆 AB 采用如题 3-49 图所示支撑方式，设有一力偶矩为 M 的力偶作用于

曲杆，试求 A，B 两处的约束反力。

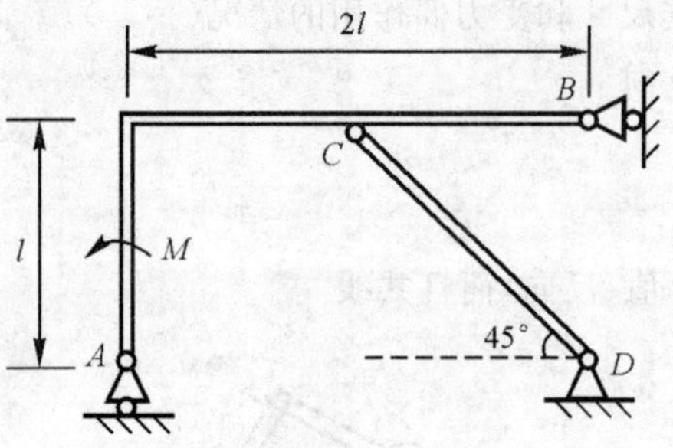

题 3-49 图

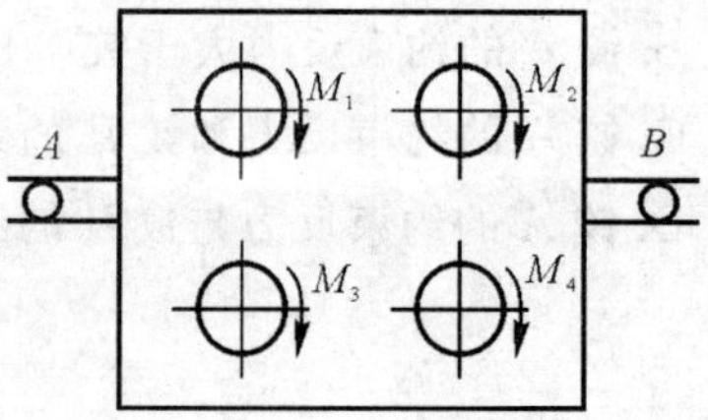

题 3-50 图

第 3-50 题：用多轴钻床在一水平工件上同时钻出四个直径相同的孔。每个钻头作用于工件一切削力偶，其矩为 $M_1=M_2=M_3=M_4=15\ \text{N}\cdot\text{m}$。固定螺栓 A 和 B 的距离为 $l=0.2\ \text{m}$。求两个螺栓所受的水平力。

第 3-51 题：滑道摇杆机构受两个力偶的作用，在如题 3-51 图所示位置平衡，已知，$\overline{OA}=\overline{OO_1}=0.2\ \text{m}$，$M_1=200\ \text{N}\cdot\text{m}$，结构重力和摩擦力不计，试求另一力偶矩 M_2 和 O，O_1 两处的约束反力。

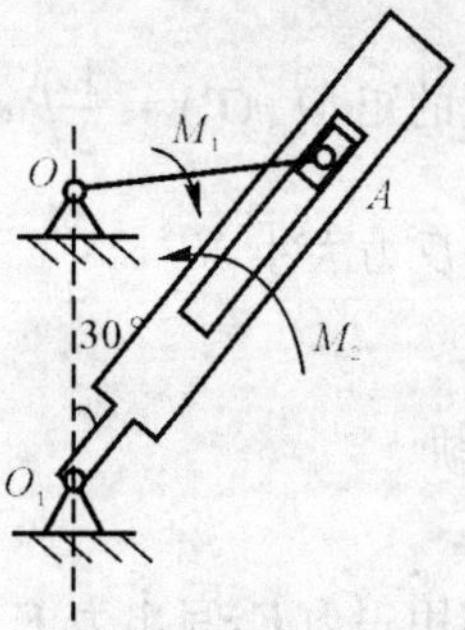

题 3-51 图

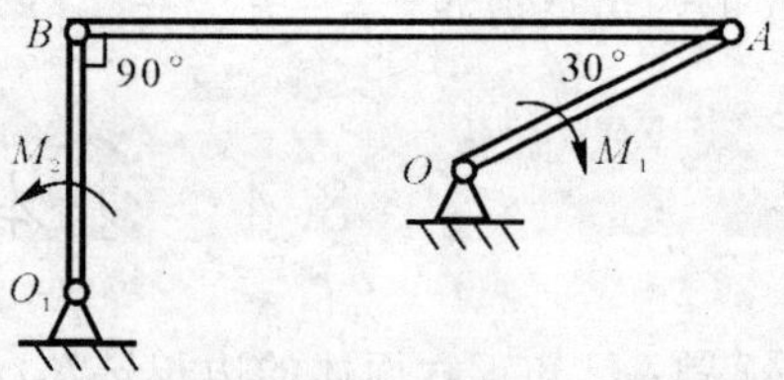

题 3-52 图

第 3-52 题：四连杆机构 $OABO_1$ 在图示位置平衡。已知 $\overline{OA}=40\ \text{cm}$，$\overline{O_1B}=60\ \text{cm}$，作用在 OA 上力偶的力偶矩 $M_1=1\ \text{N}\cdot\text{m}$，不计杆重，试求力偶矩 M_2 的大小。

第 3-53 题：如题 3-53 图所示三圆盘 A，B，C 的半径为 $r_A=15\ \text{cm}$，$r_B=10\ \text{cm}$，$r_C=5\ \text{cm}$。三轴 OA，OB，OC 在同一平面内，$\angle AOB=90°$。在这三个圆盘的边缘上分别作用力偶（F_1，F'_1），（F_2，F'_2），（F_3，F'_3）而使物体系统保持平衡。已知，$F_1=100\ \text{N}$，$F_2=200\ \text{N}$。求力 F_3 的大小和角 α。

第 3-54 题：在如题 3-54 图所示物体上，力偶矩为 M_1 和 M_2 的两个力偶与力 $\boldsymbol{F}_1$，$\boldsymbol{F}_2$ 成平衡。已知 $M_1=2\ \text{N}\cdot\text{m}$，$M_2=3\ \text{N}\cdot\text{m}$，$\overline{AB}=0.1\ \text{m}$，求 F_1，F_2 的大小和角 α。

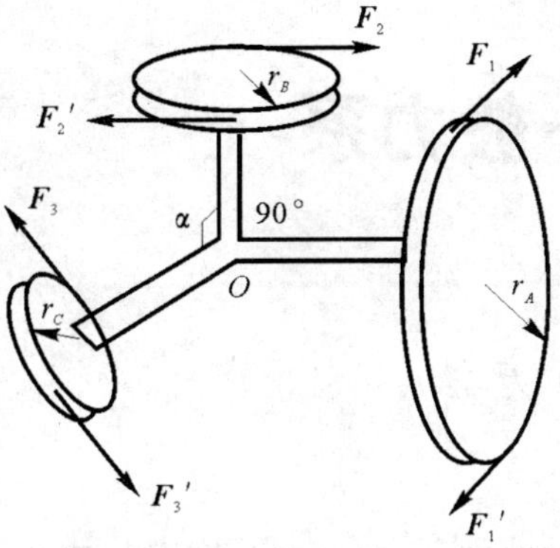

题 3-53 图

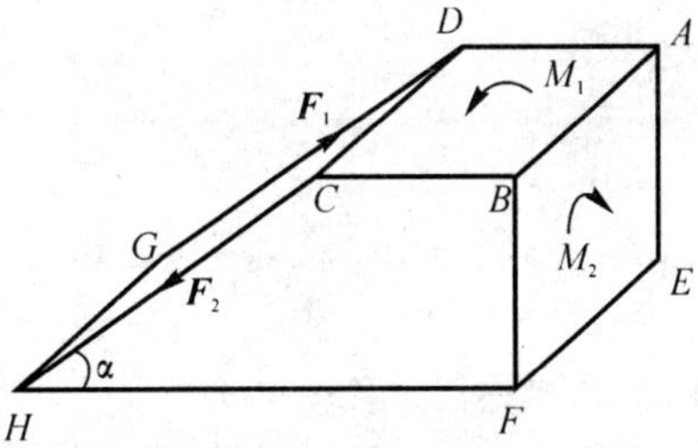

题 3-54 图

第四章 平面一般力系

4.1 基本理论与方法

1. 基本概念

(1) 主矢。主矢等于原力系中各力的矢量和,一般情况下,主矢并不与原力系等效,不是原力系的合力。它与简化中心位置无关。

(2) 主矩。主矩是力系向简化中心平移时得到的附加力偶系的合力偶的矩,它也不与原力系等效。主矩与简化中心的位置有关。

(3) 静滑动摩擦力。两个相互接触的物体,当它们沿接触面有相对滑动的趋势时,彼此间产生阻碍这个运动趋势的力,这个力叫静滑动摩擦力。

(4) 动滑动摩擦力。两个物体沿接触面有相对滑动,彼此间产生阻碍滑动的力,这个力叫动滑动摩擦力。

(5) 全反力。支撑面的法向反力及静滑动摩擦力的合力称为全反力。

(6) 摩擦角。在临界状态下,全反力达到极限值,此时全反力与支撑面的接触点的法线的夹角 φ 称为摩擦角。

(7) 自锁现象。如果作用于物体的全部主动力的合力的作用线在摩擦角 φ 内,则无论这个力多大,物体必保持静止,这一现象称为自锁现象。

2. 基本方法

(1) 主矢的计算一般采用解析法。

$$\boldsymbol{R}' = \sum_{i=1}^{n} \boldsymbol{F}_i$$

$$R'_x = X_1 + X_2 + \cdots + X_n = \sum X$$

$$R'_y = Y_1 + Y_2 + \cdots + Y_n = \sum Y$$

$\boldsymbol{R}'$ 的大小和方向分别由下式确定

$$R' = \sqrt{R'^2_x + R'^2_y} = \sqrt{(\sum X)^2 + (\sum Y)^2}$$

$$\cos\alpha = \frac{R'_x}{R'} \quad \cos\beta = \frac{R'_y}{R'}$$

α,β 分别为主矢与 x,y 轴正方向间的夹角。

(2) 主矩的计算。

$$M_O = \sum_{i=1}^{n} M_O(\boldsymbol{F}_i) = \sum_{i=1}^{n} (X_i y_i - Y_i x_i)$$

(3) 三种形式的平衡方程。

1）两力一矩方程：
$$\begin{cases}\sum X=0\\ \sum Y=0\\ \sum M_A(\boldsymbol{F}_i)=0\end{cases}$$

2）两矩一力方程：
$$\begin{cases}\sum M_A(\boldsymbol{F}_i)=0\\ \sum M_B(\boldsymbol{F}_i)=0, A,B\text{两点连线不能与}x\text{轴垂直。}\\ \sum X=0\end{cases}$$

3）三矩方程：
$$\begin{cases}\sum M_A(\boldsymbol{F}_i)=0\\ \sum M_B(\boldsymbol{F}_i)=0, A,B,C\text{三点不能共线。}\\ \sum M_C(\boldsymbol{F}_i)=0\end{cases}$$

（4）多体系统的平衡问题。当物体系统是由多个物体组成时，在求解过程中，一般都要选取两个以上的分离体，因此内力与外力、作用力与反作用力都经常出现。在考虑系统整体平衡时，不必画出系统各部分间的相互作用力（内力）。在考虑系统中某单个物体平衡时不要漏画了各刚体之间的相互作用力。物体系统整体平衡，则局部平衡，组成系统的各个物体也平衡。

（5）具有摩擦的平衡问题。求解这类问题必须将物体的静力平衡方程式和摩擦的物理方程式联合求解。

1）判断物体所处的状态。判断物体处于静止、临界和滑动三种情况中的哪一种。

2）求具有摩擦时物体能保持静止的条件。

3）求物体处于临界状态时的平衡问题。在临界状态下，物理方程为

$$F_{\max}=f_s F_N$$

（6）具有摩擦时物体能保持静止的条件。

1）解析法——等式解法。先确定物体在临界状态下的解，再根据问题的条件和要求，分析确定平衡范围。

2）解析法——不等式解法。假定物体静止，并未达到临界状态，此时补充方程用不等式表达，在计算中要求解不等式。

3）几何法。用摩擦角的概念和自锁条件$\theta\leqslant\varphi_m$来求解。先假定物体处于临界平衡状态，不光滑接触面的约束反力用全反力表示，全反力作用线方位由摩擦角φ_m给定。再借助二力平衡条件或二力平衡汇交定理求解。

4.2　基本要求与重点

1. 基本要求

（1）熟悉力的平衡定理及其适用范围。

（2）掌握平面任意力系向作用面内任一点简化的方法，分析简化的结果。

（3）掌握固定端约束的特征和约束反力的表示方法。

（4）掌握平面任意力系的平衡条件，掌握应用平衡条件解平面力系的平衡问题，熟悉平衡方程的三种形式。

(5) 掌握静定的物体系统平衡问题的分析方法。

(6) 熟悉平面平行力系的平衡问题。

(7) 熟悉滑动摩擦的概念和滑动摩擦力的特征。

(8) 熟悉摩擦角的概念，了解自锁现象。

(9) 熟悉具有摩擦的平衡问题。

2. 重点、难点

(1) 主矢、主矩概念的理解。

(2) 主矢、主矩以及力系合成的最后结果计算。

(3) 应用三种形式的平衡方程求解单个物体的平衡问题。

(4) 求解物体系统的平衡问题。

(5) 理解滑动摩擦力的概念和滑动摩擦力的特征，熟悉滑动的三种状态。

(6) 摩擦角与自锁现象。

(7) 具有摩擦的平衡问题。

4.3 基本概念练习题

1. 是非判断题

第 4-1 题：设平面一般力系向某点简化得到一合力，如果另选适当的点简化，则力系可简化为一力偶，对吗？

第 4-2 题：力系如题 4-2 图所示，$F_1=F_2=F_3=F_1$，力系向 A 点和 B 点简化的结果不同，二者不等效，对吗？

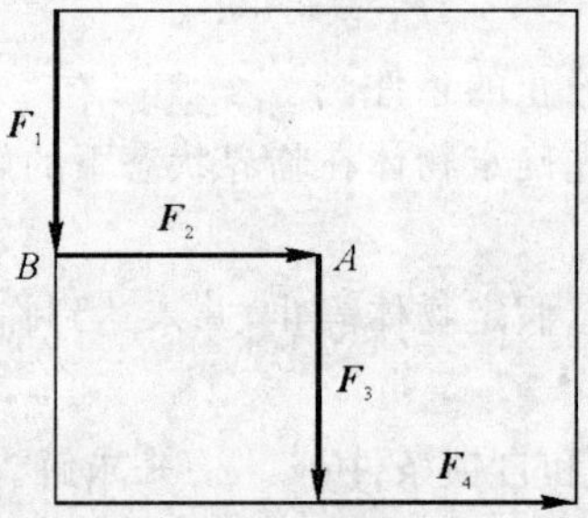

题 4-2 图

第 4-3 题：如题 4-3 图所示，力 $\boldsymbol{F}$ 和力偶($\boldsymbol{F}'$,$\boldsymbol{F}''$)对轮的作用相同吗？已知，$F'=F''=F$。

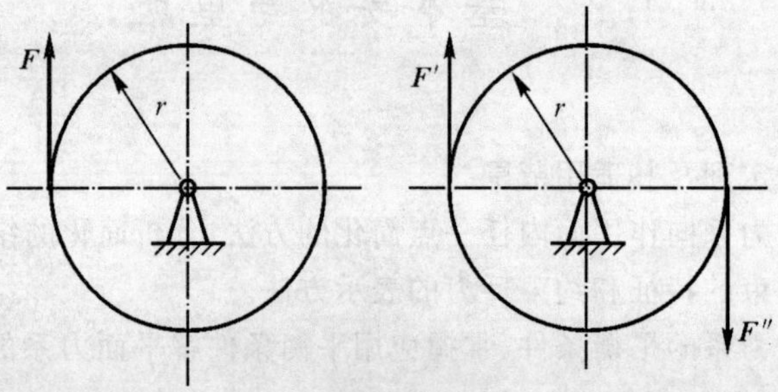

题 4-3 图

第 4－4 题：主矢是一个自由矢量，而不是一个力。

第 4－5 题：一般情况下，力系的主矩随简化中心的不同而变化。

第 4－6 题：平面问题中，固定端约束可提供两个约束力和一个约束力偶。

第 4－7 题：力系向简化中心简化，若 $R'=0$，$M_O=0$，即主矢、主矩都等于零，则原平面一般力系是一个平衡力系，对吗？

第 4－8 题：平面力系的合力对作用面内任一点的矩，不一定等于力系中各力对同一点之矩的代数和，对吗？

第 4－9 题：力偶可以在作用面内任意移转，主矩一般与简化中心有关，两者间有矛盾，对吗？

第 4－10 题：平面汇交力系的平衡方程除了用两个投影方程表示外，还可以用一个力矩和一个投影形式的平衡方程表示，对吗？

第 4－11 题：平面汇交力系有二矩式方程，对吗？

第 4－12 题：平面汇交力系有二矩式方程且无限制条件，对吗？

第 4－13 题：如题 4－13 图所示中，平面平行平衡力系中，若 x 轴与 y 轴都不与各力平行或垂直，则其独立的平衡方程有 1 个，对吗？

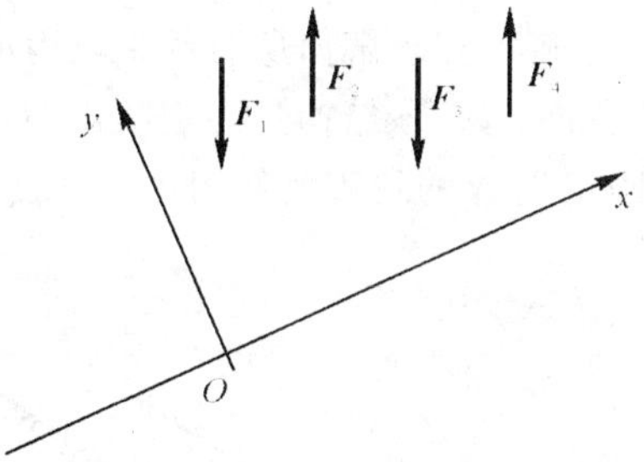

题 4－13 图

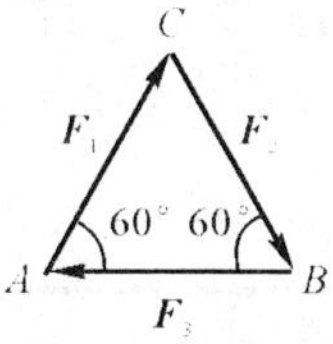

题 4－17 图

第 4－14 题：正压力 $\boldsymbol{N}$ 一定等于物体的重力，对吗？

第 4－15 题：如果物体上的全部主动力的合力 $\boldsymbol{Q}$ 的作用线在摩擦角以内，则无论这个力有多大，物体总保持静止，对吗？

第 4－16 题：静摩擦力随作用于物体上的载荷的变化而变化，对吗？

第 4－17 题：刚体上 A，B，C 三点分别作用三个力 $\boldsymbol{F}_1$，$\boldsymbol{F}_2$，$\boldsymbol{F}_3$，各力的方向如题 4－17 图所示，大小恰好与 ΔABC 的边长成比例，该力系平衡，对吗？

第 4－18 题：组合梁 $ABCDE$ 受均布载荷作用，如题 4－18 图所示，均布载荷集度为 $\boldsymbol{q}$，当求 D 处约束反力时，可将分布力简化为在 BE 中点的集中力 $3qa$，对吗？

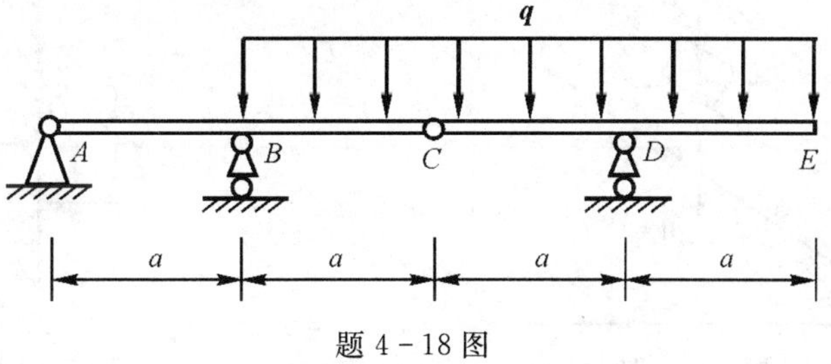

题 4－18 图

第4-19题：桁架中，若在一个节点上有两根不共线的杆件，且无载荷或约束力作用于该节点，则此二杆内力均为零，对吗？

第4-20题：桁架中，若在一个节点上有三根杆件，且其中两根共线，在节点上无载荷或约束力作用，则不共线杆内力为零，对吗？

第4-21题：设桁架杆件总数为m，铰节点数目为n，平面桁架在$m=2n-3$的条件下不仅坚固，而且静定，对吗？

第4-22题：滑动摩擦力的方向不能任意假设，对吗？

第4-23题：当刚体系统处于平衡状态时，其中的局部刚体系统甚至每个刚体也必然处于平衡状态，对吗？

第4-24题：三矩式平衡方程的三个矩心点可以任意选取，对吗？

第4-25题：力的平移定理的实质是，作用于刚体的一个力，可以在力的作用线的任意平面内，等效地分解为同平面内另一点的一个力和一个力偶；反过来，作用于刚体某平面内的一个力和一个力偶也可以合成为同平面内另一点的一个力，对吗？

第4-26题：当向A点简化时，有$R=0,M_A\neq 0$，说明原力系可以简化为一力偶，其力偶矩就为主矩M_A，其与简化中心无关。所以将$R=0,M_A\neq 0$再向原力系作用面内任意点B简化，必得到$R=0,M_B=M_A\neq 0$的结果，对吗？

第4-27题：不含多余约束，即能用静力学平衡方程求解出所有约束反力的稳定结构。在这种结构中，所求未知量的数目不大于平衡方程的个数，该结构是静定结构，对吗？

第4-28题：如题4-28图所示悬臂折梁固定端A的约束反作用为(x轴水平向左，y轴铅直向上)$X_A=P,Y_A=0,M_A=Pa$，对吗？

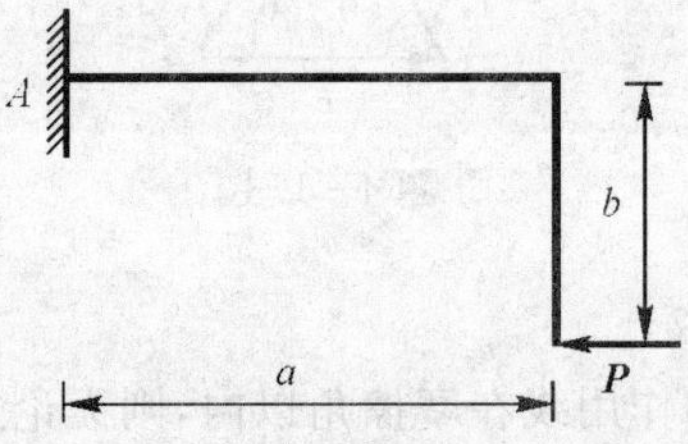

题4-28图

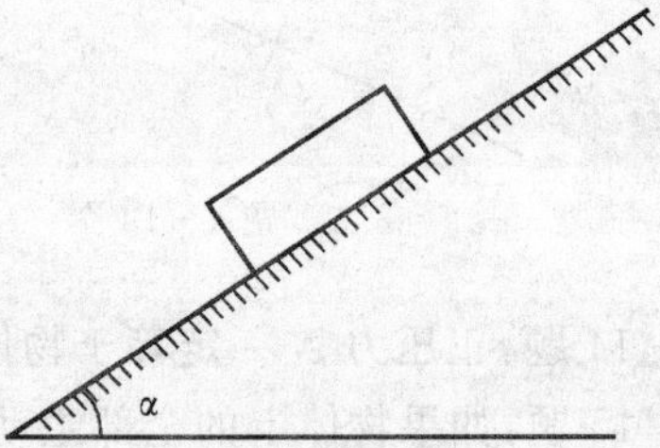

题4-29图

第4-29题：如题4-29图所示，重为$G=10$ N的物体搁置在倾角$\alpha=30°$的粗糙斜面上，已知，$f=0.6$，物体将沿斜面下滑，对吗？

第4-30题：如题4-30图所示，重力为$\boldsymbol{W}$的物块A放在倾角为α的斜面上，因摩擦而静止。今为使物块下滑，在A上加一重力为$\boldsymbol{P}$的物块B(两物块间无相对滑动)，则能达到目的，对吗？

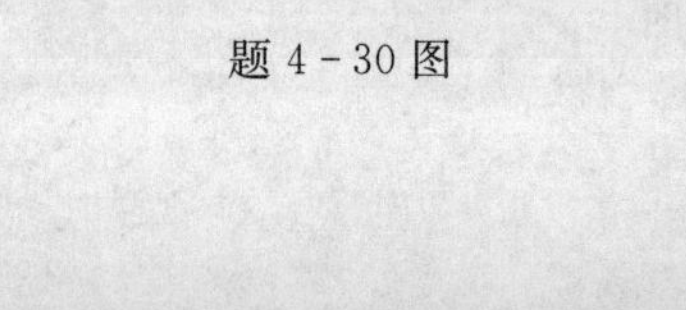

题4-30图

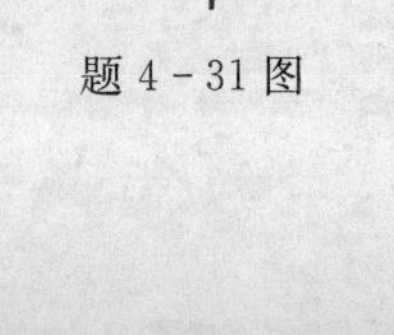

题4-31图

第 4－31 题：物块重 $P=100$ N，用力 $Q=500$ N 将其压在一铅直表面上，如题 4－31 图所示。摩擦因数 $f=0.3$。要想使物块不下滑，力 Q 的最小值为 300 N，对吗？

第 4－32 题：平面任意力系的主矢的大小等于平面任意力系的合力的大小，对吗？

2. 选择填空题

第 4－33 题：平面任意力系向一点的简化，需要将力系中各力都（　　）到作用面内任意选定的一点上，该点称为（　　）。

A. 等效地移动　　B. 坐标原点　　C. 平行地移动　　D. 简化中心

第 4－34 题：一般情况下，平面任意力系向作用面内任选一点 O 简化，可得到一力和一力偶，该力作用于简化中心 O，力矢量 $\boldsymbol{R}'=\sum \boldsymbol{F}_i$ 称做（　　），力偶矩 $M_O=\sum M_O(\boldsymbol{F})$ 称做（　　）。

A. 平面任意力系的主矢　　B. 平面任意力系的主矩

C. 平面任意力系的合力　　D. 平面任意力系的合力偶

第 4－35 题：对于给定的任意力系，其主矢与简化中心的位置（　　）。但在一般情况下，简化中心的位置不同时，对应的力系的主矩则（　　）。

A. 有关　　B. 不相同　　C. 无关　　D. 相同

第 4－36 题：平面任意力系平衡的充要条件是平面任意力系的（　　）和（　　）同时为零。

A. 在某坐标轴上的投影的和　　B. 对坐标原点的力矩和

C. 主矢　　D. 主矩

第 4－37 题：平面任意力系的平衡方程，可写成（　　），其中（　　）对矩心位置必须附加条件。

A. 一矩式、二矩式和三矩式形式　　B. 一矩式和三矩式形式

C. 一矩式和二矩式形式　　D. 二矩式和三矩式形式

第 4－38 题：当平面平行力系平衡时，只有（　　）平衡方程；当平面汇交力系平衡时，只有（　　）平衡方程。

A. 两个独立的　　B. 三个独立的　　C. 一个独立的　　D. 四个独立的

第 4－39 题：作用在刚体上点 A 的力 $\boldsymbol{F}$，可以等效地平移到刚体上的任意点 B，但必须附加一个（　　），此附加（　　）。

A. 力偶　　B. 力偶的矩等于作用于点 A 的力 $\boldsymbol{F}$ 对点 B 的矩

C. 力　　D. 力的大小方向与原力相同

第 4－40 题：力 $\boldsymbol{P}$ 作用于三铰拱的 E 点，如题 4－40 图所示。如果将其平移到三角拱的 D 点上，而附加一力偶矩为（　　）；平移后对（　　）的约束反力有影响。

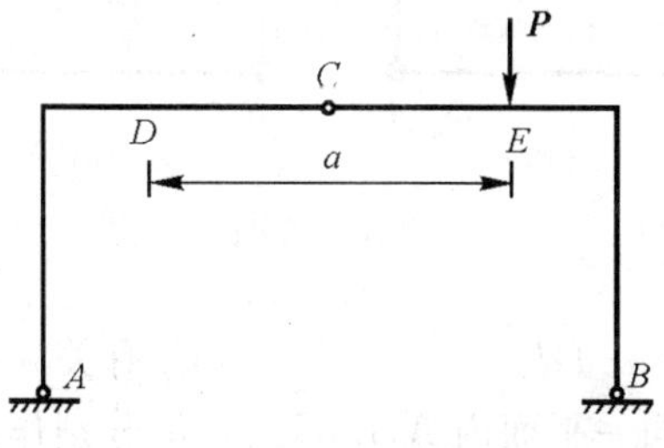

题 4－40 图

A. Pa　　　　　　B. $2Pa$　　　　　　C. C 处　　　　　　D. A 处

第 4－41 题：如题 4－41 图所示的六种结构，各杆件自重不计，请指出是静定结构的为(　　)，是超静定结构的为(　　)。

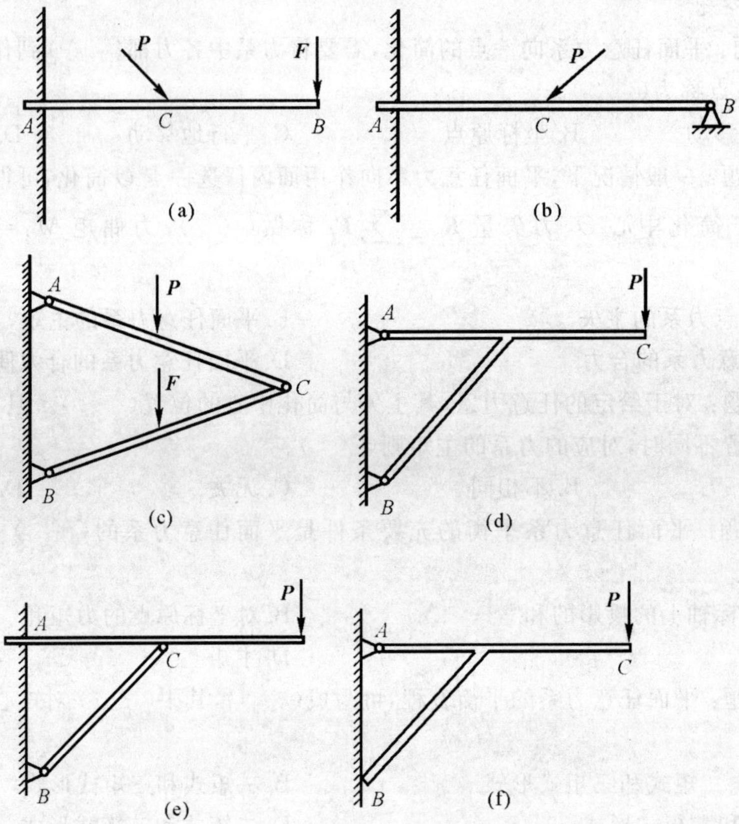

题 4－41 图

A. 图(a)、图(b)、图(e)、图(f)　　　　B. 图(a)、图(c)、图(f)

C. 图(b)、图(d)、图(e)　　　　　　　D. 图(a)、图(c)、图(e)

第 4－42 题：如题 4－42 图(a) 所示中，作用于点 A 的力 $\boldsymbol{F}$ 平移到 B 点时，如题 4－42 图(b)所示，须附加的一力偶矩等于(　　)，其大小和方向与点 B 的位置(　　)。

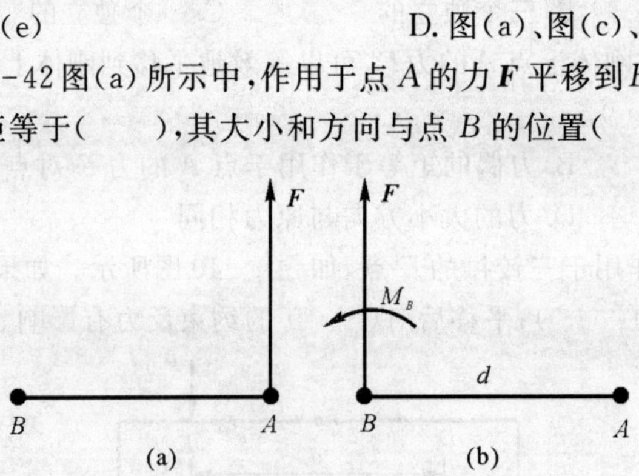

题 4－42 图

A. Fd　　　　　　B. $-Fd$　　　　　　C. 有关　　　　　　D. 无关

第 4－43 题：在刚体上的同一平面内 A, B, C 三点上分别作用 $\boldsymbol{F}_1$, $\boldsymbol{F}_2$, $\boldsymbol{F}_3$ 三个力，并构成封

闭三角形，如题 4－43 图所示，该力系可简化为(　　)是(　　)。

A. 力　　B. 力偶　　C. 平衡的　　D. 不平衡的

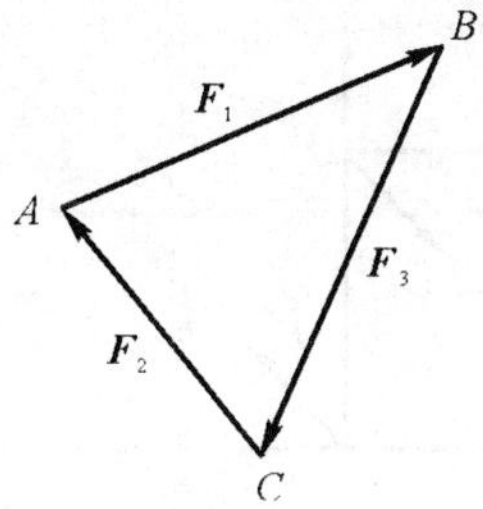

题 4－43 图

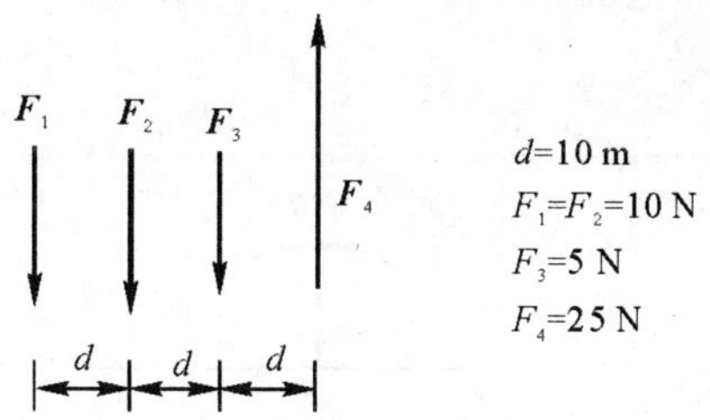

题 4－44 图

第 4－44 题：某一平面平行力系各力的大小、方向和作用线的位置如题 4－44 图所示。此力系简化的结果为(　　)，简化结果与简化中心(　　)。

A. 一合力 $R=50$ N　　B. 一合力偶 $M=550$　　C. 有关　　D. 无关

第 4－45 题：自锁现象是作用于物体的全部主动力的合力作用线与(　　)间的夹角 α 符合(　　)时，出现的平衡现象。

A. 接触面法线　　B. $\alpha\leqslant\varphi_m$　　C. $\alpha=\varphi_m$　　D. 摩擦力

第 4－46 题：平面任意力系二矩式方程的限制条件是(　　)；平面任意力系三矩式方程的限制条件是(　　)。

A. 二矩心连线不能与投影轴相平行　　B. 二矩心连线不能与投影轴相垂直

C. 三矩心连线不能在同一条直线上　　D. 三矩心连线不能与投影轴相垂直

第 4－47 题：平面任意力系向作用面内指定点简化的结果，可能有(　　)；当主矢和主矩不为零时，还可以进一步简化为(　　)。

A. 三种情况　　B. 四种情况　　C. 一合力　　D. 一合力偶

第 4－48 题：　物体相对于另一物体作滚动或有滚动趋势时，在其接触处有(　　)其滚动的机械作用，这种作用称做(　　)。

A. 阻碍　　B. 有利于　　C. 滚动摩阻力偶　　D. 驱动力偶

3. 单项选择题

第 4－49 题：对任何一个平面力系(　　)。

A. 总可以用一个力与之平衡　　B. 总可以用一个力偶与之平衡

C. 总可用合适的两个力与之平衡　　D. 总可以用一个力和一个力偶与之平衡

第 4－50 题：如题 4－50 图所示，一平面力系向 O 点简化为一主矢 $\boldsymbol{R}'$ 和主矩 M_O，若进一步简化为一合力，则合力 $\boldsymbol{R}$ 为(　　)。

A. 合力矢 $\boldsymbol{R}$ 位于 $B(\overline{OB}\neq|M_O|/R)$　　B. 合力矢 $\boldsymbol{R}$ 位于 O

C. 合力矢 $\boldsymbol{R}=\boldsymbol{R}'$ 位于 $B(\overline{OB}=|M_O|/R)$　　D. 合力矢 $\boldsymbol{R}=\boldsymbol{R}'$ 位于 $A(\overline{OA}=|M_O|/R)$

第 4－51 题：如题 4－51 图所示一边长为 a 的正方形板的尺寸和其上所受力为平面平行力系。已知，$|\boldsymbol{F}_1|=|\boldsymbol{F}_2|=F$，$|\boldsymbol{F}_3|=|\boldsymbol{F}_4|=2F$，则向 B 点简化的结果为(　　)。

A. $R_X=\sqrt{2}F, R_Y=\sqrt{2}F, M_B=\sqrt{2}aF$(顺时针)

B. $R_X=2F, R_Y=2F, M_B=\sqrt{2}aF$(顺时针)

C. $R_X=-\sqrt{2}F, R_Y=-\sqrt{2}F, M_B=\sqrt{2}aF$（逆时针）

D. $R_X=0, R_Y=0, M_B=0$

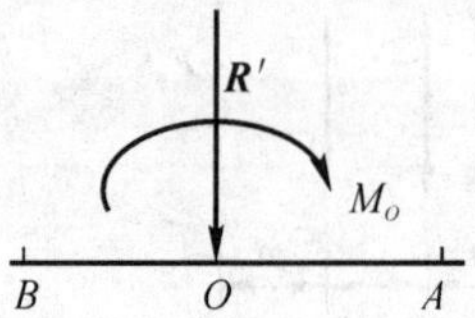

题 4-50 图

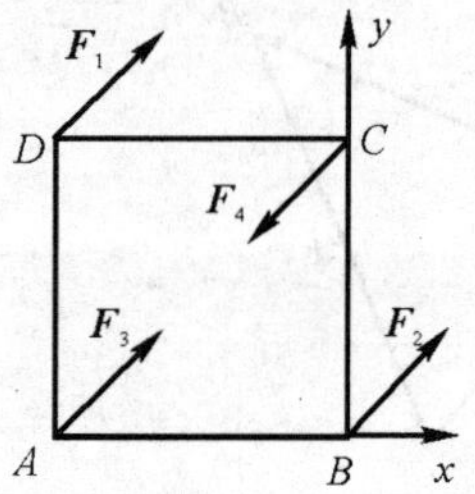

题 4-51 图

第 4-52 题：如题 4-52 图所示，结构在 D 点作用一水平力 $\boldsymbol{F}$，大小为 $F=2$ kN，不计杆 ABC 的自重，则支座 B 的约束反力为（　　）。

A. $R_B\leqslant 2$ kN　　B. $R_B=2$ kN　　C. $R_B>2$ kN　　D. $R_B=0$

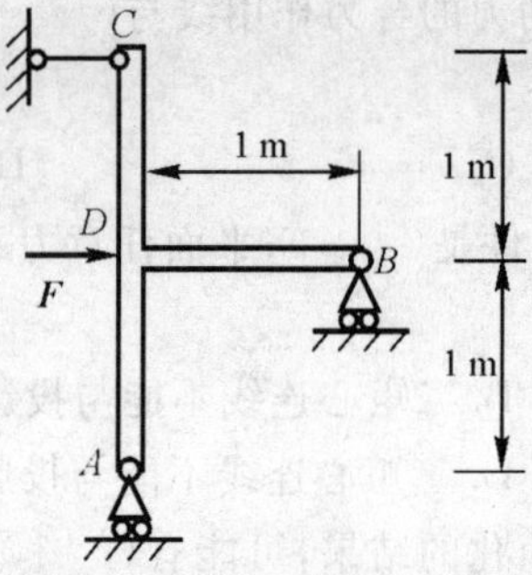

题 4-52 图

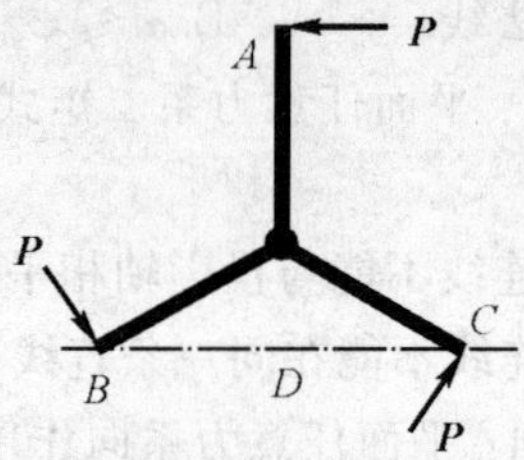

题 4-53 图

第 4-53 题：如题 4-53 图所示，一铰盘有三个等长的柄，长为 L，相互夹角为120°，每个柄作用垂直于柄的力 $\boldsymbol{P}$，将该力系向 BC 连线的中点 D 简化，其结果为（　　）。

A. $R=P, M_D=3PL$　　B. $R=0,\ M_D=3PL$　　C. $R=20, M_D=3PL$　　D. $R=0, M_D=2PL$

第 4-54 题：悬臂梁的尺寸和载荷如题 4-54 图所示，它的约束反力为（　　）。

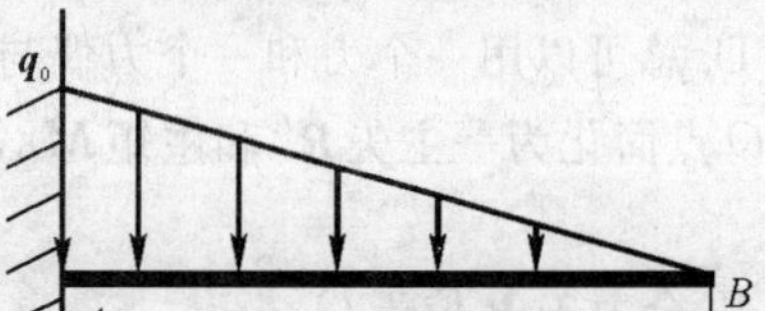

题 4-54 图

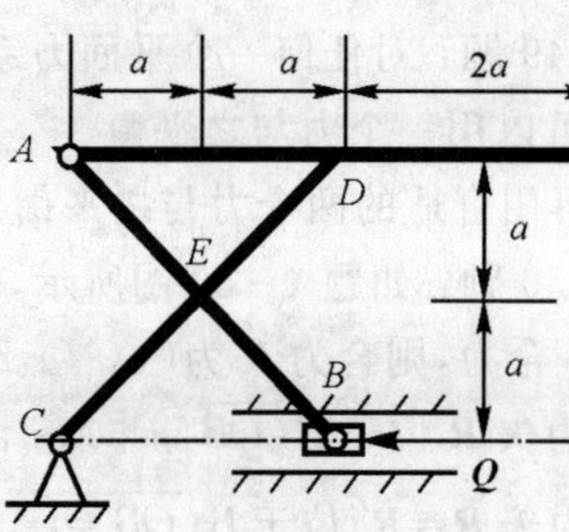

题 4-55 图

A. $Y_A=q_0L/2\quad M_A=q_0L^2/3$（顺时针）　　B. $Y_A=q_0L/2\quad M_A=q_0L^2/6$（顺时针）

C. $Y_A=q_0L/2\quad M_A=q_0L^2/3$（逆时针）　　D. $Y_A=q_0L/2\quad M_A=q_0L^2/6$（逆时针）

第 4-55 题：如题 4-55 图所示，AB 和 CD 在 E 点铰接，且它们相互垂直，水平杆 AH 的

A 端与 AB 杆铰接，其在中点 D 与 CD 杆光滑连接，滑块 B 置于光滑的水平面上，各构件自重不计，求结构平衡时 $\boldsymbol{P}$ 和 $\boldsymbol{Q}$ 之间的关系（　　）。

A. $Q=P$　　B. $Q=P/2$　　C. $Q=2P$　　D. $Q=3P$

第 4-56 题：如题 4-56 图所示，物块重 $\boldsymbol{G}$，置于水平面上，静滑动摩擦因数为 f。在物块上施加一与水平面倾角为 α 的力 $\boldsymbol{Q}$，则物块能否平衡取决于（　　）。

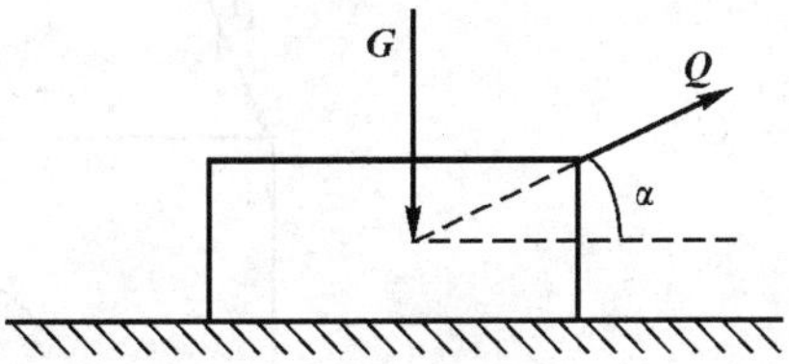

题 4-56 图

A. $\boldsymbol{G}$,$\boldsymbol{Q}$ 合力的大小　　B. 全反力 $\boldsymbol{R}$ 的大小

C. $\boldsymbol{G}$,$\boldsymbol{Q}$ 合力作用线的方位　　D. 不能确定

4. 多项选择题

第 4-57 题：在题 4-57 图中，若某平面任意力系满足 $\sum M_A=0$，$\sum M_B=0$，则（　　）。

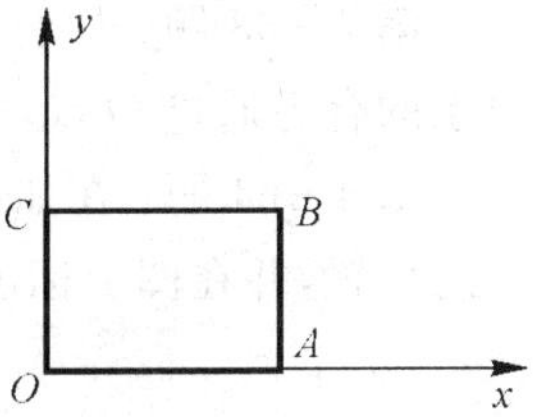

题 4-57 图

A. 必有 $\sum F_x=0$　　B. 必有 $\sum F_y=0$

C. 必有 $\sum M_O=0$　　D. 不可能有 $\sum F_y=0$，$\sum M_O\neq 0$

第 4-58 题：在题 4-57 图中，若某平面任意力系满足 $\sum F_y=0$，$\sum M_B=0$，则（　　）。

A. 必有 $\sum M_A=0$　　B. 必有 $\sum M_C=0$

C. 不可能有 $\sum M_O\neq 0$，$\sum F_x=0$　　D. 不可能有 $\sum M_O=0$，$\sum F_x\neq 0$

第 4-59 题：在题 4-57 图中，若某平面汇交力系（O 为汇交点）满足 $\sum M_A=0$，则（　　）。

A. 必有 $\sum M_C=0$　　B. 可能有 $\sum M_C\neq 0$，$\sum F_x=0$

C. 必有 $\sum F_y=0$　　D. 有可能 $\sum M_C\neq 0$，$\sum F_y=0$

第 4-60 题：在题 4-57 图中，若某平面平行力系满足 $\sum M_C=0$，$\sum M_B=0$，则（　　）。

A. 必有 $\sum M_A=0$　　B. 可能有 $\sum M_A=0$，$\sum F_x=0$

C. 有可能 $\sum F_x\neq 0$，$\sum F_y=0$　　D. 有可能 $\sum M_A=0$，$\sum M_O\neq 0$

第 4-61 题：A,B 为某平面力系作用面内任意两点，该力系向 A 点简化的结果是 $\boldsymbol{F}'$ 和 M_A，向 B 点简化的主矩为 M_B，则下述哪种结论是正确的：（　　）。

A. 当 $\boldsymbol{F}'=\boldsymbol{0}$ 时，必有 $M_A=M_B$　　B. 当 $\boldsymbol{F}'=\boldsymbol{0}$ 时，可能有 $M_A\neq M_B=0$

C. 当 $\boldsymbol{F}'\neq\boldsymbol{0}$，可能有 $M_A=M_B$　　D. 当 $\boldsymbol{F}'\neq\boldsymbol{0}$ 时，可能有 $M_A\neq M_B$

4.4 基本计算练习题

第 4-62 题：如题 4-62 图所示，钢柱受到偏心力 $\boldsymbol{P}$ 的作用，$P=10$ kN。如将此力向中心线平移，可得一力与一力偶，已知力偶矩为 800 N·m。求偏心距 d。

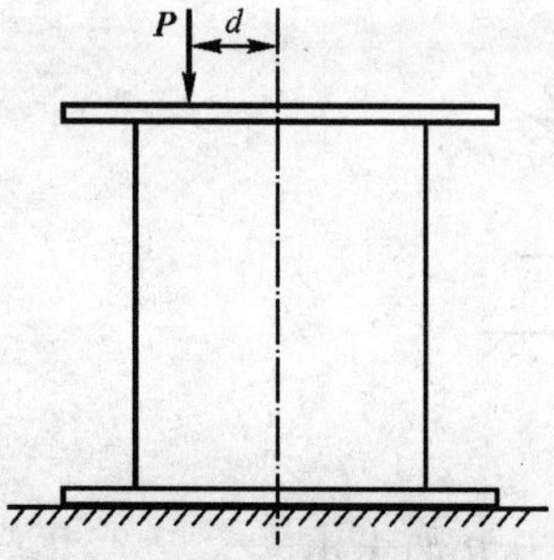

题 4-62 图

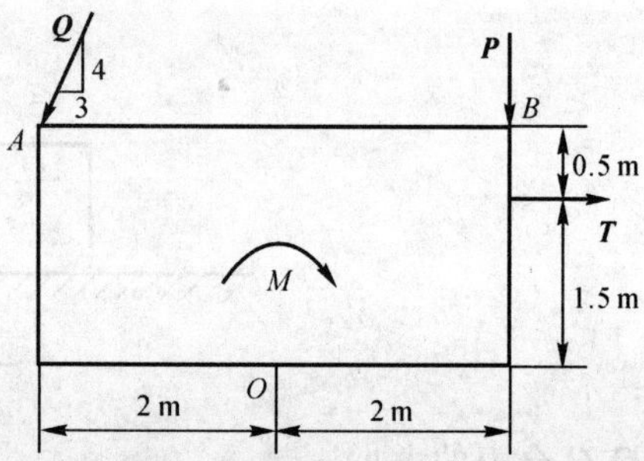

题 4-63 图

第 4-63 题：如题 4-63 图所示一平面力系，$Q=200$ N，$P=100$ N，$M=300$ N·m，欲使力系的合力通过 O 点，则水平力 $\boldsymbol{T}$ 的大小应为多少？

第 4-64 题：在如题 4-64 图中 AB 段作用有梯形分布力，试求该力系的合力及合力作用线的位置，并在图上标出。

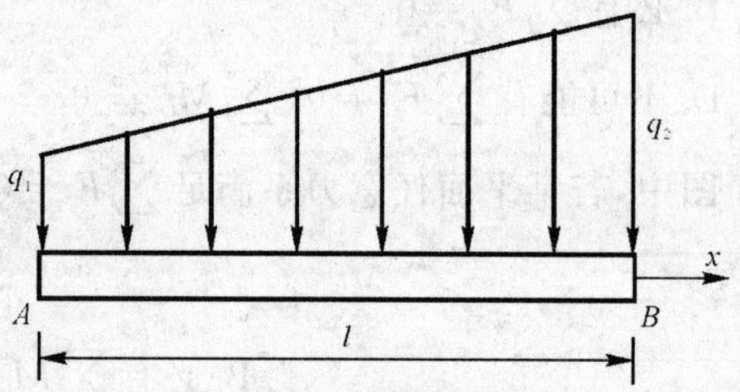

题 4-64 图

第 4-65 题：回转式起重机如题 4-65 图所示，已知自重 $G_1=5$ kN，重物重 $G=8$ kN，试求 A,B 处的约束反力。

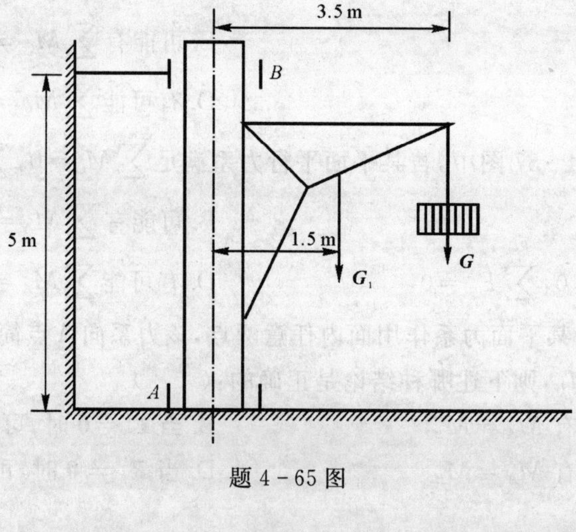

题 4-65 图

第 4-66 题：如题 4-66 图所示，对称屋架 ABC 的节点 A 用铰链固定，节点 B 搁在光滑的水平面上，屋架重 100 kN，AC 边承受风压，风力平均分布，并垂直于 AC。其合力为 8 kN，若 $\overline{AC}=6$ m，$\angle CBA=30°$，求支座反力。

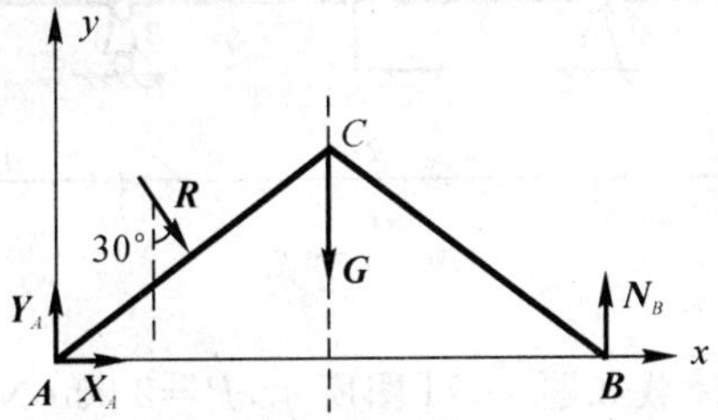

题 4-66 图

第 4-67 题：图中两杆自重不计。AB 杆的 B 端挂有重 $G=600$ N 的物体，试求 CD 杆的内力及 A 的反力。

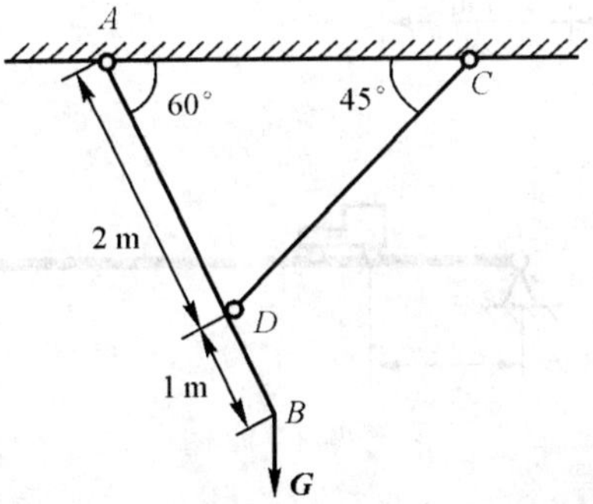

题 4-67 图

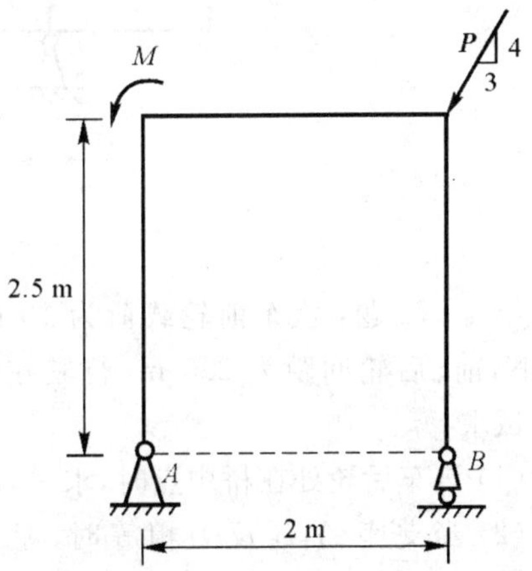

题 4-68 图

第 4-68 题：求如题 4-68 图所示刚架支座 A，B 的反力，已知，$M=2.5$ kN·m，$P_3=5$ kN。

第 4-69 题：悬臂刚架受力如题 4-69 图所示，已知，$q=4$ kN/m，$P=5$ kN，$F=4$ kN，求固定端 A 的约束反力。

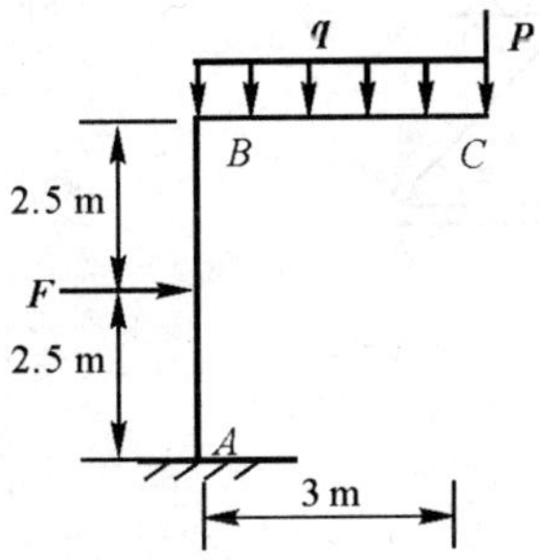

题 4-69 图

第 4-70 题：水平梁的支撑和载荷如题 4-70 图所示。已知，力为 $\boldsymbol{F}$，力偶矩为 M 的力偶，

集度为 $\boldsymbol{q}$ 的均布载荷，求支座 A,B 的反力。

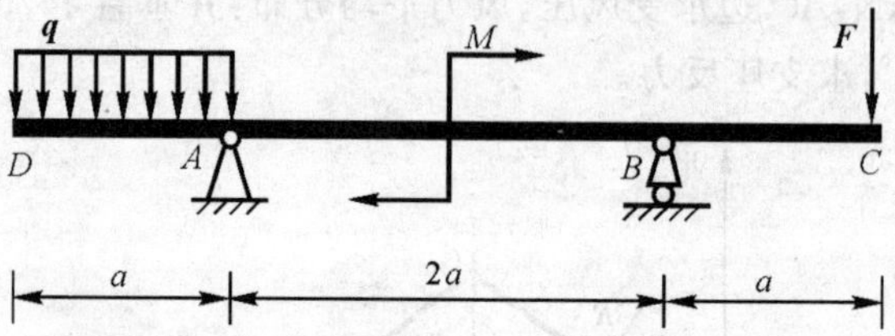

题 4－70 图

第 4－71 题：梁的支撑和荷载如题 4－71 图所示，$P=2\ 000$ N，线分布荷载最大值 $q=1\ 000$ N/m，不计梁重，求支座反力。

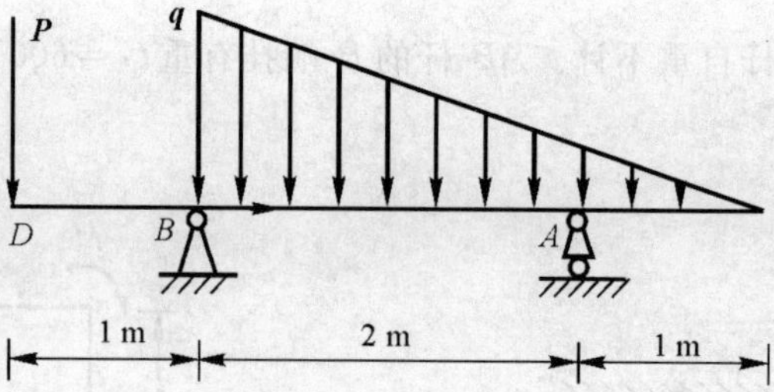

题 4－71 图

第 4－72 题：汽车前轮载荷为 10 kN，后轮载荷为 40 kN，前、后轮间距为 2.5 m，行驶在长为 10 m 的桥上。试求：

(1) 汽车后轮处在桥中点时，求 A,B 反力；

(2) 当支座 A,B 反力相等时，后轮到支座 A 的距离。

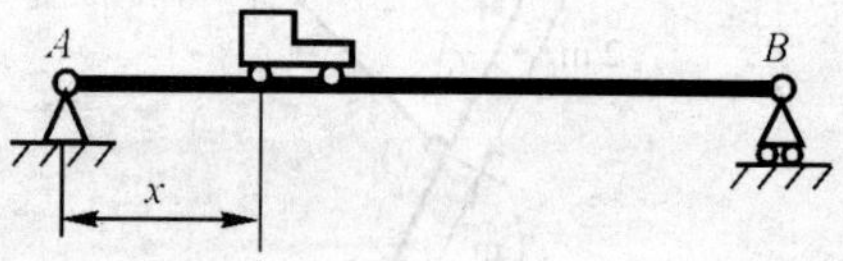

题 4－72 图

第 4－73 题：重物悬挂如题 4－73 图所示，已知，$Q=1.8$ kN，$\overline{AD}=20$ cm，$\overline{DB}=40$ cm，$r=10$ cm，$\alpha=45°$。其他重力不计。求铰链 A 的约束反力和杆 BC 所受到的力。

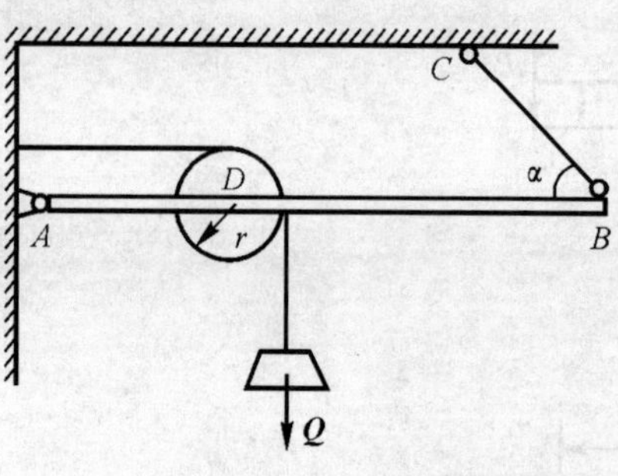

题 4－73 图

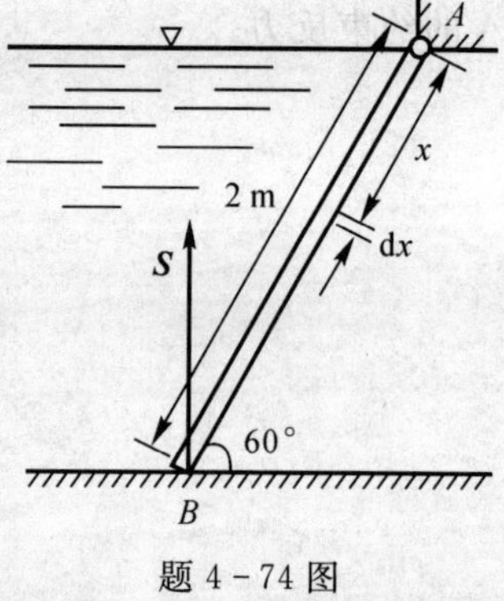

题 4－74 图

第 4－74 题：水池闸门如题 4－74 图所示，闸门板与水平面成 60°，板长 2 m，宽 1 m，板的上部沿水平线与池壁铰接。如不计板重，求能拉开闸门板的铅直力 $\boldsymbol{S}$。

第 4－75 题：如题 4－75 图所示，用支架 ABC 承托斜面上的圆球，球重 $G=1\ 000$ N，若各处摩擦不计，试求 BC 所受的压力。

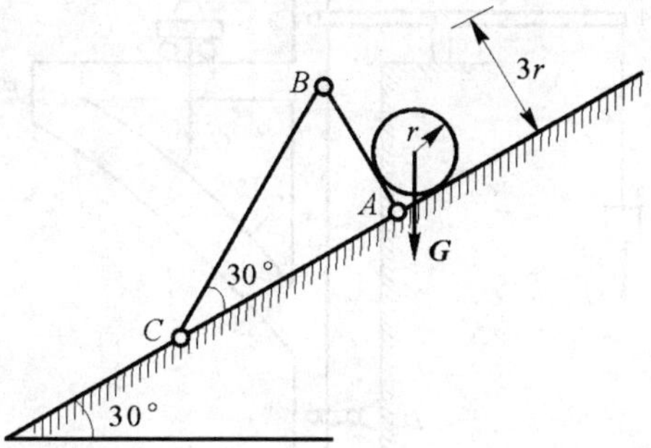

题 4－75 图

第 4－76 题：梯子的两部分 AB 和 AC 在 A 点铰接，D，E 两点用水平绳连接，如题 4－76 图所示。梯子放在光滑水平面上，$\boldsymbol{P}$ 力作用位置如图中所示。不计梯重，求绳的拉力 $\boldsymbol{S}$。

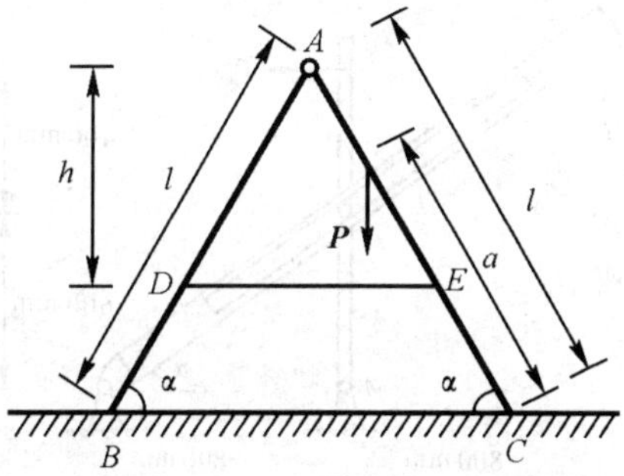

题 4－76 图

第 4－77 题：如题 4－77 图所示构架由滑轮挂一重力为 $\boldsymbol{G}$ 的物体，另一端系在 AB 杆的 E 处，尺寸如图所示，试求铰链 A，B，C 和 D 处的反力。

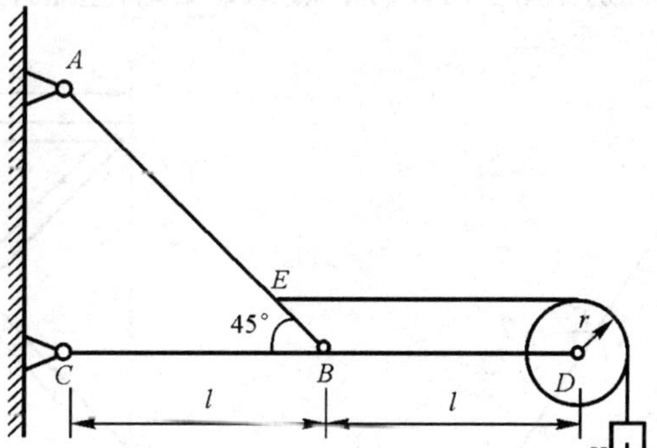

题 4－77 图

第 4－78 题：如题 4－78 图所示一台秤，空载时，台秤及其支架 BCE 的重力与杠杆 AB 的重力恰好平衡；当台秤上有重物时，在 AO 上加一秤锤，设秤锤重力为 $\boldsymbol{G}_1$，$\overline{OB}=a$，求刻度 l 与重

力 G_2 之间的关系。

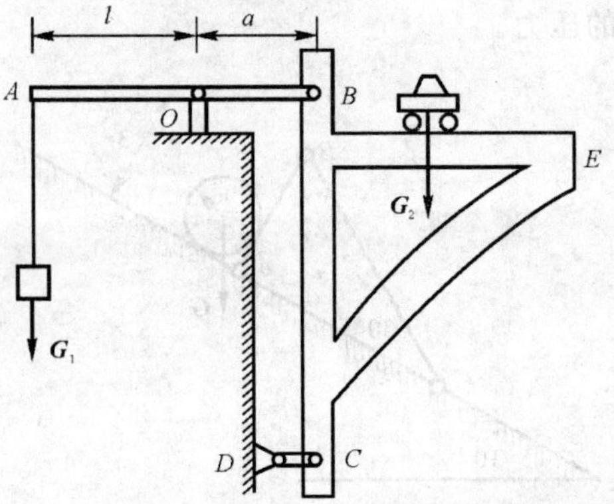

题 4－78 图

第 4－79 题：机构由 AB,CD 两杆构成，固连在杆 AB 上的销钉 E 可沿杆 CD 上的光滑直槽滑动，机构在如题 4－79 图所示位置处于平衡，杆 AB 铅直，若 $P_1=3$ kN，求 P_2 及 A,C 处反力。

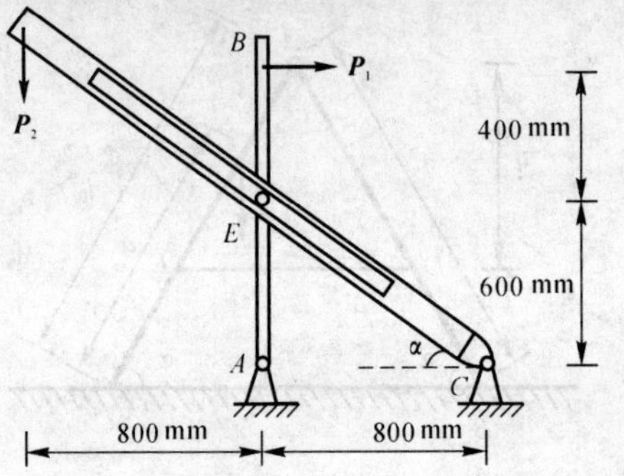

题 4－79 图

第 4－80 题：如题 4－80 图所示，构架由两等长直杆 AB,BC 铰接而成，已知，$\theta=60°$，$P=0.4$ kN，$Q=1.5$ kN，两力分别作用在两杆的中点 D,E 处，杆重不计，求支座 A,C 的反力。

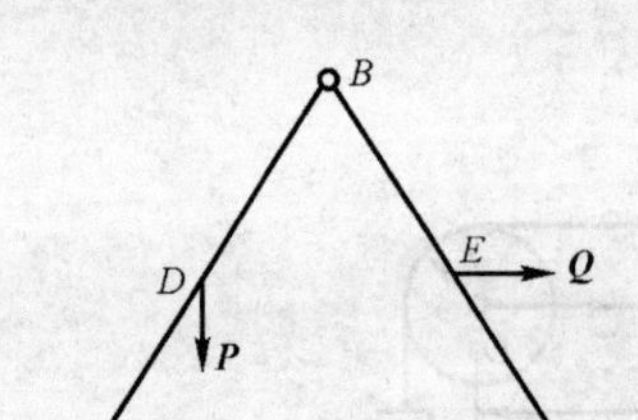

题 4－80 图

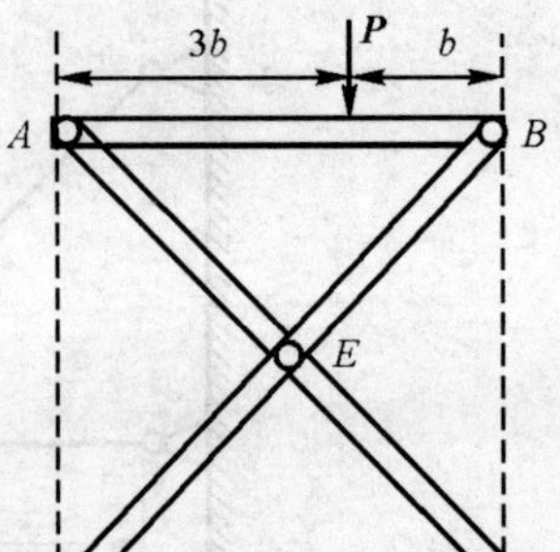

题 4－81 图

第 4－81 题：AB,BC,AD 三杆铰接成题 4－81 图所示构架。A,B,D,C 四点正好是一正方形的四个顶点，且 AB 水平，D 点放在光滑水平面上。已知，铅直力 $\boldsymbol{P}$ 和长度 b，不计杆自重，求

A,B,E 三点的内力。

第 4-82 题：如题 4-82 图所示是一种气动夹具的简图，压缩空气推动活塞 E 向上，通过连杆 BC 推动曲臂 AOB，使其绕 O 点转动，从而在 A 点将工件压紧。在图示位置 $\alpha=20^\circ$，若活塞所受总压力 $P=3$ kN，试求工件所受压力。所有构件的重力及各铰链处的摩擦均不计。

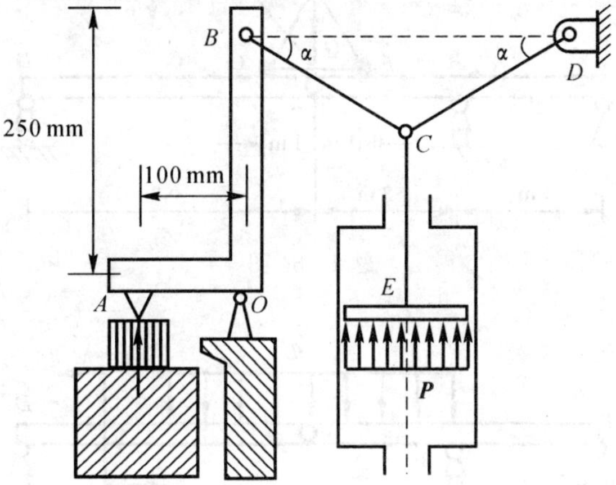

题 4-82 图

第 4-83 题：起重构架如题 4-83 图所示。滑轮直径 $d=200$ mm，钢丝绳的倾斜部分平行于杆 BE，吊起荷载 $Q=20$ kN，其他重力不计。求固定铰支座 A,B 处的约束反力。

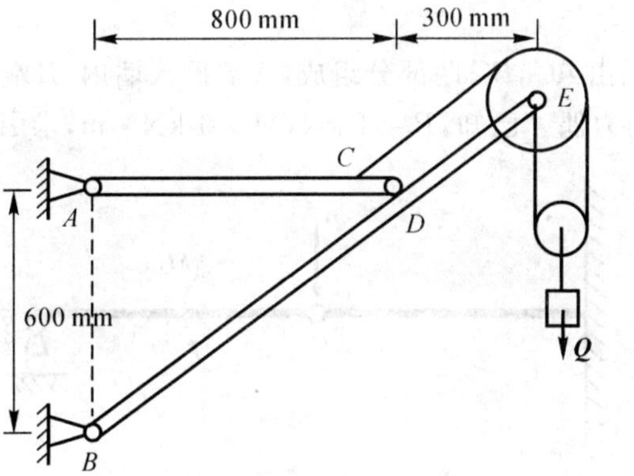

题 4-83 图

第 4-84 题：如题 4-84 图所示，组合梁由 AC 和 DC 两段铰接而成，起重机放在梁上。已知起重机重 $Q=500$ N，重心在 EC 连线上，起重载荷 $P=10$ kN。如不计梁重，求 A,B,D 处的约束反力。

第 4-85 题：由 AC 和 CD 构成的组合梁通过铰链 C 铰接。已知，$q=10$ kN/m，$M=40$ kN·m，几何尺寸如题 4-85 图所示。不计梁重，求支座 A,B,D 的约束反力和铰链 C 处所受的力。

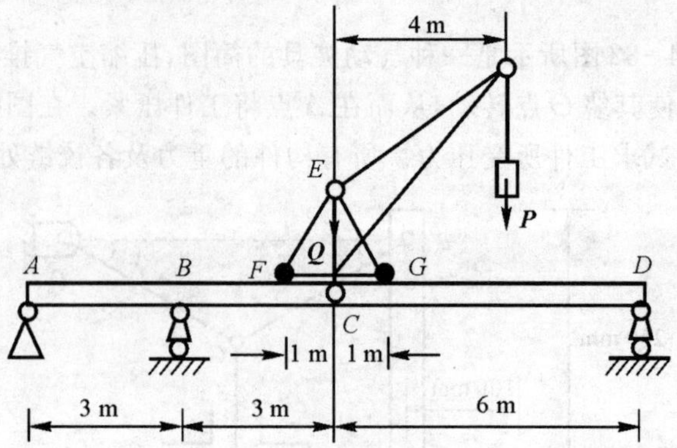

题 4-84 图

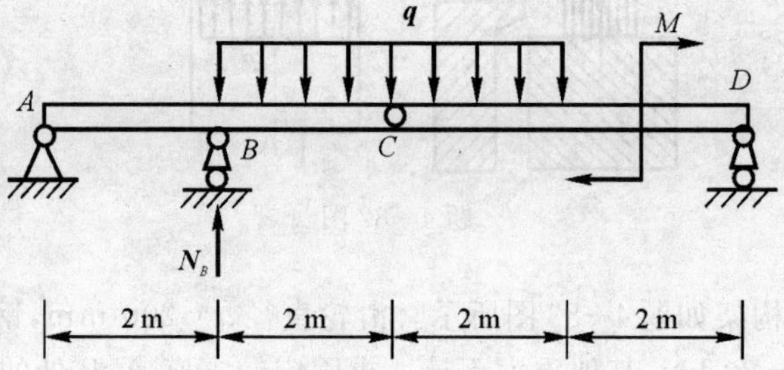

题 4-85 图

第 4-86 题：水平梁由 AC，BC 两部分组成，A 端插入墙内，B 端以活动铰支座支撑。梁上受有力 $\boldsymbol{P}$ 和力偶为 M 的力偶。已知，$P=4$ kN，$M=6$ kN·m，求 A，B 处反力。

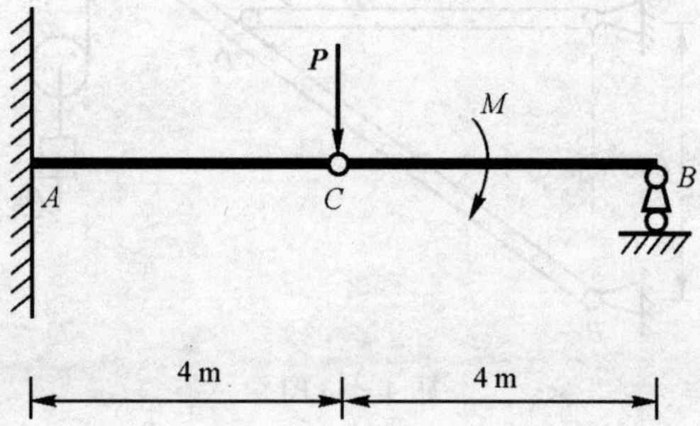

题 4-86 图

第 4-87 题：在如题 4-87 图所示的结构计算简图中，已知，$P=P'=12$ kN，$F=14.14$ kN，试求 A，B，C 三处所受的力。

第 4-88 题：梯子 AB 靠在墙上，其重 $P=200$ N，梯子长 l，与水平面夹角 $\theta=60°$，如题 4-88 图所示，A，B 处摩擦因数均为 0.25，今有一重 650 N 的人沿梯子向上爬，问人所能到达的最高点 C 到 A 的距离 s 应为多少？

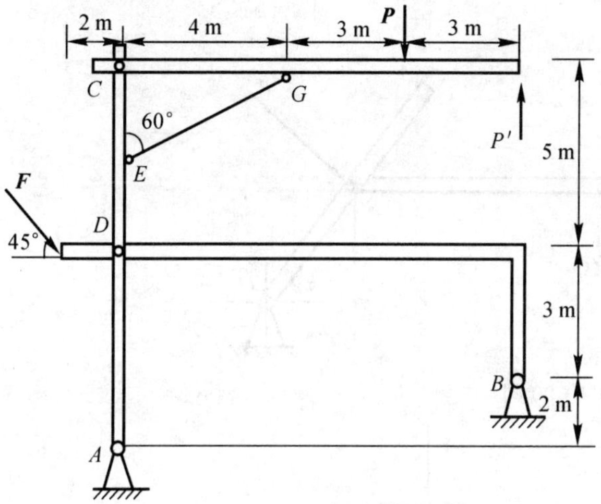

题 4-87 图

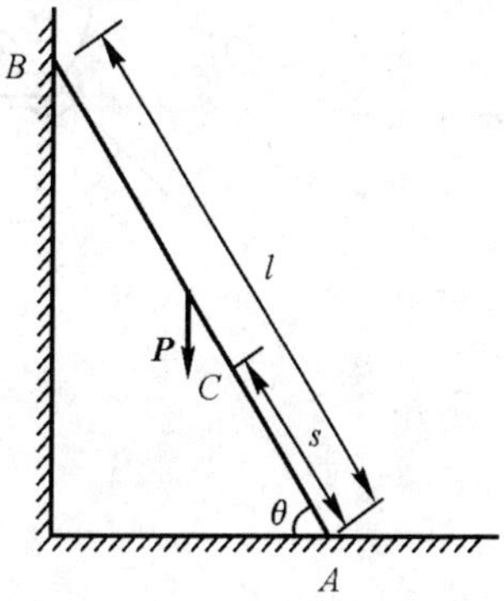

题 4-88 图

第 4-89 题：AC，BD，CE 三杆用光滑铰链连成如题 4-89 图所示构架，A 为固定铰支座，E 端放在光滑水平面上，Q=1 kN，钢丝绳拉力 $\boldsymbol{T}$ 方向水平，杆重不计，求销钉 C 对滑轮及左、右两杆的作用力。

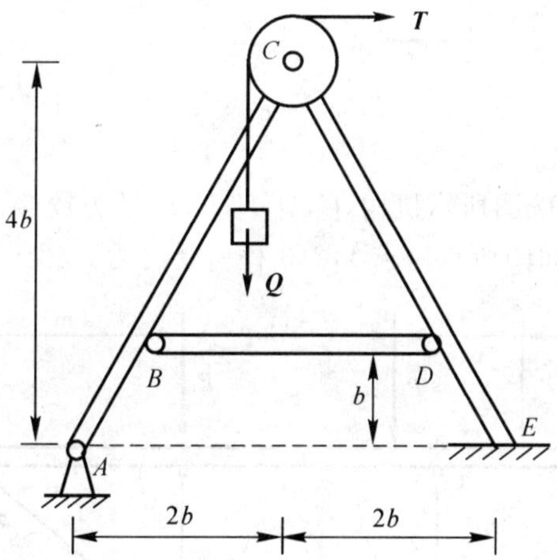

题 4-89 图

第 4-90 题：小型推料机简图如题 4-90 图所示。电机转动曲柄 OA，借连杆 AB 使推料板 O_1C 绕 O_1 轴转动。已知装有销钉 A 的圆盘重 W=200 N，均质杆 AB 重 $\boldsymbol{Q}$=300 N，推料板 O_1C 重 G=600 N。设作用在推料板 O_1C 上 B 点的力 P=1 000 N，且与板垂直。$\overline{OA}$=20 cm，$\overline{AB}$=200 cm，$\overline{O_1B}$=40 cm，α=45°，机构在图示位置平衡，求作用于曲柄 OA 上的力偶矩 M 的大小。

第 4-91 题：如题 4-91 图所示，摆臂钻床的衬套能在位于离轴心 b=22.5 cm 远的垂直力 $\boldsymbol{P}$ 的作用下沿铅直轴滑动，设摩擦因数 f=0.1。试求能保证滑动的衬套的高度 h。

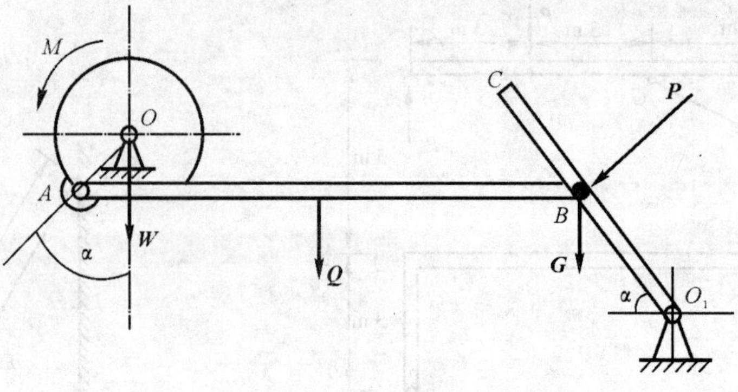

题 4-90 图

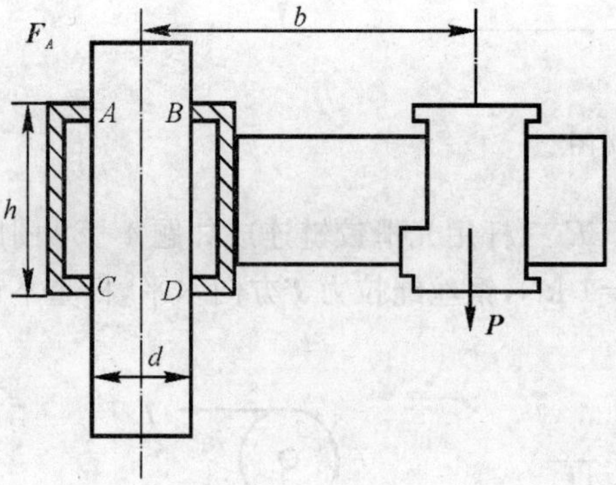

题 4-91 图

第 4-92 题：如题 4-92 图所示机构，C,D,E,F,H 处为铰接。已知，$P_1=60$ kN，$P_2=40$ kN，$P_3=70$ kN，机构尺寸如图所示。求 1，2，3 杆所受的力。

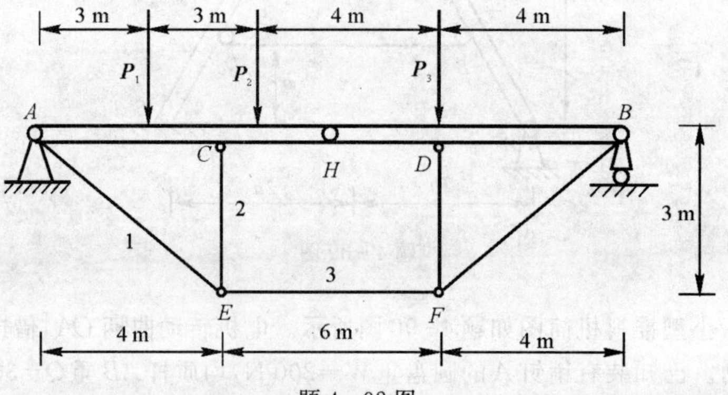

题 4-92 图

第 4-93 题：尖劈顶重装置如题 4-93 图所示。重块与尖劈间的摩擦因数为 f。若 α，P 值已知，求：

(1) 顶住重物所需的力 $\boldsymbol{Q}$；

(2) 使重物不向上移动所需的力 $\boldsymbol{Q}$。

第 4-94 题：均质杆 OC 长 4 m，重 500 N，轮重 300 N，与杆 OC 及水平面接触处的摩擦因数分别为 $f_A=0.4$，$f_B=0.2$。设滚动摩阻不计，求拉动圆轮所需力的最小值。

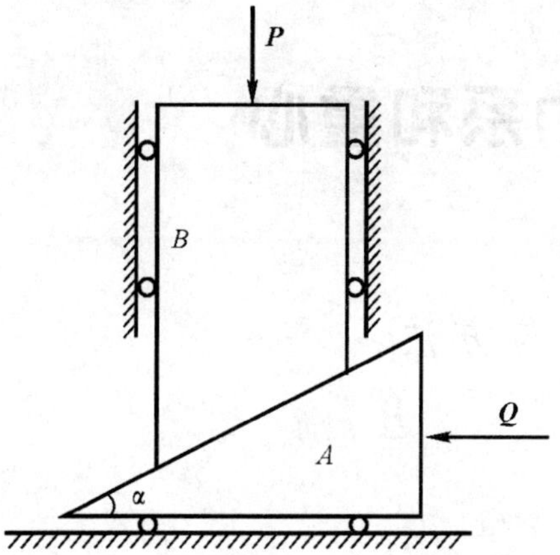

题 4-93 图

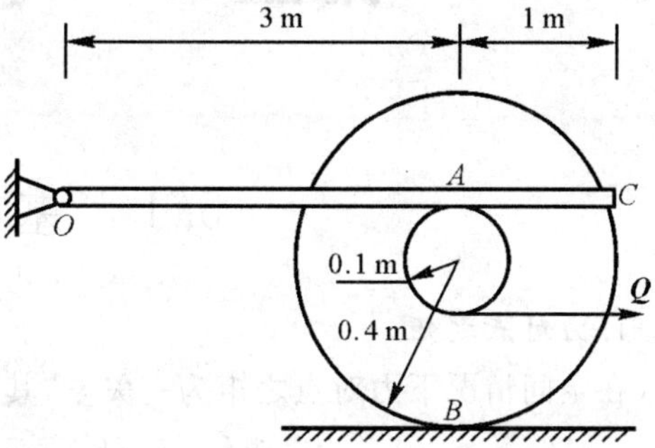

题 4-94 图

第 4-95 题：重力坝受力如题 4-95 图所示，$G_1=450$ kN，$G_2=200$ kN，$P_1=300$ kN，$P_2=70$ kN，$\overline{AB}=5.7$ m，图中长度单位为 m，试求力系的合力 $\boldsymbol{R}$ 及合力作用线与 x 轴的交点的坐标。

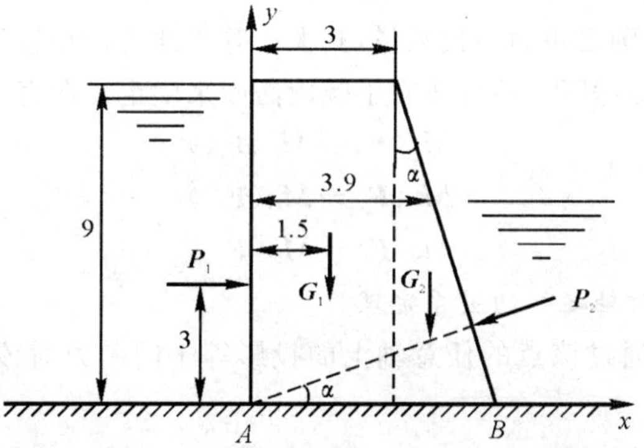

题 4-95 图

第五章　空间力系和重心

5.1　基本理论与方法

1.力对点之矩

在空间情况下力对点之矩为一矢量，其定义为

$$\boldsymbol{M}_O(\boldsymbol{F})=\boldsymbol{r}\times\boldsymbol{F}=\begin{vmatrix}\boldsymbol{i} & \boldsymbol{j} & \boldsymbol{k}\\ x & y & z\\ X & Y & Z\end{vmatrix}=(yZ-zY)\boldsymbol{i}+(zX-xZ)\boldsymbol{j}+(xY-yX)\boldsymbol{k}$$

$$\boldsymbol{r}=x\boldsymbol{i}+y\boldsymbol{j}+z\boldsymbol{k},\quad \boldsymbol{F}=X\boldsymbol{i}+Y\boldsymbol{j}+Z\boldsymbol{k}$$

其中，$\boldsymbol{r}$ 为力 $\boldsymbol{F}$ 作用点的矢径。

2.力对轴之矩

在空间情况下，力对轴之矩为一代数量，其大小等于此力在垂直于该轴的平面上的投影对该轴与此平面的交点之矩，其正、负号按右手螺旋法则来确定。在直角坐标系下有

$$M_x(\boldsymbol{F})=M_O(\boldsymbol{F}_{yz})$$
$$M_y(\boldsymbol{F})=M_O(\boldsymbol{F}_{xz})$$
$$M_z(\boldsymbol{F})=M_O(\boldsymbol{F}_{xy})$$

3.力对点之矩与力对轴之矩的关系定理

力对已知点之矩在通过该点的任意轴上的投影等于同一力对该轴之矩。在直角坐标系 $Oxyz$ 下有

$$M_x(\boldsymbol{F})=\boldsymbol{M}_O(\boldsymbol{F})\cdot\boldsymbol{i}=M_O(\boldsymbol{F}_{yz})=(yZ-zY)$$
$$M_y(\boldsymbol{F})=\boldsymbol{M}_O(\boldsymbol{F})\cdot\boldsymbol{j}=M_O(\boldsymbol{F}_{xz})=(zX-xZ)$$
$$M_z(\boldsymbol{F})=\boldsymbol{M}_O(\boldsymbol{F})\cdot\boldsymbol{k}=M_O(\boldsymbol{F}_{xy})=(xY-yX)$$

即，在直角坐标系下有

$$\boldsymbol{M}_O(\boldsymbol{F})=M_x(\boldsymbol{F})\boldsymbol{i}+M_y(\boldsymbol{F})\boldsymbol{j}+M_z(\boldsymbol{F})\boldsymbol{k}$$

4.合力矩定理

空间力系的合力 $\boldsymbol{F}_R$ 对任一点 O 之矩，等于力系中各力 $\boldsymbol{F}$ 对同一点 O 之矩的矢量和，即

$$\boldsymbol{M}_O(\boldsymbol{F}_R)=\sum\boldsymbol{M}_O(\boldsymbol{F})$$

合力 $\boldsymbol{F}_R$ 对某轴之矩等于力系中各力对同一轴之矩的代数和，即

$$M_x(\boldsymbol{F}_R)=\sum M_x(F_R)$$

5.空间力系的简化与合成的最终结果

(1) 空间力系向已知点 O 的简化。空间力系向已知点 O 简化的一般结果为一个作用在 O 点的力和一个力偶，该力矢量等于此力系的主矢。该力偶的力偶矩矢量等于此力系对简化中心 O 的主矩。空间力系的主矢和主矩的定义为

$$\boldsymbol{F}'_R=\boldsymbol{F}_1+\boldsymbol{F}_2+\cdots+\boldsymbol{F}_n=\sum_{i=1}^{n}\boldsymbol{F}_i$$

$$\boldsymbol{M}_O=\boldsymbol{M}_O(\boldsymbol{F}_1)+\boldsymbol{M}_O(\boldsymbol{F}_2)+\cdots+\boldsymbol{M}_O(\boldsymbol{F}_n)=\sum_{i=1}^{n}\boldsymbol{M}_O(\boldsymbol{F}_i)$$

主矢与简化中心的选取无关，一般情况下，主矩与简化中心的选取有关。

(2) 空间力系合成的最终结果。空间一般力系的最终合成结果有四种可能：一个合力、一个合力偶、一个力螺旋和平衡。

这四种结果可由力系的主矢和力系对任意一点的主矩来判断。具体可归纳如下：

力系的主矢和主矩		合成结果	说　明
$\boldsymbol{F}'_R=\boldsymbol{0},\boldsymbol{M}_O\neq\boldsymbol{0}$		合力偶	这时主矩与简化中心 O 无关
$\boldsymbol{F}'_R\neq\boldsymbol{0}$	$\boldsymbol{M}_O=\boldsymbol{0}$	合力	合力作用线通过简化中心 O
	$\boldsymbol{M}_O\neq\boldsymbol{0}$ 且 $\boldsymbol{F}'_R\perp\boldsymbol{M}_O$		合力作用线到简化中心的距离为 $d=\lvert\boldsymbol{M}_O\rvert/F'_R$
$\boldsymbol{F}'_R\neq\boldsymbol{0}$ $\boldsymbol{M}_O\neq\boldsymbol{0}$	$\boldsymbol{F}'_R\parallel\boldsymbol{M}_O$	力螺旋	力螺旋中心线通过简化中心 O
	$\boldsymbol{F}'_R$与$\boldsymbol{M}_O$成任意α角		简化中心O到力螺旋中心轴距离为 $p=\lvert\boldsymbol{M}_O\sin\alpha\rvert/F'_R$
$\boldsymbol{F}'_R=\boldsymbol{0},\boldsymbol{M}_O=\boldsymbol{0}$		力系平衡	空间任意力系平衡的充要条件

6. 空间任意力系平衡的充要条件

(1) 空间任意力系平衡的充分与必要条件是该力系的主矢和对任意点的主矩都为零。即 $\boldsymbol{F}'_R=\boldsymbol{0},\boldsymbol{M}_O=\boldsymbol{0}$。

(2) 空间力系的平衡方程为

$$\sum X=0\quad \sum M_x(\boldsymbol{F})=0$$
$$\sum Y=0\quad \sum M_y(\boldsymbol{F})=0$$
$$\sum Z=0\quad \sum M_z(\boldsymbol{F})=0$$

7. 平行力系中心及重心的坐标公式

(1) 平行力系中心。只要平行力系中各力的大小及作用点的位置确定，无论平行力系中力的方向如何，其合力作用线必定通过确定的一点，该点称为平行力系中心。平行力系中心的坐标为

$$x_C=\frac{\sum F_i x_i}{\sum F_i},\quad y_C=\frac{\sum F_i y_i}{\sum F_i},\quad z_C=\frac{\sum F_i z_i}{\sum F_i}$$

(2) 计算重心的坐标。设一物体的重心的坐标为 x_C,y_C,z_C，则其值为

$$x_C=\frac{\sum G_i x_i}{\sum G_i},\quad y_C=\frac{\sum G_i y_i}{\sum G_i},\quad z_C=\frac{\sum G_i z_i}{\sum G_i}$$

当计算连续体重心时，将上式中的求和用相应的积分替代即可。

5.2　基本要求与重点

1. 基本要求

(1) 要求学生熟悉空间汇交力系、空间力偶系的合成运算及结果。

(2) 熟悉空间任意力系简化的中间结果和最后结果，会计算主矢和主矩。

(3) 掌握力对点的矩的计算、力在坐标轴上的投影和力对轴的矩的计算。

(4) 熟练应用空间任意力系的平衡方程求解物体的平衡问题。

(5) 了解重心的概念及其计算方法。

2. 重点与难点

(1) 重点与难点分析。

1) 空间一般力系是力系中最为复杂的力系，该力系的独立平衡方程数多(6 个)，力矩的计算难度也大(几何关系复杂)。但是，研究空间力系的方法与研究平面力系的方法相同(简化、合成、平衡)，在学习时要认识到这一点。为什么空间力系比平面力系复杂又难以处理呢？ 根本的原因是空间力系中，力的作用线之间的几何关系复杂。因为各力与简化中心所决定的平面的方位不同，力对点之矩需要用矢量才能表示清楚，也正是因为力的空间任意分布这一特殊性，空间力系的合成结果才有了四种可能：合力、合力偶、力螺旋和平衡。

2) 力对点之矩是理解空间力系简化与合成的关键，而力对轴之矩是正确列出平衡方程的基础，学习时要充分重视力对轴之矩的计算。

3) 计算物体重心的实质是求同向平行力系的中心，合力矩定理在确定重心的位置时起关键作用。分割组合法和负面积法是常用的方法。用类似的方法可以方便地求解物体的质心和平面图形的形心。

(2) 重点。

1) 力对点之矩的概念与计算。

2) 力对轴之矩的概念与计算。

3) 空间力系的合成结果。

4) 重心的计算。

(3) 难点。

1) 力对点之矩的概念与计算。

2) 力对轴之矩的概念与计算。

3) 力对点之矩与力对轴之矩的关系。

5.3　空间任意力系平衡问题的解法及解题步骤

若作用在物体上的空间力系是平衡的，则此力系在任意一平面上的投影也必然是相互平衡的。这样，就可以把空间力系的平衡问题转化为三个平面力系的平衡问题来求解，这种方法特别适合解决轴类零件的空间受力平衡问题。

空间力系的平衡问题一般应用平衡方程求解，选择好研究对象与建立合适的坐标系是顺利求解的两个重要环节。

(1) 明确已知条件与求解内容。

(2) 选取研究对象。正确作出受力分析(受力图宜尽量画在原图上,这样便于表现力的空间几何关系)。

(3) 建立合适的坐标系。为了使平衡方程简洁,在建立坐标系时,力投影轴要尽可能与多数未知力垂直,矩轴应尽量与未知力的作用线共面。

(4) 列平衡方程。在列空间力系的平衡方程时,正确而熟练地计算力在轴上的投影和各力对轴之矩是关键,列平衡方程时要有明确的目的性。

(5) 求解平衡方程。必要时须要讨论或说明所得结果。

5.4　基本概念练习题

1. 是非判断题

第 5-1 题:在任意力系中,若力多边形自行封闭,则该任意力系的主矢为零。

第 5-2 题:有一空间力系,若一部分力的作用线通过固定点 A,其余力的作用线都通过固定点 B,则其独立的平衡方程式只有 5 个。

第 5-3 题:若空间力系中各力的作用线都垂直某固定平面,则其独立的平衡方程最多有3 个。

第 5-4 题:有一空间力系,对不共线的任意三点的主矩均等于零,则该力系平衡。

第 5-5 题:物体的重心和形心虽然是两个不同的概念,但它们的位置却总是重合的。

第 5-6 题:当物体质量分布不均匀时重心和几何中心还重合。

第 5-7 题:物体的重心是该物体重力的合力始终通过的一点。均质物体的重心与几何中心相重合。

第 5-8 题:空间力系之主矩是一个矢量,且该矢量一定与简化中心的选取有关。

第 5-9 题:力螺旋是空间力系特有的最终简化结果。

第 5-10 题:在直角坐标系中力对坐标原点之矩在坐标轴上投影等于该力对此轴之矩。

第 5-11 题:在空间力系中,只要主矩不为零,力系一定能够进一步简化。

第 5-12 题:合力矩定理只能用来计算力对轴之矩。

第 5-13 题:合力矩定理只能用来计算力对点之矩。

第 5-14 题:计算一物体重心的位置时,如果选取的坐标不同,重心的坐标不改变。

第 5-15 题:空间平行力系的简化的结果可能合成为力螺旋。

第 5-16 题:空间力偶矩矢在某轴上的投影等于其对该轴之矩,对吗?

第 5-17 题:用矢量积 $\boldsymbol{r}_A \times \boldsymbol{F}$ 计算力 $\boldsymbol{F}$ 对点 O 之矩。当力沿其作用线移动,改变了力作用点的坐标 x,y,z 时(见题 5-17 图),其计算结果没有变化。

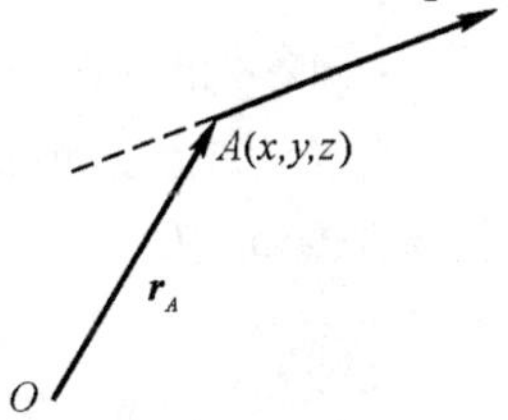

题 5-17 图

第 5-18 题:空间任意力系总可以用两个力来平衡。

第 5-19 题:对于空间汇交力系,其独立平衡方程有三个;对于空间平行力系(当力的作用线平行于 z 轴时),其独立平衡方程也只有三个。

第 5-20 题:物体重心的坐标公式,可根据合力矩定理导出,即

$$x_c = \frac{\sum P_x}{\sum P},\quad y_c = \frac{\sum P_y}{\sum P},\quad z_c = \frac{\sum P_z}{\sum P}$$

对吗？

2. 选择填空题

第 5-21 题：空间力系中各力的作用线平行于某一固定平面，则这种力系有（　　）个平衡方程。空间力系中各力的作用线汇交于某一定点，则这种力系有（　　）个独立的平衡方程。

A. 3　　B. 无数个　　C. 2　　D. 6

第 5-22 题：空间力系中各力的作用线分别汇交于两个固定点，则该力系有（　　）个独立的平衡方程；若空间力系中各力的作用线皆与一固定平面垂直，则该力系有（　　）个独立的平衡方程。

A. 2　　B. 3　　C. 5　　D. 6

第 5-23 题：矩形薄板 $ABDC$ 重力不计，用球铰链 A 和蝶铰链 B 固定在墙上，另用细绳 CE 维持其于水平位置。板在 D 点受到一个平行于 z 轴的力 $G=500$ N。角度关系如题 5-23 图所示。则力 $\boldsymbol{G}$ 对 y 轴的矩为（　　）；对 z 轴的矩为（　　）。

A. 0　　B. -500 N·m　　C. 500 N·m　　D. -200N·m

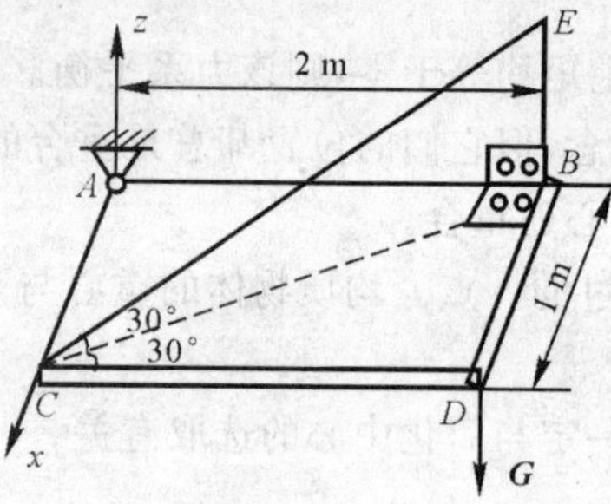

题 5-23 图

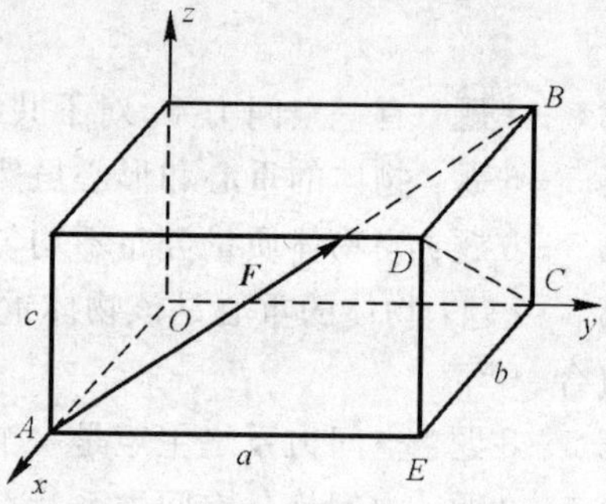

题 5-24 图

第 5-24 题：力 $\boldsymbol{F}$ 沿长方体的对顶线 AB 作用如题 5-24 图所示。则该力对 EC 轴之矩为（　　）；对 CD 轴之矩为（　　）。已知，$F=1$ kN，$a=18$ cm，$b=c=10$ cm。

A. -55.6 N·m　　B. 55.6 N·m

C. -78.63 N·m　　D. 78.63 N·m

第 5-25 题：已知 $T=10$ kN（见题 5-25 图），则 $\boldsymbol{T}$ 对 OA 轴之矩为（　　）；$\boldsymbol{T}$ 对 z 轴之矩为（　　）。

A. -20.6 kN·m　　B. 0

C. 12.4 kN·m　　D. -12.4 kN·m

第 5-26 题：如题 5-26 图所示薄板被挖去一块，则剩余部分重心位置坐标 x_c 为（　　）；y_c 为（　　）。

A. 3.27 mm　　B. 6.54 mm

C. 7.20 mm　　D. 0

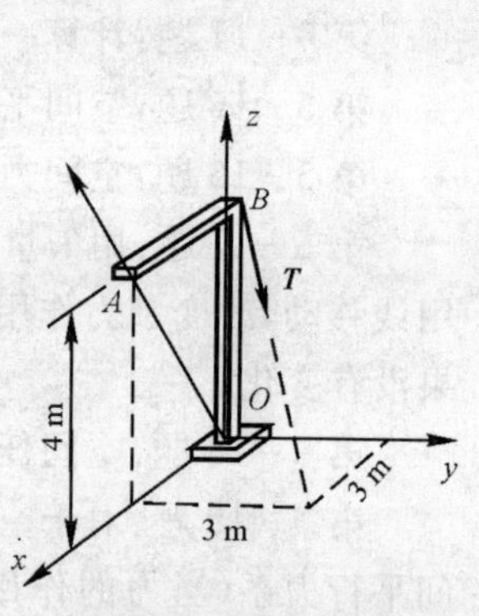

题 5-25 图

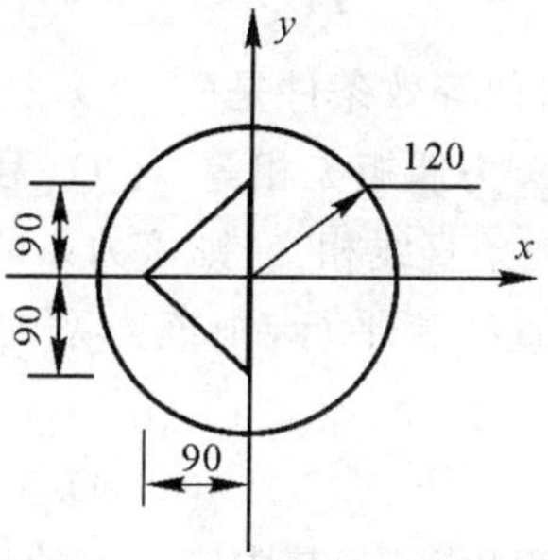

题 5 - 26 图

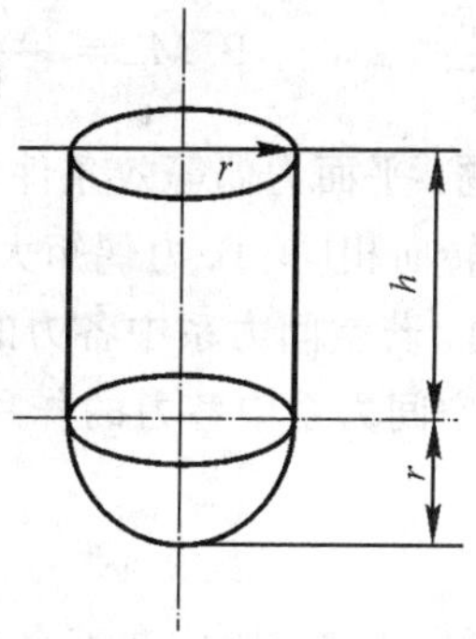

题 5 - 27 图

第 5 - 27 题：如题 5 - 27 图所示均质物体由半径为 r 的圆柱体和半径为 r 的半球体结合而成。如均质物体的重心位于半球体的球心，则半球体的体积为(　　)；圆柱体的高为(　　)。

A. $\frac{\sqrt{2}}{2}r$　　B. $\frac{4}{3}\pi r^3$　　C. $\frac{2}{3}\pi r^3$　　D. $\frac{r}{2}$

第 5 - 28 题：如题 5 - 28 图所示，已知力 $\boldsymbol{F}$ 的大小为 60 N，则力 $\boldsymbol{F}$ 对 x 轴的矩为(　　)；对 z 轴的矩为(　　)(图中长度以 cm 计)。

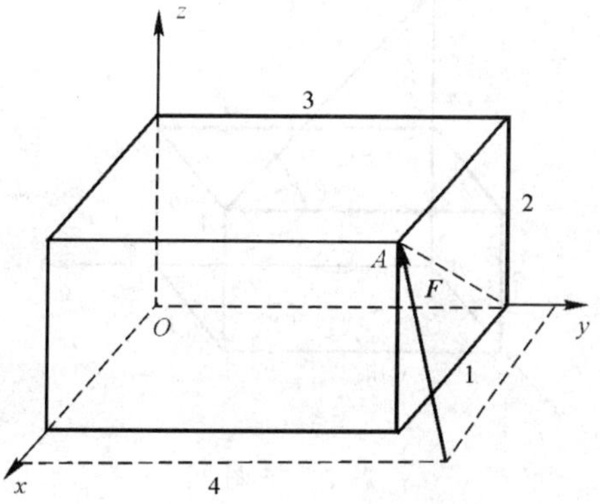

题 5 - 28 图

A. 100 N·cm　　B. 200 N·cm　　C. 180 N·cm　　D. 160 N·cm

第 5 - 29 题：当空间力系的主矢等于零，主矩不等于零时，此力系合成为(　　)；当力系的主矢不等于零，对某点之矩等于零时，此力系合成为(　　)。

A. 合力　　B. 合力偶　　C. 力螺旋　　D. 无法确定

第 5 - 30 题：当力系的主矢不等于零，对某点之矩等于零时，此力系合成为(　　)；当空间力系向某点简化时主矢和主矩均不等于零，且相互不垂直时，此力系合成为(　　)。

A. 合力　　B. 合力偶　　C. 力螺旋　　D. 无法确定

第 5 - 31 题：当空间力系的主矢等于零，主矩不等于零时，此力系合成为(　　)；当空间力系向某点简化时主矢和主矩均不等于零，且相互不垂直时，此力系合成为(　　)。

A. 合力　　B. 合力偶　　C. 力螺旋　　D. 无法确定

第 5 - 32 题：通过空间点 $A(3,0,0)$ 和 $B(0,1,2)$ 两点(长度单位为 m)，由 A 指向 B 的力 $\boldsymbol{F}$，在 z 轴上的投影为(　　)，对 z 轴的矩的大小为(　　)。

A. $F_z=\frac{2F}{\sqrt{14}}$　　B. $M_z=\frac{3\sqrt{14}F}{14}$　　C. $F_z=\frac{-2F}{14}$　　D. $M_z=\frac{-3\sqrt{14}F}{14}$

第 5-33 题：平面力偶等效条件是(　　)；空间力偶等效条件是(　　)。

A. 力偶的转向相同　B. 力偶矩大小相等　C. 力偶矩矢相等　D. 无法确定

第 5-34 题：若空间力系中各力的作用线皆与某一条直线相交，则该力系的独立平衡方程有(　　)。若空间力系中各力的作用线皆与某一条直线相平行，则该力系的独立平衡方程有(　　)。

A. 2 个　B. 3 个　C. 4 个　D. 5 个

第 5-35 题：已知一刚体在五个力作用下处于平衡状态，若其中四个力的作用线汇交于 O 点，则第五个力的作用线(　　)，该第五个力的大小与前四个力合力的大小(　　)。

A. 通过 O 点　B. 大小相等，方向相反

C. 大小相等，方向相同　D. 无法确定

第 5-36 题：如题 5-36 图所示，已知力 $\boldsymbol{F}$ 和长方体的边长 a,b,c 及角 φ,θ，则力 $\boldsymbol{F}$ 对 AB 轴的力矩大小为(　　)，力 $\boldsymbol{F}$ 对 x 轴的力矩大小为(　　)。

A. $Fa\sin\varphi$　B. $Fa\cos\varphi$　C. $-Fa\cos\varphi$　D. Fc

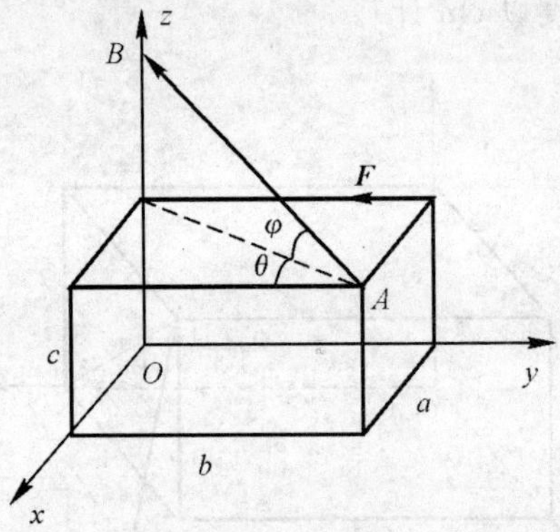

题 5-36 图

第 5-37 题：如题 5-37 图所示，已知点 $A(1,0,1)$ 和 $B(0,1,2)$(长度单位为 m)，$F=\sqrt{3}$ kN，则力 $\boldsymbol{F}$ 对 x 轴的矩为(　　)，力 $\boldsymbol{F}$ 对 z 轴的矩为(　　)。

A. 1 kN·m　B. 2 kN·m　C. −1 kN·m　D. −2 kN·m

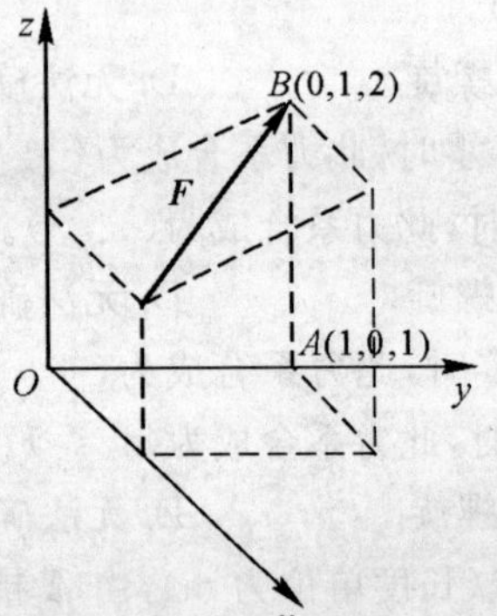

题 5-37 图

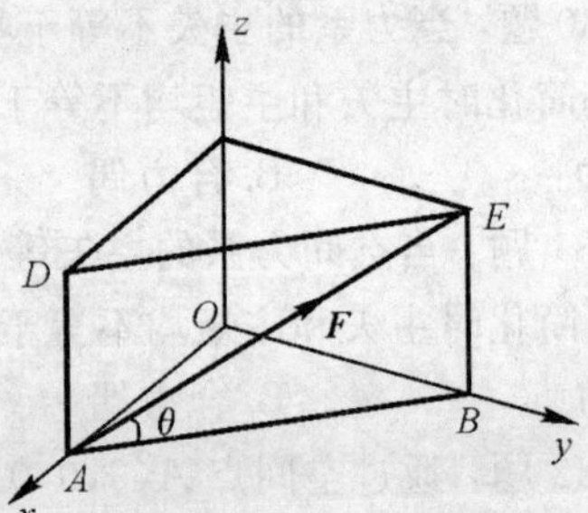

题 5-38 图

第 5－38 题：如题 5－38 图所示，正三棱柱的底面为等腰三角形。已知，$\overline{OA}=\overline{OB}=L$，在 $ABED$ 内沿对角线 AE 有力 $\boldsymbol{F}$，$\theta=30°$。则力 $\boldsymbol{F}$ 对 y 轴的矩为（　　）；则力 $\boldsymbol{F}$ 对 z 轴的矩为（　　）。

A. $-\dfrac{FL}{2}$　　B. $-\dfrac{FL\sqrt{3}}{4}$　　C. $-\dfrac{FL\sqrt{6}}{4}$　　D. $\dfrac{FL}{2}$

第 5－39 题：空间平行力系有（　　）个独立平衡方程；空间力偶系有（　　）个独立平衡方程。

A. 2 个　　B. 3 个　　C. 4 个　　D. 5 个

第 5－40 题：空间的力对点之矩是（　　）；空间的力偶矩矢是（　　）。

A. 定位矢量　　B. 滑动矢量　　C. 自由矢量　　D 代数量

第 5－41 题：作用在刚体上的力可平移到刚体上任意指定点，若不改变该力对刚体的作用效果，必须在该力与指定点所决定的平面内附加（　　）；其（　　）。

A. 力　　B. 力偶

C. 力的大小等于原力的大小　　D. 力偶矩矢等于原力对指定点的矩矢

第 5－42 题：刚性曲杆 $ABCD$ 如题 5－42 图所示，A 处为固定端约束，其 $\overline{AB}$，$\overline{BC}$ 和 $\overline{CD}$ 三段互成直角，且 $\overline{BC}$ // x 轴，$\overline{CD}$ // z 轴，长度如图所示。今在 D 处沿 z 轴负向施加力 F，则此力向 A 点简化的主矢为（　　）；主矩为（　　）。

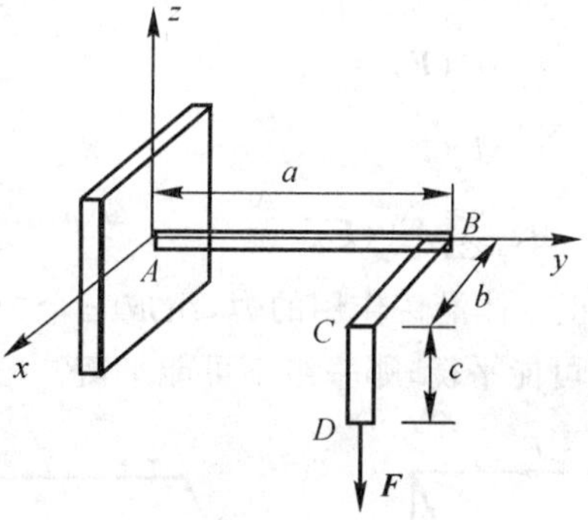

题 5－42 图

A. $\boldsymbol{F}$　　B. $Fa\boldsymbol{i}+Fb\boldsymbol{j}$　　C. $-Fa\boldsymbol{i}+Fb\boldsymbol{j}$　　D. $-\boldsymbol{F}$

3. 单项选择题

第 5－43 题：关于空间力系的主矢与主矩，下列的表达中正确的是（　　）。

A. 主矢与简化中心的选择无关

B. 主矢一定与简化中心的选择有关

C. 当空间力系对某点的主矩为零时，该力系向任何一点简化的结果为一合力

D. 当空间力系对某点的主矩不为零时，该力系向任何一点简化的结果均不可能为一合力

第 5－44 题：关于空间力系与其平衡方程式，下列的表述中正确的是（　　）。

A. 任何空间力系都具有六个独立的平衡方程式

B. 任何空间力系只能列出六个平衡方程式

C. 当求解空间力系的平衡问题时，最多只能列出三个力矩平衡方程式

D. 空间力系如果平衡，则该力系在任意选取的投影轴上投影的代数和必为零

第 5-45 题：一空间力系向某点 O 简化所得的主矢和主矩分别为

$$\boldsymbol{F}'_R=0\boldsymbol{i}+10\boldsymbol{j}+8\boldsymbol{k},\quad \boldsymbol{M}=0\boldsymbol{i}+10\boldsymbol{j}-0\boldsymbol{k}$$

该力系简化的最简结果为(　　)。

A. 合力　　B. 合力偶　　C. 力螺旋　　D. 平衡

第 5-46 题：某空间任意力系向指定点 O 简化，已知主矢 、主矩 $\boldsymbol{R}\neq\boldsymbol{0}$，$\boldsymbol{M}_O\neq\boldsymbol{0}$，且 $\boldsymbol{R}$ 与 $\boldsymbol{M}_O$ 不平行也不垂直，则该力系可简化为(　　)。

A. 合力　　B. 合力偶　　C. 力螺旋　　D. 平衡

第 5-47 题：空间同向平行力系 $\boldsymbol{F}_1$，$\boldsymbol{F}_2$，$\boldsymbol{F}_3$，$\boldsymbol{F}_4$ 如题 5-47 图所示。该力系向 O 点简化，可得(　　)。

A. 主矢 $\boldsymbol{R}'\neq\boldsymbol{0}$，主矩 $\boldsymbol{M}_O\neq\boldsymbol{0}$，且 $\boldsymbol{R}' \parallel \boldsymbol{M}_O$

B. 主矢 $\boldsymbol{R}'\neq\boldsymbol{0}$，主矩 $\boldsymbol{M}_O\neq\boldsymbol{0}$，且 $\boldsymbol{R}' \perp \boldsymbol{M}_O$

C. 主矢 $\boldsymbol{R}'\neq\boldsymbol{0}$，主矩 $\boldsymbol{M}_O\neq\boldsymbol{0}$，且 $\boldsymbol{R}'$ 与 $\boldsymbol{M}_O$ 既不平行也不垂直

D. 主矢 $\boldsymbol{R}'\neq\boldsymbol{0}$，主矩 $\boldsymbol{M}_O=\boldsymbol{0}$

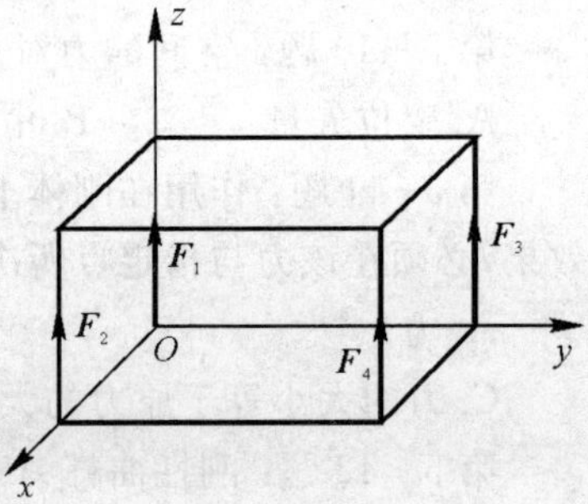

题 5-47 图

第 5-48 题：有一空间平行平衡力系，其中各力作用线与 Oz 轴平行，试写出该力系相互独立的平衡方程(　　)。

A. $\sum F_x=0$，$\sum F_y=0$，$\sum M_x(\boldsymbol{F})=0$

B. $\sum F_x=0$，$\sum F_y=0$，$\sum M_y(\boldsymbol{F})=0$

C. $\sum F_x=0$，$\sum F_y=0$，$\sum M_z(\boldsymbol{F})=0$

D. $\sum F_z=0$，$\sum M_x(\boldsymbol{F})=0$，$\sum M_y(\boldsymbol{F})=0$

第 5-49 题：棱长为 a 的正方体沿棱作用的力，组成三个力偶，如题 5-49 图(a)，(b) 所示。试问这两组力偶系哪一组可能平衡，哪一组不可能平衡？(　　)。

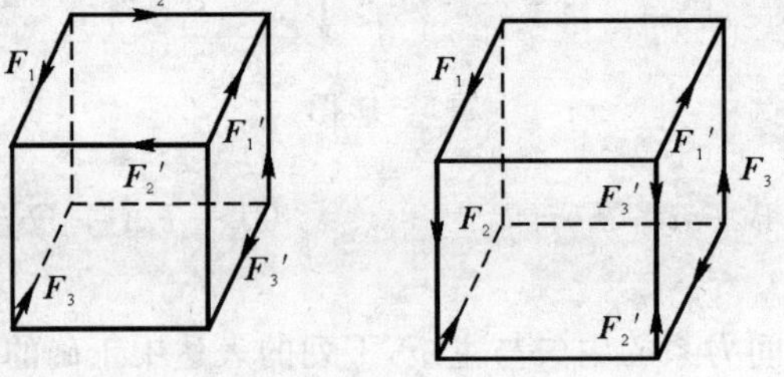

题 5-49 图

A. (a) 可能平衡，(b) 不可能平衡　　B. (a) 不可能平衡，(b) 可能平衡

C. (a) 和(b) 都可能平衡　　D. (a) 和(b) 都不可能平衡

第 5-50 题：力 $\boldsymbol{F}$ 作用在 $OABC$ 平面内(见题 5-50 图)，$\boldsymbol{F}$ 对 Ox，Oy，Oz 三轴之矩为(　　)。

A. $M_x(\boldsymbol{F})=0$，$M_y(\boldsymbol{F})=0$，$M_z(\boldsymbol{F})=0$　　B. $M_x(\boldsymbol{F})=0$，$M_y(\boldsymbol{F})=0$，$M_z(\boldsymbol{F})\neq 0$

C. $M_x(\boldsymbol{F})\neq 0$, $M_y(\boldsymbol{F})\neq 0$, $M_z(\boldsymbol{F})=0$　　D. $M_x(\boldsymbol{F})\neq 0$, $M_y(\boldsymbol{F})\neq 0$, $M_z(\boldsymbol{F})\neq 0$

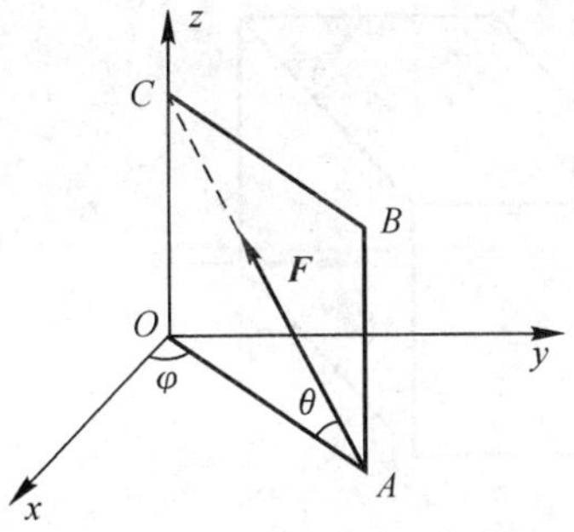

题 5-50 图

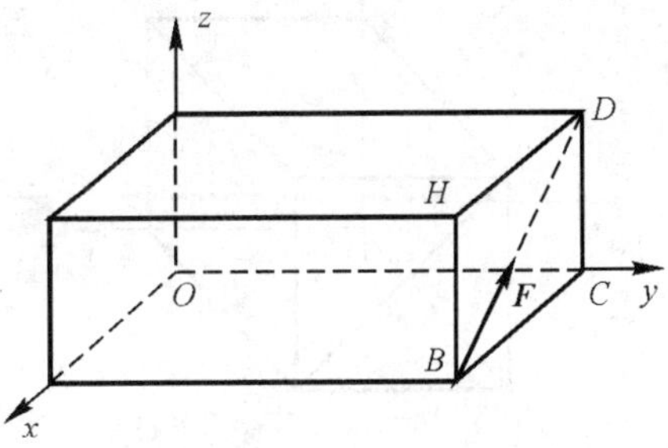

题 5-51 图

第 5-51 题：力 $\boldsymbol{F}$ 作用在长方体 $BCDH$ 侧平面内(见题 5-51 图)，该力在 Ox，Oy，Oz 轴上的投影是(　　)。

A. $F_x=0$, $F_y=0$, $F_z=0$　　B. $F_x=0$, $F_y=0$, $F_z\neq 0$

C. $F_x\neq 0$, $F_y=0$, $F_z\neq 0$　　D. $F_x\neq 0$, $F_y\neq 0$, $F_z\neq 0$

第 5-52 题：空间同向平行力系 $\boldsymbol{F}_1$，$\boldsymbol{F}_2$，$\boldsymbol{F}_3$，$\boldsymbol{F}_4$，分别作用在长方体平行的四个棱上，如题 5-52 图所示，该力系向 O 点简化，可得(　　)。

A. 主矢 $\boldsymbol{R}'\neq \boldsymbol{0}$，主矩 $\boldsymbol{M}_O\neq \boldsymbol{0}$　　B. 主矢 $\boldsymbol{R}'\neq \boldsymbol{0}$，主矩 $\boldsymbol{M}_O=\boldsymbol{0}$

C. 主矢 $\boldsymbol{R}'=\boldsymbol{0}$，主矩 $\boldsymbol{M}_O\neq \boldsymbol{0}$　　D. 主矢 $\boldsymbol{R}'=\boldsymbol{0}$，主矩 $\boldsymbol{M}_O=\boldsymbol{0}$

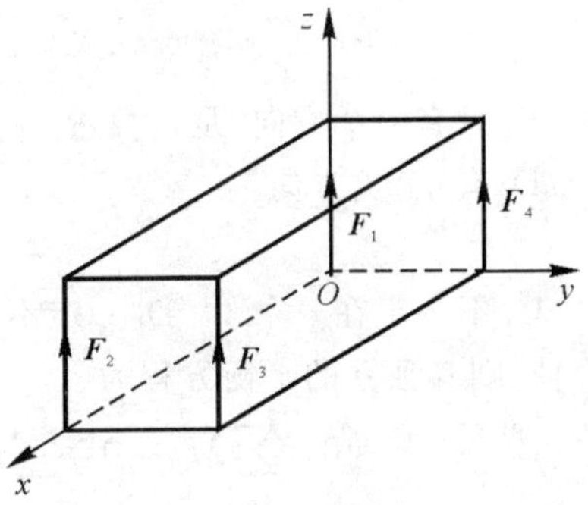

题 5-52 图

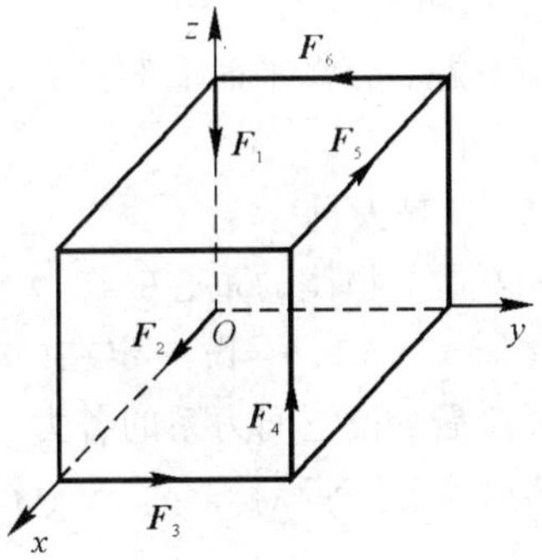

题 5-54 图

第 5-53 题：如题 5-52 图所示的空间平行力系 $\boldsymbol{F}_1$，$\boldsymbol{F}_2$，$\boldsymbol{F}_3$，$\boldsymbol{F}_4$，简化最后结果可得(　　)。

A. 一合力　　B. 一合力偶　　C. 一力螺旋　　D. 平衡

第 5-54 题：如题 5-54 图所示，正立方体的顶角上作用着六个大小相等的力，此力系向任一点简化的结果是(　　)。

A. 主矢等于零，主矩不等于零　　B. 主矢不等于零，主矩也不等于零

C. 主矢不等于零，主矩等于零　　D 主矢等于零，主矩也等于零

第 5-55 题：正立方体的前侧面沿 AB 方向作用一力 $\boldsymbol{F}$(见题 5-55 图)，则该力(　　)。

A. 对 x，y，z 轴之矩全相等　　B. 对三轴之矩全不相等

C. 对 x，y 轴之矩相等　　D. 对 y，z 轴之矩相等

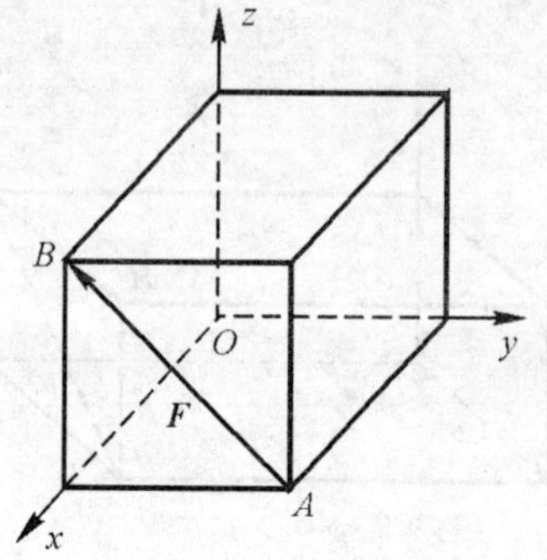

题 5-55 图

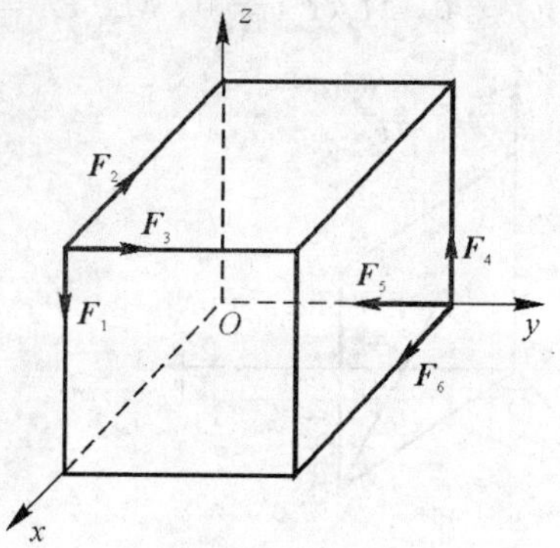

题 5-56 图

第 5-56 题：如题 5-56 图所示，在一个正方体上沿棱边作用六个力，各力的大小都等于 F，此力系的最终简化结果为(　　)。

A. 合力　　B. 平衡　　C. 合力偶　　D. 力螺旋

第 5-57 题：设有一力 $\boldsymbol{F}$ 在(　　)情况下垂直 x 轴，但不与 x 轴相交。

A. $F_x=0,\ M_x(\boldsymbol{F})=0$　　B. $F_x=0,\ M_x(\boldsymbol{F})\neq 0$

C. $F_x\neq 0,\ M_x(\boldsymbol{F})\neq 0$　　D. $F_x\neq 0,\ M_x(\boldsymbol{F})=0$

第 5-58 题：计算力在空间直角坐标轴上的投影有两种方法，为(　　)。

A. 解析法和几何法　　B. 一次投影法和二次投影法

C. 分割法和负面积法　　D. 实验法

第 5-59 题：力在平面上的投影(　　)。

A. 无方向　　B. 只有两个方向，是代数量

C. 有方向，是矢量　　D. 有正、负方向

第 5-60 题：物体的重心(　　)物体上。

A. 不在　　B. 一定在　　C. 不一定在　　D. 一定不在

第 5-61 题：设空间力系的各力 $\boldsymbol{F}_i$ 均平行于 z 轴，则其独立的平衡方程为(　　)。

A. $\sum F_x=0,\ \sum M_y=0,\ \sum M_z=0$　　B. $\sum F_y=0,\ \sum M_x=0,\ \sum M_z=0$

C. $\sum F_z=0,\ \sum M_x=0,\ \sum M_y=0$　　D. $\sum F_x=0,\ \sum F_y=0,\ \sum F_z=0$

第 5-62 题：空间汇交力系的平衡方程为(　　)。

A. $\sum F_x=0,\ \sum F_y=0,\ \sum F_z=0$　　B. $\sum F_x=0,\ \sum M_y=0,\ \sum M_z=0$

C. $\sum M_x=0,\ \sum M_y=0,\ \sum M_z=0$　　D. $\sum F_y=0,\ \sum M_x=0,\ \sum M_z=0$

4. 多项选择题

第 5-63 题：空间一般力系的平衡方程形式可以有(　　)。

A. 一矩式　　B. 二矩式　　C. 三矩式

D. 四矩式　　E. 五矩式　　F. 六矩式

第 5-64 题：空间一般力系的最终合成结果有(　　)。

A. 一个合力　　B. 一个合力偶　　C. 一个力螺旋

D. 平衡　　E. 一个合力和一个合力偶

第 5-65 题：空间力系研究的基本问题仍然是静力学的三个基本问题，即(　　)。

A. 力系的平衡条件　　B. 合力矩定理　　C. 平衡移轴定理

D. 物体的受力分析　　E. 力系的等效替换

第 5-66 题：空间力偶对刚体的作用效果决定于三个因素(　　)，它可用力偶矩矢 $\boldsymbol{M}$ 表示。

A. 自由矢量　　B. 力偶的转向　　C. 滑动矢量

D. 力偶矩大小　　E. 力偶作用面方位

第 5-67 题：由于空间力偶系可合成为一个合力偶，则主矢恒等于零，其独立平衡方程为(　　)。

A. $\sum X_i=0$　　B. $\sum Y_i=0$

C. $\sum Z_i=0$　　D. $\sum M_x(\boldsymbol{F})=0$

E. $\sum M_y(\boldsymbol{F})=0$　　F. $\sum M_z(\boldsymbol{F})=0$

第 5-68 题：若空间平行力系中各力与 z 轴平行，其平衡方程的基本形式为(　　)。

A. $\sum X_i=0$　　B. $\sum Y_i=0$　　C. $\sum Z_i=0$

D. $\sum M_x(\boldsymbol{F})=0$　　E. $\sum M_y(\boldsymbol{F})=0$　　F. $\sum M_z(\boldsymbol{F})=0$

5.5　基本计算练习题

第 5-69 题：如题 5-69 图所示，已知 $P=20$ N，求力 $\boldsymbol{P}$ 在 x、y、z 轴的投影，以及对该三轴的力矩。(注：不作说明为工程标准，单位为 mm)

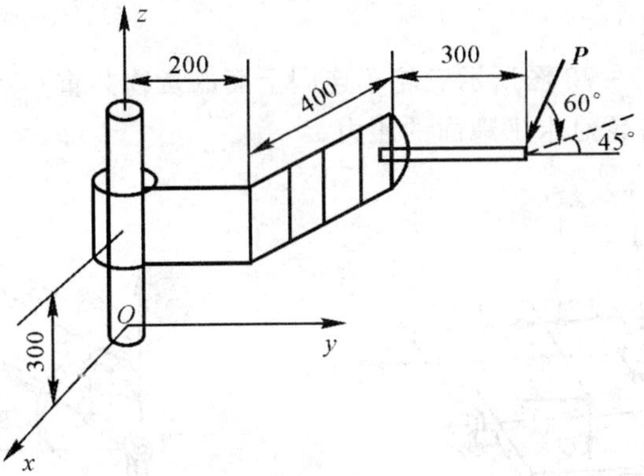

题 5-69 图

第 5　70 题：如题 5-70 图所示力系中，$P_1=100$ N，$P_2=100$ N，$P_3=100$ N，各力作用线的位置如图所示。试将该力系向原点 O 简化。

第 5-71 题：求如题 5-71 图所示截面等厚度物体重心的位置。

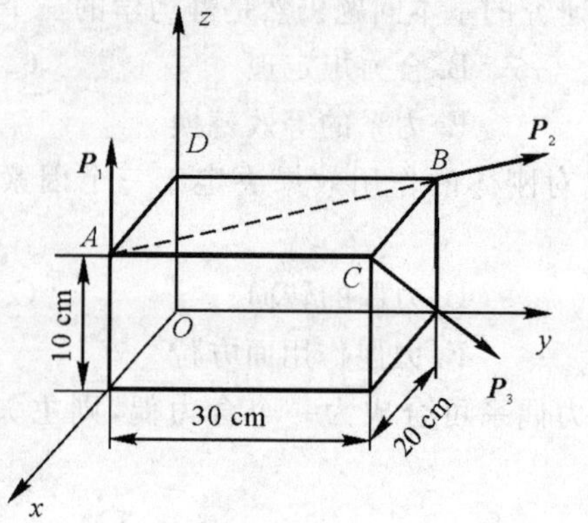

题 5－70 图

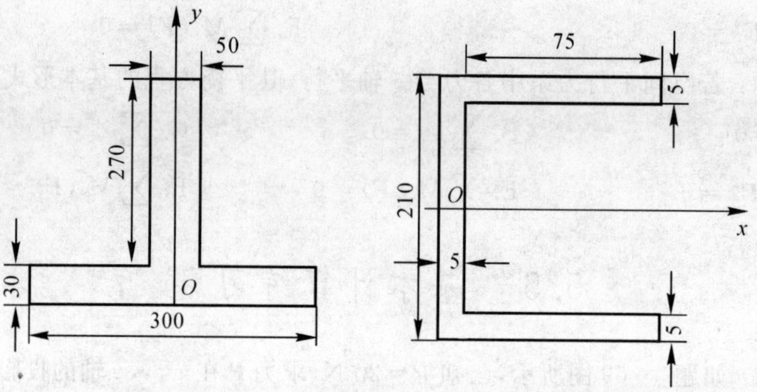

(a)　　　　(b)

题 5－71 图

第 5－72 题：如题 5－72 图所示三轮车连同上面的货物共重 $G=3\ 000$ N，重力作用线通过 C 点，求车子静止时各轮对水平地面的压力。

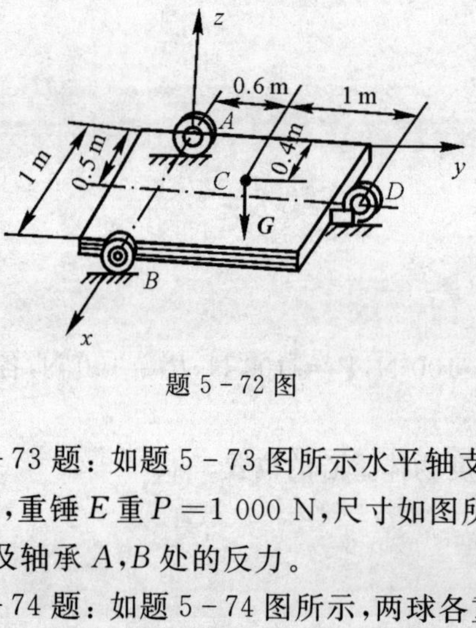

题 5－72 图

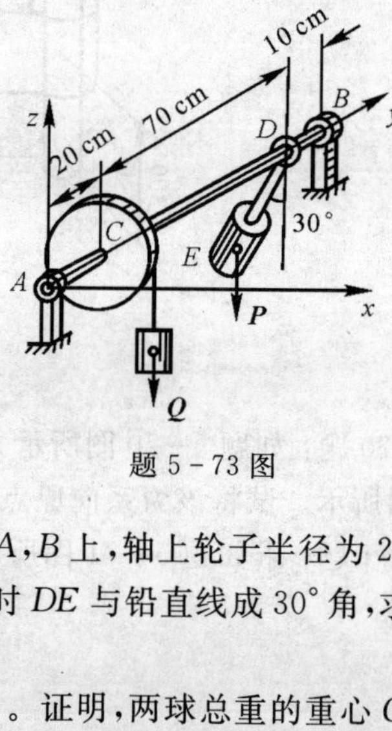

题 5－73 图

第 5－73 题：如题 5－73 图所示水平轴支撑在轴承 A，B 上，轴上轮子半径为 20 cm，重物 $Q=250$ N，重锤 E 重 $P=1\ 000$ N，尺寸如图所示。平衡时 DE 与铅直线成 30° 角，求重锤到轴的距离以及轴承 A，B 处的反力。

第 5－74 题：如题 5－74 图所示，两球各重 $\boldsymbol{W}_1$ 和 $\boldsymbol{W}_2$。证明，两球总重的重心 C 位于连心

线$\overline{O_1O_2}$上，并且 C 与球心的距离和球的重力成反比，即

$$\frac{\overline{CO_1}}{\overline{CO_2}}=\frac{W_2}{W_1}$$

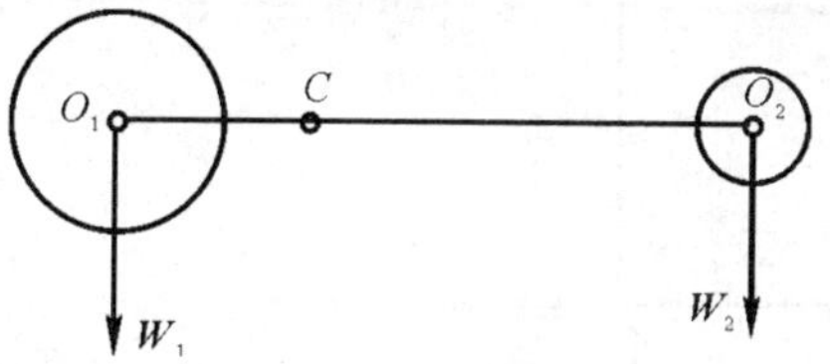

题 5－74 图

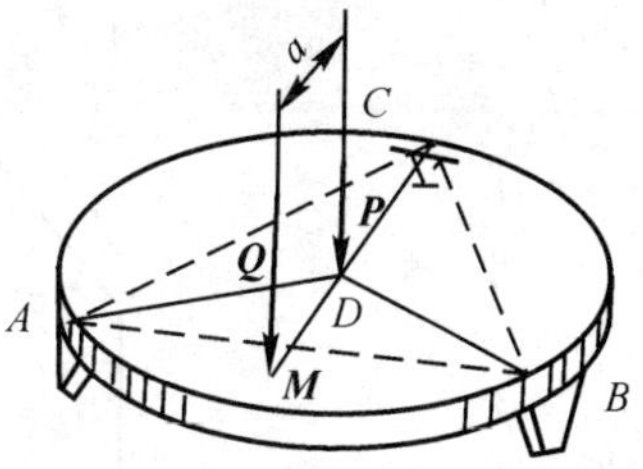

题 5－75 图

第 5－75 题：如题 5－75 图所示，三脚圆桌的半径 $r=50$ mm，重 $P=600$ N。圆桌的三个脚 A,B,C 形成一等边三角形。若在中线 CD 上距圆心为 a 的点 M 处作用铅直力 $Q=1\ 500$ N，求使圆桌不致翻到的最大的距离 a。

第 5－76 题：边长为 a 的等边三角形板 ABC 用六根连杆支撑，如题 5－76 图所示。板面内作用一力偶，其矩为 M，如板和杆的质量不计，求各杆的内力。

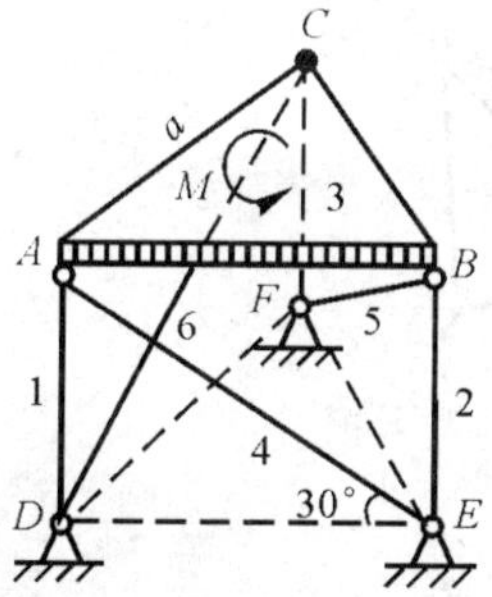

题 5－76 图

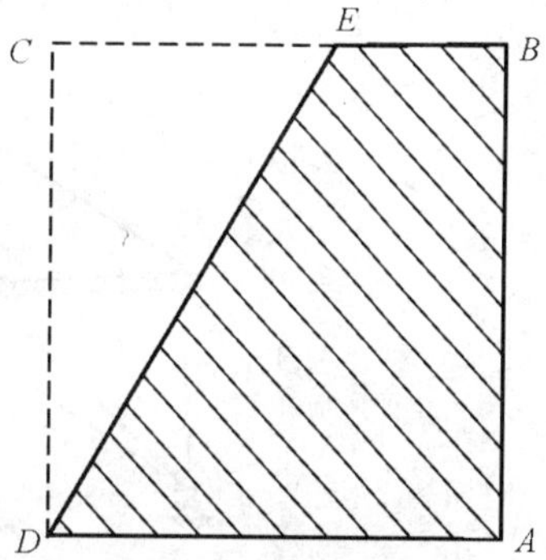

题 5－77 图

第 5－77 题：如题 5－77 图所示，梯形板 $ABED$，$\overline{AB}=b$，$\overline{DA}=a$，现在点 E 挂起，欲使 AD 边保持水平位置，试求$\overline{EB}$ 的尺寸是多少。

第 5－78 题：如题 5－78 图所示，水平轴上装有两个带轮 C 和 D，轮的半径 $r_1=20$ cm，$r_2=25$ cm，轮 C 的胶带是水平的，拉力 $T_1=2t_1=5\ 000$ N，轮 D 的胶带与铅垂线成 30° 角，拉力 $T_2=2t_2$；不计轮、轴的重力，求平衡时 $\boldsymbol{T}_2$ 和 $\boldsymbol{t}_2$ 的大小及轴承反力。

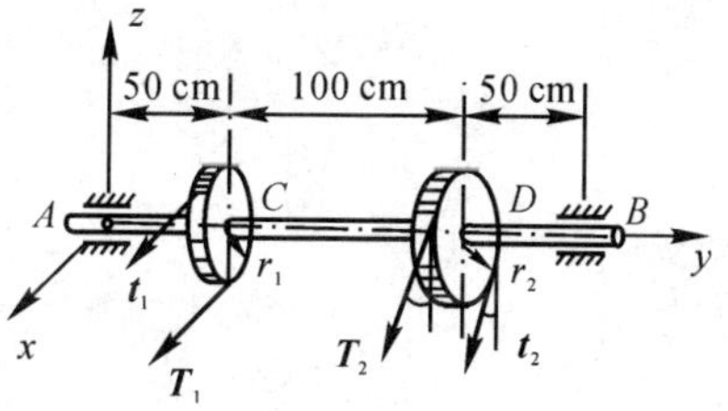

题 5－78 图

第5-79题：如题5-79图所示，均质杆AB重$\boldsymbol{P}$，长为l，A端靠在光滑墙面上并用一绳AC系住，AC平行于x轴，B端用球铰链连于水平面上。求杆AB两端所受的力。

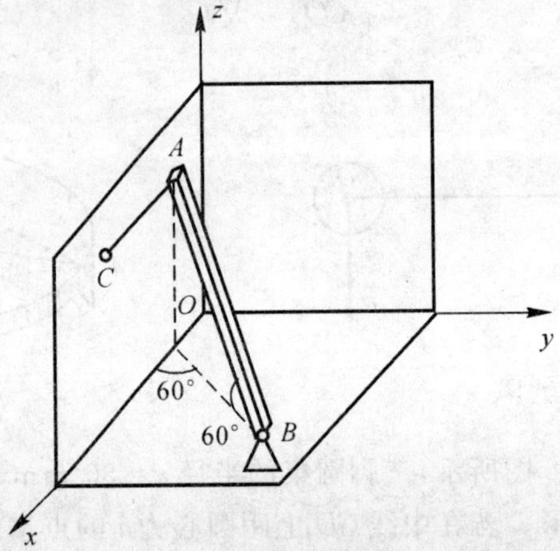

题5-79图

第5-80题：如题5-80图所示，平板$ABCD$由六根无重杆支撑，若板重$P=10$ kN，$\overline{AB}=\overline{DC}=100$ cm，$\overline{AD}=\overline{BC}=\overline{Aa}=50$ cm，求各杆的内力。

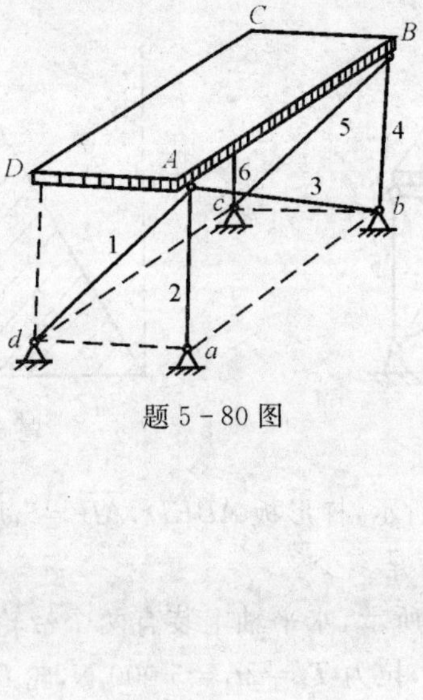

题5-80图

第六章　轴向拉伸与压缩

6.1　基本理论与方法

1. 轴向拉、压杆的内力

轴向拉、压杆的内力称为轴力，用符号 N 表示。当 N 的方向与截面外向法线方向一致时，规定为正，反之为负。求轴力时仍然采用截面法。

求内力时，一般将所求截面的内力假设为正的数值，这一方法称为设正法。如所求内力的结果为正，则说明假设正确，是拉力；如所求内力的结果是负值，则说明假设错误，应是压力。设正法在以后求其他内力时还要用到。

2. 轴向拉、压杆横截面上应力及其应用条件

轴向拉、压杆横截面上的应力分析，仅仅利用静力平衡条件是不能解决的，这是一个静不定问题。首先须考虑轴向拉、压杆的变形。根据实验可知，杆件横截面变形前、后均为平面。只是变形后沿轴向平移了一段距离，因而提出"平面假设"。任意两横截面间，所有假想的纵向纤维的变形均相同，受力相同，由材料连续、均匀的假设可知，轴向拉、压杆横截面上各点的应力相等，垂直于横截面，根据静力平衡条件，得到轴向拉、压杆横截面上正应力为

$$\sigma = \frac{N}{A}$$

轴向拉、压杆横截面上正应力公式应用条件：

(1) 外力(或其合力)通过横截面形心，且沿杆件轴线作用。

(2) 可适用于弹性及塑性范围。

(3) 适用于锥角 $\alpha \leqslant 20°$，横截面连续变化的直杆。

(4) 在外力作用点附近或杆件面积突然变化处，应力分布并不均匀，不能应用此公式，稍远一些的横截面上仍能应用。

3. 轴向拉、压杆的强度计算

等直杆轴向拉、压时的强度条件为

$$\sigma_{\max} = \frac{N_{\max}}{A} \leqslant [\sigma]$$

其中

$$[\sigma] = \frac{\sigma^0}{n}$$

式中，σ^0 称为材料的极限应力，塑性材料的极限应力为材料的屈服极限，脆性材料的极限应力为材料的强度极限。n 称为安全因数，它是大于 1 的数。对于塑性材料，由于拉伸和压缩时的 σ_s 相同，因此 $[\sigma]$ 相同。对等直杆，最大正应力发生在轴向力绝对值最大截面上，该截面称危险截面。对脆性材料，由于拉伸和压缩时的 σ_b 数值不同，因此，危险截面可能有两个，一个是拉力最大截面，另一个是压力最大截面，当进行强度校核时，需对此两个截面分别校核。强度

问题一般有以下三类：

(1) 强度校核。已知外力 F，杆件横截面面积 A，以及材料的许用应力 $[\sigma]$，校核该杆件是否安全。

(2) 设计截面。已知外力 F，材料许用应力 $[\sigma]$，设计杆件横截面面积为

$$A=\frac{N}{[\sigma]}$$

(3) 求许可截荷。已知杆件横截面面积 A 及材料许用应力 $[\sigma]$，求所能承受的最大外力。一般先求出许可的轴力，再求出许可载荷。

$$N_{\max}=A[\sigma]$$

4. 轴向拉、压杆的变形计算

轴向拉、压杆的变形利用胡克定律求得，即

$$\Delta l=\frac{Nl}{EA}$$

在应用上式时，应注意应力在比例极限内，且在计算长度 l 内，N,E,A 均为常数，EA 称为抗拉(压) 刚度。当轴向力 $N(x)$ 和横截面面积 $A(x)$ 沿轴线方向变化时，应从研究微段 dx 入手，此微段的变形为

$$d(\Delta l)=\frac{N(x)dx}{EA(x)}$$

所以

$$\Delta l=\int_0^l \frac{N(x)dx}{EA(x)}$$

对于同一种材料的阶梯形受拉、压杆件，其总变形应分段考虑，然后进行代数和，即

$$\Delta l=\sum_{i=1}^{n}\frac{N_i l}{EA_i}$$

轴向拉、压杆的轴向线应变 ε 为

$$\varepsilon=\frac{\Delta l}{l}=\frac{\sigma}{E}$$

轴向拉压杆的横向应变 ε' 为

$$\varepsilon'=-\mu\varepsilon \quad 或 \quad \mu=\left|\frac{\varepsilon'}{\varepsilon}\right|$$

式中，μ 为泊松比，是材料弹性常数之一，无量纲。

5. 材料的机械性质和低碳钢拉伸破坏实验

材料在外力作用下，表现出的变形和破坏方面的特性，称为材料的机械性质。

在常温静载荷条件下拉伸低碳钢时，以 $\sigma=N/A$ 为纵坐标，以 $\varepsilon=\Delta l/l$ 为横坐标，可以得到应力-应变曲线(见图 6.1)。

从图中可看到：

(1) 变形分为四个阶段。弹性阶段 Ob，屈服(流动) 阶段 cd，强化阶段 de，颈缩破坏阶段 ef。

(2) 四个强度指标。比例极限 σ_p 为线弹性阶段结束时(a 点) 所对应的应力数值。弹性极限 σ_e 为弹性阶段结束时(b 点) 所对应的应力数值。屈服极限 σ_s 为下屈服点 c' 所对应的应力数值。强度极限 σ_b 为试件破坏之前所能承受的最高应力数值。

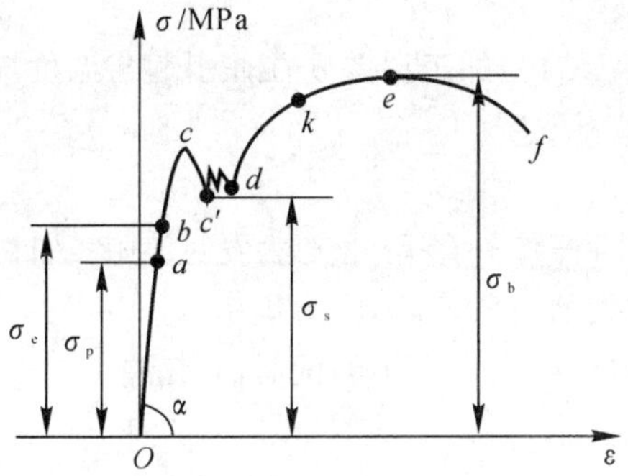

图　6.1

(3) 一个弹性指标。由图 6.1 可以看出，材料弹性模量为

$$E=\tan\alpha=\frac{\sigma}{\varepsilon}$$

(4) 两个塑性指标。如果试件标距原长为 l，拉断后变为 l_1，试件直径由 d 变为 d_1，(d_1 为颈缩破坏处的最小直径)，则

材料延伸率为

$$\delta=\frac{l_1-l}{l}\times 100\%$$

材料断面收缩率为

$$\psi=\frac{A-A_1}{A}\times 100\%$$

低碳钢试件拉至塑性变形阶段(见图 6.1 中点 k)，然后卸载，当重新加载时，材料的比例极限提高，塑性降低，该现象称为冷作硬化。该现象常用于提高材料的强度，在工程中应用冷拔、喷丸等处理工艺。冷作硬化可以用退火来消除其影响。

6. 简单拉、压静不定问题

静不定结构的特点是结构内部或外部存在多余约束，未知力的数目比能列出的平衡方程的数目要多，仅仅根据平衡条件不能求出全部未知的力，必须根据变形和物理条件列出与多余约束数相同的补充方程，这类问题称之为静不定问题。多余约束的数目，称为静不定次数。多余约束对保证结构的平衡和几何不变性并不是必不可少的，但对满足结构强度和刚度的要求又是必需的，从这层意义上讲，多余约束不是多余的。解静不定问题的一般步骤如下：

(1) 根据约束性质，正确分析约束力，确定静不定次数。

(2) 列出全部独立的平衡方程。

(3) 解除多余约束，使结构变为静定的，根据变形几何关系，列出变形谐调方程。

(4) 将物理关系式代入变形谐调方程，得到补充方程，将其与平衡方程联立，求出全部未知力。

拉、压静不定的问题大致有三类：桁架系统、装配应力、温度应力。

这三类问题主要差别在于变形协调方程。

7. 温度应力和装配应力

(1) 温度应力。由于温度变化引起物体的膨胀和收缩，从而引起杆件内部的应力，称为热应力或温度应力。

(2) 装配应力。对静不定结构,加工误差 δ 往往引起与温度应力相似的应力,这种应力称为装配应力。

8. 应力集中

(1) 应力集中的概念。因杆件外形尺寸突然发生变化(如切口、切槽、油孔、螺纹、轴肩等),而引起局部应力急剧增大的现象,称为应力集中。

(2) 应力集中因数 k。对发生应力集中的截面而言,有

$$k=\frac{\sigma_{\max}}{\sigma}$$

式中 k—— 理论应力集中系数,反映应力集中程度,是一个大于1的因数;

$\sigma_{\max}$—— 该截面最大应力,单位是 MPa;

σ—— 同一截面上的平均应力,单位是 MPa。

截面尺寸改变得越急剧,角越尖,孔越小,应力集中的程度就越严重。

对塑性材料,当局部的最大应力 $\sigma_{\max}$ 达到屈服极限 σ_s 时,该材料的变形可以继续增长,而应力却不再增大。所以在静载荷作用下,塑性材料制成的零件可以不考虑应力集中的影响。

而脆性材料没有屈服阶段,应力集中处的最大应力 $\sigma_{\max}$ 一直领先,首先达到 σ_b,该处将首先产生裂纹。因此,脆性材料对应力集中的影响更敏感,应注意零件内部的不均匀性和缺陷。

当零件受到周期性变化的应力或受到冲击载荷作用时,不论是塑性材料还是脆性材料,应力集中对零件的强度有严重影响,是零件破坏的根源。

6.2 基本要求与重点

(1) 建立轴力的概念,熟练掌握轴力计算和轴力图绘制的方法。

(2) 理解拉伸正应力公式的推导过程,了解应力随所在截面方位的变化规律。

(3) 明确低碳钢和铸铁在拉伸与压缩变形中的力学行为,熟练掌握 σ_s(σ_p, $\sigma_{0.2}$),σ_b,δ,ψ 等指标的力学意义和测试方法。

(4) 明确许用应力[σ]的概念,理解引入安全因数的原因。

(5) 熟练掌握拉、压杆的强度条件和三种强度问题的计算方法。

(6) 明确弹性模量 E、泊松比 μ 和截面抗拉、压刚度的概念,熟练掌握用胡克定律计算、拉压杆变形的方法。

(7) 掌握用切线代替圆弧求简单桁架节点位移的方法。

(8) 了解静不定杆系的一般解法,熟练掌握一次静不定杆系(包括温度应力和装配应力)的解法。

(9) 了解应力集中现象和应力集中因数的意义。

6.3 基本概念练习题

1. 是非判断题

第 6-1 题:杆件某截面上的内力是该截面上应力的代数和。

第 6－2 题：若物体产生位移，则必同时产生变形。

第 6－3 题：若物体各点均无位移，则该物体必定无变形。

第 6－4 题：轴力是轴向拉、压杆横截面上的唯一的内力。

第 6－5 题：对于脆性材料，通常用强度极限 σ_b 作为极限应力。

第 6－6 题：轴力一定是垂直于杆件的横截面。

第 6－7 题：非轴向拉、压杆件横截面上无轴力。

第 6－8 题：轴力作用线通过杆件的截面的形心。

第 6－9 题：轴向拉、压杆件的应力公式只能适应于等截面杆件。

第 6－10 题：两根等长、等截面的杆件，一根为钢质杆，另一根为铜质杆，在相同的外力作用下，它们的应力和变形都不同。

第 6－11 题：直径为 D 的圆截面拉伸试件，其标距是试件两端面之间的距离。

第 6－12 题：若将所加的载荷去掉，试件的变形可以全部消失，这种变形称为弹性变形。

第 6－13 题：若拉伸试件处于弹性变形阶段，则试件工作段的应力-应变成正比关系。

第 6－14 题：在拉伸应力-应变曲线中，弹性阶段的最高应力为比例极限。

第 6－15 题：受力试件若已经超出弹性阶段而进入塑性阶段，试件只能出现塑性变形。

第 6－16 题：当试件拉断后，测量试件的工作长度的伸长 ΔL 是塑性变形。

第 6－17 题：钢材经过冷作硬化处理后，其比例极限可得到提高。

第 6－18 题：钢材经过冷作硬化处理后，其延伸率可以得到提高。

第 6－19 题：钢材经过冷作硬化处理后，其强度可以提高。

第 6－20 题：钢材经过冷作硬化处理后，其抗冲击性能得以提高。

第 6－21 题：对于没有明显屈服阶段的塑性材料，通常用名义屈服极限 $\sigma_{0.2}$ 作为材料的屈服极限。

第 6－22 题：对于没有明显屈服阶段的脆性材料，通常用名义屈服极限 $\sigma_{0.2}$ 作为材料的屈服极限。

第 6－23 题：$\sigma_{0.2}$ 是试件的应变为 0.2% 时的应力值。

第 6－24 题：$\sigma_{0.2}$ 是试件在加载过程中，塑性应变为 0.2% 的应力值。

第 6－25 题：对于脆性材料，试件受拉过程中不出现屈服和颈缩现象。

第 6－26 题：对于脆性材料，压缩强度极限比拉伸强度极限高出许多。

第 6－27 题：对 于塑性材料，抗冲击性能好。

第 6－28 题：对 于脆性材料，若构件中存在小孔（出现应力集中现象），对构件的强度无明显影响。

第 6－29 题：对于脆性材料的构件不宜用于受拉杆件。

第 6－30 题：对于塑性材料，试件受拉过程中不出现屈服和颈缩现象。

第 6－31 题：拉、压杆件的内力越大，则应力也越大。

第 6－32 题：杆件的强度与内力是密切相关的。

2. 选择填空题

第 6－33 题：材料的力学性能指标有强度指标和塑性指标，强度指标为（　　），塑性指标为（　　）。

A. $\sigma_e, \sigma_p, \sigma_s$　　B. $\sigma_e, \sigma_p, \sigma_s, \sigma_b$　　C. δ, ψ, μ　　D. δ, ψ

第 6－34 题：构件在外力作用下，其内部各部分间产生的（　　），称为（　　）。

A. 内力　　B. 轴力　　C. 附加内力　　D. 相互作用力

第 6－35 题：当低碳钢拉伸时，其 σ-ε 曲线的四个特征阶段为（　　）；对应的有三个应力极限为（　　）。

A. 弹性，屈服，强化，颈缩　　B. 比例，屈服，强化，颈缩

C. σ_p，σ_s，σ_b　　D. σ_a，σ_s，σ_b

第 6－36 题：塑性材料的极限应力 σ°＝（　　），而脆性材料的极限应力 σ°＝（　　）。

A. σ_p　　B. σ_s　　C. σ_b　　D. σ_a

第 6－37 题：如题 6－37 图所列各结构的超静定次数为一次的结构是（　　），超静定次数等于两次的为（　　）。

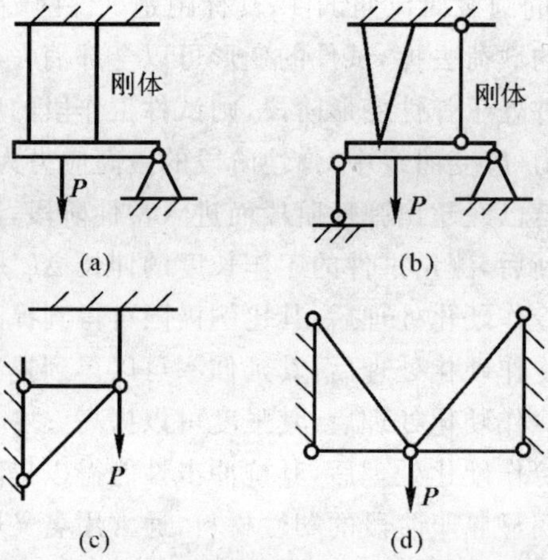

题 6－37 图

A. 图(a)，图(c)　　B. 图(a)，图(b)　　C. 图(d)　　D. 图(c)

第 6－38 题：如题 6－38 图所示拉、压杆，杆中的最大轴力为 N_{max}＝（　　），最小轴力为 N_{min}＝（　　）。

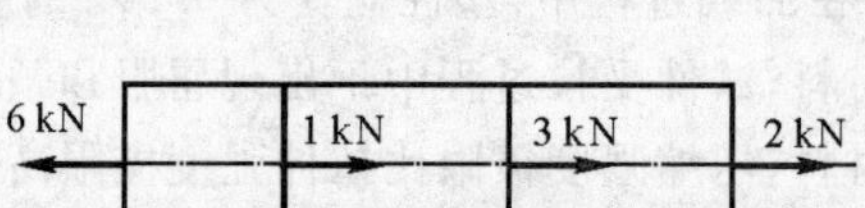

题 6－38 图

A. 5 kN　　B. 3 kN　　C. 6 kN　　D. 2 kN

3. 单项选择题

第 6－39 题：关于确定截面内力的截面法的适用范围有下列四种说法，其中正确的说法是（　　）。

A. 适用于等截面直杆

B. 适用于直杆承受基本变形

C. 适用于不论基本变形还是组合变形，但限于直杆的横截面

D. 适用于不论是等截面或变截面，直杆或曲杆，基本变形或组合变形，横截面或任意截面

的普遍情况

第 6-40 题：延伸率取值为(　　)的材料称为塑性材料。

A. $\delta > 5\%$　　B. $\delta < 5\%$　　C. $\delta > 4\%$　　D. $\delta < 4\%$

第 6-41 题：材料的许用应力 $[\sigma]=\dfrac{\sigma^{\circ}}{k}$，式中，$k$ 是大于 1 的安全因数，而 σ° 是(　　)。

A. 材料的屈服极限　B. 材料的强度极限

C. 材料的弹性极限　D. 材料的极限应力

第 6-42 题：如题 6-42 图所示钢筋混凝土受压柱是(　　)。

A. 静定结构　　B. 一次超静定结构

C. 二次超静定结构　D. 三次超静定结构

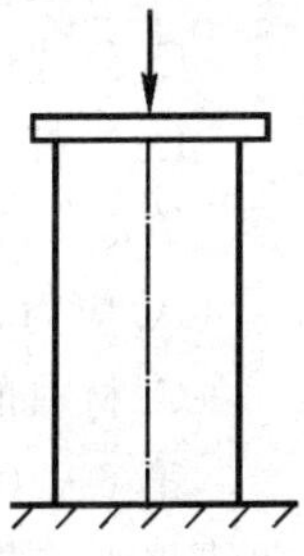

题 6-42 图

第 6-43 题：用截面法可求出如题 6-43 图所示轴向拉、压杆 a—a 截面的内力 $N=P_1-P_2$，下面说法正确的是(　　)。

A. N 其实是应力　　B. N 是拉力

C. N 是压力　　D. N 的作用线与杆件轴线重合

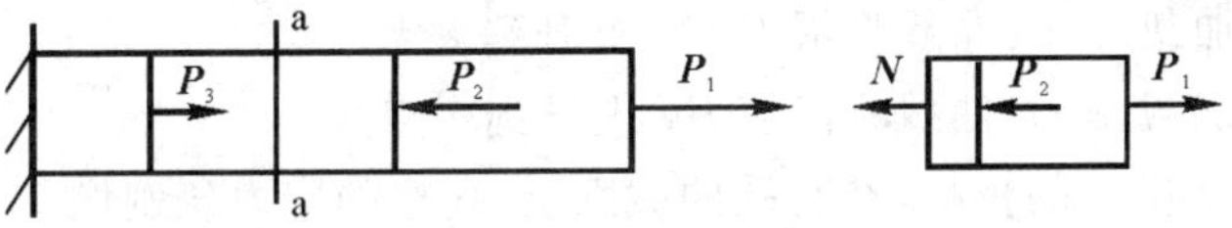

题 6-43 图

第 6-44 题：关于应力，下面说法正确的是(　　)。

A. 应力是内力的平均值

B. 应力是内力的集度

C. 杆件横截面上的正应力比斜截面的正应力大

D. 轴向拉、压杆在任何横截面上的正应力都是均匀分布的

第 6-45 题：轴向拉、压杆在横截面上正应力的计算公式为 $\sigma=\dfrac{N}{A}$，此公式(　　)。

A. 在弹性范围内才成立

B. 在外力作用点附近的截面不成立

C. 说明正应力与外力无关

D. 说明如果杆件的两个横截面积相等，则这两个横截面上的正应力也相等

第 6-46 题：对于强度条件 $\sigma \leqslant [\sigma]$，下面说法正确的是(　　)。

A. σ 与杆件受力情况、杆件几何尺寸及材料的力学性质有关

B. $[\sigma]$ 与杆件受力情况、杆件几何尺寸及材料的力学性质有关

C. σ 只与杆件受力情况、杆件几何尺寸有关，而与材料的力学性质无关

D. $[\sigma]$ 只与杆件受力情况、杆件几何尺寸有关，而与材料的力学性质无关

第 6-47 题：从拉、压杆轴伸长缩短量的计算公式 $\Delta l=\dfrac{Nl}{EA}$ 可以看出，E 或 A 值越大，Δl 值越小，故(　　)。

A. E 称为杆件的抗拉、压刚度

B. 乘积 EA 表示材料抵抗拉伸(压缩)变形的能力

C. 乘积 EA 称为杆件的抗拉、压刚度

D. 以上说法都不正确

第 6－48 题：对于公式 $\varepsilon' = -\mu\varepsilon$，下面说法正确的是(　　)。

A. 泊松比 μ 与杆件的几何尺寸及材料的力学性质无关

B. 公式中的负号表明，线应变 ε 与 ε' 的方向相反

C. 公式中的负号表明，当杆件的轴向长度增大时，其横向尺寸减小

D. 当杆件的轴向长度增大时，其横向尺寸按比例增大

第 6－49 题：对于低碳钢的 $\sigma-\varepsilon$ 曲线，下面说法正确的是(　　)。

A. 应力 σ 随着应变 ε 的增大而增大

B. 应力 σ 与应变 ε 成正比

C. 材料的弹性模量 $E=\tan\alpha$

D. 低碳钢的强度极限是其断裂时的应力

第 6－50 题：如题 6－50 图所示某种材料的 $\sigma-\varepsilon$ 曲线，若在 k 点时将荷载慢慢卸掉，则 $\sigma-\varepsilon$ 曲线将沿着与 Oa 平行的直线 kA 回落到 A 点，从图可以看出(　　)。

A. OA 段是弹性变形，AB 段是塑性变形

B. OA 段是塑性变形，AB 段是弹性变形

C. 如果在重新加载，$\sigma-\varepsilon$ 曲线将沿着 Oa 上升到 k 点

D. 如果在重新加载，$\sigma-\varepsilon$ 曲线将沿着 Bk 上升到 k 点

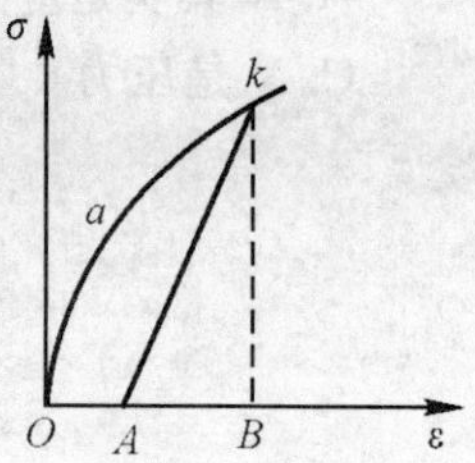

题 6－50 图

第 6－51 题：带小圆孔的拉杆，在有孔的截面上，孔边的应力急剧增大，这种现象称为应力集中。产生应力集中的原因是(　　)。

A. 孔口截面的面积比其他截面的面积要小，因此，根据公式 $\sigma=\dfrac{N}{A}$，所以应力增大了

B. 不但孔口截面的面积减小，而且孔口截面的内力比其他截面上的内力要大，故根据公式 $\sigma=\dfrac{N}{A}$，应力就急剧增大

C. 由于圆孔很小，孔口截面的面积减小的不是太多，因此起主要作用的是孔口截面上的内力增大了

D. 由于孔口截面尺寸的突然改变，因此改变了该截面上的应力分布，使得孔口附近的应力急剧增大

第 6－52 题：对于超静定问题，(　　)。

A. 总是可以求解的

B. 当超静定次数太多时，有时找不到相应个数的补充方程，故不能求解

C. 补充方程的建立，要用到平衡条件

D. 补充方程的建立，用综合运用平衡条件和变形协调方程

第 6－53 题：如题 6－53 图所示拉、压杆，其最大轴力发生在(　　)。

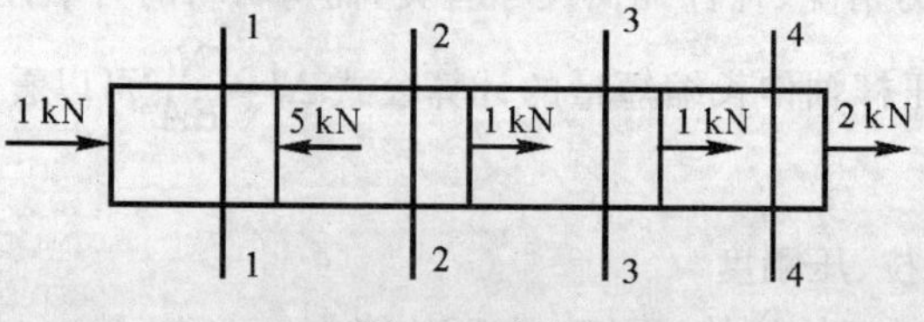

题 6－53 图

A. 1－1 截面　　B. 2－2 截面　　C. 3－3 截面　　D. 4－4 截面

第 6-54 题：材料的名义屈服极限 $\sigma_{0.2}$ 是(　　)。

A. 材料产生 0.2% 塑性应变时所对应的应力

B. 材料产生 0.2 塑性应变时所对应的应力

C. 材料产生 0.2% 弹性应变时所对应的应力

D. 材料产生 0.2 弹性应变时所对应的应力

第 6-55 题：截面上内力的大小(　　)。

A. 与截面的尺寸和形状无关

B. 与截面的尺寸有关，但与截面的形状无关

C. 与截面的尺寸无关，但与截面的形状有关

D. 与截面的尺寸和形状都有关

第 6-56 题：弹性模量 E 反映了(　　)。

A. 杆件的抗拉能力　　B. 杆件的抗弯曲变形能力

C. 材料的抗拉、压变形能力　　D. 材料的抗压能力

第 6-57 题：等直杆的受力情况如题 6-57 图所示，则杆中的最大轴力 N_{max} 和最小轴力 N_{min} 为(　　)。

A. $N_{max}=50$ kN，$N_{min}=-5$ kN　　B. $N_{max}=55$ kN，$N_{min}=-40$ kN

C. $N_{max}=55$ kN，$N_{min}=-25$ kN　　D. $N_{max}=20$ kN，$N_{min}=-5$ kN

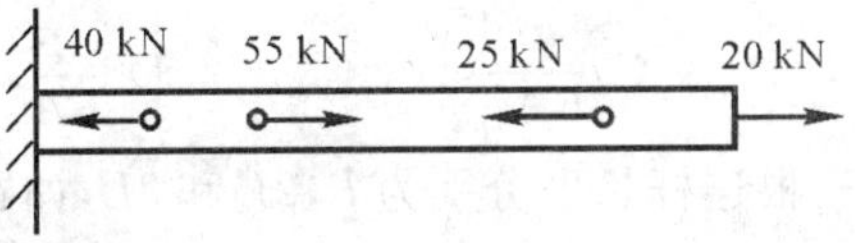

题 6-57 图

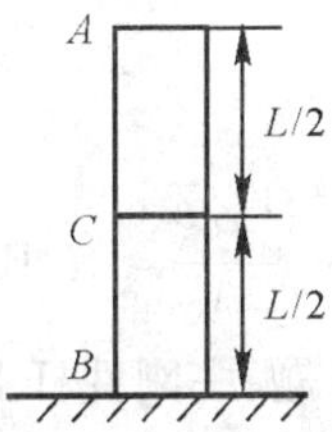

题 6-58 图

第 6-58 题：如题 6-58 图所示，等直杆 AB 受自重作用，杆的重度为 γ，横截面面积为 A，则(　　)。

A. 杆的 AC 段各横截面上的轴力为零　　B. 杆的 CB 段各横截面上的轴力为 $-\gamma AL$

C. 在杆的 C 横截面上的轴力为 $-\gamma AL/2$　　D. 杆的 B 段横截面上的轴力为 γAL

第 6-59 题：变截面直杆 AC 如题 6-59 图所示，则有(　　)。

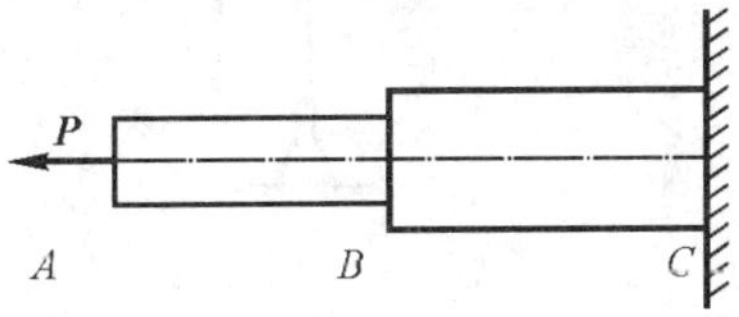

题 6-59 图

A. $N_{AB}=N_{BC}$，$\sigma_{AB}=\sigma_{BC}$　　B. $N_{AB}\neq N_{BC}$，$\sigma_{AB}\neq\sigma_{BC}$

C. $N_{AB}=N_{BC}$，$\sigma_{AB}\neq\sigma_{BC}$　　D. $N_{AB}\neq N_{BC}$，$\sigma_{AB}=\sigma_{BC}$

第 6-60 题：若两等直杆的横截面面积为 A，长度 L 相同，两端受轴向拉力 $\boldsymbol{P}$ 的作用。但材料不同，则两杆的应力 σ 和伸长 ΔL 为（　　）。

A. σ 和 ΔL 均相同　　B. σ 相同但 ΔL 不同

C. σ 和 ΔL 均不相同　　D. σ 不相同但 ΔL 相同

第 6-61 题：两等直杆的长度 L 和横截面面积为 A 均相同，其中一根为钢杆，另一根为铝杆，受到相同的拉力作用，则（　　）。

A. 铝杆的应力和钢杆的应力相同，而变形大于钢杆

B. 铝杆的应力和钢杆的应力相同，而变形小于钢杆

C. 铝杆的应力和变形大于钢杆的应力和变形

D. 铝杆的应力和变形小于钢杆的应力和变形

第 6-62 题：阶梯杆受拉力 $\boldsymbol{P}$ 作用，如题 6-62 图所示，材料的弹性模量为 E，此杆的最大线应变 ε_{max} 为（　　）。

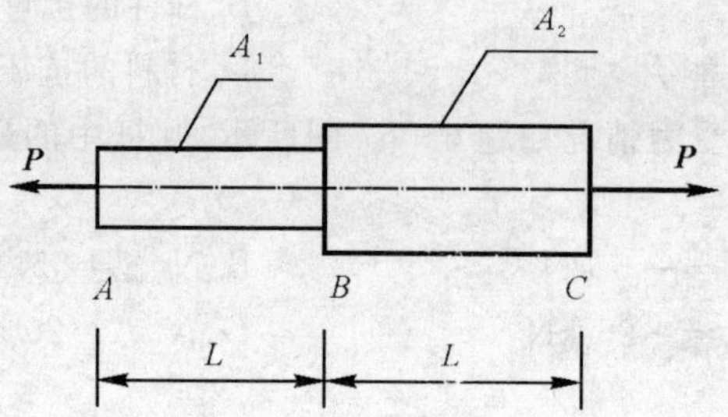

题 6-62 图

A. $\dfrac{P}{EA_1}+\dfrac{P}{EA_2}$　　B. $\dfrac{P}{2EA_1}+\dfrac{P}{2EA_2}$　　C. $\dfrac{P}{EA_1}$　　D. $\dfrac{P}{EA_2}$

第 6-63 题：一刚性杆上连接三根连杆，三根连杆长度分别为 L，$2L$ 和 $3L$，如题 6-63 图所示。则（　　）。

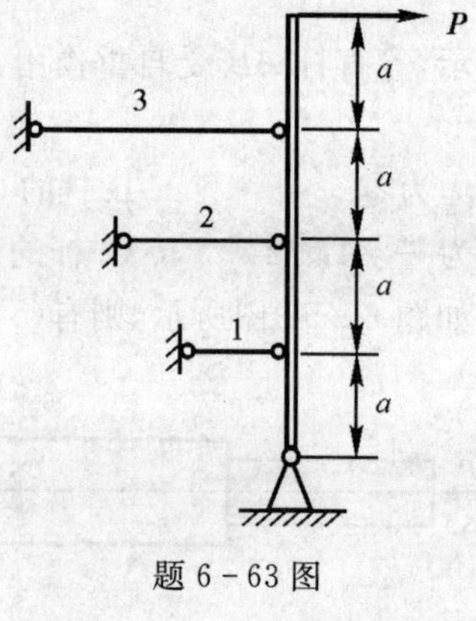

题 6-63 图

A. $\varepsilon_1=\varepsilon_2=\varepsilon_3$　　B. $\varepsilon_1<\varepsilon_2<\varepsilon_3$

C. $\varepsilon_1=1.5\varepsilon_2$，$\varepsilon_2=2\varepsilon_3$　　D. $\varepsilon_1:\varepsilon_2:\varepsilon_3=3:2:1$

第 6-64 题：一圆截面直杆，若将其直径增加 1 倍，则杆的抗拉刚度将是原来的（　　）。

A. 8 倍　　B. 6 倍　　C. 4 倍　　D. 2 倍

第 6-65 题：一空心圆截面直杆，内径和外径之比为 0.5，而两端承受拉力作用，若将其外径增加 1 倍，则杆的抗拉刚度将是原来的(　　)。

A. 2 倍　　B. 4 倍　　C. 6 倍　　D. 8 倍

第 6-66 题：铰接结构如题 6-66 图所示，各杆材料及截面相同，弹性模量均为 E，横截面面积为 A，在外力作用下，AC 两点的距离的改变为(　　)。

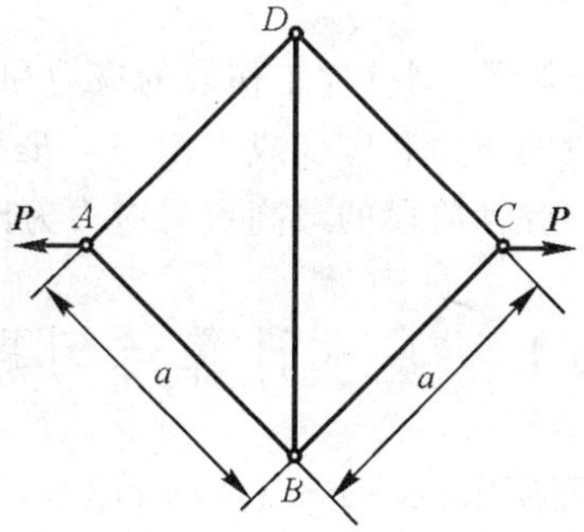

题 6-66 图

A. $\frac{2Pa}{EA}$　　B. $\frac{\sqrt{2}Pa}{EA}$　　C. $(2-\sqrt{2})\frac{Pa}{EA}$　　D. $(2+\sqrt{2})\frac{Pa}{EA}$

4. 多项选择题

第 6-67 题：如题 6-67 图所示两等直杆，受集中力 $\boldsymbol{P}$ 作用(不计自重)。杆中的最大轴力 N_{max} 和最小轴力 N_{min} 为(　　)。

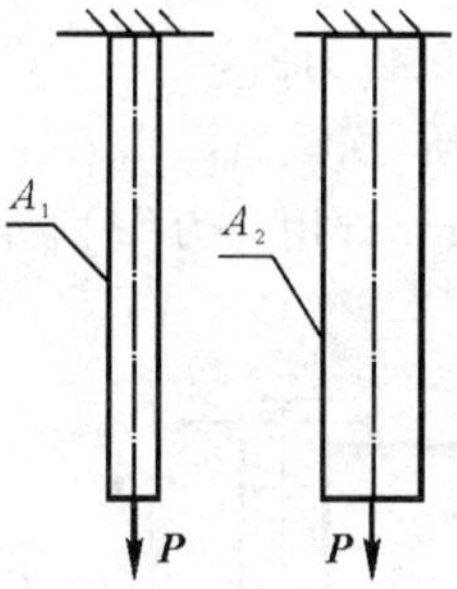

题 6-67 图

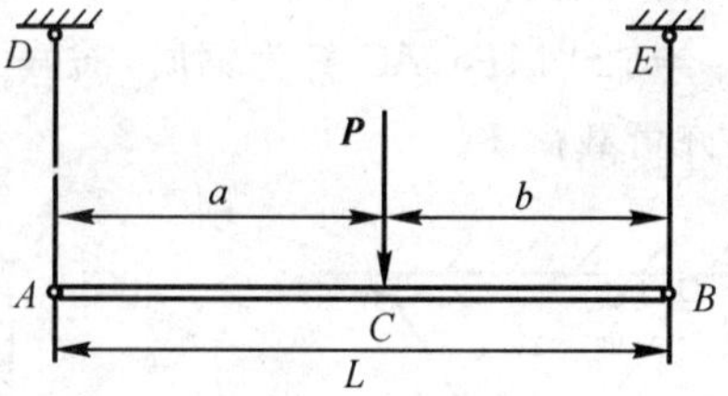

题 6-68 图

A. 两等直杆的轴力图均为一矩形　　B. 两等直杆的轴力大小相等

C. 若两等直杆的截面面积相等，两杆的变形不相等　　D. 两等直杆的轴力均为拉力

E. 两等直杆的轴力均为压力　　F. 两等直杆的应力相同

第 6-68 题：结构架如题 6-68 图所示，载荷作用在 AB 构件上，设点 C 到 A 的距离为 $\overline{AC}=a$，点 C 到点 B 的距离为 $\overline{CB}=b$，则(　　)。

A. 若点 C 位于 AB 之间，则 AD 杆的轴力为 $N_{AD}=Pb/L$

B. 若点 C 位于点 A 左侧($b>L$)，则 AD 杆的轴力为 $N_{AD}=Pb/L$

C. 若点 C 位于点 B 右侧($a>L$)之间，则 AD 杆的轴力为 $N_{AD}=Pb/L$

D. 无论点 C 位于什么位置，则 AD 杆的轴力始终为 $N_{AD}=Pb/L$

第 6-69 题：当空心圆截面杆件受轴向拉力作用时，则有(　　)。

A. 外径和壁厚都增大　　B. 外径和壁厚都减小

C. 外径减小，壁厚增大　　D. 外径增大，壁厚减小

E. 内径增大，杆长增大

第 6－70 题：试件在拉伸试验过程中，正确说法为（　）。

A. 若将外加载荷去掉，试件变形可全部消失，试件恢复到原来状态，这种变形称为弹性变形

B. 若拉伸试件处于弹性变形阶段，则试件工作段的应力和应变成正比（$\sigma = E\varepsilon$）

C. 若拉伸试件在试件工作段的应力和应变成正比（$\sigma = E\varepsilon$），则试件必处于弹性变形阶段

D. 在拉伸应力-应变曲线中，弹性阶段的最高点的应力为比例极限

6.4　基本计算练习题

第 6－71 题：试求题 6－71 图所示中杆 1－1，2－2，3－3 截面上的轴力，并作轴力图。

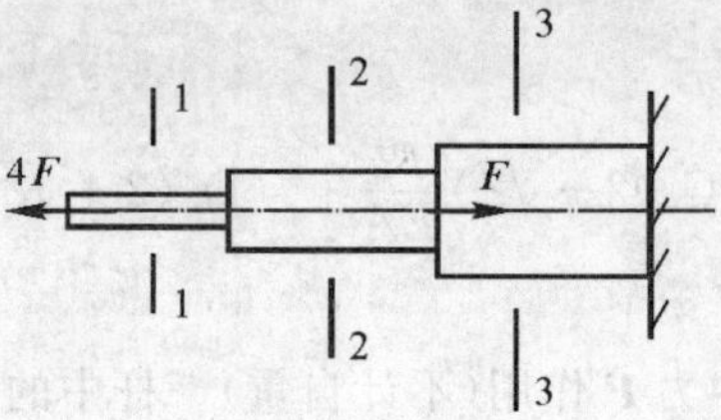

题 6－71 图

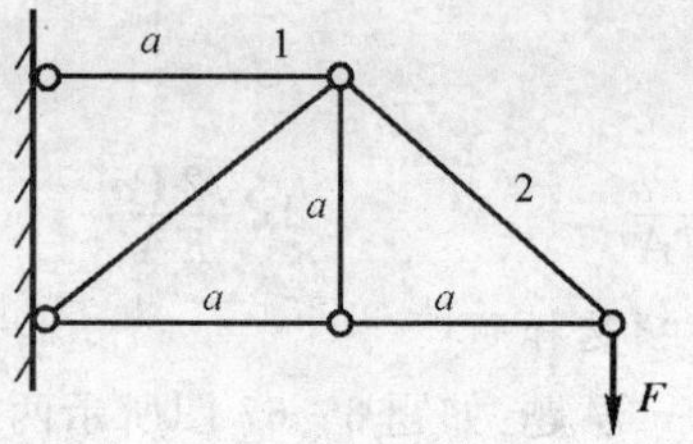

题 6－72 图

第 6－72 题：试求如题 6－72 图所示桁架结构中杆 1，杆 2 的内力。

第 6－73 题：如题 6－73 图所示简单的构架中，AB 杆为钢质，横截面面积 $A_1 = 20\ \text{cm}^2$，许用应力 $[\sigma]_{钢} = 120$ MPa；AC 杆为铜质，横截面面积 $A_2 = 12\ \text{cm}^2$，许用应力 $[\sigma]_{钢} = 60$ MPa。求该构架的许可载荷 $\boldsymbol{F}$。

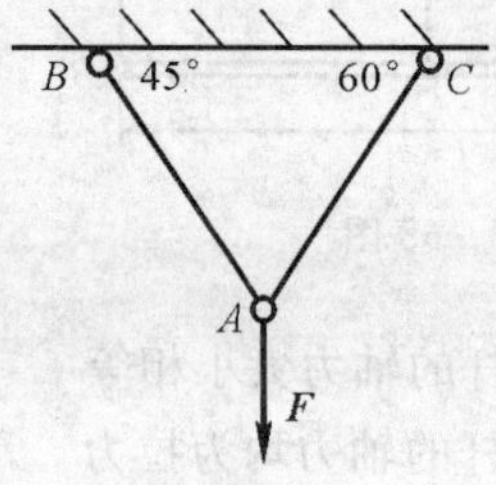

题 6－73 图

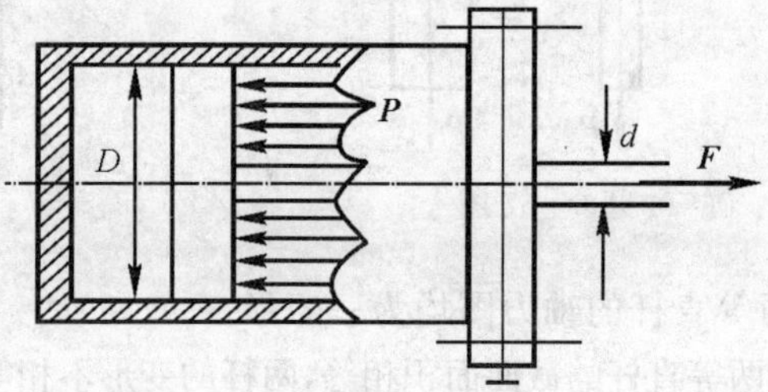

题 6－74 图

第 6－74 题：某铣床工作台进给油缸如题 6－74 图所示。缸内工作油压 $p = 2$ MPa，油缸内径 $D = 75$ mm，活塞杆直径 $d = 18$ mm。已知活塞杆材料的许用应力 $[\sigma] = 50$ MPa，试校核活塞杆的强度。

第 6－75 题：起重链条如题 6－75 图所示，链环由 A3 钢制成，许用应力 $[\sigma] = 60$ MPa。须起吊重为 $W = 30.8$ kN 的物体。试根据链环受轴向拉伸部分的强度选择链环圆钢的直径 d。

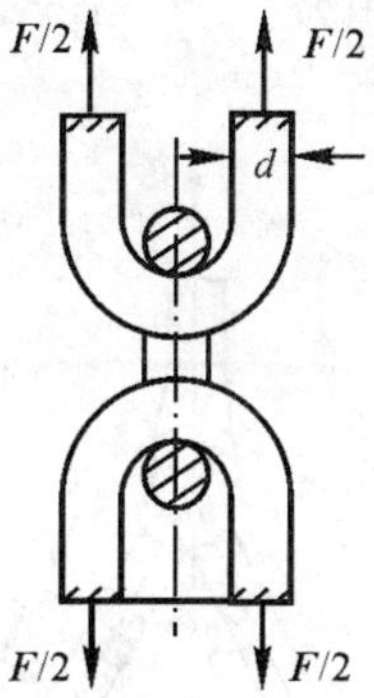

题 6-75 图

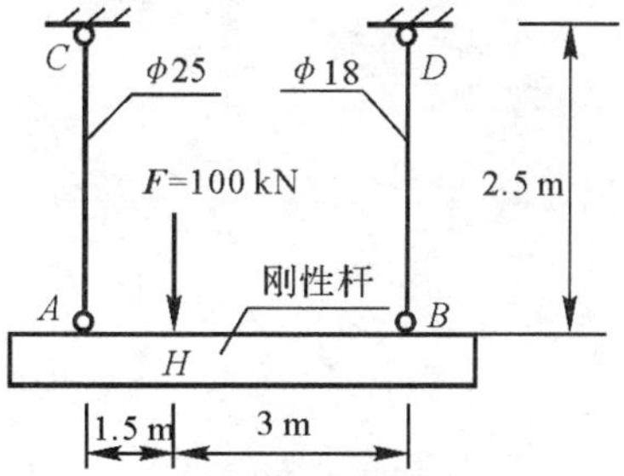

题 6-76 图

第 6-76 题：一结构如题 6-76 图所示。杆 AB 的重力和变形可忽略不计。钢杆 1 和 2 的弹性模量 $E=210$ GPa。试求刚性杆上 H 点的垂直位移。

第 6-77 题：已知等直杆 AB 的横截面面积 $A=10\ \mathrm{cm}^2$，长 $l=50$ cm，材料的弹性模量为 $E=100$ GPa，加载荷 $F=100$ kN，间隙 $\delta=0.02$ cm。试求支反力 $\boldsymbol{F}_A$。

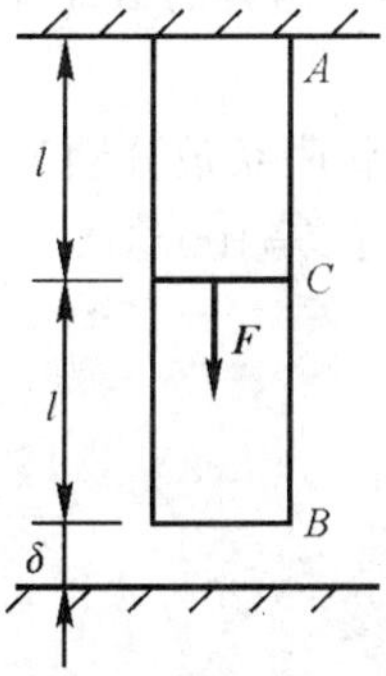

题 6-77 图

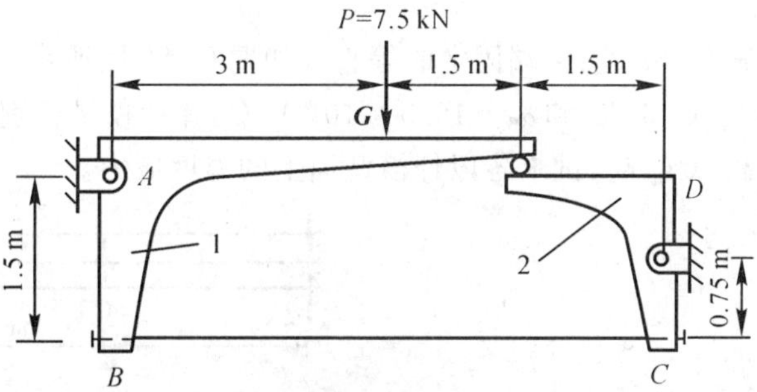

题 6-78 图

第 6-78 题：在如题 6-78 图所示结构中，若钢拉杆 BC 的横截面直径为 10 mm，试求拉杆内的应力。设由 BC 连接 1 和 2 两部分均为刚体。

第 6-79 题：在如题 6-79 图所示结构中，1，2 两杆的横截面直径分别为 10 cm 和 20 cm，试求两杆内的应力，设两根横梁皆为刚体。

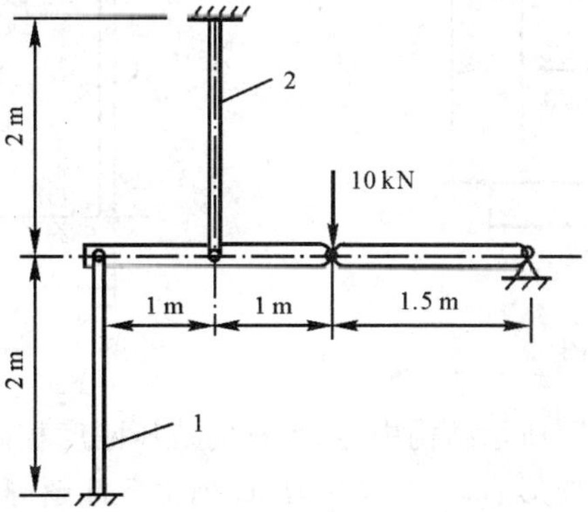

题 6-79 图

第 6-80 题：一等直钢杆如题 6-80 图所示，杆的横截面面积为 1 200 mm^2，试作杆轴力图并求最大正应力。

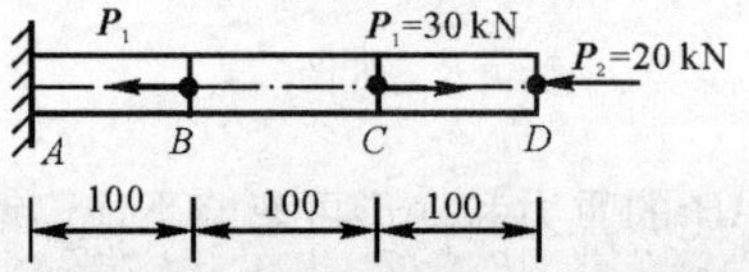

题 6-80 图

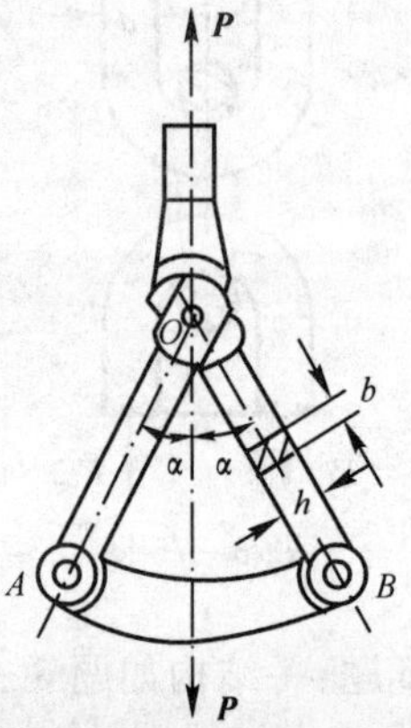

题 6-81 图

第 6-81 题：起重机吊环如题 6-81 图所示，已知 $P=1\ 000$ kN，夹角 $\alpha=30°$，两臂 OA，OB 的横截面为矩形，其长宽比 $h/b=3$，材料的许用应力 $[\sigma]=140$ MPa，试确定两臂的截面尺寸 h 和 b。

第 6-82 题：两端固定的等直杆如题 6-82 图所示。两段杆材料的线膨胀系数分别为 $\alpha_1=12.5\times10^{-6}$ 1/℃ 和 $\alpha_2=16.5\times10^{-6}$ 1/℃，弹性模量分别为 $E_1=200$ GPa，$E_2=100$ GPa。当温度升高 50℃ 时，试求各段杆横截面上的温度应力。

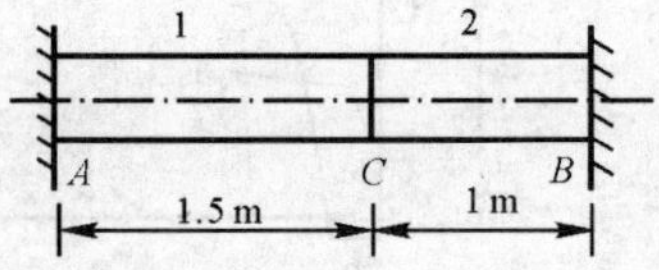

题 6-82 图

第 6-83 题：在如题 6-83 图所示结构中，假设 AC 梁为钢杆，杆 1、杆 2、杆 3 的横截面面积相等，材料相同。试求三根杆的轴力。

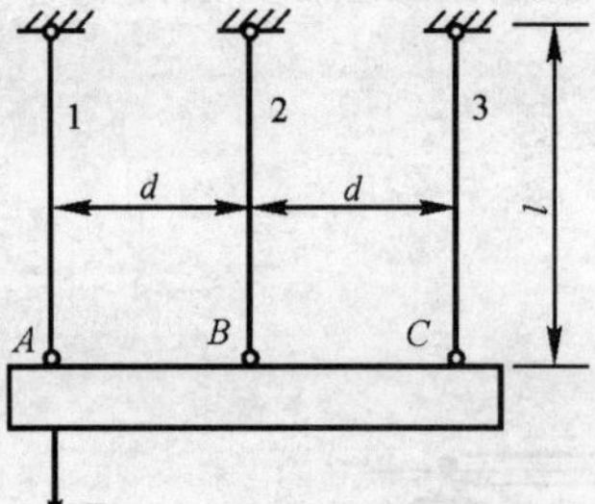

题 6-83 图

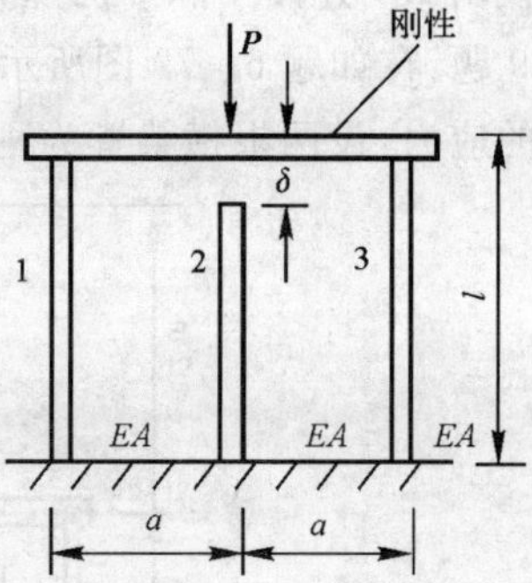

题 6-84 图

第 6-84 题：如题 6-84 图所示结构中，三个杆的抗压刚度相同，杆 2 与水平刚性杆存在微小空隙 δ，在 $\boldsymbol{P}$ 作用下 1，3 杆变形后，杆 2 也受力，试列出解此超静定问题时的平衡方程和补充方程。

第七章 剪 切

7.1 基本理论与方法

1. 剪切的受力特点与变形特点

(1) 受力特点。作用在构件两侧面外力的合力，大小相等，方向相反，作用线相距很近。

(2) 变形特点。两力间的横截面发生相对错动，这种变形称为剪切。工程上钢板剪断，铆钉受力(见图 7.1)，键及螺栓等的受力都是剪切实例。

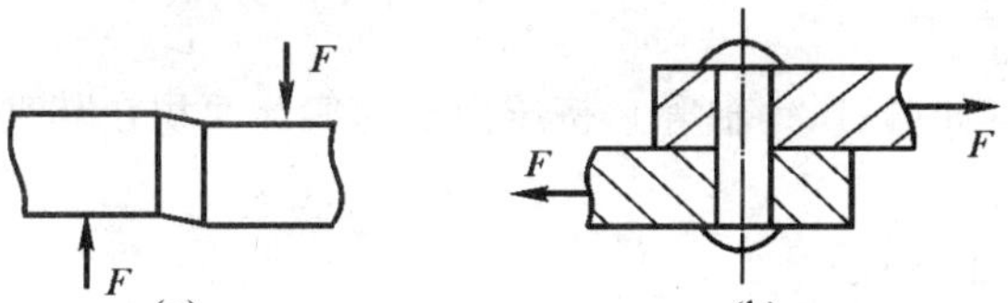

图 7.1 剪切实例

应注意：铆钉的实际受力要复杂得多，在剪切、挤压变形的同时还伴随其他形式的变形。如图 7.1(b) 所示，铆钉侧面挤压力合力 F 并不沿同一直线作用，它们形成一个力偶。要保持铆钉平衡，必然还有其他外力作用，这就出现了拉伸、弯曲等其他形式的变形。但是，这些附加的变形一般都不是影响铆钉强度的主要因素，可以不加考虑。

2. 剪切实用计算

(1) 剪切面。受剪构件将发生错动的面称为剪切面。构件上只有一个这样的面称为单剪切，有两个这样的面称为双剪切。受剪面上的内力称为剪力。

(2) 剪切计算方法。为了保证铆钉等受剪构件安全可靠地工作，要求剪切面上名义剪切应力不超过材料许用应力值，由此得剪切强度条件为

$$\tau=\frac{Q}{A}\leqslant[\tau]$$

式中，$[\tau]$ 为材料的许用剪切应力，它常采用下述方法加以确定。首先在与实际受力情况相似的条件下，由材料的剪切试验测得剪断试件时的剪力 $\boldsymbol{F}$，求得剪切强度极限 τ_u。再将 τ_u 除以适当的安全因数即可得到$[\tau]$，材料的许用剪切应力$[\tau]$ 可以从有关设计手册中查得。

3. 挤压及其实用计算方法

(1) 挤压面。如图 7.1(b) 所示铆钉除产生剪切外，在铆钉与孔的接触面上还会相互挤压，这部分接触表面，称为挤压面。当挤压面上的挤压力比较大时，就可能导致铆钉或钢板产生明显的塑性变形，这种破坏方式称为挤压破坏。

(2) 挤压力。作用在挤压面单位面积上的挤压力，习惯上称为挤压应力，用 σ_{bs} 表示，挤压应力在挤压面上的分布比较复杂，所以与剪切一样，也采用实用计算方法。为了保证构件的正

常工作,要求挤压应力不超过某一许用值,即挤压强度条件为

$$\sigma_{bs}=\frac{F_{bs}}{A_{bs}}\leqslant[\sigma_{bs}]$$

式中　F_{bs}—— 挤压面上挤压力;

A_{bs}—— 挤压面面积;

$[\sigma_{bs}]$—— 材料的许用挤压应力。

以上参数可从有关设计手册中查得。

(3) 挤压面面积的计算。挤压面面积的计算根据接触面情况而定,一般有下面两种情况。

1) 可以平面接触时(如平键),挤压面积等于实际承压面积,即

$$A_{bs}=\frac{hl}{2}$$

式中　h—— 平键高度;

l—— 平键长度。

2) 当以柱面接触时(如铆钉、销轴等),挤压面积为实际面积在其直径平面上的投影,即

$$A_{bs}=dt$$

式中　d—— 铆钉或销轴直径;

t—— 接触柱面的长度。

7.2　基本要求与重点

掌握连接件剪切面和挤压面的判定方法,学会综合运用拉压、剪切和挤压强度条件对连接件进行强度计算。

7.3　基本概念练习题

1. 是非判断题

第 7-1 题:挤压作用就是压缩作用。

第 7-2 题:在钢板上要冲击一个孔,在一定条件下,如果孔越小,则冲击的钢板越厚。

第 7-3 题:实用剪切计算,就是假定剪应力在剪切面上均匀分布。

第 7-4 题:实用挤压计算方法,就是假定挤压应力是在挤压面上均匀分布的。

第 7-5 题:实 用挤压应力计算方法,就是假定挤压应力是在挤压面的正投影面上均匀分布的。

第 7-6 题:在剪应力互等定理中,τ 和 τ' 分别位于相互垂直的平面上,大小相等,方向都指向垂直面的交线。

2. 选择填空题

第 7-7 题:如题 7-7 图所示销钉连接中,$2t_2>t_1$,销钉的切应力 $\tau=$(　　),销钉的最大挤压应力 $\sigma_{bs}=$(　　)。

A. $\frac{2F}{\pi d^2}$　　B. $\frac{F}{t_1 d}$　　C. $\frac{F}{2t_1 d}$　　D. $\frac{F}{t_2 d}$

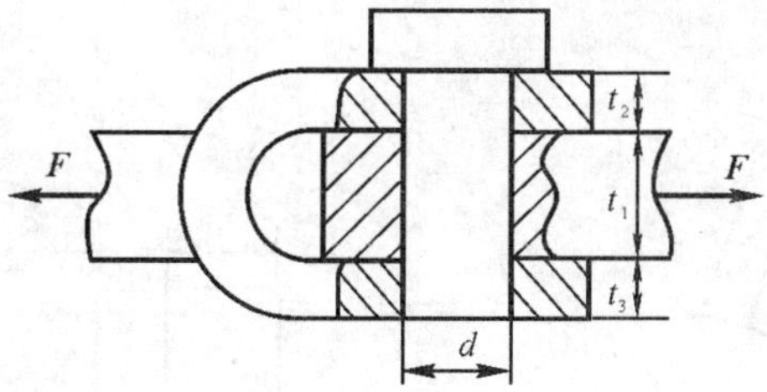

题 7－7 图

第 7－8 题：螺栓受拉力 $\boldsymbol{P}$ 作用，尺寸如题 7－8 图所示。若螺栓材料的拉伸许用应力为 $[\sigma]$，许用切应力为 $[\tau]$，按拉伸与剪切强度设计，螺栓杆直径 d 应不小于（　　）；螺栓头高度 h 不小于（　　）。

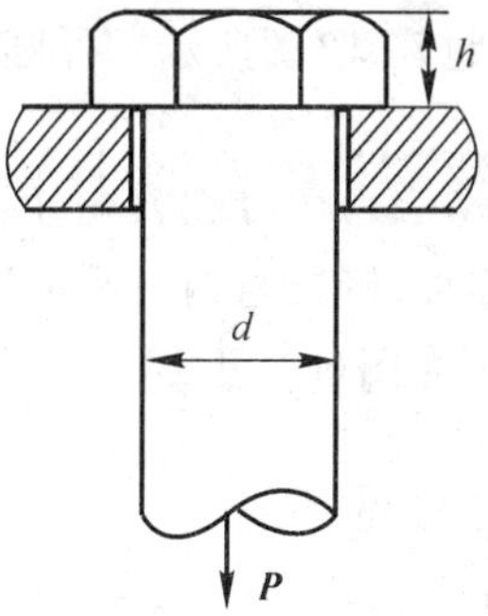

题 7－8 图

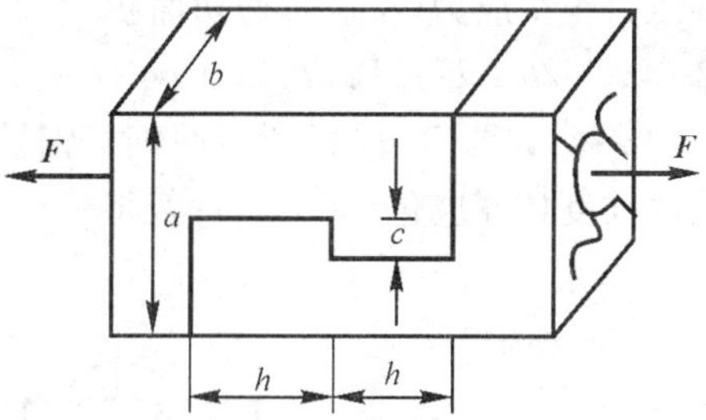

题 7－9 图

A. $2\sqrt{\dfrac{P}{\pi[\sigma]}}$　　B. $\sqrt{\dfrac{P}{\pi[\sigma]}}$　　C. $\dfrac{P}{2\pi d[\tau]}$　　D. $\dfrac{P}{\pi d[\tau]}$

第 7－9 题：木接头尺寸如题 7－9 图所示，受轴向拉力 $\boldsymbol{F}$ 作用。接头的切应力 $\tau=$（　　）；挤压应力 $\sigma_{bs}=$（　　）。

A. $\dfrac{F}{bh}$　　B. $\dfrac{F}{bc}$　　C. $\dfrac{F}{ba}$　　D. $\dfrac{F}{ch}$

第 7－10 题：两矩形截面木杆通过钢连接器（见题 7－10 图），在轴向力 $\boldsymbol{F}$ 作用下，木杆上、下两侧的剪切面积 $A=$（　　）；挤压面积 $A_{bs}=$（　　）。

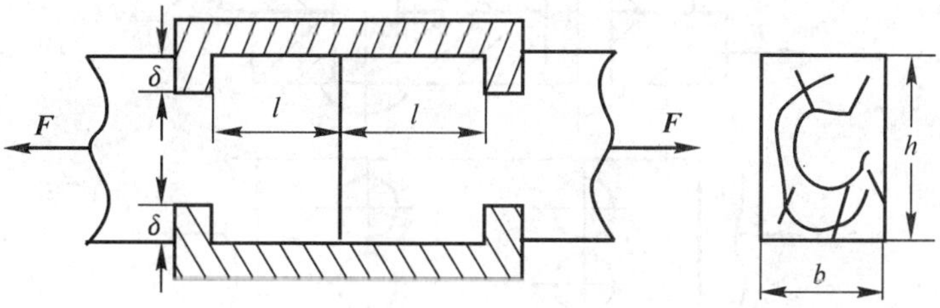

题 7－10 图

A. $b\delta$　　B. bl　　C. $2b\delta$　　D. $2bl$

第 7－11 题：如题 7－11 图所示两木块胶合在一起，垂直于图纸平面的尺寸为 40 mm，铅垂力 $F=40$ kN，胶合面上的切应力 $\tau=$（　　）；胶合面上的挤压应力 $\sigma_{bs}=$（　　）。

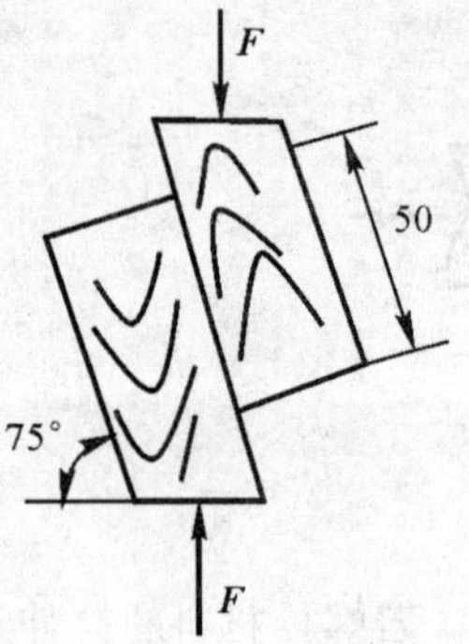

题 7-11 图

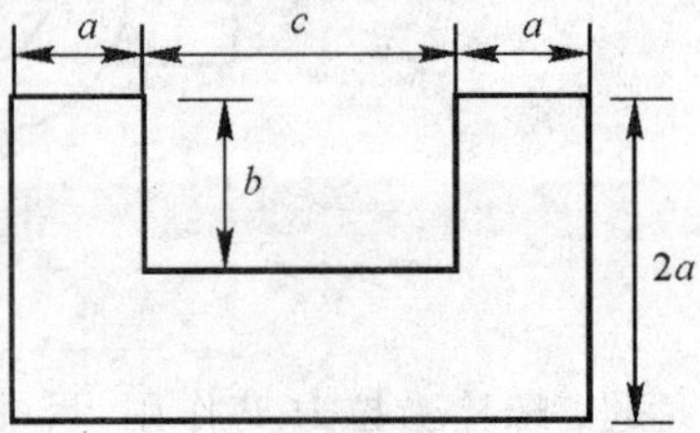

题 7-12 图

A. 5.18 MPa　　B. 51.8 MPa　　C. 1.92 MPa　　D. 19.32 MPa

第 7-12 题：钢板厚 t，剪切极限应力为 τ_u，欲用冲床冲下如题 7-12 图所示零件胚料，冲床的最大冲压力至少应为(　　)；剪切面积为：(　　)。

A. $2t(4a+2b+c)\tau_u$ B. $2t(4a+b+c)\tau_u$　　C. $4t(4a+b+c)$　　D. $2t(4a+b+c)$

第 7-13 题：如题 7-13 图所示两钢板钢号相同，通过铆钉连接，铆钉与钢板的钢号不同。对铆接头的强度计算应包括(　　)；若将铆钉的排列由图(a) 改为图(b)，上述计算中发生改变的是(　　)。

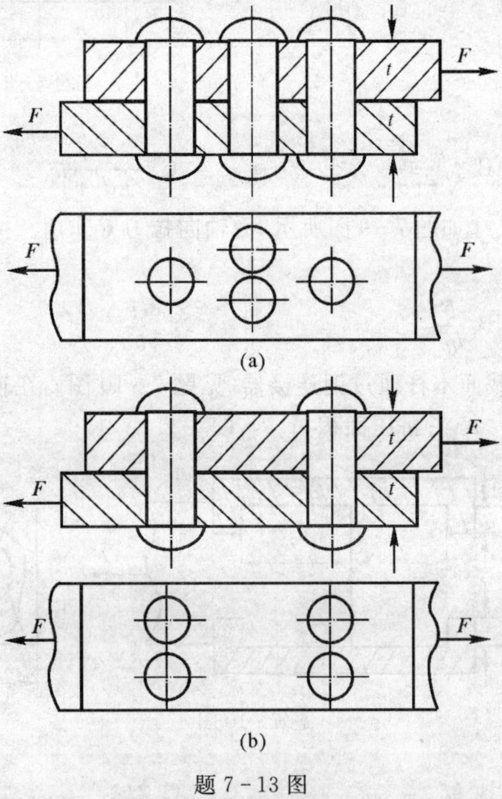

题 7-13 图

A. 铆钉的剪切强度、铆钉的挤压强度、钢板的拉伸强度

B. 钢板的拉伸强度

C. 钢板的挤压强度

D. 铆钉的剪切强度、铆钉的挤压强度、钢板的挤压强度、钢板的拉伸强度

3. 单项选择题

第 7-14 题：铆钉剪切面上的剪应力公式为(1)$\tau=\dfrac{Q}{A}$，圆杆扭转时其横截面上的剪应力公式为(2)$\tau=\dfrac{M_n}{I_P}\rho$，则(　　)。

A. 公式(1) 中的 τ 并不表明截面上剪应力的实际分布，而公式(2) 才表明了截面上剪应力的实际分布

B. 公式(1) 中的 τ 表明截面上剪应力的实际分布，而公式(2) 并不表明截面上剪应力的实际分布

C. 公式(1) 和公式(2) 中的 τ 都不表明截面上剪应力的实际分布

D. 公式(1) 和公式(2) 中的 τ 都表明截面上剪应力的实际分布

第 7-15 题：当铆钉受挤压时，挤压应力 $\sigma_c=\dfrac{P_c}{A_c}$，此公式中(　　)。

A. A_c 是铆钉的实际挤压面积

B. A_c 不是实际挤压面积，而是实际挤压面的正投影面积

C. 挤压应力 σ_c 在挤压面上是均匀分布的

D. 挤压应力 σ_c 在挤压面上呈椭圆分布

第 7-16 题：剪应力互等定理中的 $\tau=\tau'$，它们作用于同一点，分别位于两个互相垂直的面上且垂直于两面的交线，其大小相等，而其方向(　　)。

A. 相同或相反

B. 都指向两垂直面的交线

C. 都背离两垂直面的交线

D. 都指向两垂直面的交线或都背离两垂直面的交线

第 7-17 题：如题 7-17 图(a) 和图(b) 所示连接件，其钢板的宽度和厚度均相同，铆钉的个数和直径也相同，所用材料也相同，但铆钉布置情况不同。从强度考虑，则(　　)。

A. 对钢板来说，图(a) 和图(b) 的布置都一样，对铆钉来说不一样

B. 对铆钉来说，图(a) 和图(b) 的布置都一样，对钢板来说不一样

C. 无论对钢板和铆钉来说，图(a) 和图(b) 的布置都一样

D. 无论对钢板和铆钉来说，图(a) 和图(b) 的布置都不一样

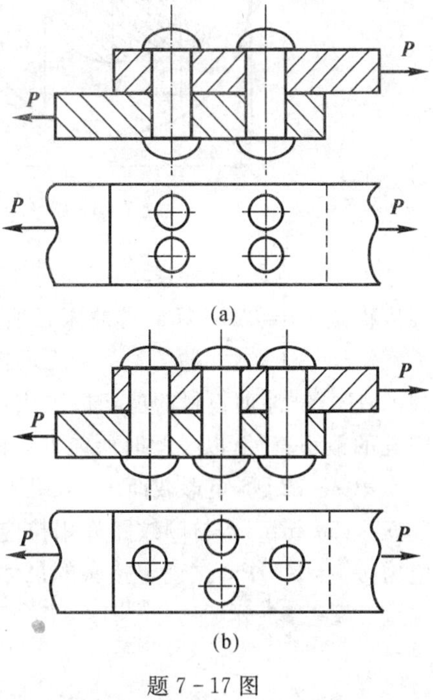

题 7-17 图

4. 多项选择题

第 7－18 题：如题 7－18 图所示，设 $aa'=L$，$ab=c'd=b$，$cb'=d$，$cc'=bb'=c$，下列哪些说法是正确的？（　　）

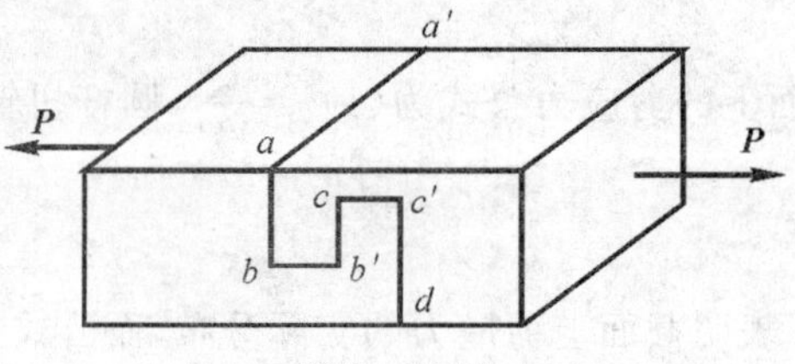

题 7－18 图

A. 剪切面积等于 cL　　　　B. 挤压面积等于 cL

C. 剪切面积等于 Ld　　　　D. 挤压面积等于 dL

7.4　基本计算练习题

第 7－19 题：如题 7－19 图所示胶带轮 $D=1$ m，心轴直径 $d=70$ mm，平键尺寸 $b\times h\times l$ 为 20 mm×12 mm×100 mm，胶带拉力 $F_1=8$ kN，$F_2=4$ kN，键的许用切应力 $[\tau]=80$ MPa，许用挤压应力 $[\sigma_{bs}]=130$ MPa，试校核键的强度。

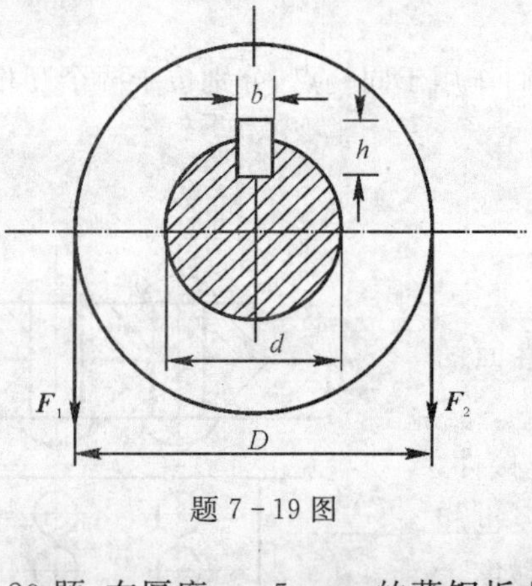

题 7－19 图

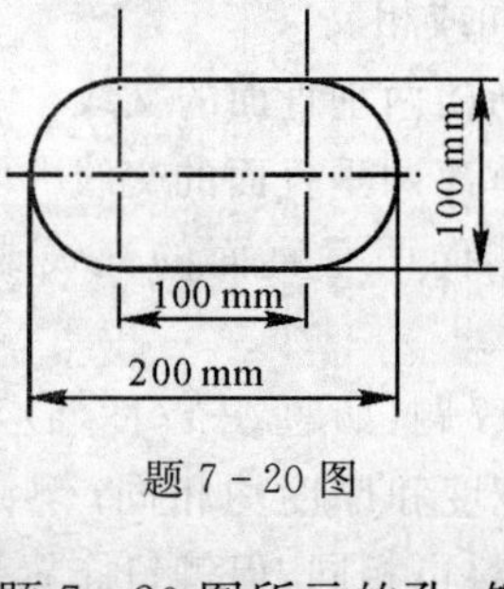

题 7－20 图

第 7－20 题：在厚度 $t=5$ mm 的薄钢板上，冲出一个如题 7－20 图所示的孔，钢板的剪切强度极限 $\tau_b=320$ MPa，求冲床必须具有的冲力 $\boldsymbol{P}$。

第 7－21 题：如题 7－21 图所示，冲床的最大冲压力为 400 kN，冲头材料的许用应力 $[\sigma]=440$ MPa，被冲剪板料的剪切极限应力 $\tau_u=360$ MPa。试求在最大冲压力作用下所能冲剪的圆孔的最小直径，以及此时所能冲剪的板料的最大厚度。

第 7－22 题：矩形截面木杆，用两块钢板连接在一起，受轴向载荷 $P=45$ kN。已知截面宽度 $b=250$ mm，木材顺纹路许用拉应力 $[\sigma_T]=6$ MPa，许用挤压应力 $[\sigma_{bs}]=10$ MPa，许用剪应力 $[\tau]=1$ MPa，试确定接头的尺寸 δ，l 和 h。

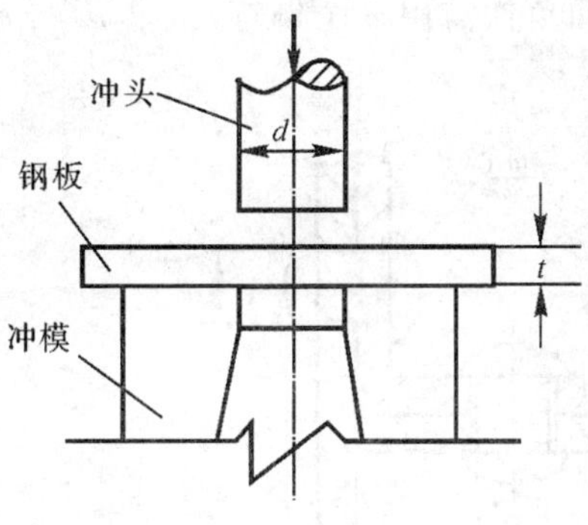

题 7-21 图

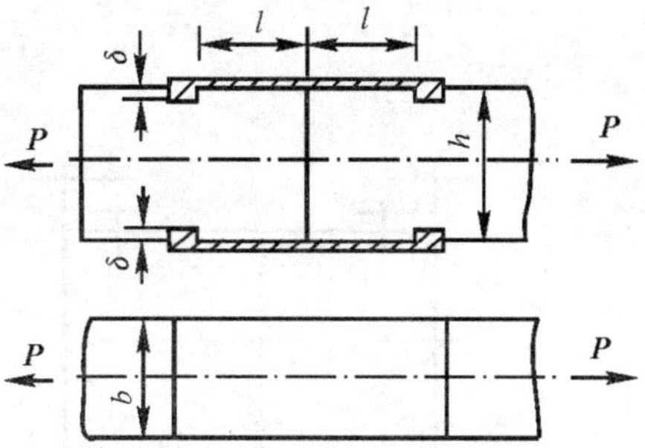

题 7-22 图

第 7-23 题：如题 7-23 图所示接头，受轴向载荷 **P** 作用，试校核其强度。已知，$P=80$ kN，$b=80$ mm，$t=10$ mm，$d=16$ mm，$[\sigma]=160$ MPa，$[\tau]=120$ MPa，$[\sigma_{bs}]=340$ MPa。

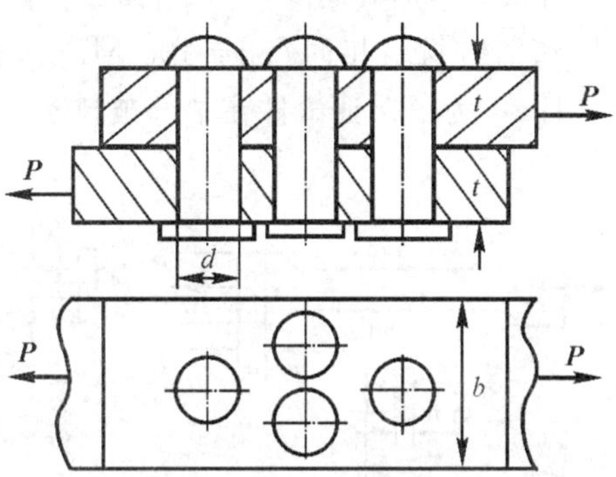

题 7-23 图

第 7-24 题：如题 7-24 图所示，两轴用凸缘相连接，沿直径 $D=150$ mm 的圆周上对称地分布着四个连接螺栓来传递力偶 M_e。已知螺栓直径 $d=12$ mm，$M_e=2.5$ kN·m，凸缘厚度 $t=10$ mm，螺栓材料为 A3 钢，许用剪应力$[\tau]=80$ MPa，许用挤压应力$[\sigma_{bs}]=200$ MPa。试校核螺栓的强度。

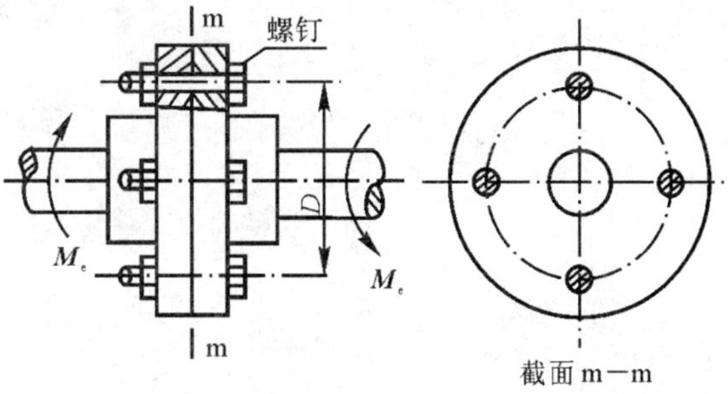

题 7-24 图

第 7-25 题：如题 7-25 图所示承受内压圆筒形容器，筒壁与筒盖用角铁和铆钉相连。已知，圆筒内径 $D=100$ mm，内压 $p=1$ MPa，筒壁及角铁均厚 $t=10$ mm，铆钉直径 $d=20$ mm。铆钉的许用切应力$[\tau]=70$ MPa，许用挤压应力$[\sigma_{bs}]=160$ MPa，许用拉应力$[\sigma]=$

40 MPa。设连接筒盖和角铁需用 m 个铆钉，连接筒壁和角铁需用 n 个铆钉，试求 m 与 n 的数量。

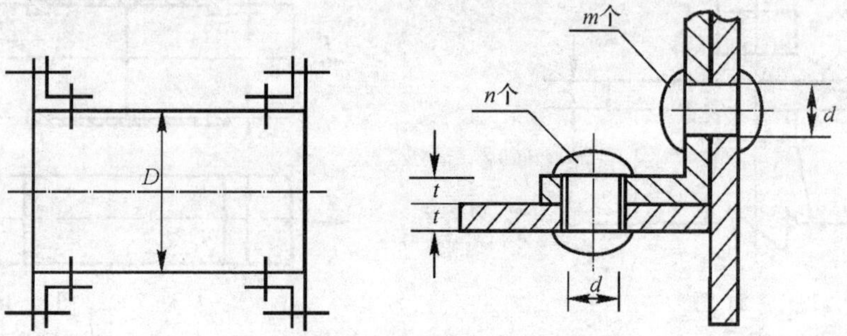

题 7－25 图

第 7－26 题：如题 7－26 图所示一矩形截面的拉伸试件，试件两端开有可插销钉的圆孔，载荷通过销钉传至试件。若试件和销钉材料相同 $[\tau]=100$ MPa，$[\sigma_{bs}]=320$ MPa，$[\sigma]=160$ MPa，拉伸强度极限 $\sigma_b=400$ MPa。为了保证试件在中部被拉断，求试件端部所需尺寸 a，b 及销钉直径 d。

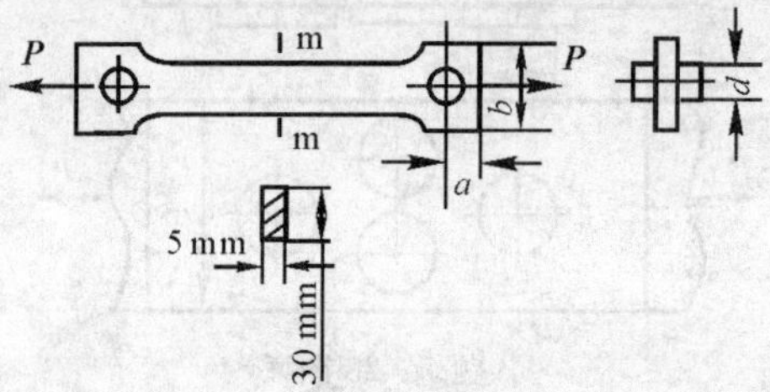

题 7－26 图

第八章 扭 转

8.1 基本理论与方法

1. 扭转特点

扭转受力特点。杆件两端作用两个大小相等、方向相反，作用平面垂直于杆件轴线的力偶。

扭转变形特点。杆件的任意两个横截面发生绕轴线的相对转动。

在杆件的两端作用两个大小相等、方向相反，且作用平面垂直于杆件轴线的力偶，致使杆件的任意横截面发生绕轴线的相对转动，即扭转变形。

本章讨论重点：研究圆截面等直杆的扭转。

2. 外力偶矩

作用于轴上的外力偶矩一般不直接给出，其一是已知传动轴的转速 n(r/min) 和传递的功率 N(kW)，计算出外力偶矩为

$$M=9\ 549\,\frac{N}{n}$$

式中，外力偶矩 M 的单位为 N・m(牛・米)。其二是已知外力及力臂的大小，两者相乘即为所作用的力偶矩。

3. 扭矩

矢量方向垂直于横截面的内力偶矩称为扭矩 M_T，以右手螺旋法则，当大拇指与横截面外法线方向一致时，扭矩为正，反之为负。任一截面处的扭矩用截面法确定，扭矩沿杆轴线方向变化规律一般用扭矩图表示。扭矩图的画法与轴力图相同，即弄清控制面数，两两控制面间任选截面，用平衡方程求得扭矩，选取和轴同位对应的坐标系，画出各段的扭矩，即得扭矩图。

4. 纯剪切

(1) 纯剪切。从变形体中取出一个微小的正六面体(单元体)，只有四个侧面上作用着剪应力 τ，且该单元体上的各截面上再无其他应力作用，这种应力状态称为纯剪切应力状态。

(2) 薄壁圆管扭转时横截面上的应力。用相邻的两个横截面和相邻的两个纵截面，从薄壁圆管中截出一个单元体，且剪应力的大小为

$$\tau=\frac{M_T}{2\pi\delta r_0^2}$$

(3) 剪应力互等定理。在单元体的侧面互相垂直的两个平面上，剪应力必然成对存在，且大小相等；剪应力的方向皆垂直于两个平面的交线，且共同指向或共同背离这一交线，以使单元体保持平衡。

5. 剪切胡克定律

当剪应力不超过剪切比例极限 τ_p 时，剪应力 τ 与剪应变成正比，即

$$\tau = G\gamma$$

式中，比例常数 G 称为剪切弹性模量。弹性模量 E，G，与泊松比 μ 之间存在如下关系

$$G = E/[2(1+\mu)]$$

这三个常数不是相互独立的，只要已知其中任意两个，另一个即可由上式确定。即三个弹性常数中只有两个是独立的。

6. 圆轴扭转时的应力和强度计算

(1) 圆轴扭转时的应力

分析圆轴扭转时的应力和变形问题，同拉压时一样，是一个静不定问题，必须以实验为基础对变形作出基本假设，并从几何、物理、静力平衡三方面分析讨论。当圆轴扭转时，横截面上的剪应力垂直于半径，并沿半径线性分布，距圆心为 ρ 处的剪应力（或切应力）为

$$\tau_\rho = \frac{M_T}{I_P} y$$

式中，M_T 为横截面的扭矩，I_P 为截面的极惯性矩。该式说明：

1) 圆截面上任意一点处的剪应力 τ_ρ 与该点到圆心的距离 ρ 成正比；应力分布规律如图 8-1 所示。

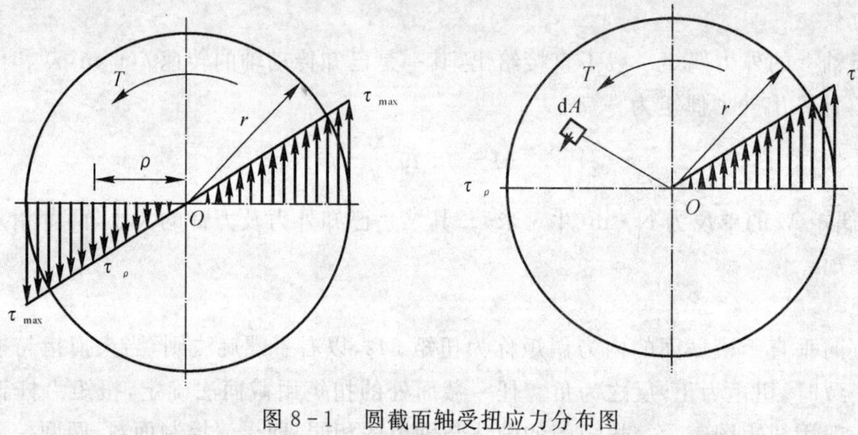

图 8-1　圆截面轴受扭应力分布图

2) 距离圆心等距离的各点处剪应力数值相等。

3) 剪应变垂直于半径平面，剪应力垂直于半径。

4) 该公式中物理关系应用胡克定律，故 $\tau_{max} \leqslant \tau_\rho$ 情况下才适用。

5) 该公式是以圆轴扭转时的平面假设为前提推出，而平面假设是在等直圆轴下成立，故该公式只适用于实心圆轴和空心圆轴，对于横截面沿轴线变化缓慢，例如，小锥度圆锥形杆，也可近似用该式计算。

圆轴扭转时的平面假设是圆轴扭转变形前的横截面，在变形后仍保持为同样大小的圆形平面且半径仍为直线，相邻两截面间的距离保持不变，仅刚性地转过了一个角度。

(2) 圆轴扭转时横截面上的最大剪应力。圆轴扭转时横截面上的最大剪应力发生在轴的外表面处。即

$$\tau_{max} = \frac{M_T}{W_P}$$

式中，$W_P = \frac{I_P}{y_{max}} = \frac{I_P}{R}$，称为圆轴抗扭截面模量。

(3) 极惯性矩和抗扭截面模量计算。极惯性矩和抗扭截面模量都是截面图形的几何性质，可以根据定义由积分法求出。具体的计算方法参见截面图形的几何性质有关内容。

对于实心圆轴，有

$$I_P = \frac{\pi}{32}d^4 \approx 0.1d^4$$

$$W_P = \frac{\pi}{16}d^3 \approx 0.2d^3$$

对于空心圆轴，设内、外径之比 $\alpha = d/D$，有

$$I_P = \frac{\pi}{32}(D^4 - d^4) = \frac{\pi}{32}D^4(1-\alpha^4) \approx 0.1D^4(1-\alpha^4)$$

$$W_P = \frac{I_P}{D/2} = \frac{\pi}{16}D^3(1-\alpha^4) \approx 0.2D^3(1-\alpha^4)$$

(4) 圆轴扭转时的强度条件。当圆轴扭转时，产生最大切应力的横截面，称为危险截面。考虑到轴横截面上切应力的分布，可知危险截面上的应力大小与该点到圆心的距离成正比。所以在横截面上存在危险点，即为应力值最大的点。为保证圆轴具有足够的扭转强度，轴的危险点的工作应力不超过材料的许用切应力，故圆轴扭转的强度条件为

$$\tau_{max} = \frac{M_{Tmax}}{W_P} \leqslant [\tau]$$

应用强度条件解决问题的基本思路是先由扭矩图、截面尺寸确定危险点，然后考虑材料的力学性质，再应用强度条件进行计算。扭转强度条件可以解决三类问题：强度校核、截面设计和确定许用荷载。

7. 圆轴扭转时的变形和刚度计算

(1) 圆轴扭转时的变形用一个横截面相对另一个横截面转过的角度 φ 来度量，称为扭转角。

$$\varphi = \frac{M_T l}{GI_P}$$

式中，G, I_P 称为圆轴的抗扭刚度，它可以衡量圆轴抵抗扭转变形的能力。工程中常常采用单位长度的扭转角来衡量轴扭转变形的程度，即扭转角表达式中消除长度 l 的影响，即

$$\theta = \frac{\varphi}{l} = \frac{M_T}{GI_P}$$

式中，θ—— 单位长度扭转角，其单位为 rad/m(弧度 / 米)。

圆轴扭转时的刚度条件。为了保证轴的刚度，通常规定单位长度扭转角的最大值 θ_{max} 不超过某个规定的许用值，即轴单位长度的许用扭转角$[\theta]$。于是得扭转的刚度条件为

$$\theta = \frac{M_T}{GI_P} \leqslant [\theta]$$

在工程中，习惯上 θ 的单位用(°)/m(度 / 米) 表示。把公式中的弧度换算为度，得

$$\theta = \frac{M_T}{GI_P}\frac{180°}{\pi} \leqslant [\theta]$$

(2) 圆轴扭转时的刚度计算问题也可分为刚度校核、截面设计和求许可载荷三种类型。

对于各种材料，无论其塑性如何，如果是等直的圆杆的话，其强度及刚度计算在扭矩绝对值最大的面上进行，该截面就是整个杆件的危险截面。

在圆轴的设计计算中，既要考虑强度条件，又要考虑刚度条件。如要设计尺寸，应分别依据两条件设计出直径 D_1，D_2，取其较大者为轴的直径，或者按照强度条件进行设计，并用刚度条件进行校核。在确定许可载荷时，则分别用两种条件计算出许可扭矩，取其较小者作为许可载荷。亦可按某一条件进行载荷估计，再用另一条件进行校核。

8. 扭转中的其他问题

本章中涉及的有矩形截面杆的自由扭转应力和变形，应掌握最大剪应力发生在矩形长边的中点，变形的平面假设不再成立，原来的平面变成曲面，并掌握剪流的分布情况。

空心轴的扭转问题。空心轴可在保持重力不变的情况下，取得较大的 I_p 值，从而获得较大的抗扭刚度，现代工程中常被运用，如飞机、轮船上的某些机构。但若直径较小的轴采用空心轴时，其制造工艺复杂，反而会增加成本。另外，空心轴还具有体积大、稳定性差等缺点。在工程运用中须综合考虑。

8.2 基本要求与重点

1. 基本要求

(1) 明确扭转的概念及变形特点，掌握外力偶矩的计算和扭矩图的画法。

(2) 明确纯剪切的相关概念(如剪应变 γ)，深刻理解剪应力互等定理和剪切胡克定律。

(3) 重点掌握圆轴扭转时的应力分析，要求会推导其剪应力和扭转公式，明确平面假设的意义和作用。

(4) 熟练掌握扭转圆轴的强度和刚度的计算方法。

(5) 了解有关矩形截面杆扭转时横截面上剪应力分布规律的主要结论及其强度和刚度的计算方法。

2. 重点与难点

(1) 重点。

1) 扭矩正负的含义。

2) 截面法假设正向内力的思考方法的确立。

3) 剪应力互等定律的应用条件。

4) 非圆截面杆强度、刚度计算公式应用。

(2) 难点。

1) 应力分布规律。

2) 扭转正负的含义，截面法的正确应用。

8.3 解题方法

圆轴扭转时的强度和刚度条件的应用是本章的重点。解题时一般作出扭矩图，判断危险截面，然后进行强度和刚度的校核、截面设计或载荷估计，此类题目要注意两个条件的并用。难点是扭转静不定问题，解题的关键是找出变形协调关系。

扭转作为基本变形之一，特别是圆轴的扭转，常常作为基本内容的掌握情况而被考查。以基本概念为主，即纯剪切、剪应力互等定理、剪切胡克定律、圆轴扭转时剪应力分布规律、圆轴扭转时的变形、扭转破坏现象及其原因分析、实心圆轴和空心圆轴的极惯性矩和抗扭截面系数、矩形截面杆扭转时应力分布规律、最大剪应力所在点等。扭转问题的另一考点是在组合变形中的弯扭组合中。

8.4　基本概念练习题

1. 是非判断题

第 8－1 题：当圆杆扭转时，横截面上切应力沿半径线性分布，并垂直于半径，最大切应力在外表面。

第 8－2 题：当铸铁材料圆杆扭转破坏时，将沿横截面被剪断。

第 8－3 题：当低碳钢材料圆杆扭转破坏时，将沿横截面被剪断。

第 8－4 题：在空心截面圆杆扭转的强度条件中，抗扭截面系数 $W_p=\dfrac{\pi D^3}{16}(1-\alpha^4)$。

第 8－5 题：当非圆截面杆扭转时，截面发生翘曲，因而圆杆扭转的应力和变形公式不再适用。

第 8－6 题：当矩形截面杆扭转时，横截面周边上切应力和周边不平行。

第 8－7 题：当圆杆受扭时，杆内各点均处于纯剪切状态。

第 8－8 题：当杆件受扭时，横截面上的最大切应力发生在距截面形心最远处。

第 8－9 题：薄壁圆管和空心圆管的扭转切应力公式完全一样。

第 8－10 题：圆杆扭转变形实质上是剪切变形。

第 8－11 题：非圆截面杆不能应用圆杆扭转切应力公式，是因为非圆截面杆扭转时平截面假设不能成立。

第 8－12 题：钻探机的功率为 10 kW，转速 $n=180$ r/min，钻杆钻入土层的深度 L 为 40 m，如题 8－12 图所示，设土壤对钻杆的阻力可看做均匀分布的力偶，则此均布力偶的集度 t 为13.3 N · m · m^{-1}。

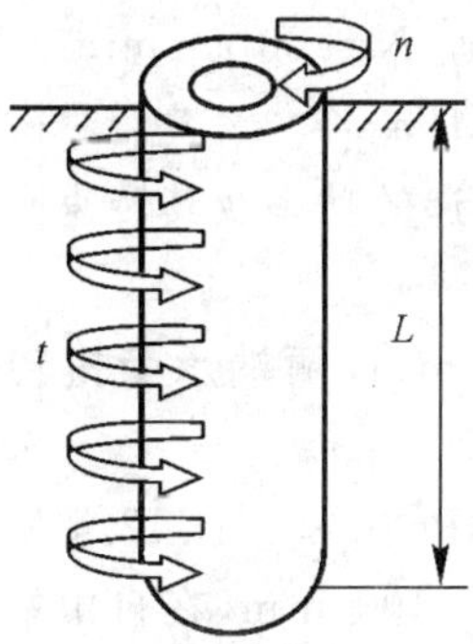

题 8－12 图

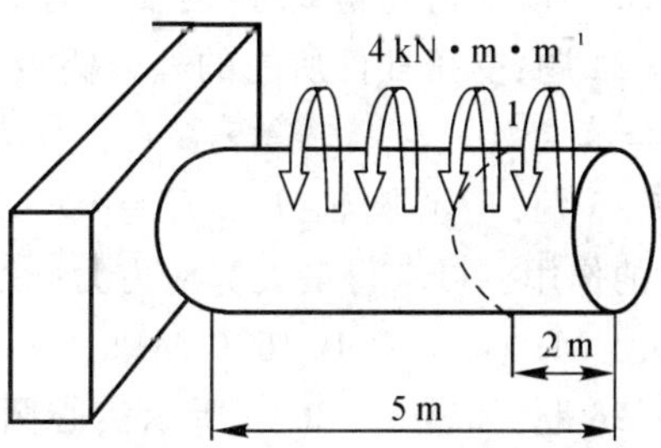

题 8－13 图

第 8－13 题：左端固定的直杆受沿长度均匀分布的扭转力偶作用，如题 8－13 图所示。在 1－1 截面处的扭矩 T 为 8 kN · m 。

第 8 - 14 题:左端固定的直杆受扭转力偶作用,如题 8 - 14 图所示。杆中的最大扭矩 $|M_T|_{max}$ 为 9 kN·m。

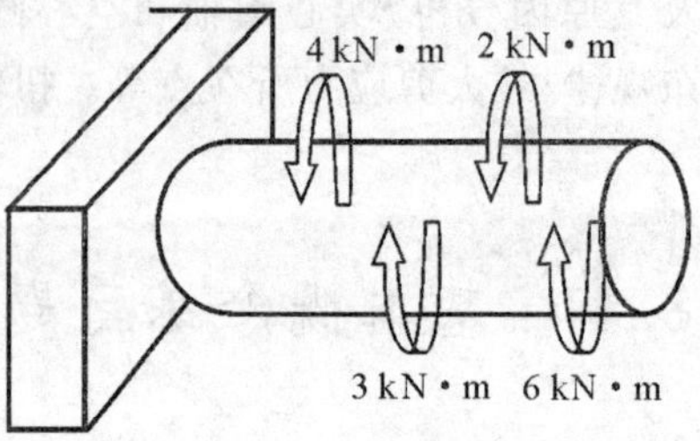

题 8 - 14 图

第 8 - 15 题:内径为 d,外径为 $2d$ 的空心圆轴的抗扭截面系数 W_n 为 $\frac{15}{32}\pi d^4$。

第 8 - 16 题:直径为 d 的圆轴,两端受扭转力偶矩 M_T 作用,则有以下结论:

(1) 轴内横截面上有切应力,无正应力;

(2) 轴内有正应力,最大正应力 σ_{max} 的值与最大切应力 τ_{max} 的值相等;

(3) 轴内最大切应力 $\tau_{max}=\frac{16M_T}{\pi d^3}$。

第 8 - 17 题:有两根圆轴,一根为实心轴,直径为 D;另一根为空心轴,内、外径之比为 $\frac{d_2}{d_1}=0.8$。若两轴的长度、材料,轴内扭矩和产生的扭转角均相同,则它们的重力比 $\frac{W_2}{W_1}$ 为 0.47。

第 8-18 题:当设计受扭圆杆截面时,应同时考虑到强度条件和刚度条件,对于轴内圆杆其刚度条件往往更为重要。

第 8 - 19 题:对于变扭矩、变截面的受扭圆杆应分段计算最大切应力和相对扭转角。

第 8 - 20 题:当开口薄壁杆件扭转时,横截面上最大切应力出现在最薄的矩形长边上。

第 8 - 21 题:当闭口薄壁杆件扭转时,横截面上最大切应力出现在最小厚度处。

第 8-22 题:一圆轴用低碳钢材料制成,当校核该轴刚度时,发现单位长度的扭转角超过了许用值,为保证此轴的扭转刚度,则采取改用合金钢材料的措施最有效。

第 8 - 23 题:水轮机的最大输出功率为 7.35×10^3 kW,转速 $N=60$ r·min^{-1},钢轴直径 $d=500$ mm。该水轮机满载时,圆轴内的最大剪应力为 35.6 MPa。

第 8 - 24 题:受扭杆件所受的外力偶矩,经常要由杆件所传递的功率及其转速换算而得。

2. 选择填空题

第 8 - 25 题:空心圆轴外径 $D=80$ mm,内径 $d=62.5$ mm,两端承受扭转力偶 $M=1$ kN·m 的作用。可求得最大剪应力为(　　),最小剪应力为(　　)。

A. 16.4 MPa　　B. 15.9 MPa　　C. 18.5 MPa　　D. 12.4 MPa

第 8 - 26 题:如题 8 - 26 图所示实心圆轴,横截面直径 $d=100$ mm,在自由端受到 $M=14$ kN·m 的外力偶作用,已知 $G=79$ GPa,AC 两截面的相对扭转角 φ_{AB} 为(　　);AB 两截面相对扭转角 φ_{AC} 为(　　)。

A. $\varphi_{AB}=1.55°$　　B. $\varphi_{AC}=1.55°$　　C. $\varphi_{AC}=1.03°$　　D. $\varphi_{AB}=1.65°$

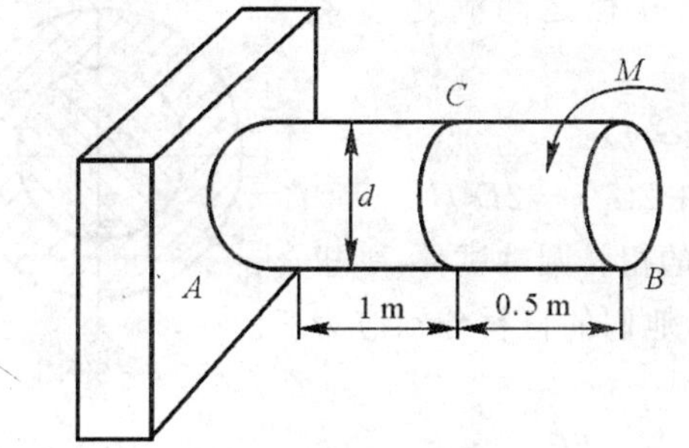

题 8－26 图

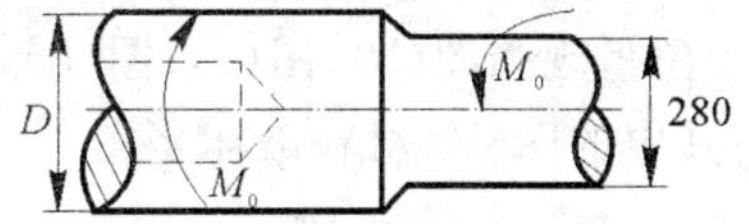

题 8－27 图

第 8－27 题：如题 8－27 图所示，船用推进器的轴，一段是实心的，直径为 280 mm；另一段是空心的，其内、外径之比为 $d/D=1/2$。从强度要求出发，合理的外径应为(　　)；合理的空心部分内径应为(　　)。

A. 14.3 cm　　B. 28.6 cm　　C. 15.8 cm　　D. 27.9 cm

第 8－28 题：当圆轴扭转时，根据(　　)，可以判断(　　)也存在切应力。

A. 外力偶矩的大小　　B. 剪应力互等定理

C. 相互垂直的其纵截面上　　D. 合力矩定理

第 8－29 题：铸铁圆轴扭转破坏的破断线如题 8－29 图所示，则可以确定圆轴所受到的扭矩为(　　)；圆轴沿破断线的破坏是属于(　　)。

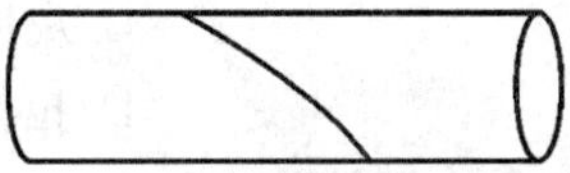
题 8－29 图

A. 正号　　B. 负号　　C. 拉应力　　D. 剪应力

第 8－30 题：当开口薄壁杆扭转时，截面上最大切应力发生在(　　)处和(　　)处。

A. 最厚的矩形长边上　　B. 最小厚度

C. 最薄的矩形长边上　　D. 最大厚度

第 8－31 题：在功率、转速、外力偶矩的关系式 $M_0=k\dfrac{P}{n}$ 中，若功率 P 的单位是 kW，转速 n 的单位为 $\mathrm{r\cdot min^{-1}}$，外力偶矩 M_0 的单位符号为 kN·m，则系数 k 值应是(　　)；若功率 P 的单位换为马力(hp)，其他条件不变，则系数 k 值应是(　　)。

A. 5 730　　B. 7 019　　C. 9 550　　D. 9 800

第 8－32 题：一受扭圆轴，直径为 d，轴内最大扭矩为 $M_{\mathrm{T\,max}}$，则轴内 $\tau_{\max}=$(　　)，轴内最大正应力 $\sigma_{\max}$(　　)。

A. $\dfrac{16M_{\mathrm{T\,max}}}{\pi d^3}$　　B. $\dfrac{32M_{\mathrm{T\,max}}}{\pi d^3}$

C. $\dfrac{64M_{\mathrm{T\,max}}}{\pi d^3}$　　D. $\dfrac{8M_{\mathrm{T\,max}}}{\pi d^3}$

第 8－33 题：如题 8－33 图所示轴 1 和套筒 2 牢固地结合在一起，两者切变模量分别为 G_1，G_2，极惯性矩分别为 I_{P1}，I_{P2}，两端承受扭转力偶矩 M，为使轴和套筒承受的扭矩相同，则必须满足的条件是(　　)。在该种情况下的两者的外径之间满足关系为(　　)。

A. $G_1 I_{P1} = 2G_2 I_{P2}$　　B. $G_1 I_{P1} = G_2 I_{P2}$

C. $D_1^4(G_1 + G_2) = D_2^4 G_2$　　D. $D_1^4(G_1 + 2G_2) = 2D_2^4 G_2$

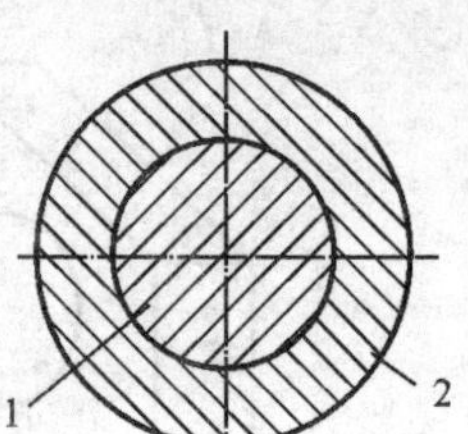

题 8-33 图

第 8-34 题：如题 8-34 图所示，三种材料制成的扭转圆轴试件，受扭后破坏现象呈现为图(b)、图(c)、图(d)，由图可知，他们的材料分别应为(　　)；其中的图(b) 材料破坏是属于(　　)。

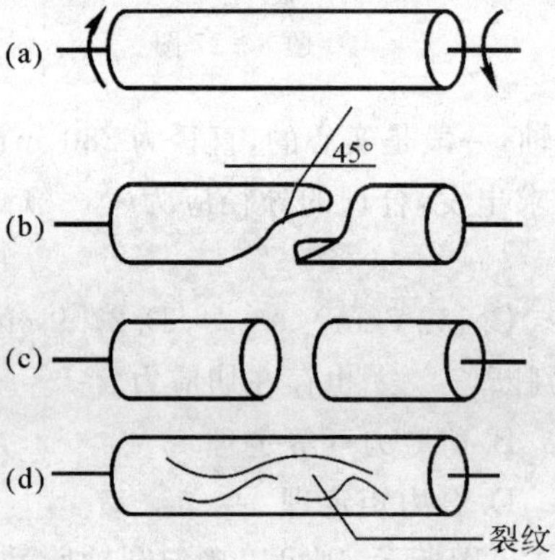

题 8-34 图

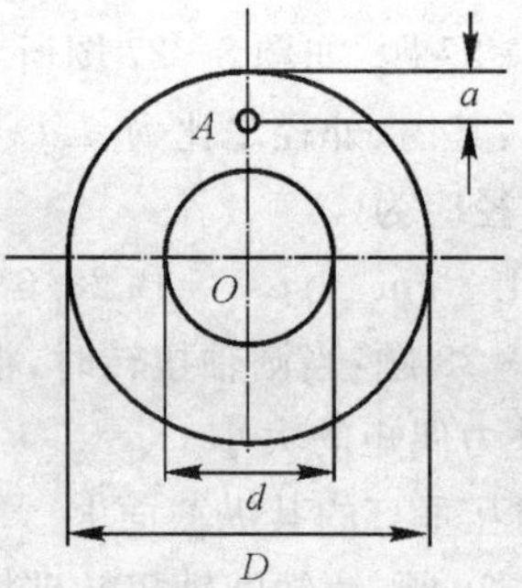

题 8-35 图

A. 低碳钢、灰铸铁、木材　　B. 灰铸铁、低碳钢、木材

C. 剪切破坏　　D. 拉伸破坏

第 8-35 题：如题 8-35 图所示，空心圆轴的内径为 d，外径为 D，$d/D=0.6$，圆轴两端受扭转力偶作用，轴内最大切应力为 $\tau_{\max}$，若 $a=0.1D$，则横截面上 A 点处的切应力为(　　)$\tau_{\max}$。此时的扭矩为(　　)。

A. $\frac{\pi}{16}\frac{(D^4-d^4)}{D}$　　B. $\frac{\pi}{32}(D^4-d^4)$　　C. 0.8　　D. 0.9

第 8-36 题：一圆轴，两端受扭转力偶作用，若将轴的截面积增加一倍，则其抗扭刚度为原来的(　　)倍。最大剪应力为原来的(　　)倍。

A. 0.35　　B. 4　　C. 8　　D. 16

第 8-37 题：如题 8-37 图所示，若轴的材料不变，外力偶不变，轴的直径变为原来的 1/2，同时轴的长度变为 $2l$，则轴的最大切应力是原来的(　　)倍，扭转角 φ_{AB} 是原来的(　　)倍。

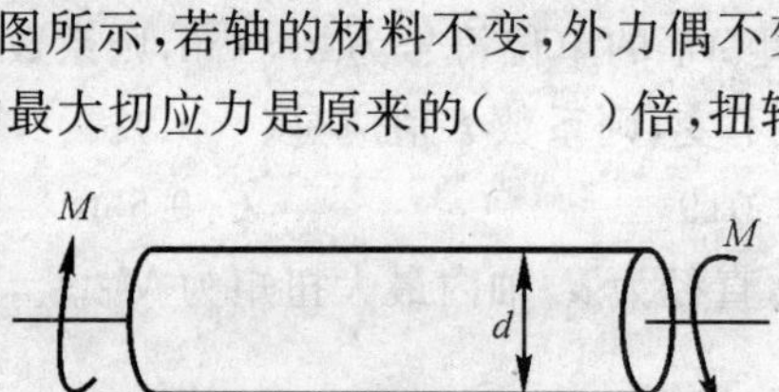

题 8-37 图

A. 4　　B. 8　　C. 32　　D. 16

第 8-38 题：一低碳钢受扭圆轴，其他因素不变，仅将轴的材料换成优质钢(如 45 号钢)，

对于轴的强度是(　　),对于轴的刚度是(　　)。

A. 提高　　B. 降低　　C. 无明显效果　　D. 不能确定

第 8-39 题:如题 8-39 图所示,传动轴的主动轮和从动轮位置的两种安排如题 8-39 图所示。有利于轴的强度、刚度的安排方式是(　　);当从动轮的传递扭矩 $M_C > M_B$ 时,图(a)、图(b) 中的最大扭矩为(　　)。

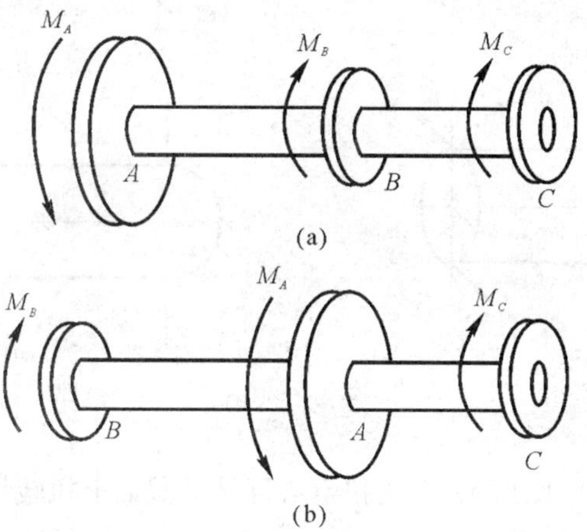

题 8-39 图

A. 图(a)　　B. 图(b)　　C. M_A,M_B　　D. M_A,M_C

3. 单项选择题

第 8-40 题:阶梯圆轴的最大切应力发生在(　　)。

A. 扭矩最大截面　　B. 直径最小的截面

C. 单位长度扭转角最大的截面　　D. 不能确定

第 8-41 题:空心圆轴的外径为 D,内径为 d,$\alpha = d/D$。其抗扭截面系数为(　　)。

A. $W_p = \frac{\pi D^3}{16}(1-\alpha)$　　B. $W_p = \frac{\pi D^3}{16}(1-\alpha^2)$

C. $W_p = \frac{\pi D^3}{16}(1-\alpha^3)$　　D. $W_p = \frac{\pi D^3}{16}(1-\alpha^4)$

第 8-42 题:扭转切应力公式 $\tau_\rho = \frac{M_T}{I_P}\rho$ 适用于(　　)杆件。

A. 任意截面　　B. 任意实心截面

C. 任意材料的圆截面　　D. 线弹性材料的圆截面

第 8-43 题:单位长度扭转角 θ 与(　　)无关。

A. 杆的长度　　B. 扭矩　　C. 材料性质　　D. 截面几何性质

第 8-44 题:在圆轴扭转横截面的应力分析中,当材料力学研究横截面变形几何关系时作出的假设是(　　)。

A. 材料均匀假设　　B. 应力与应变成线性关系假设

C. 平面假设　　D. 各向同性假设

第 8-45 题:如题 8-45 图所示各杆中,完全不发生扭转的杆是(　　)。

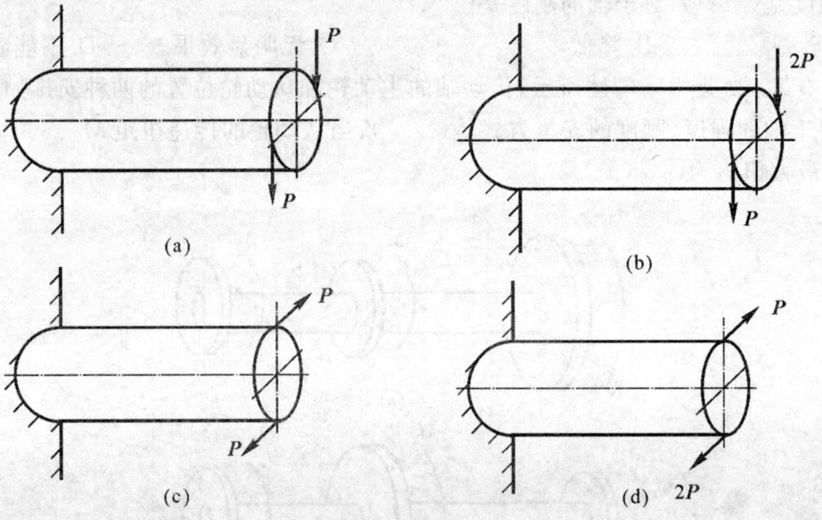

题 8-45 图

第 8-46 题：如题 8-46 图所示，在受扭空心圆轴横截面上扭转切应力分布图中，正确的是(　　)。

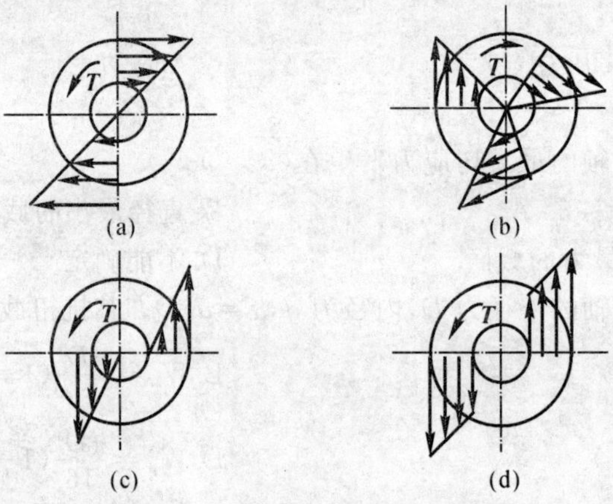

题 8-46 图

第 8-47 题：扭转切应力公式 $\tau_{\rho}=M_{T}\rho/I_{p}$ 的应用范围有以下几种，试判断哪一种是正确的。

A. 等截面圆轴，弹性范围内加载　　B. 等截面圆轴

C. 等截面圆轴与椭圆轴

D. 等截面圆轴与椭圆轴，弹性范围内加载

第 8-48 题：如题 8-48 图所示，变形前，圆轴表面上由间距很近的两条母线与间距很近的两条周向线构成正方形图(a)(b)(c)(d)。在如题 8-48 图所示外力偶作用下发生扭转，在小变形条件下，图(a)(b)(c)(d) 变成图(　　) 虚线所示的形状。

第 8-49 题：如题 8-49 图所示圆轴两端受外力偶矩 M 作用，已知，截面 1－1 与 2－2 外径相同，截面 2－2 与 3－3 面积相同，则该三个横截面上最大扭转切应力的排列顺序

是(　　)。

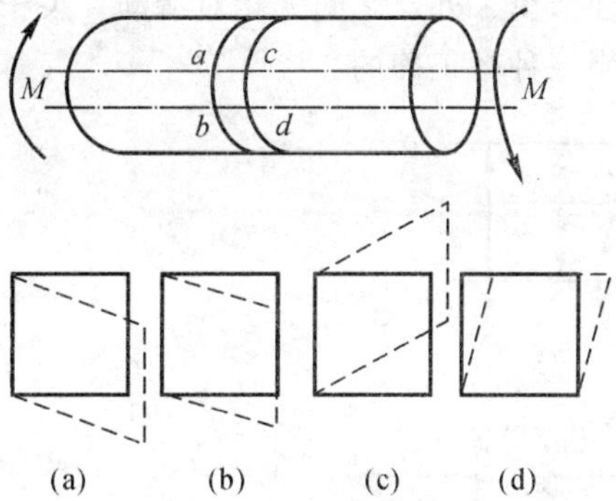

题 8－48 图

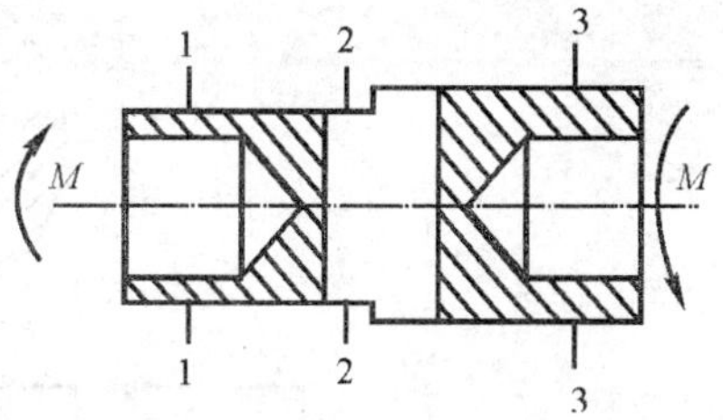

题 8－49 图

A. $\tau_{\max1} > \tau_{\max2} > \tau_{\max3}$　　　　B. $\tau_{\max2} > \tau_{\max3} > \tau_{\max1}$

C. $\tau_{\max3} > \tau_{\max1} > \tau_{\max2}$　　　　D. $\tau_{\max2} > \tau_{\max1} > \tau_{\max3}$

第 8－50 题：与如题 8－50 图所示扭矩图对应的轴的承受载荷情况是(　　)。

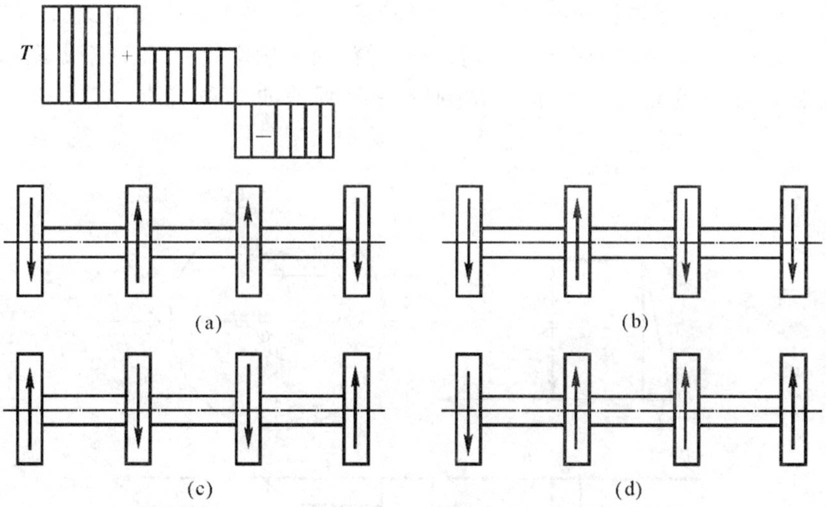

题 8－50 图

第 8－51 题：两根长度相等，直径不等的圆轴受扭后，轴表面上母线转过相同的角度。设直径大的轴和直径小的轴的横截面上的最大切应力分别为 $\tau_{1\max}$ 和 $\tau_{2\max}$，切变模量分别为 G_1 和 G_2。判断下列结论正确的是(　　)。

A. $\tau_{1\max} > \tau_{2\max}$　　　　B. $\tau_{1\max} < \tau_{2\max}$

C. 若 $G_1 > G_2$，$\tau_{1\max} > \tau_{2\max}$　　　　D. 若 $G_1 > G_2$，$\tau_{1\max} < \tau_{2\max}$

第 8－52 题：长度相等的直径为 d_1 的实心圆轴与内、外径分别为 d_2，D_2($\alpha = d_2/D_2$)的空心圆轴，两者横截面上的最大切应力相等。关于两者重力之比(W_1/W_2)有如下结论，试判断哪一种是正确的。(　　)

A. $(1-\alpha^4)^{3/2}$　　　　B. $(1-\alpha^4)^{3/2}(1-\alpha^2)$

C. $(1-\alpha^4)(1-\alpha^2)$　　　　D. $(1-\alpha^4)^{2/3}(1-\alpha^2)^{-1}$

第 8－53 题：由两种不同材料组成的圆轴，里层和外层材料的切变模量分别为 G_1 和 G_2，且 $G_1=2G_2$。圆轴尺寸如题 8－53 图中所示。圆轴受扭时，里、外层之间无相对滑动。关于横截面上的切应力分布，有图中所示的四种结论，试判断哪一种是正确的。（　　）

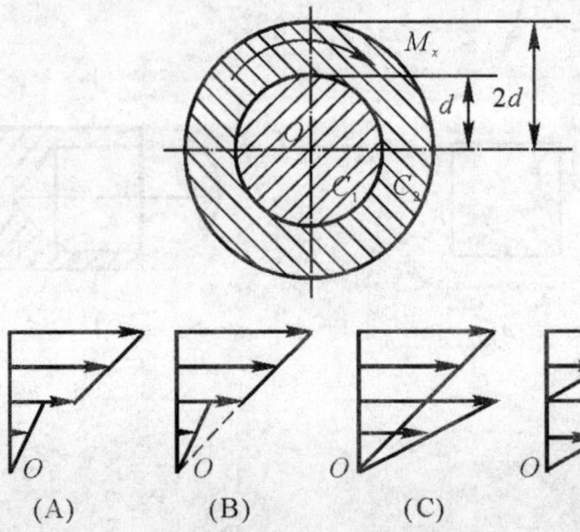

题 8－53 图

第 8－54 题：等截面圆轴材料的切应力－切应变关系如题 8－54 图中所示。圆轴受扭后，已知横截面上点 $a(\rho_a=d/4)$ 的切 $\gamma_a=\gamma_s$，若扭转时截面依然保持平面，则根据图示之 $\tau-\gamma$ 关系，可以推知横截面上的切应力分布。试判断图中所示的四种切应力分布哪一种是正确的。（　　）

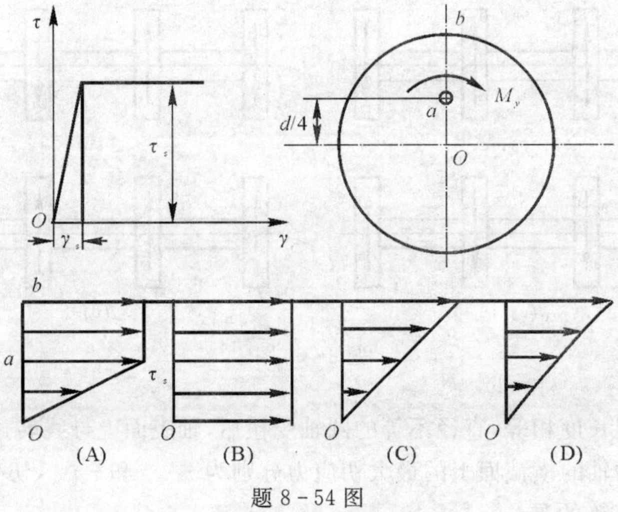

题 8－54 图

第 8－55 题：一空心圆轴，内外径之比 $\alpha=0.5$，两端受扭转力偶矩作用，最大许可载荷为 M。若将轴的横截面积增加一倍，内、外径之比仍保持 $\alpha=0.5$，则其最大许可载荷为（　　）。

A. $\sqrt{2}M$　　　B. $2M$　　　C. $2\sqrt{2}M$　　　D. $4M$

第 8－56 题：下列论述中正确的是（　　）。

A. 切应力互等定理仅适用于纯剪切情况

B. 已知 A_3 钢的 $\tau_s=120$ MPa，$G=80$ GPa，则由剪切胡克定律，其切应变

$$\gamma_s=\tau_s/G=1.5\times10^{-3}\ \text{rad}$$

C. 传动轴的转速越高，则其横截面上的扭矩越大

D. 受扭杆件的扭矩仅与杆件所受的外力偶矩有关，而与杆件的材料及横截面的形状、大小无关

第 8-57 题：当对钢制圆轴作扭转校核时，发现强度和刚度均比规定的要求低了 20%，若安全系数不变，改用屈服极限提高了 30% 的钢材，则圆轴的（　　）。

A. 强度足够，刚度不够　　B. 强度不够，刚度足够

C. 强度、刚度均足够　　D. 强度、刚度均不够

第 8-58 题：如题 8-58 图所示阶梯轴，AB，BC 两段材料相同，直径不等。设 AB 段、BC 段横截面上的最大剪应力为 τ_{AB}，τ_{BC}，单位长度扭转角分别为 φ_{AB}，φ_{BC}。则该轴的强度条件 $\tau_{\max} \leqslant [\tau]$ 和度件 $\varphi_{\max} \leqslant [\varphi]$ 中的 $\tau_{\max}$ 和 $\varphi_{\max}$ 分别为（　　）。

A. $\tau_{\max}=\tau_{AB}$，$\varphi_{\max}=\varphi_{AB}$　　B. $\tau_{\max}=\tau_{AB}$，$\varphi_{\max}=\varphi_{BC}$

C. $\tau_{\max}=\tau_{BC}$，$\varphi_{\max}=\varphi_{AB}$　　D. $\tau_{\max}=\tau_{BC}$，$\varphi_{\max}=\varphi_{BC}$

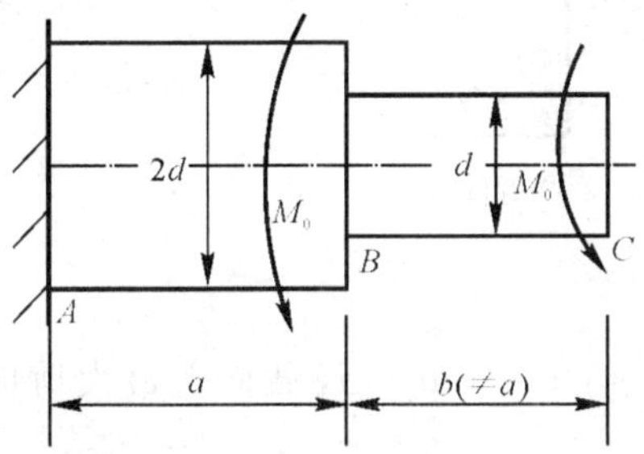

题 8-58 图

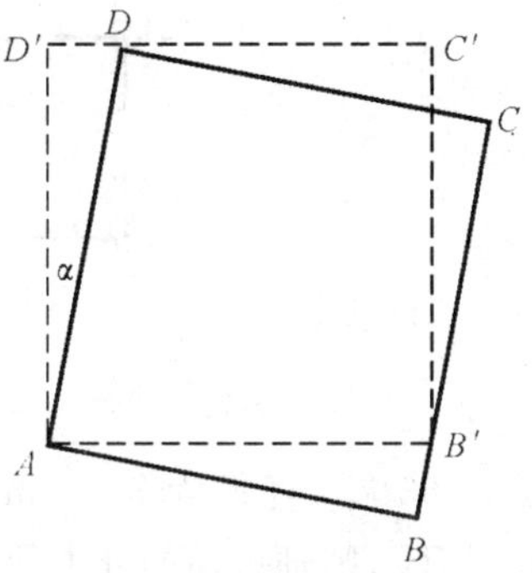

题 8-59 图

第 8-59 题：如题 8-59 图所示正方形单元体 $ABCD$，受力后变形为 $AB'C'D'$，则单元体的切应变 γ 为（　　）。

A. 0　　B. α　　C. $-\alpha$　　D. $90°-\alpha$

4. 多项选择题

第 8-60 题：如题 8-60 图所示，受扭圆轴的扭矩为 T，设 $\tau_{\max} \leqslant \tau_p$，图中所画圆轴扭转时横截面上切应力分布正确的是图（　　）。

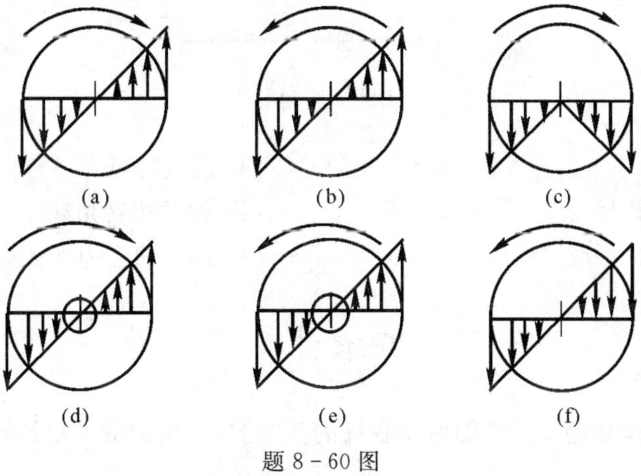

题 8-60 图

第 8-61 题：关于切应力互等定理适用的条件，以下说法中错误的是(　　)。

A. 材料必须满足胡克定律　　B. 与材料的力学性质无关

C. 只在纯切应力状态下成立　　D. 与应力状态无关，在任何应力状态下成立

E. 单元体上仍然存在正应力时，仍然成立　　F. 与材料的力学性质有关

第 8-62 题：单元体变形后的形状如题 8-62 图中虚线所示，则 A 点的剪应变为 γ 的是图(　　)所示情况。

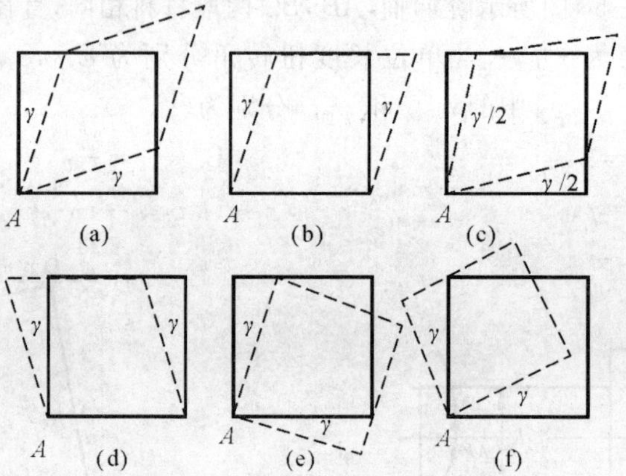

题 8-62 图

第 8-63 题：直径为 90 mm 的圆轴，其转速为 45 $r \cdot min^{-1}$，设截面上最大剪应力为 τ_{max}=50 MPa，则轴传递的外力偶矩和功率分别为(　　)。

A. 7 169.2 N·m，33.9 kW　　B. 7 156.9 N·m，33.7 kW

C. 7 169.2 N·m，33.7 kW　　D. 7 096.3 N·m，33.7 kW

E. 7 169.2 N·m，32.2 kW　　F. 7 169.2 N·m，32.2 kW

第 8-64 题：如题 8-64 图所示受扭圆轴，若直径 d 不变，长度 l 不变，所受外力偶矩 M 不变，仅将材料由钢变为铝，则轴的(　　)。

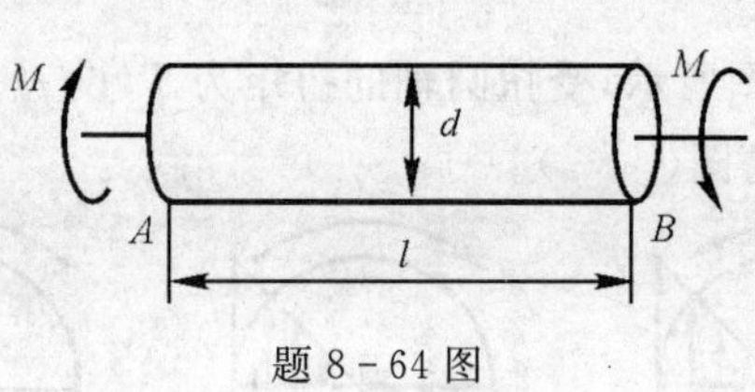

题 8-64 图

A. 强度提高　　B. 强度降低

C. 轴的扭转角增大　　D. 轴的扭转角减小

E. 最大切应力不变　　F. 最大切应力变大

8.5　基本计算练习题

第 8-65 题：试作如题 8-65 图所示各杆的扭矩图，并确定最大扭转矩。

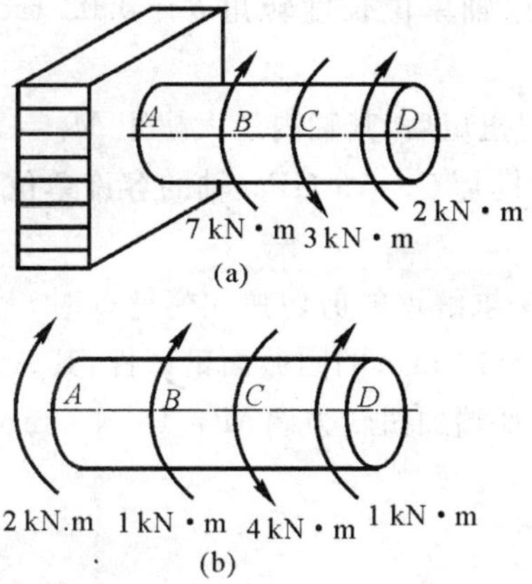

题 8-65 图

第 8-66 题：如题 8-66 图所示，圆轴直径 $d=100$ mm，长 $L=1$ m，两端作用外力偶矩 $M=14$ kN・m，材料的剪切弹性模量 $G=80$ GPa。试求：

(1) 图示截面上 A,B,C 三点处的剪应力。

(2) 最大剪应力。

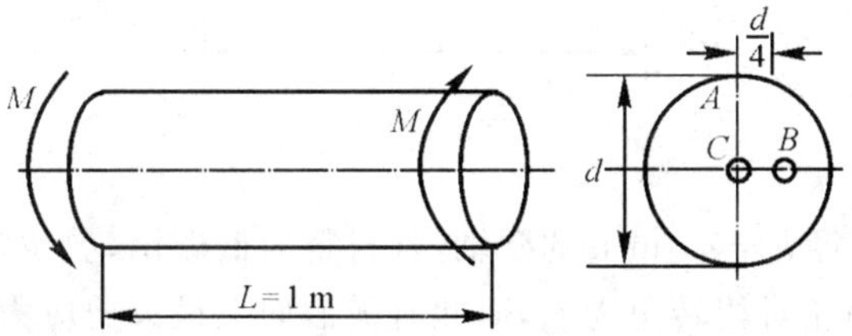

题 8-66 图

第 8-67 题：一钢质圆轴长 $l=1$ m，承受内力扭矩 $M_r=18$ kN・m 而产生扭转，材料的许用剪应力 $[\tau]=40$ MPa，试按强度条件确定圆轴的直径 D。

第 8-68 题：如题 8-68 图所示变截面圆轴受力偶作用而产生扭转变形，已知 $M_1=1.8$ kN・m，$M_2=1.2$ kN・m，圆轴直径 $d_1=75$ mm，$d_2=50$ mm。试求轴内的最大剪应力 τ_{max}。

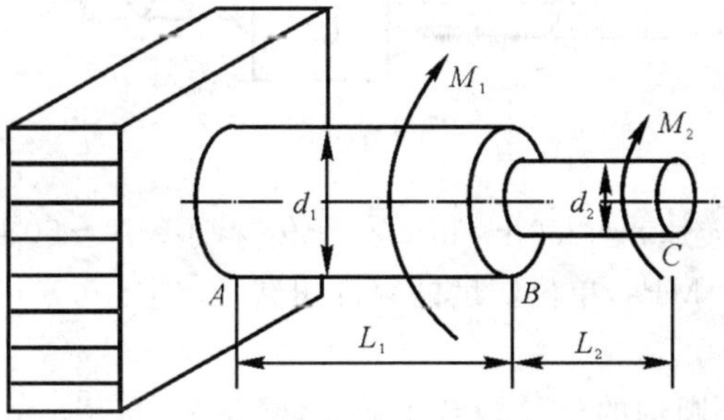

题 8-68 图

第 8-69 题：直径为 $d=100$ mm 的实心圆轴，转速 $n=120\ \mathrm{r\cdot min^{-1}}$，材料的剪切弹性模

量G=80 GPa，设由试验测得该轴单位长度转角 $\theta=0.02\ \text{rad}\cdot\text{m}^{-1}$，试计算该轴所传递的功率。

第 8-70 题：有一圆轴受到扭矩后，其轴内最大扭矩 $M_T=3.7\ \text{kN}\cdot\text{m}$。已知，轴材料为低碳钢，$[\tau]=60$ MPa，剪切弹性模量 $G=79$ GPa，轴的容许单位长度扭转角$[\theta]=0.3°\text{m}^{-1}$。试确定圆轴应有的最小直径。

第 8-71 题：当用实验方法求解钢的剪切弹性模量G时，其装置的示意图如题 8-71 图所示，AB 长为$L=0.1$ m，直径$d=10$ mm的圆截面钢试件，其A端固定，B端有长$s=80$ mm的杆 BC 与截面固结为整体。当 B 端加扭转力偶$M=15\ \text{N}\cdot\text{mm}$时，测得 BC 杆顶点C 的位移Δ=1.5 mm，试求：

(1) 杆表面的剪应变 γ；

(2) 杆内的最大剪应力 $\tau_{\max}$；

(3) 剪切弹性模量 G。

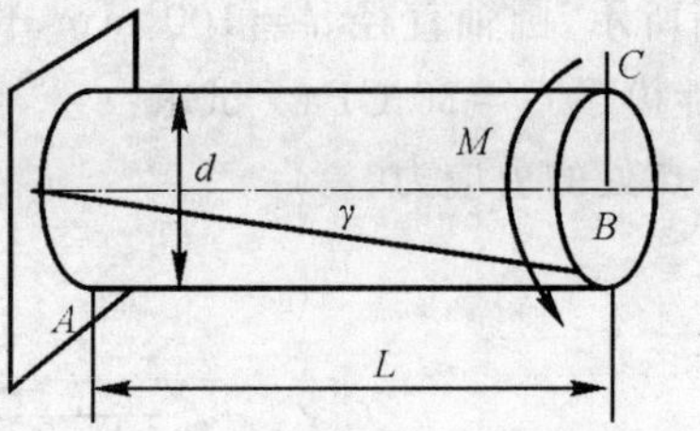

题 8-71 图

第 8-72 题：有一直径$d=25$ mm的圆轴，其材料为低碳钢，剪切弹性模量$G=79$ GPa，当两端受扭转后，两端面间相对扭转角为6°，而此时横截面上最大剪应力为95 MPa，试确定该轴的长度。

第 8-73 题：如题 8-73 图所示圆轴通过牙嵌离合器把功率传给空心轴。传递的功率 $N=7.5$ kW，轴的转速 $n=100\ \text{r}\cdot\text{min}^{-1}$，若材料为钢，$[\tau]=40$ MPa；空心圆轴内、外径之比$d_2/D_2=0.5$。试根据强度计算选择实心轴外径 d_1 和空心轴 D_2。

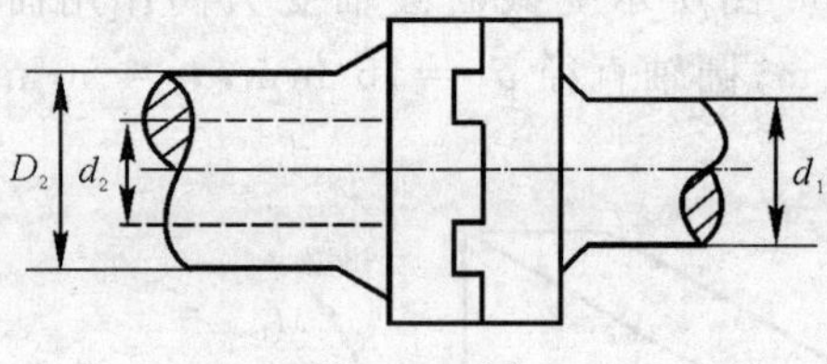

题 8-73 图

第 8-74 题：某钢轴，转速$n=250\ \text{r}\cdot\text{min}^{-1}$，所传递功率$N=60$ kW，该轴仅在两端受扭转力偶，许用剪应力$[\tau]=40$ MPa，单位长度的容许扭转角$[\theta]=0.8°\text{m}^{-1}$，剪切弹性模量$G=80$ GPa，试设计该轴直径。

第 8-75 题：已知空心圆轴的外径$D=76$ mm，壁厚$\delta=2.5$ mm，承受扭矩$M_e=2\ \text{kN}\cdot\text{m}$作用，材料的许用剪应力$[\tau]=100$ MPa，剪切弹性模量$G=80$ GPa，许可单位扭转角$[\varphi]=2°\text{m}^{-1}$。试校核此轴的强度和刚度。如改用实心圆轴，且使强度和刚度保持不变，试设计轴的直径。

第 8－76 题：阶梯形圆轴的直径分别为 $d_1=40$ mm，$d_2=70$ mm，轴上装有三个皮带轮如题 8－76 图所示，已知由轮 3 输入的功率为 $N_3=30$ kW，轮 1 输出的功率为 $N_1=13$ kW。轴工作时以 $n=200$ r·min^{-1} 的转速作匀速转动，若材料的剪切弹性模量 $G=80$ GPa，许用剪应力 $[\tau]=60$ MPa，轴的单位长度许可扭转角为 $[\theta]=2°\text{m}^{-1}$，试校核其强度和刚度。

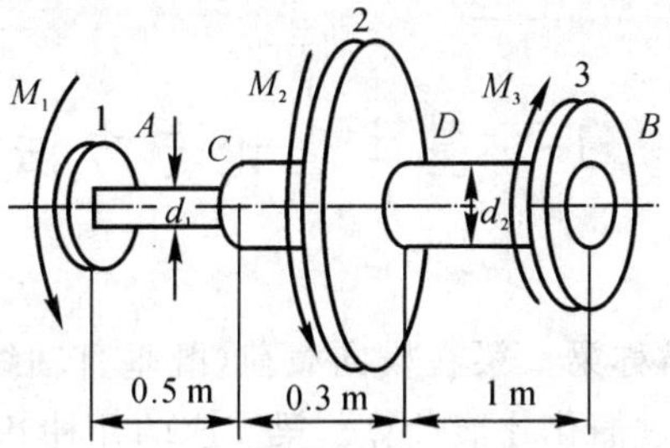

题 8－76 图

第九章　弯曲应力分析与强度计算

9.1　基本理论与方法

1. 梁

以弯曲变形为主的杆件通称梁。梁在横向载荷(既垂直轴线的载荷)作用下产生弯曲。梁的支座有各种情况,必须经过简化才能计算。梁支座的几种基本形式如下:

(1) 固定端(插入端)。这种支撑的反力在平面中有三个,如图 9.1(a) 所示,即有水平方向的反力、垂直方向的反力和反力偶。

(2) 固定铰支座。这种支撑的反力在平面问题中有二个,如图 9.1(b) 所示,即有水平方向的反力和垂直方向的反力。

(3) 活动铰支座。如图 9.1(c) 所示,这种支撑仅有一个方向的反力。

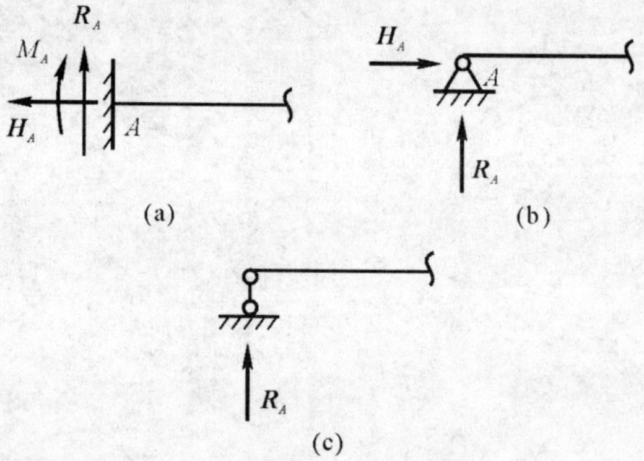

图 9.1　梁支座的基本形式

注意:支持反力的形式只与梁座类型有关,与受力无关。什么样类型的支座对应什么形式的支座反力。静定梁基本形式通常有三种:简支梁、外伸梁、悬臂梁。

求梁的弯曲内力的基本方法是截面法。如图 9.2 所示,用一假想的横截面将梁一截为二,考虑左段或右段平衡,则截面两侧必须存在一个内力和一个内力偶,该力称剪力,用 $\boldsymbol{Q}$ 表示;该力偶称弯矩,用 M 表示。截面两侧的内力是作用力与反作用力,其大小相等、方向相反。因此对剪力和弯矩的规定,有别于静力学中写静力平衡方程时对力和力偶的正负号规定,而是根据梁的弯曲变形来规定,以使同一截面两侧具有同一正、负号。

剪力。凡使截开的梁段产生顺时针转动的剪力规定为正,反之为负。如图 9.2(a) 中所示的剪力 $\boldsymbol{Q}$,分别对自身作用的那段梁产生顺时针转动,为正的 $\boldsymbol{Q}$。

弯矩。凡使梁的下部纵向受拉而上部受压的弯矩为正,反之为负。如图 9.2(b) 中所示的弯矩为正。

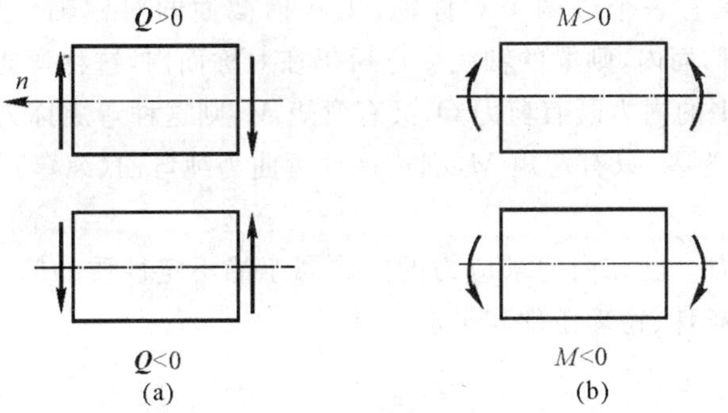

图 9.2 剪力、弯矩正负号规定

2. 求指定截面上剪力、弯矩

(1) 在梁的指定截面处，用假想横截面截取研究对象。设截面上的Q,M为正，由平衡确定内力的大小与实际方向。如果求得Q,M为正，不仅表明Q,M所设方向为正，也表明Q,M的符号为正；如果求得Q,M为负，则说明实际Q,M方向与所设方向相反，也说明Q,M为负。

(2) 根据外力直接写剪力和弯矩。在方法(1) 使用熟练之后，可以不列平衡方程而直接根据作用于梁段上的诸外力产生的相应内力写出截面上的Q,M值。其解题规律如下。

若取左段为研究对象，剪力Q的大小等于左段梁上所有外力的代数和，各项外力的正负号按向上为正，向下为负来定；弯矩M的大小等于左段所有外力对横截面形心O取矩的代数和，各项外力矩的正负号按顺时针为正，逆时针为负来确定。这种写法既考虑了平衡条件，又考虑了关于剪力与弯矩的正负号规定。可直接用外力写出Q,M的正负号。该规律可简单归纳为“左上右下”的外力引起的剪力为正，“左顺右逆”的外力矩引起的弯矩为正。

3. 剪力图和弯矩图

与作轴力图与扭矩图一样，剪力与弯矩图表示梁的内力(Q,M) 随梁轴线(横截面位置)x变化规律的内力图，要求正确熟练掌握。作Q,M图有两种方法：列方程作图法和利用微分关系作图法。

列方程作图。列出剪力方程$Q(x)$和弯矩方程$M(x)$，根据各段方程作Q图、M图，然后利用q,Q,M间的微分关系和突变规律作校核。

利用微分关系作图。用截面法求出分段面上Q,M值，直接利用微分关系连线作图。

(1)q,Q,M间的微分关系。它反映了梁微段的平衡条件。对其x处取微段$\mathrm{d}x$，由$\sum Y=0$，$\sum M_O(\boldsymbol{F})=0$，即得$\mathrm{d}Q(x)/\mathrm{d}x=q(x)$，$\mathrm{d}M(x)/\mathrm{d}x=Q(x)$。

(2) 突变规律。掌握此规律对作Q,M图和校核其正确性非常有用。集中力作用处，左侧与右侧截面上剪力发生突变，突变值等于集中力的值。集中力偶作用处，左侧与右侧截面上的弯矩发生突变，突变值等于集中力偶矩的值。

将上述突变规律应用于端点与支座约束处可知：简支梁两端处剪力值等于该处的支座反力；若端点处无外力偶作用，则弯矩为零。

4. 平面弯曲、横力弯曲和纯弯曲

(1) 弯曲是指外力(载荷和约束反力) 的作用线垂直于杆件轴线的受力形式。以弯曲变形为主的构件通常称为梁。

(2) 若梁横截面具有一个或两个对称轴，由各横截面的对称轴组成的面称为梁的对称面。若外力作用在对称面内，则梁的轴线变弯后仍在对称面内，这种弯曲称为平面弯曲。

(3) 若梁横截面上的内力既有剪力 Q，又有弯矩 M，则这种弯矩称为横力弯曲(横弯)。若梁的横截面上剪力 Q 为零，只有弯矩 M，则称这种弯曲为纯弯曲(纯弯)。

5. 弯曲正应力

(1) 纯弯曲正应力。已知内力求应力的问题属于静不定性质的问题，推导弯曲正应力公式必须综合应用变形条件、物理条件和平衡条件。

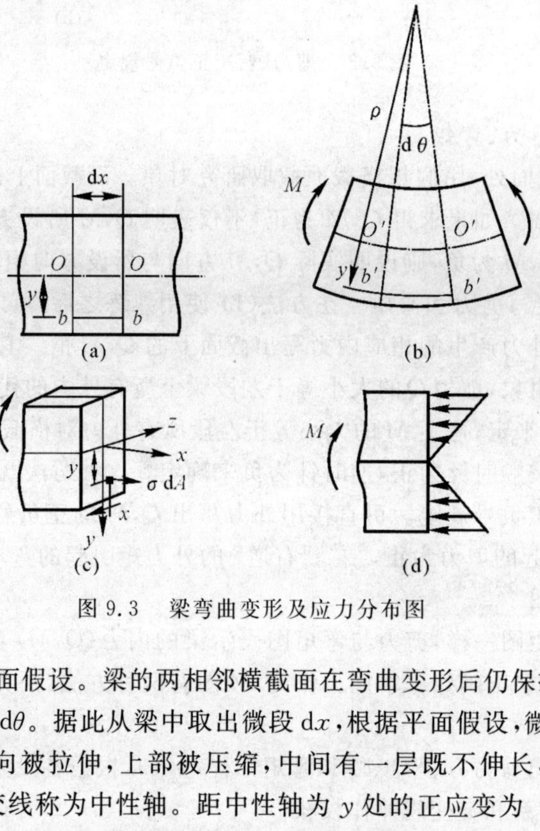

图 9.3　梁弯曲变形及应力分布图

1) 变形条件 —— 平面假设。梁的两相邻横截面在弯曲变形后仍保持为平面，只是相互间发生相对转动，形成夹角 $d\theta$。据此从梁中取出微段 dx，根据平面假设，微段受弯后的变形如图 9.3 所示，梁下部各层纵向被拉伸，上部被压缩，中间有一层既不伸长，也不缩短，称为中性层。中性层与横截面的交线称为中性轴。距中性轴为 y 处的正应变为

$$\varepsilon=\frac{(\rho+y)d\theta-\rho d\theta}{\rho d\theta}=\frac{y}{\rho}$$

即应变沿截面高度为线性分布，中性轴处 $\varepsilon=0$。式中，ρ 为中性层的曲率半径。

2) 物理条件 —— 材料的应力-应变关系。纯弯梁的横截面上只有正应力，并认为各层间互不挤压，这样各点皆为单向应力状态。当梁为线弹性时，根据单向应力状态的胡克定律，则有

$$\sigma=E\varepsilon=E\frac{y}{\rho}$$

即应力沿截面高度为线性分布，中性轴处应力为零。

3) 平衡条件 —— 应力与内力的关系。纯弯梁的横截面上只有弯矩 M，而 $N=0$。根据横截面上应力与内力的关系，有

$$N=\int_A \sigma dA=0$$

$$M=\int_A y\sigma \mathrm{d}A$$

代入 σ 表达式可得

$$\frac{1}{\rho}=\frac{M}{EI_z}$$

式中，$\frac{1}{\rho}$ 是梁轴线变形后的曲率，EI_z 是梁的抗弯刚度。综上所述可得横截面上的正应力分布规律表达式为

$$\sigma=\frac{My}{I_z}$$

(2) 横力弯曲正应力。对于细长梁($l/h\geqslant 5$)，剪力 Q 对弯曲正应力和正应变的影响很小，可忽略不计。因此，弯曲正应力公式可以推广到横力弯曲应用。

6. 弯曲剪应力

对于矩形截面(见图 9.4)，有

$$\tau_{\max}=\frac{3}{2}\frac{Q}{bh}$$

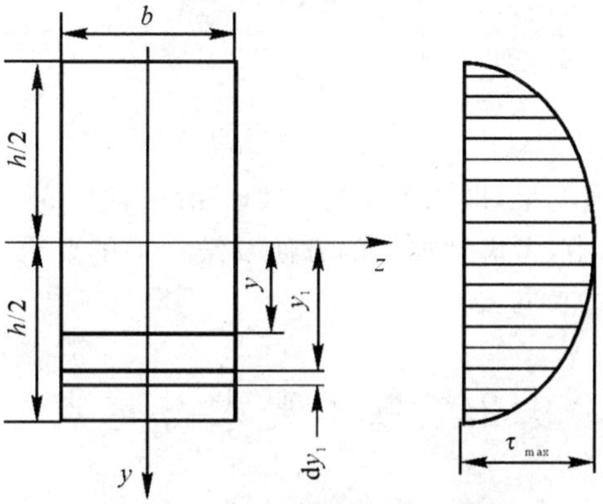

图 9.4　矩形截面梁剪应力分布图

对于工字形截面，则有

$$\tau_{\max}=\frac{Q}{A_{腹板}}$$

这是近似公式。

对于圆形截面，有

$$\tau_{\max}=\frac{4}{3}\frac{Q}{A}$$

对于薄壁圆环形截面，有

$$\tau_{\max}=2\frac{Q}{A}$$

7. 弯曲强度计算

弯曲正应力是决定梁强度的主要因素，对梁的强度计算主要是满足强度条件

$$\sigma_{\max}=\frac{M_{\max}}{W_z}\leqslant[\sigma]$$

式中，$W_z=\frac{I_z}{y_{\max}}$ 称为横截面的抗弯截面系数。对薄壁截面(例如，非标准的工字钢、槽钢等)

梁，有时须要校核剪应力的强度条件

$$\tau_{\max}=\frac{Q_{\max}S_{z\max}^{*}}{bI_z}\leqslant[\tau]$$

式中，$\tau_{\max}$ 一般发生在中性轴处，因此，$S_{z\max}^{*}$ 为中性轴以下（或以上）面积对中性轴的静矩。

8. 提高弯曲强度的措施

(1) 合理安排梁的受力情况，降低 $M_{\max}$ 的数值。

(2) 采用合理的截面形式，提高 W 的数值，充分利用材料的性能。如工字形和槽形截面比矩形截面经济合理，而矩形截面比圆形截面经济合理。另外还须考虑材料的特性，如对抗拉强度和抗压强度相等的材料（如碳钢），宜采用中性轴对称的截面，如工字形、圆形，使截面上、下边缘处的最大拉应力和最大压应力数值相等，同时接近许用应力。而对抗拉强度和抗压强度不相等的材料（如铸铁），宜采用中性轴偏于受拉一侧的截面形状。

(3) 采用等强度梁与变截面梁，满足关系式

$$\sigma_{\max}=\frac{M(x)}{W(x)}=[\sigma]$$

或

$$W(x)=\frac{M(x)}{[\sigma]}$$

满足上述条件的梁称为等强度梁，即该类梁的 $W(x)$ 沿梁轴线 $M(x)$ 而变化。如汽车的叠板弹簧、鱼腹梁。在实际应用中，考虑到加工的方便及结构上的要求，常采用阶梯状的变截面梁（阶梯轴）来代替理论上的等强度梁。

9.2 基本要求与重点

(1) 会用截面法求指定截面上 Q，M 值。特别应注意 Q，M 正负号的规定及确定方法。

(2) 会根据梁的支座和载荷情况分段列出剪力方程 $Q(x)$ 和弯矩方程 $M(x)$，并由此作出 Q，M 图，同时利用 q，Q，M 间的微分关系作校核。

(3) 掌握不列方程而直接利用微分关系作梁的 Q，M 图的方法与步骤，并应用与载荷较复杂、多跨梁和带中间铰梁等情况。

(4) 会利用突变规律协助画 Q，M 图。

(5) 明确平面弯曲、纯弯曲和横力弯曲的概念与定义。掌握推导弯曲正应力公式的方法。

(6) 熟练掌握弯曲正应力的计算、弯曲正应力强度条件及应用

(7) 了解矩形截面梁切应力公式以及相应的切应力分布规律。

(8) 了解常见截面梁横截面上最大切应力的计算和弯曲应力强度的校核方法。

(9) 了解提高梁强度的一些主要措施。

9.3 基本概念练习题

1. 是非判断题

第 9-1 题：若梁在某一段内无载荷作用，则该段梁内的弯矩图必定是一直线段。

第 9-2 题：若梁的结构对称于跨中截面，而梁上载荷也对称于梁的跨中截面，则剪力图对称于跨中截面，而弯矩图也对称于跨中截面，且跨中截面上的弯矩为零。

第 9-3 题：简支梁及其承载如题 9-3 图所示，假想沿截面 m－m 将梁截分为二。现有两种说法：

(1) 取梁的左段为研究对象，则该截面上的剪力和弯矩与 q，M 无关；

(2) 若以梁右段为研究对象，则该截面上的剪力和弯矩与 F 无关。

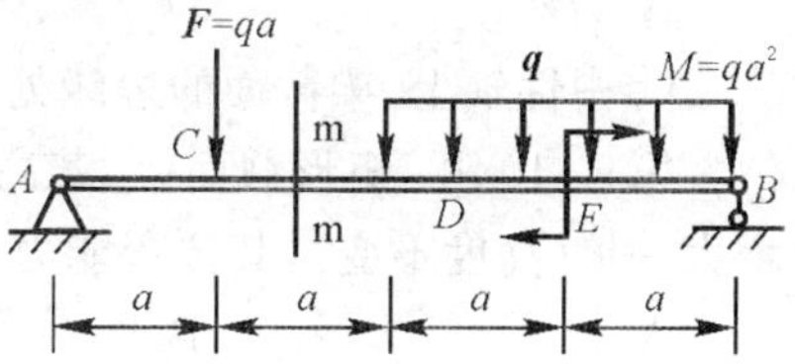

题 9-3 图

第 9-4 题：在等截面梁中，正应力绝对值的最大值 $|\sigma|_{\max}$，必出现在弯矩值 $|M|_{\max}$ 最大的截面上。

第 9-5 题：控制梁弯曲强度的主要因素是最大的弯矩值。

第 9-6 题：平面弯曲变形的特征是梁在弯曲变形后的轴线与载荷作用面同在一个平面内。

2. 选择填空题

第 9-7 题：外伸梁 ABC 承受一可移动的载荷如题 9-7 图所示。设 F，L 均为已知，为减小梁的最大弯矩值，则外伸段的合理长度 a＝(　　)；为减小梁的最大弯矩值，则外伸段的合理长度 a＝(　　)。

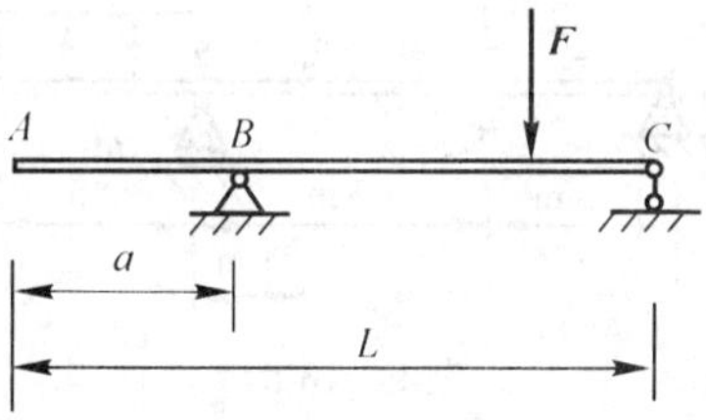

题 9-7 图

A. $\dfrac{L}{10}$　　B. $\dfrac{L}{15}$　　C. $\sqrt{\dfrac{1}{32}}L$　　D. $\dfrac{L}{5}$

第 9-8 题：如题 9-8 图所示的四个简支梁承受的总载荷相同，而载荷的分布情况不同。在这些梁中，最大剪力发生在(　　)截面处；最大弯矩发生在(　　)截面处。

A. 图(d) 的中点　　B. 各梁的端点　　C. 图(a) 的中点　　D. 图(b) 的中点

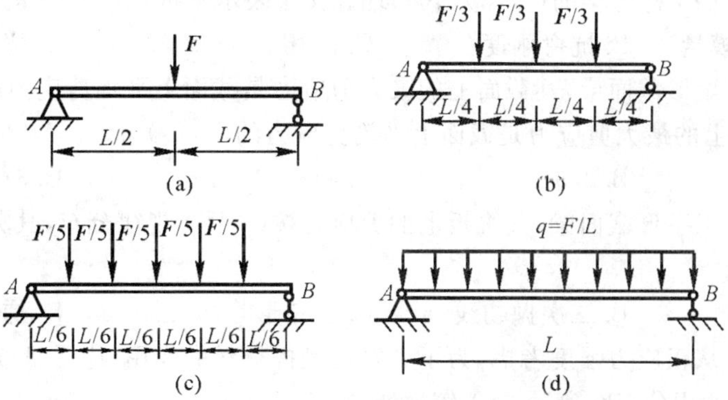

题 9-8 图

第 9-9 题：横力弯曲时，梁截面上的最大正应力和最大剪应力发生在（　　），矩形截面的最大剪应力是平均剪应力的（　　）倍。

A. 3/2　　B. 梁截面的边缘处、中性轴上

C. 中性轴上、梁截面的边缘处　　D. 2/3

第 9-10 题：矩形截面梁，若高度增大一倍（宽度不变），其抗弯能力增大（　　）倍；若宽度增大一倍（高度不变），其抗弯能力增大（　　）倍。

A. 16　　B. 8　　C. 4　　D. 2

第 9-11 题：矩形截面梁，若宽度增大一倍（高度不变），其抗弯刚度增大（　　）倍；若截面高宽度比不变，面积增大一倍，其抗弯刚度增大（　　）倍。

A. 8　　B. 2　　C. 16　　D. 1.414

第 9-12 题：当梁在发生弯曲变形时，根据梁截面上剪力正负号的规定。当截面上的剪力为正时，则使其所在的分离体有（　　）；根据梁截面上弯矩正负号规定，当截面上的弯矩为负时，所在的微段梁有（　　）。

A. 逆时针　　B. 顺时针　　C. 向上凸　　D. 向下凸

第 9-13 题：如题 9-13 图所示梁中，n－n 截面的剪力和弯矩值分别为（　　）和（　　）。

A. －4 kN　　B. 2 kN·m　　C. 3 kN　　D. －2 kN·m

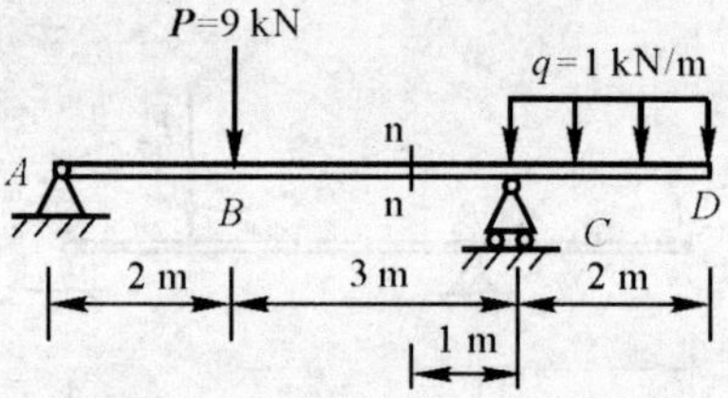

题 9-13 图

第 9-14 题：当梁上某段的剪力图为一水平直线时，则该段梁上的分布荷载 $q(x)=$（　　），其弯矩图为（　　）。

A. 非零常数　　B. 为零　　C. 一斜直线　　D. 水平线

第 9-15 题：剪力图上某点处的切线斜率等于梁上相应点处的（　　），弯矩图上某点处的切线斜率等于相应点处（　　）。

A. 集中力的值　　B. 分布荷载的集度　　C. 截面上的弯矩　　D. 截面上的剪力

第 9-16 题：EI_z 称为梁的（　　），其物理意义是表示梁抵抗（　　）的能力。

A. 抗弯截面模量　　B. 抗弯刚度　　C. 破坏　　D. 弯曲变形

第 9-17 题：矩形截面梁，其截面上的最大剪应力是截面上平均剪应力的（　　）倍，而圆形截面梁，其截面上的最大剪应力是截面上平均剪应力的（　　）倍。

A. 3/2　　B. 2/3　　C. 4/3　　D. 3/4

第 9-18 题：工字形截面梁，其腹板上的剪应力按（　　）规律分布，其翼缘上的剪应力按（　　）规律分布。

A. 一次曲线　　B. 二次抛物线　　C. 三角形　　D. 梯形

第 9-19 题：从正应力强度考虑，为了更好地发挥材料的作用，应尽量减少（　　）附近的面积，而使更多的面积分布在离（　　）较远处。

A. 中性轴　　B. 形心轴　　C. 弯曲中心　　D. 纵向对称轴

第9-20题：为使梁只产生弯曲而不产生扭转，横向外力须作用在(　　)的纵向平面内。为了使梁发生平面弯曲，其横截面必须(　　)。

A. 通过截面形心　　C. 横向对称轴，载荷作用在纵向对称平面内

B. 通过弯曲中心　　D. 纵向对称轴，载荷作用在纵向对称平面内

3. 单项选择题

第9-21题：在如题9-21图所示四种情况中，截面上弯矩 $\boldsymbol{M}$ 为正，剪力 $\boldsymbol{F}_Q$ 为负的是(　　)。

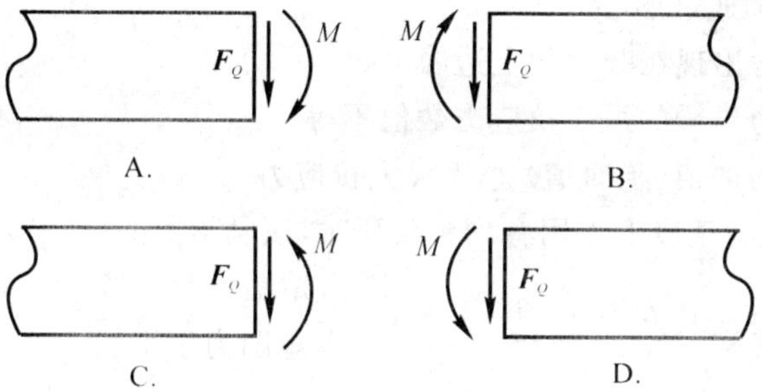

题9-21图

第9-22题：在如题9-22图所示梁中，集中力 $\boldsymbol{F}$ 作用在固定于截面 B 的倒"L形"刚臂上。梁上最大弯矩 $M_{\max}$ 与 C 截面上弯矩 M_C 之间的关系是(　　)。

A. $M_{\max}-M_C=Fa$　B. $M_{\max}=2M_C$　　C. $M_{\max}+M_C=Fa$　　D. $M_{\max}=M_C$

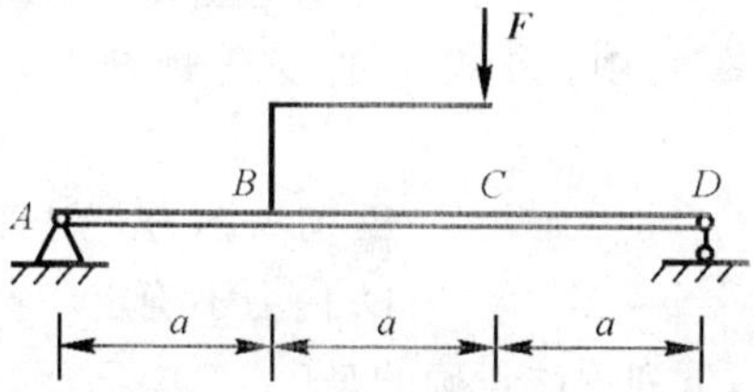

题9-22图

第9-23题：如题9-22图所示，如果使力 $\boldsymbol{F}$ 直接作用在梁的 C 截面上，则梁上 $|M|_{\max}$ 与 $|\boldsymbol{F}_Q|_{\max}$ 为(　　)。

A. 前者不变，后者改变　　B. 两者都改变

C. 前者改变，后者不变　　D. 两者都不变

第9-24题：在平面刚架 ABC 中，A 端固定，在其平面内施加如题9-24图所示集中力 $\boldsymbol{F}$。其 m－m 截面上的内力分量(　　)不为零。

A. $M,\boldsymbol{F}_Q,\boldsymbol{F}_N$　　B. $M,\boldsymbol{F}_N$

C. $M,\boldsymbol{F}_Q$　　D. $\boldsymbol{F}_Q,\boldsymbol{F}_N$

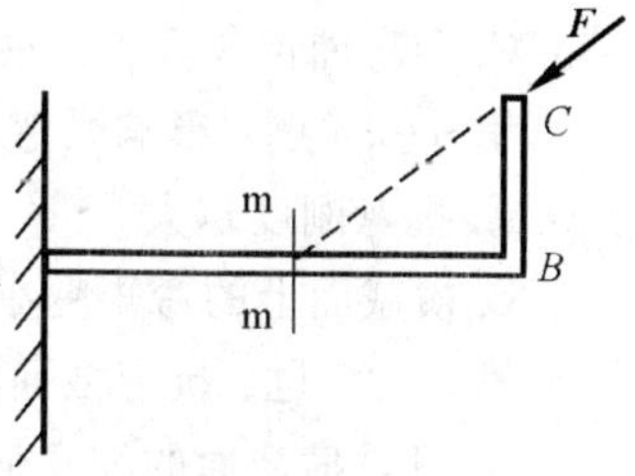

题9-24图

第9-25题：在梁的正应力公式 $\sigma=\dfrac{M}{I_z}y$ 中，I_z 为梁截面对于(　　)的惯性矩。

A. 形心轴　　B. 对称轴　　C. 中性轴　　D. 形心主惯性矩

第 9-26 题：对于矩形截面的梁，以下结论中(　　)是错误的。

A. 出现最大正应力的点上，剪应力必为零

B. 出现最大剪应力的点上，正应力必为零

C. 最大正应力的点和最大剪应力的点不一定在同一截面上

D. 梁上不可能出现这样的截面，即该截面上最大正应力和最大剪应力均为零

第 9-27 题：倒 T 形等直梁，两端受力偶矩 M 作用，翼缘受拉。以下结论中(　　)是错误的。

A. 梁截面的中性轴通过形心

B. 梁的最大压应力出现在截面的上边缘

C. 梁的最大压应力与梁的最大拉应力数值不等

D. 梁内最大压应力的值(绝对值)小于最大拉应力

第 9-28 题：当梁的某段上作用有均布载荷时，该段梁上的(　　)。

A. 剪力图为水平线　　B. 弯矩图为斜直线

C. 剪力图为斜直线　　D. 弯矩图为水平线

第 9-29 题：在集中力偶作用处(　　)。

A. 剪力图发生突变　　B. 剪力图发生转折

C. 弯矩图发生转折　　D. 剪力图无变化

第 9-30 题：梁在横力弯曲中，其内力的变化规律是在集中力作用处(　　)。

A. 弯矩图发生突变　　B. 弯矩图发生转折

C. 剪力图发生突变　　D. 剪力图发生转折

第 9-31 题：梁在横力弯曲中，其内力的变化规律是，在没有载荷作用的一段梁上(　　)。

A. 剪力图为一水平直线　　B. 剪力图为一斜直线

C. 没有内力　　D. 内力不确定

第 9-32 题：关于中性轴，下列说法正确的是(　　)。

A. 中性轴是梁的轴线

B. 中性轴的位置依截面上正应力的分布而定

C. 当梁发生弯曲时，中性轴也随之弯曲

D. 中性轴是中性层与横截面的交线

第 9-33 题：当梁弯曲时，梁的中性层(　　)。

A. 不会弯曲　　B. 不弯曲但长度会改变

C. 会弯曲但长度不改变　　D. 弯曲的同时长度也改变

第 9-34 题：影响梁弯曲程度越大的原因是(　　)。

A. 抗弯刚度越大　　C. 抗弯刚度越大，而横截面上的弯矩越小

B. 横截面上的弯矩越小　　D. 抗弯刚度越小，而横截面上的弯矩越大

第 9-35 题：抗弯截面模量表示的是(　　)。

A. 只是横截面的纯几何性质

B. 横截面的大小

C. 除了与横截面的几何尺寸有关外，还与材料的力学性能有关

D. 表示出梁抵抗弯曲的能力

第 9－36 题：圆形截面钢梁，如果把它制作成空心圆截面，下面说法正确的是（　　）。

A. 很危险

B. 比较合理，因为可以节省材料

C. 圆心附近的材料可以承担剪应力，不宜去掉

D. 圆心附近的材料可以承担正应力，不宜去掉

第 9－37 题：梁的剪应力公式 $\tau=\dfrac{QS_z}{I_z b}$ 中（　　）。

A. S_z 是横截面对中性轴 y 的静矩　　B. S_z 是一个常数

C. S_z 是一个三次函数　　D. S_z 与欲求剪应力点到中性轴 z 的距离成正比

第 9－38 题：工字形截面梁在弯曲变形中（　　）。

A. 腹板承担了大部分正应力，而翼缘承担了大部分的剪应力

B. 腹板承担了大部分的剪应力，而翼缘承担了大部分的正应力

C. 腹板和翼缘都承担了大部分的正应力

D. 腹板和翼缘都承担了大部分的剪应力

第 9－39 题：在少数特殊情况下，梁的剪切强度也可能起控制作用，此时（　　）。

A. 梁的跨度很小或在梁的支座附近有很大的集中力作用

B. 梁的跨度很大

C. 梁跨中附近有很大的集中力

D. 梁的跨度很大，同时在跨中附近有很大的集中力作用

第 9－40 题：关于弯曲中心，下面说法正确的是（　　）。

A. 弯曲中心在截面的对称轴上

B. 弯曲中心其实就是截面的形心

C. 如果横向外力不作用在通过弯曲中心的纵向平面内，梁就不能产生弯曲而只能产生扭转

D. 如果横向外力作用在通过弯曲中心的纵向平面内，梁只产生弯曲而不能产生扭转

第 9－41 题：如题 9－41 图所示矩形截面简支梁，在各纵向截面上（　　）。

A. 不存在剪应力

B. 可能存在剪应力，也可能不存在剪应力

C. 存在剪应力，在包含截面形心的纵向截面上其剪应力最大

D. 存在剪应力，在包含截面形心的纵向截面上其剪应力最小

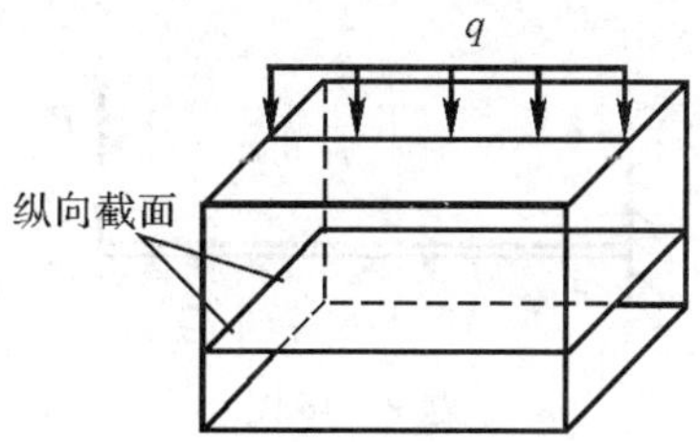

题 9－41 图

第 9-42 题：梁在横力弯曲中，在无外力作用的一段梁上(　　)。

A. 其横截面上的剪力值等于零　　B. 其截面上的弯矩值等于零

C. 其剪力图为一水平直线　　D. 其弯矩图为一水平直线

第 9-43 题：如题 9-43 图所示矩形截面，设其对 z 轴的静矩和惯性矩分别为 S_z 和 I_z，则(　　)。

A. $S_z = bh\,\frac{h}{2}, I_z = bh\left(\frac{h}{2}\right)^2$　　B. $S_z = bh\,\frac{h}{2}, I_z \neq bh\left(\frac{h}{2}\right)^2$

C. $S_z \neq bh\,\frac{h}{2}, I_z = bh\left(\frac{h}{2}\right)^2$　　D. $S_z \neq bh\,\frac{h}{2}, I_z \neq bh\left(\frac{h}{2}\right)^2$

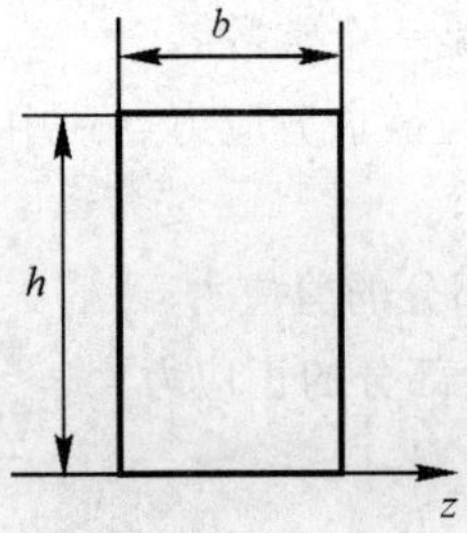

题 9-43 图

题 9-44 图

第 9-44 题：梁在横力弯曲中，对工字形截面梁而言；(　　)。

A. 其翼缘承受截面上大部分的弯矩，而腹板承受大部分的剪力

B. 其翼缘承受截面上大部分的剪力，而腹板承受大部分的弯矩

C. 截面上大部分的弯矩和剪力都由翼缘承担

D. 截面上大部分的弯矩和剪力都由腹板承担

第 9-45 题：受载和几何尺寸为已知的悬臂梁如题 9-45 图所示，(　　)。

A. C 截面的挠度是 B 截面挠度的 2 倍　　B. C 截面的转角是 B 截面转角的 2 倍

C. C 截面的转角与 B 截面的转角相等　　D. C 截面的挠度与 B 截面的挠度相等

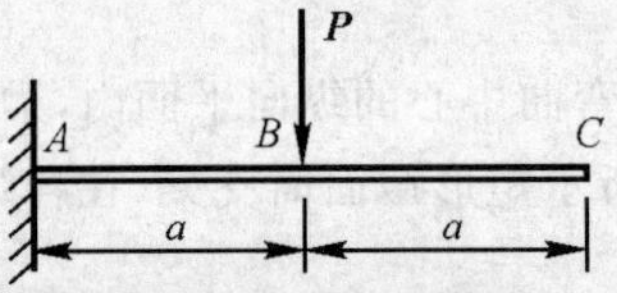

题 9-45 图

第 9-46 题：如题 9-46 图所示槽形截面悬臂梁，A 点是截面的弯曲中心。仅为平面弯曲的情况是(　　)。

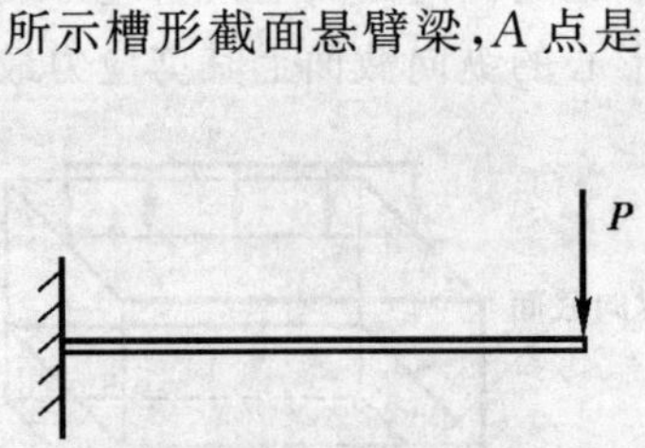

题 9-46 图

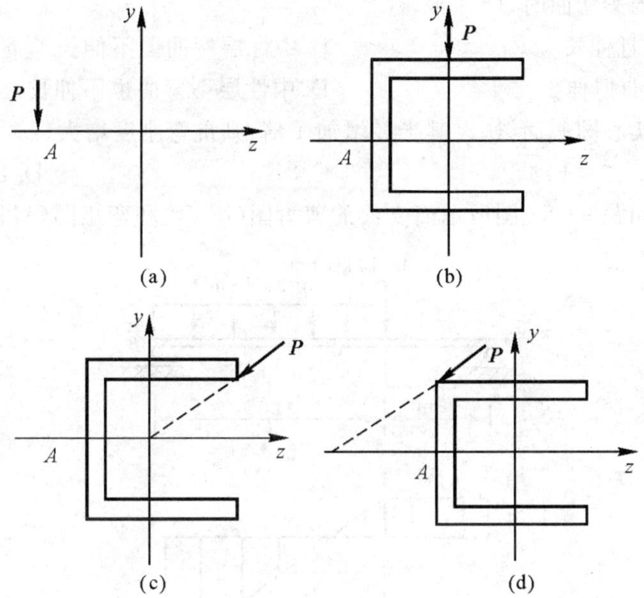

题 9－46 图

A.（a）　　B.（b）　　C.（c）　　D.（d）

第 9－47 题：在集中力偶处，梁的剪力图无变化，说明（　　）。

A. 集中力偶对梁的剪力无影响，但对梁的支座反力有影响

B. 集中力偶对梁的剪力有影响，但对梁的支座反力无影响

C. 集中力偶对梁的剪力和支座反力均无影响

D. 以上说法都不对

第 9－48 题：对于空心圆截面，设其内、外直径之比 $d/D=a$，则（　　）。

A. $I_z=\frac{\pi D^4}{64}(1-a^4)$，$W_z=\frac{\pi D^3}{32}(1-a^3)$　B. $I_z=\frac{\pi D^4}{64}(1-a^3)$，$W_z=\frac{\pi D^3}{32}(1-a^4)$

C. $I_z=\frac{\pi D^4}{64}(1-a^4)$，$W_z=\frac{\pi D^3}{32}(1-a^4)$　D. $I_z=\frac{\pi D^4}{64}(1-a^3)$，$W_z=\frac{\pi D^3}{32}(1-a^3)$

第 9－49 题：已知图示外伸梁无集中力偶作用，其剪力图如题 9－49 图所示，则在 D 点（　　）。

A. 作用有集中力 $P=16$ kN，方向向上　B. 作用有集中力 $P=16$ kN，方向向下

C. 作用有集中力 $P=4$ kN，方向向上　D. 作用有集中力 $P=4$ kN，方向向下

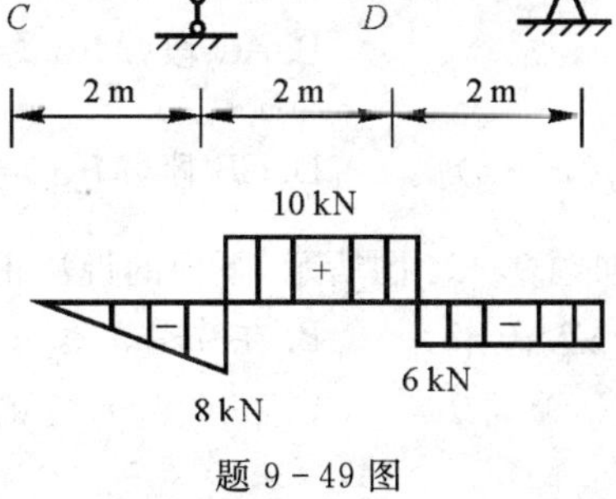

题 9－49 图

第 9－50 题：当梁弯曲时，(　　)。

A. 中性层弯曲且伸长　　B. 中性层弯曲但不伸长

C. 中性层不弯曲但伸长　　D. 中性层不弯曲也不伸长

第 9－51 题：实心圆截面梁，设其半径增加 1 倍，则抗弯刚度增大(　　)倍。

A. 2　　B. 4　　C. 8　　D. 16

第 9－52 题：如题 9－52 图所示简支梁的剪力图(图 Q) 和弯矩图(M 图) 中，(　　)。

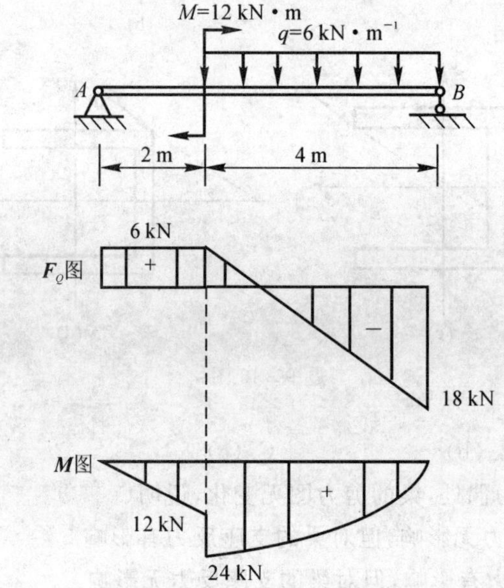

题 9－52 图

A. 弯矩图和剪力图均无错误　　B. 弯矩图和剪力图均有错误

C. 弯矩图有错误，剪力图无错误　　D. 弯矩图无错误，剪力图有错误

4. 多项选择题

第 9－53 题：结构受载荷如题 9－53 图所示，下面的表达式中哪些是正确的。(　　)

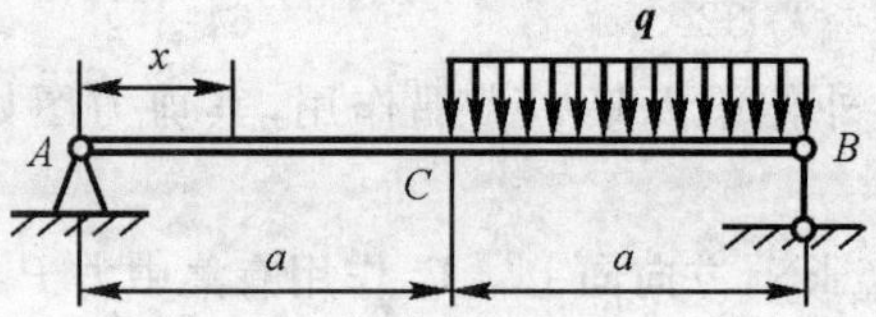

题 9－53 图

A. AC 段，$Q(x)=\frac{1}{4}qa$　　B. AC 段，$M(x)=\frac{1}{4}qax$

C. CB 段，$Q(x)=\frac{1}{4}qa-q(x-a)$　　D. CB 段，$M(x)=\frac{1}{4}qax-\frac{q}{2}(x-a)x$

第 9－54 题：结构受载荷如题 9－54 图所示，下面的说法正确的是(　　)。

A. 梁上各截面的剪力 $Q(x)\geqslant 0$　　B. 在 $0\leqslant x\leqslant a$ 处，M 值相同

C. 梁上各截面处的弯矩 $M(x)\leqslant 0$　　D. 在 $0\leqslant x\leqslant a$ 处，Q 值相同

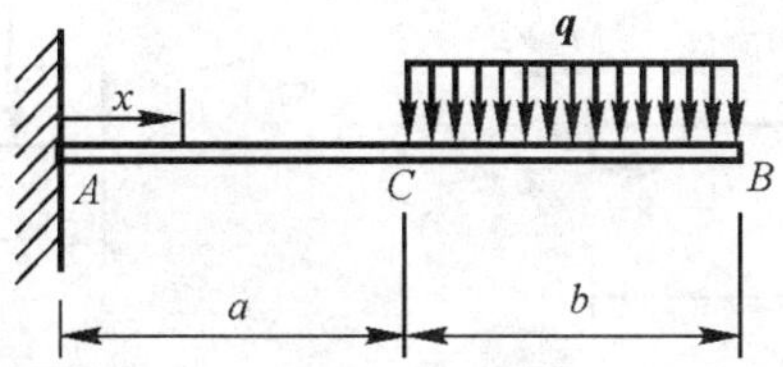

题 9－54 图

第 9－55 题：结构受载荷如题 9－55 图所示，下面的说法正确的是(　　)。

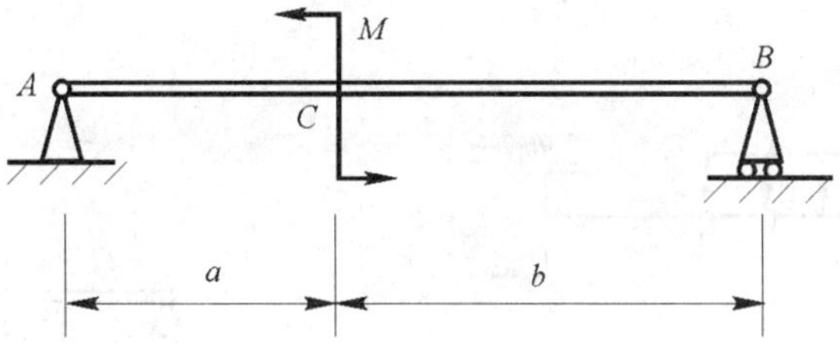

题 9－55 图

A. 无论 C 点位于何处，$|M|_{max}=M$

B. 当 $b=0$ 时，梁的弯矩图为三角形

C. 当 $a=0$ 时，梁的弯矩图为三角形

D. 当力偶 M 作用点 C 无论位于何处，梁中的最大弯矩值出现在 C 截面处

第 9－56 题：矩形截面梁如题 9－56 图所示，下面的哪些结论是正确的。(　　)

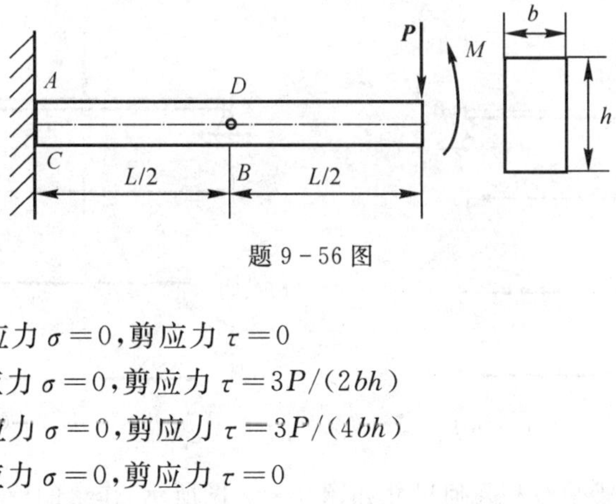

题 9－56 图

A. 在点 A 处，正应力 $\sigma=0$，剪应力 $\tau=0$

B. 在点 B 处，正应力 $\sigma=0$，剪应力 $\tau=3P/(2bh)$

C. 在点 D 处，正应力 $\sigma=0$，剪应力 $\tau=3P/(4bh)$

D. 在点 C 处，正应力 $\sigma=0$，剪应力 $\tau=0$

9.4　基本计算练习题

第 9－57 题：已知梁受载和几何尺寸如题 9－57 图所示，做梁的剪力图和弯矩图。

第 9－58 题：已知梁受载和几何尺寸如题 9－58 图所示，做梁的剪力图和弯矩图。

第 9－59 题：已知梁受载和几何尺寸如题 9－59 图所示，做梁的剪力图和弯矩图。

第 9－60 题：已知梁受载和几何尺寸如题 9－60 图所示，做梁的剪力图和弯矩图。

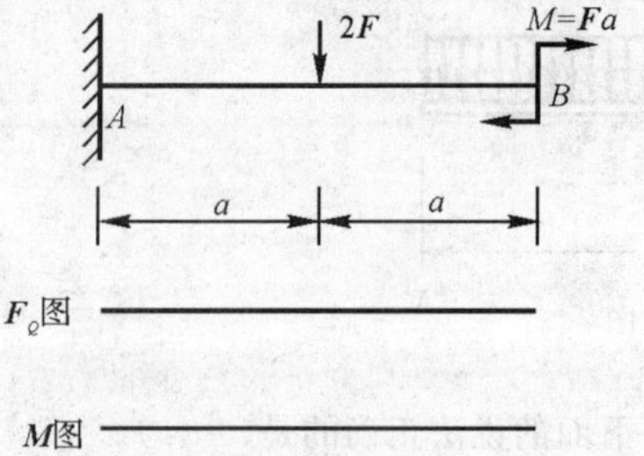

题 9 - 57 图

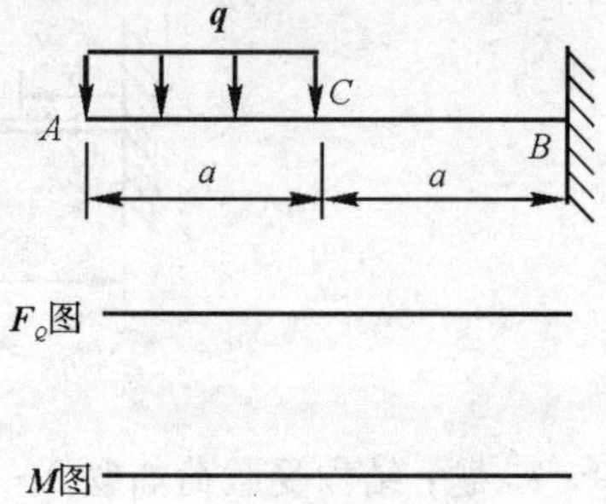

题 9 - 58 图

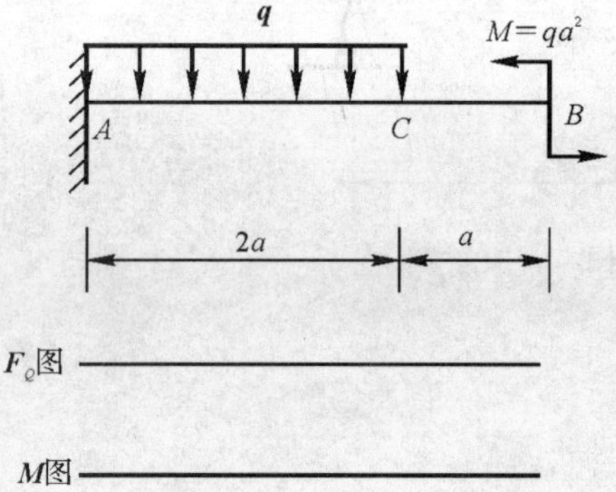

题 9 - 59 图

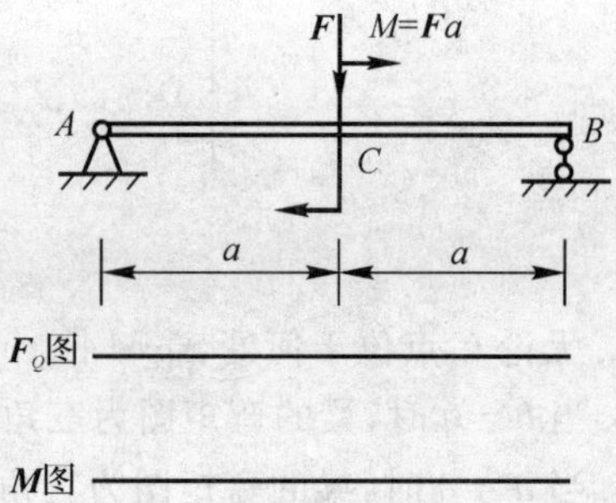

题 9 - 60 图

第 9 - 61 题：已知梁受载和几何尺寸如题 9 - 61 图所示，作梁的剪力图和弯矩图。

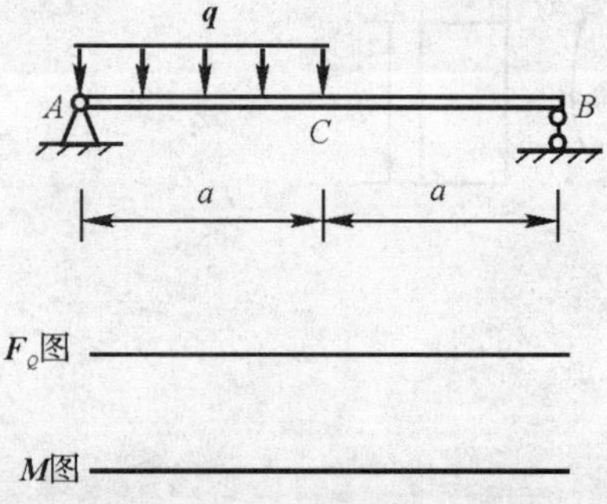

题 9 - 61 图

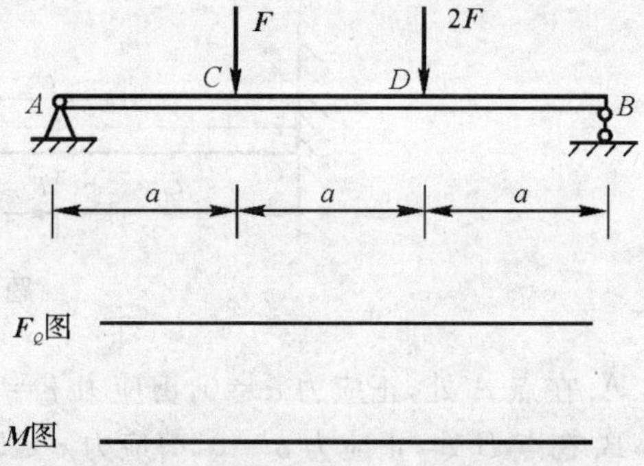

题 9 - 62 图

第 9 - 62 题：已知梁受载和几何尺寸如题 9 - 62 图所示，作梁的剪力图和弯矩图。

第 9 - 63 题：已知梁受载和几何尺寸如题 9 - 63 图所示，作梁的剪力图和弯矩图。

第 9 - 64 题：已知梁受载和几何尺寸如题 9 - 64 图所示，作梁的剪力图和弯矩图。

第 9 - 65 题：已知梁受载和几何尺寸如题 9 - 65 图所示，作梁的剪力图和弯矩图。

第 9 - 66 题：已知梁受载和几何尺寸如题 9 - 66 图所示，作梁的剪力图和弯矩图。

第 9 - 67 题：已知梁受载和几何尺寸如题 9 - 67 图所示，作梁的剪力图和弯矩图。

第 9 - 68 题：已知梁受载和几何尺寸如题 9 - 68 图所示，作梁的剪力图和弯矩图。

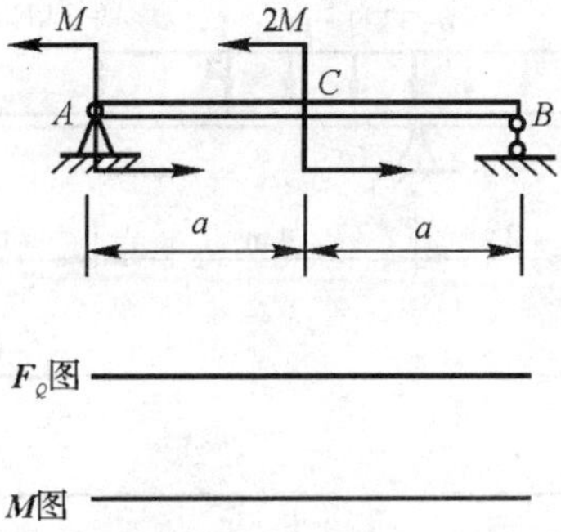

题 9－63 图

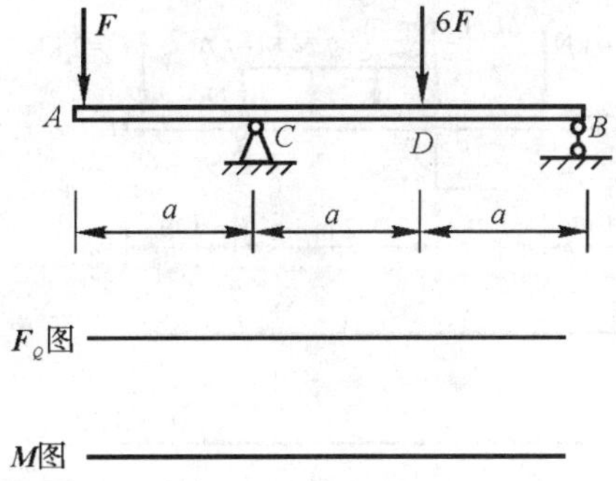

题 9－64 图

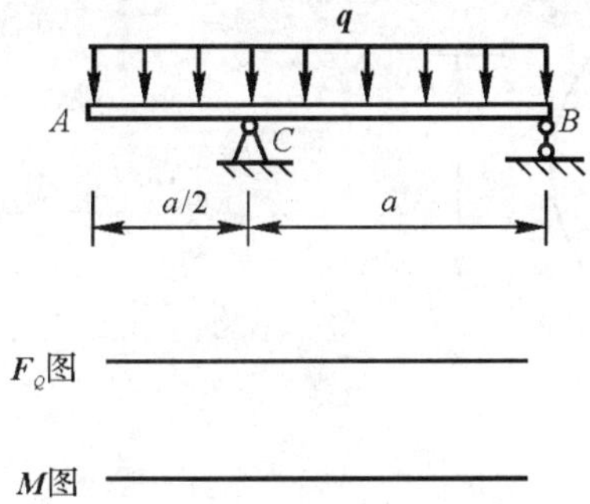

题 9－65 图

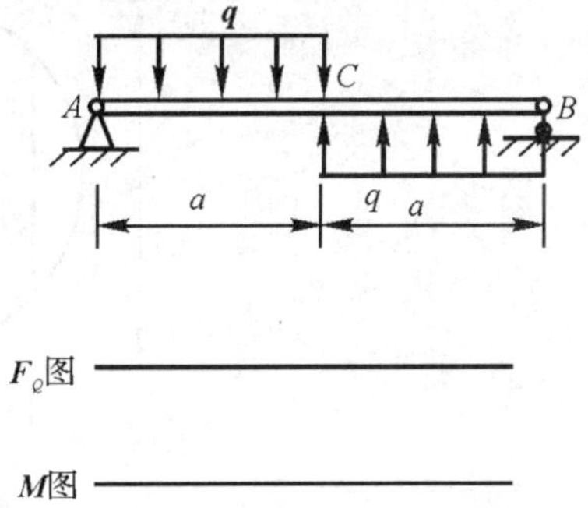

题 9－66 图

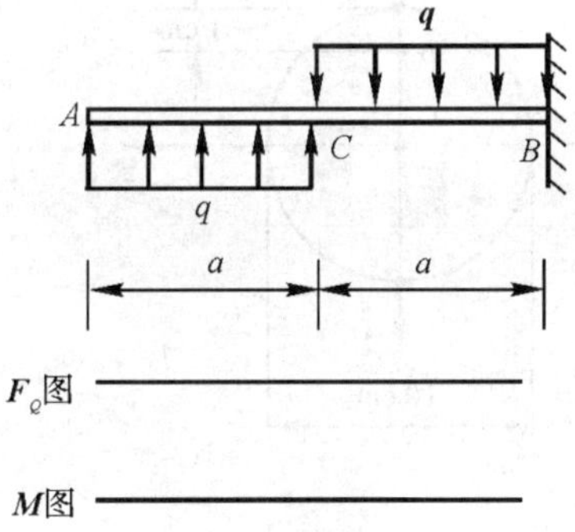

题 9－67 图

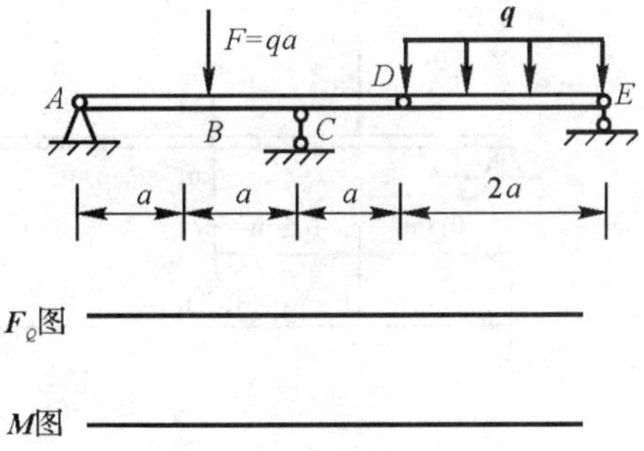

题 9－68 图

第 9－69 题：已知梁受载和几何尺寸如题 9－69 图所示，作梁的剪力图和弯矩图。

第 9－70 题：已知梁受载和几何尺寸如题 9－70 图所示，作梁的剪力图和弯矩图。

第 9－71 题：欲从直径为 d 的圆木中截出一矩形截面梁，试从正应力强度考虑，求出矩形截面最合理的高、宽尺寸。

第 9－72 题：求如题 9－72 各图中 m－m 截面上 A,B,C,D 四点的正应力及最大正应力。

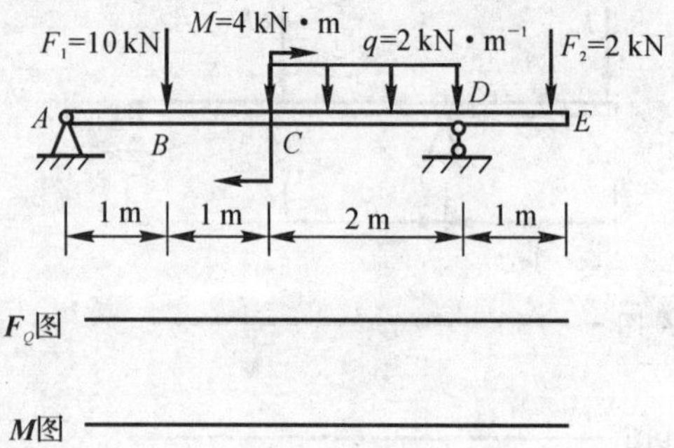

题 9－69 图

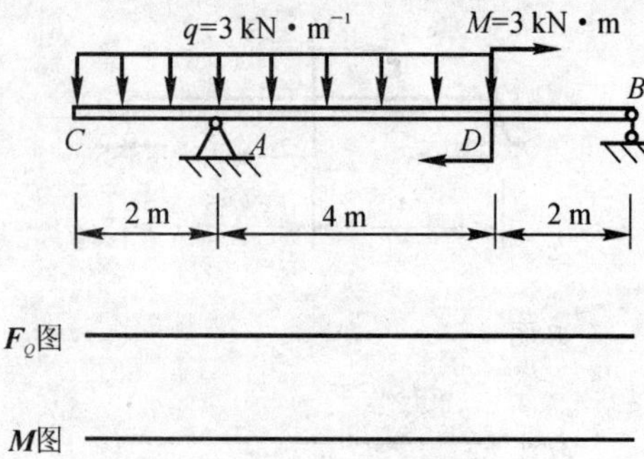

题 9－70 图

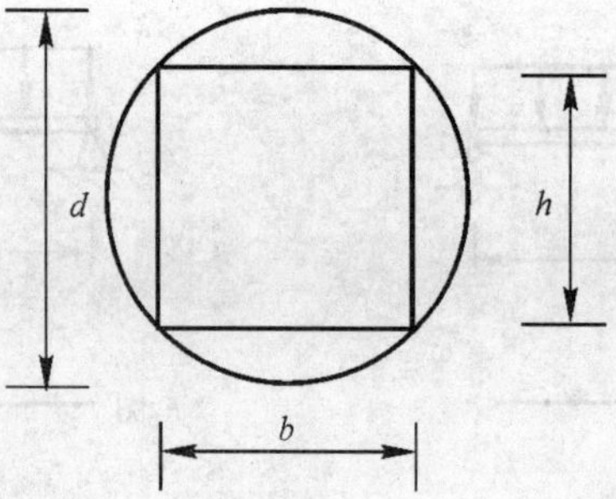

题 9－71 图

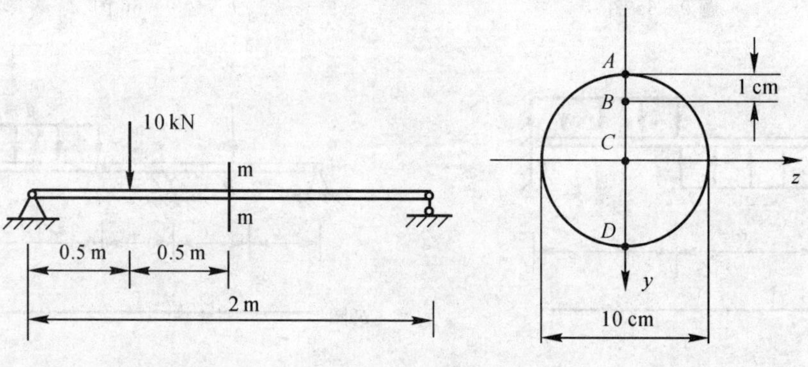

(a)

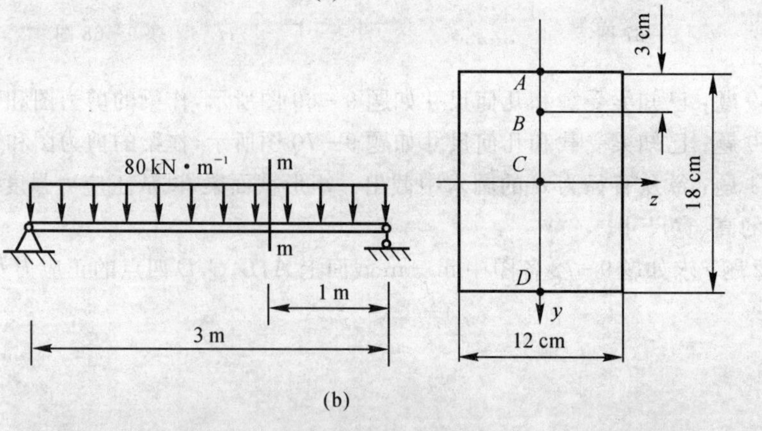

(b)

题 9－72 图

第 9－73 题：一 T 形截面的外伸梁如题 9－73 图所示，已知，$l=600\ \mathrm{mm}$，$a=40\ \mathrm{mm}$，$b=30\ \mathrm{mm}$，$c=80\ \mathrm{mm}$，$F_1=24\ \mathrm{kN}$，$F_2=9\ \mathrm{kN}$，材料的许用拉应力$[\sigma^+]=30\ \mathrm{MPa}$，许用压应力$[\sigma^-]=90\ \mathrm{MPa}$。试校核梁的强度。

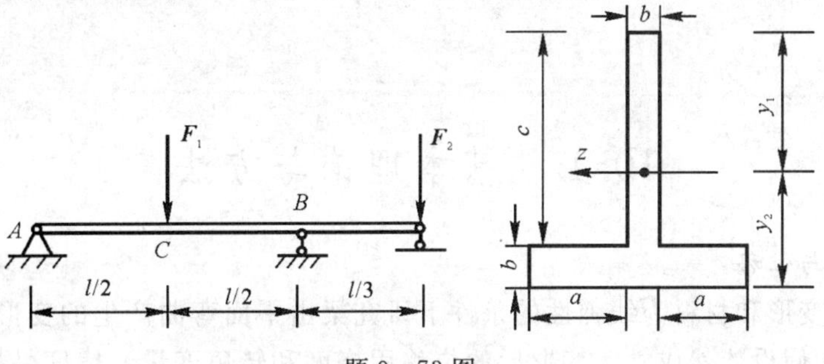

题 9－73 图

第 9－74 题：如题 9－74 图所示简支梁由四块尺寸相同的木板胶接而成。已知，$F=4\ \mathrm{kN}$，$l=400\ \mathrm{mm}$，$b=50\ \mathrm{mm}$，$h=80\ \mathrm{mm}$，胶缝的许用切应力$[\tau]=3\ \mathrm{MPa}$，木板的许用应力$[\sigma]=7\ \mathrm{MPa}$。试校核梁的强度(假设木板材料的许用切应力大于胶缝的许用切应力)。

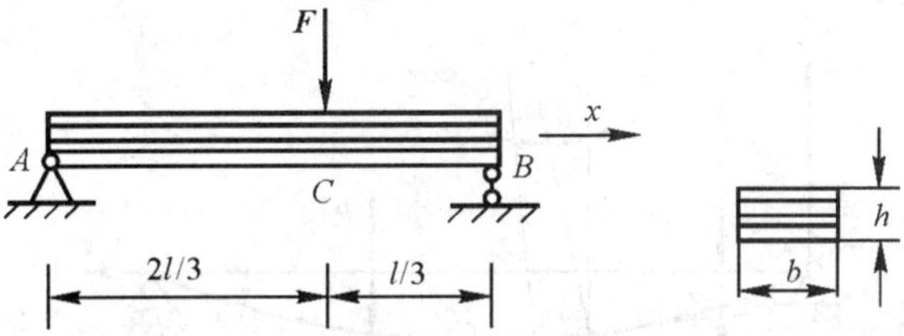

题 9－74 图

第 9－75 题：工字形钢制成的简支梁如题 9－75 图所示，已知，$l=6\ \mathrm{m}$，$P=60\ \mathrm{kN}$，$q=8\ \mathrm{kN\cdot m^{-1}}$，材料的容许应力$[\sigma]=160\ \mathrm{MPa}$，$[\tau]=90\ \mathrm{MPa}$，试选择工字钢的型号。

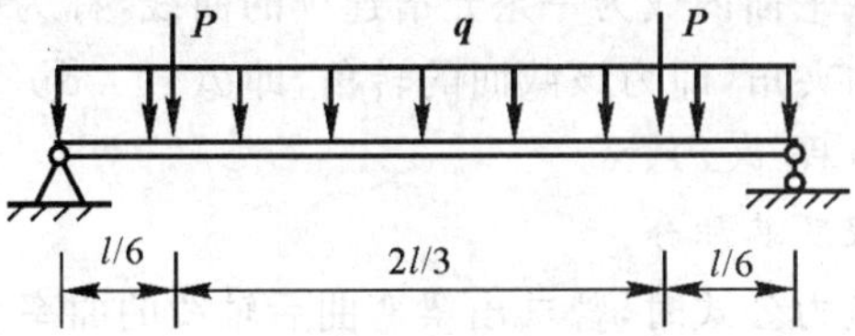

题 9－75 图

第 9－76 题：如题 9－76 图所示外伸梁中，已知，$l=3\ \mathrm{m}$，$b=80\ \mathrm{mm}$，$h=120\ \mathrm{mm}$，$q=2\ \mathrm{kN\cdot m^{-1}}$，材料的容许应力$[\sigma]=10\ \mathrm{MPa}$，$[\tau]=1.2\ \mathrm{MPa}$，试校核该梁的强度。

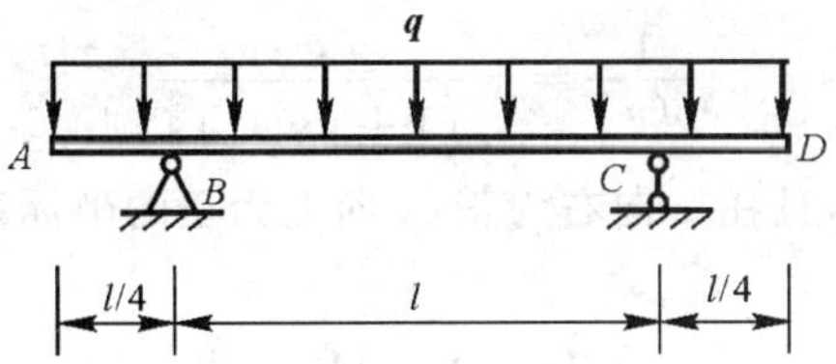

题 9－76 图

第十章　弯曲位移分析与刚度计算

10.1　基本理论与方法

1. 梁的变形与位移

本章是在小变形和材料为线弹性的条件下研究梁由平面弯曲产生的变形，并且略去剪力的影响，认为平面假设依然成立。变形后的位移用挠度和转角度量。挠度是横截面形心沿垂直方向的线位移，用 y 表示；转角是变形后横截面的角位移（转角），用 θ 表示，如图 10.1 所示。

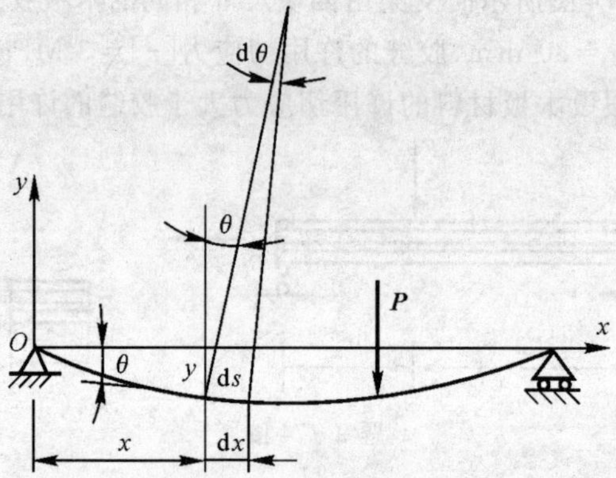

图 10.1　梁的弯曲位移图

梁变形后的轴线在加载平面内成为一条光滑连续的曲线，称为挠曲线，用 $y(x)$ 表示。挠曲线上某点的切线与 x 轴的夹角，即为该截面的转角，即 $\theta(x)=\mathrm{d}y(x)/\mathrm{d}x$。因此，研究梁弯曲变形的关键是求得挠曲线方程 $y(x)$。

2. 挠曲线近似微分方程及其积分

当研究纯弯曲梁的正应力公式时，曾求出梁弯曲后轴线的曲率公式为

$$\frac{1}{\rho(x)}=\frac{M(x)}{EI}$$

上式是在平面弯曲，且应力小于比例极限的纯弯曲条件下推导出来的。当横力弯曲时，当 $Rl/h \geqslant 5$ 时，可忽略剪力对弯曲变形的影响，上式仍可适用。曲率公式为

$$\frac{1}{\rho(x)}=\pm\frac{y''(x)}{[1+(y')^2]^{\frac{3}{2}}}$$

在小变形条件下 $\theta^2 \ll 1$，且在 x 向右为正，y 向上为正的坐标系下，$y''(x)$ 与 $M(x)$ 符合保持一致，故有

$$\frac{\mathrm{d}^2 y(x)}{\mathrm{d}x^2}=\frac{M(x)}{EI}$$

上式称为挠曲线近似微分方程。

应当指出：挠曲线近似微分方程仅在弹性范围、小挠度条件下适用，故又称小挠度下弹性曲线近似微分方程。

3. 梁的弹性变形 —— 二重积分法

对梁的挠曲线近似微分方程分别进行一次和二次不定积分，再确定积分常数即可得到梁的转角方程和挠曲线方程。

$$\theta(x) = y' = \int \frac{M(x)}{EI}\mathrm{d}x + C$$

$$y(x) = \int\left[\int \frac{M(x)}{EI}\mathrm{d}x\right]\mathrm{d}x + Cx + D$$

这种用不定积分进行两次积分求梁的转角和挠曲线方程的方法通常称为二重积分法。需要强调：① 这种积分遍及全梁，必须正确分段列出挠曲线微分方程。分段原则是弯矩方程 $M(x)$ 须分段列出；抗弯刚度 EI 突变处；有中间铰处。② 积分常数由边界条件和梁段间挠曲线光滑连续条件或中间铰处位移连续条件来确定。

4. 叠加法求梁的位移

在小变形和弹性范围内，梁的位移（挠度和转角）与载荷成线性关系，可以用叠加法求梁的位移：将梁的载荷分为若干种简单载荷，分别求出各简单载荷作用下该梁的位移，将它们叠加起来即为原载荷产生的位移。梁在简单载荷作用下的位移可查看有关参考书或机械设计手册。

5. 梁的刚度计算

对于受弯构件，除了强度要求外，还须满足刚度条件。如许可挠度用〔y〕表示，许可转角用〔θ〕表示，则梁的刚度条件可表达为

$$|y|_{\max} \leqslant [y]$$
$$|\theta|_{\max} \leqslant [\theta]$$

具体数值可查阅有关手册。

6. 提高弯曲刚度的措施

由小挠度微分方程及其积分可以看出，挠度和转角与弯矩 $M(x)$、抗弯刚度 EI、跨度长短及支座情况有关。提高弯曲刚度的主要措施为：

(1) 调整加载方式，减小弯矩。

(2) 减小跨长或增加支座。

(3) 选用合理截面形状，以较小的截面面积获得较大的惯性矩，如选择工字形截面、空心截面等。

(4) 选用合适的材料，增加弹性模量 E。但对钢材而言，因各种钢材的弹性模量基本相同，采用强度高的钢材，对提高梁的刚度作用不大。

7. 变形比较法解简单超静定梁

(1) 超静定梁。梁的支座反力数目超过了独立静力平衡方程的数目，未知力使用静力平衡方程是不能确定的，这类梁称为静不定梁或超静定梁，两者的数目差称为静不定次数。

(2) 多余约束。凡是多于独立平衡方程的约束称为多余约束；与其相应的支反力称为多余支反力。超静定次数等于多余约束或多余支反力的数目。

(3) 用变形比较法求解静不定梁的步骤是：

1）选择静定基。静定基即去掉载荷及多余约束后形成的静定基本系统。

2）建立相当系统。在静定基上施加原载荷和多余约束力的系统称为相当系统，相当系统无论是载荷或变形均要与原系统相当。

3）进行变形比较，列出变形协调条件建立补充方程。

4）利用补充方程与静力平衡方程解出所有约束反力。

10.2 基本要求与重点

(1) 明确挠曲线、挠度和转角的概念，了解变形与位移的概念以及它们的区别与联系。

(2) 掌握分段建立小挠度曲线微分方程的原则。会对微分方程进行积分，并利用支撑条件和连续条件确定积分常数；会用积分法求指定截面的挠度和转角。

(3) 掌握叠加法求梁的位移（包括载荷叠加和逐段刚化法）。

(4) 了解梁的刚度条件和提高梁的刚度的主要措施。

(5) 掌握运用变形比较法解一次超静定梁问题。了解静定基的概念；明确在哪里寻找与约束性质相关的变形协调条件，建立相应的补充方程。

10.3 基本概念练习题

1. 是非判断题

第 10-1 题：梁的变形就是指位移。

第 10-2 题：变形是指物体的形状和尺寸发生的变化。

第 10-3 题：位移是指物体上的各点、线、面在空间的位置的改变。

第 10-4 题：变形相同的梁，其位移也一定相同。

第 10-5 题：变形引起位移，有位移却不一定有变形。

第 10-6 题：挠度和转角是衡量变形位移大小的两个基本量。

第 10-7 题：当梁纯弯曲时，横截面绕中性轴转动的角度就等于该截面的转角。

第 10-8 题：当梁弯曲时，弯矩为零的截面，其挠度和转角也为零。

第 10-9 题：平面弯曲梁的挠度曲线必定是一条与外力作用面重合或平行的平面曲线。

第 10-10 题：在大变形情况下求梁的位移也可以用叠加法。

第 10-11 题：由于挠曲线的曲率与弯矩成正比，因此，横截面的挠度和转角也与弯矩成正比。

第 10-12 题：梁的位移大小与梁的抗弯刚度 EI 成正比。

第 10-13 题：弯 曲位移不能完全反应弯曲变形的程度，因而单纯用弯曲位移度量弯曲变形具有不完整性。

第 10-14 题：两个材料、尺寸完全相同的梁，具有相同的变形，但两个梁的位移完全不同，这是由于梁的约束条件不同所致。弯曲位移不能完全反应弯曲变形的程度，因而单纯用弯曲位移度量弯曲变形具有不完整性。

第 10-15 题：梁的挠度线近似微分方程式为 $EIy''(x)=M(x)$。

第 10-16 题：只要满足线弹性条件，就可以应用挠曲线的近似微分方程求变形。

第 10－17 题：若两梁的抗弯刚度相同，弯矩方程相同，则两梁的挠曲线形状完全相同。

第 10－18 题：梁的挠曲线方程随弯矩的方程的分段而分段，只要梁不具有中间铰，则梁的挠曲线仍然是一条光滑连续曲线。

第 10－19 题：简支梁的抗弯刚度 EI 相同，在梁中间受载荷 F 相同，当梁的跨度增大 1 倍后，其最大挠度增大 4 倍。

第 10－20 题：当一个梁同时受几个力作用时，某截面的挠度和转角就等于每一个力单独作用下该截面的挠度和转角的代数和。

第 10－21 题：两根几何尺寸、支撑条件完全相同的静定梁，只要所受荷载相同，则两梁所对应的截面的挠度及转角相同，而与梁的材料是否相同无关。

第 10－22 题：当等截面直梁在弯曲变形时，挠曲线的曲率最大值发生在转角等于零的截面处。

第 10－23 题：梁的挠曲线近似微分方程 $EIy''(x)=M(x)$ 在三个条件下成立：

(1) 梁的变形属于小变形；

(2) 材料服从胡克定律，即应力小于比例极限($\sigma \leqslant \sigma_p$)；

(3) 剪力对变形的影响可以忽略不计。

第 10－24 题：悬臂梁受力如题 10－24 图所示，若 A 点上作用的集中力 $\boldsymbol{P}$ 在 AB 段上作等效平移，则 A 截面的转角及挠度都不变。

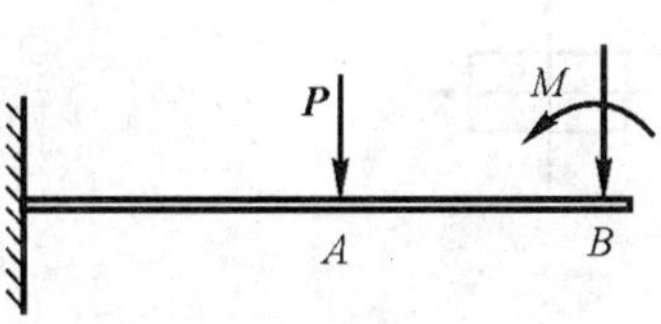

题 10－24 图

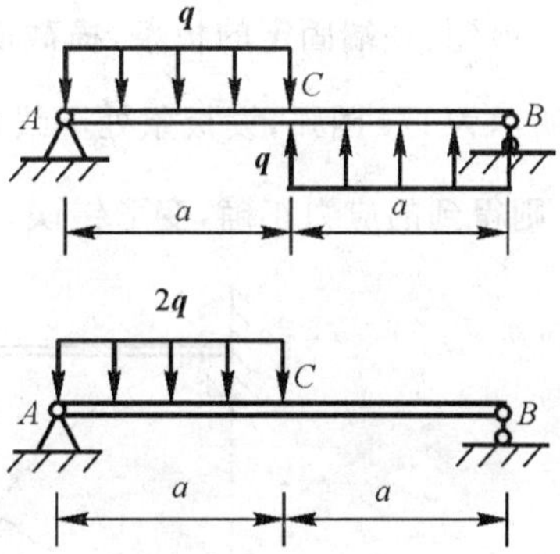

题 10－25 图

第 10－25 题：两如题 10－25 图所示简支梁的抗弯刚度 EI 及跨长 $2a$ 均相同，受力如图所示，则两梁跨中截面 C 的挠度不等而转角是相等的。

第 10－26 题：一铸铁简支梁，在均布载荷作用下，当其横截面相同且分别按如题 10－26 图所示两种情况下放置时，梁同一截面的应力及位移均相同。

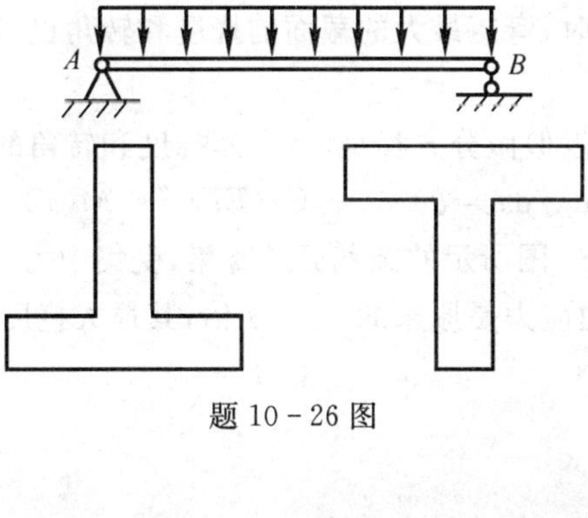

题 10－26 图

第 10－27 题：简支梁在如题 10－27 图所示任意载荷作用下，截面 C 产生挠度和转角，若在四面中截面 C 又加上一个集中力偶 M_0 作用，则梁的截面 C 的挠度不变，而转角要改变。

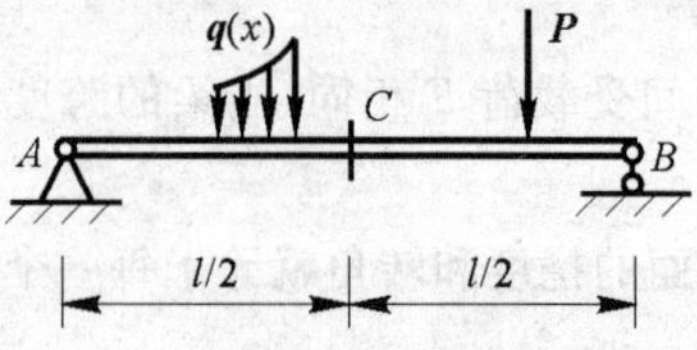

题 10－27 图

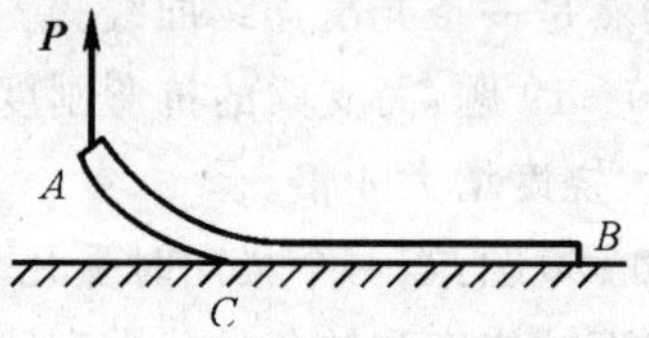

题 10－28 图

第 10－28 题：如题 10－28 图所示均质等截面直杆（总重力为 $\boldsymbol{W}$），放置在水平刚性平面上，若 A 端有一集中力 $\boldsymbol{P}$ 作用，使 AC 部分被提起，CB 部分仍与刚性平面贴合，则在截面 C 上的剪力和弯矩均为零。

第 10－29 题：如题 10－29 图所示，若在悬臂梁的自由端作用弯曲力偶矩 M，使其成为纯弯曲，则由 $\dfrac{1}{\rho}=\dfrac{M}{EI}$ 知，ρ 为常量，挠曲线应为圆弧。若对微分方程 $y''=\dfrac{M}{EI}$ 积分，将得到 $y(x)=\dfrac{Mx^2}{2EI}$。产生这种差别的原因是推导挠曲线近似微分方程时忽略了 $\left(\dfrac{\mathrm{d}y}{\mathrm{d}x}\right)^2$ 项。

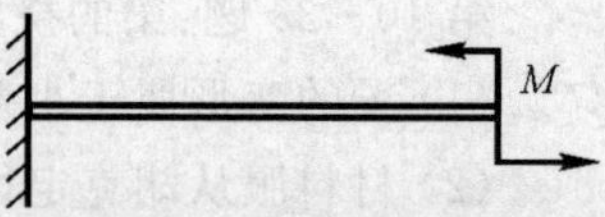

题 10－29 图

第 10－30 题：一端固定的板条，横截面为矩形，在自由端处作用力偶 M，挠曲线如题 10－30 图中虚线所示为 1/4 圆弧，设板条处于线弹性阶段，此时如果使用 $\sigma=\dfrac{My}{I_z}$ 计算应力，用 $y''=\dfrac{M}{EI}$ 计算变形，则得到的应力正确，变形错误。

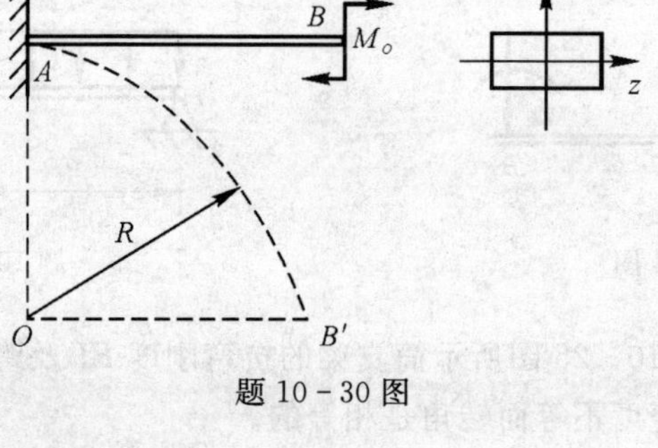

题 10－30 图

第 10－31 题：已知等截面直梁在某段上的挠曲线方程为 $y(x)=Ax^2(4l-6l^2-x^2)$，则该段梁上一定有均布载荷作用。

第 10－32 题：当梁弯曲时，弯矩最大的截面的挠度和转角也最大。

2. 选择填空题

第 10－33 题：挠曲线的近似微分方程是（　　），挠度和转角的关系为（　　）。

A. $EIy''=M(x)$　　B. $\mathrm{d}y/\mathrm{d}x=\theta$　　C. $(EIy)''=M(x)$　　D. $(EIy)''=\theta$

第 10－34 题：如题 10－34 图所示的圆截面悬臂梁，受集中力作用，当梁的直经减少 1 倍而其他条件不变时，其最大弯曲应力是原来的（　　）倍，其最大挠度是原来的（　　）倍。

A. 2　　B. 8　　C. 4　　D. 16

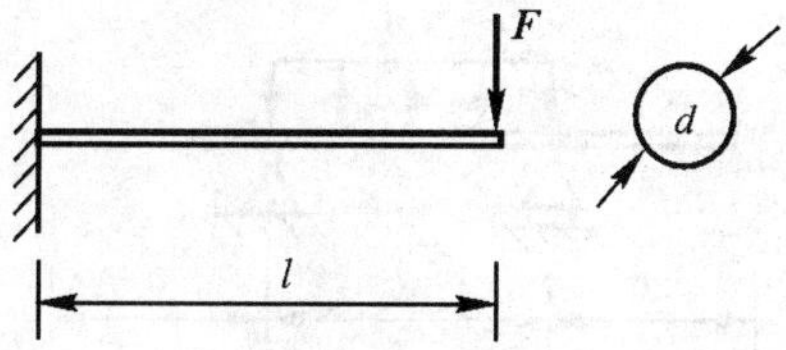

题 10－34 图

第 10－35 题：当用积分法求解梁的挠曲线时，其积分常数由（　　）条件和（　　）条件求得。

A. 边界　　　　B. 初始

C. 位移连续性或光滑连续性　　　　D. 变形条件

第 10－36 题：当梁发生平面弯曲时，各横截面均绕（　　）轴转动，转动的角度称为（　　）。

A. 中性　　B. 形心　　C. 转角　　D. 变形

第 10－37 题：当梁发生平面弯曲时，各横截面的形心在垂直于梁轴方向上所发生的线位移 y，称为（　　），在直角坐标系中，挠曲线方程可表达为（　）。

A. 挠度　　B. $y=f(x)$　　C. 位移　　D. $(EIy)''=M(x)$。

第 10－38 题：梁的未知反力数超过了独立平衡方程的数目，这类梁称为（　　），超静定次数是指（　　）。

A. 静定梁　　　　B. 超静定梁

C. 未知量的数目与平衡方程的数目之差

D. 未知量的数目与独立的平衡方程的数目之差

第 10－39 题：叠加原理的使用条件是（　　）和（　　）。

A. 小变形　　B. $\sigma \leqslant \sigma_p$　　C. 屈服阶段　　D. 弹性阶段

第 10－40 题：当应用梁的挠曲线近似微分方程 $y''=\dfrac{M(x)}{EI}$ 时，其使用条件是（　　）和（　　）。

A. 小变形条件，剪力对变形的影响可以忽略不计

B. 应力小于比例极限 $\sigma \leqslant \sigma_p$

C. 小变形条件

D. 剪力对变形的影响可以忽略不计

第 10－41 题：提高梁的刚度措施为（　　）和（　　）。

A. 减小载荷　　　　B. 增大梁的抗弯刚度，调整加载方式

C. 减小梁的跨度或增加梁的约束　　　　D. 增加截面积

第 10－42 题：当用积分法求如题 10－42 图所示梁的挠度曲线方程时，边界条件为（　　）；连续条件为（　　）。

A. $x=a$ ，$y=0$，$x=a$　$y'=0$　　　　B. $x=a$，$y=0$，$x=a+l$　$y=0$

C. $x=a+l$，$y'=c$.　　　　D. 不需要连续条件

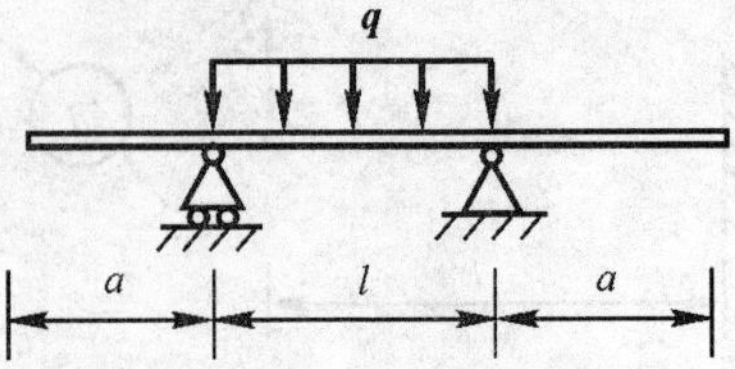

题 10-42 图

第 10-43 题：两根梁尺寸、受载和支撑完全相同但材料不相同，弹性模量分别为 E_1 和 E_2，且 $E_1=7E_2$，惯性矩为 I_{z1} 和 I_{z2}，且 $I_{z2}=8I_{z1}$，则两根梁的挠度之比 y_1/y_2 为（　　），最大应力之比 $\sigma_{1\max}/\sigma_{2\max}$ 为（　　）。

A. 1/7　　B. 7/8　　C. 1/8　　D. 8/7

第 10-44 题：如题 10-44 图所示两梁的材料和截面相同，则两梁的最大挠度之比 $y_a:y_b=$（　　），最大应力之比 $\sigma_a/\sigma_b=$（　　）。

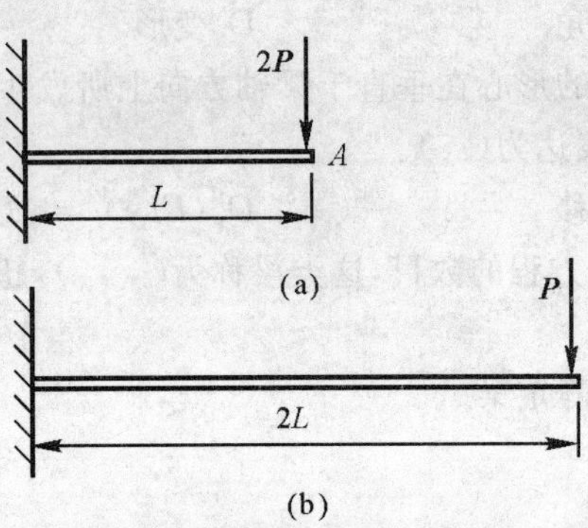

题 10-44 图

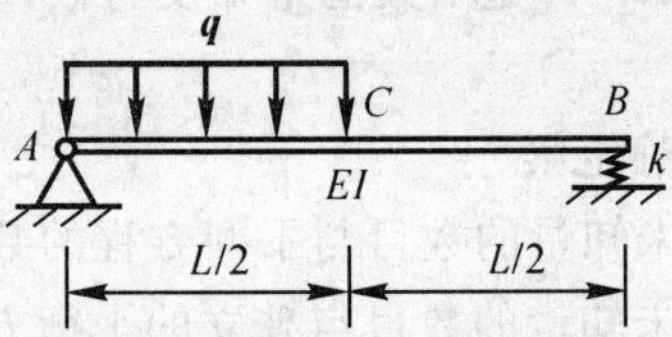

题 10-45 图

A. 1/4　　B. 1　　C. 1/2　　D. 1/3

第 10-45 题：用积分法求如题 10-45 图所示梁位移时，边界条件为（　　），光滑连续条件为（　　）。

A. $x_1=0$，$y_1=0$，$x_2=L$，$y_2=-qL/(4k)$　　B. $x_1=x_2=L$，$y_1=y_2$，$\theta_1=\theta_2$

C. $x_1=0$，$y_1=0$，$x_2=L$，$y_2=-qL/(8k)$　　D. $x_1=x_2=L$，$y_1=y_2/2$，$\theta_1=\theta_2$

第 10-46 题：如题 10-46 图所示简支梁图(a)(b)受均布载荷作用，已知两梁的 EI 相同，则图(b) 所示梁的最大挠度为图(a) 所示梁的最大挠度的（　　）倍。图(b) 所示梁的最大正应力为图(a) 所示梁的最大正应力的（　　）倍。

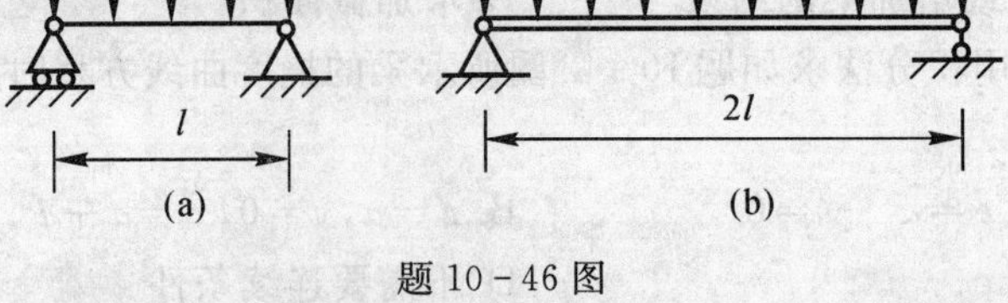

题 10-46 图

A. 2　　B. 4　　C. 8　　D. 16

第 10－47 题：当用积分法求如题 10－47 图所示梁的挠曲线方程时，梁的边界条件为(　　)，连续条件为(　　)。

A. $x_1=0$, $y_1=0$, $x_2=a+L$, $y_2=0$　B. $x_1=x_2=L$, $y_1=y_2$, $\theta_1=-\theta_2$

C. $x_1=0$, $y_1=0$, $x_2=L$, $y_2=0$　D. $x_1=x_2=L$, $y_1=y_2$, $\theta_1=\theta_2$

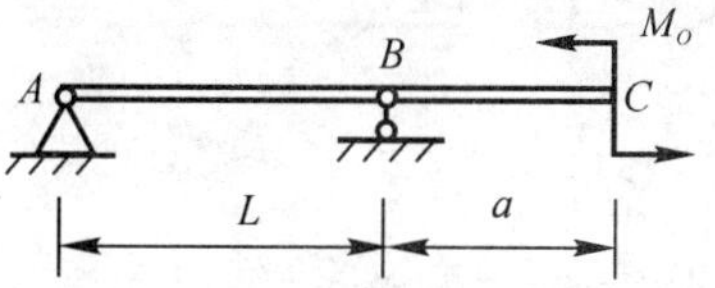

题 10－47 图

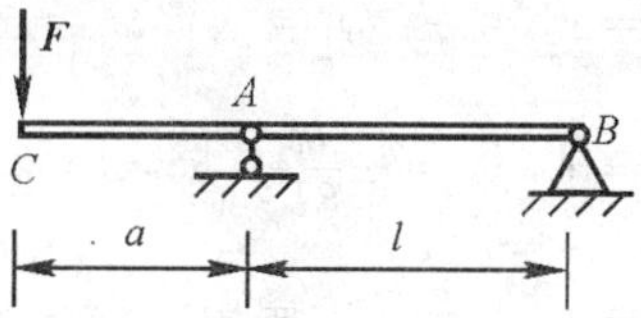

题 10－48 图

第 10-48 题：当用积分法求如题 10-48 图所示梁的挠曲线方程时，应分为(　　)段，出现(　　)个积分常数。

A. 2　　B. 3　　C. 4　　D. 5

第 10－49 题：如题 10－49 图所示梁 B 处为弹性支座，K 为弹性刚度，为求弹簧所受的力，则所取变形谐调条件为(　　)，其相应的补充方程为(　　)。

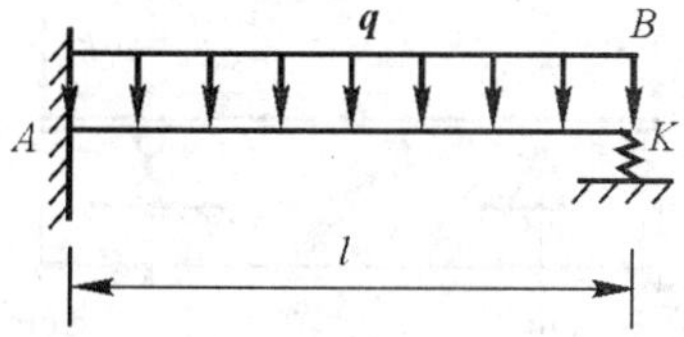

题 10－49 图

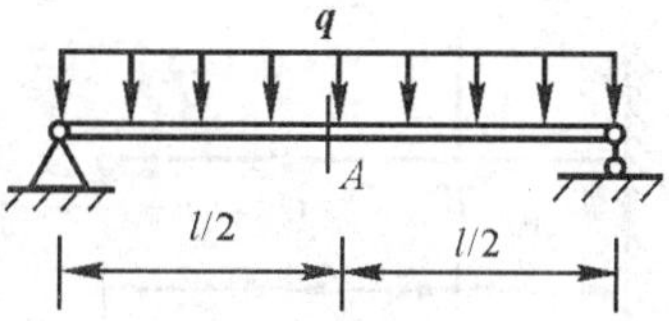

题 10－50 图

A. $y_B=-\dfrac{R_B}{K}$　B. $-\dfrac{ql^4}{8EI}+\dfrac{R_Bl}{3EI}=-\dfrac{R_B}{K}$

C. $y_B=\dfrac{3R_B}{K}$　D. $\dfrac{ql^4}{8EI}+\dfrac{R_Bl}{3EI}=\dfrac{R_B}{K}$

第 10－50 题：如题 10－50 图所示的矩形截面简支梁，EI 已知，则中性层在 A 处的曲率半经 $\rho=$(　　)，梁中剪应力的最大值为(　　)。

A. $\dfrac{8EI}{ql^2}$　B. $\dfrac{3qL}{4A}$　C. $\dfrac{3qL}{2A}$　D. $\dfrac{4EI}{ql^2}$

第 10－51 题：如题 10－51 图所示的外伸梁，已知 B 截面转角 $\theta_B=\dfrac{Fl^2}{16EI}$ 则 C 截面的挠度 $y_C=$(　　)；A 截面的转角 $\theta_A=$(　　)。

A. $\dfrac{Fl^2}{16EI}$　B. $\dfrac{-Fl^2}{16EI}$　C. $\dfrac{Fal^2}{32EI}$　D. $\dfrac{Fal^2}{16EI}$

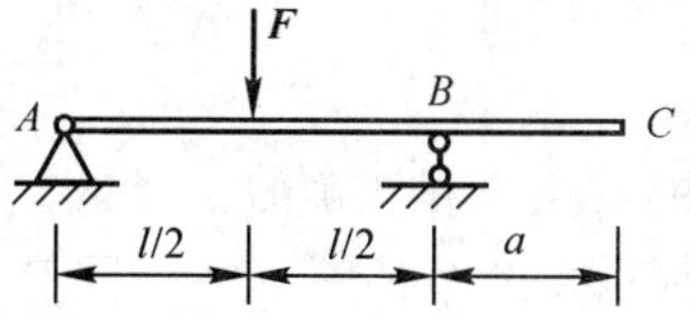

题 10－51 图

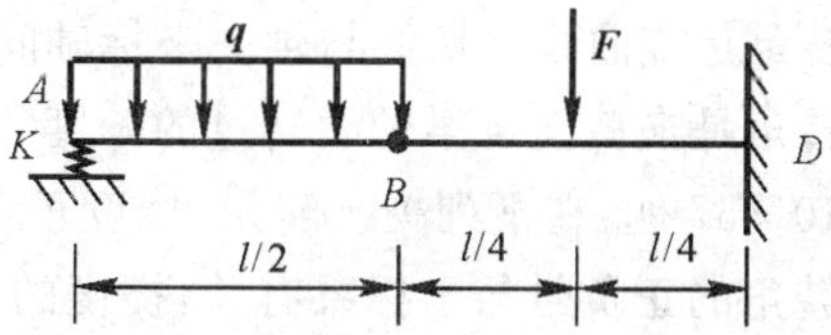

题 10－52 图

第10－52题：用积分法求如题10－52图所示梁位移时，边界条件为（　　），光滑连续条件为（　　）。

A. $x_1=0\quad y_1=-\dfrac{ql}{4K}\quad x=L_1\quad y_3=0\quad \theta_3=0$

B. $x_1=x_2=\dfrac{l}{2}\quad y_1=y_2\quad x_2=x_3=\dfrac{3l}{4}\quad y_2=y_3\quad \theta_2=\theta_3$

C. $x_1=0\quad y_1=-\dfrac{ql}{8K}\quad x=L_1\quad y_3=0\quad \theta_3=0$

D. $x_1=x_2=\dfrac{l}{2}\quad y_1=y_2\quad x_2=x_3=\dfrac{3l}{4}\quad y_2=2y_3\quad \theta_2=\theta_3$

第10－53题：当用积分法求如题10－53图所示梁位移时，边界条件为（　　），连续条件为（　　）。

A. $x=0\quad y=0\quad \theta=0\quad x=3a\quad y=0$

B. $x=a\quad y_1=y_2\quad \theta_1=-\theta_2\quad x=2a\quad y_2=y_3$

C. $x=0\quad y=0\quad \theta=0\quad x=3a\quad y=0$

D. $x=a\quad y_1=y_2\quad \theta_1=\theta_2\quad x=2a\quad y_2=y_3$

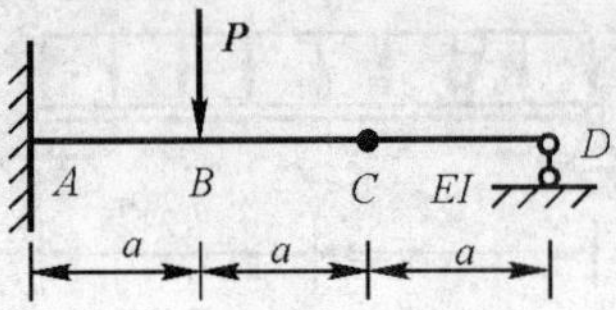

题10－53图

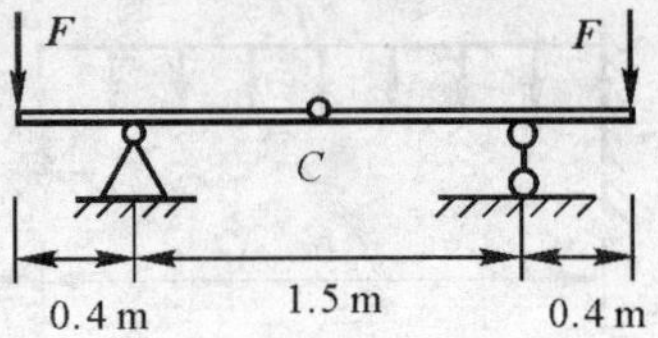

题10－54图

第10－54题：如题10－54图所示圆截面外伸梁，直径$d=7.5$ m，$F=10$ kN，材料的弹性模量为$E=200$ GPa，在AB段变形后的曲率半径为（　　）；梁跨度中点C的挠度为（　　）。

A. 154 mm　　　B. 77.7 mm　　　C. 3.6 mm　　　D. 7.2 mm

3. 单项选择题

第10－55题：梁的挠度是（　　）。

A. 横截面上任一点沿梁轴垂直方向的线位移

B. 横截面形心沿梁轴垂直方向的线位移

C. 横截面形心沿梁轴方向的线位移

D. 横截面形心的位移

第10－56题：在下列关于梁转角的说法中，（　　）是错误的。

A. 转角是横截面绕中性轴转过的角位移

B. 转角是变形前后同一横截面间的夹角

C. 转角是挠曲线之切线与轴向坐标轴间的夹角

D. 转角是横截面绕梁轴线转过的角度

第10－57题：在下列关于转角、挠度正负号的概念中，（　　）是正确的。

A. 转角的正负号与坐标系有关，挠度的正负号与坐标系无关

B. 转角的正负号与坐标系无关，挠度的正负号与坐标系有关

C. 转角和挠度的正负号均与坐标系有关

D. 转角和挠度的正负号均与坐标系无关

第 10－58 题：当用积分法求如题 10－58 图所示梁的挠曲线方程时，确定积分常数的四个条件，除 $y_A=0$，$\theta_A=0$ 外，另两个条件是（　　）。

A. $y_{C,左}=y_{C,右}$，$\theta_{C,左}=\theta_{C,右}$　　B. $y_{C,左}=y_{C,右}$，$y_B=0$

C. $y_C=0$，$y_B=0$　　D. $y_B=0$，$\theta_C=0$

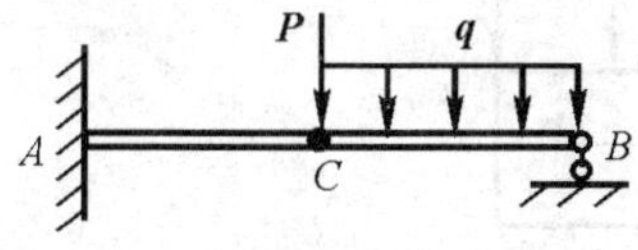

题 10－58 图

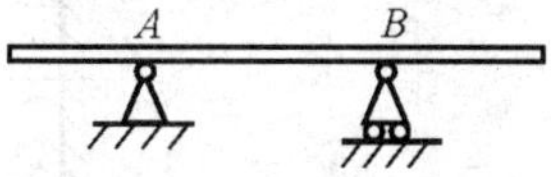

题 10－59 图

第 10－59 题：某梁的一段如题 10－59 图所示，分段求全梁的挠曲线方程时，其上 A，B 两处有（　　）个位移条件可用以确定积分常数。

A. 6　　B. 5　　C. 4　　D. 3

第 10－60 题：挠曲线近似微分方程不能用于计算（　　）的位移。

A. 变截面直梁　　B. 等截面曲梁　　C. 静不定直梁　　D. 薄壁截面等直梁

第 10－61 题：等截面直梁在弯曲变形时，挠曲线曲率在最大（　　）处一定最大。

A. 挠度　　B. 转角　　C. 剪力　　D. 弯矩

第 10－62 题：梁变形前的轴线为 X 轴，若取如题 10－62 图(a)(b) 所示两个坐标系，则其挠曲线近似微分方程分别为（　　）。

A. $EIy''_1=M$ 和 $EIy''_2=-M$　　B. $EIy''_1=M$ 和 $EIy''_2=M$

C. $EIy''_1=-M$ 和 $EIy''_2=-M$　　D. $EIy''_1=-M$ 和 $EIy''_2=M$

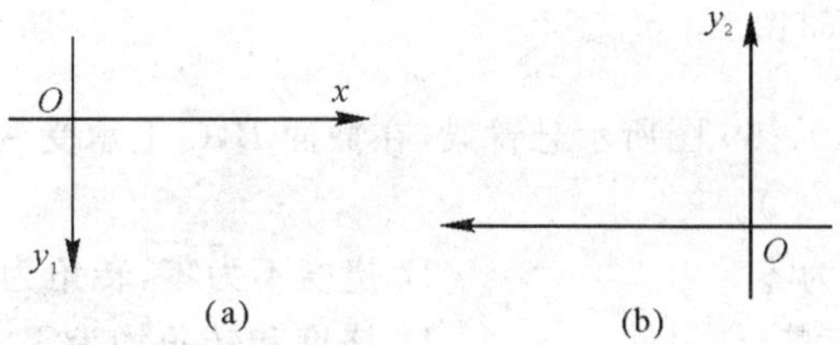

题 10－62 图

第 10－63 题：在利用积分法计算梁位移时，待定的积分常数主要反映了（　　）。

A. 剪力对梁变形的影响　　B. 对近似微分方程误差的修正

C. 支撑情况对梁变形的影响　　D. 梁截面形心轴向位移对梁变形的影响

第 10－64 题：在下面关于梁、挠度和转角的讨论中，结论（　　）是正确的。

A. 挠度最大的截面转角为零　　B. 挠度最大的截面转角最大

C. 转角为零的截面挠度最大　　D. 挠度的一阶导数等于转角

第 10－65 题：在下面这些关于梁的弯矩与变形间关系的说法中，（　　）是正确的。

A. 弯矩为正的截面转角为正　　B. 弯矩最大的截面挠度最大

C. 弯矩突变的截面转角也有突变　　D. 弯矩为零的截面曲率必为零

第 10－66 题：若梁上中间铰处无集中力偶作用，则中间铰左、右两侧截面的（　　）。

A. 挠度相等，转角不等　　B. 挠度不等，转角相等

C. 挠度和转角都相等　　　　　　　　D. 挠度和转角都不等

第 10－67 题：如题 10－67 图所示截面梁，用积分法求挠曲线方程时，(　　)。

A. 应分 2 段，通常有 2 个积分常数　　　B. 应分 2 段，通常有 4 个积分常数

C. 应分 3 段，通常有 6 个积分常数　　　D. 应分 4 段，通常有 8 个积分常数

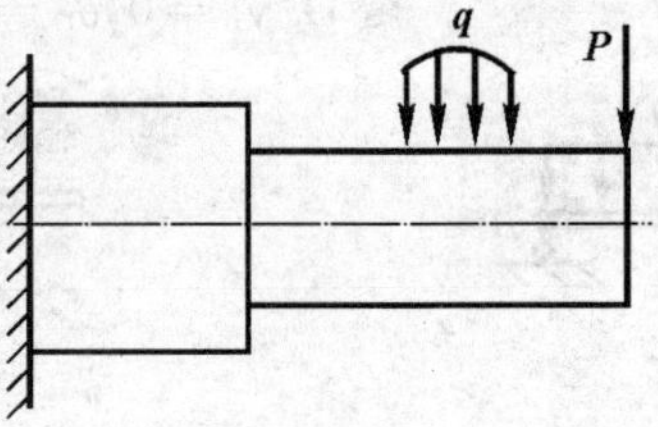

题 10－67 图

第 10－68 题：设如题 10－68 图所示悬臂梁的挠曲线方程为 $EIy=\iint M(x)\,dx\,dx+Cx+D$，则积分常数(　　)。

A. $C=0, D\neq 0$　　B. $C=0, D=0$　　C. $C\neq 0, D\neq 0$　　D. $C\neq 0, D=0$

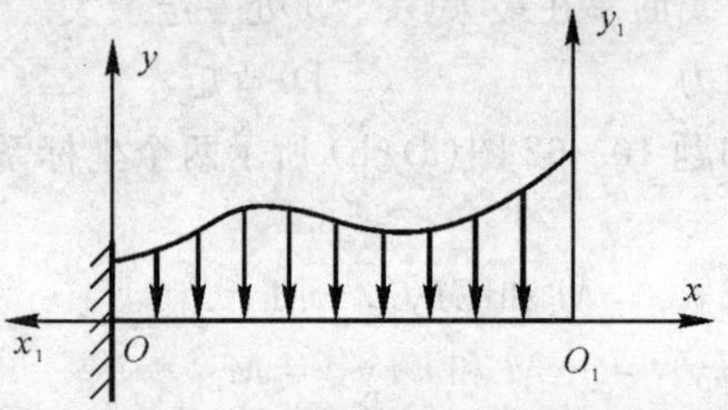

题 10－68 图

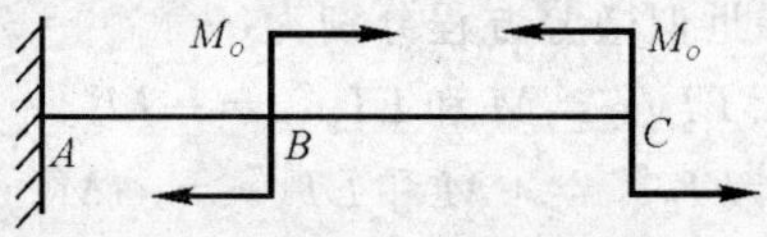

题 10－69 图

第 10－69 题：如题 10－69 图所示悬臂梁，在截面 B,C 上承受两个大小相等、方向相反的力偶作用，其截面 B 的(　　)。

A. 挠度为零，转角不为零　　　　　B. 挠度不为零，转角为零

C. 挠度和转角均不为零　　　　　　D. 挠度和转角均为零

第 10－70 题：如题 10－70 图所示简支梁，在截面 C 承受一集中力偶的作用，若 $a\neq b$，则截面 C 的(　　)等于零。

A. 挠度 y_c　　B. 转角 θ_c　　C. 剪力 Q_C　　D. 曲率 $1/\rho_C$

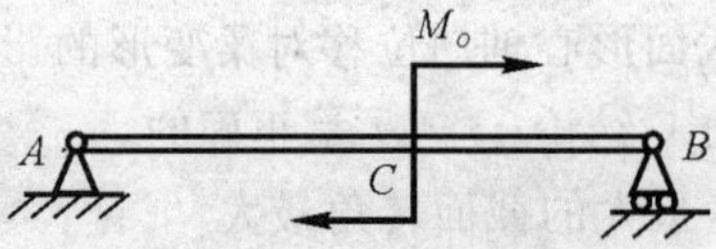

题 10－70 图

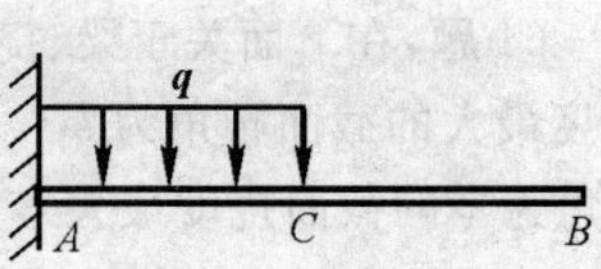

题 10－71 图

第 10－71 题：如题 10－71 图所示悬臂梁，截面 C 和截面 B 的(　　)不同。

A. 弯矩　　B. 剪力　　C. 挠度　　D. 转角

第 10－72 题：如题 10－72 图所示各图中，截面 1－1 和截面 2－2 转角相等的图是(　　)。

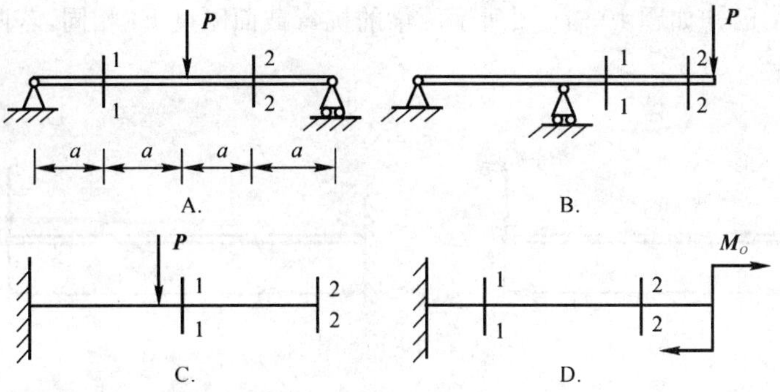

题 10－72 图

第 10－73 题：如题 10－73 图所示梁和曲杆具有相同的 EI，在 $\boldsymbol{P}$ 力作用下，他们在 C 截面上（　　）。

A. 挠度相同，转角不相同　　　B. 挠度不同，转角相同

C. 挠度和转角都相同　　　D. 挠度和转角都不相同

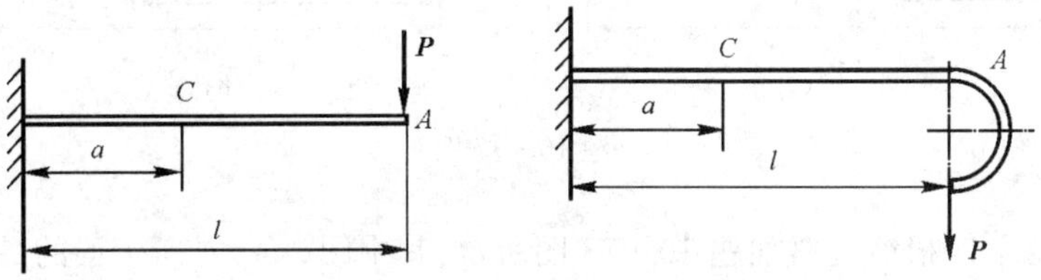

题 10－73 图

第 10－74 题：若用积分法计算如题 10－74 图所示梁的挠度，则边界条件和连续条件是（　　）。

A. $x=0,\ y=0, x=2L,\ y=0,\ x=2L,\ M_{左}=M_{右},\ \boldsymbol{Q}_{左}-\boldsymbol{P}=\boldsymbol{Q}_{右}$

B. $x=0,\ y=0,\ x=2L,\ y=\dfrac{P}{K}$

C. $x=L,\ y_{左}=y_{右},\ y'_{左}=y'_{右}$

D. $x=0,\ y=0,\ x=2L, y=-\dfrac{P}{2K}, x=L,\ y_{左}=y_{右},\ y'_{左}=y'_{右}$

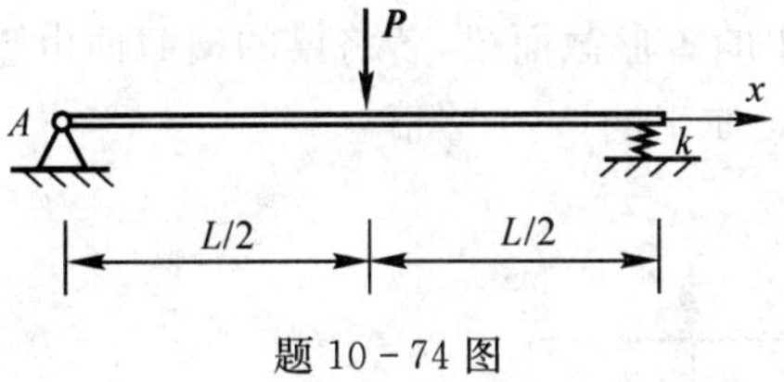

题 10－74 图

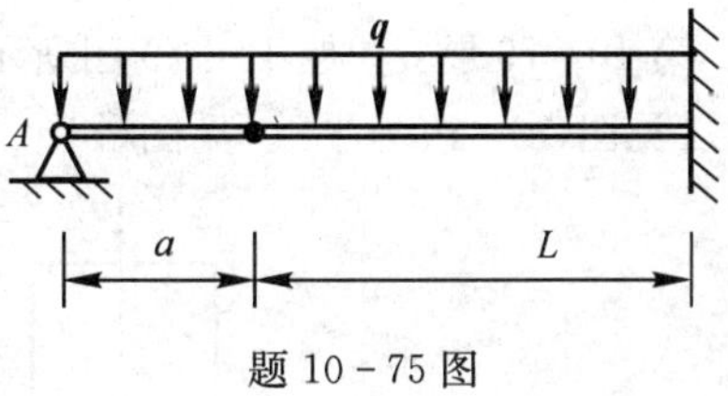

题 10－75 图

第 10－75 题：若用积分法计算题 10－75 图所示梁的挠度，则边界条件和连续条件为（　　）。

A. $x=0, y=0, x=a+L, y=0, x=a, y_{左}=y_{右}, y'_{左}=y'_{右}$

B. $x=0, y=0, x=a+L, y'=0, x=a, y_{左}=y_{右}, y'_{左}=y'_{右}$

C. $x=0, y=0, x=a+L, y=0, y'=0, x=a, y'_{左}=y'_{右}$

D. $x=0, y=0, x=a+L, y=0, y'=0, x=a, y_{左}=y_{右}$

第 10-76 题：已知如题 10-76 图所示两梁的抗弯截面刚度 EI 相同，若两者自由端的挠度相等，则 $P_1/P_2=($　　$)$。

A. 2　　B. 4　　C. 8　　D. 16

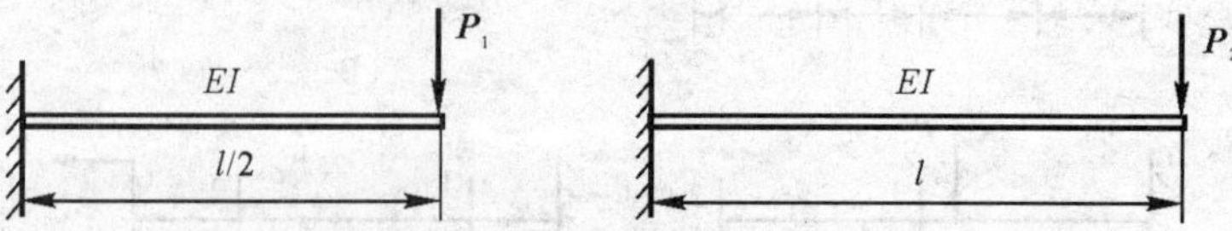

题 10-76 图

第 10-77 题：两根悬臂梁的抗弯截面刚度相同，在如题 10-77 图所示载荷作用下，设如图(a)，图(b) 所示梁在自由端 B 的转角分别为 θ_{B1}，θ_{B2}，则 $\theta_{B2}/\theta_{B1}=($　　$)$。

A. 2　　B. 4　　C. 6　　D. 8

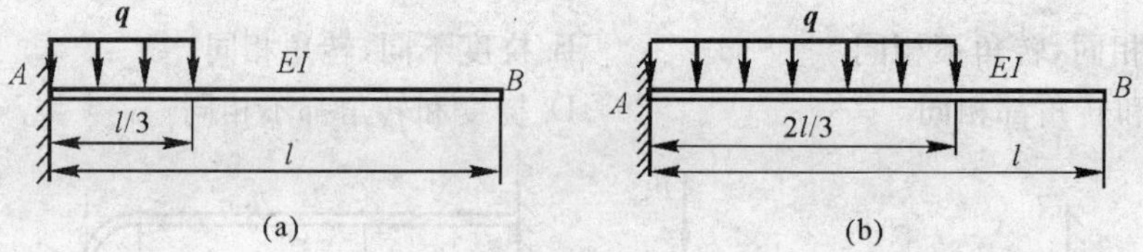

题 10-77 图

第 10-78 题：四根简支梁如题 10-78 图所示：其中图(　　) 所示梁的最大挠度最小。

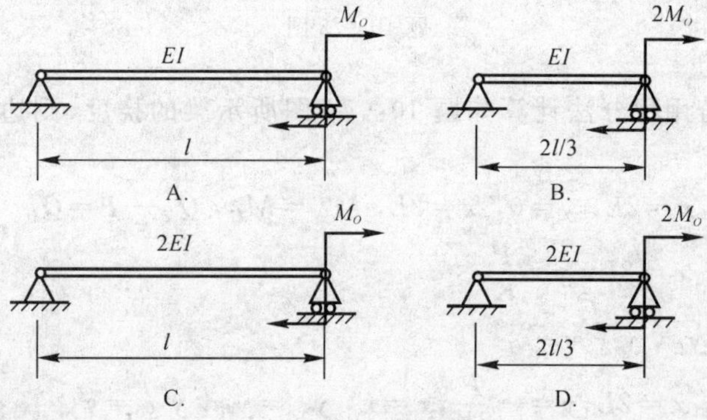

题 10-78 图

第 10-79 题：如题 10-79 图所示，高宽比 $h/b=2$ 的矩形截面梁，若将梁的横截面由竖直放置(见图(a)) 改为平放(见图(b))，则梁的最大挠度是原来的(　　) 倍。

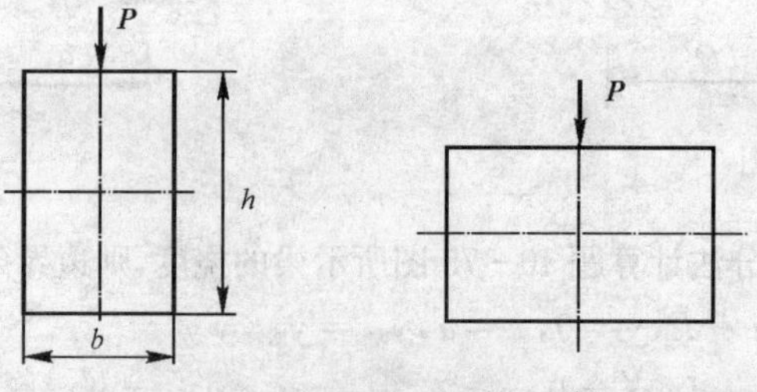

题 10-79 图

A. 2　　B. 4　　C. 6　　D. 8

第 10－80 题：如题 10－80 图所示简支梁受任意横向截荷作用，若在截面 C 加一个集中力偶 $\boldsymbol{M}_0$，则梁截面 C 的（　　）。

A. 挠度不变，转角改变　　B. 挠度不变，转角不变

C. 挠度和转角都改变　　D. 挠度和转角都不改变

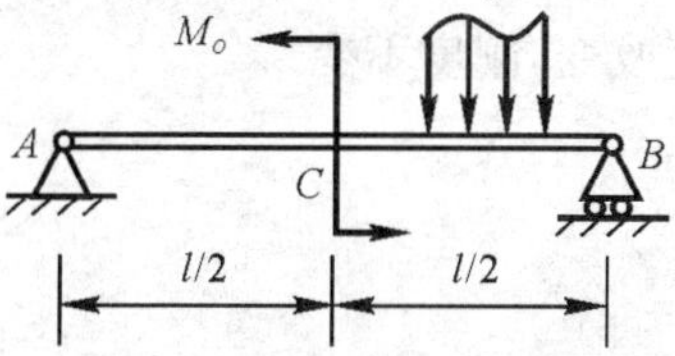

题 10－80 图

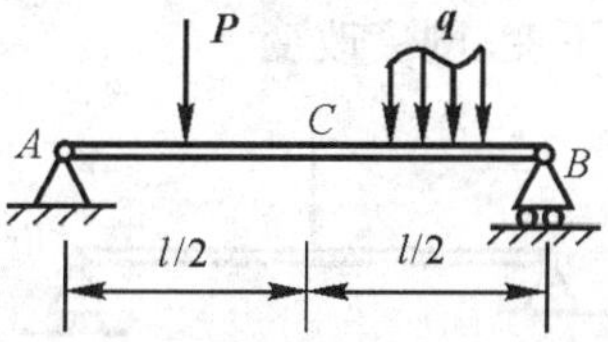

题 10－81 图

第 10－81 题：在题 10－81 图中，若在截面 C 加一个横向集中力 $\boldsymbol{P}$，则梁截面 C 的（　　）。

A. 挠度不变，转角改变　　B. 挠度改变，转角不变

C. 挠度和转角都不变　　D. 挠度和转角都改变

第 10－82 题：材料、长度、横截面面积相同的悬臂梁，截面形状互不相同，在如题 10－82 图所示受力状态下，自由端 B 挠度最大的是图（　　）所示的截面梁。

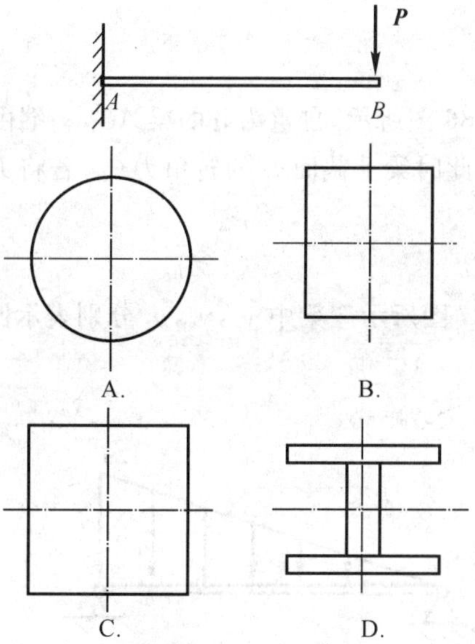

题 10－82 图

第 10－83 题：一抗弯截面刚度为 EI 的悬臂梁，其弯矩图如题 10－83 图所示，根据梁的转角与弯矩的积分关系可知，梁自由端的转角 $\theta=$（　　）$/EI$。

A. $M_Oa/2$　　B. M_Oa

C. $3M_Oa/2$　　D. $3M_Oa$

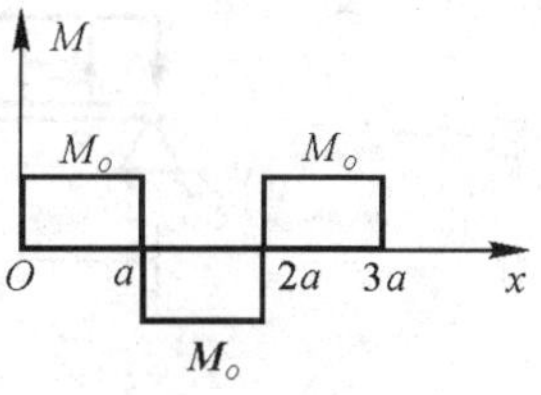

题 10－83 图

第 10－84 题：若已知某直梁的抗弯截面刚度为常数，挠曲线的

方程为 $y(x)=cx^4$，则该梁在 $x=0$ 处的约束和梁上载荷情况分别是（　　）。

A. 固定端，集中力　　B. 固定端，均布载荷

C. 铰支，集中力　　D. 铰支，均布载荷

第 10－85 题：如题 10－85 图所示正六边形截面简支梁，当把图(a)所示的放置方式改为图(b)所示的放置方式时（其他条件不变），梁的（　　）。

A. 强度和刚度都不变　　B. 强度和刚度都改变

C. 强度不变，刚度改变　　D. 强度改变，刚度不变

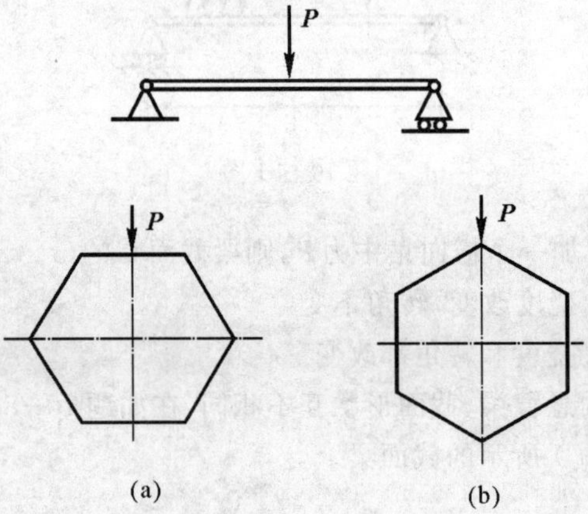

题 10－85 图

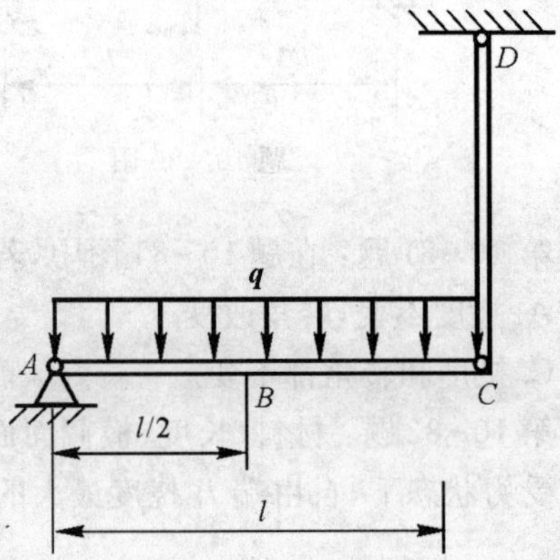

题 10－86 图

第 10－86 题：如题 10－86 图所示，自重为 q 的梁 AC，一端由固定支座 A 支撑，一端由直径为 d 的圆截面杆 DC 悬挂，此时梁上截面 B 的转角为 θ_B，若将 DC 杆的直经改为 $0.5d$，则梁上截面 B 的转角为（　　）。

A. $d/2$　　B. θ_B　　C. $2\theta_B$　　D. $4\theta_B$

第 10－87 题：如题 10－87 图所示三梁中 y_a, y_b, y_c 分别表示图(a)、图(b)、图(c)的中点位移，则下列结论中正确的是（　　）。

A. $y_a=y_b=2y_c$　　B$y_a>y_b=y_c$　　C. $y_a>y_b>y_c$　　D. $y_a\neq y_b=2y_c$

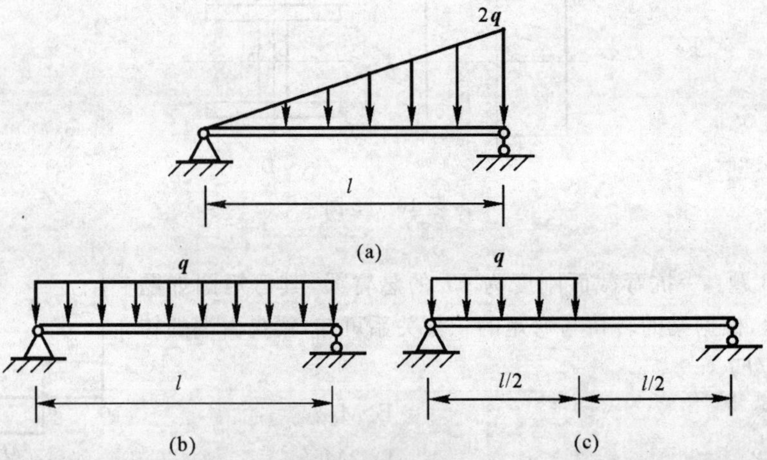

题 10－87 图

第 10－88 题：已知悬臂梁 AB 如题 10－88 图所示，自由端的挠度为 $y_B=\dfrac{Pl^3}{3EI}+\dfrac{Ml^2}{2EI}$，则 C 截面处的挠度为(　　)。

A. $\dfrac{P\left(\frac{2l}{3}\right)^3}{3EI}+\dfrac{M\left(\frac{2l}{3}\right)^2}{2EI}$　　B. $\dfrac{P\left(\frac{2l}{3}\right)^3}{3EI}+\dfrac{\frac{1}{3}Pl\left(\frac{2l}{3}\right)^2}{2EI}$

C. $\dfrac{P\left(\frac{2l}{3}\right)^3}{3EI}+\dfrac{\left(M+\frac{1}{3}Pl\right)\left(\frac{2l}{3}\right)^2}{2EI}$　　D. $\dfrac{P\left(\frac{2l}{3}\right)^3}{3EI}+\dfrac{\left(M-\frac{1}{3}P\right)\left(\frac{2l}{3}\right)^2}{2EI}$

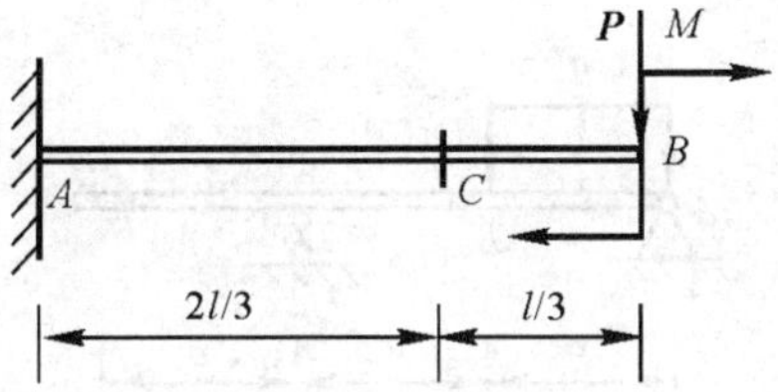

题 10－88 图

第 10－89 题：某悬臂梁其刚度为 EI，跨度 L，自由端作用有力 $\boldsymbol{F}$，为减小最大挠度，则下列方案中最佳方案是(　　)。

A. 梁长改为 $L/2$，惯性矩为 $I/8$　　B. 梁长改为 $3L/4$，惯性矩为 $I/2$

C. 梁长改为 $5L/4$，惯性矩为 $3I/2$　　D. 梁长改为 $3L/2$，惯性矩为 $I/4$

第 10－90 题：如题 10－90 图所示梁的 EI 相同，截面 B 的转角 θ_B 和端面 C 的挠度 y_C 为(　　)。

A. $\theta_B=\dfrac{Pal}{6EI}, y_C=\dfrac{Pal^2}{6EI}$　　B. $\theta_B=-\dfrac{Pl^2}{6EI}, y_C=\dfrac{Pal^2}{6EI}$

C. $\theta_B=-\dfrac{Pal}{3EI}, y_C=\dfrac{Pa^2(l+a)}{3EI}$　　D. $\theta_B=\dfrac{Pal}{3EI}, y_C=\dfrac{Pa(l^2+a^2)}{3EI}$

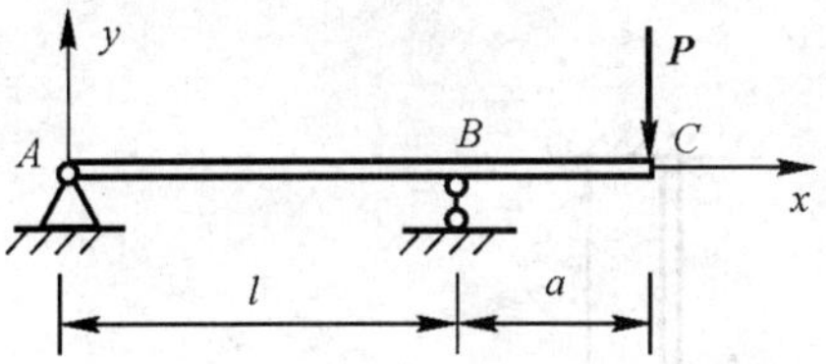

题 10－90 图

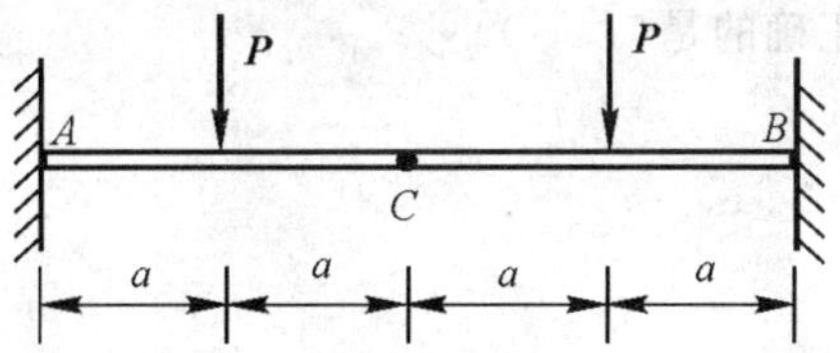

题 10－91 图

第 10－91 题：等截面梁如题 10－91 图所示，求截面 C 处的挠度。答截面 C 处的挠度为(　　)。

A. $\dfrac{Pa^3}{2EI}$　　B. $\dfrac{Pa^3}{3EI}$　　C. $\dfrac{3Pa^3}{4EI}$　　D. $\dfrac{5Pa^3}{6EI}\ \dfrac{1}{2}$

第 10－92 题：简支梁如题 10－92 图所示，A，B 两端分别作用有 M_1，M_2 的力偶，若要使梁挠曲线上的拐点位于离 A 端 $l/3$ 处，则 M_1 和 M_2 之间的关系为(　　)。

A. $M_1=3M_2$　　B. $M_1=2M_2$

C. $M_1=M_2$　　D. $M_1=0.5M_2$

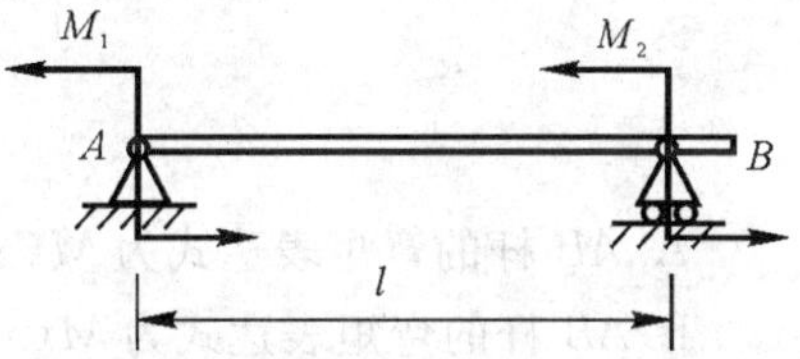

题 10－92 图

4. 多项选择题

第 10－93 题：下列关于梁的位移与变形的关系叙述正确的是(　　)。

A. 梁的位移即就是梁的变形　　B. 梁有位移不一定有变形

C. 梁有变形不一定有位移　　D. 梁的位移不能完全反映弯曲变形的程度

E. 梁有相同的变形而位移不同，是由于梁的约束不同所致

F. 梁挠度的一次导数为转角

第 10－94 题：等截面梁如题 10－94 图所示，若用积分法求解其转角和挠度，则下列结论中正确的是(　)。

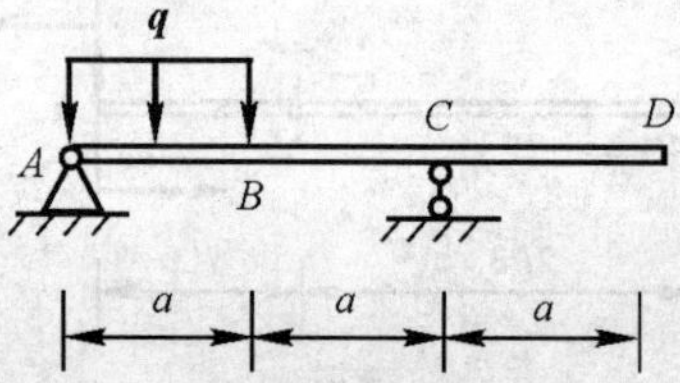

题 10－94 图

A. 该梁必须分为 AB，BC，CD，3 段进行积分

B. 该梁可以分为 AB，BC，两段进行积分

C. 若分 2 段积分，边界条件和连续条件为

$$x=0, y=0, x=2a, y=0, x=a, y'_{左}=y'_{右}, y_{左}=y_{右}$$

D. 若分为 3 段积分，边界条件和连续条件为

$$x=0, y=0, x=a,\ y'_{左}=y'_{右}, y_{左}=y_{右},\ x=2a, y'_{左}=y'_{右}, y_{左}=y_{右}$$

E. 积分至少须 4 个积分常数

F. 积分至少须 6 个积分常数

第 10－95 题：等截面梁，左端为铰支座，右端与拉杆 BC 相连，如题 10－95 图所示。以下结论正确的是(　　)。

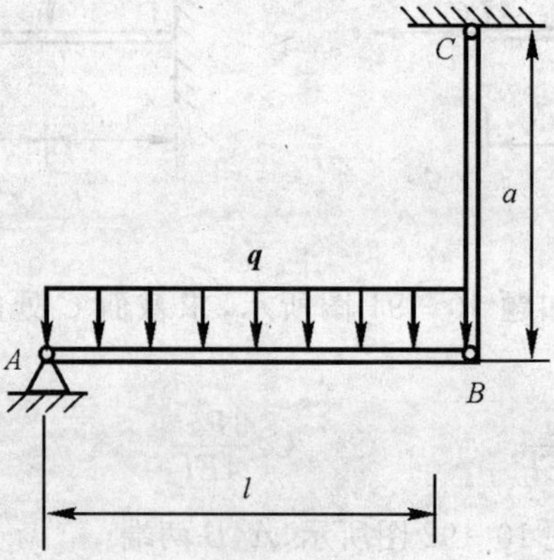

题 10－95 图

A. AB 杆的弯矩表达式为 $M(x)=1/2q(lx-x^2)$

B. AB 杆的弯矩表达式为 $M(x)=1/2q(x^2-lx)$

C. 挠度的积分表达式是

$$y(x)=\frac{q}{2EI}\int\left[\int-(lx-x^2)\mathrm{d}x\right]\mathrm{d}x+Cx+D$$

D. 对应的边界条件为

$$x=0,\quad y=0;\quad x=l,\quad y=\Delta l_{CB},\quad \left(\Delta l_{CB}=\frac{qla}{2EA}\right)$$

E. 对应的边界条件为

$$x=0,\quad y=0;\quad x=l,\quad y=\Delta l_{CB},\quad \left(\Delta l_{CB}=\frac{qla}{EA}\right)$$

F. 在梁的跨度中央，转角为零

第 10-96 题：如题 10-96 图所示变截面梁，当用积分法求自由端的挠度时，下列结论正确的是(　　)。

A. 积分应分 AB，BC，CD 3 段进行

B. 挠度积分表达式会出现 6 个积分常数

C. 积分常数由边界条件和连续条件确定

D. 边界条件和连续条件的表达式为

$x=3a$，$y'=0$，$y=0$；$x=a$，$y'_{左}=y'_{右}$，$y_{左}=y_{右}$；$x=2a$，$y'_{左}=y'_{右}$，$y_{左}=y_{右}$

E. 以上答案都对

F. 以上答案都不对

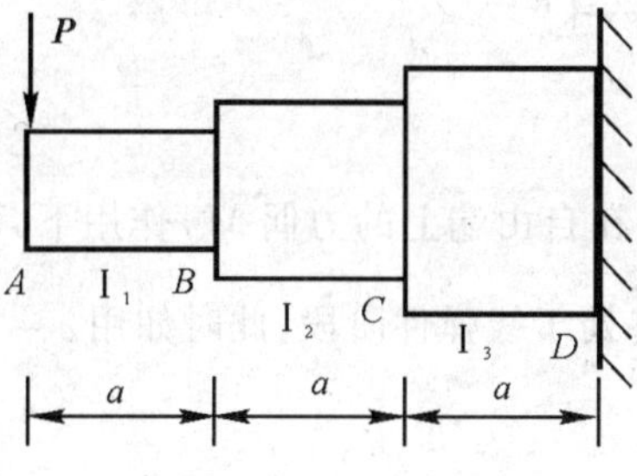

题 10-96 图

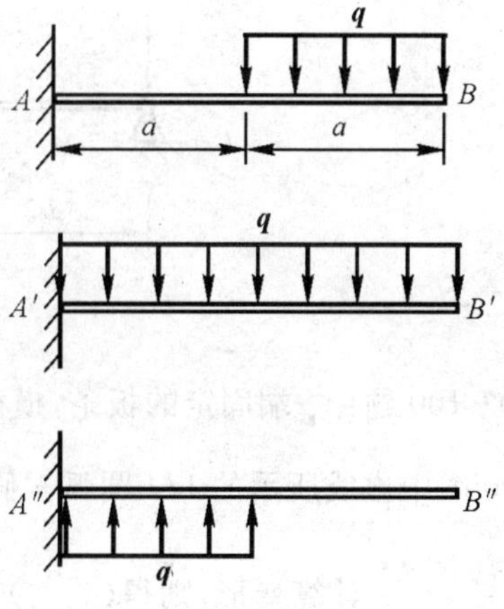

题 10-97 图

第 10-97 题：对于如题 10-97 图所示等截面梁 AB，下列结论中正确的是(　　)。

A. 梁 AB 自由端的挠度 y_B 等于梁 $A'B'$ 和梁 $A''B''$ 自由端挠度的代数和，即

$$y_B=y_{B'}+y_{B''}$$

B. $y_{B'}=\dfrac{2qa^4}{EI}$　　C. $y_{B''}=\dfrac{qa^4}{8EI}$　　D. $y_{B'}=\dfrac{qa^4}{EI}$

E. $y_{B''}=\dfrac{7qa^4}{24EI}$　　F. $y_B=y_{B'}+y_{B''}=\dfrac{15qa^4}{8EI}$

第 10-98 题：对如题 10-98 图所示梁叙述正确的是(　　)。

A. 此梁是一个一次静不定梁

B. 此梁可选则静定基如图(a) 所示

C. 此梁可选择静定基如图(b) 所示

D. 若选 B 项中图示静定基，则协调条件为 $y_C=0$

E. 此梁最大弯矩值为$\frac{9ql^2}{128}$

F. 此梁最大弯矩值为$\frac{1}{32}ql^2$

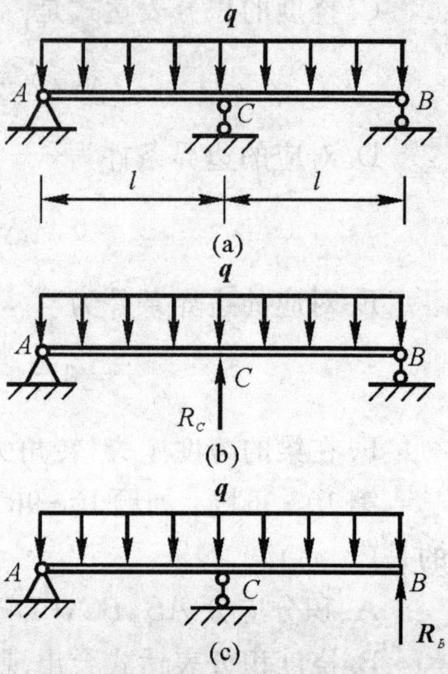

题 10－98 图

第 10－99 题：如题 10－99 图所示二梁的抗弯截面刚度 EI 相同，设它们的挠曲线方程分别为 $y_1(x)$ 和 $y_2(x)$，转角方程分别为$\theta_1(x)$和$\theta_2(x)$，则 y_1-y_2 和 $\theta_1-\theta_2$ 分别为x的(　　)次函数。

A. 一、零　　B. 一、一

C. 零、一　　D. 零、零

E. 二、一　　F. 一、二

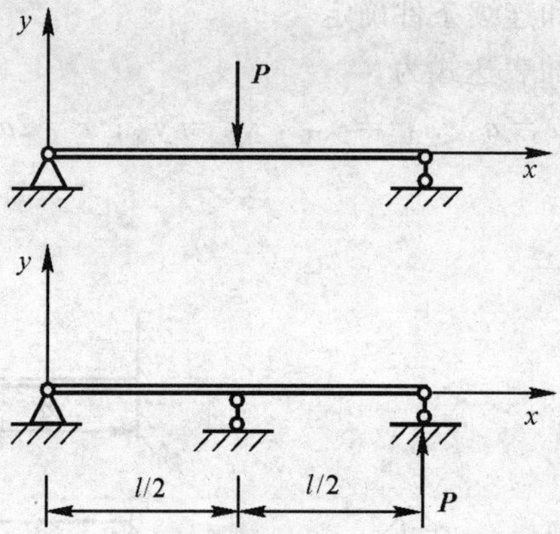

题 10－99 图

第 10－100 题：一端固定的板条，横截面为矩形，在自由端上的力偶 M_O 作用下，弯成了如题 10－100 图中虚线所示的 1/4 圆弧。假如板条始终处于线弹性阶段，此时如用 $\sigma=\frac{My}{I_z}$ 计算应力，用$\frac{d^2y}{dx^2}=\frac{M}{EI}$ 计算变形，则得(　　)。

A. 应力正确　　B. 应力错误　　C. 变形正确

D. 变形错误　　E. 应力和变形都正确　　F. 应力和变形都错误

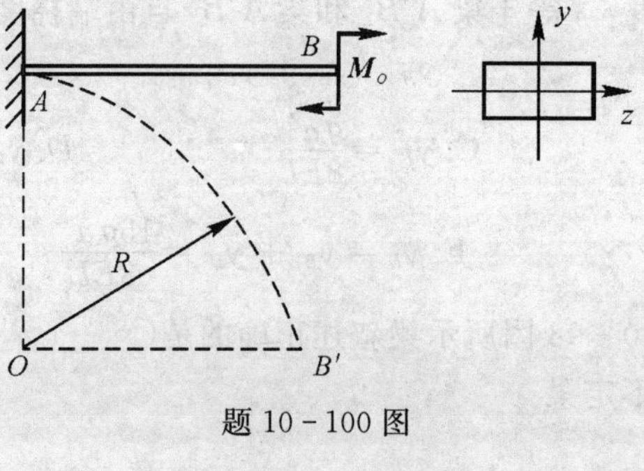

题 10－100 图

10.4　基本计算练习题

第 10－101 题：某车床的空心主轴可简化为如题 10－101 图所示的外伸梁，主轴外径 $D=80$ mm，内径 $d=40$ mm，$l=400$ mm，$a=100$ mm，$E=210$ GPa，切削力 $F_1=2$ kN，齿轮传动$F_1=1$ kN。如果主轴在卡盘 C 处的挠度 y_C 不得超过两轴承间距离的 $1/10^4$，轴承 B 处的转角不得超过 $1/10^3$ rad，试校核主轴的刚度。

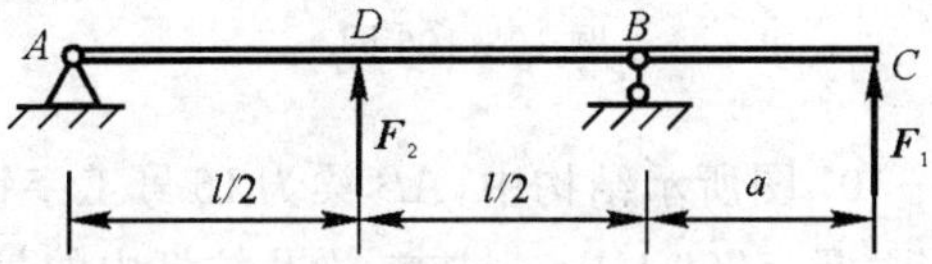

题 10－101 图

第 10－102 题：如题 10－102 图所示的矩形截面悬臂梁，已知 $l=3$ m，$b=90$ mm，$h=180$ mm。若许用挠度$[y/l]=1/250$，$[\sigma]=120$ MPa，$E=200$ GPa，试求该梁的许可载荷$[q]$。

第 10－103 题：求如题 10－103 图所示梁的支座反力，并作剪力、弯矩图，EI 为已知。

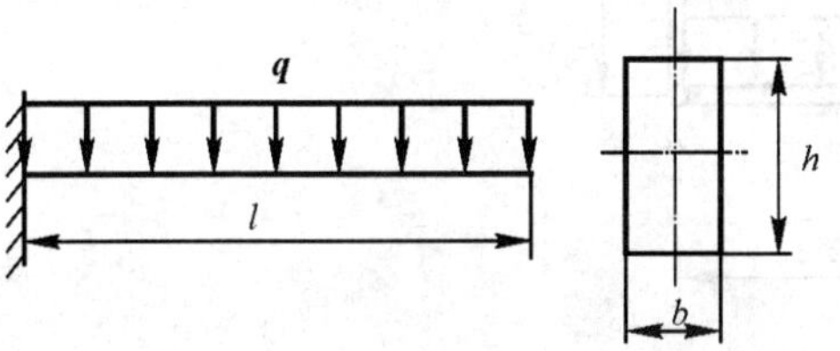

题 10－102 图

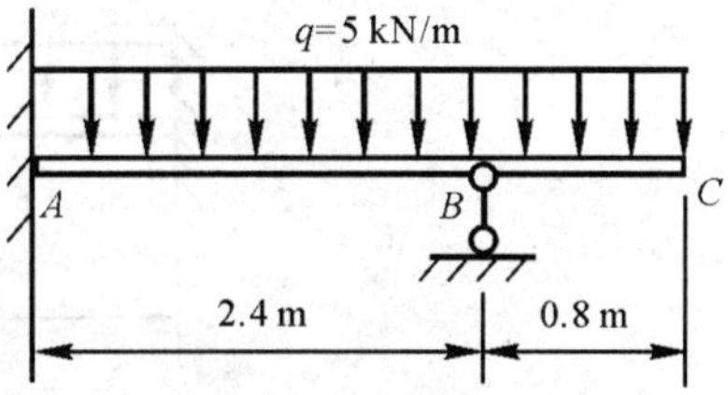

题 10－103 图

第 10－104 题：试用叠加法求如题 10－104 图所示梁 C 截面的挠度和转角。

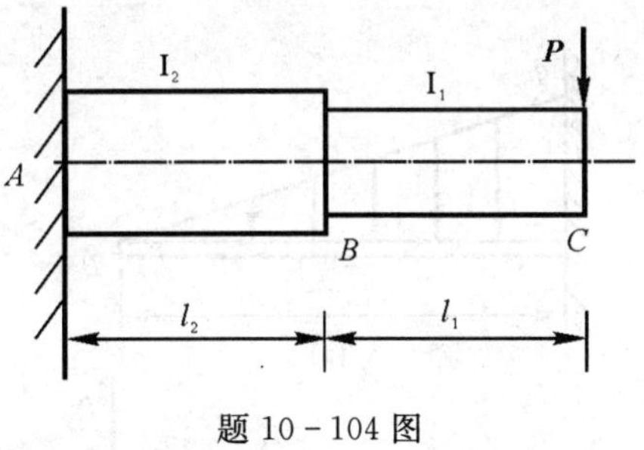

题 10－104 图

第 10－105 题：如题 10－105 图所示的简支梁，$F=22$ kN，$l=4$ m，$[\sigma]=160$ MPa，$E=200$ GPa，若许可挠度$[y]=1/100$ m，试选择工字钢的型号。

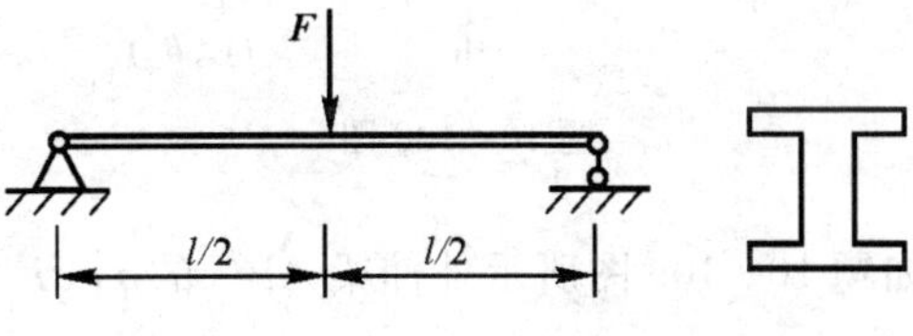

题 10－105 图

第 10－106 题：如题 10－106 图所示，梁的 AC 两端为铰支，梁的中点 B 处用一个弹簧支撑。试确定使梁在弹簧作用点 B 处的弯矩为零时，弹簧的刚度 k 为多少？并画出剪力图和弯矩图。

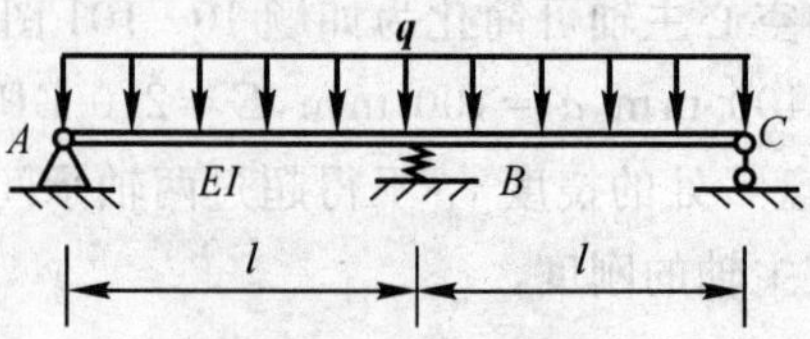

题 10－106 图

第 10－107 题：如题 10－107 图所示结构中，AB 梁为 16 号工字钢，拉杆 BC 的截面为圆形，$d=10$ mm。两者均为 A_3 钢，$E=200$ GPa。试求，梁及拉杆内的最大正应力。

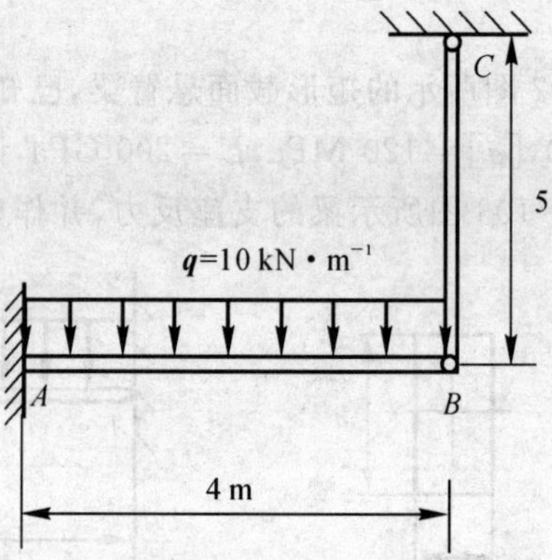

题 10－107 图

第 10－108 题：试用积分法求如题 10－108 图所示各梁指定截面的挠度与转角。设梁的抗弯刚度为 EI，弹簧刚度为 K。

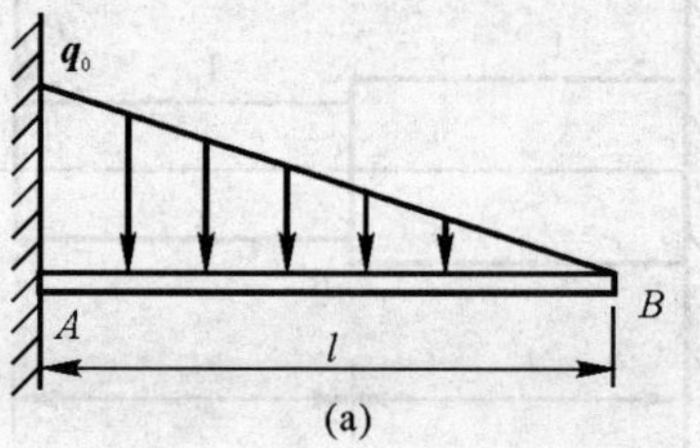

(a)

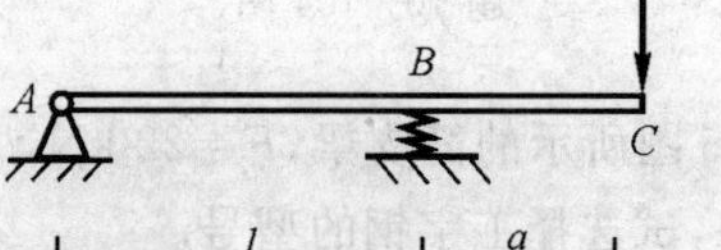

(b)　　　　(y_C, θ_A)

题 10－108 图

第 10－109 题：已知，如题 10－109 图所示外伸梁 ABC 的 q，EI 为常数，求 θ_A，θ_B，y_C，y_D。

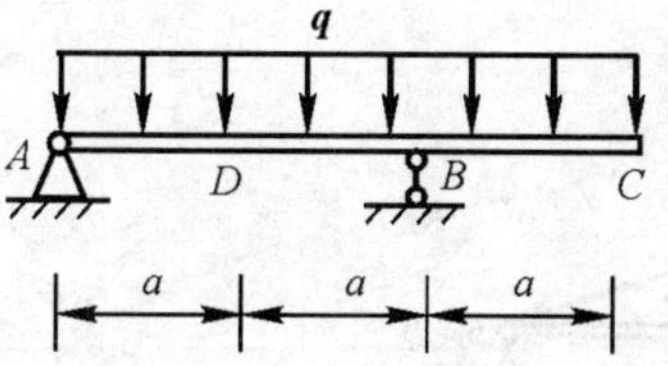

题 10－109 图

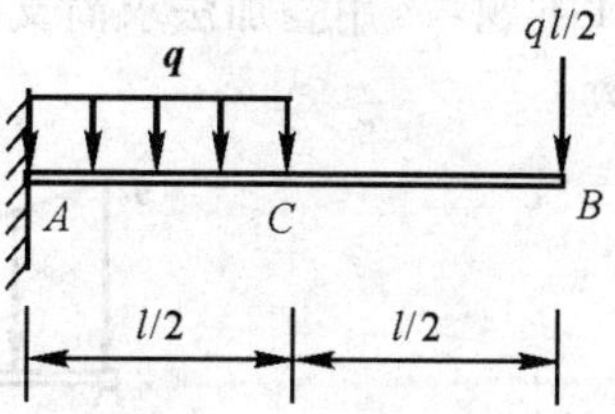

题 10－110 图

第 10－110 题：试用积分法求如题 10－110 图所示梁的 θ_B，y_B。已知梁的抗弯刚度为 EI。

第 10－111 题：试用叠加法求如题 10－111 图所示各梁的 y_A 和 θ_B。已知抗弯刚度为 EI。

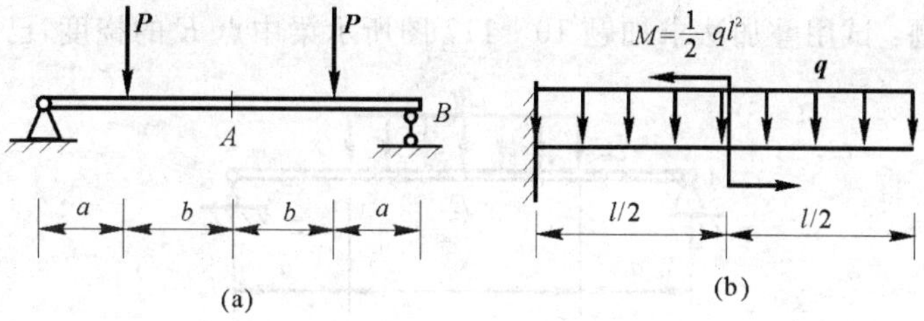

题 10－111 图

第 10－112 题：如题 10－112 图所示，试用叠加法求 θ_B 和 y_C，已知 EI 为常量。

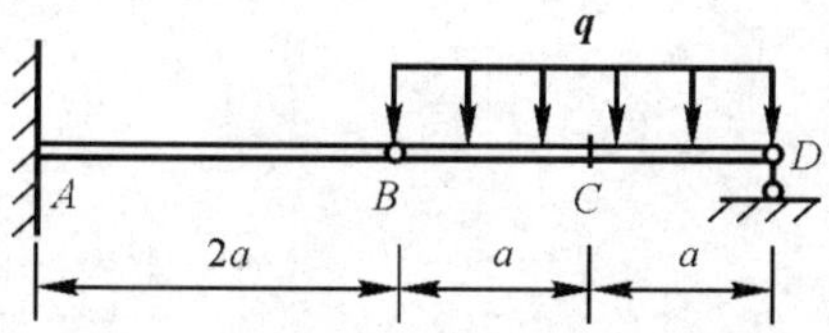

题 10－112 图

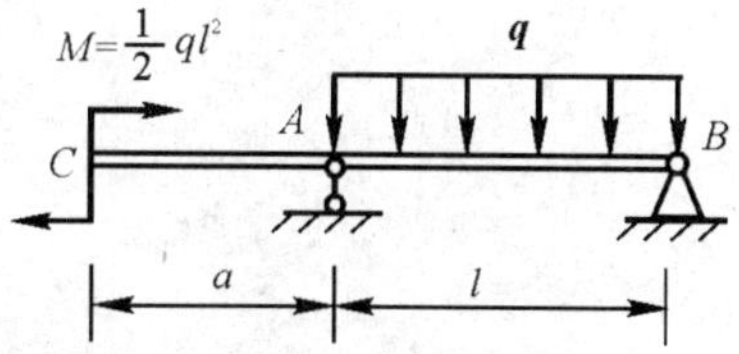

题 10－113 图

第 10－113 题：如题 10－113 图所示，试用叠加法求梁 C 截面的转角和挠度。

第 10－114 题：如题 10－114 图所示梁 AB，EI 已知，拉杆 BD 长为 l，横截面积为 A，材料的弹性模量为 E，求 AB 中点 C 的挠度 y_C 和 A 处转角 θ_A。

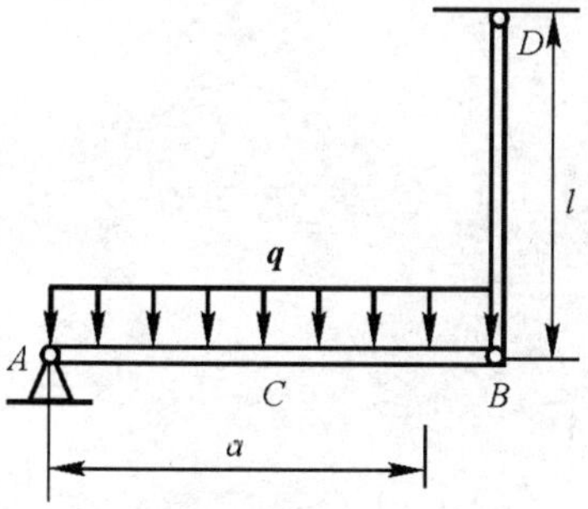

题 10－114 图

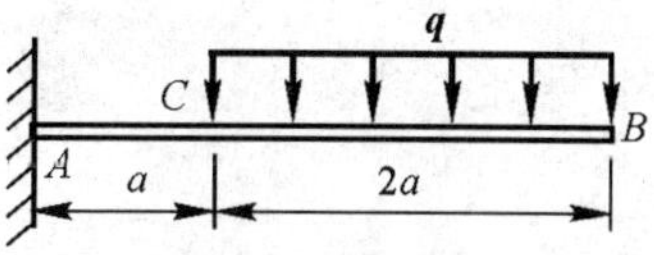

题 10－115 图

第 10－115 题：已知如题 10－115 图所示梁 AB 的 qa 和 EI。试用叠加法求截面 C 的转角 θ_C 和 C 点处的挠度 y_C。

第 10－116 题： 用叠加法求简支梁在如题 10－116 图所示载荷作用下跨度中点的挠度。设 EI 为常数。

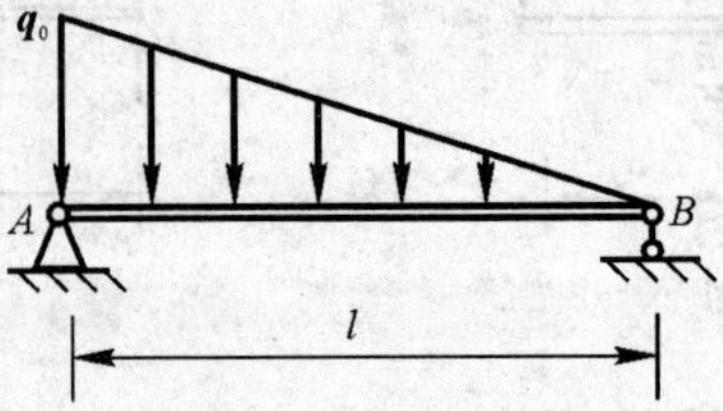

题 10－116 图

第 10－117 题：试用叠加法求如题 10－117 图所示梁中点 E 的挠度，已知 EI 为常数。

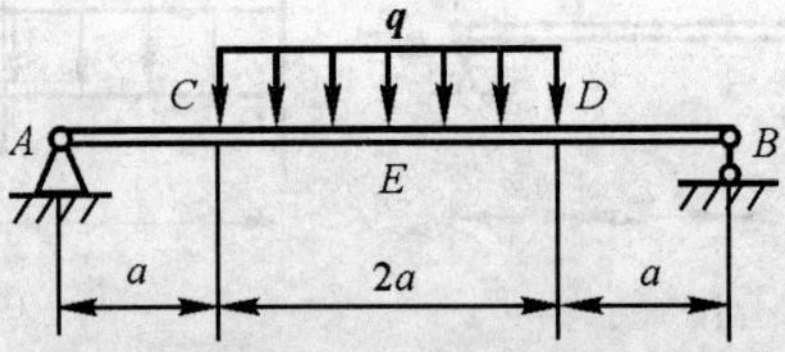

题 10－117 图

第十一章　应力状态和强度理论

11.1　基本理论与方法

1. 一点应力状态及其表示方法

所谓一点应力状态就是指过一点的各个方位面上的应力情况。为了表示一点应力状态，一般取围绕该点的一个正六面体，当正六面体的各边边长充分小时，便可以认为正六面体代表该点，微小六面体称为单元体。当单元体三对互相垂直的面上的应力已知时，便可采用截面法通过平衡条件求得任意斜截面上的应力，即一点的应力状态通过单元体三对互相垂直的面上的应力来表示。

单元体通常可认为是 ① 在它的每个面上应力都是均匀的；② 单元体互相平行的截面上，应力都是相等的，且等于通过所研究点的平行面上的应力。

2. 任意斜截面上的应力 —— 解析法

为求如图11-1所示平面应力状态下斜截面上的应力，假想通过该截面把单元体截成两部分，取出其中一部分，使得该截面上的正应力和切应力暴露出来。当利用平衡条件求解时，要注意利用力的平衡条件，只有应力乘以其作用面积参加平衡。得到

$$\sigma_\alpha = \frac{\sigma_x + \sigma_y}{2} + \frac{\sigma_x - \sigma_y}{2}\cos 2\alpha - \tau_{xy}\sin 2\alpha$$

$$\tau_\alpha = \frac{\sigma_x - \sigma_y}{2}\sin 2\alpha + \tau_{xy}\cos 2\alpha$$

两个关系式中，等号右边的正应力、剪应力和角均为在已知条件下得出，其中正、负号的规定如下：角 α 的方向规定为自 x 正方向逆时针转到斜截面外法线 n 的正方向为正，反之为负；正应力 σ_x，σ_y，σ_α 的方向规定为拉应力为正，压应力为负；切应力 τ_{xy}，τ_α 的方向规定为对单元体内任意点之矩为顺时针转向时为正，反之为负。

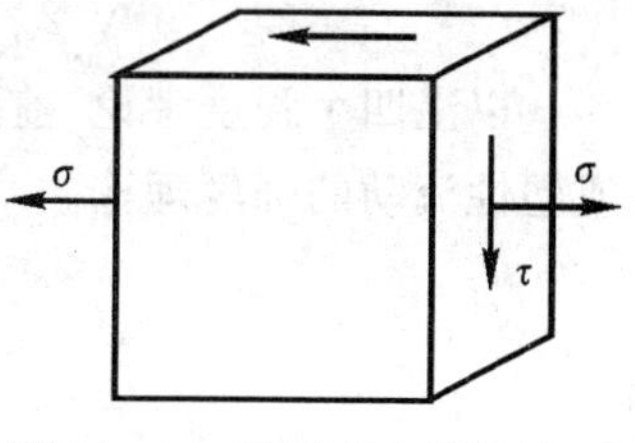

图 11-1　平面应力状态图

3. 应力圆 —— 图解法

除了用解析法进行平面应力状态的应力分析外，图解法也是一种有效的手段。注意体会以下口诀：点面要对应，首先找基准，转向要相同，转角二倍整。

4. 主应力与主方向

随着 α 角的改变，σ_α，τ_α 也随之改变，其中存在这样的角 α_0，使得 $\tau_{\alpha_0}=0$，意味着外法线与 x 轴方向的倾角为 α_0 的平面，其上无切应力，这个面称为主平面，主平面方位由下式确定，为

$$\tan 2\alpha_0 = -\frac{2_{xy}}{\sigma_x - \sigma_y}$$

在 x，y 平面内，有两对这样的面，主平面上的应力称为主应力，大小为

$$\sigma_{\max}=\frac{\sigma_x+\sigma_y}{2}+\sqrt{\left(\frac{\sigma_x-\sigma_y}{2}\right)+\tau_{xy}^2}$$

$$\sigma_{\min}=\frac{\sigma_x+\sigma_y}{2}-\sqrt{\left(\frac{\sigma_x-\sigma_y}{2}\right)+\tau_{xy}^2}$$

5. 三向应力状态及广义胡克定律

根据数值大小排定 $\sigma_1,\sigma_2,\sigma_3$，单元体内的最大切应力为

$$\tau_{\max}=\frac{\sigma_1-\sigma_3}{2}$$

工程问题中，通过测量应变求应力，使用广义胡克定律。

$$\left.\begin{aligned}\varepsilon_x&=\frac{1}{E}[\sigma_x-\mu(\sigma_y+\sigma_z)]\\\varepsilon_y&=\frac{1}{E}[\sigma_y-\mu(\sigma_z+\sigma_x)]\\\varepsilon_z&=\frac{1}{E}[\sigma_z-\mu(\sigma_x+\sigma_y)]\end{aligned}\right\},\quad\left.\begin{aligned}\gamma_{xy}&=\frac{\tau_{xy}}{G}\\\gamma_{yz}&=\frac{\tau_{yz}}{G}\\\gamma_{zy}&=\frac{\tau_{zy}}{G}\end{aligned}\right\}$$

6. 经典强度理论

(1) 最大拉应力理论的强度条件(第一强度理论) 为

$$\sigma_1\leqslant[\sigma]$$

(2) 最大伸长线应变理论的强度条件(第二强度理论) 为

$$\sigma_1-\mu(\sigma_2+\sigma_3)\leqslant[\sigma]$$

(3) 最大切应力理论的强度条件(第三强度理论) 为

$$\sigma_1-\sigma_3\leqslant[\sigma]$$

(4) 形状改变比能理论的强度条件(第四强度理论) 为

$$\sqrt{\frac{1}{2}[(\sigma_1-\sigma_2)^2+(\sigma_2-\sigma_3)^2+(\sigma_3-\sigma_1)^2]}\leqslant[\sigma]$$

以上四个强度理论，前两个是关于材料发生脆性断裂的强度理论，后两个是材料发生屈服或塑性流动的强度理论。

11.2 基本要求与重点

(1) 明确一点应力状态、主平面和主应力等基本概念，熟练掌握从构件中截取单元体的方法。

(2) 掌握用解析法和圆解法分析、计算平面应力状态下任意截面上的正应力、剪应力、主应力及主平面方位。

(3) 了解三向应力圆的画法，熟练掌握最大切应力计算方法。

(4) 掌握广义胡克定律及其应用。

(5) 了解各个强度理论的基本观点、相应的强度条件及其应用范围。

(6) 能正确应用强度理论进行强度计算，熟练掌握第三和第四强度理论进行强度计算的方法。

11.3 基本概念练习题

1. 是非判断题

第 11-1 题：在某点的单元体中剪应力达到极值的截面上，必有正应力为零。

第 11-2 题：当单元体上的最大拉应力 $\sigma_{max}=\sigma_s$ 时，单元体一定出现屈服。

第 11-3 题：拉弯梁的上、下边缘各点均属单向应力状态。

第 11-4 题：过横力弯曲梁的中性层上各点的任意截面上的正应力必定为零。

第 11-5 题：如题 11-5 图所示单元体所表示的应力状态一定为二向应力状态。

第 11-6 题：圆轴受扭时，除轴心外，轴内各点均处于纯剪切应力状态。

第 11-7 题：纯弯曲梁内各点，其应力状态必是单向应力状态。

第 11-8 题：塑性材料制成的杆件，其危险点必须用第三或第四强度理论来校核其强度。

第 11-9 题：单向应力状态的应力圆为一个点。

第 11-10 题：三向应力状态的应力圆必为一半径不为零的圆。

第 11-11 题：纯剪应力状态的单元体既有体积改变，又有形状改变。

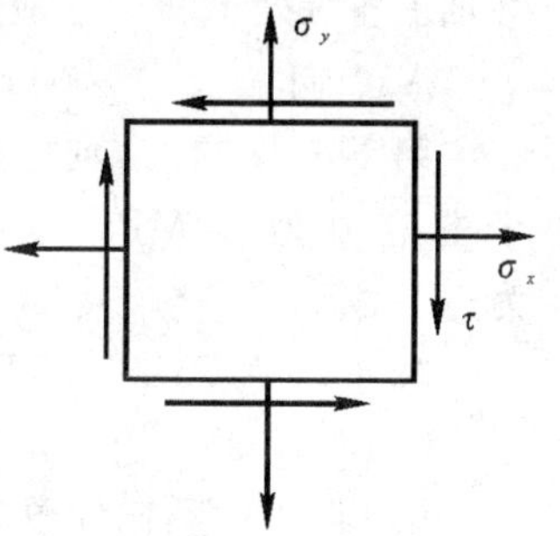

题 11-5 图

第 11-12 题：如题 11-12 图所示两单元体，若他们的材料相同，则按第三强度理论可以证明两者一样危险。

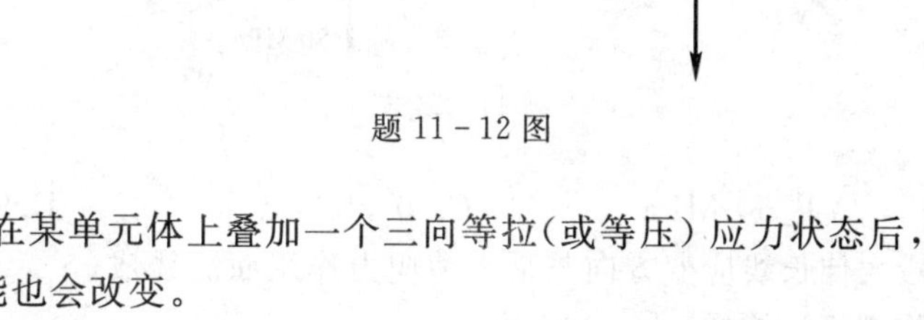

题 11-12 图

第 11-13 题：在某单元体上叠加一个三向等拉(或等压)应力状态后，其体积改变比能会变，而形状改变比能也会改变。

第 11-14 题：塑性材料制成的薄壁空心球，在内部高压气体的作用下发生强度破坏，必定是脆性断裂。

第 11-15 题：有正应力作用的方向上，必有线应变；没有正应力作用的方向上，必无线应变。

第 11-16 题：当冬天结冰时铸铁水管会因冰膨胀被胀裂，而管内的冰却不会破坏，这是因为冰的强度比铸铁高。

第 11－17 题：单元体上作用有 $\sigma_x=50$ MPa，$\sigma_z=0$，$\sigma_y=50$ MPa，按第三强度理论计算，该点的相当应力为 100 MPa。

第 11－18 题：某单元体上所受的应力为 $\sigma_x=100$，$\sigma_y=-100$，$\tau_x=50$，其单位均为 MPa，则该单元体的体积应变比能为零。

第 11－19 题：按第三强度理论，简单拉伸的屈服应力是纯剪切时的屈服应力的 2 倍。

第 11－20 题：在某点的单元体中正应力达到极值的截面上，必有切应力为零。

2. 选择填空题

第 11－21 题：矩形截面梁在横力弯曲下，梁的上、下边缘各点处于（　　）的应力状态，中性轴上各点处于（　　）应力状态。

A. 二向　　B. 单向　　C. 不确定　　D. 三向

第 11－22 题：二向应力状态的单元体如题 11－22 图所示，已知一个主应力为 5 MPa，则剪应力为（　　），另一个主应力的值为（　　）。

A. 80.6 MPa　　B. －13 MPa

C. 13 MPa　　D. 8.06 MPa

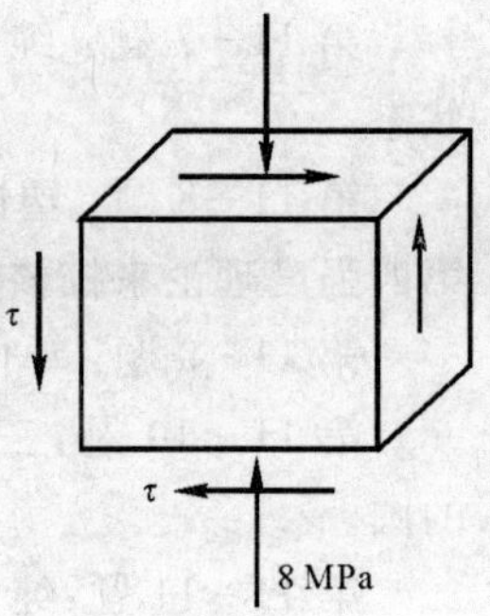

题 11－22 图

第 11－23 题：已知单向受拉杆横截面上的正应力为 σ_0，则在杆内任一点的最大正应力为（　　），最大剪应力为（　　）。

A. σ_0　　B. $2\sigma_0$

C. $\frac{1}{2}\sigma_0$　　D. $3\sigma_0$

第 11－24 题：三向应力单元体如题 11－24 图所示，则其最大剪应力为（　　）；最大剪应力方向为（　　）。

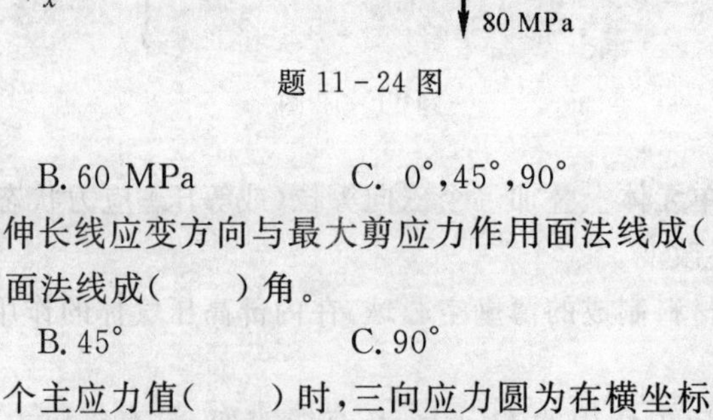

题 11－24 图

A. 65 MPa　　B. 60 MPa　　C. 0°，45°，90°　　D. 90°，－45°，0°

第 11－25 题：最大伸长线应变方向与最大剪应力作用面法线成（　　）角；最大正应力平面与与最大剪应力作用面法线成（　　）角。

A. 0°　　B. 45°　　C. 90°　　D. 120°

第 11－26 题：当三个主应力值（　　）时，三向应力圆为在横坐标轴上的（　　）。

A. 圆心在坐标原点的圆，且半径为平均应力的圆

B. 一个点圆　　C. 均为压应力时　　D. 相等

第 11－27 题：二向等拉应力状态的单元体上，最大剪应力为（　　），三向等拉应力状态的

单元体上，最大剪应力为(　　)(已知拉应力为 σ_0)。

A. $\tau_{max}=0.5\sigma_0$　　B. $\tau_{max}=1\sigma_0$　　C. $\tau_{max}=0$　　D. $\tau_{max}=-0.5\sigma_0$

第 11-28 题：钢制圆柱形薄壁容器，在内均布压力作用下发生破裂，则裂纹会沿(　　)方向形成，这种破坏可用(　　)解释。

A. 周向(横向)方向　　B. 轴向(纵向)方向

C. 第二强度理论　　D. 第一强度理论

第 11-29 题：已知材料的 E 和 μ，某点的应力圆如题 11-29 图所示，则应力圆上最大的点 A 所对应的截面上的正应变为(　　)，点 A 所对应的截面上的正应力为(　　)。

A. $\dfrac{\sigma}{2E}(1-\mu)$　　B. $\dfrac{\sigma}{2E}\mu$　　C. $\dfrac{\sigma}{2}(1+\mu)$　　D. $\dfrac{\sigma}{2}$

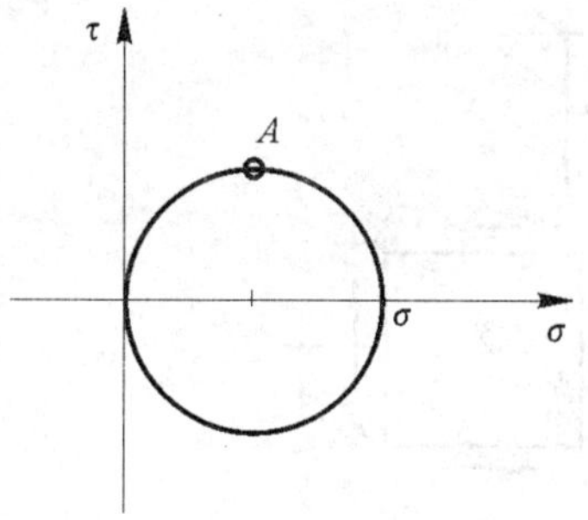

题 11-29 图

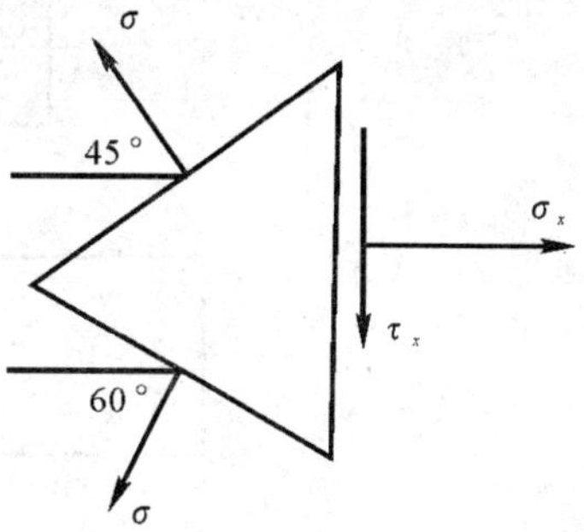

题 11-30 图

第 11-30 题：如题 11-30 图所示三角形单元体，已知两斜截面上的正应力均为 σ，剪应力为零，则竖直面上的 $\tau_x=$(　　)，$\sigma_x=$(　　)。

A. $-\sigma$　　B. σ　　C. 0　　D. 2σ

3. 单项选择题

第 11-31 题：某单元体上的应力为 $\sigma_x=50$ MPa，$\sigma_y=50$ MPa，$\sigma_z=0$，$\tau_x=50$MPa，则该单元体是(　　)。

A. 二向应力状态　　B. 单向应力状态　　C. 三向应力状态　　D. 纯剪切应力状态

第 11-32 题：如题 11-32 图所示铸铁制圆轴，当扭转破坏时，其破坏面为(　　)。

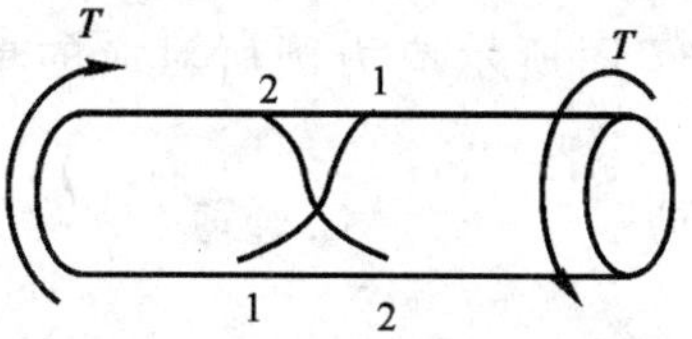

题 11-32 图

A. 沿纵截面　　B. 沿横截面　　C. 沿 1－1 螺旋面　　D. 沿 2－2 螺旋面

第 11-33 题：关于弹性体受力后某方向的应力与应变关系，有如下叙述，其中(　　)是正确的。

A. 有应力一定有应变，有应变不一定有应力

B. 有应力不一定有应变，有应变不一定有应力

C. 有应力不一定有应变，有应变一定有应力

D. 有应力一定有应变，有应变一定有应力

第 11－34 题：研究一点的应力状态的任务是(　　)。

A. 了解不同横截面上的应力变化规律

B. 了解横截面上应力随外力的变化规律

C. 找出同一截面上应力的变化规律

D. 了解一点在不同方向截面上的应力变化规律

第 11－35 题：如题 11－35 图所示给出了悬臂梁上 1，2，3，4 点的应力状态，其中错误的为图(　　)。

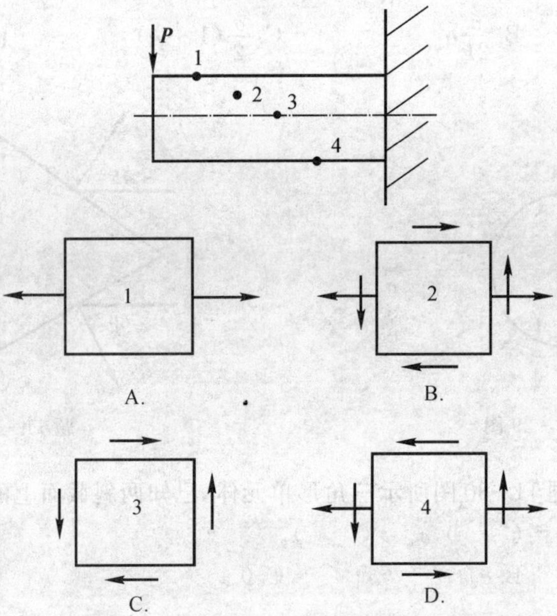

题 11－35 图

第 11－36 题：单元体的主平面上(　　)。

A. 正应力一定最大　　　　B. 剪应力最大

C. 正应力一定为零　　　　D. 剪应力一定为零

第 11－37 题：如题 11－37 图所示应力圆所对应的单元体一定是以下哪种应力状态(　　)。

A. 单向拉　　B. 单向压　　C. 纯剪　　D. 二向应力

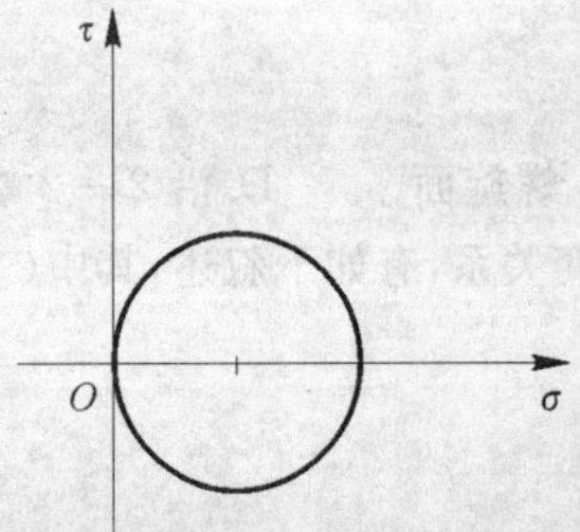

题 11－37 图

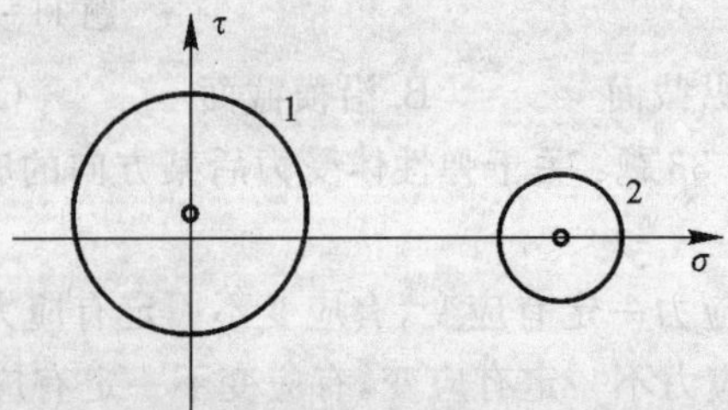

题 11－38 图

第 11－38 题：在应力应变平面有如题 11－38 图所示两图，可能表示某点应力状态的是(　　)。

A. 是圆 1，不是圆 2　B. 圆 1 和圆 2　C. 不是圆 1，是圆 2　D. 两个圆不是

第 11－39 题：两根横截面相同的等直杆，其中一根置于刚性模中，若它们所受压力一样，则两杆中任意一点什么量相等(　　)。

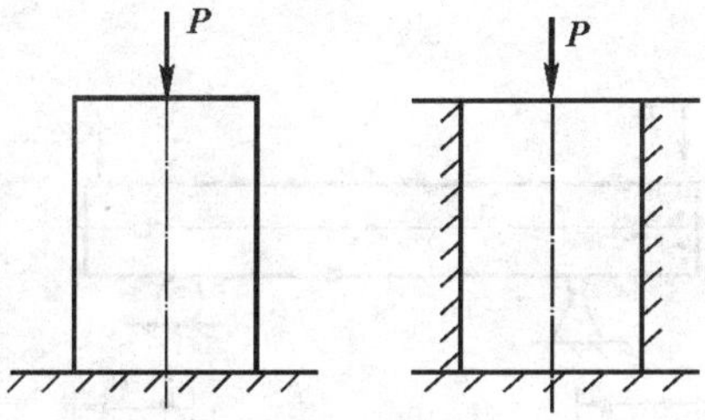

题 11－39 图

A. 轴向压应力　B. 轴向线应变　C. 最大剪应力　D. 最大剪应变

第 11－40 题：如题 11－40 图所示直角三角形单元体，若斜面上无应力，则该单元体的(　　)。

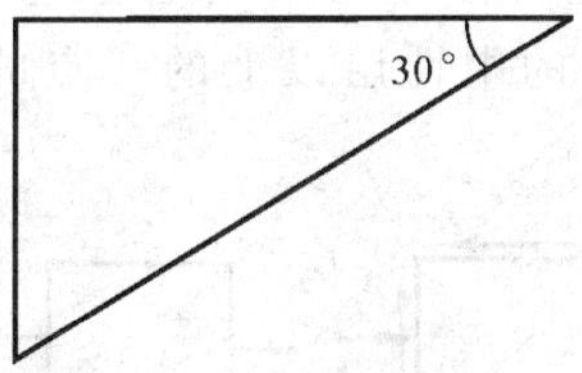

题 11－40 图

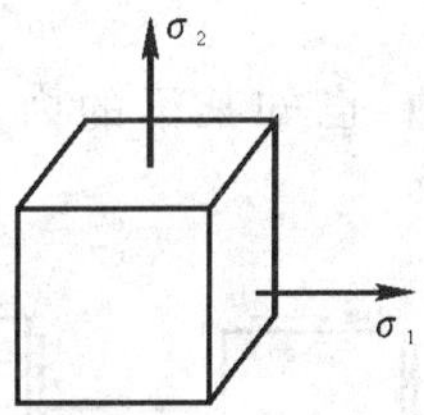

题 11－41 图

A. 三个主应力均为零　B. 两个主应力为零

C. 至少一个主应力为零　D. 三个主应力均不为零

第 11－41 题：已知单元体如题 11－41 图所示，其主应力为 σ_1，σ_2，主应变为 ε_1，ε_2 和材料的弹性因数 E，μ，则 $\varepsilon_3=$(　　)。

A. $-\mu(\varepsilon_1+\varepsilon_2)$　B. $-\dfrac{\mu}{E}(\sigma_1+\sigma_2)$　C. $\dfrac{\mu}{E}(\sigma_1+\sigma_2)$　D. 0

第 11－42 题：材料相同的两个单元体如题 11－42 图所示，相同的是(　　)。

A. 弹性比例　B. 体积改变比能　C. 形状改变比能　D. 最大剪应力

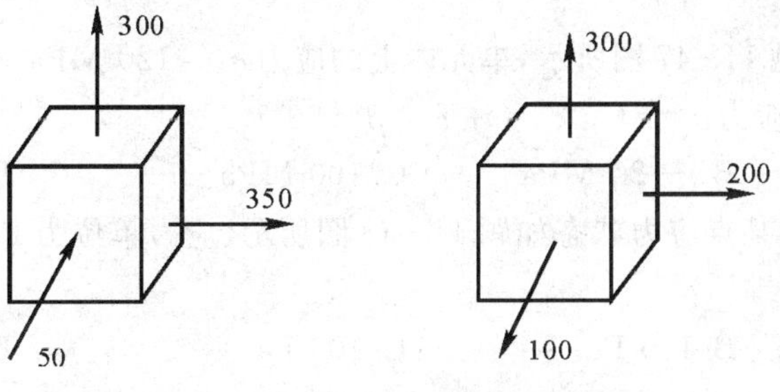

题 11－42 图

第 11－43 题：厚壁玻璃杯因沸水倒入而开裂，裂纹起始于（　　）。

A. 内壁　　B. 外壁　　C. 中间　　D. 内、外壁同时

第 11－44 题：低碳钢制杆件的危险点处在三向等拉应力状态下，则强度校核宜用哪一强度理论（　　）。

A. 第一强度理论　　B. 第二强度理论　　C. 第三强度理论　　D. 第四强度理论

第 11－45 题：如题 11－45 图所示给出了一外伸梁 1,2,3,4 点的应力状态，则错误的是（　　）。

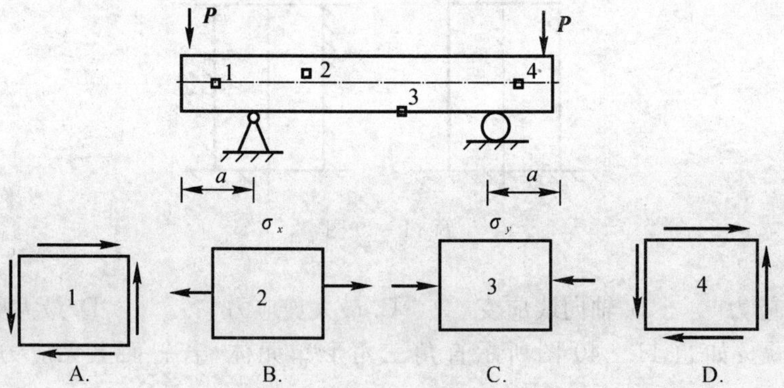

题 11－45 图

第 11－46 题：已知某梁的内力图，问 C 截面的中性层以上的一点的应力状态可能是（　　）。

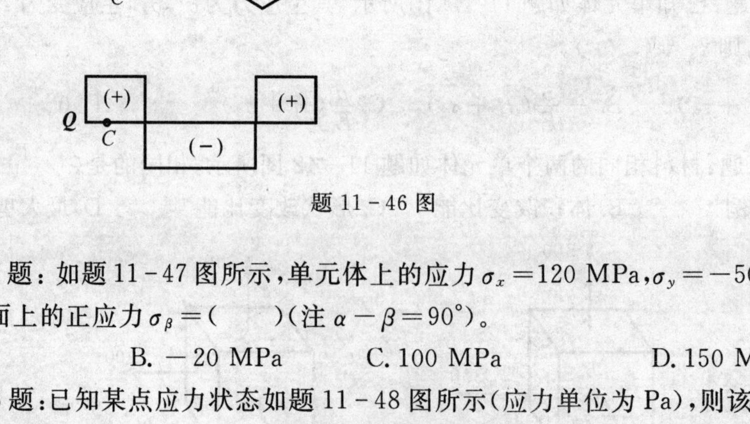

题 11－46 图

第 11－47 题：如题 11－47 图所示，单元体上的应力 $\sigma_x = 120$ MPa，$\sigma_y = -50$ MPa，$\sigma_\alpha = 90$ MPa，则 β 斜面上的正应力 $\sigma_\beta =$（　　）（注 $\alpha - \beta = 90°$）。

A. 0　　B. -20 MPa　　C. 100 MPa　　D. 150 MPa

第 11－48 题：已知某点应力状态如题 11－48 图所示（应力单位为 Pa），则该点第三强度相当应力为（　　）。

A. 85 Pa　　B. 150 Pa　　C. 100 Pa　　D. 60 Pa

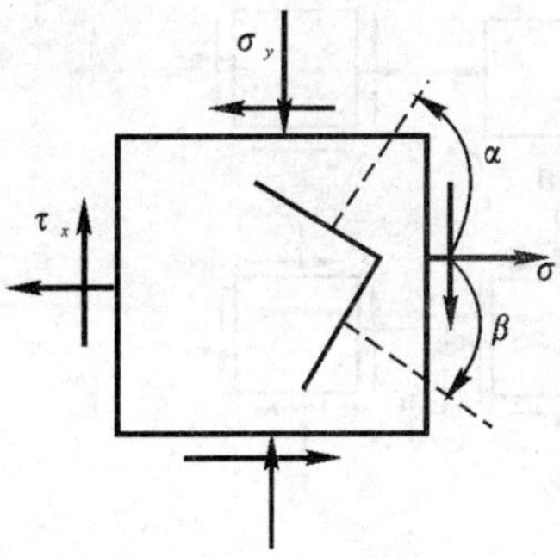

题 11－47 图

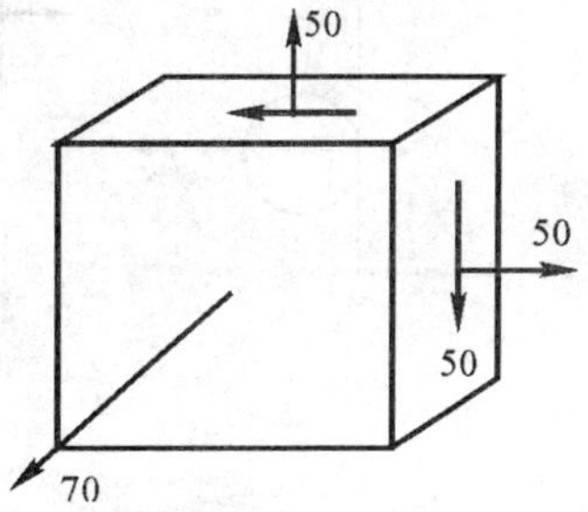

题 11－48 图

第 11－49 题：已知 P 点处两斜面的应力如题 11－49 图所示(应力单位为 Pa)，则 P 点的主应力为 $\sigma_1=($　　$)$。

A. 70 Pa　　B. 40 Pa

C. $30\sqrt{3}$ Pa　　D. 100 Pa

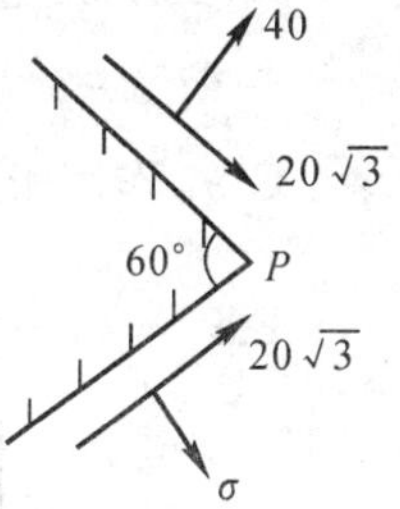

题 11－49 图

4. 多项选择题

第 11－50 题：关于弯扭组合变形圆轴周边上的点的描述正确的是(　　)。

A. 纯剪切应力状态　　B. 单向拉(压)

C. 平面应力状态　　D. 三向应力状态

E. 是该横截面上最危险的点之一　　F. 是剪应力最小的横截面上点

第 11－51 题：对各向同性材料，以下论述中正确的是(　　)。

A. 某方向有正应力就有正应变

B. 某方向无正应力就无正应变

C. 某方向无正应力，也可能有正应变

D. 某方向有正应力，但可能无正应变

E. 某方向若是最大线应变方向，则也是正应力最大的方向

F. 剪应力最大的方向，与最小正应力方向垂直

第 11－52 题：单元体的应力圆如题 11－52 图所示，则(　　)。

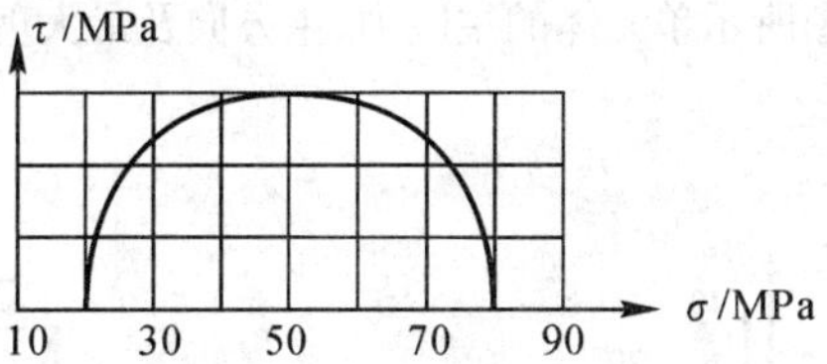

题 11－52 图

A. $\sigma_1=80$ MPa　　B. $\tau_{max}=60$ MPa　　C. $\tau_{min}=10$ MPa

D. $\tau_{max}=30$ MPa　　E. $\sigma_3=50$ MPa　　F. $\sigma_3=0$ MPa

第 11－53 题：某点的应力圆如题 11－53 图所示，则该点的单元体图可能是(　　)。

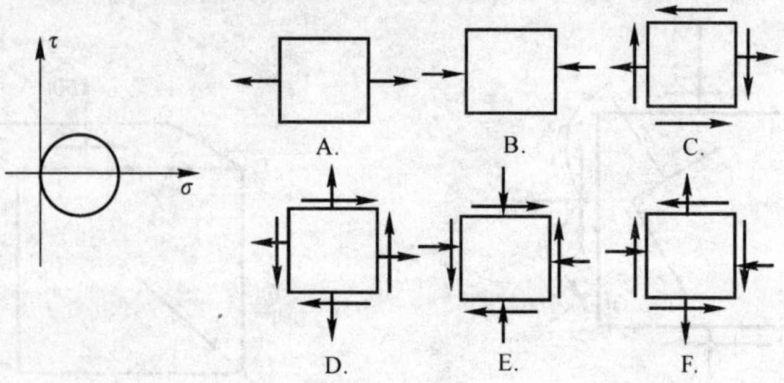

题 11-53 图

第 11-54 题：纯剪切单元体如题 11-54 图所示，则以下结论正确的有(　　)。

A. $\sigma_1 = \tau$　　　　B. σ_1 作用方向为 -45°

C. σ_1 作用于 45° 方向　　　　D. $\varepsilon_1 = (1+\mu)\dfrac{\tau}{E}$

E. $\varepsilon_1 = (1-\mu)\dfrac{\tau}{E}$　　　　F. 最大剪应力为 $\dfrac{1}{2}\tau$

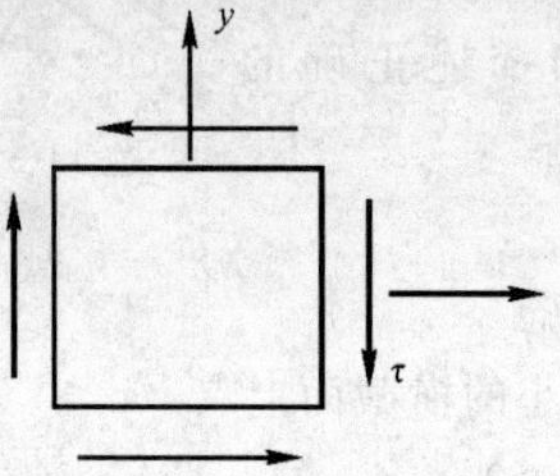

题 11-54 图

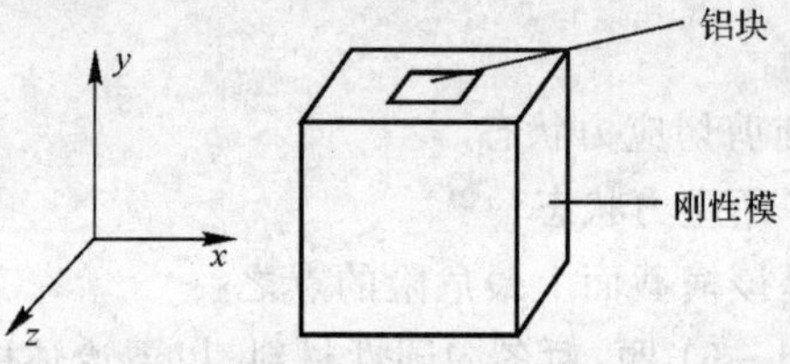

题 11-55 图

第 11-55 题：正方形铝块，无间隙置于有正方形凹槽的刚性模中，铝块顶面受已知集度的均布力作用，不计摩擦。则以下已知量为(　　)。

A. ε_x　　B. ε_y　　C. ε_z　　D. σ_x　　E. σ_y　　F. σ_z

11.4　基本计算练习题

第 11-56 题：求题 11-56 图所示单元体的主应力、主方向及最大剪应力(图中应力单位为 MPa)。

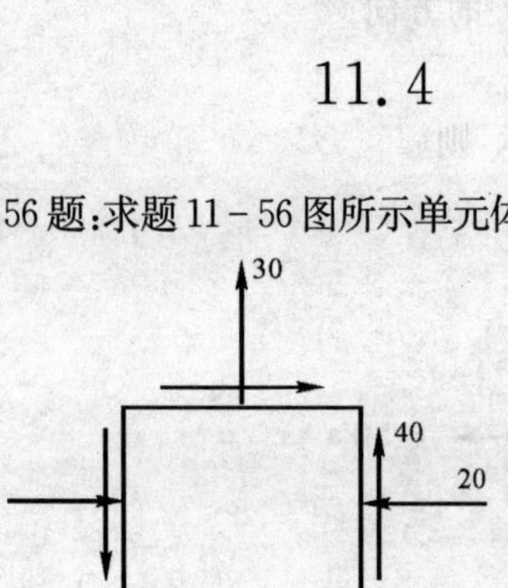

题 11-56 图

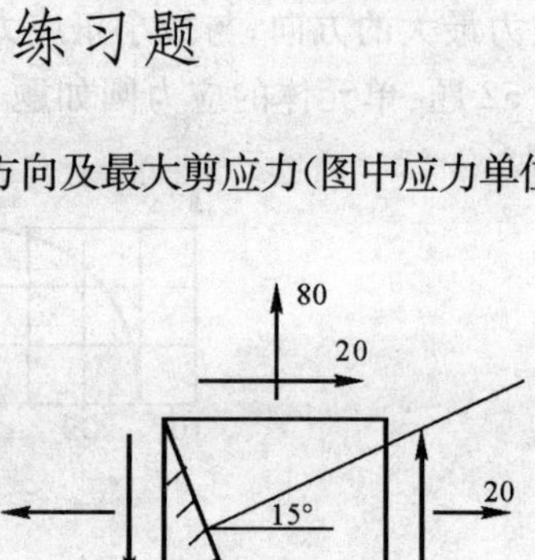

题 11-57 图

第 11-57 题：求如题 11-57 图所示单元体斜截面上的应力(图中应力单位为 MPa)。

第 11－58 题：求如题 11－58 图所示单元体上的主应力、主方向、$\alpha=15^\circ$ 面上的应力，用图解法(图中应力单位为 MPa)。

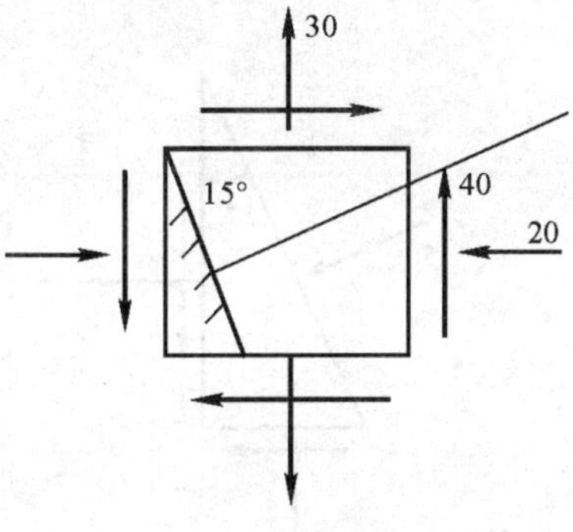

题 11－58 图

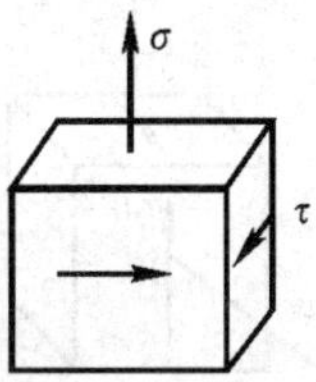

题 11－59 图

第 11－59 题：求题 11－59 图所示单元体的主应力、最大剪应力，并将主应力的方位用图标示出来。已知 $\sigma>\tau>0$。

第 11－60 题：木质悬臂梁的横截面高为 200 mm，宽为 60 mm 的矩形。在 A 点木质纤维倾角为20°，试求通过 A 点沿纤维方向斜面上的应力。

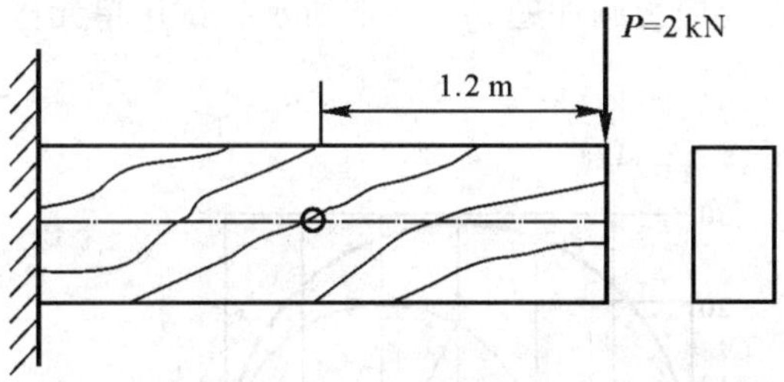

题 11－60 图

第 11－61 题：在二向应力状态下，设已知最大剪应变为 $\gamma_{max}=5\times10^{-4}$，并已知两个垂直方向上的正应力之和为 27.5 MPa，材料的弹性常数 $E=200$ GPa，$\mu=0.25$，试求主应力大小。

第 11－62 题：二向应力状态如题 11－62 图所示，求主应力(图中单位为 MPa)。

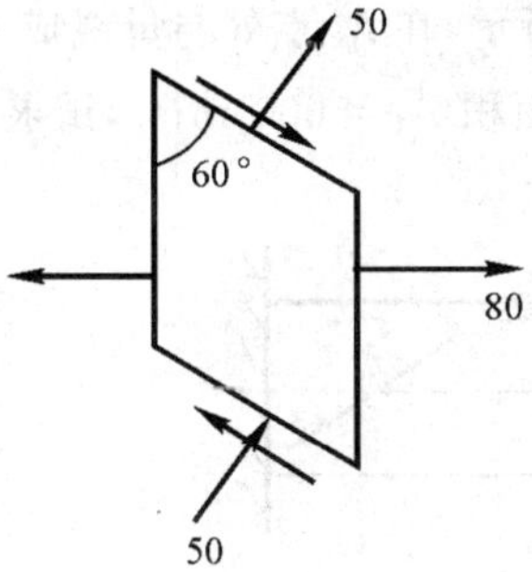

题 11－62 图

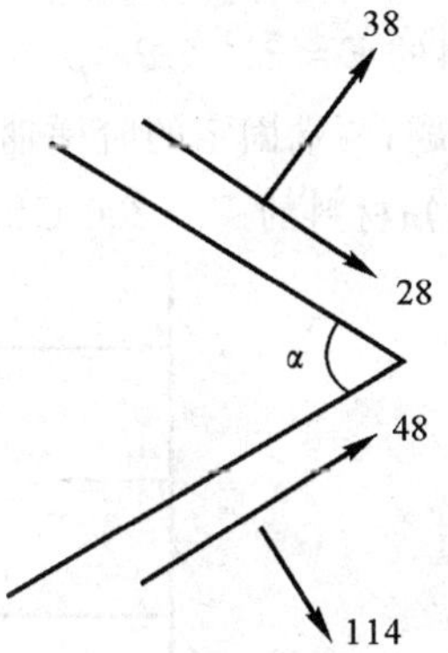

题 11－63 图

第 11－63 题：已知过某点两个斜面上的应力如题 11－63 图所示，求主应力值、主单元体及

α 角。(图中单位为 MPa)。

第 11－64 题:试求如题 11－64 图所示单元体的主应力大小及最大剪应力(图中单位为 MPa)。

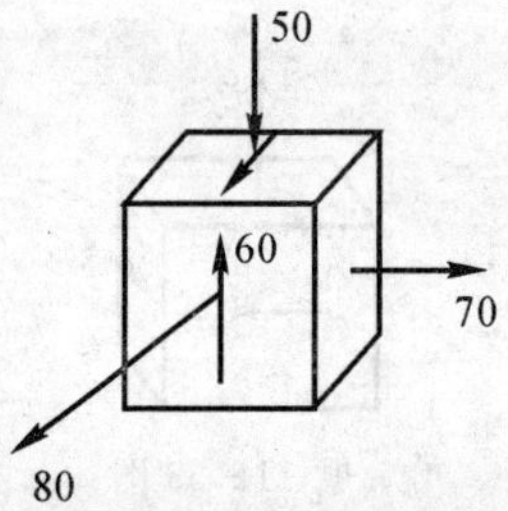

题 11－64 图

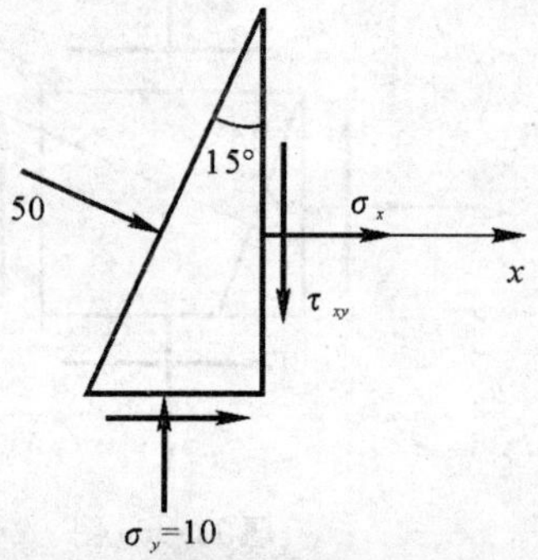

题 11－65 图

第 11－65 题:已知三角形单元体如题 11－65 图所示,求主应力(图中单位为 MPa)。

第 11－66 题:外径 $D=120$ mm,内径 $d=80$ mm 的空心圆轴,两端受扭,在轴表面沿 45° 斜向放置应变片,当扭矩增至 9 kN·m 时,应变片读得 $\varepsilon_{45^\circ}=-6\times10^{-4}$,求轴材料的 G。

第 11-67 题:已知一点处应力圆如题 11-67 图所示。试用单元体示出该点的应力状态,以及 A 点所代表的平面。

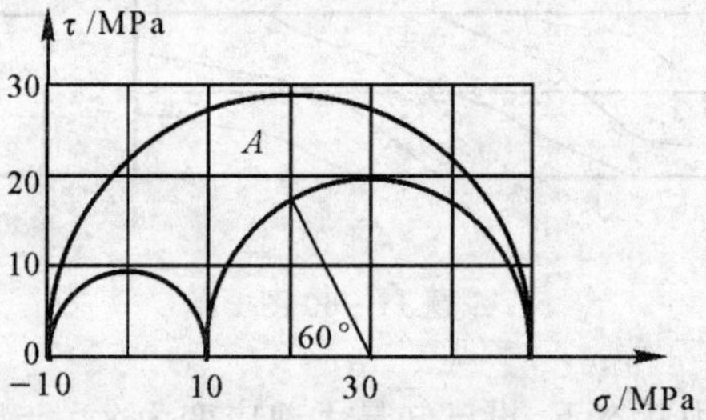

题 11－67 图

第 11－68 题:用应变花测得某点的应变 $\varepsilon_{0^\circ}=-267\times10^{-6}$,$\varepsilon_{45^\circ}=-570\times10^{-6}$,$\varepsilon_{90^\circ}=79\times10^{-6}$。已知材料的 $E=210$ GPa,$\mu=0.3$,求主应力。

第 11－69 题:两端固定的阶梯轴如题 11－69 图所示,在 M 点处与母线成 45° 方向,$\varepsilon_{45^\circ}=1.05\times10^{-4}$,已知材料的 $E=200$ GPa,$\mu=0.3$,横截面积 $A_1=600$ mm^2,试求荷载 P。

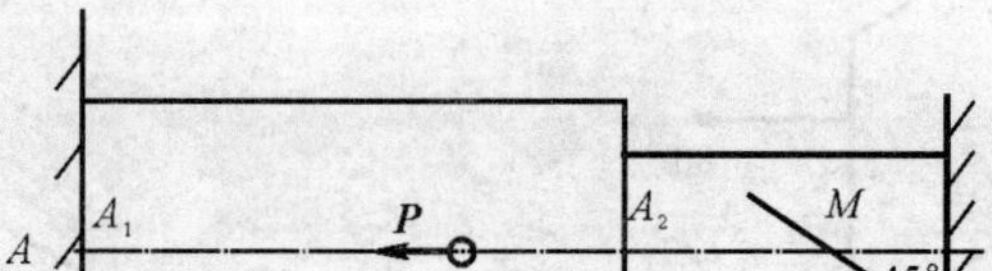

题 11－69 图

第 11－70 题：圆柱形压力容器，外径 $D=2\ \mathrm{m}$，壁厚 $t=20\ \mathrm{mm}$，$E=200\ \mathrm{GPa}$，$\mu=0.3$。若沿外表面一点的轴向线应变 $\varepsilon_x=60\times10^{-6}$，试求：

(1) 内压力 P；

(2) 外圆一周总伸长量；

(3) 外径的增量；

(4) 壁厚的改变量。

第 11－71 题：有一均匀厚度的任意形状平板，周边承受均布的法向（与周边垂直）压力 P 作用。试证明板内任意一点处于均匀受压状态，并求其体变能和畸变能。

第十二章　组合变形

12.1　基本理论与方法

1.组合变形杆件的强度计算方法

可利用叠加法来处理组合变形杆件的强度计算。

(1) 将外载荷简化为几组载荷,使每组载荷只产生一种类型的基本变形。

(2) 对于每种基本变形,根据内力分析、杆件截面情况及材料来判断构件的可能的危险截面。

(3) 利用基本变形的应力计算方法,分别算出每一种基本变形在危险截面上的应力,然后将这些应力进行叠加,由此确定危险点的位置及其应力状态。

(4) 根据危险点的应力状态,应用适当的强度理论进行强度计算。

2.拉伸(压缩)与弯曲组合变形

在危险截面确定后,危险点的位置完全由弯曲变形决定,危险点仍然是单向应力状态,其强度条件是:

矩形截面

$$\sigma_{\max}=\frac{|F_N|}{A}+\frac{|M_y|}{W_y}+\frac{|M_z|}{W_z}\leqslant[\sigma]$$

圆截面

$$\sigma_{\max}=\frac{|F_N|}{A}+\frac{\sqrt{M_y^2+M_z^2}}{W}\leqslant[\sigma]$$

3.扭转与弯曲组合变形

该组合变形的危险点处于如图 12-1 所示平面应力状态。弯扭组合的第三或第四强度理论的强度条件为

$$\sigma_{r3}=\sqrt{\tau^2+4\tau^2}\leqslant[\sigma]$$

$$\sigma_{r4}=\sqrt{\tau^2+3\tau^2}\leqslant[\sigma]$$

式中,τ 为危险面上危险点的扭转切应力,σ 为危险点处由弯曲或拉压变形产生的正应力。

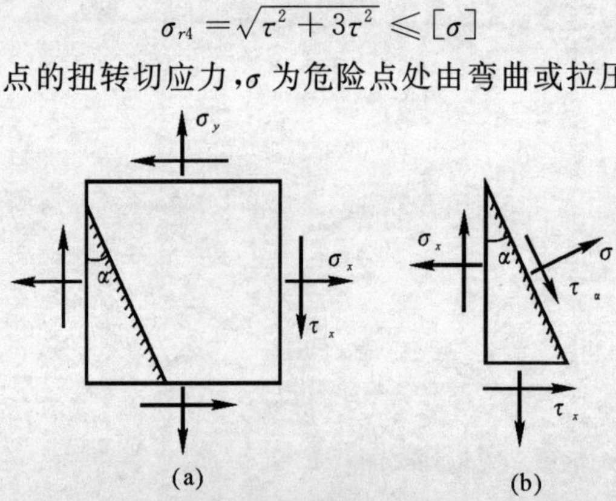

图 12-1　弯-扭组合变形危险点的平面应力状态图

对于圆或空心圆截面，弯扭组合变形时的强度条件为

$$\sigma_{r3}=\frac{1}{W}\sqrt{M^2+T^2}\leqslant[\sigma]$$

$$\sigma_{r4}=\frac{1}{W}\sqrt{M^2+\frac{3}{4}T^2}\leqslant[\sigma]$$

式中，W 为抗弯截面系数，M 和 T 为杆件危险截面处的弯矩和扭矩。当圆轴受到两个相互垂直平面内的弯矩 M_y 和 M_z 作用时，M 为组合弯矩，即

$$M=\sqrt{M_y^2+M_z^2}$$

12.2　基本要求与重点

(1) 了解组合变形杆件强度计算的基本方法，掌握危险截面和危险点的判定方法。

(2) 掌握拉弯组合变形杆的应力和强度计算。

(3) 掌握圆轴在弯扭组合变形时的应力和强度计算。

12.3　基本概念练习题

1. 是非判断题

第 12－1 题：在拉(压) 弯组合变形杆件的横截面上，危险点处于单向应力状态。

第 12－2 题：弯扭组合变形的圆杆，中性层上的点处于纯剪切应力状态。

第 12－3 题：强度条件 $\sigma_{\text{eq4}}=\sqrt{\sigma^2+3\tau^2}\leqslant[\sigma]$，对拉弯扭变形的杆件不适用。

第 12－4 题：强度条件 $\sigma_{\text{eq4}}=\frac{1}{W}\sqrt{M^2+0.75M_{\text{T}}^2}\leqslant[\sigma]$，对于矩形截面杆也适用。

第 12－5 题：拉弯组合变形的杆件，其危险点总是处于二向应力状态。

第 12－6 题：拉弯扭组合变形的圆轴的危险点处于三向应力状态。

第 12－7 题：矩形横截面杆件，在弯扭组合变形下，危险点必定在长边的中点。

第 12－8 题：矩形横截面杆件，在弯扭组合变形下，危险点有可能是长边中点或四个尖点。

第 12－9 题：弯扭组合变形杆件，多数选为塑性材料，这主要是出于对扭转极限剪应力偏小的考虑。

第 12－10 题：叠加原理就是应力的代数叠加，不需要考虑应力的方向。

第 12－11 题：对于危险点来说，叠加原理实际指的是将每种基本变形的应力状态叠加。

第 12－12 题：叠加原理适用于求杆件的内力、应力、位移。

第 12－13 题：若压力作用点离截面形心越远，则中性轴离截面形心越远。

第 12－14 题：两个对称面的弯曲问题总可归结为在某一斜面内的一个弯曲问题。

第 12－15 题：在弯扭组合变形圆截面杆的边界上，各点的应力状态都是平面应力状态(不考虑弯曲剪应力)。

第 12－16 题：在弯扭组合变形的圆截面杆的边界上，各点主应力必然是有

$$\sigma_1>0,\quad \sigma_2=0,\quad \sigma_3<0$$

第 12－17 题：在拉弯扭组合变形的圆截面杆的外边界上，各点主应力必然是

$$\sigma_1 > 0,\quad \sigma_2 = 0,\quad \sigma_3 < 0$$

第 12－18 题：要测定平面应力状态点的主应力，至少需要两个应变片和双片应变花。

第 12－19 题：两个对称面内的弯曲问题中，中性轴不过形心。

第 12－20 题：受偏心拉(压) 的杆件，中性轴过形心。

第 12－21 题：如果考虑弯曲剪应力，则横力弯曲与扭转组合变形下的圆杆，其危险点仍为平面应力状态。

第 12－22 题：偏心拉(压) 杆的中性轴位置与拉(压) 力大小有关系。

第 12－23 题：矩形截面杆在弯扭组合变形下，其横截面也会翘曲。

第 12－24 题：板砖在受到沿一个侧面作用的大小相等、方向相反的拉力作用下，其危险点的应力相当于轴向拉应力时的 2 倍。

第 12－25 题：在两个对称面内的弯曲变形中，杆的轴线必然仍保持为直线。

第 12－26 题：当圆轴发生组合变形时，弯矩可采用合弯矩，所以轴线必是保持为直线。

第 12－27 题：脆性材料制成的杆，在拉(压) 弯变形下，危险点都可按第一强度理论来计算。

第 12－28 题：拉弯组合变形的杆件上没有中性层。

第 12－29 题：圆杆危险点的应力状态如题 12－29 图所示，则杆一定处于弯扭组合变形。

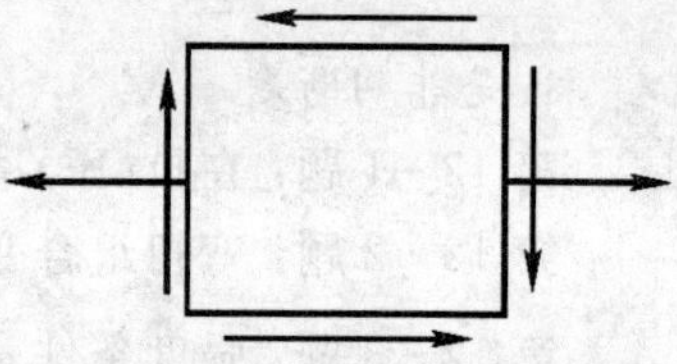

题 12－29 图

第 12－30 题：公式 $\sigma_{eq4} = \sqrt{\sigma^2 + 3\tau^2}$ 适用于各种截面形状的杆件在发生弯扭组合变形时的情况。

第 12－31 题：组合变形情况下的内力图常不标正负，因为应力方向在进行危险点的应力分析时要专门做。

第 12－32 题：当偏心压缩时，若偏心距离足够小，则有可能在压杆横截面上只有压应力。

2. 选择填空题

第 12－33 题：偏心压缩实际是由(　　) 的组合变形，其危险点的应力状态为(　　)。

A. 弯曲＋压缩　　B. 单向应力状态　　C. 剪切＋弯曲　　D. 二向应力状态

第 12－34 题：偏心压缩的危险点的应力状态类型为(　　)；轴向压缩的危险点的应力状态类型为(　　)。

A. 单向应力状态　　B. 二向应力状态　　C. 三向应力状态　　D. 不能确定

第 12－35 题：从应力状态类型看，(　　) 的危险点的应力状态是相同的；他们都属于(　　)。

A. 拉弯组合变形，两个对称面弯曲变形，偏心拉压变形

B. 拉弯组合变形，弯曲和扭转组合变形，偏心拉压变形

C. 单向应力状态

D. 二向应力状态

第 12－36 题：如题 12－36 图所示中，图(a) 所示的应力圆可能是(　　) 组合变形危险点的应力圆；图(b) 所示的应力圆可能是(　　) 组合变形危险点的应力圆。

A. 弯扭(或拉弯扭)　B. 偏心压缩　　C. 纯扭转　　D. 拉弯

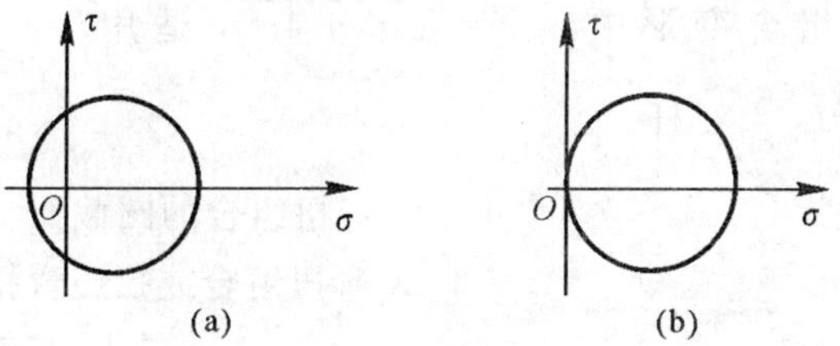

题 12-36 图

第 12-37 题：在偏心拉伸杆件中，某个截面上中性轴的位置与（　　）有关，与（　　）无关。

A. 截面的几何尺寸　　B. 偏心力的大小

C. 截面的几何尺寸和力的作用点的位置　D. 截面的几何尺寸和偏心力的大小

第 12-38 题：如题 12-38 图所示，矩形截面受到弯矩和扭矩作用，则该截面上的危险点处于（　　）应力状态，则（　）点处于纯剪状态。

A. 二向　　B. 中性层　　C. Z 轴上的　　D. Y 轴上的

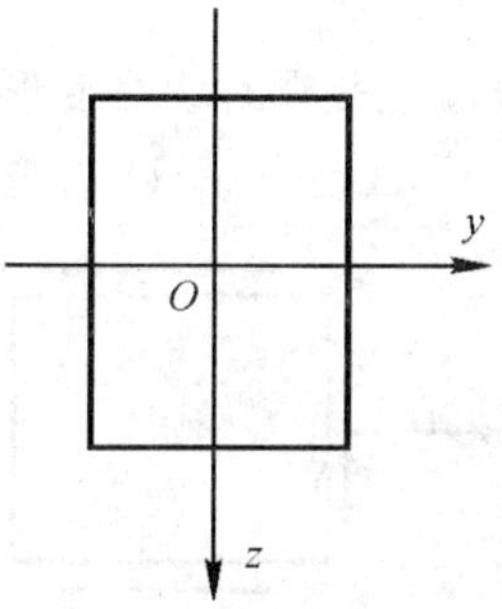

题 12-38 图

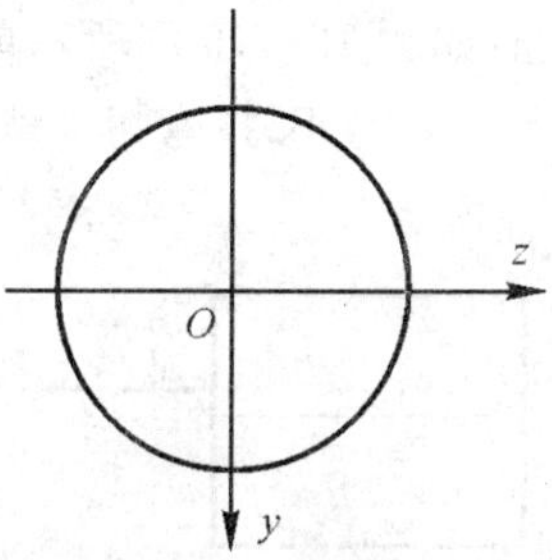

题 12-39 图

第 12-39 题：某梁的实心圆形截面上有弯矩和扭矩，则圆形截面上（　　）应力为零，而（　　）点处于纯剪状态。

A. 中心点　　B. y 轴上的　　C. z 轴上的　　D. 中性轴上

第 12-40 题：若横向力过截面的（　　），则杆件中只有弯曲变形而没有扭转变形；若横向力过截面形心主惯性轴，则杆件只发生（　　）变形。

A. 弯曲中心　　B. 截面核心　　C. 平面弯曲　　D. 扭转

第 12-41 题：如题 12-41 图所示，两具有相同矩形截面的杆，一个开了一个孔，另一个对称开了两个孔，则应力在图(a) 和图(b) 的变形分别为（　　）；图(a) 和图(b) 中拉应力的关系为（　　）。

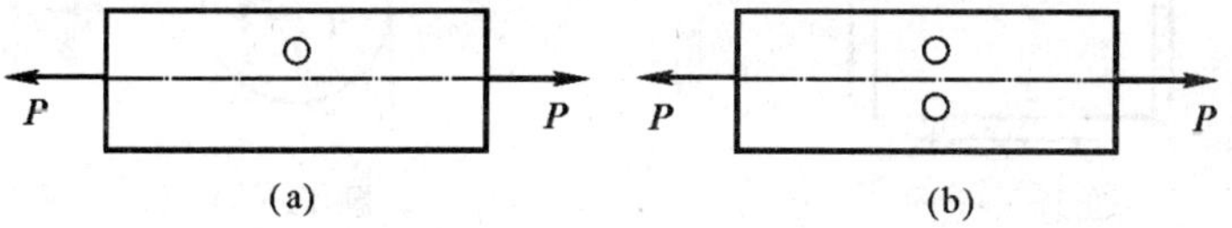

题 12-41 图

A. 都是拉伸变形　　B. 拉伸变形和拉弯组合变形

C. 相等　　D. 前者大于后者

第 12 - 42 题：在组合变形中，$\sigma_{eq3}=\sqrt{\sigma^2+4\tau^2}$，适用于（　　）杆，而公式 $\sigma_{eq3}=\frac{1}{W}\sqrt{M^2+M_T^2}$，只适用于（　　）杆。

A. 弯扭组合　　　　B. 弯扭组合的圆截面

C. 拉压弯扭组合变形　　　　D. 弯扭组合或拉压弯扭组合变形

第 12-43 题：在组合变形中，危险点的应力可以用公式 $\frac{N}{A}+\sqrt{\frac{M_y^2+M_z^2}{W^2}}$ 计算，则该变形是（　　）；截面形状为（　）。

A. 拉伸加弯曲加弯曲　　　　B. 正方形

C. 弯曲加扭转　　　　D. 矩形截面

第 12 - 44 题：危险点应力公式 $\sqrt{\sigma^2+4\tau^2}$，适用于（　　）组合变形，其截面形状为（　）。

A. 弯曲和扭转　　　　B. 弯曲和扭转或拉伸与弯曲加扭转

C. 圆形截面　　　　D. 任意截面

3. 单项选择题

第 12 - 45 题：如题 12 - 45 图所示单元体所对应的危险点是哪种组合变形的（　　）。

A. 弯扭　　B. 拉弯扭　　C. 拉扭　　D. 拉弯

题 12 - 45 图

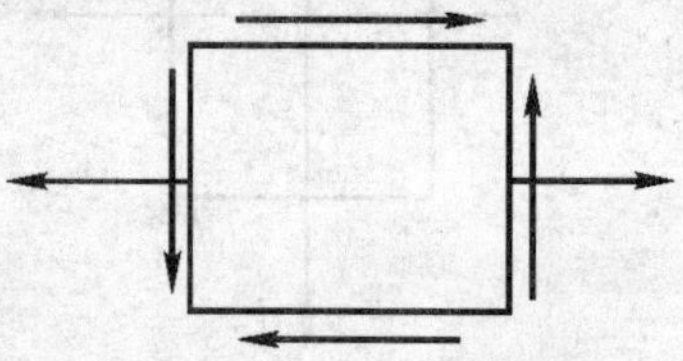

题 12 - 46 图

第 12 - 46 题：如题 12 - 46 图所示单元体对应于哪种组合变形的危险点（　）。

A. 拉(压) 弯　　B. 弯扭　　C. 两个对称面弯曲　　D. 偏心压

第 12 - 47 题：如题 12 - 47 图所示单元体对应于哪种组合变形情况下中性层上的应力状态（　）。

A. 弯扭　　B. 拉弯　　C. 拉弯扭　　D. 偏心压

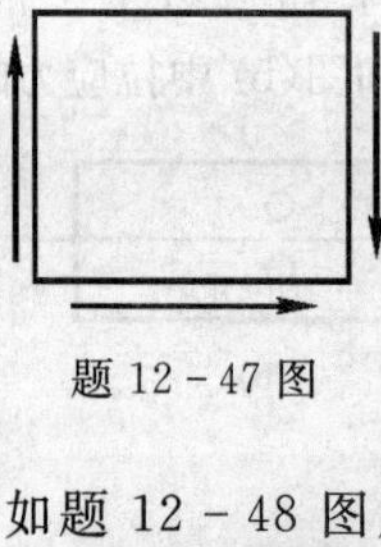

题 12 - 47 图

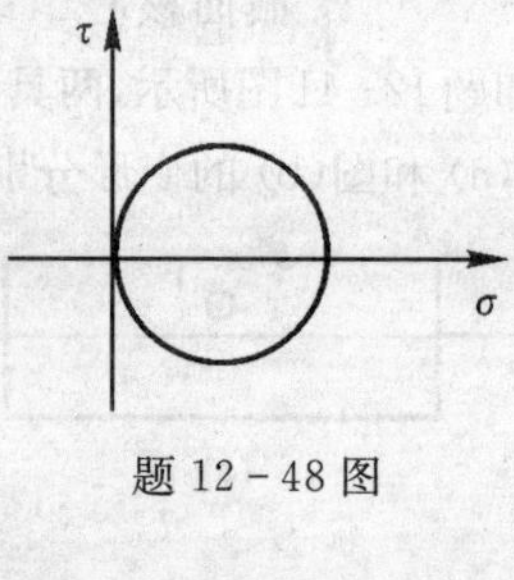

题 12 - 48 图

第 12 - 48 题：如题 12 - 48 图所示，组合变形危险点的应力圆，它对应于哪种组合变形（　　）。

A. 拉弯　　B. 弯扭　　C. 拉弯扭　　D. 压扭

第 12－49 题：公式$\sigma_{eq4}=\sqrt{\sigma^2+3\tau^2}$ 适用于（　　）组合变形。

A. 拉（压）弯　　B. 偏心拉　　C. 两个对称面弯曲　　D. 拉弯扭

第 12－50 题：如题 12－50 图所示，等直圆杆在弯扭组合变形下，危险点的应力圆可能为（　　）。

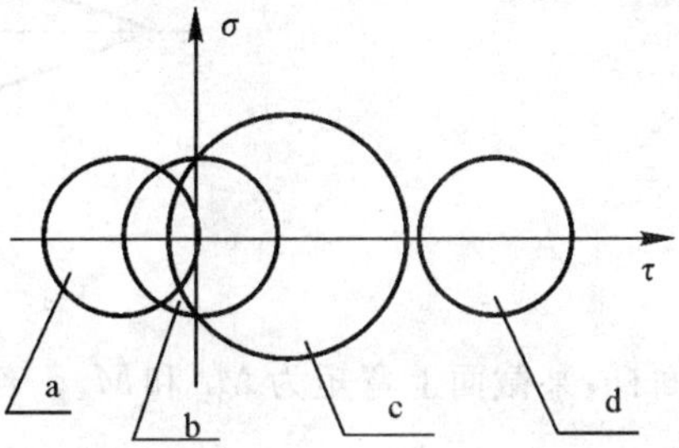

题 12－50 图

A. a 圆　　B. b 圆　　C. c 圆　　D. d 圆

第 12－51 题：如题 12－51 图所示，两个对称面的弯曲杆件，其危险点可能是（　　）单元体。

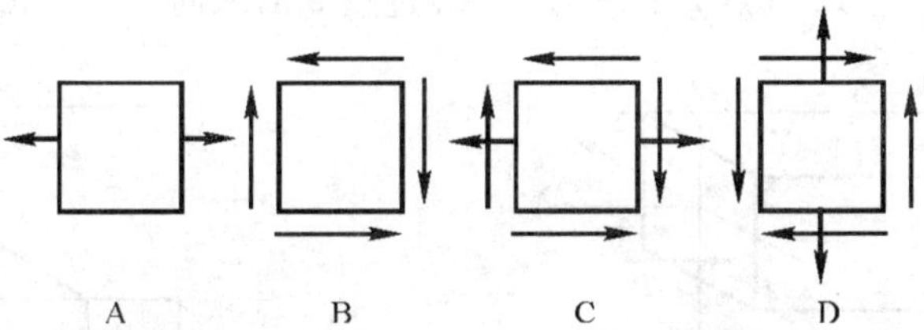

题 12－51 图

第 12－52 题：如题 12－52 图所示，四种截面形状的梁，若荷载通过形心，但不与 y,x 轴重合，其中哪个的最大正应力不能用 $\sigma_{max}=\frac{M_y}{W_y}+\frac{M_z}{W_z}$ 来计算。（　　）

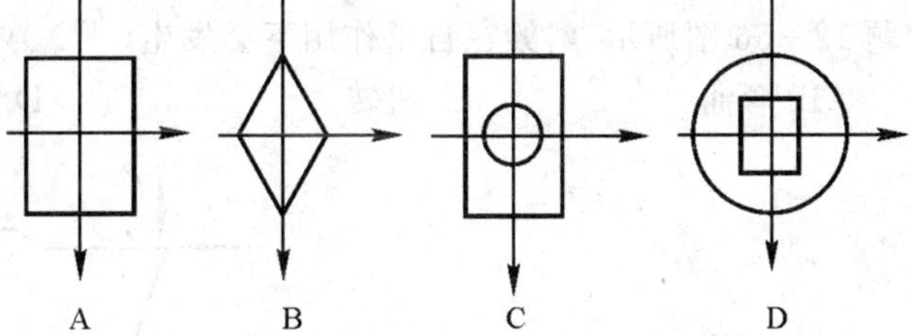

题 12－52 图

第 12－53 题：正方形截面梁，某一横截面上受 $\boldsymbol{M}_y$ 和 $\boldsymbol{M}_z$ 作用，$\boldsymbol{M}$ 为合弯矩，则截面上的最大正应力选用以下的式（　　）计算是错误的。

A. $\sigma_{max}=\frac{M_y}{W_y}+\frac{M_z}{W_z}$　B. $\sigma_{max}=\frac{M}{W_z}$　　C. $\sigma_{max}=\frac{M_y+M_z}{W_z}$　　D. $\sigma_{max}=\frac{M}{W_{z1}}$

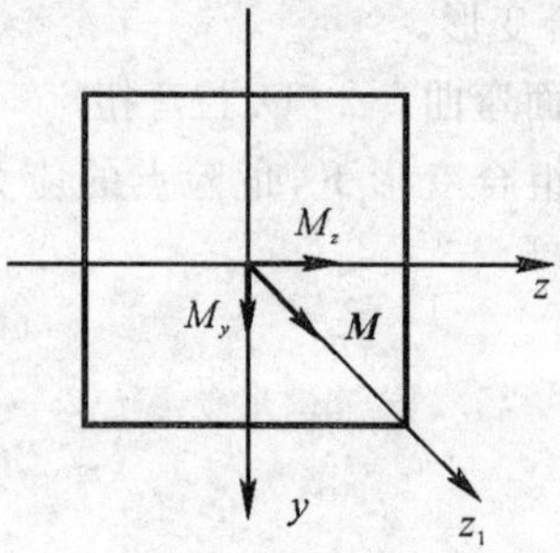

题 12-53 图

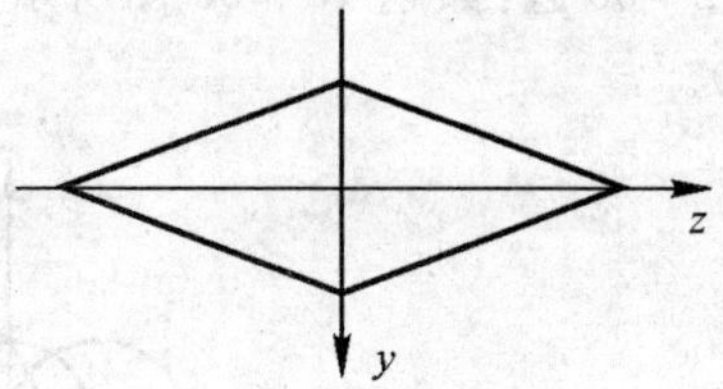

题 12-54 图

第 12-54 题：对菱形截面杆，某截面上弯矩为 M_y 和 M_z。若用公式 $\sigma=\dfrac{M_z y}{I_z}+\dfrac{M_y z}{I_y}$ 来计算任意一点的正应力，用 $\sigma_{\max}=\dfrac{M_y}{W_y}+\dfrac{M_z}{W_z}$ 来计算危险点应力，则得到的(　　)。

A. σ 正确，$\sigma_{\max}$ 错误　　B. σ 错误，$\sigma_{\max}$ 正确

C. 两个都对　　D. 两个都错

第 12-55 题：如题 12-55 图所示，塑性材料杆，受偏心力作用，则(　　)棱最危险。

A. 过点 1 的纵向　B. 过点 2 的纵向　C. 过点 3 的纵向　D. 过点 4 的纵向

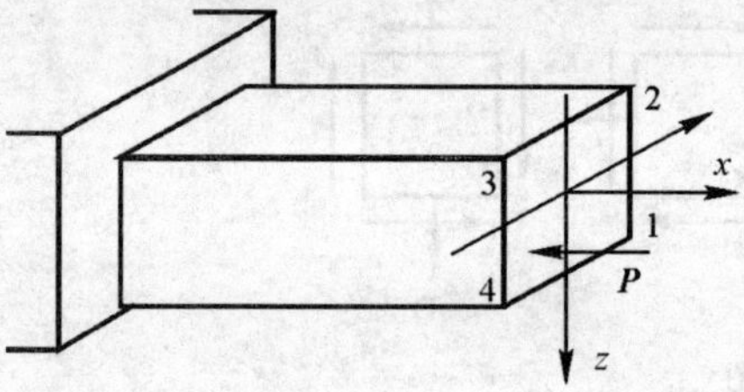

题 12-55 图

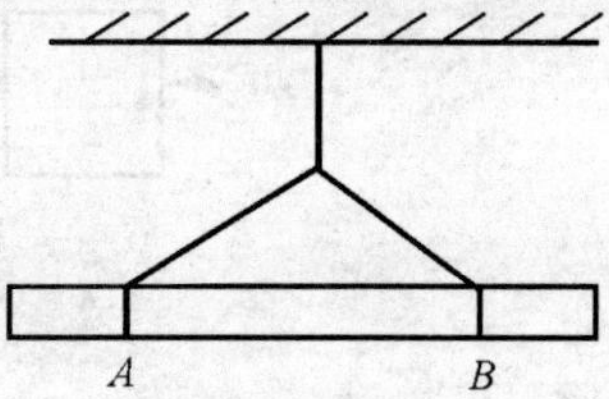

题 12-56 图

第 12-56 题：用吊索将一圆钢吊起，如题 12-56 图所示。在钢索拉力和圆钢自重作用下，*AB* 段圆钢发生何种变形(　　)。

A. 单向压缩　B. 横力弯曲　C. 斜弯曲　D. 压弯组合

第 12-57 题：如题 12-56 图所示，斜梁在自重作用下会发生(　　)变形。

A. 压缩　B. 弯曲　C. 扭转　D. 压弯组合

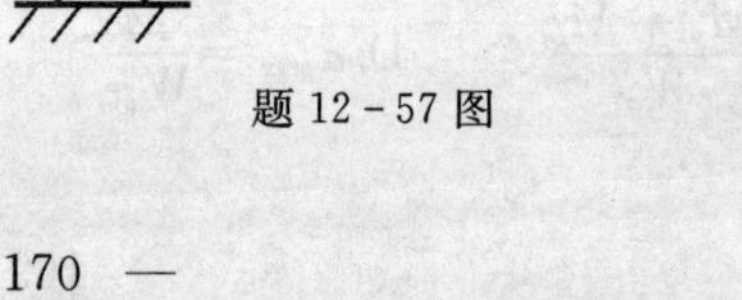

题 12-57 图

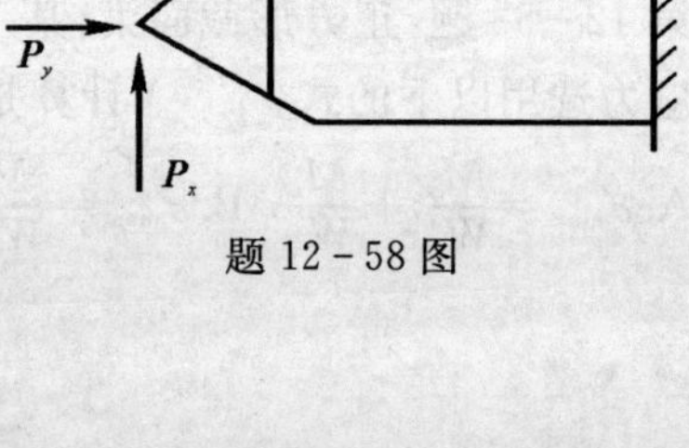

题 12-58 图

第 12－58 题：刀头受均布力作用如题 12－58 图所示，则刀具会发生（　）变形。

A. 弯曲　　B. 两个面内的弯曲　C. 弯扭组合　　D. 压弯组合

第 12－59 题：对于哪种变形，圆截面杆外边界上不可能出现单元体如题 12－59 图所示的点（　　）。

A. 扭转　　B. 平面弯曲　　C. 弯扭组合　　D. 拉扭组合

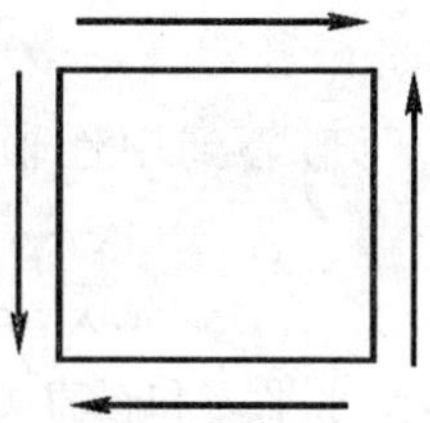

题 12－59 图

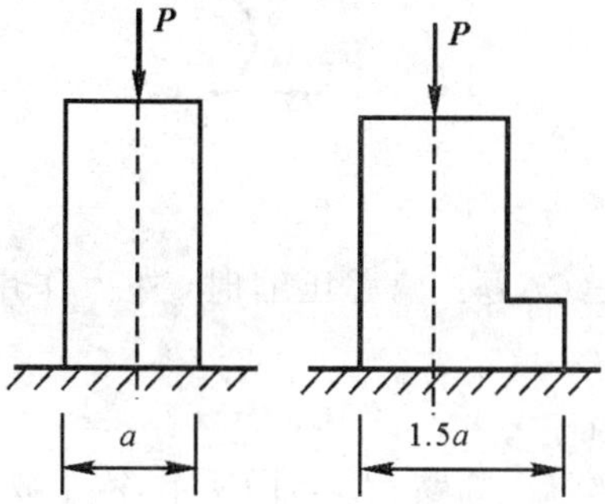

题 12－61 图

第 12－60 题：铸铁圆截面杆，当发生弯扭组合变形时，它的强度条件是（　　），W 为抗弯模量。

A. $\dfrac{\sqrt{M^2+M_T^2}}{W}\leqslant[\sigma_t]$　　B. $\dfrac{\sqrt{M^2+M_T^2}}{W}\leqslant[\sigma_C]$

C. $\dfrac{M+\sqrt{M^2+M_T^2}}{2W}\leqslant[\sigma_t]$　　D. $\dfrac{M+\sqrt{M^2+M_T^2}}{2W}\leqslant[\sigma_C]$

第 12－61 题：如题 12－61 图所示，一正方形立柱，若将底面加宽了原宽度的 1/2，厚度不变，则强度（　　）。

A. 不变　　B. 降低

C. 提高一倍　　D. 提高至原来的 3/2 倍

第 12－62 题：如题 12－62 图所示，在矩形截面拉杆中间开一深度为 $h/2$ 的缺口，与不开口的拉杆相比，最大应力增大到多少倍（　　）。

A. 2 倍　　B. 4 倍　　C. 8 倍　　D. 16 倍

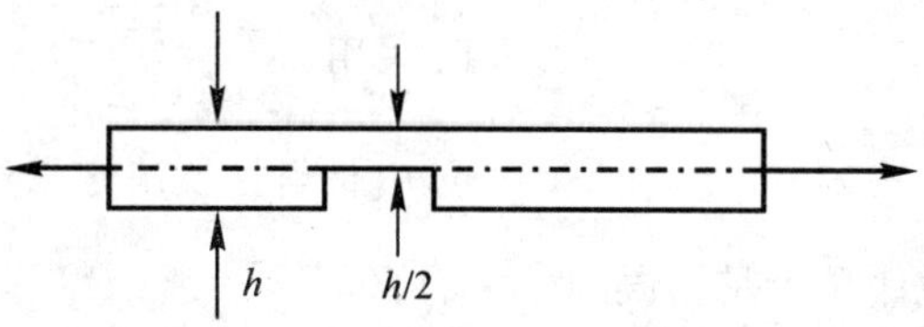

题 12－62 图

第 12－63 题：两简支梁，除右端支撑不同外，其他条件均一样，都承受铅直重力 **P** 作用。则它们的（　　）。

A. 弯矩图相同，轴力图不同　　B. 弯矩图不同，轴力图相同

C. 弯矩图不同，轴力图不同　　D. 弯矩图相同，轴力图相同

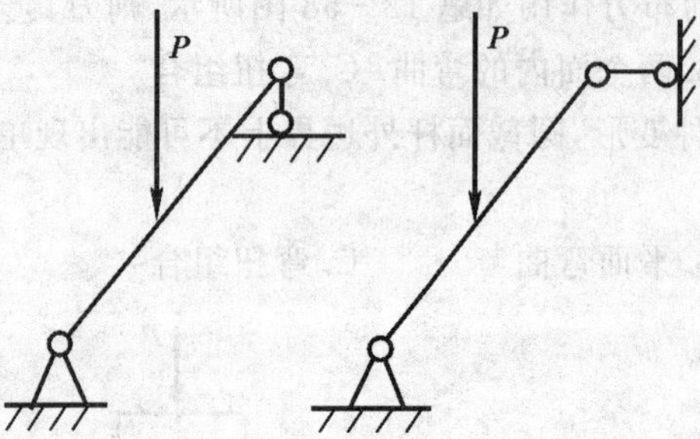

题 12-63 图

第 12-64 题：偏心压缩时，外力作用点到形心之距为 e，形心到中性轴之距为 d，则(　　)。

A. $e=d$　　B. $e>d$　　C. e 越小，d 越大　　D. e 越大，d 越大

第 12-65 题：如题 12-65 图所示，水平放置的半圆形截面梁，受水平力和铅直力作用，则它会发生(　　)变形。

A. 弯曲　　B. 扭转　　C. 压弯组合　　D. 拉(弯)扭组合

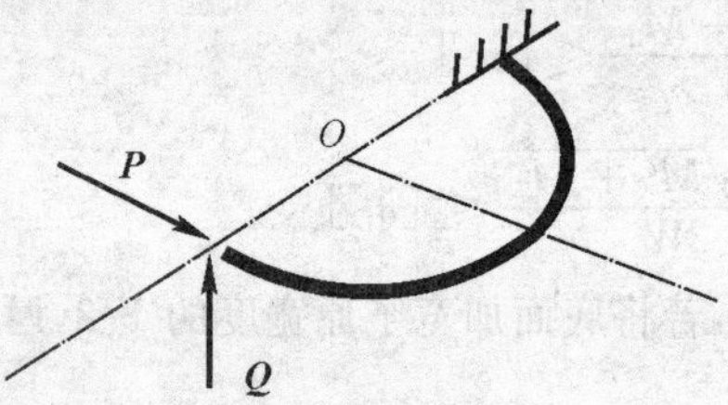

题 12-65 图

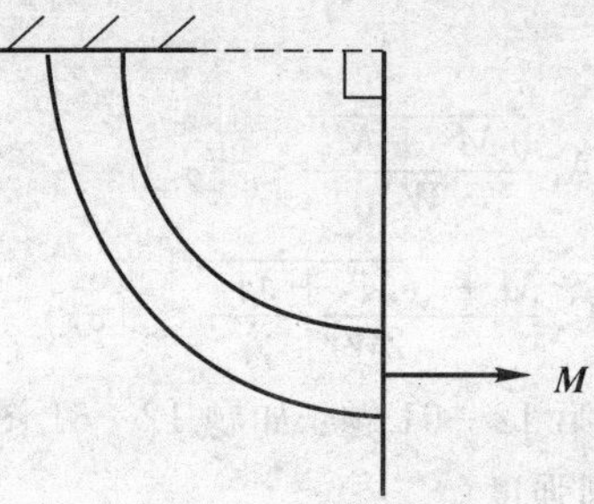

题 12-66 图

第 12-66 题：1/4 圆弧形曲杆，在自由端受到垂直于端面的力偶矩 $\boldsymbol{M}$ 作用，则曲杆发生(　　)变形。

A. 纯扭转　　B. 纯拉伸　　C. 拉弯组合　　D. 弯扭组合

第 12-67 题：弯扭组合变形的等直圆杆，对危险点的应力计算必须(　　)。

A. 采用$\sqrt{\sigma^2+3\tau^2}$　　B. 采用$\sqrt{\sigma^2+4\tau^2}$

C. 采用$\frac{\sigma}{2}+\sqrt{\left(\frac{\sigma}{2}\right)^2+\tau^2}$　　D. 由材料性质决定采用何种强度理论

第 12-68 题：下面说法哪个是错误的(　　)。

A. 当拉力作用于截面核心内时，杆内只有拉应力

B. 当拉力作用于截面核心外时，杆内只有压应力

C. 当压力作用于截面核心内时，杆内只有压应力

D. 当压力作用于截面核心外时，杆内既有拉应力也有压应力

第 12-69 题：考虑横力弯曲的剪应力时，弯扭组合变形的危险点的单元体为(　　)图。

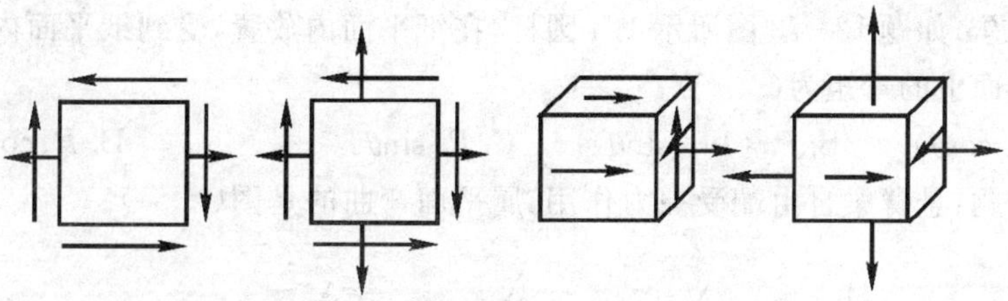

题 12－69 图

第 12－70 题：等截面圆直杆在同时受到扭矩 T，弯矩 M，轴力 N 作用，危险点的应力公式应选择（　　）（W 为抗弯截面模量）。

A. $\frac{N}{A}+\frac{\sqrt{M^2+T^2}}{W}$　　B. $\sqrt{\left(\frac{N}{A}\right)^2+\left(\frac{M}{W}\right)^2+\left(\frac{T}{2W}\right)^2}$

C. $\sqrt{\left(\frac{N}{A}+\frac{M}{W}\right)^2+\left(\frac{T}{2W}\right)^2}$　　D. $\sqrt{\left(\frac{N}{A}+\frac{M}{W}\right)^2+\left(\frac{T}{W}\right)^2}$

第 12－71 题：如题 12－71 图所示为铸铁制压力机立柱的截面图，最合理的是图（　　）。

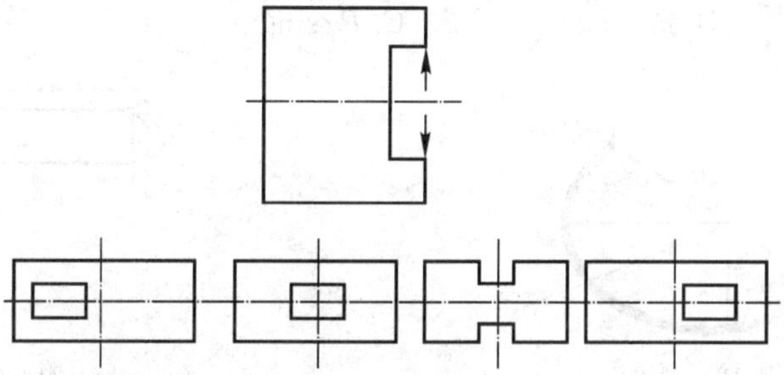

题 12－71 图

第 12－72 题：如题 12－72 图所示十字架，AB 杆为等直均质杆，$O-O$ 为圆轴。当十字架绕 $O-O$ 轴匀速旋转时，在自重和惯性力作用下杆 AB 和轴 $O-O$ 分别发生（　　）变形。

A. 拉伸，压缩　　B. 拉弯组合，压弯组合

C. 拉弯组合，压缩　　D. 拉伸，压弯组合

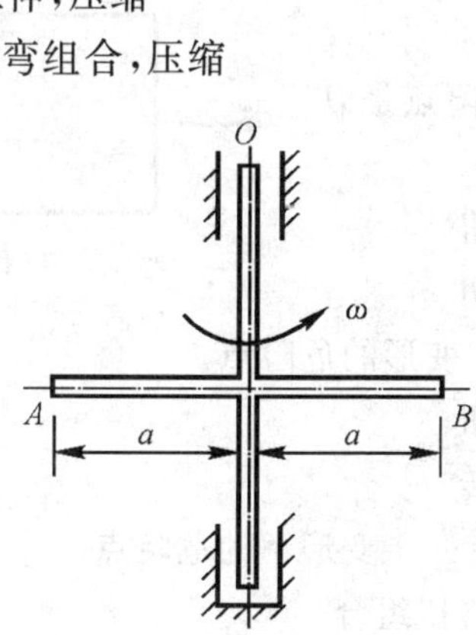

题 12－72 图

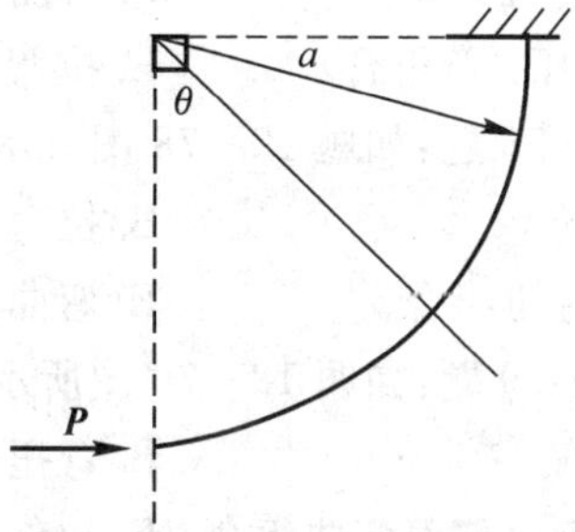

题 12－73 图

第 12-73 题：如题 12-73 图所示 1/4 圆杆，在纸平面内放置，受到纸平面内沿水平方向的力作用，则 θ 截面上的弯矩为(　　)。

A. $Pa(1-\cos\theta)$　　B. $Pa(1-\sin\theta)$　　C. $Pa\sin\theta$　　D. $Pa\cos\theta$

第 12-74 题：悬臂梁自由端受一力作用，属平面弯曲的是图(　　)。

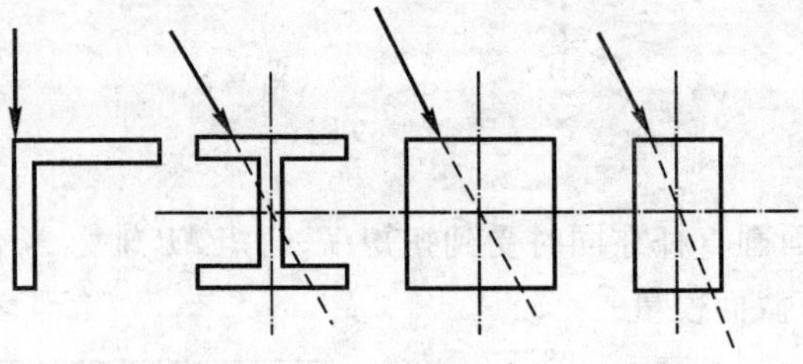

题 12-74 图

第 12-75 题：如题 12-75 图所示 1/4 圆杆，在水平面内放置，受到铅直力作用，则 θ 截面上的扭矩为(　　)。

A. $Pa(1-\sin\theta)$　　B. $Pa\cos\theta$　　C. $Pa\sin\theta$　　D. $Pa(1-\cos\theta)$

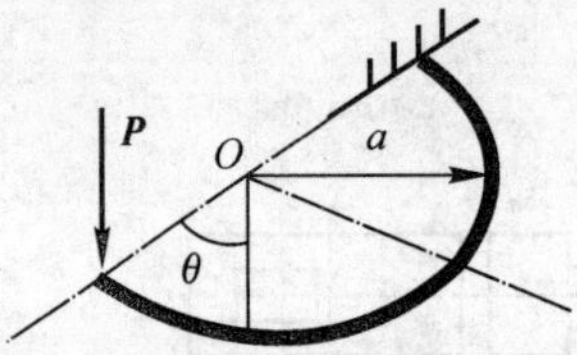

题 12-75 图

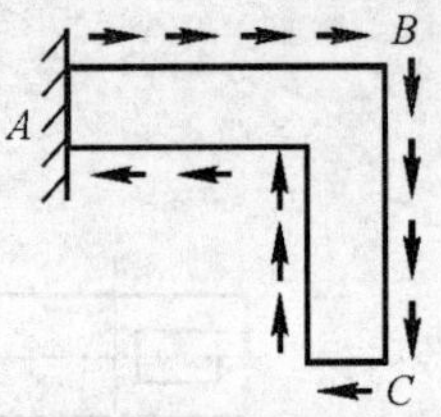

题 12-76 图

第 12-76 题：等矩形截面的折杆，在竖向侧面受到分布力作用，则在自重和分布力作用下，AB 及 BC 两段分别产生(　　)变形。如题 12-76 图所示为俯视情况。

A. 平面弯曲，平面弯曲　　B. 两对称面弯曲，两对称面弯曲

C. 两对称面弯曲扭转组合，两对称面弯曲　　D. 拉弯组合，拉弯组合

4. 多项选择题

第 12-77 题：如题 12-77 图所示单元体所对应的危险点是以下哪种变形的(　　)。

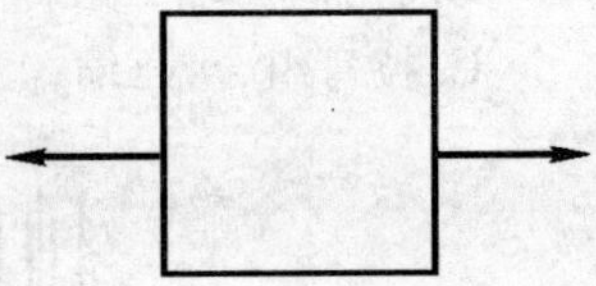

题 12-77 图

A. 单向拉伸　　B. 弯曲　　C. 弯扭

D. 拉(压) 弯组合　　E. 拉弯扭组合　　F. 剪切

第 12-78 题：如题 12-78 图所示单元体对应(　　)变形的危险点。

A. 扭转　　B. 拉弯　　C. 弯扭

D. 拉弯扭组合　　E. 弯曲　　F. 扭转

第 12-79 题：如题 12-79 图所示应力圆可能对应(　　)变形下的危险点。

A. 拉弯　　B. 弯扭组合　　C. 拉弯扭组合

D. 两个对称面弯曲组合　E. 拉伸　　F. 偏心拉

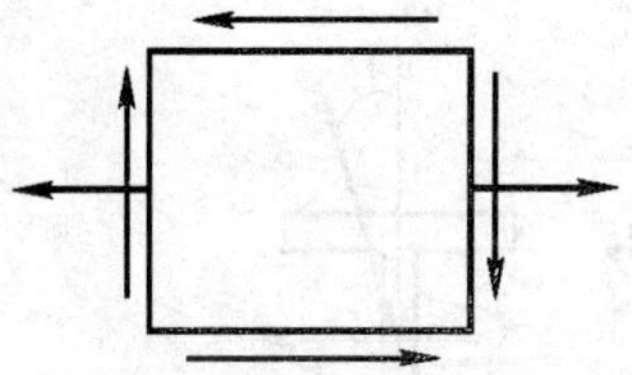

题 12-78 图

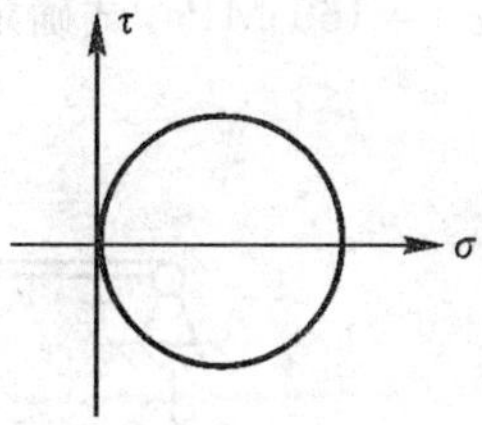

题 12-79 图

第 12-80 题：危险点的应力公式 $\sigma_{eq4}=\sqrt{\sigma^2+3\tau^2}$，对应于（　　）变形情况。

A. 拉弯组合　　B. 弯扭组合　　C. 拉弯扭组合

D. 偏心拉　　E. 弯曲　　F. 扭转

第 12-81 题：叠加原理适用于的前提假设有（　　）。

A. 小变形　　B. $\mu=1/2$　　C. 材料是均匀的

D. 材料是各向同性的　　E. $\sigma=A\varepsilon^m$　　F. 线弹性材料

第 12-82 题：在计算（　　）时，都可以用叠加原理。

A. 内力　　B. 应力　　C. 相当应力

D. 位移　　E. 应变　　F. 疲劳极限

第 12-83 题：在（　　）变形中危险点有可能是三向应力状态。

A. 水中的刚球　　B. 拉弯扭组合

C. 铁轨上的火车轮的接触点　　D. 正在爆炸的炮弹

E. 汽轮机轴　　F. 风中的烟囱

第 12-84 题：如题 12-84 图所示为六种梁的截面形状，该截面上作用有 M_z 和 M_y，其中，（　　）图不可用 $\sigma_{max}=\dfrac{M_y}{W_y}+\dfrac{M_z}{W_z}$ 来计算危险点的应力。

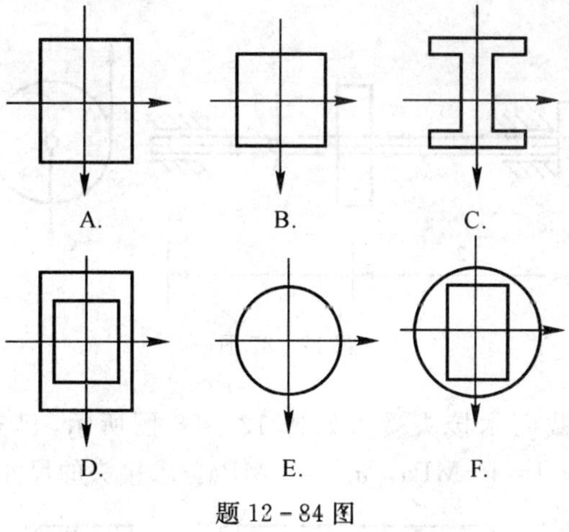

题 12-84 图

12.4　基本计算练习题

第 12-85 题：两端铰支的工字梁如题 12-85 图所示，已知：$P=15$ kN，$L=2$ m，材料的

E=200 GPa,$[\sigma]$=160 MPa,试确定工字梁的型号。

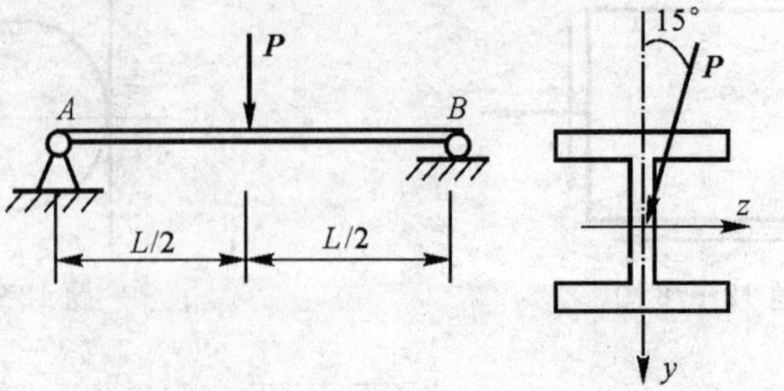

题 12-85 图

第 12-86 题：如题 12-86 图所示，矩形截面悬臂梁，在自由端受一力偶作用，求当θ从 0 到 2π 变化时，截面形心轨迹。

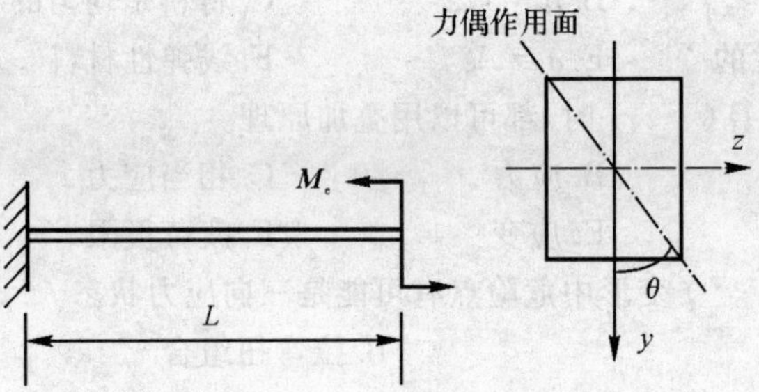

题 12-86 图

第 12-87 题：皮带传动系统如题 12-87 图所示，皮带重 G=1kN，皮带轮直径 D=1 200 mm，轴的$[\sigma]$=50 MPa，L=1 600 mm，T=6 kN，t=3 kN，试用第四强度理论确定传动轴的直径 d。

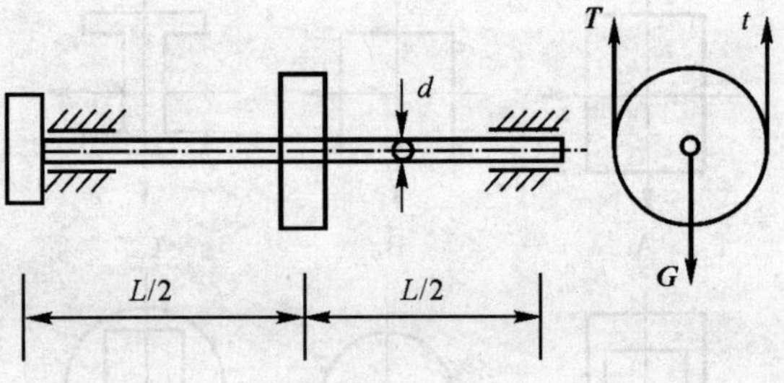

题 12-87 图

第 12-88 题：矩形截面木接头受力如题 12-88 图所示，已知许用挤压应力 $[\sigma_{bs}]$=10 MPa，$[\tau]$=1 MPa，$[\sigma_c]$=10 MPa，$[\sigma_t]$=6 MPa。求接头的尺寸 a 和 c。

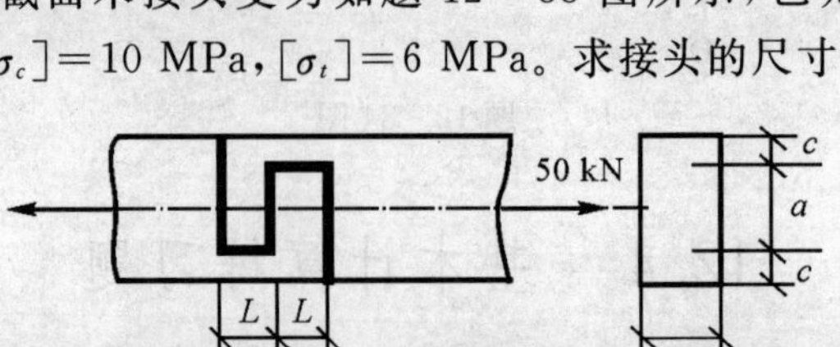

题 12-88 图

第 12－89 题：如题 12－89 图所示混凝土坝，坝高 7 m，水高 6 m，水的重度为 $\gamma_1=10$ kN/m^3，坝体的重度为的 $\gamma_2=20$ kN/m^3，试求为使坝底不产生拉应力时的必须宽度 a（提示：取坝体长 1 m）。

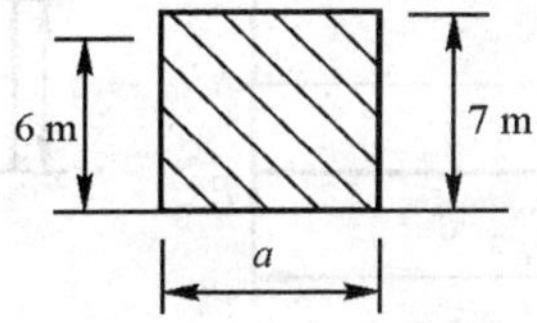

题 12－89 图

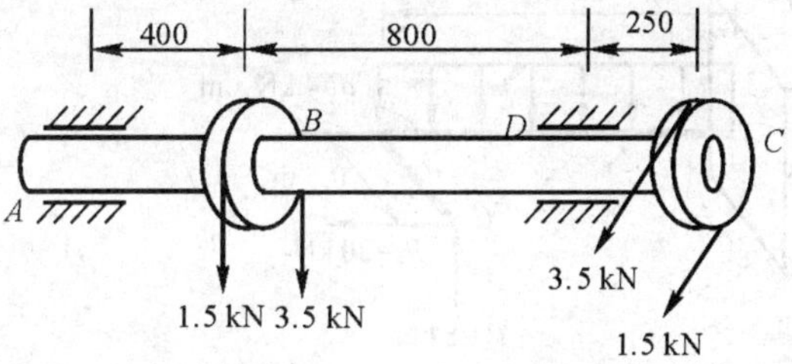

题 12－90 图

第 12－90 题：传动轴如题 12－90 图所示，B 轮皮带张力铅直向下，C 轮的张力沿水平方向，B,C 两轮直径 $D=600$ mm，轴的 $[\sigma]=80$ MPa，按第三强度理论确定轴的直径 d。

第 12－91 题：如题 12－91 图所示旋转式起重机立柱 AB 外径 $D=140$ mm，内径 $d=110$ mm 的圆管，起重机自重为 $P_1=30$ kN，起重物为 $P_2=40$ kN，立柱的 $[\sigma]=120$ MPa，试校核 I－I 截面的强度。

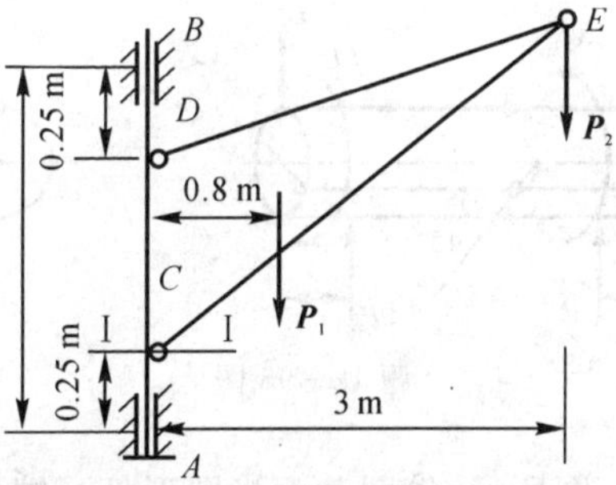

题 12－91 图

第 12－92 题：如题 12－92 图所示变截面矩形梁，左侧面受到线性分布压力，其最大值为 $\boldsymbol{P}_0$，其合力大小为 $\boldsymbol{P}$。若梁左侧面的拉应力为零，试确定 P_1 的大小和梁内最大的压应力。

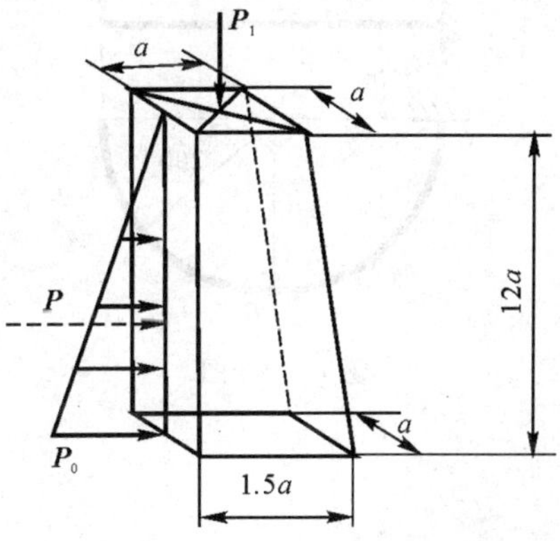

题 12－92 图

第 12－93 题：如题 12－93 图所示圆截面直角钢制折杆，横截面积 $A=80\ \mathrm{mm}^2$，抗弯模量 $W=100\ \mathrm{cm}^4$，$[\sigma]=130\ \mathrm{MPa}$，按强度理论校核强度。

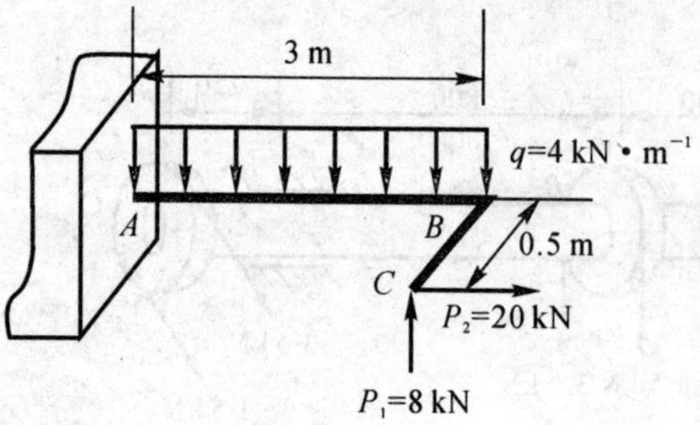

题 12－93 图

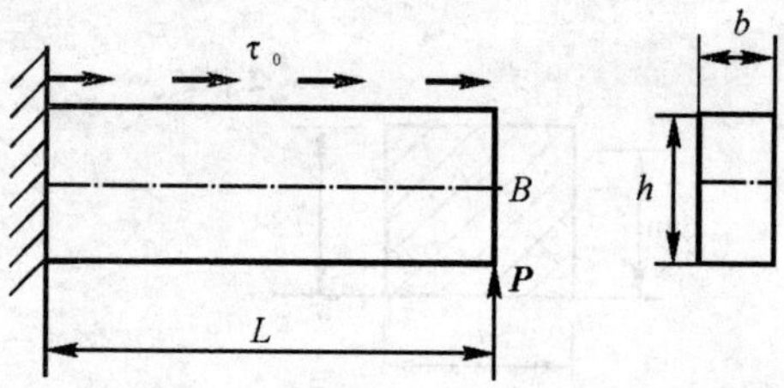

题 12－94 图

第 12－94 题：如题 12－94 图所示矩形截面的悬臂梁上缘面作用了均布剪切力，集度为 τ_0，已知杆的 E,b,h,L，试求自由端下缘 P 点的位移。

第 12－95 题：如题 12－95 图所示圆杆在外力 $\boldsymbol{P}$ 和 M_0 作用下，如测得 A 点轴向 $\varepsilon_0=400\ \mu\varepsilon$，$B$ 点的 $\varepsilon_{45^\circ}=375\ \mu\varepsilon$。已知 $W=6\ 000\ \mathrm{mm}^3$，$E=200\ \mathrm{GPa}$，$\mu=0.25$，$[\sigma]=150\ \mathrm{MPa}$。试用第三强度理论校核杆的强度。

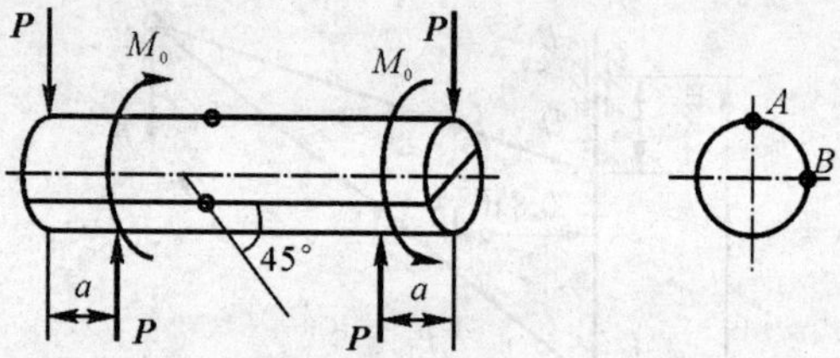

题 12－95 图

第 12－96 题：如题 12－96 图所示，等圆截面半圆形杆一端固定，水平面内放置，自由端受到铅直向下作用的集中力作用，平均半径 $R=200\ \mathrm{mm}$，截面直径 $d=30\ \mathrm{mm}$，$F=1\ \mathrm{kN}$，求 B，C 截面危险点的 σ_{eq1} 和 σ_{eq3}。

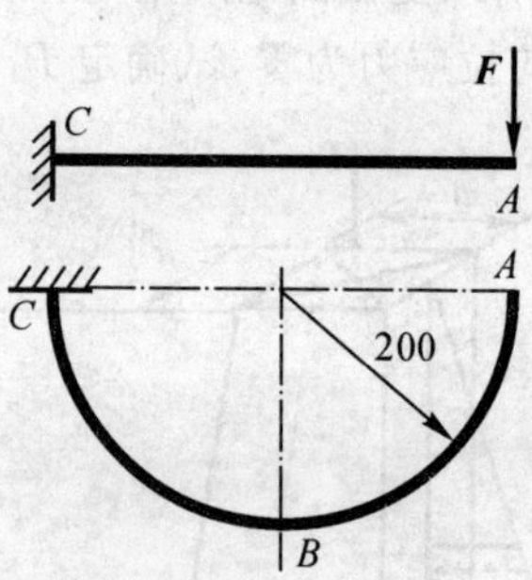

题 12－96 图

第十三章　压杆稳定

13.1　基本理论与方法

1. 压杆稳定的基本概念

对于压杆而言，短杆与长杆的破坏性质是不同的，短杆是能否满足强度要求的问题，而长杆则是能否保持原有直线形式平衡状态的问题。

平衡状态可以分为三类：① 稳定平衡状态；② 不稳定平衡状态；③ 随遇平衡状态。

2. 细长杆的临界压力 F_{cr}

计算压杆临界压力的欧拉公式为

$$F_{cr}=\frac{\pi^2 EI}{(\mu l)^2}$$

式中，E 是压杆材料的弹性模量；I 是压杆在失稳方向横截面的惯性矩；l 是压杆的长度；μ 是长度因数。当应用欧拉公式时，应注意其适用范围：

(1) 材料在比例极限范围内；

(2) 小挠度压杆。

3. 临界应力总图

(1) 大柔度杆：$\lambda \geqslant \lambda_p$

欧拉临界应力计算公式　$\sigma_{cr}=\dfrac{\pi^2 E}{\lambda^2}$

(2) 中柔度：$\lambda_P > \lambda \geqslant \lambda_s$

常用经验公式　$\sigma_{cr}=a-b\lambda$

(3) 小柔度：$\lambda < \lambda_s$，　$\sigma_{cr}=\sigma^0$

对塑性材料　$\sigma_{cr}=\sigma^0=\sigma_s$

对脆性材料　$\sigma_{cr}=\sigma^0=\sigma_b$

4. 压杆稳定计算

压杆的稳定计算主要是三方面问题：压杆稳定性校核，确定稳定许可截荷，设计压杆的横截面尺寸。前二个方面用安全因数法，即

$$n=\frac{F_{cr}}{F}=\frac{\sigma_{cr}}{\sigma}\geqslant n_{st}$$

式中　n—— 为压杆工作时的实际稳定安全因数；

n_{st}—— 为规定的稳定安全因数。

第三方面的计算通常应用稳定系数为

$$\sigma=\frac{F}{A}\leqslant \varphi[\sigma]$$

式中　σ—— 压杆的工作压力；

$[\sigma]$—— 材料的许用压应力；

φ—— 稳定系数。

13.2 基本要求与重点

(1) 明确稳定平衡、不稳定平衡和临界载荷的概念，理解两端铰支杆临界载荷公式的推导过程。

(2) 理解长度系数的力学意义，熟练掌握常见的在四种约束形式下细长杆的临界载荷计算。

(3) 明确压杆柔度、临界应力和临界应力总图的概念，熟练掌握大柔度、中柔度和小柔度三类压杆的判别方法及临界载荷的计算和稳定性的校核方法。

(4) 了解根据压杆稳定性条件设计杆件截面的稳定系数法。

(5) 了解提高压杆稳定性的主要措施。

13.3 基本概念练习题

1. 是非判断题

第 13-1 题：细长杆临界应力公式的推导，可以任意选取坐标系，但得到的临界应力公式是一样的。

第 13-2 题：当细长杆所承受的轴向压力大于临界压力时，杆不可能保持平衡。

第 13-3 题：非细长杆若误用了殴拉公式来计算其临界应力，其计算结果比实际情况偏于安全。

第 13-4 题：若细长杆的横截面减小，则临界应力必然随之增大。

第 13-5 题：若压杆的刚度 $EI_{\min}$ 的值增大，则压杆的临界应力必随之增大。

第 13-6 题：若压杆的实际应力大于 π^2E/λ^2，则该细长杆必破坏或失稳。

第 13-7 题：若压杆的最小惯性半径值增大，则压杆的临界应力必然增大。

第 13-8 题：若压杆的实际应力小于 π^2E/λ^2，则压杆必不失稳。

第 13-9 题：只要细长杆的柔度一定，则临界应力与杆的横截面积无关。

第 13-10 题：临界应力必随柔度增大而减小。

第 13-11 题：临界应力与柔度有关，与具体截面无关。

第 13-12 题：中长杆的临界压力与柔度有关，与杆件材料和横截面积无关。

第 13-13 题：由细长杆的殴拉公式表明，临界应力是柔度的双曲关系，所以该类失稳是非线弹性失稳。

第 13-14 题：中长杆的失稳属于弹塑性失稳。

第 13-15 题：压杆失稳的情况，是就实际杆件而言的。

第 13-16 题：压杆的临界应力随杆件的几何和力学性质及边界条件的不同而不同。但在这些条件一定的情况下，压杆的临界应力是唯一的，所以它是反映这些特征的方程组的特征值。

第 13-17 题：若将近似方程写为 $|EIy''|=|m(x)|$，则去掉绝对值符号的前提是弯矩值与 y'' 的正负号要一致。

第 13 - 18 题：失稳总是发生在惯性半径最小的方向上。

第 13 - 19 题：当用近似方程描述压杆失稳情况时，认为一旦失稳就会一直弯下去，这种描述对失稳后状况是不符合的。

第 13 - 20 题：压杆的长度系数可能大于 2。

2. 选择填空题

第 13-21 题：如题 13-21 图所示，两根具有相等截面积的压杆，一个截面是圆形，材料为高弹模钢材，另一个是正方形，材料为 45 号钢，其余条件相同，则柔度大的截面为(　　)的，原因是(　　)。

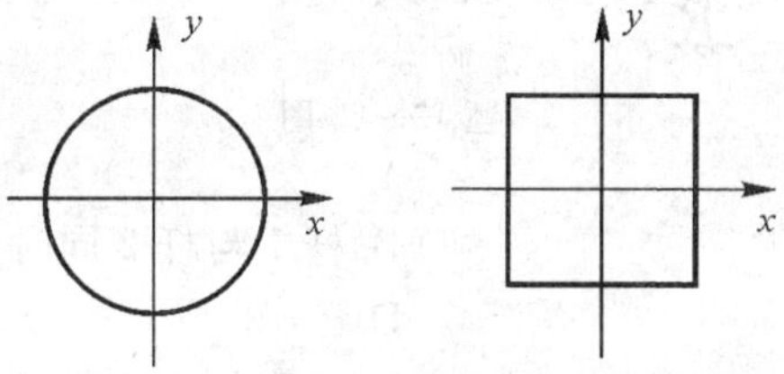

题 13 - 21 图

A. 圆形　　　　B. 正方形

C. 由于高弹模材料比 45 号钢性能好　　　　D. 两者的惯性矩不同

第 13 - 22 题：合理截面是由(　　)来确定。选用哪个临界应力公式，主要是由(　　)确定。

A. 刚度　　B. 柔度　　C. 强度　　D. 约束条件

第 13-23 题：将一根细钢丝与一根细长杆两端连接，使杆处于微弯状态(见题 13-23 图)，杆的抗弯刚度为 EI，则钢丝所受的张力为(　　)；微弯状态的曲线形状为(　　)。

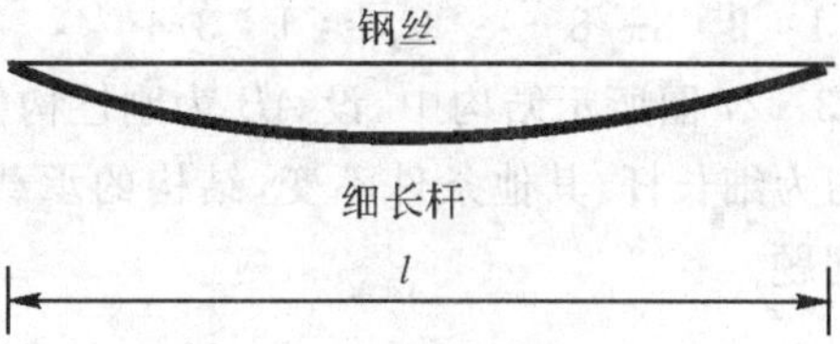

题 13 - 23 图

A. 部分圆弧　　B. 半个正弦波形　　C. $\pi^2 EI/l^2$　　D. 不能确定

第 13 - 24 题：将圆截面压杆改为面积不变的圆环形截面压杆，则当其余条件不变时，柔度将(　　)，临界应力将(　　)。

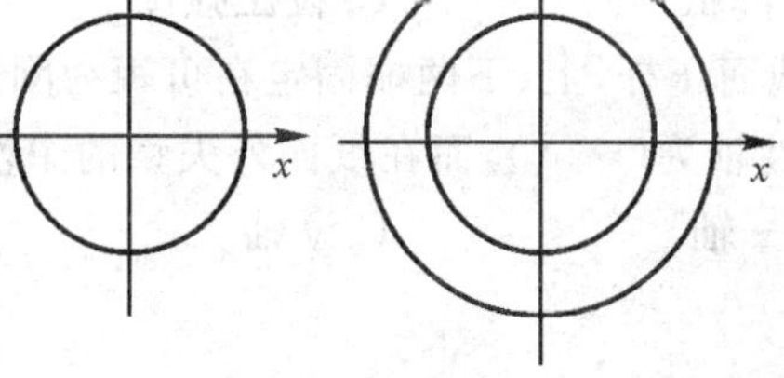

题 13 - 24 图

A. 减小　　B. 增大　　C. 保持不变　　D. 不能确定

第 13－25 题：如题 13－25 图所示结构，杆 1 和杆 2 是由相同材料制成的，且具有相同截面，若结构在纸面内失稳，则杆 1 与杆 2 失稳状态为(　　)；当 P 最大时，θ 角为(　　)。

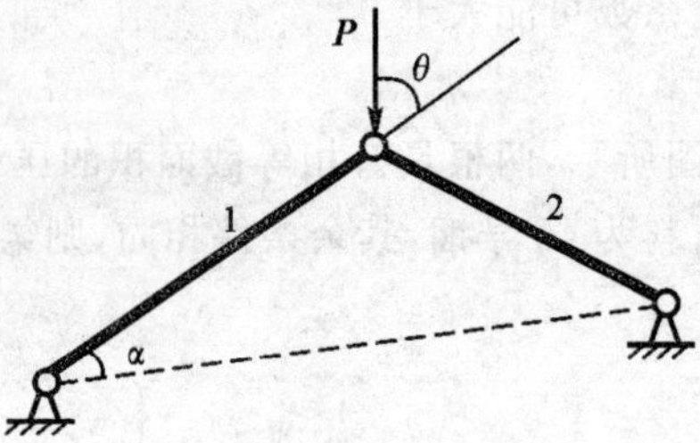

题 13－25 图

A. 杆 1 先失稳　　B. 杆 1 与杆 2 同时失稳

C. $\theta=\arctan(\cot^2\alpha)$　　D. $\theta=0°$

第 13－26 题：三根材料，长度均相同，两端均为铰支(球形)的细长杆，截面如题 13－26 图所示，其临界应力之比为(　　)，临界压力之比为(　　)。

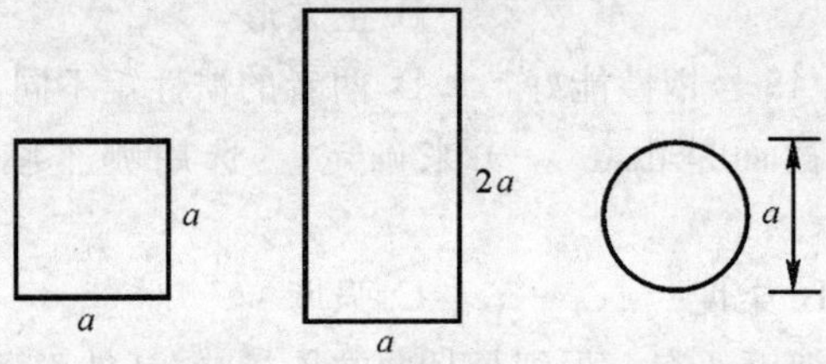

题 13－26 图

A. 1∶2∶3　　B. 1∶2∶3π/8　　C. 1∶1∶3/4　　D. 1∶2∶3π/16

第 13－27 题：在如题 13－27 图所示结构中，设 AB 为刚性构件，现将图(a)结构变换成图(b)结构，两种情况下 CD 均为细长杆，其他条件不变，结构的承载能力将(　　)。影响这个承载能力的主要是(　　)问题。

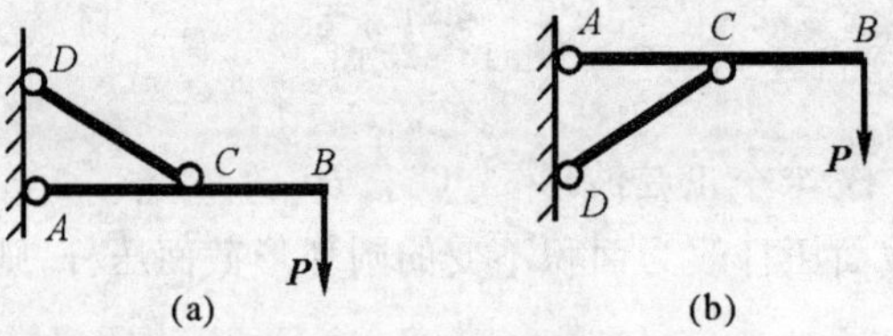

题 13－27 图

A. 提高　　B. 降低　　C. 拉压强度　　D. 稳定性

第 13－28 题：两圆形截面压杆，上、下两端固定在可视为刚体的基座和横梁上，当发生整体失稳时，则在纸面内的中性轴为(　　)，而在纸面外失稳的中性轴为(　　)。

A. y' 轴　　B. z 轴　　C. y 轴　　D. 任意轴

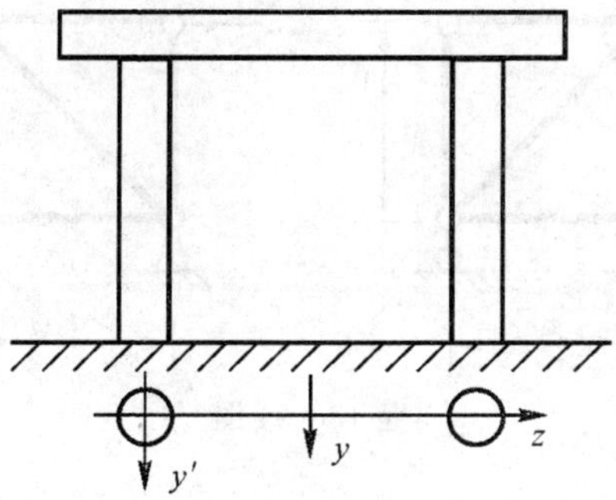

题 13－28 图

3. 单项选择题

第 13－29 题：如果有局部削弱，则对压杆的影响，有以下四种，正确的是（　　）。

A. 对稳定性和强度都有影响　　B. 对稳定性和强度都没有影响

C. 对稳定性有影响，对强度没有影响

D. 对稳定性没有影响，对强度有影响

第 13－30 题：局部削弱不影响稳定的数学解释是（　　）。

A. $M(x)$ 是连续的　　B. 边界是一定的

C. EI 是常数　　D. 近似方程是线性的

第 13－31 题：如题 13－31 图所示，压杆下端固定，上端与弹簧相连，则压杆的长度因数 μ 的范围为（　）。

A. $\mu < 0.5$　　B. $0.5 < \mu < 0.7$　　C. $0.7 < \mu < 2$　　D. $\mu > 2$

题 13－31 图

题 13－32 图

第 13－32 题：如题 13－32 图所示，压杆一端自由，一端接在线弹性地基上，则 μ 的范围是（　　）。

A. $\mu < 0.5$　　B. $0.5 < \mu < 0.7$　　C. $0.7 < \mu < 2$　　D. $\mu > 2$

第 13－33 题：正方形截面杆，若截面边长 a 和杆长 l 成比例增加，则它的长细比（　　）。

A. 成比例增大　　B. 保持不变　　C. 按 $(l/a)^2$ 变化　　D. 按 $(a/l)^2$ 变化

第 13－34 题：两桁架如题 13－34 图所示，则它们的临界力 $\boldsymbol{P}_1$ 和 $\boldsymbol{P}_2$ 的关系为（　　）。

A. $P_1 = P_2$　　B. $P_1 < P_2$　　C. 不能判定　　D. $P_1 > P_2$

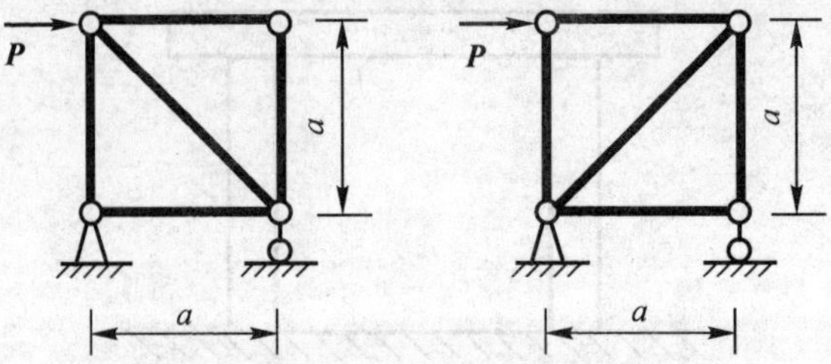

题 13－34 图

第 13－35 题：如题 13－35 图所示，两端球铰的正方形截面杆，失稳时截面会(　　)。

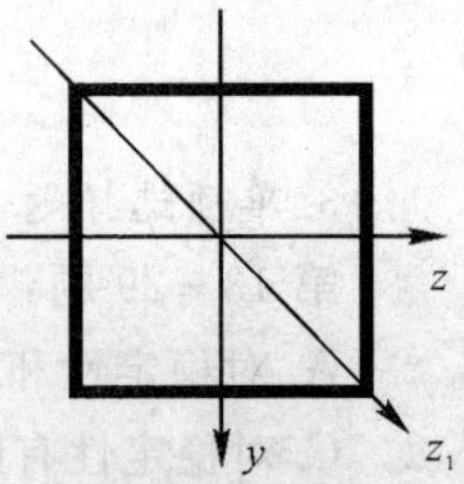

题 13－35 图

A. 绕 y 轴转动

B. 绕 z 轴转动

C. 绕 z_1 轴转动

D. 绕过形心的任意一轴转动

第 13－36 题：细长杆刚好承受着临界力，在横向干扰力下发生了微弯，去除干扰力后，则(　　)。

A. 恢复直线状态　　B. 弯曲变形减小，但不能恢复为直线

C. 弯曲状态不变　　D. 继续弯下去

第 13－37 题：柔度反映了哪些因素对临界力的影响(　　)。

A. 压杆长度、约束、截面形状和尺寸　　B. 材料、杆长、约束

C. 材料、约束、截面形状和尺寸　　D. 材料、长度、截面形状和尺寸

第 13－38 题：提高临界应力最好的途径是(　　)。

A. 加强约束和减小悬空度　　B. 用好材料

C. 选择合适的截面形状　　D. 增加截面积

第 13－39 题：如题 13－39 图所示两结构，当力由零增大时，失稳次序为(　　)。

A. 图(a) 所示结构先失稳　　B. 图(b) 所示结构先失稳

C. 图(a) 和图(b) 所示结构一起失稳　　D. 不能确定

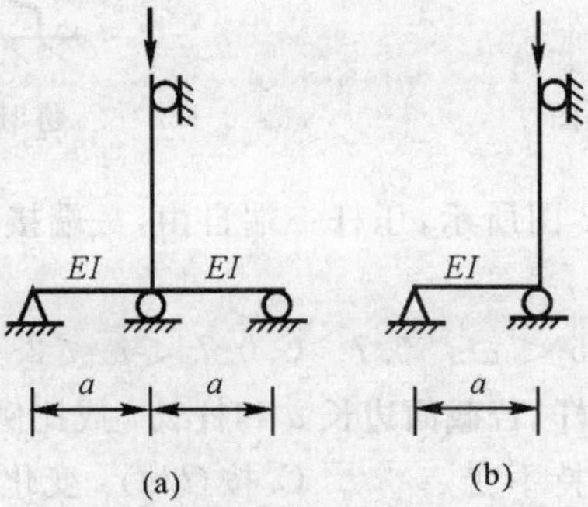

题 13－39 图

第 13－40 题：如题 13－40 图所示受压杆的 E, l, I 都一样，则其临界压力(　　)。

A. 图(a) ＞ 图(b)，图(c) ＜ 图(b)　　B. 图(a) ＞ 图(b)，图(c) ＞ 图(d)

C. 图(a) < 图(b)，图(c) < 图(b)　　D. 图(a) < 图(b)，图(c) > 图(b)

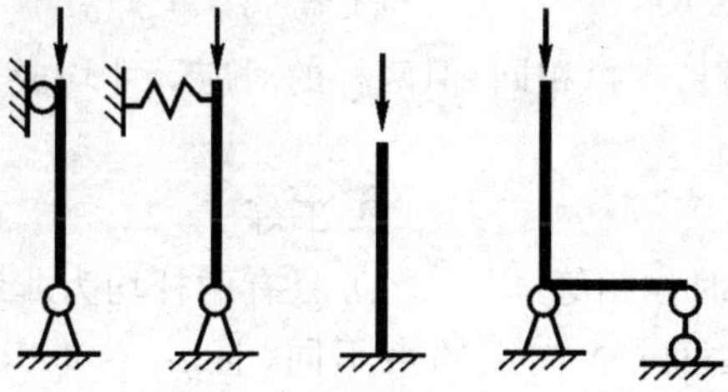

题 13-40 图

第 13-41 题：如题 13-41 图所示 4 根杆的材料、截面一样，它们在纸面内失稳的先后顺序是(　　)。

A. (a)，(b)，(c)，(d)　　B. (d)，(a)，(b)，(c)

C. (c)，(d)，(a)，(b)　　D. (b)，(c)，(d)，(a)

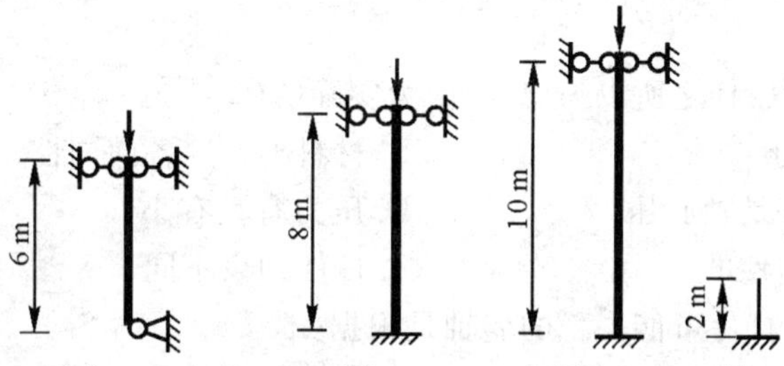

题 13-41 图

第 13-42 题：如题 13-42 图所示两杆的材料、截面一样，$l_1 = 2l_2$。则以下正确的是(　　)。

A. AB 先失稳　　B. BC 先失稳

C. 同时失稳　　D. 无法判定

题 13-42 图

第 13-43 题：两压杆为管状薄壁杆，管两端封闭，且为铰支撑。a 杆无内压，b 杆有内压，其他条件相同，则两杆的临界应力(　　)。

A. $a > b$　　B. $a < b$

C. $a = b$　　D. 无法比较

第 13-44 题：当截面积扩大 1 倍时，临界应力扩大的倍数(　　)。

A. 增加 1 倍　　B. 增加 2 倍　　C. 增加四倍　　D. 不确定

第 13-45 题：两端受到柱形铰链约束(截面高度方向看做铰链，宽度方向看做固定)，则细长杆的合理矩形截面尺寸比 h/b 为(　　)。

A. 1　　B. 2　　C. 1/0.7　　D. 1/2

第 13-46 题：两根细长杆，截面、支撑相同，但材料不同，且 $E_1 = 2E_2$，两杆的临界应力的关系为(　　)。

A. $(\sigma_{cr})_1=(\sigma_{cr})_2$　　B. $(\sigma_{cr})_1=2(\sigma_{cr})_2$

C. $(\sigma_{cr})_1=(\sigma_{cr})_2/2$　　D. $(\sigma_{cr})_1=3(\sigma_{cr})_2$

第 13 - 47 题:两杆的材料、支撑相同,但两杆的对应尺寸均成比例,但不相等,则它们的临界应力(　　)。

A. 相等　　B. 不等

C. 只有两杆均为细长杆时才相等　　D. 只有两杆均为非细长杆时才相等

第 13 - 48 题:若压杆在两个方向上约束不同,且 $\mu_y=2\mu_z$,那么该压杆的合理截面应是(　　)。

A. $I_z=2I_y$　　B. $I_z=4I_y$

C. $I_y=2I_z$　　D. $I_y=4I_z$

第 13 - 49 题:正方形截面的杆,截面对称轴为 y,z 和 ξ 轴,则在失稳时,会沿着(　　)方向失稳。

A. ξ 轴　　B. z 轴

C. y 轴　　D. 任意轴

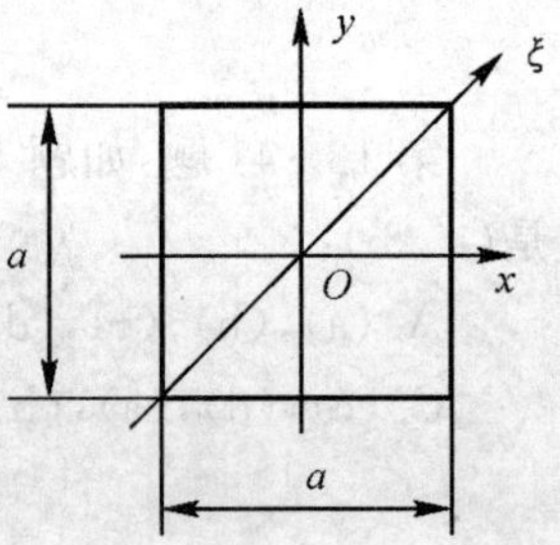

题 13 - 49 图

4. 多项选择题

第 13 - 50 题:实际压杆之所以失稳,是因为实际的(　　)。

A. 材料不一定均匀　　B. 材料不一定各向同性

C. 压力不一定刚好是轴心压　　D. 压力有大有小

E. 材料经常是弹塑性的　　F. 杆件约束不同

第 13 - 51 题:寻找杆件可能失稳的弱轴是根据(　　)。

A. 材料性质　　B. 截面情况

C. 约束情况　　D. 杆长

E. 力的大小　　F. 柔度

第 13 - 52 题:应用近似微分方程求临界压力,前提条件是(　　)。

A. 材料性质是均匀、连续、各向同性　　B. 线弹性材料

C. 约束是理想刚性约束　　D. 变形是小变形

E. 平面假设成立　　F. 杆件上没有削弱面

第 13 - 53 题:两端球形铰支的压杆,截面有六种情况,则有可能沿任意方向失稳的截面有图(　　)截面。

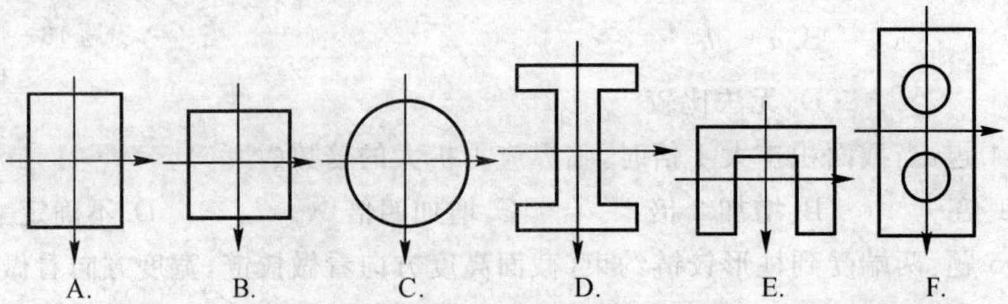

题 13 - 53 图

第 13 - 54 题:合理的截面形状与(　　)有关。

A. 材料　　B. 杆长　　C. 压力大小

D. 约束　　　　E. 经济　　　　F. 坐标系

第 13－55 题：将一圆截面细长杆的直径和长度都加大一倍，则将会使(　　)。

A. σ_{cr} 保持不变　　　　B. P_{cr} 扩大到原来的 4 倍

C. P_{cr} 扩大到原来的 2 倍　　　　D. σ_{cr} 扩大到原来的 4 倍

E. P_{cr} 保持不变　　　　F. σ_{cr} 扩大到原来的 2 倍

第 13－56 题：如题 13－56 图所示结构，两杆下端固定，上端固连于压板，则失稳类型有(　　)。

A. 作为整体在纸面内失稳　　　　B. 作为整体在纸面外失稳

C. AB 向左弯，CD 向右弯　　　　D. AB 向左弯，CD 也向左弯

E. 单根独立失稳　　　　F. AB 纸面外失稳，CD 纸面内失稳

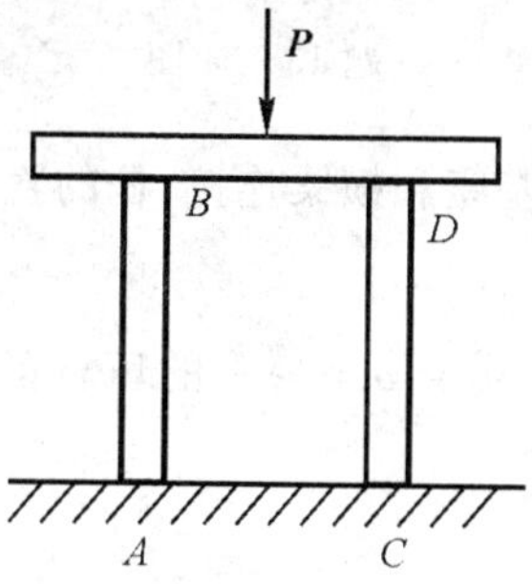

题 13－56 图

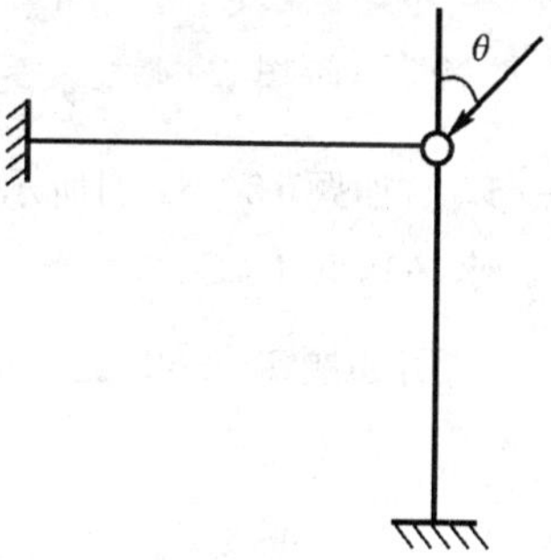

题 13－57 图

第 13－57 题：两端铰支的两杆如题 13－57 图所示，则可使压力 P 达到极值的 θ 角应分别为(　　)。已知两杆参数完全一样，θ 在 0 到 $\pi/2$ 上变化。

A. $\theta=0$　　　　B. $\theta=\pi/6$　　　　C. $\theta=\pi/4$

D. $\theta=\pi/3$　　　　E. $\theta=\pi/2$　　　　F. $\theta=-\pi/6$

13.4　基本计算练习题

第 13－58 题：如题 13－58 图所示压杆的截面为 $d=10$ mm 的圆截面，两端铰支，杆长 $l=200$ mm，材料的 $\sigma_p=200$ MPa，$a=304$ MPa，$b=1.2$ MPa，$\sigma_s=240$ MPa，$E=210$ GPa。求杆的临界压力。

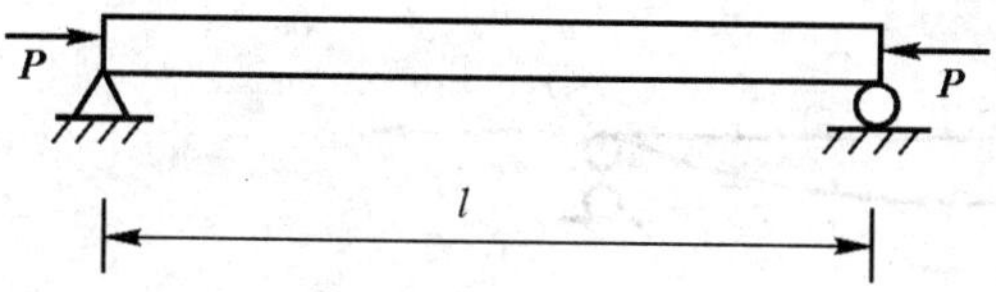

题 13－58 图

第 13－59 题：外径 $D=40$ mm，内径 $d=30$ mm 的钢管，一端固定一端铰支，材料的 $\lambda_p=100$，$\lambda_s=60$。求：

(1) 能用欧拉公式的最小柔度是多少？

(2) 当实际杆长为上述最小杆长的 3/4 时，临界压力为多少？

第 13-60 题：具有相同截面和材料的两杆组成如题 13-60 图所示结构，已知 $\angle ABC=90°$，$\angle BAC=\alpha$，若在 ABC 平面内失稳，问 θ 为多大时 P 最大？

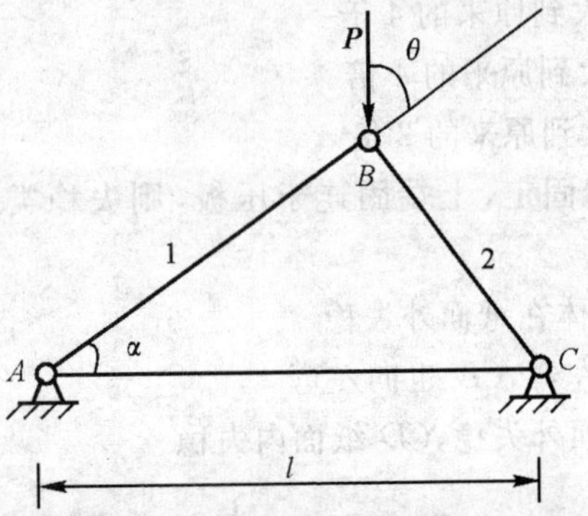

题 13-60 图

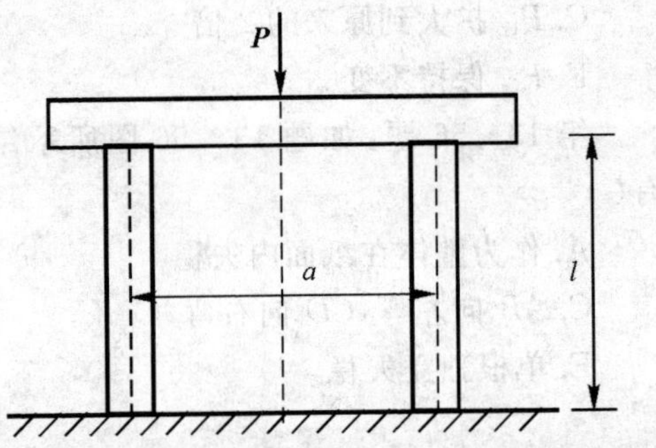

题 13-61 图

第 13-61 题：如题 13-61 图所示，两压杆上、下分别与基座和横梁连接，杆的直径均为 d，已知 E, l, a。求结构的 P_{cr}。

第 13-62 题：如题 13-62 图所示，试导出具有初挠度 $y_0=a\sin\dfrac{\pi x}{l}$ 的压杆的挠曲线方程 $y(x)$。

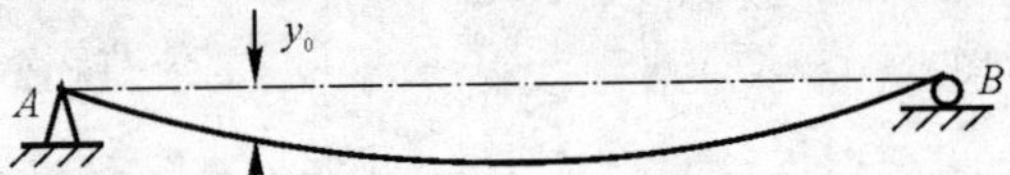

题 13-62 图

第 13-63 题：两端固定的空心圆截面压杆，材料为 Q235 钢，取 $\lambda_p=100, \lambda_0=60$，若截面的内、外径之比为 1 : 2，试求能用欧拉公式的压杆长度与外径的最小比值。

第 13-64 题：推导一端铰支的细长压杆的临界压力公式，已知杆长为 l，抗弯刚度为 EI。

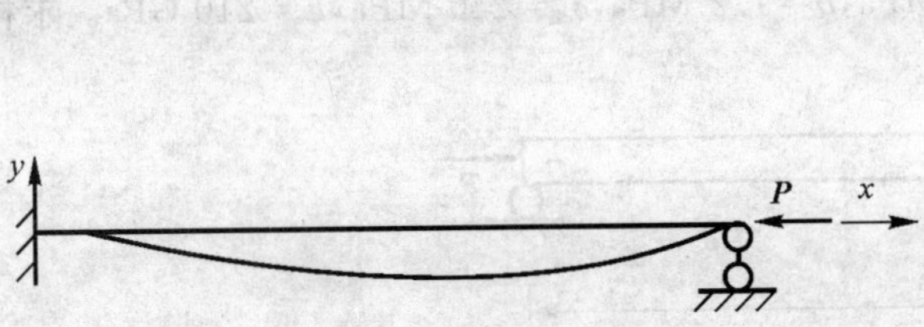

题 13-64 图

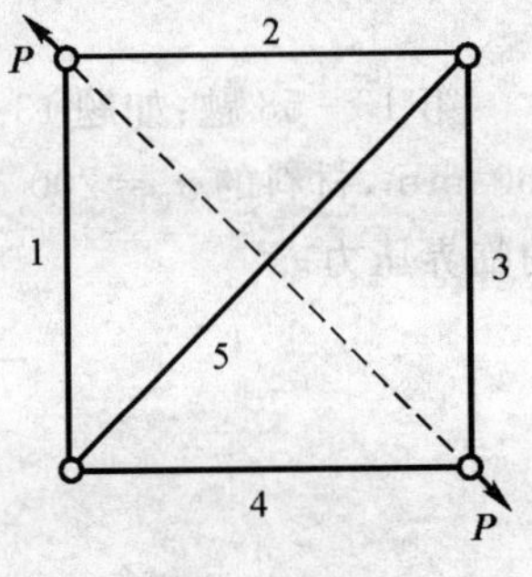

题 13-65 图

第 13-65 题：如题 13-65 图所示，正方形桁架各杆的 E、直径 d、材料一样，正方形的边长 l 为 d 的 25 倍，$\lambda_p=100$。求临界压力。

第 13-66 题：如题 13-66 图所示结构，AB 为工字梁，其截面积 $A=2\ 610\ \text{mm}^2$，$W_z=1.41\times10^5\ \text{mm}^3$。已知 AB，CD 杆材料相同，其中，$E=200$ GPa，$[\sigma]=160$ MPa，$n_{st}=2.5$，

$\lambda_p = 100$。校核结构的安全性。

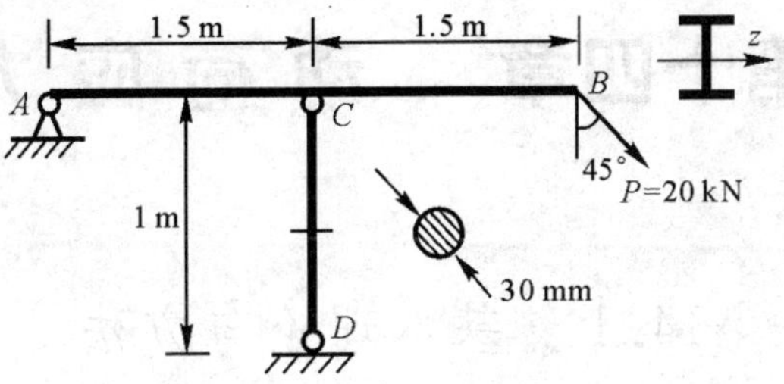

题 13-66 图

第 13-67 题：如题 13-67 图所示桁架中，杆 AC，BD 均为圆杆，直径为 $d=20$ mm，长 $l=550$ mm；两杆的材料相同，比例极限 $\sigma_p=200$ MPa，弹性模量 $E=200$ GPa，线性膨胀系数 $\alpha=12.5\times10^{-6}/℃$。其余杆件为刚性杆。求当只有 AC 杆温度升高时的极限温度升高量 Δt_{cr}。

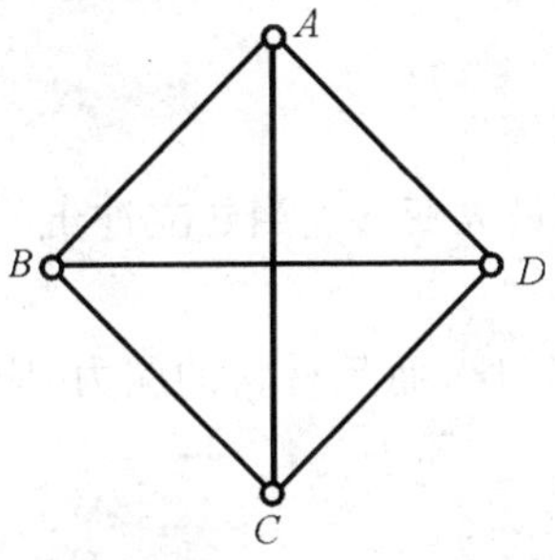

题 13-67 图

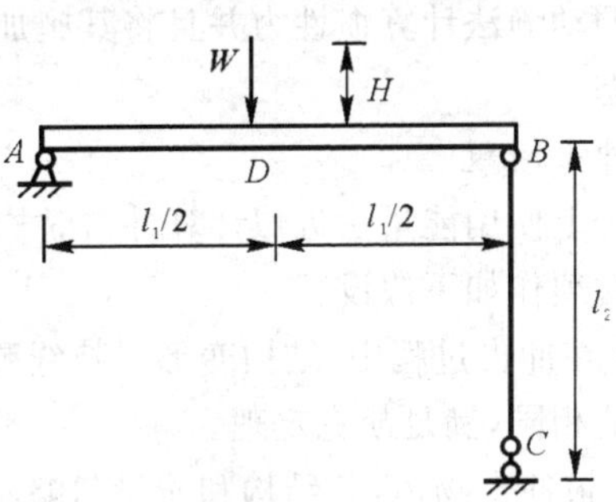

题 13-68 图

第 13-68 题：如题 13-68 图所示结构中，梁 AB 的 $E_1=100$ GPa，$I_1=1\times10^{-6}$ m^4，$l_1=2$ m；杆 BC 的 $E_2=72$ GPa，$A_2=1\times10^{-4}$ m^2，$I_2=6.25\times10^{-8}$ m^4，$l_2=1$ m，$\lambda_p=62.8$，$\lambda_s=34$，$a=373$ MPa，$b=2.15$ MPa，$n_{st}=3$。当重 $W=2.88$ kN 的物体从高度 $H=6$ cm 处自由落到 AB 上 D 点时，试校核 BC 的稳定性。

第 13-69 题：组合柱由两根 No. 32a 的普通热轧槽钢组成，已知柱的总长 $l=8$ m，材料为 Q235A 钢，两端铰支。两根槽钢由间距为 a 的连接板用铆钉连接在一起，铆钉直径 $d=17$ mm。若强度安全因数 $n=1.47$，稳定安全因数 $n_{st}=1.58$，求：

(1) b 的合理值为多少？

(2) 此时许可轴向压力为多少？

(3) 连接板间距 a 是多少？

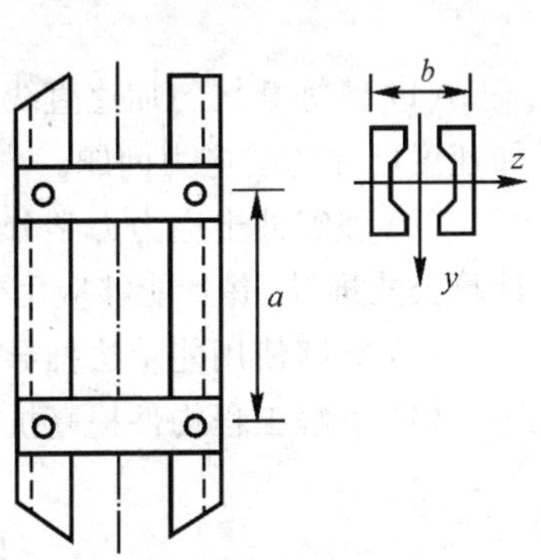

题 13-69 图

第十四章　动荷应力

14.1　基本理论与方法

1. 动荷载概念

最常见的动荷载问题主要划分为三类：匀加速直线运动和匀速旋转运动；冲击；交变应力。

2. 匀加速直线运动和匀速旋转运动

按照动静法计算惯性力并且将其施加在结构上，结构在外力和惯性力的共同作用下处于平衡状态。

3. 冲击问题

工程上使用能量法近似计算冲击时构件内的最大应力和最大变形。当建立冲击问题的力学模型时须作如下假设：

(1) 在冲击过程中，结构变形保持线弹性，即力与变形成正比，而且材料的应力-应变关系与静载荷相同，满足胡克定理。

(2) 被冲击物体，其结构和质量忽略不计。

(3) 冲击物体的变形不计，即认为冲击物体是刚性的。

(4) 冲击过程中的其他能量损耗，例如，塑性变形能、声能和热能忽略不计，全部冲击机械能转换为构件的应变能。

14.2　基本要求与重点

(1) 熟练掌握匀加速直线运动和匀速转动构件的动应力计算方法，能够应用动静法求解加速度已知的动应力问题。

(2) 理解冲击应力力学分析模型和分析的假设条件。熟练掌握自由落体冲击动荷系数的计算公式推导，并且能够应用公式完成自由落体冲击问题的动应力和动变形计算。

(3) 能够使用能量法推导和计算其他形式的冲击应力问题。

(4) 了解工程构件提高抗冲击能力的主要措施。

14.3　基本概念练习题

1. 是非判断题

第 14-1 题：在动载荷中，解决有一定加速度的问题的关键是正确地将惯性力作用上去。

第 14-2 题：针对冲击问题主要是利用功能原理来解决冲击应力、冲击位移。

第 14-3 题：解决振动问题的关键是计算放大倍数。

第 14－4 题：冲击动载荷系数都是 $K_d = \frac{动响应}{静响应}$。

第 14－5 题：作加速运动的物体，内部各点一定有动应力。

第 14－6 题：当竖向放置的杆件，受到竖向冲击时，为了减小动荷系数，可以适当增加杆长。

第 14－7 题：刚度越大，抗冲击能力越好。

第 14－8 题：为了减少砂轮出现动应力引起裂纹的可能性，可以采取加大砂轮断面的办法。

第 14－9 题：铁路用碎石子作为路基而不用石条，是为了减缓火车对地基的冲击。

第 14－10 题：跳水板起跳时，变形很大，主要是为了减小对跳水者的冲击。

第 14－11 题：若考虑冲击过程中的其他能量损失，求得的冲击应力比实际的小。

第 14－12 题：动荷因数总是大于 1。

第 14－13 题：在动荷载作用下，构件内的动应力与构件材料的弹性模量有关。

第 14－14 题：动荷因数总是可以用任意点的静位移及与冲击能量有关的量来表示。

第 14－15 题：作自由落体运动的构件，内部应力不一定全为零。

第 14－16 题：动荷载中，对有一定加速度的问题，主要依靠将加速度设为零来分析。

2. 选择填空题

第 14－17 题：当处理有一定加速度的动荷问题时，常采用（　　）方法，该方法的依据是（　　）原理。

A. 虚功　　　　B. 动静

C. 虚位移　　　　D. 达朗贝

第 14－18 题：在动载荷作用下，材料的力学性能（　　），物理性能（　　）。

A. 发生改变　　　　B. 保持不变

C. 服从胡克定律　　　　D. 超过屈服极限

第 14－19 题：对于冲击问题，主要采用的理论是（　　），冲击应力和冲击力在（　　）的时候达到最大值。

A. 能量方法　　　　B. 动量守恒原理

C. 冲击中途　　　　D. 冲击末了

第 14－20 题：在研究冲击问题中，按照单个自由度的弹簧模型，其计算结果比实际值（　　）。冲击动荷因数中的静位移，一定是（　　）的位移。

A. 小　　　　B. 大

C. 结构中发生最大位移点　　　　D. 冲击点

第 14－21 题：如题 14－21 图所示图(a)中，C 钢球可以无摩擦地随 $AC=h$ 旋转而下落。图(b)是将图(a)梁平放，且受同一钢球冲击。则两种情况下，在梁内产生的应变能是（　　）。原因是（　　）。

A. 不相等　　　　B. 相等

C. 分别为竖向冲击和水平冲击　　　　D. 能量不守恒

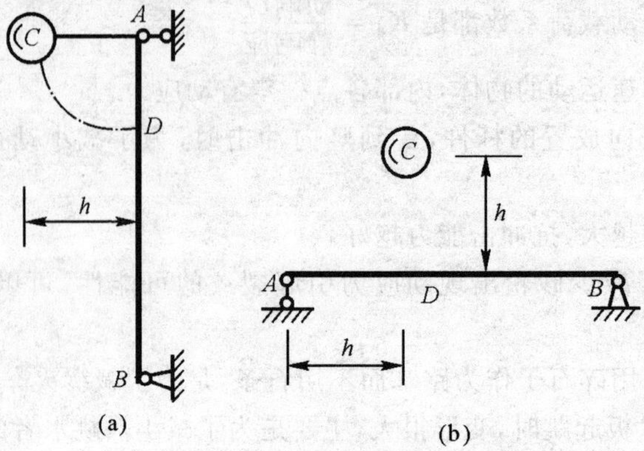

题 14-21 图

第 14-22 题：同一杆件在如题 14-22 图所示两种情况下受冲击，则它们的冲击应力之间的关系是（　　），其根本原因是（　　）。

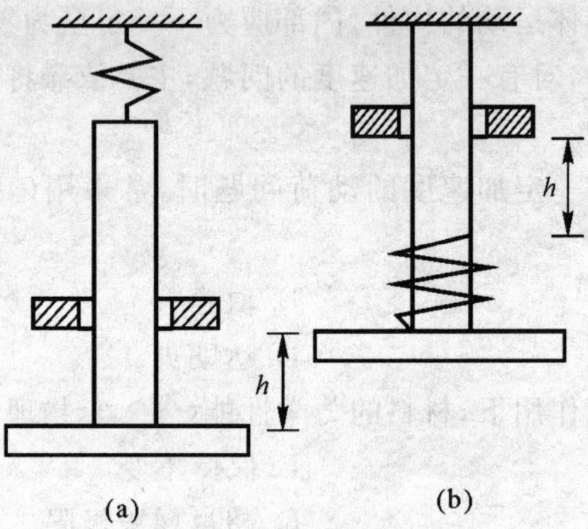

题 14-22 图

A. 图(a) 中的冲击应力比图(b) 中的冲击应力大

B. 图(a) 中的冲击应力比图(b) 中的冲击应力小

C. 图(a) 中的静位移比图(b) 中的静位移大

D. 图(a) 中的静位移比图(b) 中的静位移小

第 14-23 题：轴上装有飞轮和刹车离合器，不计轴的质量。当在 10 s 内均匀减速到停止转动时，已知轴内最大动应力为 2.53 MPa。若在 1 s 内停止转动，则轴的最大动应力为（　　），若在 0.01 s 内停止转动，则轴的最大动应力为（　　）。

A. 25.3 MPa　　B. 253 MPa　　C. 2 530 MPa　　D. 无法确定

第 14-24 题：在采用能量法求解冲击问题的模型中，认为（　　），在整个冲击过程中其机械能（　　）。

A. 冲击物体和被冲击物体均视为变形体

B. 冲击物体视为刚体、被冲击物体视为变形体

C. 守恒

D. 不守恒

3.单项选择题

第 14-25 题:受水平冲击的刚架如题 14-25 图所示,欲求 C 点的铅垂位移,则动荷因数表达式中的静位移应是(　　)。

A. C 点的铅垂位移　B. C 截面的转角　C. B 点的水平位移　D. B 截面的转角

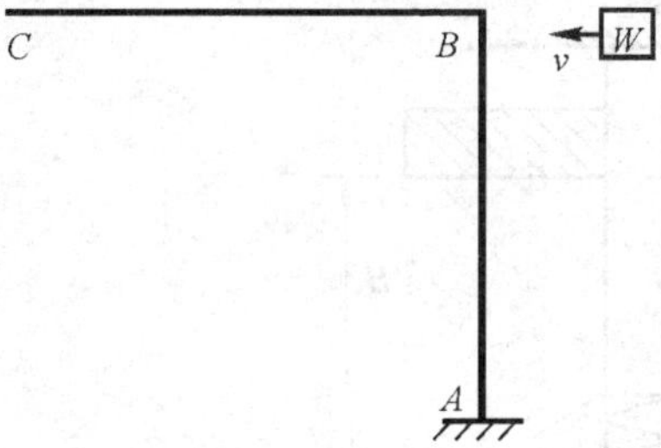

题 14-25 图

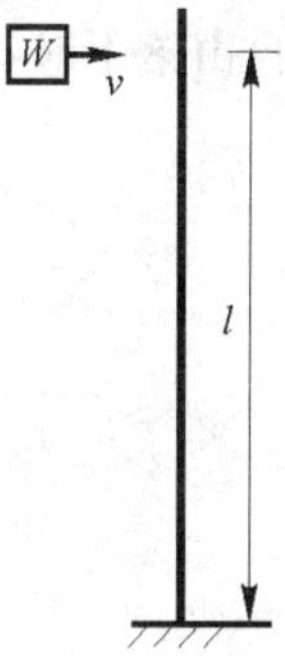

题 14-26 图

第 14-26 题:如题 14-26 图所示,等截面直杆在自由端承受水平冲击,若其他条件保持不变,仅杆长 l 增加。则杆内的最大冲击应力将会(　　)。

A. 保持不变　B. 增加　C. 减小　D. 不确定

第 14-27 题:做等加速度旋转的构件,其内各点惯性力的方向是(　　)。

A. 垂直于旋转半径　B. 不通过旋转中心

C. 指向旋转中心　D. 背离旋转中心

第 14-28 题:对有一定加速度的动荷问题,可以在形式上转化为静力问题,这主要是依据(　　)。

A. 作用与反作用公理　B. 静力平衡关系

C. 达朗贝原理　D. 动量定理

第 14-29 题:如题 14-29 图所示,定滑轮两边分别挂有重力为 $\boldsymbol{W}_1$ 和 $\boldsymbol{W}_2$ 的物体,该滑轮左、右两边绳的(　　)。

A. 动荷因数不等,动应力相等　B. 动荷因数相等,动应力不等

C. 动荷因数及动应力均相等　D. 动荷因数及动应力均不相等

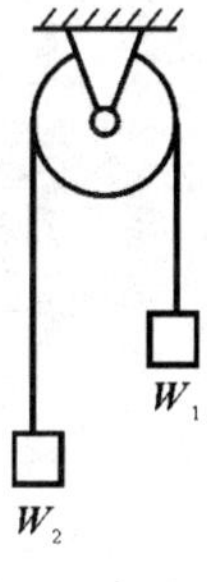

题 14-29 图

第 14-30 题:在用能量法计算冲击问题中,因为不计被冲击物的质量,所以,计算结果与实际相比(　　)。

A. 冲击应力偏大,冲击变形偏小　B. 冲击应力偏小,冲击变形偏大

C. 两者均偏大　D. 两者均偏小

第 14-31 题:为保证砂轮不出现动应力裂纹,在以下措施中,哪个是无效措施?(　　)

A. 减小转速　B. 减小半径　C. 选高强度材料　D. 增加截面积

第 14-32 题:竖向放置杆件,上端受到自由落体冲击,为减小冲击动荷因数,采取以下措施,其无效的措施为(　　)。

A. 减小杆长　B. 降低冲击高度

C. 减小杆截面　D. 选刚度较小的材料

第 14-33 题:在竖向冲击中,若冲击能量恒定,为增大冲击动荷因数,以下哪个方法是对的

(　　)。

A. 减小冲击物重力，增大冲击高度　　B. 增大冲击物重力，减小冲击高度

C. 冲击物刚度减小　　D. 被冲击物刚度减小

第 14－34 题：如题 14－34 图所示杆的下端有一固定圆盘，盘上放置弹簧，当重物 Q 从距弹簧上端为 H 处自由落下时，设系统的动荷因数 $K_d = 1 + \sqrt{1 + \frac{2H}{\Delta_{st}}}$，则式中的 Δ_{st} 为(　　)。

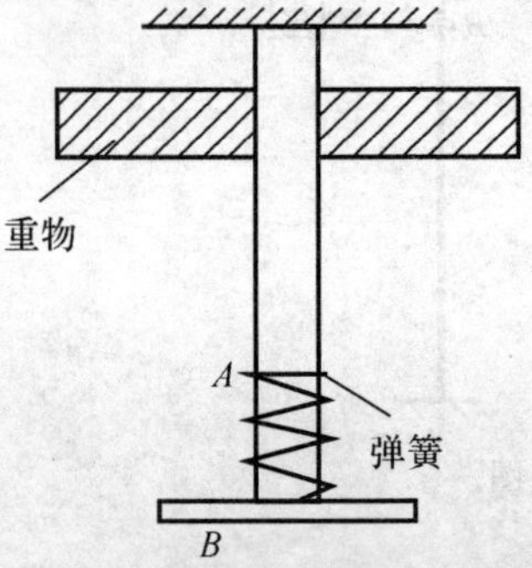

题 14－34 图

A. 杆横截面 A 的静位移　　B. 弹簧上端 A 的静位移

C. 杆下端 B 的静位移　　D. 弹簧上、下端的相对位移

第 14－35 题：如题 14－35 图所示四根梁完全相同，并在同一截面上受到同样冲击，其中，动荷因数最小的是图(　　)所示梁。

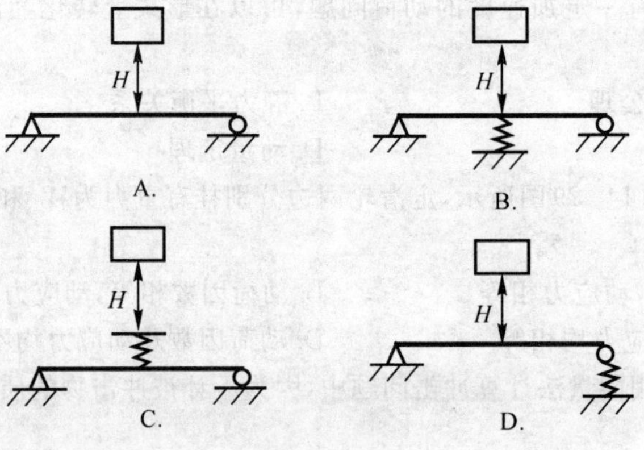

题 14－35 图

第 14－36 题：在水平冲击中，若冲击能量恒定，现将冲击物质量提高到原来的 4 倍，则动荷因数为原来的(　　)倍。

A. 4　　B. 2　　C. 6　　D. 1/4

第 14－37 题：如题 14－37 图所示悬臂圆截面梁在自由端受到水平冲击。若将梁的直径增大一倍，则最大冲击应力为原来的(　　)倍。

A. 2　　B. 1/4　　C. 8　　D. 1/2

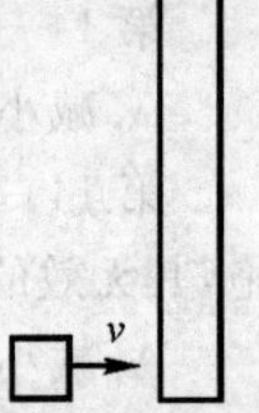

题 14－37 图

第 14－38 题：脆性材料和塑性材料，在冲击下哪个更易破坏(　　)。

A. 脆性材料　　B. 塑性材料　　C. 两者相同　　D. 无法判定

第 14－39 题：在以下四种形式中，哪一种形式并不是为了减小动荷因数（　　）。

A. 扁担　　B. 汽车的叠板弹簧

C. 铁路路基采用碎石子　　D. 铁轨间留的伸缩缝

第 14－40 题：在水平面内放置的杆件 AB，可以绕 A 在水平面内无摩擦地转动，当转速提高 1 倍时，杆内最大的动应力将增大至原来的（　　）倍。

A. 2　　B. 4　　C. 8　　D. 6

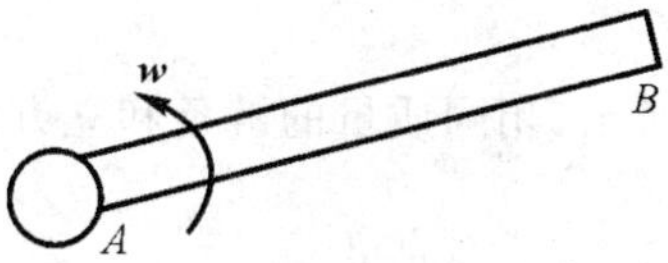

题 14－40 图

4. 多项选择题

第 14－41 题：在动荷载作用下，构件的（　　）保持不变。

A. 几何尺寸　　B. 平衡关系

C. 形式上的平衡关系　　D. 应力与平衡关系

E. 弹性系数　　F. 力学性能指标

第 14－42 题：减小匀速转动圆盘内动应力的方法，正确的有（　　）。

A. 减小转速　　B. 选用高密度材料

C. 增加圆盘半径　　D. 增加圆盘厚度

E. 减小圆盘半径　　F. 选用轻质材料

第 14－43 题：构件在以下六种情况下，需要用动荷方法处理的有（　　）。

A. 匀速直线运动　　B. 匀加速直线运动

C. 匀速圆周运动　　D. 匀加速圆周运动

E. 自由落体运动　　F. 竖直上抛运动

第 14－44 题：当竖向冲击时，若保持冲击能不变，而采用较小质量冲击，则（　　）。

A. 动荷因数减小　　B. 动荷因数增大

C. 动应力减小　　D. 动应力增大

E. 动荷因数保持不变　　F. 动应力不变

第 14－45 题：水平放置杆件，一端固定，另一端受到恒定动能的水平冲击，当冲击质量增至原来的 4 倍时，那么（　　）。

A. 动荷因数增大至原来的 4 倍　　B. 动荷因数转变为原来的 1/4

C. 冲击应力增大至原来的 4 倍　　D. 冲击应力保持不变

E. 冲击位移增大至原来的 4 倍　　F. 冲击位移保持不变

第 14－46 题：如题 14－46 图所示，机车车轮以匀速前进，则机车车轮之间的连杆 AB 内的动应力（　　）。

A. AB 处于最低位置时最小　　B. AB 处于最低位置时最大

C. AB 处于最高位置时最小　　D. AB 处于最高位置时最大

E. AB 处于轮心间连线位置时最大　　F. AB 处于轮心间连线位置时最小

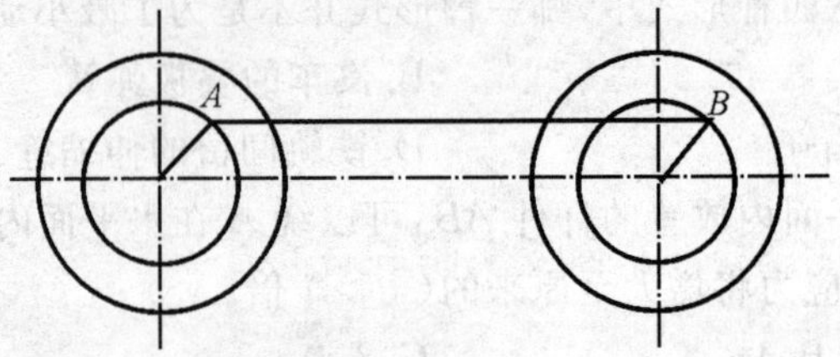

题 14-46 图

第 14-47 题：如题 14-47 图所示，相同质量的链条和立方块，从相同高度冲击同一杆件，则以下论断中正确的有(　　)。

A. 图(a) 所示的冲击动荷因数较小

B. 图(a)，图(b) 所示的冲击应力一样

C. 图(a) 与图(b) 有相同的冲击动能

D. 两个的动荷因数相同

E. 图(a) 所示的动荷因数中的 Δ_{st} 可近似取链条长度

F. 图(a) 所示的动态响应远小于图(b) 情况。

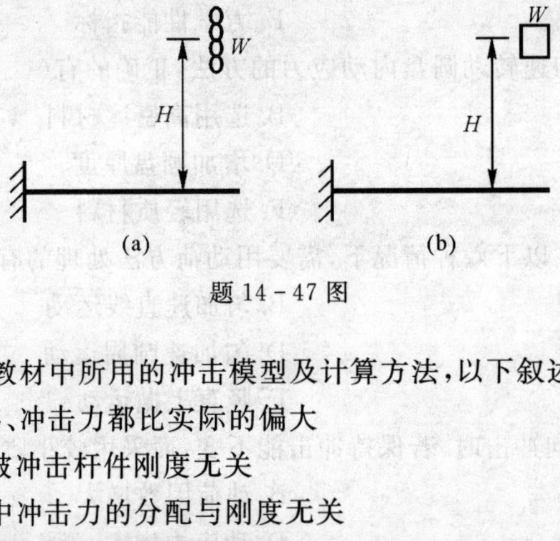

题 14-47 图

第 14-48 题：按照教材中所用的冲击模型及计算方法，以下叙述正确的有(　　)。

A. 冲击动应力、位移、冲击力都比实际的偏大

B. 冲击动态响应与被冲击杆件刚度无关

C. 在静定结构杆系中冲击力的分配与刚度无关

D. 冲击应力总是与杆件的刚度有关

E. 与静荷载一样，应力与刚度无关，除非是超静定问题

F. 冲击响应在冲击末了最大

14.4　基本计算练习题

第 14-49 题：重力 $P=2$ kN 的冰块以 $v=1$ m/s 的速度沿水平方向冲击圆形木桩的上端，如题 14-49 图所示。图中，$l=3$ m，$d=200$ mm，$E=11$ GPa。求木桩的最大冲击正应力是多少？木桩自重不计。

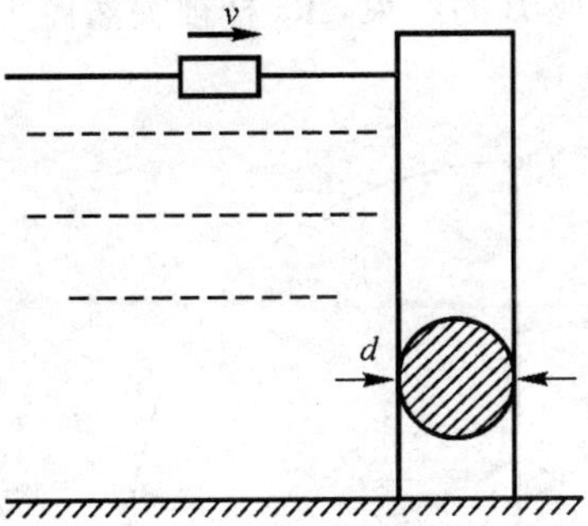

题 14-49 图

第 14-50 题：如题 14-50 图所示调速器由刚性杆 AB 及弹簧片 BC 构成，AB 与 BC 刚性固结，在 C 端装有重力 $G=20$ N 的物体，调速器以等角速绕 0—0 轴旋转，试求调速器的许可转速是多少？并求在此转速下钢片 BC 的 C 截面处的挠度是多少？已知，$[\sigma]=180$ MPa，$E=200$ GPa。

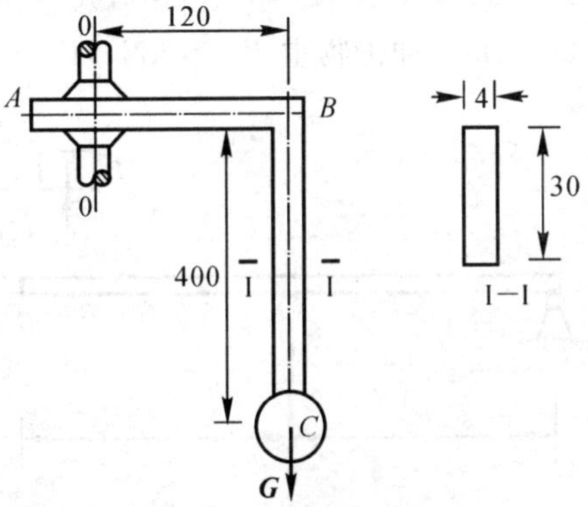

题 14-50 图

第 14-51 题：如题 14-51 图所示悬臂梁，自由端受重力为 $\boldsymbol{Q}$ 的物体冲击，已知梁的挠曲线方程为 $y=-\dfrac{Px^2}{6EI}(3l-x)$。求：

(1) 动荷因数是多少？

(2) C 点的挠度是多少？

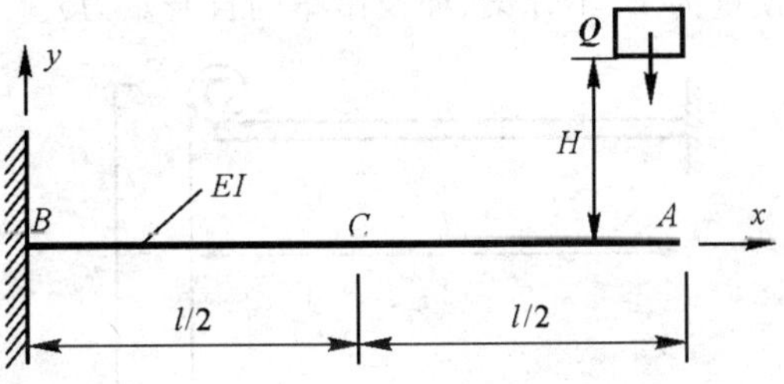

题 14-51 图

第 14-52 题：如题 14-52 图所示，轻质杆 AC 可以在水平平面 ABC 内转动，A 为回转中心，

C 端有一重力为 $\boldsymbol{G}$ 的集中质量，支座 B 的约束，AC 杆被突然停止转动，求 AC 杆内最大冲击应力是多少？已知 ω, EI, l, W。

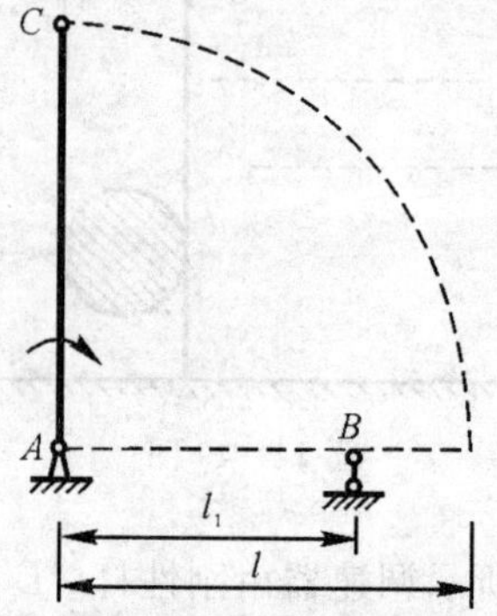

题 14-52 图

第 14-53 题：如题 14-53 图所示结构中，梁为工字钢，梁与柱属同一材料，已知，梁的惯性矩 $I_z = 25 \times 10^6\ \text{mm}^4$，$W_z = 250 \times 10^3\ \text{mm}^3$，$E = 200\ \text{GPa}$，$\sigma_S = 240\ \text{MPa}$，$\sigma_P = 200\ \text{MPa}$，$n_{st} = 3.0$，$n = 2.0$ 柱的直径为 $d = 50\ \text{mm}$。冲击物重 $P = 5\ \text{kN}$，$H = 8\ \text{mm}$。试校核该结构的安全性。(已知 $a = 1.5\ \text{m}$)

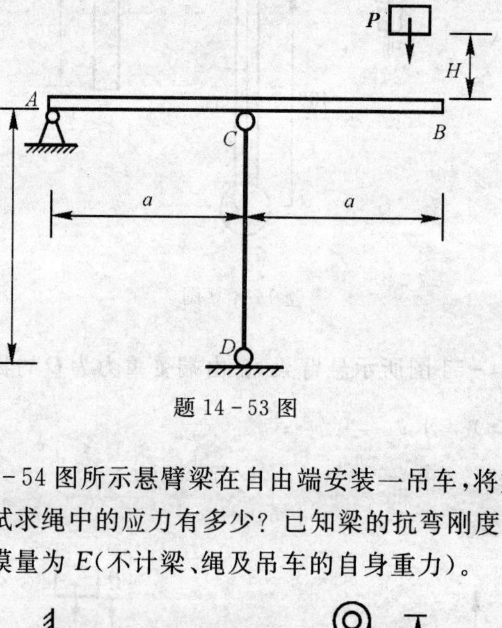

题 14-53 图

第 14-54 题：如题 14-54 图所示悬臂梁在自由端安装一吊车，将重力为 $\boldsymbol{W}$ 的物体以匀速 v 下落，若吊车突然制动，试求绳中的应力有多少？已知梁的抗弯刚度为 EI，长为 l，绳的横截面积为 A，绳长为 a，弹性模量为 E(不计梁、绳及吊车的自身重力)。

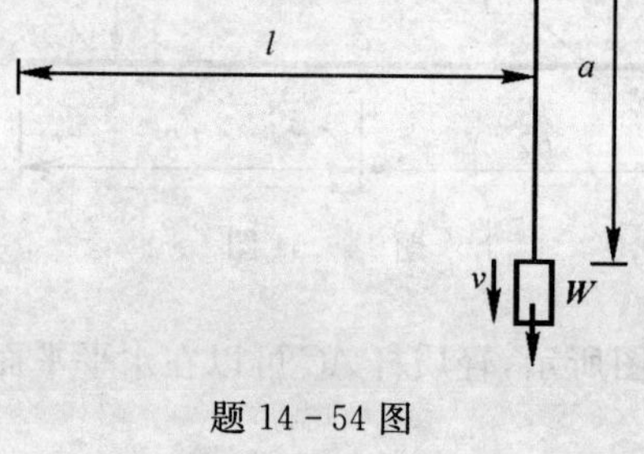

题 14-54 图

第 14－55 题：正方形截面立柱置于刚性基础中，柱的边长 $a=10$ cm，柱高 $l=2$ m，弹性模量$E=20$ GPa，$\mu=0.2$。当上端受到重 $P=10$ kN 的物体从高度 $h=10$ cm 处落下的冲击作用时，在线弹性范围内，稳定的情况下，试求：

(1) 动荷因数是多少？

(2) 立柱横截面上的最大动应力是多少？

(3) 立柱下端插入刚性基础部分中一点的主应力、主应变（不计表面接触的摩擦）是多少？

第 14－56 题：如题 14－56 图所示木杆 AB 与钢梁 BC 在 B 端铰接，长度 $l=1$ m，两者的横截面积均为正方形。$a=0.1$ m，$D-D$ 为与 AB 连接的刚杆，当环状重物 $Q=1.2$ kN，从$h=1$ cm 处自由落在 $D-D$ 刚杆上时，求木杆各段的内力（钢梁的弹性模量 $E_g=200$ GPa，木杆的 $E_m=10$ GPa）。

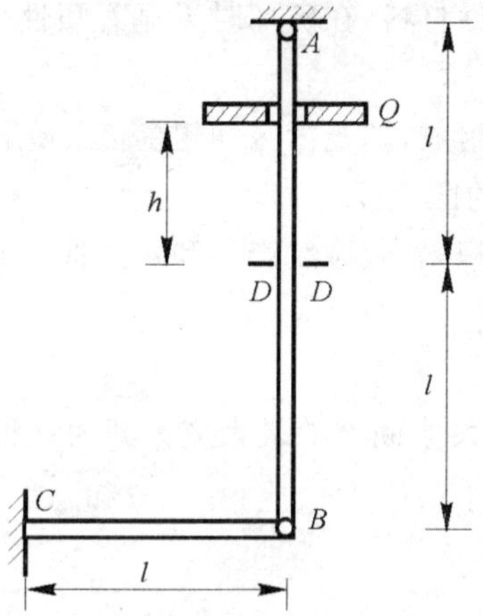

题 14－56 图

第十五章　交变应力

15.1　基本理论与方法

1.疲劳破坏的特点

(1) 在交变应力的最大值与最小值小于材料的强度极限，甚至小于流动极限时，即可能发生破坏。

(2) 无论是脆性材料还是塑性材料，在破坏时无显著塑性变形。即使塑性很好的材料，也是突然发生脆性断裂。

(3) 疲劳破坏断口有两部分组成，即光滑区和粗糙区。光滑区是裂纹扩展的区域，其上有裂纹源；粗糙区是最后脆性断裂的区域。

(4) 疲劳破坏是需要经损伤积累，微裂纹产生和扩展成宏观裂纹，以及宏观裂纹的扩展直至断裂。

2.疲劳极限

光滑试样经过无数次循环不发生断裂的最大应力即为该种材料的疲劳极限。

3.应力循环及其特征

(1) 平均应力

$$\sigma_m = \frac{1}{2}(\sigma_{max} + \sigma_{min})$$

(2) 应力幅度

$$\sigma_a = \frac{1}{2}(\sigma_{max} - \sigma_{min})$$

(3) 循环特征

$$r = \frac{\sigma_{min}}{\sigma_{max}}$$

4.影响构件疲劳极限的主要因素

(1) 构件外形引起应力集中的影响。

(2) 构件尺寸的影响。

(3) 构件表面质量的影响。

5.疲劳强度的校核(对称循环)

对称循环构件的强度条件为

$$\sigma_{max} \leqslant [\sigma_{-1}] = \frac{\varepsilon_\sigma \beta}{k_\sigma} \frac{\sigma_{-1}}{n} \quad 或 \quad \tau_{max} \leqslant [\tau_{-1}] = \frac{\varepsilon_\tau \beta}{k_\tau} \frac{\tau_{-1}}{n}$$

其中，σ_{max} 或 τ_{max} 为构件危险点上交变应力的最大应力；n 为规定的安全因数；$[\sigma_{-1}]$ 或 $[\tau_{-1}]$ 为构件在对称循环下的许用应力。

15.2　基本要求与重点

(1) 了解疲劳破坏的机理和特点,掌握交变应力及应力幅度、平均应力和循环特征的概念和计算方法。

(2) 明确材料疲劳极限的概念,了解其测试原理和方法。

(3) 了解影响构件疲劳极限的主要因素以及提高构件疲劳强度的主要措施,掌握对称循环下构件的疲劳强度计算。

15.3　基本概念练习题

第 15-1 题:材料的持久极限仅与材料、变形形式和循环特征有关。

第 15-2 题:由于塑性材料具有屈服阶段,脆性材料没有屈服阶段,因而应力集中对塑性材料的持久极限的影响可以忽略不计,而对脆性材料的影响应予考虑。

第 15-3 题:当构件内最大工作应力低于构件的疲劳极限时,通常构件就不会发生疲劳失效。

第 15-4 题:在表示交变应力特征的参数σ_{max},σ_{min},σ_a,σ_m和r中只有两个参数是独立的。

第 15-5 题:交变应力是指构件内的应力随时间作周期变化,而作用在构件上的荷载可能是动荷载,也可能是静荷载。

第 15-6 题:塑性材料在疲劳破坏时,表现为脆性断裂,所以在交变应力作用下,材料由塑性转变为了脆性。

第 15-7 题:在交变应力作用下,构件的表面质量因数总是小于 1 的。

第 15-8 题:在交变应力作用下,构件的尺寸越小,材料缺陷的影响越大,所以尺寸因数就越小。

第 15-9 题:两构件的截面尺寸、几何外形和表面加工质量都相同,强度极限大的构件,持久极限也大。

第 15-10 题:提高构件的疲劳强度,关键是减缓应力集中和提高表面的加工质量。

第 15-11 题:在交变应力作用下,构件表面形成了宏观裂纹尖端处的材料处于二向应力状态。

第 15-12 题:在相同应力水平下,大尺寸构件更容易发生疲劳,这是因为处于高应力状态的晶粒更多一些的缘故。

第 15-13 题:在同时具有正应力和剪应力循环作用下的疲劳计算中,可以分开校核两个交变应力的疲劳强度。

第 15-14 题:减小构件尺寸突变处的过渡圆角半径有利于提高构件的疲劳极限。

第 15-15 题:火车车轴所受交变应力的循环特征 $r=0$。

第 15-16 题:构件的持久极限仅与应力集中、截面尺寸和表面质量有关。

2. 选择填空题

第 15-17 题:已知交变应力的平均值$\sigma_m=20$ MPa,应力幅值$\sigma_a=40$ MPa,其循环应力的极值σ_{max},σ_{min} 为(　　)和循环特征值 $r=$(　　)。

A. 60 MPa，20 MPa B. $-1/3$ C. 60 MPa，-20 MPa D. 1/3

第 15－18 题：脉动循环交变应力的循环特征 r 等于（ ），静应力的循环特征 r 等于（ ）。

A. -1 B. 0 C. 1 D. 2

第 15－19 题：循环特征 r 的数值范围的最大值为（ ），最小值为（ ）。

A. >-1 B. $\geqslant -1$ C. $\leqslant 1$ D. <1

第 15－20 题：有效应力集中因数 K_σ 的数值范围为（ ），尺寸因数 ε_σ 的数值范围为（ ）。

A. 小于 1 B. 等于 1 C. 大于 1 D. 大于 -1 小于 1

第 15－21 题：设阶梯轴较粗部分的直径为 D，较细部分的直径为 d，过渡圆角半径为 r。若轴的尺寸不变，则 K_σ 随材料的 σ_b 增大而（ ）。当圆角半径增大，其他条件不变时，则 K_σ 将（ ）。

A. 增大 B. 减小 C. 不改变 D. 不能确定

第 15－22 题：理论应力集中因数与材料（ ），有效应力集中因数与材料（ ）。

A. 的性质无关 B. 的性质有关

C. 工作应力无关 D. 工作应力有关

3. 单项选择题

第 15－23 题：在疲劳断裂之前，构件中（ ）。

A. 无应力集中现象 B. 无裂纹存在

C. 无明显塑性变形 D. 无应力超过 σ_b 的点

第 15－24 题：在对称循环交变应力作用下，构件的持久极限为（ ）。

A. $\dfrac{K_\sigma\sigma_{-1}}{\varepsilon_\sigma\beta}$ B. $\dfrac{\varepsilon_\sigma\beta}{K_\sigma}\sigma_{-1}$ C. $\dfrac{K_\sigma\sigma_{\max}}{\varepsilon_\sigma\beta}$ D. $\dfrac{\varepsilon_\sigma\beta\sigma_{-1}}{K_\sigma\sigma_{\max}}$

第 15－25 题：有效应力集中因数 K_σ 和尺寸因数 ε_σ 的数值范围分别为（ ）。

A. $K_\sigma>1, \varepsilon_\sigma<1$ B. $K_\sigma<1, \varepsilon_\sigma<1$ C. $K_\sigma>1, \varepsilon_\sigma>1$ D. $K_\sigma<1, \varepsilon_\sigma>1$

第 15－26 题：圆杆在弯扭组合交变应力作用下，危险点的（ ）。

A. $r_\sigma=-1, r_\tau=1$ B. $r_\sigma=1, r_\tau=-1$ C. $r_\sigma=r_\tau=-1$ D. $r_\sigma=r_\tau=1$

第 15－27 题：材料的持久极限与试件的（ ）无关。

A. 材料 B. 变形形式 C. 循环特征 D. 最大应力

第 15－28 题：在相同的交变荷载作用下，构件的横向尺寸增大，其（ ）。

A. 工作应力减小，持久极限升高 B. 工作应力增大，持久极限降低

C. 工作应力增大，持久极限提高 D. 工作应力减小，持久极限降低

第 15－29 题：在以下变化中，（ ）将会降低构件的持久极限。

A. 降低粗糙度 B. 提高表面硬度

C. 增大几何尺寸 D. 减缓应力集中

第 15－30 题：疲劳破坏是（ ）的结果。

A. 材料性质变化 B. 裂纹的形成和扩展

C. 最大拉应力的作用 D. 最大剪应力的作用

第 15－31 题：塑性材料在疲劳破坏时，其最大工作应力的最小值甚至有可能（ ）。

A. 低于 σ_s　　B. 大于 σ_s　　C. 低于 σ_b　　D. 大于 σ_b

第 15-32 题：材料持久极限的定义是，试件能经受无限次应力循环而不发生疲劳的(　　)值的(　　)限。

A. 最大应力 σ_{max}，最高　　B. 最大应力 σ_{max}，最低

C. 最小应力 σ_{min}，最高　　D. 最小应力 σ_{min}，最低

第 15-33 题：同一材料在相同变形形式下，当循环特征(　　)时，其持久极限最低。

A. $r=0$　　B. $r=-1$　　C. $r=1$　　D. $r=0.5$

第 15-34 题：如题 15-34 图所示应力循环的特征值 $r=$(　　)。

A. 3　　B. 2　　C. 2/3　　D. 1/3

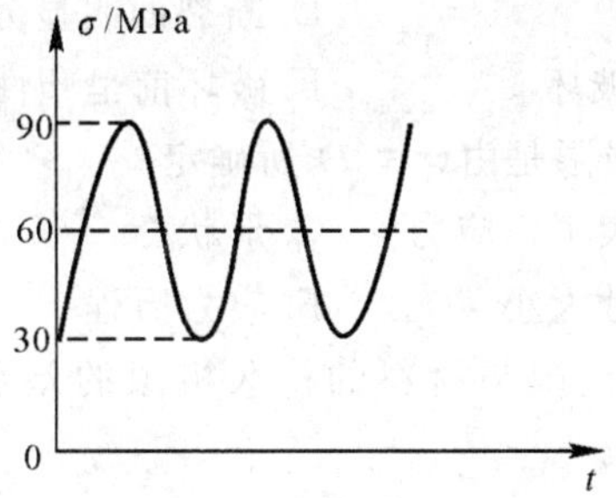

题 15-34 图

第 15-35 题：如题 15-35 图所示，在交变应力作用下，在图(a) 板条上的切口附近钻上大小不同的小孔如图(b) 所示，则持久极限会(　　)。

A. 提高　　B. 不变　　C. 降低　　D. 难以确定

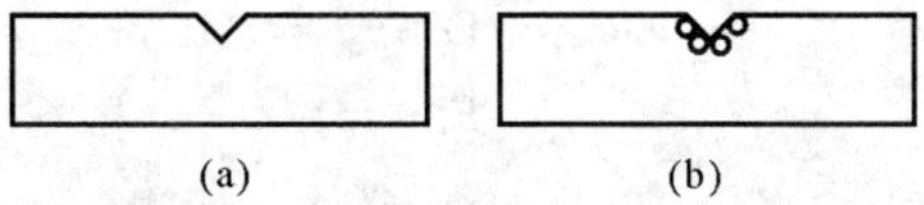

题 15-35 图

第 15-36 题：应力集中对(　　)的持久极限影响最显著。

A. 铸铁　　B. 低碳钢　　C. 高强度合金钢　　D. 铝合金

第 15-37 题：如题 15-37 图所示，在 $\sigma_a-\sigma_m$ 坐标平面上的点 C，其对应的循环特征 $r=$(　　)。

A. 1　　B. 0.5　　C. 0　　D. 1/2

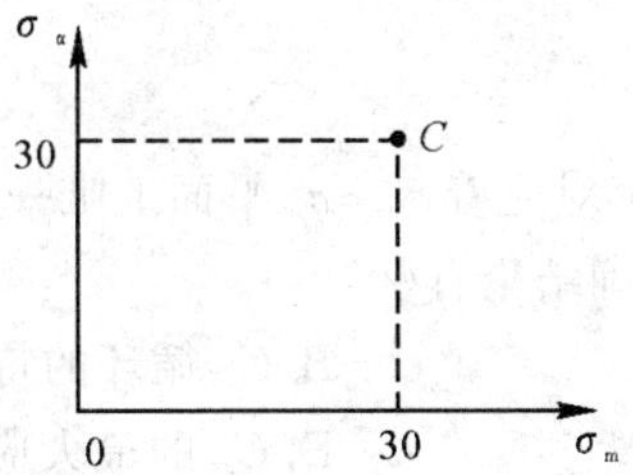

题 15-37 图

第 15 - 38 题：塑性材料的应力特征，其正确的关系是（　　）。

A. $\sigma_{-1} < \sigma_0 < \sigma_s < \sigma_b$　　　　B. $\sigma_0 < \sigma_{-1} < \sigma_s < \sigma_b$

C. $\sigma_{-1} < \sigma_s < \sigma_0 < \sigma_b$　　　　D. $\sigma_s < \sigma_{-1} < \sigma_0 < \sigma_b$

4. 多项选择题

第 15 - 39 题：材料的持久极限是由（　　）所确定的。

A. 材料　　B. 变形形式　　C. 循环特征

D. 最大应力　　E. 最小应力　　F. 平均应力

第 15 - 40 题：疲劳失效具有（　　）的特点。

A. 工作应力小于强度极限　　B. 断裂前塑性变形显著

C. 无显著的塑性变形　　D. 断裂面明显分成两不同的区域

E. 总是沿最大剪应力方向破坏　　F. 破坏前呈塑性

第 15 - 41 题：构件的疲劳极限是由（　　）所确定。

A. 材料　　B. 最大工作应力　　C. 形状

D. 表面质量　　E. 尺寸大小　　F. 应力历程

第 15 - 42 题：构件的持久极限与材料的持久极限的差别主要是由（　　）的不同所造成的。

A. 最大应力　　B. 最大应变　　C. 形状

D. 表面粗糙度　　E. 尺寸大小　　F. 应力路径

第 15 - 43 题：如题 15 - 43 图所示，每个应力循环都对应着 $\sigma_m - \sigma_a$ 平面上的一个点，试问图示上的 D 点对应的循环，在下述结论中正确的是（　　）。

A. $\sigma_{max} = 60, \sigma_{min} = 30$　　B. $\sigma_{max} = 90, \sigma_{min} = 30$

C. $\sigma_{max} = 45, \sigma_{min} = 30$　　D. $\sigma_{max} = \sqrt{45}, \sigma_{min} = \sqrt{27}$

E. $r = 1/3$　　F. $r = 1/2$

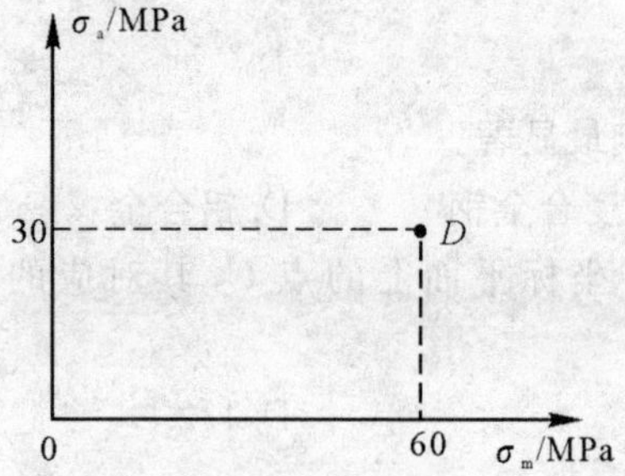

题 15 - 43 图

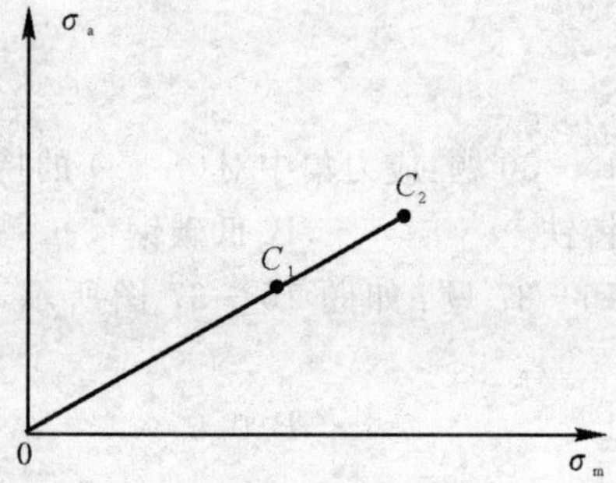

题 15 - 44 图

第 15 - 44 题：每个应力循环都对应着 $\sigma_m - \sigma_a$ 平面上唯一的一个点。则关于如题 15 - 44 图所示 C_1 和 C_2 两个应力循环的正确结论有（　　）。

A. 两个循环的特征值相同　　B. C_2 循环的特征值比 C_1 的大

C. C_2 的最大应力比 C_1 的大　　D. C_1 的最大应力比 C_2 的大

E. 两个循环的最大应力相等　　F. 两个循环的最小应力相等

第 15 - 45 题：关于循环特征的以下说法中，正确的是（　　）。

A. r 在 1 和 -1 之间

B. 若 $r_1 > r_2 > 0$，一般有 $\sigma_{r_1} > \sigma_{r_2}$

C. 与应力的时间历程无关，只取决于最大和最小循环应力

D. 具有相同特征的应力循环，其构件对应的持久极限也相同

E. $r=1$ 时为静应力

F. $r=0$ 时，构件中无应力

第 15-46 题：在如题 15-46 图所示应力循环情况下，某材料的屈服应力为 80 MPa，则以下答案中正确的有（　　）。

A. $\sigma_m = 25$ MPa　　B. $\sigma_m = 35$ MPa　　C. $\sigma_a = 35$ MPa

D. $\sigma_a = 25$ MPa　　E. $r = -1/6$　　F. 首先会屈服

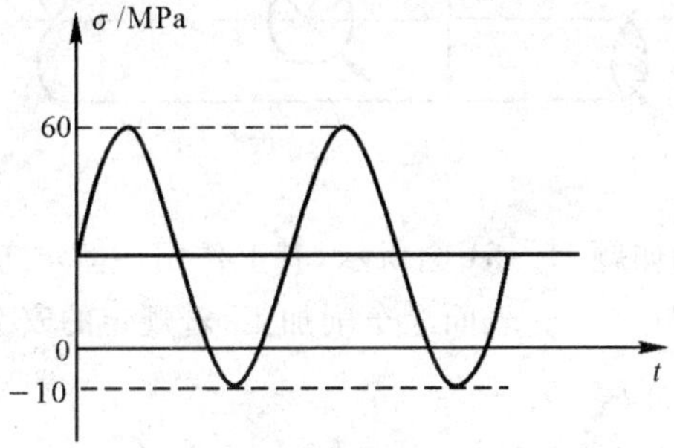

题 15-46 图

15.4　基本计算练习题

第 15-47 题：发动机连杆的大头螺钉在工作时受到的最大拉力 $P_{max} = 58.3$ kN，最小拉力为 $P_{min} = 55.8$ kN，螺纹内径 $d = 11.5$ mm。试求平均应力 σ_m，应力幅度 σ_a，循环特征 r。

第 15-48 题：如题 15-48 图所示钢轴，承受对称循环弯曲应力作用。钢轴的 $\sigma_b = 700$ MPa，$\sigma_{-1} = 280$ MPa，轴是经粗车制成。设安全因数 $n=2$，试计算轴的许用应力 $[\sigma_{-1}]$。

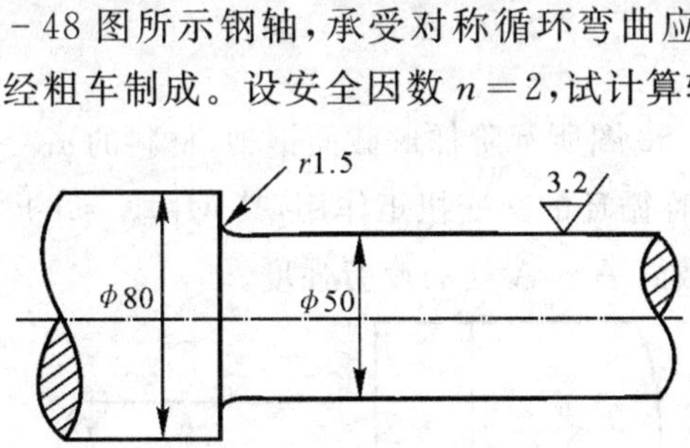

题 15-48 图

第 15-49 题：火车车轴受力可简化为如题 15-49 图所示模型，$a=500$ mm，$l=1\,435$ mm，车轴中段直径 $d=15$ cm，若 $P=50$ kN，试求轮轴中段截面边缘上任一点的最大应力 σ_{max}，最小应力 σ_{min}，循环特征 r。

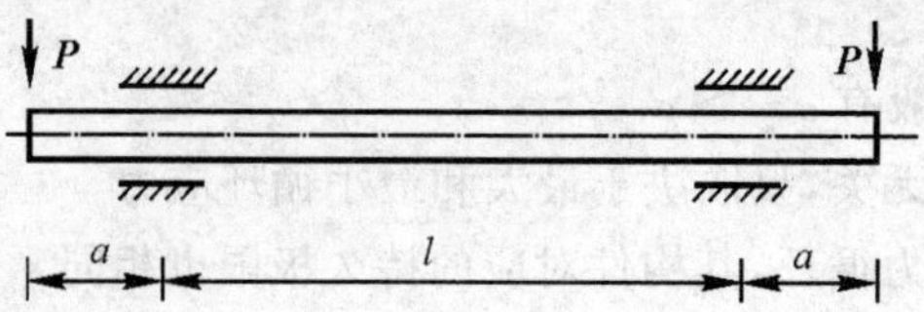

题 15 - 49 图

第 15 - 50 题：在直径为 $D=40$ mm 的钢制圆杆上，穿一直径 $d=6$ mm 的横圆孔，如题 15 - 50 图所示。圆杆受对称循环拉、压交变应力的作用，材料的 $\sigma_{-1}=196$ MPa，$\sigma_b=600$ MPa，表面为车削。求此圆杆的持久极限。

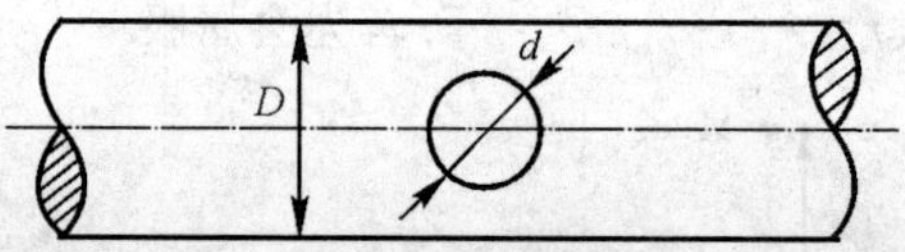

题 15 - 50 图

第 15 - 51 题：钢制转轴如题 15 - 51 图所示，其上作用一恒定弯矩 $M=2\,400$ N·m。轴材料的 $\sigma_b=500$ MPa，$\sigma_{-1}=200$ MPa。表面经车削加工，若规定的安全因数 $[n_\sigma]=1.4$，试校核轴的疲劳强度。

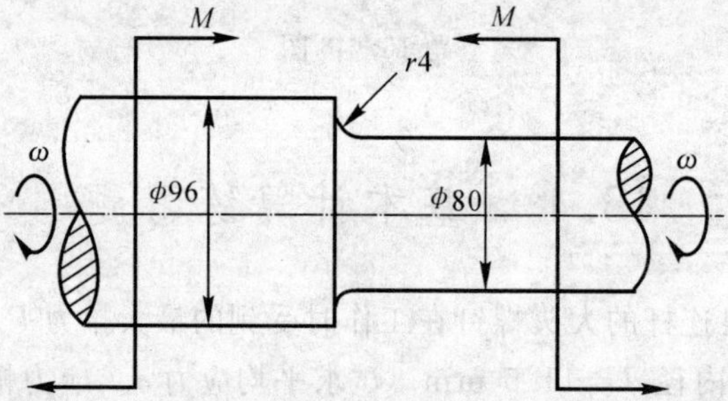

题 15 - 51 图

第 15 - 52 题：如题 15 - 52 图所示阶梯形截面钢轴，材料的 $\sigma_b=600$ MPa，$\tau_{-1}=130$ MPa，轴表面经车削加工，受到对称循环的交变扭矩作用，其 $M_{T\max}=1$ kN·m。若规定的安全因数 $[n_\tau]=2$，试校核轴在危险截面 A－A 处的疲劳强度。

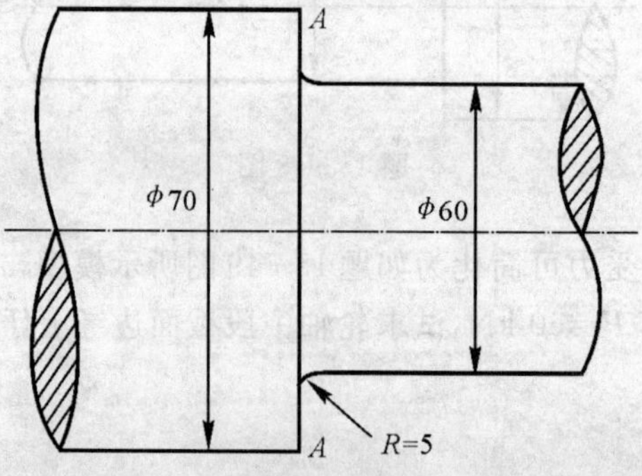

题 15 - 52 图

第 15－53 题：如题 15－53 图所示圆杆表面未加工，且因径向圆孔而削弱。杆受到对称循环下的交变轴向力作用。已知材料为普通碳钢，$\sigma_b = 600$ MPa，$\sigma_{-1} = 200$ MPa，规定安全因数为 $[n_\sigma] = 1.7$，试求最大许可载荷。

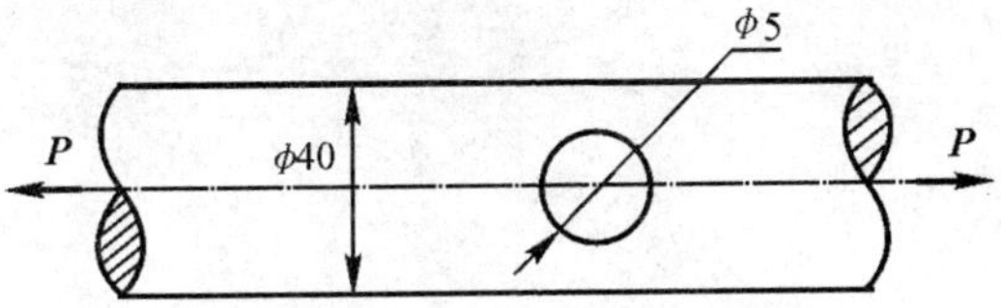

题 15－53 图

第二部分　练习题解答及专家帮助

第一章　静力分析基础

一、基本概念练习题

1. 是非判断题

第 1 - 1 题:【非】

专家帮助:二力构件必须满足二力平衡公理,并不是只要物体上受两个力的情况就是二力构件。这里的关键问题是指在同一个刚体上,当在两个力作用下处于平衡状态时,该两个力满足大小相等、方向相反、作用线在同一条直线上。因此原题答案为“非”。

第 1 - 2 题:【是】

专家帮助:力的可传性原理是以刚体为前提,利用了加减平衡力系原理推导出来的,因此这个原理仅适宜于刚体,原题答案为“是”。

第 1 - 3 题:【是】

专家帮助:变形体刚化后平衡的必要条件与刚体相同;反过来,在相同的条件下,变形体则不能平衡。

第 1 - 4 题:【是】

专家帮助:力沿力线滑动,刚体的运动效应不变。

第 1 - 5 题:【非】

专家帮助:三力平衡汇交原理是三力平衡的必要条件。

第 1 - 6 题:【是】

专家帮助:约束是指限制运动物体的周围其他物体。

第 1 - 7 题:【是】

专家帮助:除约束力以外的其他作用于物体的力称为主动力。

第 1 - 8 题:【是】

专家帮助:约束力特征决定于被约束体与约束体接触面的物理性质和连接方式。

第 1 - 9 题:【非】

专家帮助:第一个三角形表示求 $\boldsymbol{F}_1$,$\boldsymbol{F}_2$ 的合力为 $\boldsymbol{F}_3$,第二个三角形表示 $\boldsymbol{F}_1$,$\boldsymbol{F}_2$,$\boldsymbol{F}_3$ 的合力为零。

第 1 - 10 题:【非】

专家帮助:当两分力夹角为钝角时合力比分力小。

第 1 - 11 题:【非】

专家帮助:力从一个刚体移动到另一个刚体时,结构的效应将改变。

第 1 - 12 题:【非】

专家帮助:该三力必有合力,不会构成平衡力系。

第 1 - 13 题:【是】

专家帮助:力 $\boldsymbol{F}$ 在同一刚体上沿力线移动,对刚体的效应不变。

第 1 - 14 题:【非】

专家帮助:力从一个刚体移动到另一个刚体时,结构的效应将改变。

第 1 - 15 题:【是】

专家帮助:刚体 ABC 在 A,H 处受到两约束力的作用而平衡,故刚性构件 ABC 为二力杆,销钉 A 的受力方向沿 AH 连线。

第 1-16 题:【是】

专家帮助:刚性构件 ABC 受三力作用,平衡的必要条件是三力汇交,故销钉 A 的受力方向沿 AD 连线。

2. 选择填空题

第 1-17 题:【A,B】

专家帮助:力是物体间相互的机械作用,这种作用使物体的机械运动状态发生变化。

第 1-18 题:【A,C】

专家帮助:力对物体的作用效应取决于三个要素,即力的大小、力的方向和力的作用点。

第 1-19 题:【B,D】

专家帮助:若一力系作用于刚体并使其相对于地球处于匀速直线运动或相对静止状态,则认为刚体处于平衡状态,且该力系是平衡力系。

第 1-20 题:【A,D】

专家帮助:不受任何限制,可以自由运动的物体称为自由体。刚体是属于任意两质点间的距离保持不变的质点系。

第 1-21 题:【A,C】

专家帮助:柔体约束力的方向总是背离被约束体。

第 1-22 题:【B,C】

专家帮助:物体的受力分析包含两步:取分离体;作受力图。

第 1-23 题:【B,D】

专家帮助:分离体内各部分之间相互作用的力,称为内力;分离体以外的物体对分离体的作用力,称为外力。

第 1-24 题:【B,D】

专家帮助:当同一约束的约束反力在几个不同的受力图上出现时,各受力图上对同一约束反力所假定的指向必须相同,受力图上只能出现外力。

第 1-25 题:【A,D】

专家帮助:两物体相互作用的作用与反作用力,总是大小相等、方向相反,分别作用在不同物体及物体系统。

3. 单项选择题

第 1-26 题:【B】

专家帮助:力是滑动矢量。

第 1-27 题:【C】

专家帮助:二力平衡条件适用的范围是刚体。

第 1-28 题:【A】

专家帮助:加、减平衡力系公理适用的范围是刚体。

第 1-29 题:【D】

专家帮助:作用与反作用力定律对任何物体均适用。

第 1-30 题:【A】

专家帮助:根据平行四边形公理选 A。

第 1-31 题:【C】

专家帮助:根据求合力的力三角形选 C。

第 1 - 32 题:【C】

专家帮助:柔性体约束的约束反力,其作用线沿柔性体的中心线,其指向必定是背离被约束物体。

第 1 - 33 题:【D】

专家帮助:两分力夹角为钝角时,其合力大小小于两分力。

第 1 - 34 题:【B】

专家帮助:当变形不起决定因素时,一物体能看做刚体。

第 1 - 35 题:【B】

专家帮助:根据二力平衡公理选 B。

第 1 - 36 题:【B】

专家帮助:对刚体力是滑动矢量。

第 1 - 37 题:【B】

专家帮助:根据力矢三角形,有 $\boldsymbol{F}_2 = \boldsymbol{F}_1 + \boldsymbol{F}_3$。

第 1 - 38 题:【A】

专家帮助:二力平衡公理适用于刚体。

第 1 - 39 题:【A】

专家帮助:加减平衡力系公理适用于刚体。

第 1 - 40 题:【A】

专家帮助:力的平行四边形法则适用于刚体。

第 1 - 41 题:【C】

专家帮助:作用与反作用力定律适用于刚体及变形体。

4. 多项选择题

第 1 - 42 题:【B,D】

专家帮助:柔索类约束的约束反力,在作图时其指向不能任意假设,其指向必定背离被约束物体。

第 1 - 43 题:【B,C】

专家帮助:光滑圆柱铰链约束的约束反力,一般可以用两个相互垂直的分力表示,这两分力不一定沿水平和铅垂方向,该两分力的指向可先任意假设。

第 1 - 44 题:【C,D】

专家帮助:注意绳索的约束力作用在杆上,并沿绳索的轴线背离直杆。

第 1 - 45 题:【B,C】

专家帮助:辊轴支座的约束反力必须用一个垂直于支撑面且过铰心的力表示,其反力的指向必须指向被约束物体。

第 1 - 46 题:【B,D】

专家帮助:二力杆两端圆柱形铰链的约束反力可以用任意两个相互垂直的分力表示,其反力的指向在标示时可任意假设。

第 1 - 47 题:【B,C】

专家帮助:由平行四边形公理知 B,C 条件下可得到唯一解。

第 1 - 48 题:【A,D】

专家帮助:合力矢量为各分力矢量的矢量和,合力矢量与 $\boldsymbol{F}_1$ 同向,大小与 $\boldsymbol{F}_2$ 大小相同。

第 1 - 49 题:【B,C】

专家帮助:不平行三力要平衡的必要条件是三力必汇交于一点。

二、基本计算练习题

第1-50题：专家帮助：*AB* 杆受力有自身重力 $\boldsymbol{G}$；*B*，*D* 处受到光滑接触面约束，约束反力为 $\boldsymbol{N}_D$，$\boldsymbol{N}_B$；*C* 处受到绳索约束，约束反力为 $\boldsymbol{T}_C$。*AB* 杆受力图如第 1-50 题解图所示。

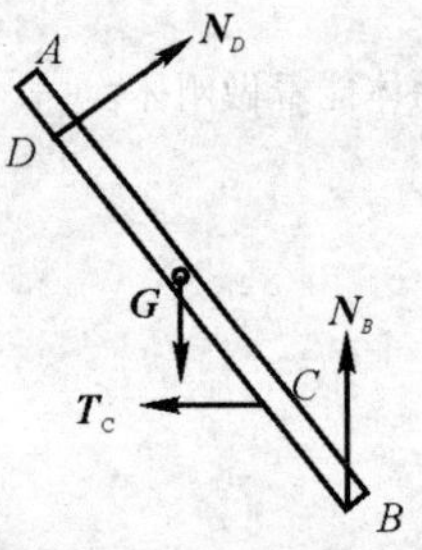

第 1-50 题解图

第 1-51 题：专家帮助：对构件 *ABC* 受力有 *A* 处铅垂载荷 $\boldsymbol{P}$；*B* 处光滑圆柱铰链（固定铰）约束，约束反力为 $\boldsymbol{R}_B$；*C* 处受光滑接触面约束，约束反力为 $\boldsymbol{N}_C$。构件 *ABC* 所受力 $\boldsymbol{P}$，$\boldsymbol{R}_B$，$\boldsymbol{N}_C$ 必汇交于一点。构件 *ABC* 的受力图如第 1-51 题解图所示。

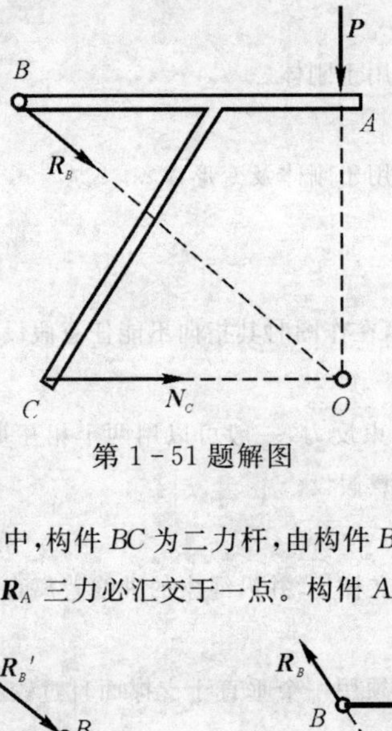

第 1-51 题解图

第 1-52 题：专家帮助：在整个系统中，构件 *BC* 为二力杆，由构件 *BC* 可确定 *B* 处左、右两部分的约束反力方向（$\boldsymbol{R}_B$，$\boldsymbol{R}'_B$）。对构件 *AB*，力 $\boldsymbol{P}$，$\boldsymbol{R}'_B$，$\boldsymbol{R}_A$ 三力必汇交于一点。构件 *AB* 的受力图如第 1-52 题解图所示。

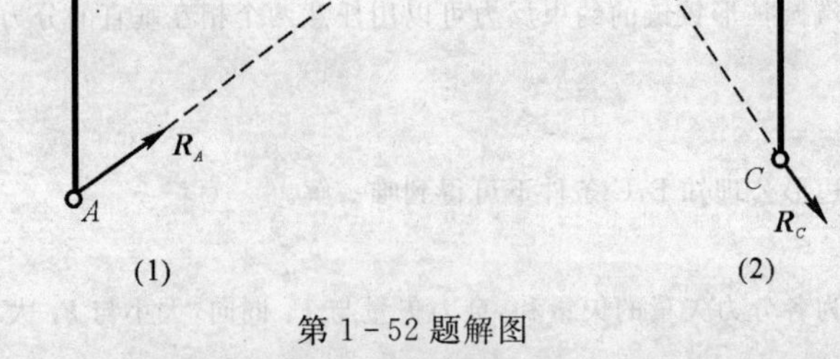

第 1-52 题解图

第 1-53 题：专家帮助：图中，*AO* 杆在 *O* 点受到固定铰链约束，约束反力为 $\boldsymbol{R}_O$；*A* 处受到光滑接触约束，约

束反力为 N_A；D 处受到光滑接触面约束，约束反力为 N_D。AO 杆所受三力 N_A，N_D，R_O 必汇交于一点。AO 杆的受力图如第 1-53 题解图(1) 所示。图中，CBD 杆在 B 处受到的约束反力为 R_B；杆 CBD 所受三力 P，R_B，N'_D 必汇交于一点。杆 CBD 的受力图如第 1-53 题解图(2) 所示。

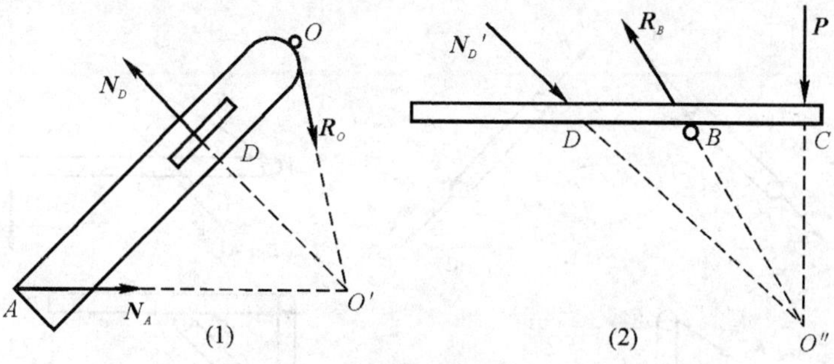

第 1-53 题解图

第 1-54 题：专家帮助：整个杆系中杆 DE 为二力杆。其受力图如第 1-54 题解图(1) 所示。

杆 AC 在 A 处约束反力为 R_A，对杆 AC，P，R'_D，R_A 三力必汇交，其受力图如第 1-54 题解图(2) 所示。

杆 AB 在 B 处约束反力为 Y_B，X_B，在 E 处为 R'_E，A 处为 R'_A，F 处约束反力为 N_F，受力图如第 1-54 题解图(3) 所示。

整个系统在 F 处受到约束反力 N_F，在 B 处受到约束反力为 R_B，整个系统在三力 P，N_F，R_B 作用下平衡，三力必汇交。其受力图如第 1-54 题解图(4) 所示。

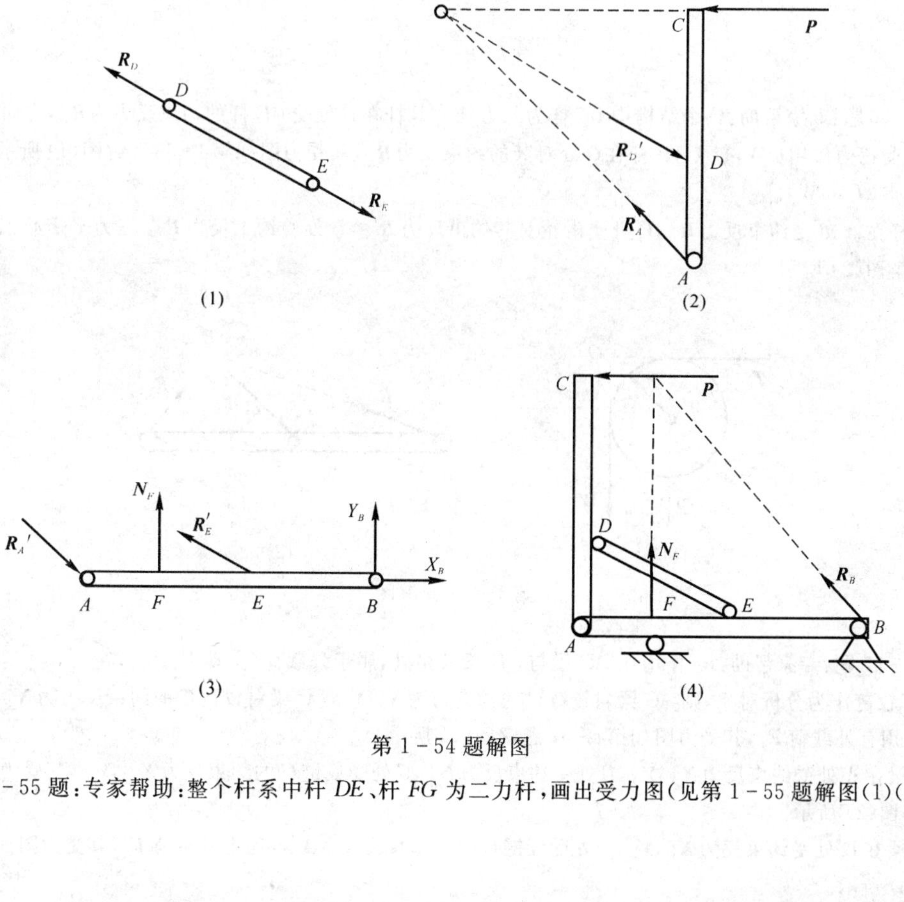

第 1-54 题解图

第 1-55 题：专家帮助：整个杆系中杆 DE、杆 FG 为二力杆，画出受力图(见第 1-55 题解图(1)(2))。

杆 AB 所受三力分别为 $\boldsymbol{W}, \boldsymbol{R}'_E, \boldsymbol{R}_A$，三力必汇交，其受力图如第 1－55 题解图(3) 所示。

杆 AC 所受五力分别为 $\boldsymbol{R}'_A, \boldsymbol{R}'_D, \boldsymbol{R}'_F, \boldsymbol{X}_C, \boldsymbol{Y}_C$，其受力图如第 1－55 题解图(4) 所示。

整个杆系所受三力分别为 $\boldsymbol{W}, \boldsymbol{R}_C, \boldsymbol{R}_G$，且必汇交于一点，其受力图如第 1－55 题解图(5) 所示。

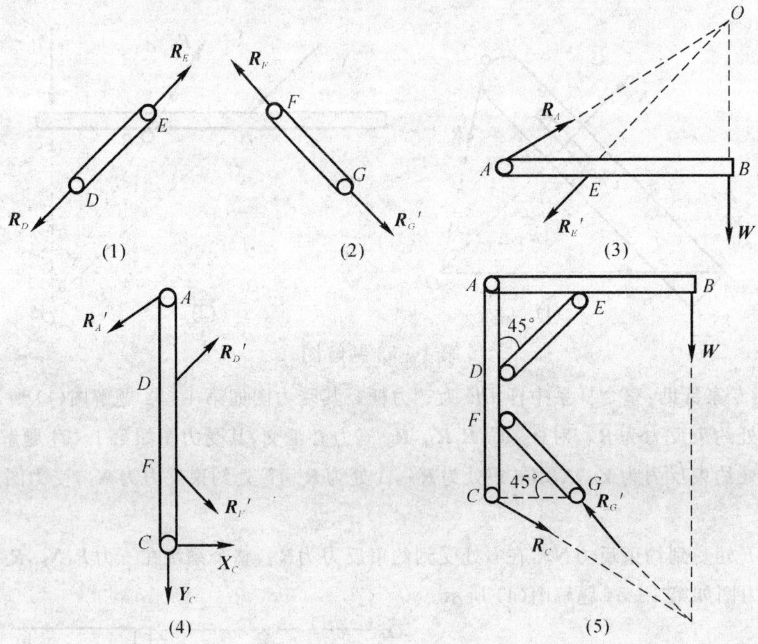

第 1－55 题解图

第 1-56 题：专家帮助：整个结构中 BE 杆为二力杆，AB 杆在 B 处受 BE 杆的约束反力为 $\boldsymbol{R}_B$，方向沿 BE 方向。滑轮受三力作用。$\boldsymbol{W}, \boldsymbol{T}$ 及 AB 杆在 C 处对其的约束反力 $\boldsymbol{R}_C$，其受力图如第 1-56 题解图(1) 所示，三力必汇交于一点($T = W$)。

AB 杆在 A 处受约束反力 $\boldsymbol{R}_A$，C 处受滑轮对其约束反力 $\boldsymbol{R}'_C$，B 处受约束反力 $\boldsymbol{R}_B$，三力平衡必汇交，如第 1－56 题解图(2) 所示。

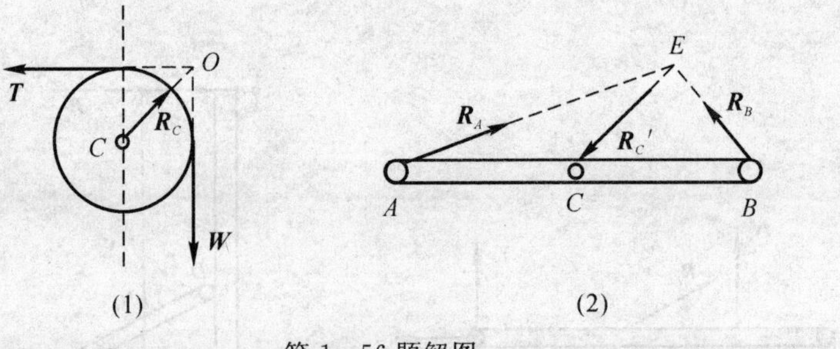

第 1－56 题解图

第 1－57 题：专家帮助：$\boldsymbol{F}_1$ 作用在 AC 梁与 CD 梁铰接处，属于外载荷(主动力)。

将 C 铰链作为分析对象，则 AC 梁对铰链 C 的约束力为 $\boldsymbol{X}_1, \boldsymbol{Y}_1$，$DC$ 梁对铰链 C 的约束反力为 $\boldsymbol{X}_2, \boldsymbol{Y}_2$，铰链 C 上还作用有外载荷 $\boldsymbol{F}_1$，其受力图如第1－57 题解图(1) 所示。

AC 梁在 A 处受约束反力 $\boldsymbol{X}_A, \boldsymbol{Y}_A$，$B$ 处受约束反力 $\boldsymbol{N}_B$，C 处受铰链 C 的约束反力 $\boldsymbol{X}'_1, \boldsymbol{Y}'_1$，其受力图如第 1－57 题解图(2) 所示。

DC 梁在 D 处受约束反力 $\boldsymbol{X}_D, \boldsymbol{Y}_D$，$C$ 处受铰链 C 的约束反力 $\boldsymbol{X}'_2, \boldsymbol{Y}'_2$，还有外载荷 $\boldsymbol{F}_2$，其受力图如第 1－57 题解图(3) 所示。

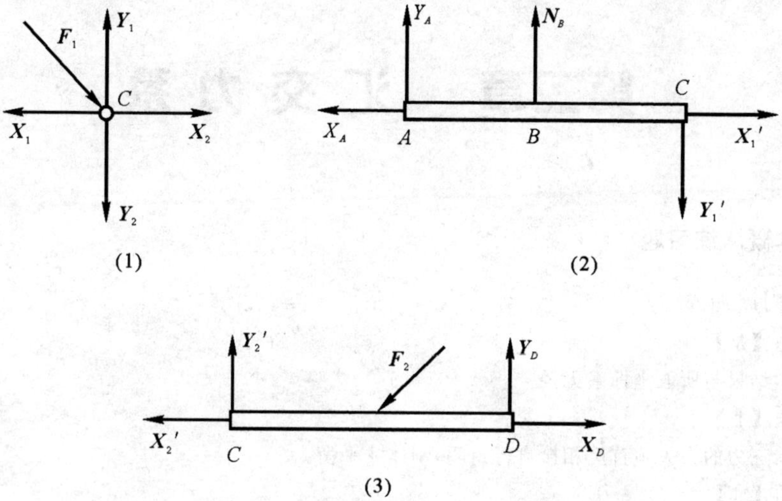

第 1 - 57 题解图

第二章　汇交力系

一、基本概念练习题

1. 是非判断题

第 2-1 题:【是】

专家帮助:结果与所取坐标系无关。

第 2-2 题:【非】

专家帮助:三力的力矢须首尾相接自行封闭,刚体才平衡。

第 2-3 题:【非】

专家帮助:第一种情况下三力平衡;第二种情况下三力不平衡。

第 2-4 题:【非】

专家帮助:合力是力,是固定矢量,而主矢是一种自由矢量。

第 2-5 题:【非】

专家帮助:当作力多边形时,任意变换力的次序,可得不同形状的力多边形,而合力的大小和方向相同。

第 2-6 题:【非】

专家帮助:几何法求力的主矢的多边形可以是任意多边形,可以是平面图形,也可以是空间图形。

第 2-7 题:【是】

专家帮助:三力的多边形必是三角形,而三角形是平面图形。

第 2-8 题:【非】

专家帮助:可采用各种形式的坐标系,而直角坐标形式相对简单。

第 2-9 题:【非】

专家帮助:两者的区别在于,平衡力系的力多边形力矢首尾相接,而求主矢的力多边形则不同。

第 2-10 题:【非】

专家帮助:力沿某轴分力的大小总是等于该力在同一轴上的投影的绝对值。

第 2-11 题:【是】

专家帮助:B 的牵引力分解为对树及对 A 车的作用力,这两力的夹角为钝角,故两力都比 B 车的牵引力大。

第 2-12 题:【非】

专家帮助:这个力系不平衡,合力为 $2\boldsymbol{F}_4$。

第 2-13 题:【非】

专家帮助:B,D 处都受三力作用而平衡。若 BD 杆力为零,则 B,D 点不平衡。

第 2-14 题:【是】

专家帮助:在两个坐标轴上,只出现力 $\boldsymbol{N}_1$ 或 $\boldsymbol{N}_2$,方程形式较简单。

第 2-15 题:【非】

专家帮助:第二个方程错误,正确的形式为 $N_1 + T\cos30^\circ - P\sin30^\circ = 0$。

第 2-16 题:【是】

专家帮助:取 C 点为研究对象,求得 $S_{BC} = (2\sqrt{3}/3)Q$;再选 B 为研究对象,求得 $S_{BC} = 2F$,故得 $F = (\sqrt{3}/3)Q$。

2. 选择填空题

第 2-17 题:【A,B】

专家帮助:力系中各力的作用线汇交于一点的力系,称为汇交力系;力系中各力的作用线在同一平面内且汇交于一点,这样的力系称为平面汇交力系。

第 2-18 题:【A,B】

专家帮助:平面汇交力系的合成的结果有两种情况即:合力或者平衡。

第 2-19 题:【A,D】

专家帮助:平面汇交力系平衡的充要条件是该力系的合力等于零。

第 2-20 题:【A,C】

专家帮助:刚体在三力作用下平衡,其中两力的作用线汇交于一点,则该三力组成的平衡力系一定是平面汇交力系。平面汇交力系平衡的几何条件是该力系的力多边形自行封闭。

第 2-21 题:【B,A】

专家帮助:一力 $\boldsymbol{F}$ 在某坐标轴上的投影是代数量;一力 $\boldsymbol{F}$ 沿某坐标轴上的分解是矢量。

第 2-22 题:【C,B】

专家帮助:合力投影定理的数学表达式为 $R_X = \sum_{i=1}^{n} F_{iX}$,力学含义是力系的合力在任意轴上的投影等于力系中各力在同一轴上的投影的代数和。

第 2-23 题:【A,D】

专家帮助:平面汇交力系的合力作用线通过汇交点,其大小和方向可用力多边形的封闭边表示.

第 2-24 题:【A,C】

专家帮助:平面汇交力系,有两个独立的平衡方程,只能求解两个未知量。

第 2-25 题:【B,C】

专家帮助:平面汇交力系的合力 $\boldsymbol{R}$ 沿某坐标轴上的分量等于力系中各力沿同一坐标轴上分量的矢量和。

第 2-26 题:【B,D】

专家帮助:当运用平衡的解析条件求解实际问题时,若解得某一力的大小为负,说明原假定该力的方向与其原力相反。

3. 单项选择题

第 2-27 题:【C】

专家帮助:$\boldsymbol{F}_1$,$\boldsymbol{F}_2$,$\boldsymbol{F}_3$ 的合力等于 $\boldsymbol{F}_4$,再加上 $\boldsymbol{F}_4$,力系的合力 $\boldsymbol{R} = 2\boldsymbol{F}_4$。

第 2-28 题:【A】

专家帮助:平衡的几何条件是力多边形封闭。

第 2-29 题:【D】

专家帮助:当投影为负时,α 为钝角,故 $\cos\alpha$ 为负,选 D。

第 2-30 题:【B】

专家帮助:分力的大小必等于投影的绝对值。

第 2-31 题:【C】

专家帮助:$\boldsymbol{F}_4$,$\boldsymbol{F}_2$,$\boldsymbol{F}_3$ 的合力与 $\boldsymbol{F}_1$ 大小相等,方向相同,选 C。

第 2-32 题:【C】

专家帮助:$\alpha = 30°$ 时 AC 杆受力为 $P\sin\alpha = 100$ kN,选 C。

第 2-33 题:【A】

专家帮助:AB 杆受力大小为 $W\cos60° = 15 \times 0.5 = 7.5$ kN。

第 2 - 34 题:【A】

专家帮助:A 球受到重力 W_A、斜面支撑力及杆 AB 的作用,三力汇交于 A 球球心,由汇交力系平衡方程解得 $S_{AB}=\sqrt{3}/3W_A$,以 B 球为研究对象,同理可求得 $S_{AB}=\sqrt{3}W_B$,故 $W_A=3W_B$。

第 2 - 35 题:【C】

专家帮助:力 $\boldsymbol{F}$ 沿着 x,y 轴上的分力与力 $\boldsymbol{F}$ 构成一个等边三角形,故分力大小都为 F。

第 2 - 36 题:【D】

专家帮助:曲柄 ABC 受三力作用平衡,该三力必须汇交,故选 D。

第 2 - 37 题:【C】

专家帮助:BC 杆为二力杆,ADC 杆受三力作用,B 处支反力过 E 点,A 处支反力与其他两力汇交于 E 点,故选 C。

第 2 - 38 题:【D】

专家帮助:选 DEF 杆,受三力作用平衡,三力必汇交。若 E 处的约束反力不为零,其垂直于 BC 杆,则三力不能汇交于 D 点,故 E 处的约束反力必为零。

第 2 - 39 题:【C】

专家帮助:合力与 $\boldsymbol{F}_1$ 方向相同,大小为 F_1 的一半,选 C。

第 2 - 40 题:【D】

专家帮助:矢量既牵涉到大小又牵涉到方向。

第 2 - 41 题:【B】

专家帮助:三力的合力方向与 $\boldsymbol{F}_2$ 相同,大小为 $2F$,故选 B.

第 2 - 42 题:【C】

专家帮助:$\boldsymbol{F}_1$,$\boldsymbol{F}_2$,$\boldsymbol{F}_4$ 的力多边形由 $\boldsymbol{F}_3$ 封闭,故选 C。

4. 多项选择题

第 2 - 43 题:【B,D】

专家帮助:由投影的定义直接可得,注意正负号。

第 2 - 44 题:【B,D】

专家帮助:选 B 点为研究对象,其上作用有力 $\boldsymbol{P}$、杆 AB 作用力、杆 BC 作用力。选 C 点为研究对象,其上作用有力 $\boldsymbol{W}$、杆 BC 作用力、杆 DC 作用力。由 C 点的平衡方程得杆 BC 作用力大小为 $S_{BC}=100\sqrt{3}$ kN,再由 B 点的平衡方程得 $\theta=0°$ 或 $\theta=60°$。

第 2 - 45 题:【B,D】

专家帮助:自行封闭的力多边形中的各力矢指向须全都首尾相接。

第 2 - 46 题:【B,D】

专家帮助:不汇交力系即使各力力矢首尾相接并不平衡,要与汇交力系的情况区分开来。

第 2 - 47 题:【A,D】

专家帮助:在 A,D 两种情况下,力 $\boldsymbol{N}$ 在沿 $\boldsymbol{T}$ 力线的坐标轴上的投影为零,不出现。

第 2 - 48 题:【C】

专家帮助:$\boldsymbol{N}_A$,$\boldsymbol{N}_B$ 两力对称相等,在 $\boldsymbol{G}$ 力线上的投影与 $\boldsymbol{G}$ 平衡,故选 C。

第 2 - 49 题:【B,D】

专家帮助:杆 AB 受拉,杆 AC 受压;两力所设方向与实际方向相同,故都为正。

第 2 - 50 题:【B,D】

专家帮助:一个物体系统平衡,则整体平衡,局部及每一构件均平衡,其中二力杆可列一个独立的方程,平面汇交力系列两个平衡方程，平面一般力系列三个平衡方程，平面平行力系列二个方程，平面力偶系列一个方程。

二、基本计算练习题

第 2-51 题：【$R=550\ \text{N}$】

专家帮助：将 $\boldsymbol{F}_1,\boldsymbol{F}_2,\boldsymbol{F}_3,\boldsymbol{F}_4$ 分别向 x 轴、y 轴投影得

$$X_1=300\ \text{N},\quad Y_1=0$$

$$X_2=F_2\cos 60^\circ=200\ \text{N},\quad Y_2=F_2\sin 60^\circ=200\sqrt{3}\ \text{N}$$

$$X_3=-F_3\cos 60^\circ=-250\ \text{N},\quad Y_3=F_3\sin 60^\circ=250\sqrt{3}\ \text{N}$$

$$X_4=-F_4\cos 30^\circ=-300\sqrt{3}\ \text{N},\quad Y_4=-F_4\sin 30^\circ=-300\ \text{N}$$

$$R=\sqrt{\left(\sum X\right)^2+\left(\sum Y\right)^2}=550\ \text{N}$$

$$(\boldsymbol{R},\boldsymbol{i})=\arccos\frac{\sum X_i}{R}=\arccos\frac{250-300\sqrt{3}}{550}=119.35^\circ$$

$$(\boldsymbol{R},\boldsymbol{j})=29.35^\circ$$

第 2-52 题：【$F_1=-0.53\ \text{kN};F_2=-0.68\ \text{kN}$】

专家帮助：将 $\boldsymbol{F}_1,\boldsymbol{F}_2,\boldsymbol{F}_3,\boldsymbol{Q}$ 分别向 x 轴、y 轴投影：

$$X_1=-F_1\cos 20^\circ,\quad Y_1=F_1\sin 20^\circ$$

$$X_2=0,\quad Y_2=F_2$$

$$X_3=F_3\cos 60^\circ=\frac{1}{2},\quad Y_3=F_3\sin 60^\circ=\frac{\sqrt{3}}{2}$$

$$R_X=Q=1,\quad R_Y=0$$

由合力与分力投影关系式得

$$\begin{cases} R_X=\sum X_i=-F_1\cos 20^\circ+\dfrac{1}{2}=1 \\ R_Y=\sum Y_i=F_1\sin 20^\circ+F_2+\dfrac{\sqrt{3}}{2}=0 \end{cases}$$

由上面方程组解得

$$F_1=-0.53\ \text{kN}(F_1\ \text{实际方向与图中所标方向相反})$$

$$F_2=-0.68\ \text{kN}(F_2\ \text{实际方向与图中所标方向相反})$$

第 2-53 题：【$P=\dfrac{3\sqrt{2}}{\frac{\sqrt{3}}{2}}=\dfrac{6\sqrt{2}}{\sqrt{3}}=2\sqrt{6}\approx 4.899\ \text{kN}$】

专家帮助：选节点 B 为研究对象（见第 2-53 题解图(1)），B 铰链在汇交力系 $\boldsymbol{Q},\boldsymbol{R}_{BC},\boldsymbol{R}_{AB}$ 作用下平衡，将三力向 AB 杆及 $\boldsymbol{Q}$ 作用线上投影。由 $\boldsymbol{Q}$ 作用线上投影的和为零，有

$$R_{BC}\cos 45^\circ=Q,\quad R_{BC}=Q\sqrt{2}=3\sqrt{2}$$

再选 C 铰链为研究对象（见第 2-53 题解图(2)）。C 铰链在汇交力 $\boldsymbol{P},\boldsymbol{R}'_{BC},\boldsymbol{R}'_{CD}$ 作用下平衡。

将三力向 BC 杆投影，得

$$P\cos 30^\circ=R'_{BC}$$

$$P=\frac{3\sqrt{2}}{\frac{\sqrt{3}}{2}}=\frac{6\sqrt{2}}{\sqrt{3}}=2\sqrt{6}\approx 4.899\ \text{kN}$$

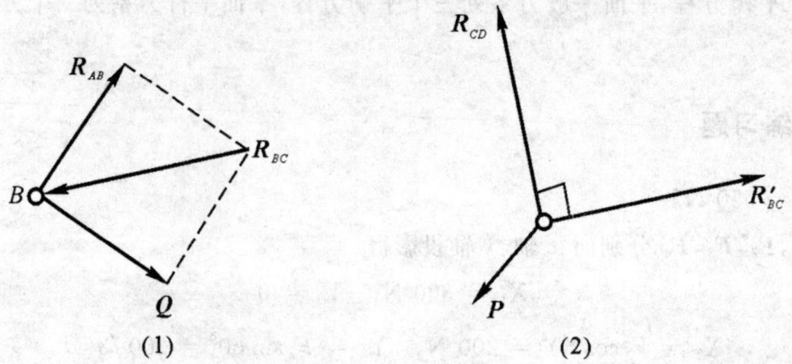

第 2-53 题解图

第 2-54 题:【$\tan\theta=\dfrac{W}{G}\cot\alpha$;$\theta=\arctan\left(\dfrac{W}{G}\cot\alpha\right)$,$T=\sqrt{G^2\sin^2\alpha+W^2\cos^2\alpha}$】

专家帮助:以 D 球为研究对象(见第 2-54 题解图(1)),D 球在三个汇交力 $\boldsymbol{G},\boldsymbol{T},\boldsymbol{N}_D$ 作用下处于平衡,将三力向 AB 杆投影得

$$T\cos\theta=G\sin\alpha \tag{1}$$

以 E 球为研究对象(见第 2-54 题解图(2)),E 球在三个汇交力 $\boldsymbol{W},\boldsymbol{T}',\boldsymbol{N}_E$ 作用下处于平衡,将三力向 BC 杆投影可得

$$T\sin\theta=W\cos\alpha \tag{2}$$

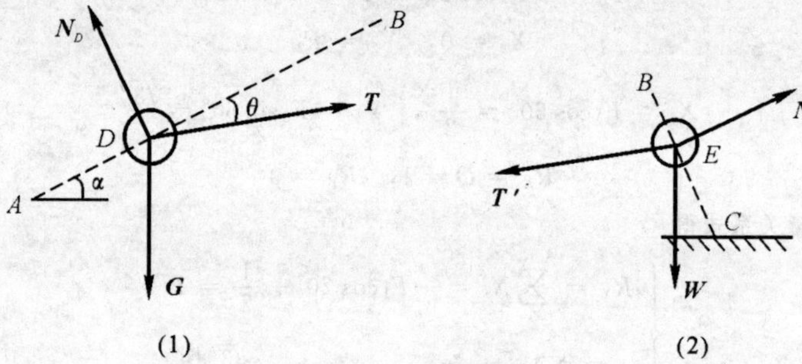

第 2-54 题解图

式(2)除以式(1)得

$$\tan\theta=\frac{W}{G}\cot\alpha$$

$$\theta=\arctan\left(\frac{W}{G}\cot\alpha\right)$$

$$T=\sqrt{G^2\sin^2\alpha+W^2\cos^2\alpha}$$

第 2-55 题:【$\begin{cases}T=\sqrt{2}P\\ N_A=\dfrac{\sqrt{2}}{2}P\\ N_B=\dfrac{\sqrt{2}}{2}P\end{cases}$】

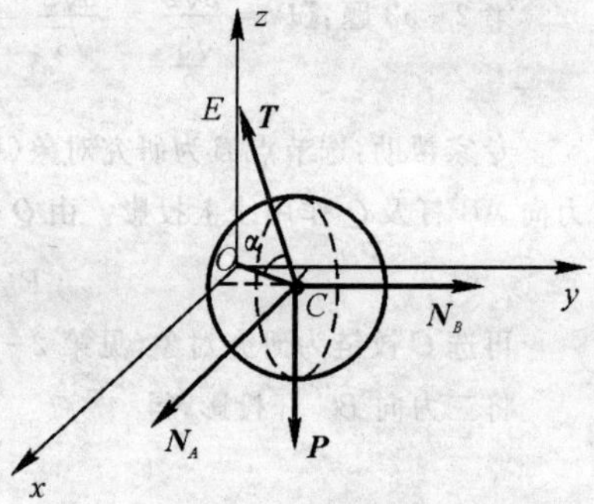

第 2-55 题解图

专家帮助:取圆球为研究对象。圆球受到汇交的四力 $\boldsymbol{P},\boldsymbol{N}_B,\boldsymbol{N}_A$,$\boldsymbol{T}$ 的作用而处于平衡,如第 2-55 题解图所示。

由几何关系得

$$\overline{OC} = \sqrt{2}r, \quad \overline{CE} = l + r = 2r$$

$$\cos\alpha = \frac{\sqrt{2}r}{2r} = \frac{\sqrt{2}}{2}, \quad \alpha = 45^\circ$$

将 $\boldsymbol{P}, \boldsymbol{N}_A, \boldsymbol{N}_B, \boldsymbol{T}$ 投影到 x 轴、y 轴和 z 轴。

由 $\sum X = 0$ 有：　$N_A - T\cos45^\circ\cos45^\circ = 0$

由 $\sum Y = 0$ 有：　$N_B - T\cos45^\circ\cos45^\circ = 0$

$\sum Z = 0$ 有：　$T\sin 45^\circ - P = 0$

由上面的方程组可得

$$\begin{cases} T = \sqrt{2}P \\ N_A = \dfrac{\sqrt{2}}{2}P \\ N_B = \dfrac{\sqrt{2}}{2}P \end{cases}$$

第 2－56 题:【$S_{AD} = 1\,040$ N, $S_{AB} = S_{AC} = -300$ N】

专家帮助:如第 2－56 题解图所示,取铰链 A 为研究对象,AB 杆对 A 的作用力为 $\boldsymbol{S}_{AB}$,AD 杆对 A 的作用力为 $\boldsymbol{S}_{AD}$,AC 杆对 A 的作用力为 $\boldsymbol{S}_{AC}$,铰链 A 在 $\boldsymbol{F}, \boldsymbol{S}_{AB}, \boldsymbol{S}_{AC}, \boldsymbol{S}_{AD}$ 作用下而平衡。有

$\sum X = 0$ 得：　$S_{AB}\cos60^\circ = S_{AC}\cos60^\circ$

$\sum Y = 0$ 得：　$S_{AD}\cos 30^\circ = F$

$\sum Z = 0$ 得：　$2S_{AB}\cos 30^\circ + S_{AD}\cos 60^\circ = 0$

由上面的方程组可得

$$S_{AD} = \frac{F}{\frac{\sqrt{3}}{2}} = \frac{2F}{\sqrt{3}} = \frac{2}{3}\sqrt{3}F = 1\,040 \text{ N}$$

$$S_{AB} = S_{AC} = -300 \text{ N}$$

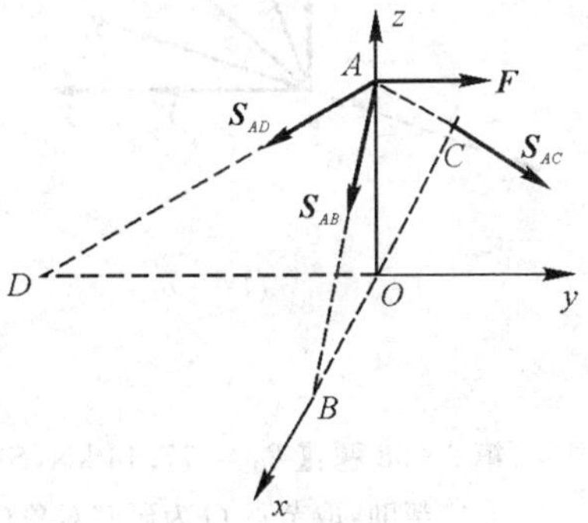

第 2－56 题解图

杆 AD 受铰链 A 的拉力,杆 AC,AB 受到铰链 A 的压力,大小分别为 1 040 N,300 N,300 N。

第 2－57 题:【$S_5 = S_6 = -7.07$ kN】

专家帮助:本题共有七个杆,若取 C,D 为研究对象,则可以建立六个独立方程,还需要取 A 或 B 为研究对象。

当取 A 铰链为研究对象时,如第 2－57 题解图(1) 所示,A 铰链存在 $\boldsymbol{Y}_A$,$\boldsymbol{Z}_A$ 两个反力,再加上七个杆所受的力,求解力共有九个,而 A,C,D 共可建立九个独立方程,恰能求解。

由 A 点可得

$$S_4 + S_1\cos\alpha + S_5\cos45^\circ = 0 \tag{1}$$

其中,$\sin\alpha = 0.6$,$\cos\alpha = 0.8$。

当取 D 为研究对象时,如第 2－57 题解图(2) 所示。

由 D 点可得

$$S_3\cos\beta - P = 0 \tag{2}$$

$$S'_1 = S_2 \tag{3}$$

$$S_3\sin\beta + 2S'_1\sin\alpha = 0 \tag{4}$$

其中,$\cos\beta = 0.8$,$\sin\beta = 0.6$。

代入数据可得

$$S_3=\frac{5}{4}P=12.5\ \text{kN}$$

$$S'_1=S_2=-6.25\ \text{kN}$$

当取 C 为研究对象时，如第 2－57 题解图(3) 所示。

由 C 点可得

$$S'_5=S_6 \tag{5}$$

$$S_7=S'_3\sin\beta=\frac{3}{5}\times12.5=7.5\ \text{kN} \tag{6}$$

$$S'_3\cos\beta+2S'_5\cos45°=0 \tag{7}$$

$$2\times\frac{\sqrt{2}}{2}S'_5=-12.5\times\frac{4}{5}=-10$$

$$S'_5=-\frac{10}{\sqrt{2}}=-7.07\ \text{kN},\quad S_5=S_6=-7.07\ \text{kN}$$

将 S_1，S_5 代入式(1) 得

$$S_4=-\frac{4}{5}\times(-6.25)+7.07\times\frac{\sqrt{2}}{2}=5+5=10\ \text{kN}$$

由第 2-57 题解图中所设的方向及计算所得结果正、负号可知：杆 3、杆 4、杆 7 均受拉，其余杆 1、杆 2、杆 5、杆 6 均受压。

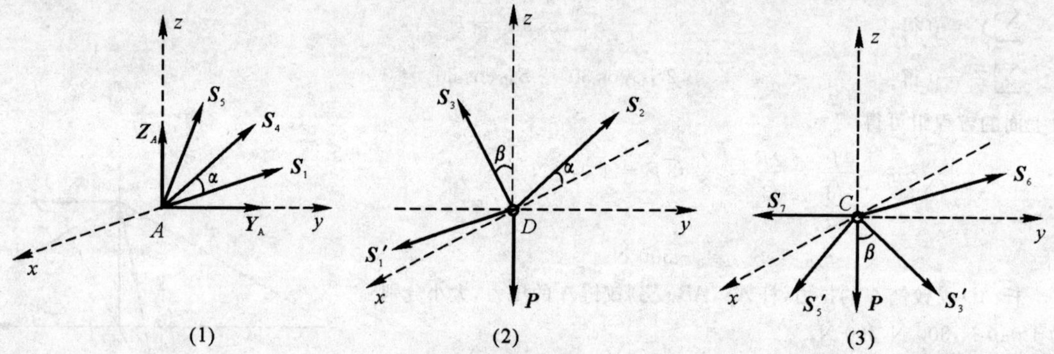

第 2－57 题解图

第 2－58 题：【$T_D=77.46\ \text{kN},S_{AB}=S_{AC}=-55.80\ \text{kN}$】

专家帮助：取节点 O 为研究对象(见第 2－58 题解图(1))

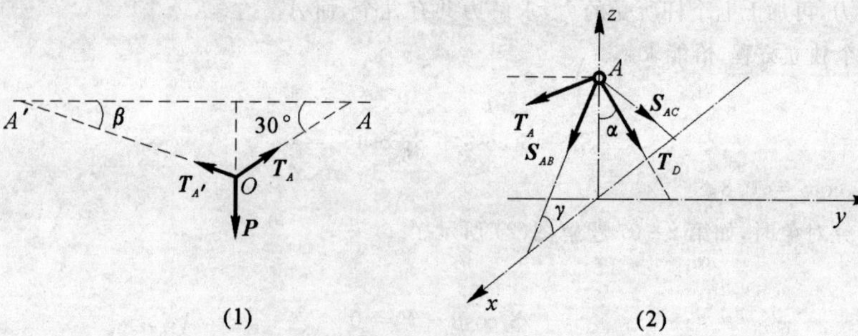

第 2－58 题解图

根据几何关系可知：

$$\overline{OA} = \frac{4}{\sqrt{3}},\quad \overline{OA}' = \frac{2\sqrt{13}}{\sqrt{3}},\quad \cos\beta = \frac{2\sqrt{3}}{\sqrt{13}},\quad \sin\beta = \frac{1}{\sqrt{13}}$$

由平衡方程可知：

$\sum X = 0$：
$$T_{A'}\cos\beta = T_A\cos 30°$$

$\sum Y = 0$：
$$T_{A'}\sin\beta + T_A\sin 30° - P = 0$$

得
$$T_A = T_{A'} = 40\ \text{kN}$$

取节点 A 为研究对象(见第 2 - 58 题解图(2))：

$\sum Y = 0$：
$$T_A\cos 30° = T_D\sin\alpha$$

其中
$$\sin\alpha = \frac{1}{\sqrt{5}},\quad \cos\alpha = \frac{2}{\sqrt{5}},\quad \sin\gamma = \frac{4}{5}$$

$\sum X = 0$：
$$S_{AB} = S_{AC}$$

$\sum Z = 0$：
$$2S_{AB}\sin\gamma + T_A\sin 30° + T_D\cos\alpha = 0$$

得
$$T_D = 77.46\ \text{kN}$$
$$S_{AB} = S_{AC} = -55.80\ \text{kN}$$

第三章　力偶理论

一、基本概念练习题

1. 是非判断题

第 3-1 题:【是】

专家帮助:力偶与力是两个基本力学量。

第 3-2 题:【是】

专家帮助:力偶对任何点的矩都相同,而矩是物体转动效果的度量。

第 3-3 题:【是】

专家帮助:力矩与力偶矩分别是力与力偶使物体产生转动效应的度量。

第 3-4 题:【是】

专家帮助:平面力偶系可以用一个合力偶等效,合力偶矩大小是各个力偶矩的代数和,合力偶矩为零是平面力偶系平衡的充要条件。

第 3-5 题:【是】

专家帮助:合力偶矩不为零则平面力偶系不平衡。

第 3-6 题:【非】

专家帮助:轮受轴对它的约束力,该力与 F 等值反向,构成一力偶,该力偶与 M 平衡。

第 3-7 题:【非】

专家帮助:将力平移到某点得一力与一附加力偶,附加力偶与平面力偶抵消,故能将它们等效变换为一个力。

第 3-8 题:【非】

专家帮助:若汇交的四力组成的力多边形自行封闭,则四力平衡。本题四力作用于四个不同点。

第 3-9 题:【是】

专家帮助:AB 杆上作用两力偶 M_1,M_2,因力偶只能用力偶来平衡,故 A,B 约束力构成一力偶。

第 3-10 题:【非】

专家帮助:空间力系中各力使刚体的转动效应取决于各力矩的大小、作用面的方位、在各自作用平面内的转向三个因素。

第 3-11 题:【是】

专家帮助:矩心位置直接影响力矩矢量,点是力矩矢量的一个要素。

第 3-12 题:【非】

专家帮助:力偶与力是两个基本力学量。

第 3-13 题:【是】

专家帮助:空间力偶矩矢量沿其矢线滑动,对刚体的转动效应不变。

第 3-14 题:【是】

专家帮助:力偶矩矢量合成符合矢量加法法则。

第 3-15 题:【非】

专家帮助:自由刚体受到力偶作用时绕其质心转动。

第 3-16 题:【非】

专家帮助：力偶没有合力。

2. 选择填空题

第 3－17 题：【A，D】

专家帮助：正、负号代表力 $\boldsymbol{F}$ 使物体绕矩心 O 的转动方向，若取正号，则物体绕矩心 O 转动方向为逆时针。

第 3－18 题：【A，B】

专家帮助：力偶是由平行、等值、反向的两个力构成。

第 3－19 题：【D，C】

专家帮助：一个力偶由等值反向的两力构成，在任何坐标轴上的投影的代数和肯定为零；但力偶矩在坐标轴上的投影不为零。

第 3－20 题：【B，D】

专家帮助：作用在刚体上的两个力偶等效的充分必要条件是力偶矩相等；作用在刚体上的两个力等效的充分必要条件是力的大小、方向、作用线相同。

第 3－21 题：【C，B】

专家帮助：力偶使刚体转动的效果完全由力偶矩决定。

第 3－22 题：【A，D】

专家帮助：力偶矩是力偶使物体转动效果的度量。其代数式是 $M = +Fd$。

第 3－23 题：【A，D】

专家帮助：平面力偶系平衡的必要与充分条件是力偶系中各力偶的力偶矩的代数和等于零；空间力偶系平衡的必要与充分条件是力偶系中各力偶的力偶矩矢在任意轴上的投影的代数和等于零。

第 3－24 题：【A，A】

专家帮助：力偶无合力，不能用一个力来等效代换，也不能用一个力来平衡。

第 3－25 题：【A，D】

专家帮助：符号 $M_O(\boldsymbol{F})$ 中，角标 O 表示矩心，若没有角标 O，则 $M_O(\boldsymbol{F})$ 无意义。

第 3－26 题：【B，C】

专家帮助：作用于刚体上的两个力偶的等效条件是二力偶矩相等。当力偶在其作用面内随意移动时，作用效果保持不变。

第 3－27 题：【B，C】

专家帮助：力偶与力都是物体间相互的机械作用，力偶的作用效果是改变物体的转动状态。

第 3－28 题：【A，B】

专家帮助：力和力偶是力学中的两个基本量，它们都是物体间相互的机械作用。

第 3－29 题：【C，A】

专家帮助：力矩矢量是一个定位矢量。力偶矩矢是自由矢量。

第 3－30 题：【B，C】

专家帮助：空间力系中力使刚体的转动效应与力矩的大小、作用平面方位、作用平面内转向有关，最终会使转动效应发生改变。

3. 单项选择题

第 3－31 题：【C】

专家帮助：$\overline{OP} = \sqrt{a^2 + b^2}$，$b = \overline{OP}\sin\alpha$，故 $M_O(\boldsymbol{F}) = -F\sqrt{a^2 + b^2}\sin\alpha$。

第 3－32 题：【A】

专家帮助：将力 $\boldsymbol{F}$ 分解为水平力 $F\sin\beta$、垂直力 $F\cos\beta$，分别对 O 求矩再求代数和，得 $M_O(\boldsymbol{F}) = F(b\sin\beta - a\cos\beta)$。

第 3 - 33 题:【B】

专家帮助:$\boldsymbol{T}$ 向轮心平移,得作用于轮心一力,该力对 A 的矩为 $-\sqrt{3}r_1T$,同时附加一力偶,大小为 r_1T,故得 $M_A(\boldsymbol{T})=-(\sqrt{3}-1)r_1T$。

第 3 - 34 题:【D】

专家帮助:力偶的运动效应只能使刚体产生转动。

第 3 - 35 题:【C】

专家帮助:两个力偶作用下刚体只会转动。

第 3 - 36 题:【D】

专家帮助:当力偶在同一刚体上移动时效应不变,在两刚体上移动将引起 A,B,C 点处的约束反力的变化。

第 3 - 37 题:【A】

专家帮助:力偶只能与力偶相平衡。

第 3 - 38 题:【B】

专家帮助:两个力偶的力偶矩大小相等、转向相反,故两力偶平衡。

第 3 - 39 题:【C】

专家帮助:当力偶矩一定时,力偶臂越长则力越小。

第 3 - 40 题:【C】

专家帮助:BC 杆为两力杆,B 处约束反力沿 BC 连线,A 处约束反力与 B 处约束反力构成一力偶,故选 C。

第 3 - 41 题:【A】

专家帮助:皮带与轮相切,皮带张力与轮心之距为 R,逆时针方向为正,故选 A。

第 3 - 42 题:【C】

专家帮助:A,B 处两力均为水平力,构成一力偶,力偶臂为 $l/2$,与垂直方向的两力构成的力偶平衡。

第 3 - 43 题:【A】

专家帮助:力偶对物体产生的运动效应只能使物体转动。

第 3 - 44 题:【D】

专家帮助:力偶矩转向相同,大小相同。

4. 多项选择题

第 3 - 45 题:【A,D】

专家帮助:A,B 处约束反力在 A,B 连线上,且等值、反向、共线。

第 3 - 46 题:【B,C】

专家帮助:A,B 处两力构成一力偶,故铰 A 的约束反力 $\boldsymbol{N}_A=-\boldsymbol{P}$,力 $\boldsymbol{P}$ 对 A 点的矩 $M_A(\boldsymbol{P})=\frac{1}{2}Pa$。

二、基本计算练习题

第 3 - 47 题:【$\boldsymbol{M}_O(\boldsymbol{F})=\frac{c}{\sqrt{a^2+b^2+c^2}}F(b\boldsymbol{i}-a\boldsymbol{j})$】

专家帮助:将力 $\boldsymbol{F}$ 分解:

$$\boldsymbol{F}=F_x\boldsymbol{i}+F_y\boldsymbol{j}+F_z\boldsymbol{k}$$

$$F_z=\frac{c}{\sqrt{a^2+b^2+c^2}}F,\quad F_x=\frac{a}{\sqrt{a^2+b^2+c^2}}F,\quad F_y=\frac{b}{\sqrt{a^2+b^2+c^2}}F$$

其中,只有 $\boldsymbol{F}_z$ 对 O 之矩,由合力矩定理有

$$\boldsymbol{M}_O(\boldsymbol{F})=\boldsymbol{M}_O(\boldsymbol{F}_z)=\begin{vmatrix}\boldsymbol{i} & \boldsymbol{j} & \boldsymbol{k}\\ a & b & 0\\ 0 & 0 & F_z\end{vmatrix}=F_z\begin{vmatrix}\boldsymbol{i} & \boldsymbol{j}\\ a & b\end{vmatrix}=\frac{c}{\sqrt{a^2+b^2+c^2}}F(b\boldsymbol{i}-a\boldsymbol{j})$$

第 3-48 题:【$\boldsymbol{T}$ 对 O 点之矩为$\boldsymbol{M}_O(\boldsymbol{T})=(-9.43\boldsymbol{i}+9.43\boldsymbol{j}-4.71\boldsymbol{k})$ kN·m】

专家帮助:A 点的坐标为(0,2,4),将 $\boldsymbol{T}$ 分解 $\boldsymbol{T}=T_x\boldsymbol{i}+T_y\boldsymbol{j}+T_z\boldsymbol{k}$。

$$T_x=\frac{T}{3\sqrt{2}},\quad T_y=\frac{-T}{3\sqrt{2}},\quad T_z=\frac{-4T}{3\sqrt{2}}$$

$\boldsymbol{T}$ 对 O 点之矩为

$$\boldsymbol{M}_o(\boldsymbol{T})=\begin{vmatrix}\boldsymbol{i} & \boldsymbol{j} & \boldsymbol{k}\\ 0 & 2 & 4\\ \dfrac{T}{3\sqrt{2}} & \dfrac{-T}{3\sqrt{2}} & \dfrac{-4T}{3\sqrt{2}}\end{vmatrix}=(-9.43\boldsymbol{i}+9.43\boldsymbol{j}-4.71\boldsymbol{k})\ \text{kN}\cdot\text{m}$$

第 3-49 题:【$N_A=N_B=\dfrac{M}{l}$】

专家帮助:曲杆 AB 的受力如第 3-49 题解图所示。

$\boldsymbol{N}_A,\boldsymbol{N}_B,\boldsymbol{S}_{CD}$ 构成一力偶。力偶矩为 M,转向与作用在曲杆上的力偶方向相反,即顺时针方向,故

$$N_A=N_B,\quad S_{CD}=\sqrt{2}N_A=\sqrt{2}N_B$$

$$\sqrt{2}N_A\times\frac{\sqrt{2}}{2}l=M,\quad N_A=N_B=\frac{M}{l}$$

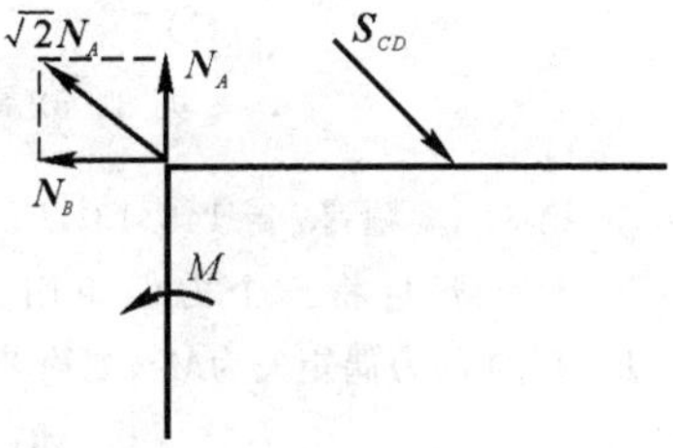

第 3-49 题解图

第 3-50 题:【$F_A=F_B=300$ N】

专家帮助:两螺栓 A,B 所受的水平力 $\boldsymbol{F}_A,\boldsymbol{F}_B$ 构成一水平力偶、力偶矩逆时针方向,且有

$$M_{AB}=F_Al=F_Bl=M_1+M_2+M_3+M_4=60\ \text{N}\cdot\text{m}$$

$$F_A=F_B=\frac{60\ \text{Nm}}{0.2\ \text{m}}=300\ \text{N}$$

第 3-51 题:【$N_{O1}=N'_A=N_O=1\,155$ N,$M_2=N_{O1}\times 2\,\overline{OA}\cos 30^\circ=2M_1=400$ N·m】

专家帮助:选 OA 杆为研究对象(见第 3-51 题解图(1)),A 处受约束反力 $\boldsymbol{N}_A$,O 处约束反力 $\boldsymbol{N}_O$ 与 NA 构成一与 M_1 平衡的力偶,有

$$N_O\times\overline{OA}\cos30^\circ=M_1$$

$$N_O=1\,155\ \text{N}$$

再选杆 O_1A 为研究对象(见第 3-51 题解图(2)),A 处受约束反力 $\boldsymbol{N'}_A$,O_1 处约束反力 $\boldsymbol{N}_{O1}$ 与 $\boldsymbol{N}_A$ 构成一力偶,有

$$N_{O1}=N'_A=N_O=1\,155\ \text{N}$$

$$M_2=N_{O1}\times2\,\overline{OA}\cos30^\circ=2M_1=400\ \text{N}\cdot\text{m}$$

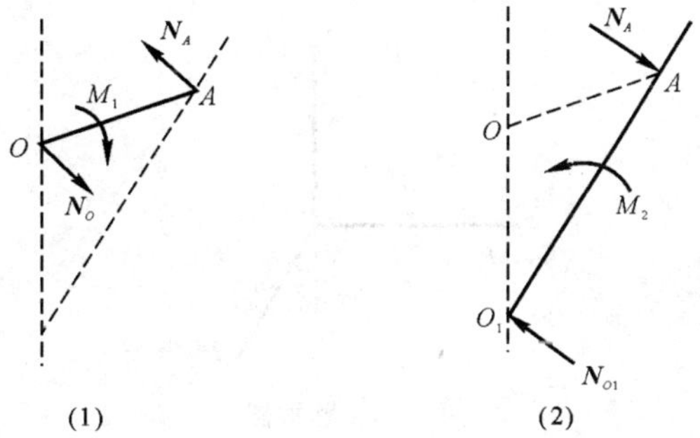

第 3-51 题解图

第 3-52 题:【$M_2=3M_1=3$ N·m】

专家帮助:选 OA 为研究对象(见第 3-52 题解图(1)),则水平约束反力 $\boldsymbol{R}_A$ 与 O 处水平反力 $\boldsymbol{R}_O$ 构成一与

M_1 平衡的力偶,力偶矩大小为 M_1。

再选 O_1B 为研究对象,则水平约束反力 R_B 与 O_1 处水平约束反力构成一与 M_2 平衡的力偶。考虑到 $R_A = R_B = R_O = R_{O1}$,由第 3-52 题解图(2) 中几何关系得

$$M_2 = 3M_1 = 3\ \text{N}\cdot\text{m}$$

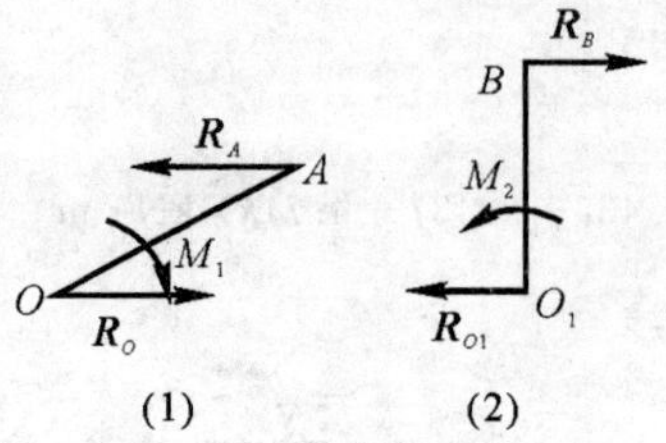

第 3-52 题解图

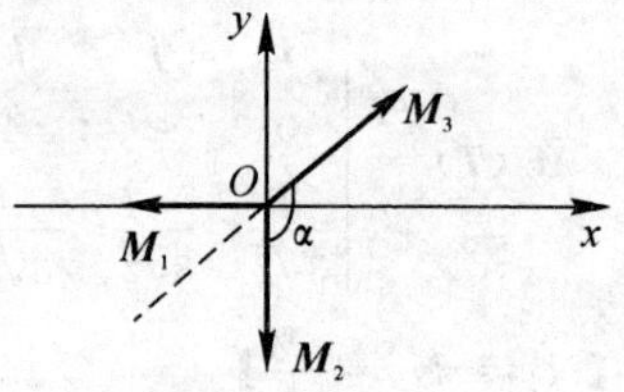

第 3-53 题解图

第 3-53 题:【$\alpha = 143.13°, F_3 = 500$ N】

专家帮助:将三个力偶矩用矢量表示:($\boldsymbol{F}_1, \boldsymbol{F}'_1$)的力偶矩矢为 $\boldsymbol{M}_1$,($\boldsymbol{F}_2, \boldsymbol{F}'_2$)的力偶矩矢为 $\boldsymbol{M}_2$,($\boldsymbol{F}_3, \boldsymbol{F}'_3$)的力偶矩矢为 $\boldsymbol{M}_3$,如第 3-53 题解图所示。将 $\boldsymbol{M}_1, \boldsymbol{M}_2, \boldsymbol{M}_3$ 向 x, y 轴投影,得

$$M_{x1} = -M_1 = -100\times 15\ \text{N}\cdot\text{cm},\quad M_{y1} = 0$$

$$M_{x2} = 0,\quad M_{y2} = -M_2 = -200\times 10\ \text{N}\cdot\text{cm}$$

$$M_{x3} = M_3\sin(\pi-\alpha),\quad M_{y3} = M_3\cos(\pi-\alpha)$$

得

$$\sum M_{xi} = -1\,500 + M_3\sin\alpha = 0 \tag{1}$$

$$\sum M_{yi} = -2\,000 - M_3\cos\alpha = 0 \tag{2}$$

由式(1)、式(2) 解之得

$$\alpha = 143.13°,\quad F_3 = 500\ \text{N}$$

第 3-54 题:【$\alpha = 56.3°, F_1 = F_2 = 36$ N】

专家帮助:如第 3-54 题解图所示,$\boldsymbol{F}_1, \boldsymbol{F}_2$ 构成一个力偶,力偶矩为 M_3,有

$$M_3\cos\alpha = M_1 \tag{1}$$

$$M_3\sin\alpha = M_2 \tag{2}$$

由式(1)、式(2) 解得

$$\alpha = \arctan\left(\frac{M_2}{M_1}\right) = 56.3°$$

$$F_1 = F_2 = \frac{M_3}{AB} = \frac{M_1}{AB\cos\alpha} = 36\ \text{N}$$

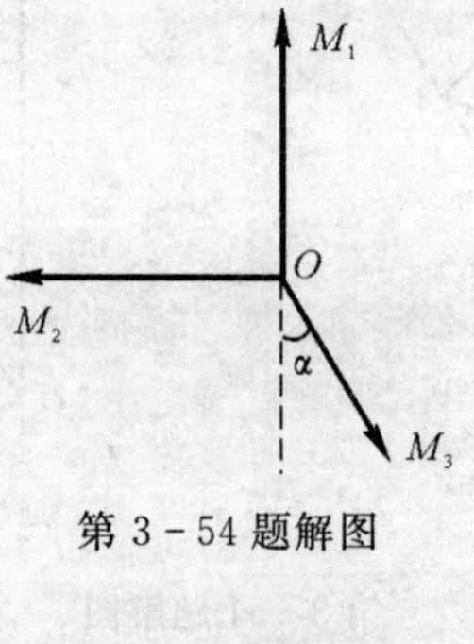

第 3-54 题解图

第四章　平面一般力系

一、基本概念练习题

1. 是非判断题

第4-1题:【非】

专家帮助:一力向任意一点简化,一般可得一力与一附加力偶,力不会消失。

第4-2题:【非】

专家帮助:向A点简化的结果与原力系等效,向B点简化的结果亦与原力系等效,故两者等效。

第4-3题:【非】

专家帮助:力**F**向轮心简化的结果为一力与一力偶,力偶(**F**′,**F**″)向轮心简化的结果仍为一力偶,两者对轮的作用显然不同。

第4-4题:【是】

专家帮助:主矢是原力系各力的矢量和,它只有大小和方向,是一个自由矢量,而力有三个要素,是定点矢量。

第4-5题:【是】

专家帮助:力系的主矩是原力系各力对简化中心的矩的代数和,各力对简化中心的矩随简化中心的不同而变化,故主矩随简化中心的不同而变化。

第4-6题:【是】

专家帮助:固定端所受的实际约束力是平面任意力系,向固定端一点简化得一主矢和一主矩,主矢可分解两个分量,故可提供两个约束力和一个约束力偶。

第4-7题:【是】

专家帮助:主矢、主矩都等于零,原力系对物体的效应为零,故物体平衡,原力系称为平衡力系。

第4-8题:【非】

专家帮助:力系合力与原力系等效,合力对平面内某一点的矩与原力系各力对同一点的矩相等,即平面力系的合力对作用面内任一点的矩,一定等于力系中各力对同一点之矩的代数和。

第4-9题:【非】

专家帮助:力偶与主矩是两个不同的概念。

第4-10题:【是】

专家帮助:用一个力矩和一个投影形式的平衡方程时,投影形式的平衡方程保证在投影轴方向力为零,垂直方向力可不为零,力矩方程可保证该方向力为零,但矩心不能选在垂直轴上。

第4-11题:【是】

专家帮助:平面汇交力系对于一点的矩为零,说明合力为零或过该点。二矩式方程说明合力为零或合力在两矩心点的连线上。两矩心不都选在合力线上,则说明平面汇交力系为平衡力系。

第4-12题:【非】

专家帮助:二矩式方程说明合力为零或合力在两矩心点的连线上。两矩心不都选在合力线上,则说明平面汇交力系为平衡力系。

第4-13题:【非】

专家帮助:有两个。一个方程保证主矢为零,另一个方程保证主矩为零。

第 4 - 14 题:【非】

专家帮助:物体放在水平面上则正压力 N 一定等于物体的重力,物体放在斜面上,正压力不等于物体的重力。

第 4 - 15 题:【是】

专家帮助:物体上的全部主动力的合力 Q 的作用线在摩擦角以内,这个力可分解为垂直于接触面和平行于接触面的两个力,垂直于接触面的力由支撑力平衡,平行于接触面的力由静摩擦力平衡,该力不超过最大静摩擦力。

第 4 - 16 题:【是】

专家帮助:静摩擦力随作用于物体上的载荷的变化而变化,但有一个范围,即从零到最大静摩擦力。

第 4 - 17 题:【非】

专家帮助:汇交于一点的三个力矢构成封闭的力三角形则合力为零,而该题中三力分别作用于三点,故不平衡。

第 4 - 18 题:【非】

专家帮助:在 CE 段,作用有 C,D 处的约束力和 CE 上的匀布力,匀布力大小为 $2qa$,可简化在 CE 中点 D 处。

第 4 - 19 题:【是】

专家帮助:二力杆中内力沿杆轴方向,两杆内力交于节点且不共线,节点平衡须内力为零。

第 4 - 20 题:【是】

专家帮助:若不共线,杆内力不为零则可分解为两方向力,垂直于共线杆的分力没有力来平衡,故节点不能平衡。

第 4 - 21 题:【是】

专家帮助:由节点可列 $2n$ 个平衡方程。未知力包括 m 个杆件内力和整个桁架所受的 3 个约束力,即 $m+3$。由条件 $m=2n-3$ 即 $2n=m+3$ 知:平衡方程个数等于未知力个数,故平面桁架不仅坚固,而且静定。

第 4 - 22 题:【是】

专家帮助:滑动摩擦力的方向取决于物体运动的方向。物体运动方向既定,则滑动摩擦力的方向只能与其相反。

第 4 - 23 题:【是】

专家帮助:所谓刚体系统平衡,指系统整体平衡、局部平衡、每个刚体都平衡。

第 4 - 24 题:【非】

专家帮助:三矩式平衡方程的三个矩心点不能在一条直线上。

第 4 - 25 题:【是】

专家帮助:由力的平行移动定理知一力与作用于另一点的一力与一力偶等效。

第 4 - 26 题:【是】

专家帮助:主矢为零主矩不为零,说明原力系为一力偶系,它向任何点简化都是一力偶。

第 4 - 27 题:【是】

专家帮助:独立平衡方程的个数大于等于所求未知量的数目,该问题称为静定问题,该结构是静定结构。

第 4 - 28 题:【非】

专家帮助:$X_A=P$,$Y_A=0$,$M_A=Pb$。

第 4 - 29 题:【非】

专家帮助:$\tan\alpha=0.6$,$\alpha=31^\circ$ 摩擦角大于斜面倾角,故物体不能沿斜面下滑。

第 4 - 30 题:【非】

专家帮助:斜面倾角小于摩擦角,A 上加物块不能达到目的。

第 4 - 31 题:【非】

专家帮助：$Qf = P, Q = 100/0.3 = 333$ N，最小值是 333 N，不是 300 N。

第 4-32 题：【是.】

专家帮助：平面任意力系只要有合力，则平面任意力系的主矢的大小等于平面任意力系的合力的大小。

2. 选择填空题

第 4-33 题：【C，D】

专家帮助：力等效平行地移动到简化中心。

第 4-34 题：【A，B】

专家帮助：平面任意力系的主矢并非原力系的合力，平面任意力系的主矩并非原力系的合力偶。

第 4-35 题：【C，B】

专家帮助：主矢与简化中心无关，而主矩随简化中心变化而变化。

第 4-36 题：【C，D】

专家帮助：主矢与主矩同时为零，其对刚体效应为零，则原力系对刚体的效应亦为零，原力系为平衡力系。

第 4-37 题：【A，D】

专家帮助：平衡方程有一矩式、二矩式、三矩式三种形式，其中二矩式、三矩式对矩心位置必须附加条件。

第 4-38 题：【A，A】

专家帮助：平面平行力系与平面汇交力系都有两个独立的平衡方程。

第 4-39 题：【A，B】

专家帮助：力偶；力偶的矩等于作用于点 A 的力 $\boldsymbol{F}$ 对 B 点的矩。

第 4-40 题：【B，C】

专家帮助：力从 E 平移到 D 处，此时力从一个刚体移到另一个刚体，将引起结构一系列变化。

第 4-41 题：【B，C】

专家帮助：图(a)为静定结构，图(b)为超静定结构，图(c)为静定结构，图(d)为超静定结构，图(e)为超静定结构，图(f)为静定结构。

第 4-42 题：【A，C】

专家帮助：$M = Fd$；大小和方向与点 B 的位置有关。

第 4-43 题：【B，D】

专家帮助：该力系可简化为一个力偶，不平衡，刚体产生转动。

第 4-44 题：【B，D】

专家帮助：任取一点作为简化中心，主矢为零，主矩不为零，$M = 550$ N·m，简化结果与简化中心无关。

第 4-45 题：【A，B】

专家帮助：摩擦角 φ_m 是指最大静摩擦力与接触面法线间的夹角，$\alpha \leqslant \varphi_m$ 则物体静止平衡。

第 4-46 题：【B，C】

专家帮助：二矩式方程的二矩心连线不能与投影轴相垂直，三矩式方程的三矩心不能在同一条直线上。

第 4-47 题：【B，C】

专家帮助：简化结果有 4 种情况：主矢与主矩都为零；主矢为零，主矩不为零；主矩为零，主矢不为零；主矢与主矩都不为零。最后一种情况可进一步简化为一合力。

第 4-48 题：【A，C】

专家帮助：接触处有阻碍其滚动的机械作用，这种作用称做滚动摩阻力偶。

3. 单项选择题

第 4-49 题：【C】

专家帮助：用两个合适的力既可以与一个力平衡，又可以与一个力偶平衡。

第 4-50 题：【D】

专家帮助：合力矢 $\boldsymbol{R}=\boldsymbol{R}'$ 位于 $A(\overline{OA}=|\overline{MO}|/R)$，$A$ 点在 O 的右方。

第 4-51 题：【A】

专家帮助：F_3，F_4 简化到 B 点相互抵消，F_1 平移到 B 后得一主矢大小为 $2F$，向 X，Y 轴投影得 $R_X=\sqrt{2}F$，$R_Y=\sqrt{2}F$；主矩为 $M_B=\sqrt{2}aF$（顺时针）。

第 4-52 题：【B】

专家帮助：C，D 处两力构成一个力偶，A，B 处两力也构成一个力偶，两个力偶矩等值、反向。故 $R_B=2\ \text{kN}$。

第 4-53 题：【B】

专家帮助：三力向铰盘的转轴简化，得主矢为零，主矩为 $3PL$，故原力系为一力偶，向 D 处简化得 $R=0$；$M_D=3PL$。

第 4-54 题：【D】

专家帮助：分布力合力大小为 $q_0L/2$，作用在 $L/3$ 处，故 $Y_A=q_0L/2$，$M_A=q_0L^2/6$（逆时针）。

第 4-55 题：【A】

专家帮助：以整体为研究对象，取 C 为矩心，B 处滑道对滑块的约束力垂直向上，大小为 $2P$；取 AH 为研究对象，AB 杆在 A 处受到垂直向上、大小为 P 的力作用；取 AB 为研究对象，E 为矩心，则得 $Q=P$。

第 4-56 题：【C】

专家帮助：G，R 合力作用线与法线的夹角只要小于摩擦角，物块就能平衡。

4. 多项选择题

第 4-57 题：【A，D】

专家帮助：由 $\sum M_A=0$，$\sum M_B=0$ 知原力系的合力过 A，B 两点或合力为零，必有 $\sum F_x=0$；若有 $\sum M_O\neq 0$，说明原力系合力不为零，但过 A，B 两点，则 $\sum \boldsymbol{F}_y\neq 0$。

第 4-58 题：【B，C，D】

专家帮助：由 $\sum \boldsymbol{F}_y=0$，$\sum M_B=0$ 知原力系合力过 B，C 两点或为零，必有 $\sum M_C=0$；若 $\sum M_O\neq 0$ 说明原力系合力不为零，故 $\sum F_x\neq 0$；若 $\sum M_O=0$ 说明原力系合力为零，故 $\sum F_x=0$。

第 4-59 题：【C，D】

专家帮助：平面汇交力系（O 为汇交点）满足 $\sum M_A=0$，说明合力过 A，O 点或合力为零，必有 $\sum F_y=0$；若合力不为零，则有 $\sum M_C\neq 0$，$\sum F_y=0$。

第 4-60 题：【C，B】

专家帮助：由 $\sum M_C=0$，$\sum M_B=0$ 知平行力系合力过 B，C 两点或为零。若合力为零，则 B 成立；若合力不为零，则 C 成立。

第 4-61 题：【A，D】

专家帮助：当 $F'=0$ 时，原力系为力偶系，必有 $M_A=M_B$；$F'\neq 0$ 时，说明原力系合力不为零，对不同点的主矩也不同。

二、基本计算练习题

第 4-62 题：【$d=0.08\ \text{m}$】

专家帮助：如第 4-62 题解图所示，设附加力偶矩为 M，根据力线平移定理有：

$$M=Pd=800,\quad d=0.08\ \text{m}$$

第 4-63 题：【$T=40\ \text{N}$】

专家帮助：如第 4-46 题解图所示，力系对 O 点之矩为零，则力系合力通过 O 点，即

$$-T\times 1.5-P\times 2-M+\frac{3}{5}Q\times 2+\frac{4}{5}Q\times 2=0$$

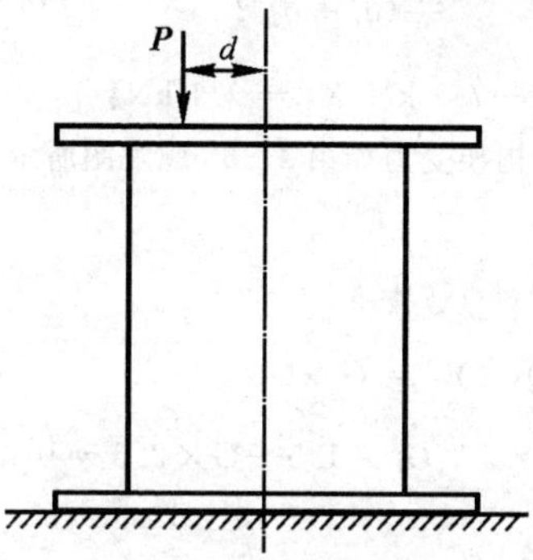

第 4 - 62 题解图

解得 $T=40\ \mathrm{N}$

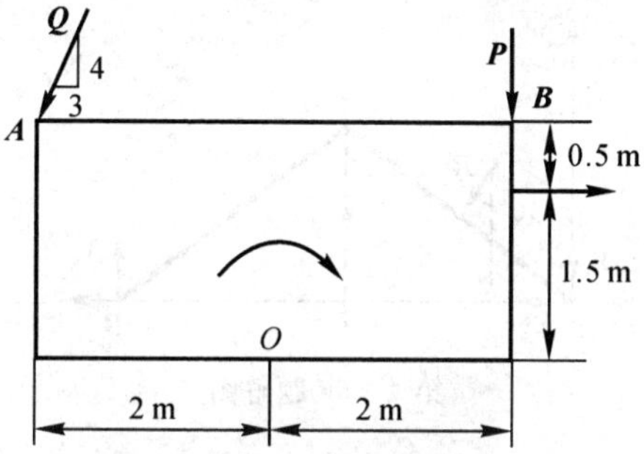

第 4 - 63 题解图

第 4 - 64 题：【$\overline{AC}=\dfrac{\int_0^l\left(q_1+\dfrac{q_2-q_1}{l}x\right)x\,\mathrm{d}x}{\dfrac{1}{2}(q_1+q_2)l}=\dfrac{2q_2+q_1}{3(q_1+q_2)}l$】

专家帮助：建立 x 轴，A 为坐标原点，设合力作用线通过 C 点。合力与原力系等效，合力的方向与原力系各力相同，大小等于原力系各力的代数和，合力对 A 点的矩等于原力系各力对 A 点的矩的代数和。分布力系合力为

$$R=\int_0^l q(x)\,\mathrm{d}x=\int_0^l\left(q_1+\frac{q_2-q_1}{l}x\right)\mathrm{d}x=\frac{1}{2}(q_1+q_2)l$$

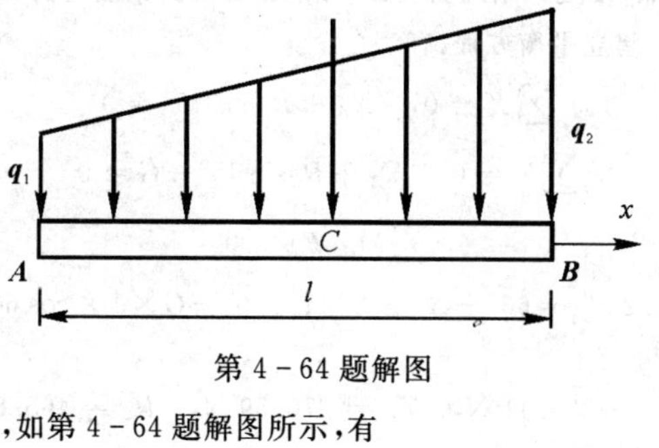

第 4 - 64 题解图

合力作用线过 AB 段 C 点，如第 4 - 64 题解图所示，有

$$\overline{AC}\times R=\int_0^l xq(x)\,\mathrm{d}x$$

$$\overline{AC}=\frac{\int_0^l\left(q_1+\frac{q_2-q_1}{l}x\right)x\,\mathrm{d}x}{\frac{1}{2}(q_1+q_2)l}=\frac{2q_2+q_1}{3(q_1+q_2)}l$$

第 4－65 题:【$Y_A=13\ \text{kN},N_B=-7.1\ \text{kN},X_A=7.1\ \text{kN}$】

专家帮助:解除 A,B 处约束,整个构架受力如第 4－65 题解图所示。

列构架的平衡方程:

$$\sum X=0,\quad N_B+X_A=0$$

$$\sum Y=0,\quad Y_A=G+G_1$$

$$\sum M_A(\boldsymbol{F})=0,\quad N_B\times 5+G_1\times 1.5+G\times 3.5=0$$

解得

$$Y_A=13\ \text{kN},\quad N_B=-7.1\ \text{kN},\quad X_A=7.1\ \text{kN}$$

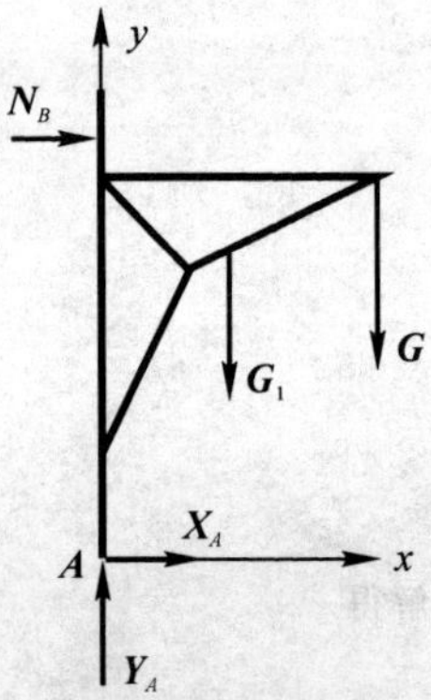

第 4－65 题解图

第 4－66 题:【$N_B=52.3\ \text{kN},X_A=-4\ \text{kN},Y_A=54.6\ \text{kN}$】

专家帮助:以整个屋架 ABC 为研究对象,分析其受力如第 4－66 题解图所示。

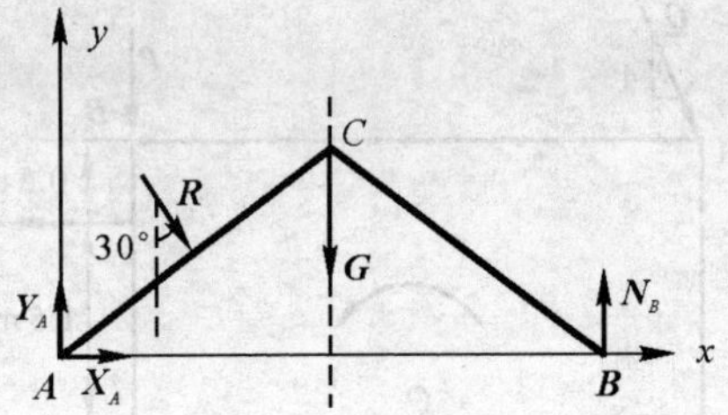

第 4－66 题解图

其中,$\boldsymbol{G}$ 为屋架自重,$\boldsymbol{R}$ 为风力的合力,列屋架 ABC 的平衡方程,有

$$\sum Y=0,\quad Y_A+N_B-G-R\cos 30^\circ=0$$

$$\sum X=0,\quad X_A+R\sin 30^\circ=0$$

$$\sum M_A(\boldsymbol{F})=0,\quad -R\times 3-G\times 3\sqrt{3}+6\sqrt{3}\times N_B=0$$

解得

$$N_B=52.3\ \text{kN},\quad X_A=-4\ \text{kN},\quad Y_A=54.6\ \text{kN}$$

第 4－67 题:【$X_A=-329.41\ \text{N},Y_A=270.59\ \text{N},R_C=465.86\ \text{N}$】

专家帮助:解除 A,C 处约束,A 处约束反力为 $\boldsymbol{X}_A,\boldsymbol{Y}_A$,$C$ 处的约束反力为 $\boldsymbol{R}_C$,沿 CD 杆轴。以整个结构为研究对象(见第 4－67 题解图),建立平衡方程,有

$$\sum X=0,\quad X_A+R_C\cos 45^\circ=0$$

$$\sum Y=0,\quad Y_A+R_C\sin 45^\circ-G=0$$

$$\sum M_D(\boldsymbol{F})=0$$

$$-Y_A\times 2\times\cos 60^\circ-X_A\times 2\times\sin 60^\circ-G\times 1\times\cos 60^\circ=0$$

解得

$$X_A=-329.41\ \text{N},\quad Y_A=270.59\ \text{N},\quad R_C=465.86\ \text{N}$$

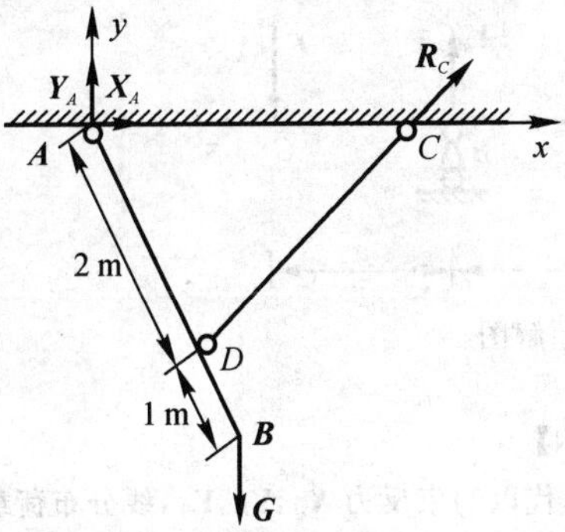

第 4-67 题解图

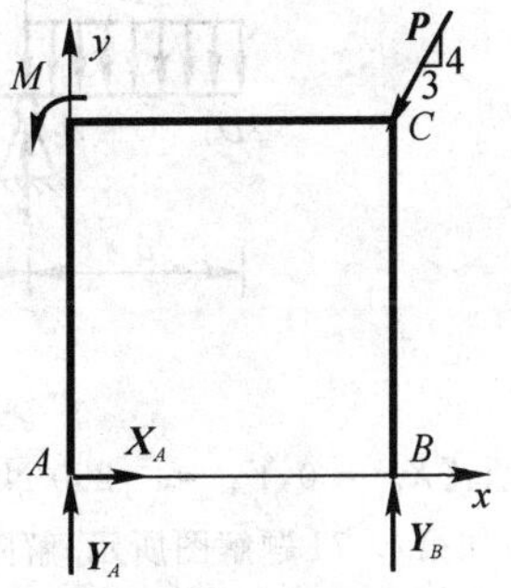

第 4-68 题解图

第 4-68 题:【$X_A = 3\ \text{kN}, Y_A = 5\ \text{kN}, Y_B = -1\ \text{kN}$】

专家帮助:选刚架为研究对象,解除约束,画其受力图如第 4-68 图所示。

建立刚架的平衡方程:

$$\sum X = 0,\quad X_A - P \times 0.6 = 0$$

$$\sum Y = 0,\quad Y_B - P \times 0.8 + Y_A = 0$$

$$\sum M_C(\boldsymbol{F}) = 0,\quad M + X_A \times 2.5 - Y_A \times 2 = 0$$

解得

$$X_A = 3\ \text{kN},\quad Y_A = 5\ \text{kN},\quad Y_B = -1\ \text{kN}$$

第 4-69 题:【$X_A = -4\ \text{kN}, Y_A = 17\ \text{kN}, M_A = 43\ \text{kN}\cdot\text{m}$】

专家帮助:选刚架为研究对象,解除 A 处约束,画受力图如第 4-69 题解图所示,建立刚架的平衡方程,有

$$\sum X = 0,\quad X_A + F = 0$$

$$\sum Y = 0,\quad Y_A - q \times 3 - P = 0$$

$$\sum M_A(\boldsymbol{F}) = 0,\quad M_A - F \times 2.5 - P \times 3 - q \times 3 \times 1.5 = 0$$

解得

$$X_A = -4\ \text{kN},\quad Y_A = 17\ \text{kN},\quad M_A = 43\ \text{kN}\cdot\text{m}$$

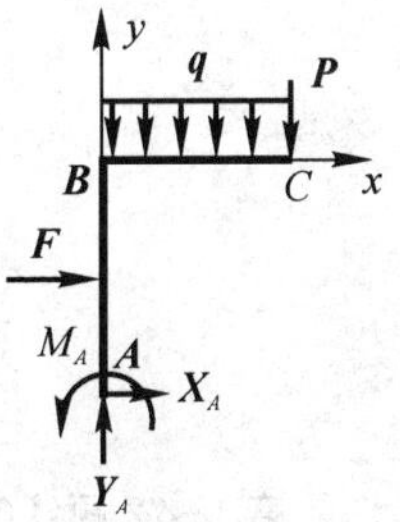

第 4-69 题解图

第 4-70 题:【$X_A = 0; Y_B = \frac{1}{2}\left(3F + \frac{M}{a} - \frac{1}{2}qa\right)$;

$Y_A = -\frac{1}{2}\left(F + \frac{M}{a} - \frac{5}{2}qa\right)$】

专家帮助:如第 4-70 题解图所示,解除 A,B 处的约束,代以约束反力 $\boldsymbol{X}_A, \boldsymbol{Y}_A, \boldsymbol{Y}_B$,建立梁的平衡方程,有

$$\sum X = 0,\quad X_A = 0$$

$$\sum Y = 0,\quad Y_A + Y_B - F - qa = 0$$

$$\sum M_A(\boldsymbol{F}) = 0,\quad 0.5qa^2 - M + 2aY_B - 3aF = 0$$

解得

$$X_A = 0$$

$$Y_B = \frac{1}{2a}\left(M + 3aF - \frac{1}{2}qa^2\right) = \frac{1}{2}\left(3F + \frac{M}{a} - \frac{1}{2}qa\right)$$

$$Y_A = -\frac{1}{2}\left(F + \frac{M}{a} - \frac{5}{2}qa\right)$$

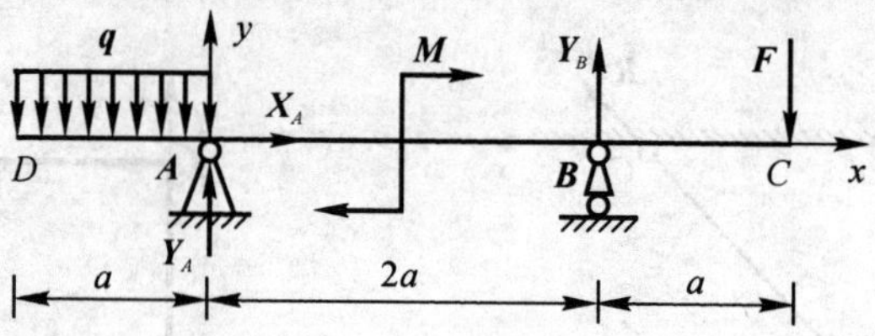

第 4-70 题解图

第 4-71 题:【$X_B = 0, Y_A = -250$ N, $Y_B = 3\ 750$ N】

专家帮助:如第 4-71 题解图所示,解除 A,B 处约束,代以约束反力 $\boldsymbol{X}_B$,$\boldsymbol{Y}_B$,$\boldsymbol{Y}_A$,线分布荷载用其合力 $\boldsymbol{R}$ 来等效。R 力线过 AB 段中点,大小为 $1.5q$。

建立梁的平衡方程,有

$$\sum X = 0,\quad X_B = 0$$

$$\sum Y = 0,\quad Y_B + Y_A - R - P = 0$$

$$\sum M_B(\boldsymbol{F}) = 0,\quad P \times 1 - R \times 1 + Y_A \times 2 = 0$$

解得

$$X_B = 0,\quad Y_A = -250\ \text{N},\quad Y_B = 3\ 750\ \text{N}$$

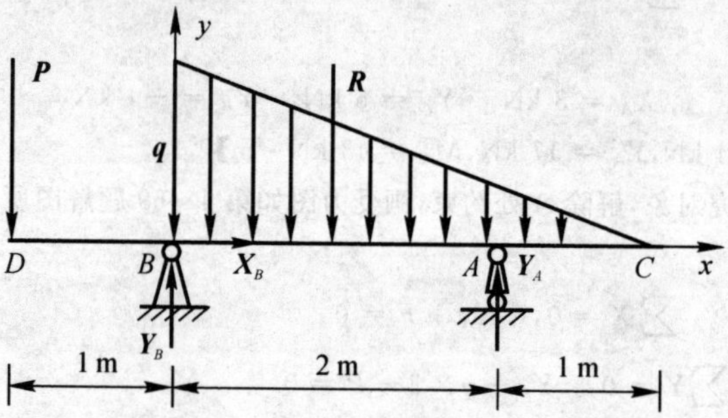

第 4-71 题解图

第 4-72 题:【(1)$Y_A = 22.5$ kN, $Y_B = 27.5$ kN,(2)$x = 4.5$ m】

专家帮助:(1) 汽车后轮处在桥中点时,解除桥的约束,代以约束反力 Y_A,Y_B,如第 4-72 题解图所示。

建立桥的平衡方程,有

$$\sum Y = 0,\quad Y_A + Y_B - P_1 - P_2 = 0 \tag{1}$$

$$\sum M_A(\boldsymbol{F}) = 0,\quad -P_2 \times 5 - P_1 \times 7.5 + Y_B \times 10 = 0 \tag{2}$$

解得

$$Y_A = 22.5\ \text{kN},\quad Y_B = 27.5\ \text{kN}$$

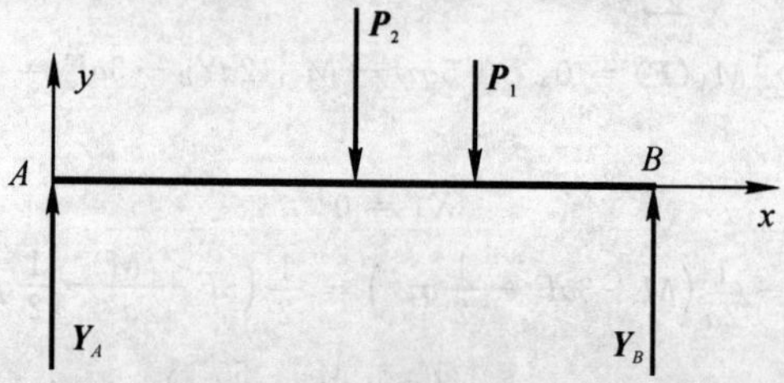

第 4-72 题解图

(2) 若支座 A,B 的反力相等时,由式(1) 可得

$$Y_A = Y_B = 25\ \text{kN}$$

由 $\sum M_A(\boldsymbol{F}) = 0$ 有

$$P_2 x - P_1(x + 2.5) + 25 \times 10 = 0$$

解得

$$x = 4.5\ \text{m}$$

第 4-73 题:【$R_B = 848\ \text{N}, Y_A = 1\ 200\ \text{N}, X_A = 2\ 400\ \text{N}$】

专家帮助:先选滑轮为研究对象,分析其受力如第 4-73 题解图(1) 所示,$\boldsymbol{T},\boldsymbol{Q},\boldsymbol{R}_D$ 平面汇交,$T = Q = 1.8\ \text{kN}$。由 $R_D \cos 45° = T = 1.8$ 得 $R_D = \sqrt{2}\,T$。

再选杆 AB 为研究对象,分析其受力如第 4-73 题解图(2) 所示;$\boldsymbol{X}_A,\boldsymbol{Y}_A,\boldsymbol{R}'_D,\boldsymbol{R}_B$ 构成平面一般力系,建立杆 AB 的平衡方程有

$$\sum X = 0,\quad X_A - R'_D \cos 45° - R_B \cos\alpha = 0$$

$$\sum Y = 0,\quad Y_A - R'_D \sin 45° + R_B \sin\alpha = 0$$

$$\sum M_A(\boldsymbol{F}) = 0,\quad R_B \times 60\sin\alpha - R'_D \sin 45° \times 20 = 0$$

解得

$$R_B = 848\ \text{N},\quad Y_A = 1\ 200\ \text{N},\quad X_A = 2\ 400\ \text{N}$$

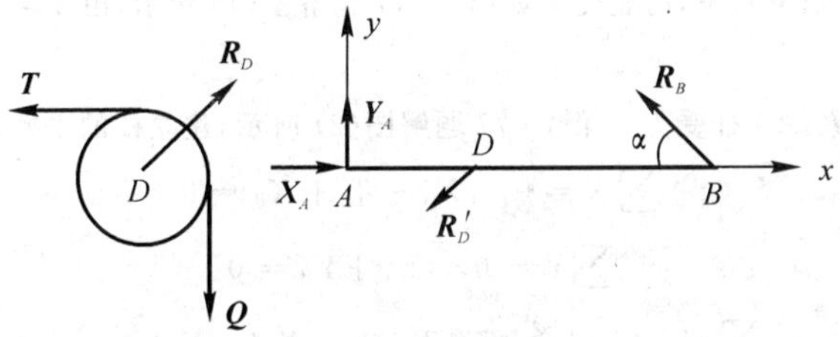

第 4-73 题解图

第 4-74 题:【$S = 22.63\ \text{kN}$】

专家帮助:选 AB 板为研究对象,拉开闸门板时地面对 B 端的约束反力为 0,水作用于板上的分布力对 A 点之矩等于 S 对 A 点之矩。

在板上取宽为 $\mathrm{d}x$ 的水平条,其上作用力大小为

$$h(x)\rho \times \mathrm{d}x \times 1 \times 9.8$$

该力对 A 点之矩为

$$h(x) \times \rho \mathrm{d}x \times x \times 9.8$$

作用在木板上的水压力对 A 点之矩为

$$\int_0^2 h(x)\rho \mathrm{d}x \times x \times 9.8 = S \times 2\cos 60°$$

其中 $$h(x) = x\sin 60°$$

解得 $$S = 22.63\ \text{kN}$$

第 4-75 题:【$S_{BC} = 192\ \text{N}$】

专家帮助:如第 4-75 题解图所示,先选小球为研究对象,小球受平面汇交的三力 $\boldsymbol{N}_1,\boldsymbol{N}_2,\boldsymbol{G}$ 作用而平衡。

$$N_1 \cos 30° = N_2 \sin 30°$$

$$N_1 \sin 30° + N_2 \cos 30° = G$$

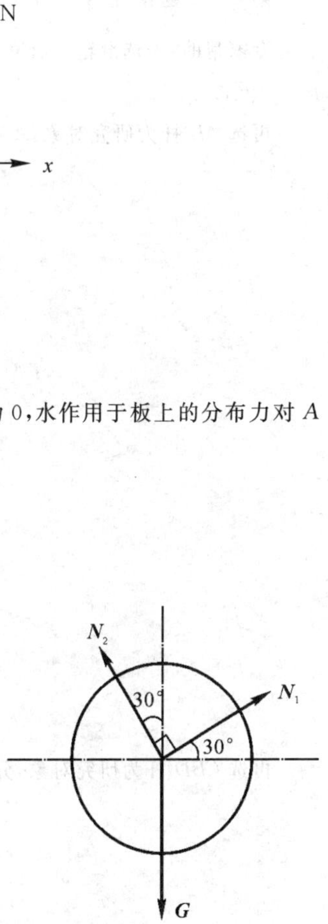

第 4-75 题解图

解得 $$N_1 = 500\ \mathrm{N}$$

再选 AB 杆为研究对象，以 A 为矩心，有

$$S_{BC}\cos 30^\circ \times \overline{AB} = N_1 r$$

解得 $$S_{BC} = 192\ \mathrm{N}$$

第 4 - 76 题：【$S = \dfrac{aP\cos\alpha}{2h}$】

专家帮助：以梯子整体为研究对象，共受 $\boldsymbol{N}_B$，$\boldsymbol{N}_C$，$\boldsymbol{P}$ 三力作用而平衡，建立平衡方程，有

$$\sum Y = 0,\quad N_B + N_C = P$$

$$\sum M_B(\boldsymbol{F}) = 0,\quad P[(l-a)\cos\alpha + l\cos\alpha] = N_C \times 2l\cos\alpha$$

解得

$$N_C = \frac{2l-a}{2l}P,\quad N_B = \frac{a}{2l}P$$

再选 AB 为研究对象，取 A 点为矩心，有

$$N_B \times l\cos\alpha = S \times h$$

解得 $$S = \frac{aP\cos\alpha}{2h}$$

第 4 - 77 题：【$Y_C = -G, Y_B = -2G, Y_A = 2G, X_C = \left(\dfrac{2l+r}{l}\right)G, X_B = \left(\dfrac{l+r}{l}\right)G, X_A = -\left(\dfrac{2l+r}{l}\right)G$】

专家帮助：先选滑轮为研究对象，滑轮受力如第 4 - 77 题解图(1) 所示，由 $T = G$ 及汇交力系平衡条件得 $R_D = \sqrt{2}G$。

再选 AB 杆为研究对象，AB 杆受力如第 4 - 77 题解图(2) 所示，建立杆的平衡方程，有

$$\sum X = 0,\quad X_A + T' + X_B = 0 \tag{1}$$

$$\sum Y = 0,\quad Y_A + Y_B = 0 \tag{2}$$

$$\sum M_B(\boldsymbol{F}) = 0,\quad -T' \times r - X_A l - Y_A l = 0 \tag{3}$$

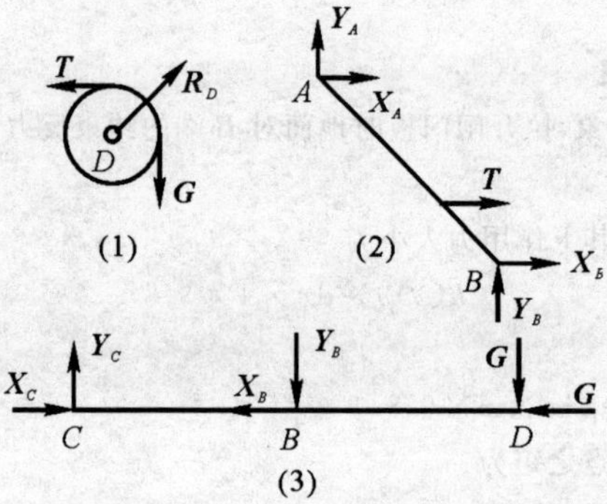

第 4 - 77 题解图

再选 CBD 杆为研究对象，分析其受力如第 4 - 77 题解图(3) 所示，建立杆 CBD 平衡方程，有

$$\sum X = 0,\quad X_C - X'_B - G = 0 \tag{4}$$

$$\sum Y = 0,\quad Y_C - Y'_B - G = 0 \tag{5}$$

$$\sum M_B(\boldsymbol{F}) = 0,\quad -Y_C l - Gl = 0 \tag{6}$$

联立式(1)(2)(3)(4)(5)(6)，解得

$$Y_C = -G,\quad Y_B = -2G,\quad Y_A = 2G$$

$$X_C = \left(\frac{2l+r}{l}\right)G, \quad X_B = \left(\frac{l+r}{l}\right)G, \quad X_A = -\left(\frac{2l+r}{l}\right)G$$

第 4-78 题:【$l = \frac{G_2}{G_1}a$】

专家帮助:空载时整个机构平衡,根据加减平衡力系公理,称重时忽略机构本身的重力并不影响问题求解的正确性。

以支架 BCE 为研究对象,分析其受力如第 4-78 题解图(1) 所示。

$\boldsymbol{R}_B$,$\boldsymbol{G}_2$,$\boldsymbol{N}_C$ 三力汇交,构成平衡力系,有

$$R_B = \sqrt{N_C^2 + G_2^2}$$

再以杠杆 AB 为研究对象,分析其受力如第 4-78 题解图(2) 所示,以 O 为矩心,有

$$G_1 l = R'_{BY}a = G_2 a$$

$$l = \frac{G_2}{G_1}a$$

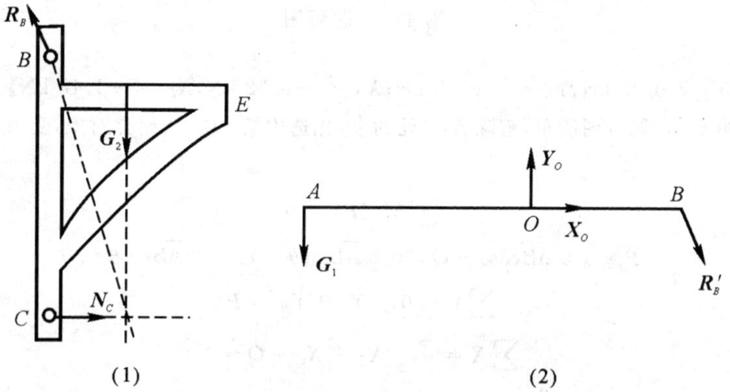

第 4-78 题解图

第 4-79 题:【$P_2 = 5.208$ kN,$X_A = 2$ kN,$Y_A = 6.667$ kN,$X_C = -5$ kN,$Y_C = -1.458$ kN】

专家帮助:如第 4-79 题解图所示,分别以 AB 杆、CD 杆为研究对象。

AB 杆受力有:$\boldsymbol{P}_1$,$\boldsymbol{N}'_E$,$\boldsymbol{X}_A$,$\boldsymbol{Y}_A$,如图(1) 所示。

DC 杆受力有:$\boldsymbol{P}_2$,$\boldsymbol{N}_E$,$\boldsymbol{X}_C$,$\boldsymbol{Y}_C$,如图(2) 所示。

建立 AB 杆的平衡方程有

$$\sum X = 0, \quad P_1 + X_A - N'_E \sin\alpha = 0$$

$$\sum Y - 0, \quad Y_A - N'_E \cos\alpha = 0$$

$$\sin\alpha = 0.6$$

$$\sum M_A(\boldsymbol{F}) = 0, \quad -P_1 \times 1\,000 + N'_E \sin\alpha \times 600 = 0$$

解得

$$N'_E = N_E = \frac{25}{3}\text{ kN}, \quad X_A = 2\text{ kN}, \quad Y_A - \frac{20}{3}\text{ kN} = 6.667\text{ kN}$$

建立 DC 杆平衡方程有

$$\sum X = 0, \quad X_C + N_E \sin\alpha = 0$$

$$\sum Y = 0, \quad Y_C + N_E \cos\alpha - P_2 = 0$$

$$\sum M_C(\boldsymbol{F}) = 0, \quad P_2 \times 1\,600 - N_E \times \sqrt{(800)^2 + (600)^2} = 0$$

解得

$$P_2 = 5.208\ \mathrm{kN},\quad X_C = -5\ \mathrm{kN},\quad Y_C = -1.458\ \mathrm{kN}$$

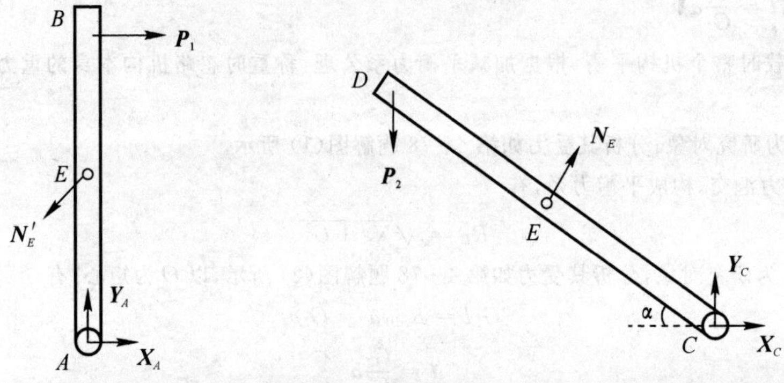

(1) (2)

第 4 - 79 题解图

第 4 - 80 题:【$Y_C = 0.75\ \mathrm{kN}, Y_A = -0.35\ \mathrm{kN}; X_A = -0.32\ \mathrm{kN}, X_C = -1.18\ \mathrm{kN}$】

专家帮助:如第 4 - 80 题解图所示,解除 A,C 处约束,先选构架 ABC 为研究对象,受力如图(1) 所示,建立平衡方程,有

$$\sum M_A(\boldsymbol{F}) = 0$$

$$-P\times 0.5\,\overline{AB}\cos\theta - Q\times 0.5\,\overline{AB}\sin\theta + Y_C\times 2\,\overline{AB}\cos\theta = 0 \tag{1}$$

$$\sum Y = 0,\quad Y_A + Y_B = P \tag{2}$$

$$\sum X = 0,\quad X_A + X_C + Q = 0 \tag{3}$$

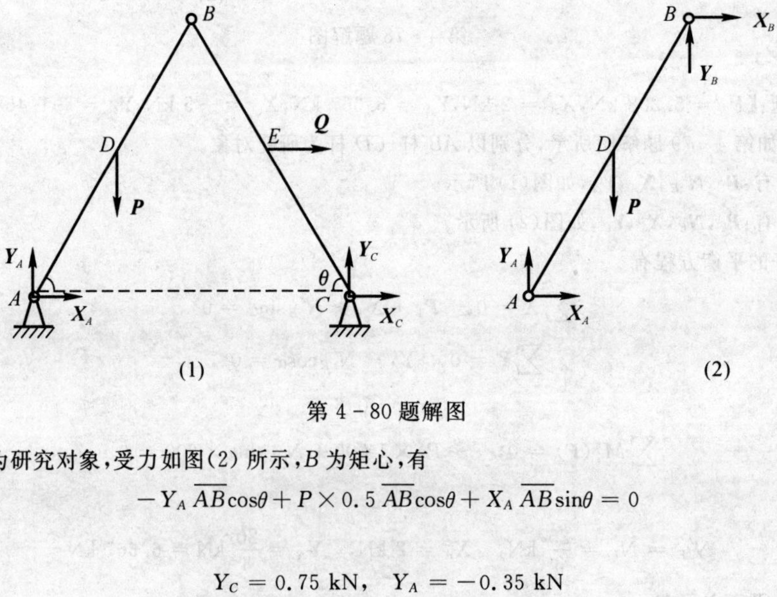

(1) (2)

第 4 - 80 题解图

再选 AB 为研究对象,受力如图(2) 所示,B 为矩心,有

$$-Y_A\,\overline{AB}\cos\theta + P\times 0.5\,\overline{AB}\cos\theta + X_A\,\overline{AB}\sin\theta = 0 \tag{4}$$

解得

$$Y_C = 0.75\ \mathrm{kN},\quad Y_A = -0.35\ \mathrm{kN}$$

$$X_A = -0.32\ \mathrm{kN},\quad X_C = -1.18\ \mathrm{kN}$$

第 4 - 81 题:【$X_E = -P, Y_E = -0.5P; X_A = P, Y_A = -0.25P; X_B = -P, Y_B = -0.75P$】

专家帮助:如第 4 - 81 题解图(1) 所示,选整个构架为研究对象,解除 C,D 处约束,建立构架的平衡方程,有

$$\sum Y = 0,\quad N_C + N_D = P$$

$$\sum M_C(\boldsymbol{F}) = 0,\quad -P\times 3b + N_D\times 4b = 0$$

解得

$$N_D = \frac{3}{4}P,\quad N_C = \frac{1}{4}P$$

选 AD 为研究对象，分析其受力如第 4-81 题解图(2) 所示，建立 AD 平衡方程，有

$$\sum X = 0,\quad X_E + X_A = 0 \tag{1}$$

$$\sum Y = 0,\quad Y_A + Y_E + 0.75P = 0 \tag{2}$$

$$\sum M_E(\boldsymbol{F}) = 0,\quad 0.75P\times 2b - X_A\times 2b - Y_A\times 2b = 0 \tag{3}$$

选 BC 为研究对象，分析其受力如第 4-81 题解图(3) 所示，建立 BC 平衡方程，有

$$\sum X = 0,\quad -X'_E + X_B = 0 \tag{4}$$

$$\sum Y = 0,\quad Y_B - Y'_E + 0.25P = 0 \tag{5}$$

$$\sum M_E(\boldsymbol{F}) = 0,\quad -0.25P\times 2b - X_B\times 2b + Y_B\times 2b = 0 \tag{6}$$

由式(1)(2)(3)(4)(5)(6) 解得

$$X_E = -P,\quad Y_E = -0.5P$$
$$X_A = P,\quad Y_A = -0.25P$$
$$X_B = -P,\quad Y_B = -0.75P$$

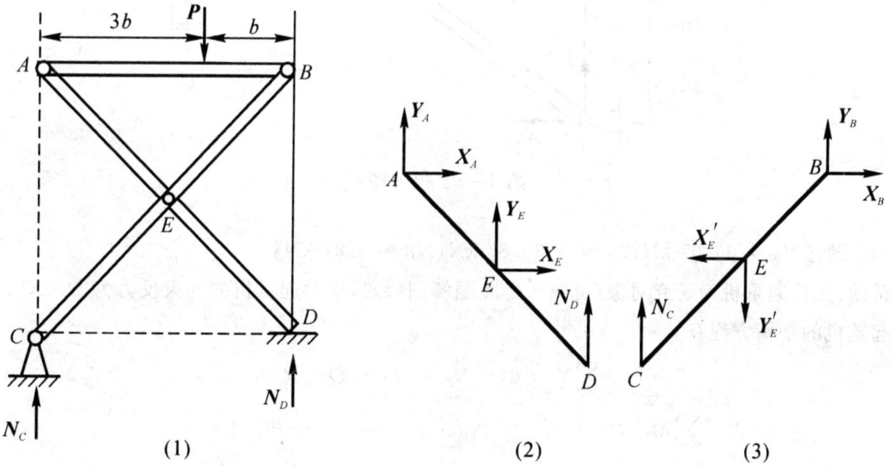

第 4-81 题解图

第 4-82 题:【$N_A = 2.5\times\dfrac{P}{2}\times\cot 20° = 10.3\ \text{kN}$】

专家帮助：选节点 C 为研究对象，如第 4-82 题解图所示，建立汇交力系平衡方程，有

$$\sum Y = 0,\quad P - 2S_{BC}\sin\alpha = 0$$

$$S_{BC} = \frac{P}{2\sin\alpha}$$

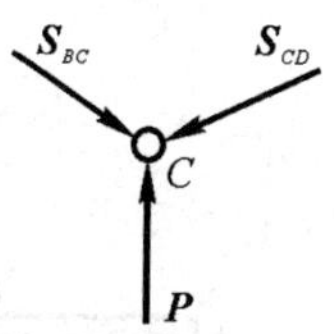

第 4-82 题解图

再选曲臂 AOB 为研究对象，取 O 为矩心有

$$N_A\times 100 = S'_{BC}\cos\alpha\times 250$$

解得

$$N_A = 2.5\times\frac{P}{2}\times\cot 20° = 10.3\ \text{kN}$$

第 4-83 题:【$X_A = -38.3\ \text{kN}, X_B = 38.3\ \text{kN}; Y_A = -1.25\ \text{kN}, Y_B = 21.25\ \text{kN}$】

专家帮助:如第 4-83 题解图所示,解除 A,B 处约束,建立整个构架的平衡方程有

$$\sum X = 0,\quad X_A + X_B = 0 \tag{1}$$

$$\sum Y = 0,\quad Y_A + Y_B - Q = 0 \tag{2}$$

$$\sum M_B(\boldsymbol{F}) = 0,\quad -X_A \times 600 - Q \times 1150 = 0 \tag{3}$$

再选 AD 为研究对象,取 D 为矩心,有

$$-Y_A \times 800 - \frac{Q}{2} \times \frac{d}{2} = 0 \tag{4}$$

联立式(1)(2)(3)(4) 解得

$$X_A = -38.3\ \text{kN},\quad X_B = 38.3\ \text{kN}$$

$$Y_A = -1.25\ \text{kN},\quad Y_B = 21.25\ \text{kN}$$

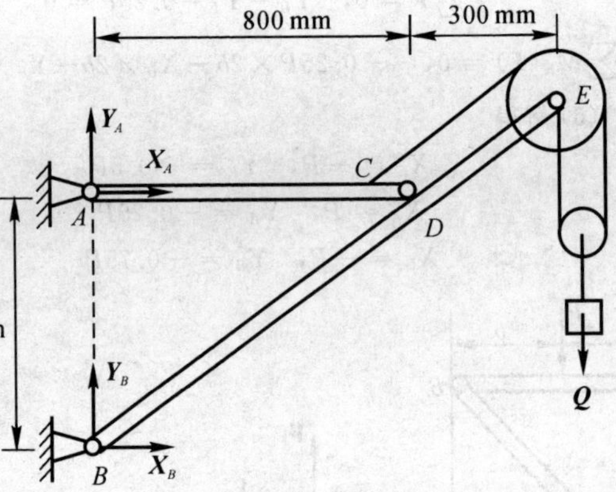

第 4-83 题解图

第 4-84 题:【$N_B = 66.67\ \text{kN}; Y_A = -30.87\ \text{kN}; N_D = 4.21\ \text{kN}$】

专家帮助:先选起重机为研究对象(见第 4-84 题解图(1)),梁对起重机的约束反力为 $\boldsymbol{N}_F$,$\boldsymbol{N}_G$。建立起重机的平衡方程有

$$\sum Y = 0,\quad N_F + N_G = Q + P$$

$$\sum M_E(\boldsymbol{F}) = 0,\quad -N_F \times 1 + N_G \times 1 - P \times 4 = 0$$

解得

$$N_F = 14.75\ \text{kN},\quad N_G = 25.25\ \text{kN}$$

再以梁 ACD 为研究对象,分析其受力如第 4-84 题解图(2) 所示。

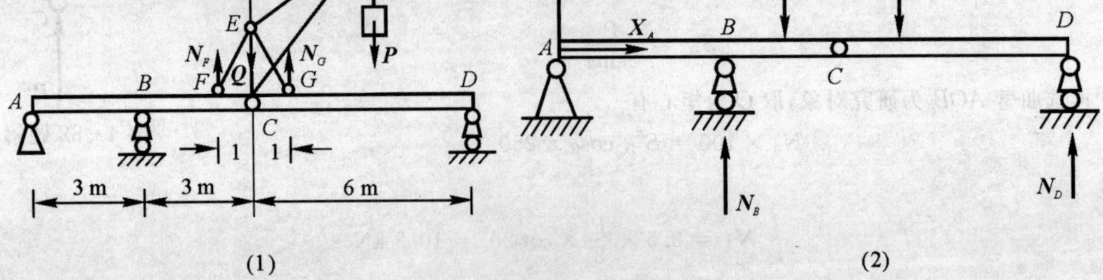

第 4-84 题解图

取 C 为矩心，对 CD 梁段有

$$-N'_G \times 1 + N_D \times 6 = 0$$

$$N_D = \frac{25.25}{6} = 4.21 \text{ kN}$$

取 C 为矩心，对 AB 梁段有

$$Y_A \times 6 - N_B \times 3 + N'_F \times 1 = 0 \tag{1}$$

由整段梁 $ABCD$ 建立平衡方程有

$$X_A = 0$$

$$Y_A + N_B + N_D = N'_F + N'_G = 40 \tag{2}$$

解得

$$N_B = 66.67 \text{ kN}, \quad Y_A = -30.87 \text{ kN}$$

第 4-85 题:【$Y_A = -15$ kN;$N_D = 40$ kN;$N_B = 40$ kN;$X_C = 0$;$Y_C = 5$ kN】

专家帮助:由题可知 A 处水平约束反力 $X_A = 0$,A,B,D 三处梁均受竖直方向约束力 $\boldsymbol{Y}_A$,$\boldsymbol{N}_B$,$\boldsymbol{N}_D$,选整段梁 $ABCD$ 为研究对象(见第 4-85 题解图),建立平衡方程有

$$\sum Y = 0, \quad Y_A + N_B + N_D = q \times 4 = 40 \text{ kN} \tag{1}$$

$$\sum M_C(\boldsymbol{F}) = 0, \quad N_D \times 4 - M - N_B \times 2 - Y_A \times 4 = 0 \tag{2}$$

再选梁段 CD 为研究对象，以 C 为矩心有

$$N_D \times 4 - M - q \times 2 \times 1 = 0 \tag{3}$$

由式(1)(2)(3) 解得

$$Y_A = -15 \text{ kN}, \quad N_D = 15 \text{ kN}, \quad N_B = 40 \text{ kN}$$

解除 C 处约束，由 CD 段平衡方程有

$$Y_C + N_D = q \times 2 = 20$$

解得

$$Y_C = 5 \text{ kN}$$

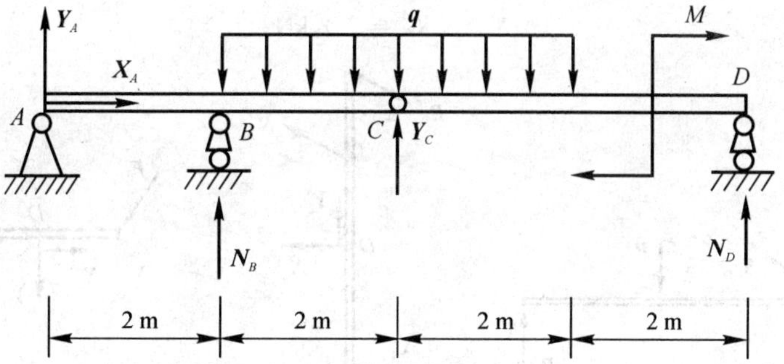

第 4-85 题解图

第 4-86 题:【$X_A = 0$,$Y_A = 2.5$ kN,$N_B = 1.5$ kN,$M_A = 10$ kN·m】

专家帮助:解除 A,B 处约束，代以约束反力 $\boldsymbol{X}_A$,$\boldsymbol{Y}_A$,M_A,$\boldsymbol{N}_B$,如第 4-86 题解图所示。

选整梁为研究对象，受力如图(1) 所示，建立其平衡方程有

$$\sum X = 0, \quad X_A = 0 \tag{1}$$

$$\sum Y = 0, \quad Y_A + N_B - P = 0 \tag{2}$$

$$\sum M_A(\boldsymbol{F}) = 0, \quad -P \times 4 + M_A - M + N_B \times 8 = 0 \tag{3}$$

再选 CB 梁为研究对象，受力如图(2) 所示，取 C 为矩心，则有

$$N_B \times 4 - M = 0 \tag{4}$$

由式(1)(2)(3)(4) 解得

$$X_A = 0,\quad Y_A = 2.5\ \text{kN}$$

$$N_B = 1.5\ \text{kN},\quad M_A = 10\ \text{kN}\cdot\text{m}$$

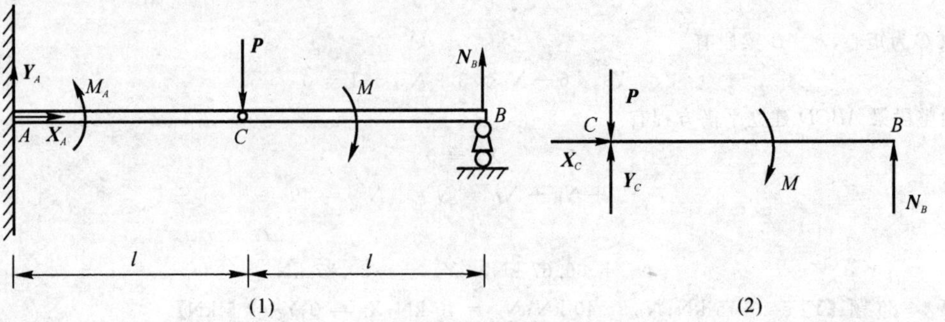

第 4 - 86 题解图

第 4 - 87 题:【$X_B = -2.8$ kN;$Y_B = -1.16$ kN;$X_A = 7.2$ kN;$Y_A = 11.16$ kN;$R_C = 18$ kN】

专家帮助:(1) 取 CG 为研究对象(见第 4 - 87 题解图(1)),P,P' 构成一力偶,则 R_C 和 S_{GE} 构成一力偶,根据力偶平衡方程,有

$$3P = 4R_C\sin30°$$

得

$$R_C = 18\ \text{kN}$$

(2) 取 AC 为研究对象,分析其受力如第 4 - 87 题解图(2) 所示;根据平衡方程,有

$$\sum M_A(\boldsymbol{F}) = 0,\quad 5X_D - 3P = 0$$

$$\sum X = 0,\quad X_D - X_A = 0$$

$$\sum Y = 0,\quad Y_D + Y_A = 0$$

得

$$X_D = X_A = 7.2\ \text{kN}$$

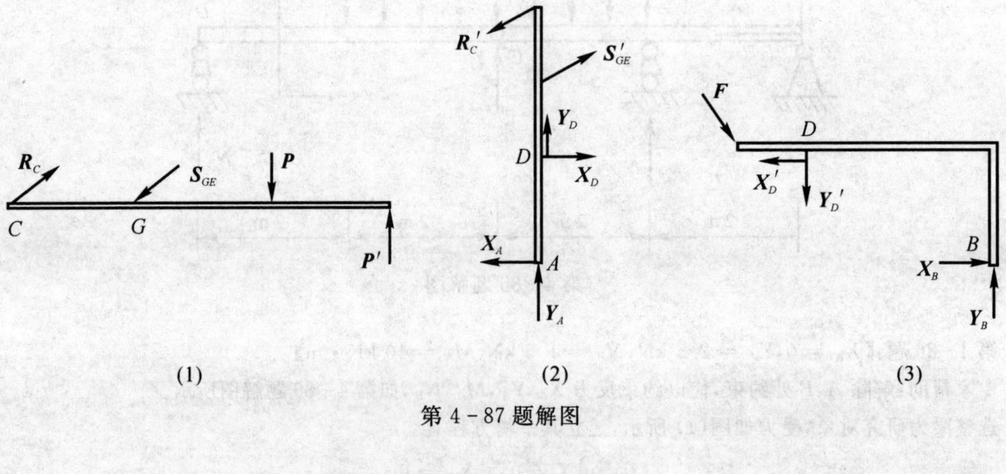

第 4 - 87 题解图

(3) 取 DB 构件为研究对象,分析其受力如第 4 - 87 题解图(3) 所示,根据平衡方程有

$$\sum X = 0,\quad F\cos45° - X'_D + X_B = 0$$

$$\sum Y = 0,\quad -F\sin45° - Y'_D + Y_B = 0$$

$$\sum M_D(\boldsymbol{F}) = 0,\quad F\sin45°\times 2 + 3X_B + 10Y_B = 0$$

解得

$$X_B=-2.8\ \text{kN},\quad Y_B=-1.16\ \text{kN},\quad Y_D=-11.16\ \text{kN},\quad Y_A=11.16\ \text{kN}$$

第 4－88 题：【$s=0.456l$】

专家帮助：选梯子 AB 为研究对象，分析其受力如第 4－88 题解图所示。

$\boldsymbol{P}$为梯子重力，$\boldsymbol{G}$为爬梯人的重力，$\boldsymbol{F}_A$，$\boldsymbol{F}_B$ 为梯子在 A，B 处受到的静摩擦力，$\boldsymbol{N}_A$，$\boldsymbol{N}_B$ 为 A，B 处对梯子的支撑力，设爬到最高点 C 处，此时梯子处于临界状态。有

$$F_A=N_Af,\quad fN_B=F_B$$

建立梯子的平衡方程有

$$\sum X=0,\quad N_B-F_A=0$$

$$\sum Y=0,\quad F_B+N_A-P-G=0$$

$$\sum M_A(\boldsymbol{F})=0$$

$$-F_Bl\cos\theta-N_Bl\sin\theta+0.5Pl\cos\theta+Gs\sin\theta=0$$

解得

$$s=0.465l$$

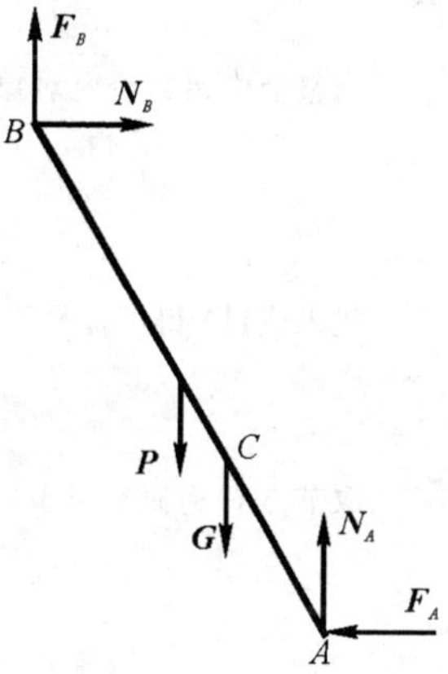

第 4－88 题解图

第 4－89 题：【$R_{C\text{左杆}}=\sqrt{X_{C\text{右}}^2+Y_{C\text{右}}^2}=0.5\ \text{kN}$；$R_{C\text{右杆}}=1.803\ \text{kN}$】

专家帮助：选滑轮为研究对象，分析其受力如第 4－89 题解图(1) 所示。

建立平衡方程解得

$$R_{C\text{轮}}=\sqrt{2}Q=1.414\ \text{kN}$$

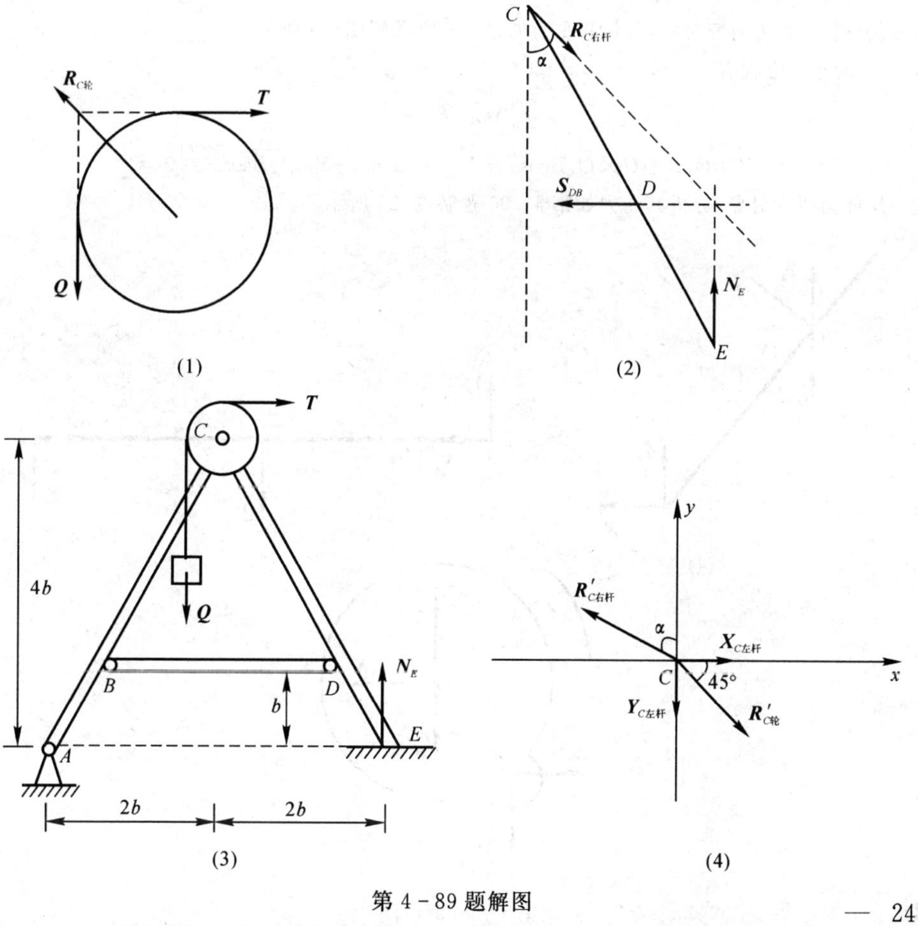

第 4－89 题解图

再选 CE 为研究对象，分析其受力如第 4 - 89 题解图(2) 所示。

建立 CE 杆的平衡方程有

$$\sum Y = 0,\quad -R_{C右杆}\cos\alpha + N_E = 0 \tag{1}$$

其中

$$\cos\alpha = \frac{3}{\sqrt{13}},\quad \sin\alpha = \frac{2}{\sqrt{13}}$$

选整个构架为研究对象，分析其受力如第 4 - 89 题解图(3) 所示，取 A 为矩心，有

$$N_E \times 4b - T(4b + r) - Q(2b - r) = 0 \tag{2}$$

$$N_E = \frac{6}{4}Q = 1.5\ \mathrm{kN}$$

代入式(1) 得

$$R_{C右杆} = \frac{N_E}{\cos\alpha} = \frac{1.5\sqrt{13}}{3} = 1.803\ \mathrm{kN}$$

取节点 C 为研究对象，分析其受力如第 4 - 89 题解图(4) 所示。

$$X_{C左杆} + \frac{\sqrt{2}}{2} \times \sqrt{2}Q - R'_{C右杆}\sin\alpha = 0$$

$$-Y_{C左杆} - \frac{\sqrt{2}}{2} \times \sqrt{2}Q + R'_{C右杆}\cos\alpha = 0$$

解得

$$R_{C左杆} = \sqrt{X_{C右}^2 + Y_{C右}^2} = 0.5\ \mathrm{kN}$$

第 4 - 90 题:【$M = 285\ \mathrm{N \cdot m}$】

专家帮助：选 O_1C 为研究对象，分析其受力如第 4 - 90 题解图(1) 所示。

建立 O_1C 的平衡方程有

$$\sum M_{O_1}(\boldsymbol{F}) = 0$$

$$P \times \overline{O_1B} + G \times \overline{O_1B}\cos\alpha - X_B\,\overline{O_1B}\sin\alpha - Y_B\,\overline{O_1B}\cos\alpha = 0 \tag{1}$$

再选 AB 杆为研究对象，分析其受力如第 4 - 90 题解图(2) 所示。

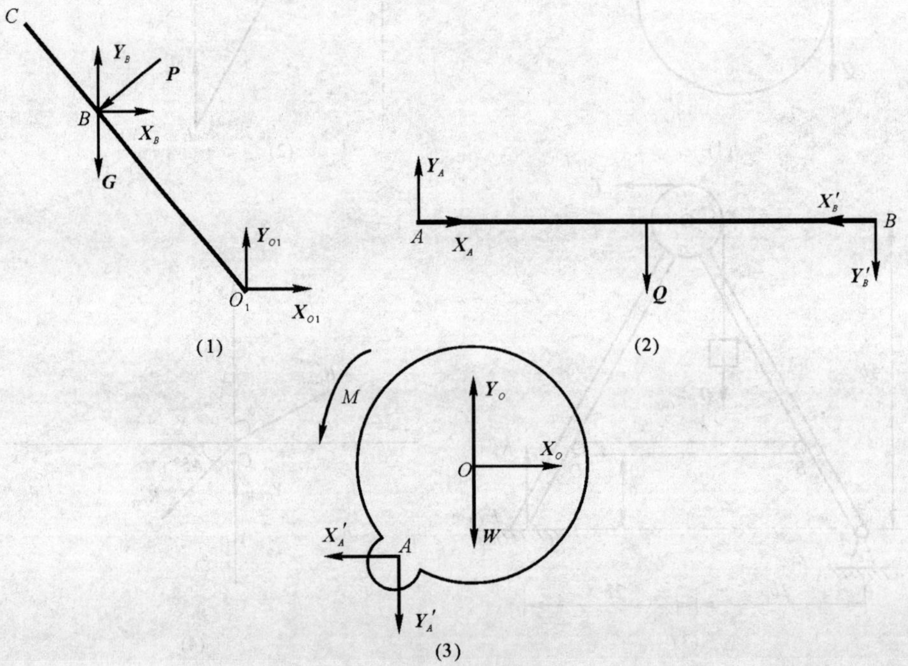

第 4 - 90 题解图

建立 AB 杆的平衡方程有

$$\sum X = 0,\quad X_A - X'_B = 0 \tag{2}$$

$$\sum Y = 0,\quad Y_A - Q - Y'_B = 0 \tag{3}$$

$$\sum M_A(\boldsymbol{F}) = 0,\quad -\boldsymbol{Q}\times 100 - Y'_B \times 200 = 0 \tag{4}$$

解式(1)(2)(3)(4) 得

$$Y_B = -150\ \text{N},\quad Y_A = 150\ \text{N}$$

$$X_A = X_B = 2\ 164\ \text{N}$$

选曲柄 OA 为研究对象，分析其受力如第 4－90 题解图(3) 所示。

建立其平衡方程有

$$\sum M_O(\boldsymbol{F}) = 0$$

$$M + Y'_A \times \overline{OA}\sin 45^\circ - X'_A \times \overline{OA}\cos 45^\circ = 0$$

解得

$$M = 285\ \text{N}\cdot\text{m}$$

第 4－91 题：【$h = \dfrac{b}{5} = 4.5\ \text{cm}$】

专家帮助：选衬套为研究对象，分析其受力如第 4－91 题解图所示，其中，$\boldsymbol{N}_A$，$\boldsymbol{N}_D$ 为铅直轴对衬套的支撑力，$\boldsymbol{F}_A$，$\boldsymbol{F}_D$ 为衬套与铅直轴间静摩擦力。

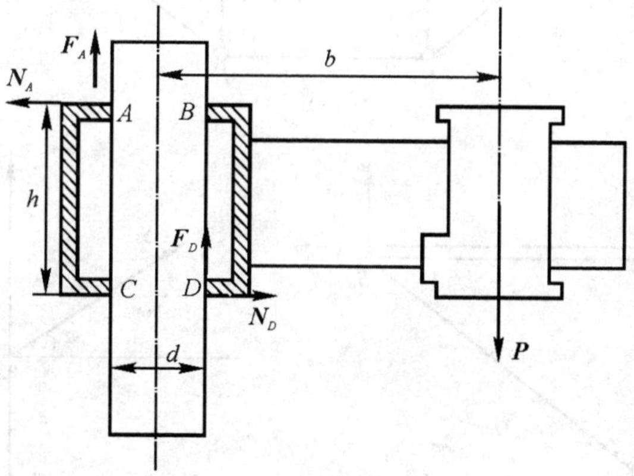

第 4－91 题解图

若保证衬套可以沿铅直轴滑动，则 $F_A = fN_A$，$F_B = fN_B$。

建立衬套的平衡方程有

$$\sum X = 0,\quad N_A = N_D$$

$$\sum Y = 0,\quad F_A + F_D = P$$

$$\sum M_A(\boldsymbol{F}) = 0,\quad N_D h + F_D d - P(b + 0.5d) = 0$$

解得

$$h = \frac{b}{5} = 4.5\ \text{cm}$$

所以

$$h > 4.5\ \text{cm}$$

第 4－92 题：【$S_1 = \dfrac{5}{4}S_3 = 146\ \text{kN}$，$S_2 = 87.8\ \text{kN}$】

专家帮助：选整个机构为研究对象(见第 4-92 题解图(1))，解除 A,B 处约束，取 A 为矩心，有

$$-P_1\times3-P_2\times6-P_3\times10+N_B\times14=0$$

$$N_B=80\ \text{kN}$$

再选 $HDBF$ 为研究对象，以 H 为矩心，分析其受力如第 4-92 题解图(2) 所示，有

$$-P_3\times3-S_3\times3+N_B\times7=0$$

$$S_3=117\ \text{kN}$$

选节点 E 为研究对象，分析其受力如第 4-92 题解图(3) 所示，建立平衡方程有

$$S_1\cos\alpha=S'_3 \qquad (1)$$

$$S_1\sin\alpha=S_2 \qquad (2)$$

其中 $$\sin\alpha=\frac{3}{5},\quad \cos\alpha=\frac{4}{5}$$

解得

$$S_1=\frac{5}{4}S_3=146\ \text{kN},\quad S_2=146\times\frac{3}{5}=87.8\ \text{kN}$$

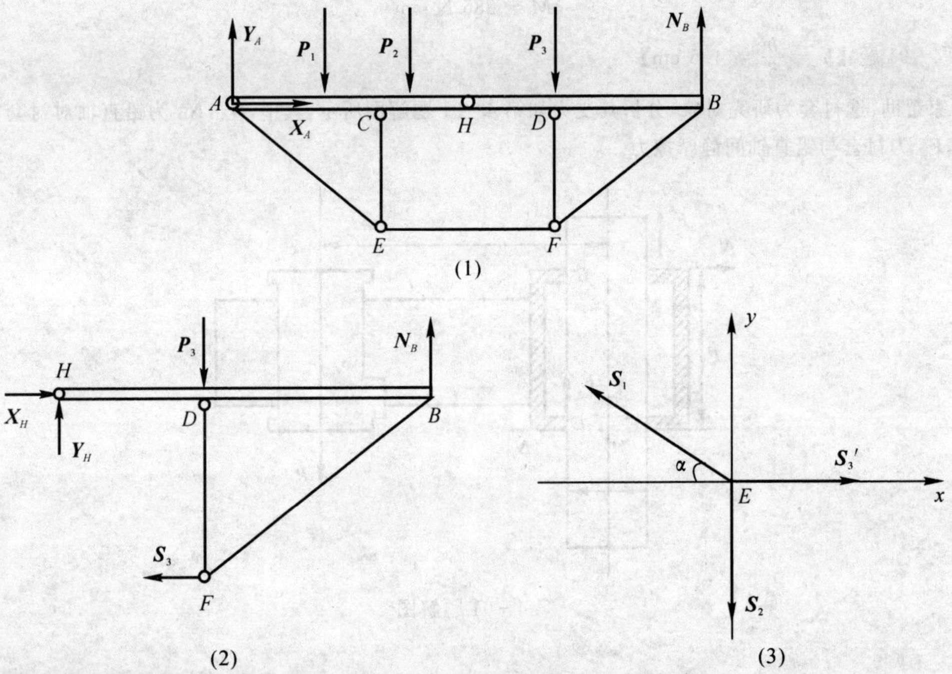

第 4-92 题解图

第 4-93 题：【$Q\geqslant\dfrac{P(\sin\alpha-f\cos\alpha)}{\cos\alpha+f\sin\alpha}$；$Q\leqslant\dfrac{P(\sin\alpha+f\cos\alpha)}{\cos\alpha-f\sin\alpha}$】

专家帮助：(1) 顶住重物的情况：

取 B 为研究对象，分析其受力如第 4-93 题解图(1) 所示：

建立 B 的平衡方程有

$$\sum Y=0,\quad N\cos\alpha+F\sin\alpha-P=0$$

其中 $$F\leqslant fN$$

再取 A 为研究对象，分析其受力如第 4-93 题解图(2) 所示：

建立 A 的平衡方程有

$$\sum X = 0,\quad -Q + N'\sin\alpha - F\cos\alpha = 0$$

解得

$$Q \geqslant \frac{P(\sin\alpha - f\cos\alpha)}{\cos\alpha + f\sin\alpha}$$

(2) 使重物不向上移动的情况：

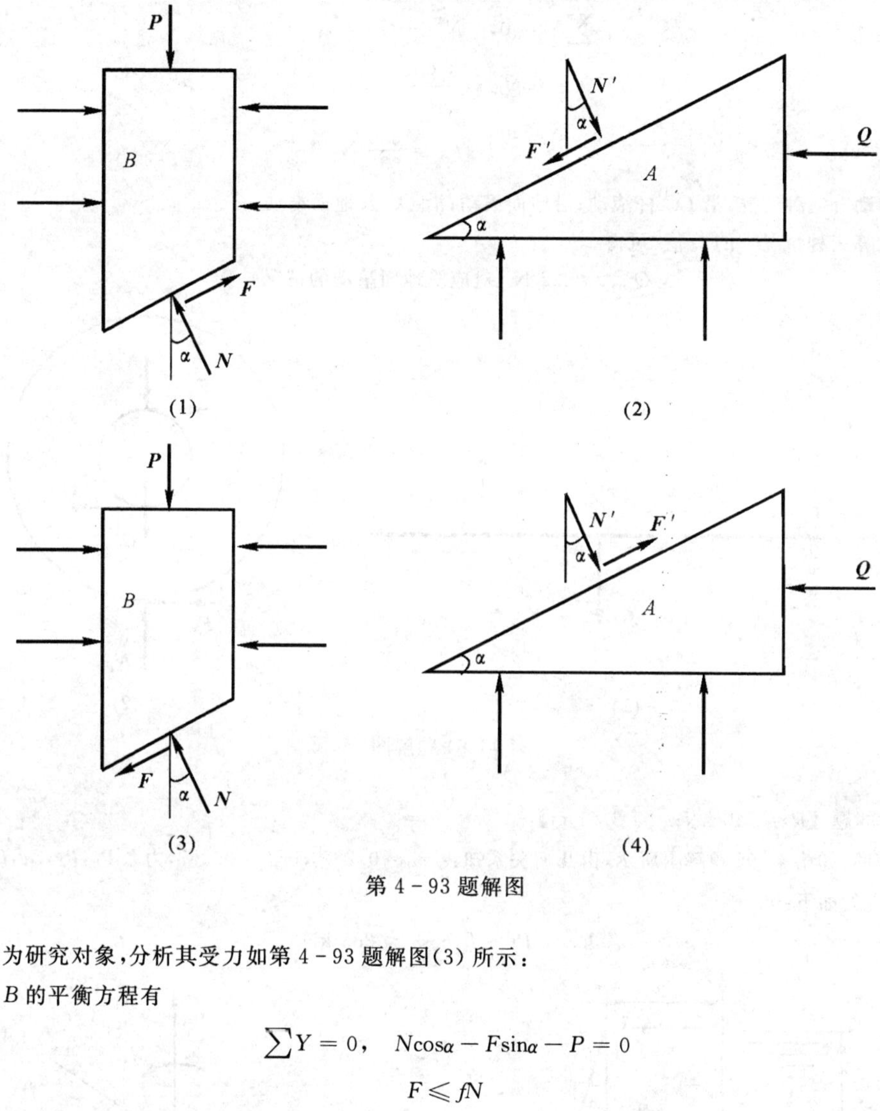

第 4-93 题解图

取 B 为研究对象，分析其受力如第 4-93 题解图(3) 所示：

建立 B 的平衡方程有

$$\sum Y = 0,\quad N\cos\alpha - F\sin\alpha - P = 0$$

其中

$$F \leqslant fN$$

再取 A 为研究对象，分析其受力如第 4-93 题解图(4) 所示：

建立 A 的平衡方程有

$$\sum X = 0,\quad -Q + N'\sin\alpha + F'\cos\alpha = 0$$

解得

$$Q \leqslant \frac{P(\sin\alpha + f\cos\alpha)}{\cos\alpha - f\sin\alpha}$$

第 4-94 题：【$Q_{\min} = 222$ N(对应情况 2)】

专家帮助：以 OC 为研究对象，分析其受力如第 4-94 题解图(1) 所示：

取 O 为矩心，有

$$G_1 \times 2 = N_A \times 3$$

$$N_A = \frac{1\ 000}{3}\ \mathrm{N}$$

$$F_A \leqslant f_A N_A = \frac{400}{3}\ \mathrm{N}$$

再选圆轮为研究对象，分析其受力如第 4 - 94 题解图(2) 所示：

$$\sum Y = 0,\quad N'_A + G_2 = N_B$$

$$N_B = \frac{1\ 900}{3}\ \mathrm{N}$$

$$F_B \leqslant N_B f_B = \frac{380}{3}\ \mathrm{N}$$

圆轮运动分三种情况：沿 OC 杆滚动；沿地面滚动；沿 OC 及地面滑动。

分别计算三种情况下的 Q 值，可得

$$Q_{\min} = 222\ \mathrm{N}\ (\text{对应沿地面滚动的情况})$$

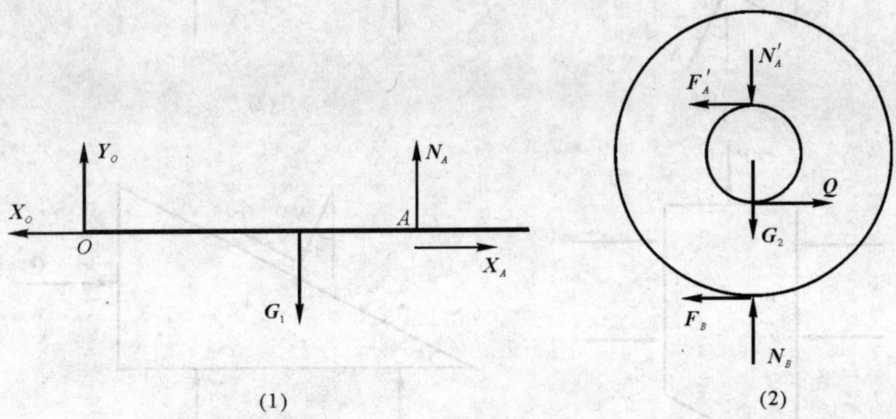

第 4 - 94 题解图

第 4 - 95 题：【$R = 710$ kN；$x = 3.51$ m】

专家帮助：如第 4-95 题解图所示，由几何关系知：$\sin\alpha = 0.287$，$\cos\alpha = 0.957$，力系 $\boldsymbol{P}_1$，$\boldsymbol{P}_2$，$\boldsymbol{G}_1$，$\boldsymbol{G}_2$ 向 A 点简化，计算主矢如下：

$$R_x = P_1 - P_2\cos\alpha = 233\ \mathrm{kN}$$

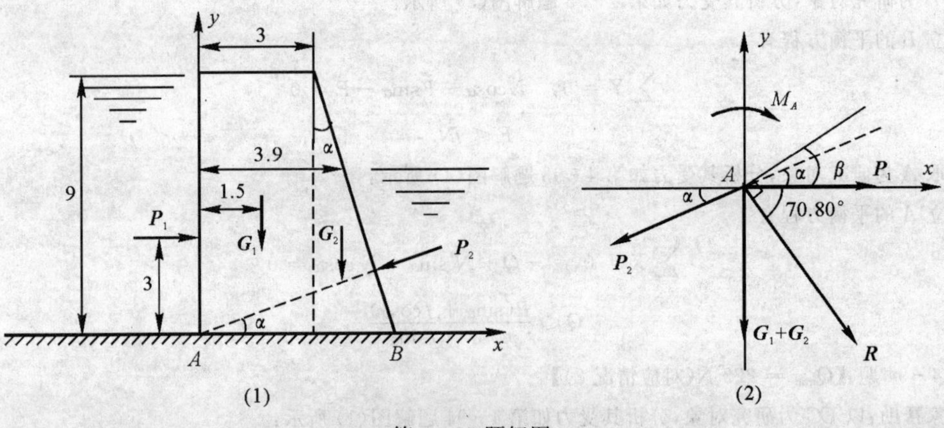

第 4 - 95 题解图

$$R_y = G_1 + G_2 + P_2 \sin\alpha = 670 \text{ kN}$$

$$R = \sqrt{R_x^2 + R_y^2} = \sqrt{233^2 + 670^2} = 710 \text{ kN}$$

$$(\boldsymbol{R}, \boldsymbol{i}) = \arccos \frac{233}{710} = -70.80^\circ$$

计算主矩如下：

$$M_A = -P_1 \times 3 - G_1 \times 1.5 - G_2 \times 3.9 = -2\ 355 \text{ kN} \cdot \text{m}$$

$$x\cos\beta \cdot R = 2\ 355$$

$$x = 3.51 \text{ m}$$

第五章　空间力系和重心

一、基本概念练习题

1. 是非判断题

第 5-1 题:【是】

专家帮助:判断该题首先要清楚力多边形规则和主矢的概念。另外,任意力系向已知点 O 简化的一般结果为一个作用在 O 点的力和一个力偶,该力矢量即为力多边形的封闭边矢量 $\boldsymbol{F}_R$,而该力矢量等于此力系的主矢 $\boldsymbol{F}_R$。

第 5-2 题:【非】

专家帮助:研究空间力系的方法与研究平面力系的方法相同:简化、合成、平衡,在学习时要认识到这一点。一般空间任意力系有六个独立的平衡方程。该题同样有六个独立的平衡方程。

第 5-3 题:【非】

专家帮助:当力垂直于某固定平面时,则该力在此平面的投影为 0,若要平衡,需要有三个独立的平衡方程。

第 5-4 题:【是】

专家帮助:平衡力系对任意轴的力矩都必须等于零。若选择的取矩轴分别为通过其中两点(假设为 A,B 点)的三个垂直轴,力矩方程分别为

$$\sum M_{AX}=0,\quad \sum M_{AY}=0,\quad \sum M_{AZ}=0$$

$$\sum M_{BX}=0,\quad \sum M_{BY}=0,\quad \sum M_{BZ}=0$$

由题已知条件知,该六个力矩方程都成立,并且对 AB 轴取矩也为零,因此,该力系平衡。

第 5-5 题:【非】

专家帮助:物体的重心和形心在物体为均质时,它们的位置是重合的。

第 5-6 题:【非】

专家帮助:非均质物体的重心和几何中心(即形心)不重合。

第 5-7 题:【是】

专家帮助:由物体的重心的定义可知前面一句话是对的,即均质物体的重心就是几何中心。

第 5-8 题:【非】

专家帮助:一般情况下力矩与简化中心的选取有关。但在某些情况下则不一定,如当主矢为零时,力系合成结果为一力偶,这合力偶矩矢等于原力系对简化中心的主矩。由于合力偶矩矢与矩心位置无关,因此,该情况下主矩与简化中心的位置无关。

第 5-9 题:【是】

专家帮助:所谓力螺旋就是一力和一力偶组成的力系,力螺旋是由静力学的两个基本要素力和力偶组成的最简单的力系,不能再进一步合成。因此,力螺旋是空间力系特有的最终简化结果。

第 5-10 题:【是】

专家帮助:由力对点之矩与力对轴之矩的关系知,以上判断是正确的。

第 5-11 题:【非】

专家帮助:在空间力系中,如果主矩不为零,主矢不为零,力系还能进一步简化为力螺旋;若主矢为零,主

矩不为零，力系简化为一力偶后不能再简化。

第 5-12 题：【非】

专家帮助：合力矩定理还能用来推导重心的计算公式等。

第 5-13 题：【是】

专家帮助：合力矩定理可以应用于力对点之矩，也可以应用于力对轴之矩。

第 5-14 题：【非】

专家帮助：如果选取的坐标系不同，重心的坐标将改变。

第 5-15 题：【非】

专家帮助：空间平行力系的简化的结果可能合成为四种情况：① 一合力；② 一合力偶；③ 一力螺旋；④ 平衡。

第 5-16 题：【是】

专家帮助：空间力偶对任一轴之矩等于其力偶矩矢在该轴上的投影。

第 5-17 题：【非】

专家帮助：因为

$$\boldsymbol{r}_A = x\boldsymbol{i} + y\boldsymbol{j} + z\boldsymbol{k}, \quad \boldsymbol{M}_O(\boldsymbol{F}) = \boldsymbol{r}_A \times \boldsymbol{F} = (yZ - zY)\boldsymbol{i} + (zX - xZ)\boldsymbol{j} + (xY - yX)\boldsymbol{k}$$

所以，x,y,z 改变，$\boldsymbol{M}_O(\boldsymbol{F})$ 的计算结果也改变。

第 5-18 题：【非】

专家帮助：由于空间任意力系合成结果有三种情况：① 一合力；② 一合力偶；③ 一力螺旋。其中，①，② 种情况可用两个力来平衡；一力螺旋只能由一个力和一个力偶来平衡。

第 5-19 题：【是】

专家帮助：可由空间任意力系的独立平衡方程（六个）导出特殊情况，如空间汇交力系、空间平行力系的独立方程数分别都为三个。

第 5-20 题：【是】

专家帮助：由于物体的重力实际上是作用于物体内各质点的空间分布的平行力系，因此，可根据合力矩定理导出物体重心的坐标公式。

2. 选择填空题

第 5-21 题：【B，A】

专家帮助：空间力系中各力的作用线平行于某一固定平面，则这种力系有无数个平衡方程。空间力系中各力的作用线汇交于某一定点，则这种力系有三个独立的平衡方程。

第 5-22 题：【C，B】

专家帮助：一般空间任意力系对通过这两点的轴取矩为零，有六个独立的平衡方程。空间力系中各力的作用线分别汇交于两个固定点，该力系还是空间任意力系，故该力系有五个独立的平衡方程。若空间力系中各力的作用线皆与一固定平面垂直，则该力系为空间平行力系，有三个独立的平衡方程。

第 5-23 题：【C，A】

专家帮助：力 G 平行于 z 轴，则力 G 对 y 轴的矩为 500 N·m，对 z 轴的矩为 0。

第 5-24 题：【D，A】

专家帮助：力 $\boldsymbol{F}$ 对 EC 轴之矩为

$$\frac{c}{\sqrt{a^2+b^2+c^2}} \times F \times \overline{EA} = 78.63\ \text{N}\cdot\text{m}$$

对 CD 轴之矩为

$$\frac{-\sqrt{b^2+c^2}}{\overline{AB}} \times F \times a + \frac{aF}{\overline{AB}} \times c = -55.6\ \text{N}\cdot\text{m}$$

第 5-25 题：【D，B】

专家帮助：$\boldsymbol{T}$ 对 OA 轴的矩：

$$-T_y d=-T_y\times 4\times\sin\beta=-T_{xy}\times\cos 45°\times 4\times\frac{3}{5}=-12.4\ \mathrm{kN\cdot m}$$

$\boldsymbol{T}$ 对 z 轴的矩为 0。

第 5－26 题:【B,D】

专家帮助:圆的面积为 $A_1=120^2\pi$,被挖去的等腰直角三角形的面积为 $A_2=-90^2$,则剩余部分重心坐标位置为

$$x_c=\frac{0\times A_1+(-30)\times A_2}{A_1+A_2}=6.54\ \mathrm{mm}$$

$$y_c=\frac{0\times A_1+0\times A_2}{A_1+A_2}=0$$

第 5－27 题:【C,A】

专家帮助:圆柱体体积为 $V_1=\pi r^2 h$,半球体体积为 $V_2=\frac{2}{3}\pi r^3$。假设坐标原点在半球体的球心,组合体的对称轴设为 z 轴;由题已知:

$$z_C=0=\frac{\frac{h}{2}V_1+\left(-\frac{3}{8}r\right)V_2}{V_1+V_2}$$

所以,$2h^2=r^2$,$h=\frac{\sqrt{2}}{2}r$。

第 5－28 题:【D,A】

专家帮助:力 $\boldsymbol{F}$ 对 x 轴的矩为

$$4F_z=4F\times\frac{2}{\sqrt{2^2+1^2+2^2}}=160\ \mathrm{N\cdot cm}$$

对 z 轴的矩为

$$-3F_y+4F_x=-3F_{xy}\times\frac{1}{\sqrt{5}}+4F_{xy}\times\frac{2}{\sqrt{5}}=100\ \mathrm{N\cdot cm}$$

其中
$$F_{xy}=\frac{\sqrt{2^2+1^2}}{\sqrt{2^2+1^2+2^2}}\times F=\frac{\sqrt{5}}{3}\times 60=20\sqrt{5}\ \mathrm{N}$$

第 5－29 题:【B,A】

专家帮助:当空间力系的主矢等于零,主矩不等于零时,此力系合成为合力偶;当力系的主矢不等于零,对某点之矩等于零时,此力系合成为合力。

第 5－30 题:【A,C】

专家帮助:当力系的主矢不等于零,对某点之矩等于零时,此力系合成为合力;当空间力系向某点简化时主矢和主矩均不等于零,且相互不垂直时,此力系合成为力螺旋。

第 5－31 题:【B,C】

专家帮助:当空间力系的主矢等于零,主矩不等于零时,此力系合成为合力偶;当空间力系向某点简化时主矢和主矩均不等于零,且相互不垂直时,此力系合成为力螺旋。

第 5－32 题:【A,B】

专家帮助:看力的方向,由 A 指向 B 可知投影为正,对 z 轴的矩用右手法则可判断与 z 轴正向相同,所以也为正。

第 5－33 题:【B,C】

专家帮助:平面力偶只与代数值有关,所以是力偶矩大小相等;而空间力偶与方向有关,所以是力偶矩矢相等。

第 5－34 题:【D,B】

专家帮助:各个力与某一条直线相交,那么,对此直线轴取矩为 0,所以,原来有六个平衡方程,现在有一

个恒为 0，故独立平衡方程的个数为五个；若空间力系中各力的作用线皆与某一条直线相平行，则此力系为空间平行力系，该力系的独立平衡方程有三个。

第 5-35 题：【A，B】

专家帮助：在五个力作用下处于平衡，若其中四个力的作用线汇交于 O 点，那么这四个力可以合成为一个通过 O 点的合力，根据二力平衡公理，第五个力一定通过 O 点，与前四个力合力的大小相等，方向相反。

第 5-36 题：【A，D】

专家帮助：力 $\boldsymbol{F}$ 对 AB 轴的力矩大小可用力对点之矩和力对轴之矩的关系求解，力对 A 点的矩为 Fa，方向为 z 轴正方向。把此力对点之矩向 AB 轴投影即可得力对 AB 轴的矩，故选 A。

第 5-37 题：【C，A】

专家帮助：由几何关系可得，$\boldsymbol{F}$ 向三个坐标轴投影的值为 $(-1,1,1)$，则用右手法则可判断，力 $\boldsymbol{F}$ 对 x 轴的矩为 -1，力 $\boldsymbol{F}$ 对 z 轴的矩为 1。

第 5-38 题：【A，C】

专家帮助：力 $\boldsymbol{F}$ 对 y 轴的矩等于 $\boldsymbol{F}$ 向 z 轴投影大小对 y 轴取矩，故为 $-F\sin30°\times L$，选 A；力 $\boldsymbol{F}$ 对 z 轴的矩为 $\boldsymbol{F}$ 向 xy 平面投影大小对 z 轴取矩，故为，$F\cos30°\times L\times\sin45°$，选 C。

第 5-39 题：【B，B】

专家帮助：因为，空间平行力系和空间力偶系是空间一般力系的特殊情况，所以，从空间一般力系的平衡方程出发，很容易得出空间平行力系和空间力偶系的平衡方程。

第 5-40 题：【A，C】

专家帮助：力对点之矩是定位矢量，点不同，力臂不同；空间力偶是自由矢量，由力偶的性质可知，力偶可以在刚体上自由滑动。

第 5-41 题：【B，D】

专家帮助：力的平移定理在空间力系中的表达。

第 5-42 题：【A，C】

专家帮助：主矩为力对三个坐标轴的矩，但是要注意力对轴之矩的正负规定。应用右手法则，与坐标轴正向相同为正，反之为负。

3. 单项选择题

第 5-43 题：【A】

专家帮助：由于主矢为力系中所有各力的矢量和 $\boldsymbol{F}'$；而这些力对于任选简化中心 O 的矩的矢量和 $\boldsymbol{M}_O$，称为该力系对于简化中心的主矩。因此，主矢与简化中心的选择无关，主矩与简化中心的选择有关。故选项 C 中，对某点的主矩为零，对其他点的主矩不一定为零。

第 5-44 题：【D】

专家帮助：空间力系若平衡，最多能写出各种形式的独立方程平衡数为六个。能写出各种形式的方程平衡数为无数个。则该力系在任意选取的投影轴上投影的代数和必为零。

第 5-45 题：【C】

专家帮助：由于 $\boldsymbol{F}'_R\neq\boldsymbol{0},\boldsymbol{M}\neq\boldsymbol{0}$ 空间力系可简化为力螺旋。

第 5-46 题：【C】

专家帮助：由于 $\boldsymbol{F}'_R\neq\boldsymbol{0},\boldsymbol{M}\neq\boldsymbol{0}$ 空间力系可简化为力螺旋。

第 5-47 题：【B】

专家帮助：由于原力系的各力对 O 点的矩矢都平行于 xOy 面，而主矢 $\boldsymbol{R}'$ 沿 z 轴方向，z 轴垂直 xOy 面，因此 $\boldsymbol{R}'\perp\boldsymbol{M}_O$，B 对。

第 5-48 题：【D】

专家帮助：此空间平行力系若向 x 轴和 y 轴投影，得两个恒等式，无意义；另外，该力系对 z 轴的矩也是恒等式，无意义；故独立平衡方程剩下 D 中的三个方程。

第 5-49 题:【A】

专家帮助:第(a) 组各力矩矢平行,可能平衡;第(b) 组各力矩矢分别沿相互垂直的三个方向,不可能平衡。

第 5-50 题:【C】

专家帮助:将 $\boldsymbol{F}$ 向 AO,AB 投影,由于 $\boldsymbol{F}_{AO}$ 在 xOy 面上,$\boldsymbol{F}_{AB}$ 平行于 z 轴,因此,有以上结果。

第 5-51 题:【C】

专家帮助:力 $\boldsymbol{F}$ 向 BH 轴、BC 轴的投影分别等于向 z 轴和 x 轴的投影,由于 $\boldsymbol{F}$ 力所在的平面 $BCDH$ 垂直于 y 轴,故在 y 轴上投影为零。

第 5-52 题:【A】

专家帮助:由于力系中各力同向,主矢的大小等于各力的和;力系中 $\boldsymbol{F}_2$,$\boldsymbol{F}_3$ 力对 y 轴有矩且不等于零,$\boldsymbol{F}_3$,$\boldsymbol{F}_4$ 力对 x 轴有矩且不等于零,因此主矢 $\boldsymbol{R}' \neq \boldsymbol{0}$,主矩 $\boldsymbol{M}_O \neq \boldsymbol{0}$。

第 5-53 题:【A】

专家帮助:由于主矢 $\boldsymbol{R}'$ 沿 z 轴方向,主矩矢 $\boldsymbol{M}_O$ 平行于 xOy 方向(即垂直于 z 轴),因此,$\boldsymbol{R}' \perp \boldsymbol{M}_O$,上述力系合成结果为一合力。

第 5-54 题:【A】

专家帮助:$\boldsymbol{F}_1$ 和 $\boldsymbol{F}_4$、$\boldsymbol{F}_2$ 和 $\boldsymbol{F}_5$、$\boldsymbol{F}_3$ 和 $\boldsymbol{F}_6$ 分别构成三个力偶,各力偶的两力合力为零,故主矢也为零;各力偶的力偶矩矢方向都不同,因此,主矩不等于零。

第 5-55 题:【D】

专家帮助:$\boldsymbol{F}$ 力在 z_A 轴的投影对 y 轴、x 轴的矩大小相等,方向不同;$\boldsymbol{F}$ 力在 y_A 轴的投影对 z 轴的矩大小同前,方向从 z 轴正向为顺时针方向,同前 y 轴的矩。

第 5-56 题:【C】

专家帮助:$\boldsymbol{F}_1$ 和 $\boldsymbol{F}_4$、$\boldsymbol{F}_2$ 和 $\boldsymbol{F}_6$、$\boldsymbol{F}_3$ 和 $\boldsymbol{F}_5$ 分别构成三个力偶,各力偶的两力合力为零,故主矢也为零;各力偶的力偶矩矢方向都不同,因此主矩不等于零。

第 5-57 题:【B】

专家帮助:由于力 $\boldsymbol{F}$ 在 x 轴上的投影 $F_x = F\cos\alpha$,当 $\alpha = 90°$ 时,$F_x = 0$;又 $\boldsymbol{F}$ 不与 x 轴相交,有一距离 y,$\boldsymbol{F}$ 力对 x 轴的矩为

$$|M_x(\boldsymbol{F})| = |Fy| \neq 0。$$

第 5-58 题:【B】

专家帮助:根据已知力所给几何条件的不同,为方便起见,可将力的投影为 B 中的两种投影方法。

第 5-59 题:【C】

专家帮助:力在平面上的投影有方向,是矢量;而力在坐标轴上的投影无方向,有正负。

第 5-60 题:【C】

专家帮助:可举例说明物体的重心不一定在物体上。例如,空心圆轴的重心不在物体上。

第 5-61 题:【C】

专家帮助:此空间平行力系若向 x 轴和 y 轴投影,得两个恒等式,无意义;另外,该力系对 z 轴的矩也是恒等式,无意义;故独立平衡方程剩下 C 中的三个方程。

第 5-62 题:【A】

专家帮助:空间汇交力系的合成结果为一空间力,因此,此力系的平衡方程为 A。

4. 多项选择题

第 5-63 题:【A,B,C,D,E,F】

专家帮助:空间一般力系的平衡方程形式可以有 A,B,C,D,E,F 形式。

第 5-64 题:【A,B,C,D】

专家帮助:空间一般力系的最终合成结果有 A,B,C,D 四种可能形式。

第 5-65 题:【D,E,A】

专家帮助:空间力系研究的基本问题仍然是静力学的三个基本问题,即物体的受力分析、力系的等效替换、力系的平衡条件。

第 5-66 题:【D,E,B】

专家帮助:空间力偶对刚体的作用效果决定于三个因素,力偶矩大小、力偶作用面方位、力偶的转向,它可用力偶矩矢 **M** 表示。

第 5-67 题:【D,E,F】

专家帮助:由于空间力偶系可合成为一个合力偶,则主矢恒等于零,其独立平衡方程为 D: $\sum M_x(\boldsymbol{F})=0$;E: $\sum M_y(\boldsymbol{F})=0$;F: $\sum M_z(\boldsymbol{F})=0$ 。

第 5-68 题:【C,D,E】

专家帮助:若空间平行力系中各力与 z 轴平行,其平衡方程的基本形式为 C: $\sum Z_i=0$;D: $\sum M_x(\boldsymbol{F})=0$;E: $\sum M_y(\boldsymbol{F})=0$。

二、基本计算练习题

第 5-69 题:【$X=P\sin30^\circ\cos45^\circ=7.07\ \text{N}, Y=-P\sin30^\circ\cos45^\circ=-7.07\ \text{N}, Z=-P\sin60^\circ=-17.32\ \text{N}$】。

专家帮助:本题用解析法解思路较清晰。

$$M_x(\boldsymbol{P})=yZ-zY=0.5\times(-17.32)-0.3\times(-7.07)=-6.54\ \text{N}\cdot\text{m}$$
$$M_y(\boldsymbol{P})=zX-xZ=0.3\times7.07-0.4\times(-17.32)=-4.81\ \text{N}\cdot\text{m}$$
$$M_z(\boldsymbol{P})=xY-yX=-0.4\times(-7.07)-0.5\times7.07=0.71\ \text{N}\cdot\text{m}$$

第 5-70 题:【$R_x=P_{1x}+P_{2x}+P_{3x}=-P_2\times2/\sqrt{3}-P_3\times2/\sqrt{5}=-144.91\ \text{N}$,

$R_y=P_{1y}+P_{2y}+P_{3y}=P_2\times3/\sqrt{3}=83.21\ \text{N}$,

$R_z=P_1-P_3\times1/\sqrt{5}=55.28\ \text{N}$;

$M_x=\sum m_x=-0.1\times P_{2y}-0.3\times P_{3y}=-0.1\times83.21-0.3\times44.72=-21.74\ \text{N}\cdot\text{cm}$,

$M_y=\sum m_y=-0.2\times P_{1z}-0.1\times P_{1x}=-0.2\times100-0.1\times55.47=-25.55\ \text{N}\cdot\text{cm}$,

$M_z=\sum m_z=0.3\times P_{2x}+0.3\times P_{3x}=0.3\times55.47+0.3\times89.44=43.47\ \text{N}\cdot\text{cm}$】

专家帮助:本题用解析法解思路较清晰

第 5-71 题:【(a) 重心:　$x_c=\dfrac{x_1s_1+x_2s_2}{s_1+s_2}=0$

$$y_c=\frac{y_1s_1+y_2s_2}{s_1+s_2}=\frac{15\times30\times300+165\times50\times270}{30\times300+50\times270}=105\ \text{mm}$$

(b) 重心:

$$x_c=\frac{x_1s_1+x_2s_2+x_3s_3}{s_1+s_2+s_3}=\frac{2.5\times210\times5+2\times40\times5\times70}{210\times5+2\times5\times70}=17.5\ \text{mm}】$$

专家帮助:

(a) 解:I 部分重心:　$x_1=0,\quad y_1=15\ \text{mm}$

II 部分重心:　$x_2=0,\quad y_2=165\ \text{mm}$

则重心:

$$x_c=\frac{x_1s_1+x_2s_2}{s_1+s_2}=0$$

$$y_c=\frac{y_1s_1+y_2s_2}{s_1+s_2}=\frac{15\times30\times300+165\times50\times270}{30\times300+50\times270}=105\ \text{mm}$$

(b) 解:作辅助线将截面分为三个部分。

I部分重心: $x_1 = 2.5\ \text{mm},\ y_1 = 0$

II,III 部分重心: $x_2 = x_3 = 5 + 35 = 40\ \text{mm},\ \ y_2 = y_3 = 0$

则重心:

$$x_c = \frac{x_1 s_1 + x_2 s_2 + x_3 s_3}{s_1 + s_2 + s_3} = \frac{2.5 \times 210 \times 5 + 2 \times 40 \times 5 \times 70}{210 \times 5 + 2 \times 5 \times 70} = 17.5\ \text{mm}$$

注:根据均质薄板重心公式,有

$$x_c = \frac{\sum s_i x_i}{\sum s_i},\quad y_c = \frac{\sum s_i y_i}{\sum s_i}$$

第 5-72 题:【$N_A = 1\ 237.5\ \text{N}, N_B = 637.5\ \text{N}, N_D = 1\ 125\ \text{N}$】

专家帮助:研究系统,有平衡方程:

$$\sum Z_i = 0,\quad N_A + N_B + N_D = 0 \tag{1}$$

$$\sum M_x = 0,\quad -G \times 0.6 + (1 + 0.6) \times N_D = 0 \tag{2}$$

$$\sum M_y = 0,\quad -N_B \times 1 - N_D \times 0.5 + G \times 0.4 = 0 \tag{3}$$

由式(2) 得 $N_D = 1\ 125\ \text{N}$ (4)

式(4) 代入式(3) 得 $N_B = -1\ 125 \times 0.5 + 3\ 000 \times 0.4 = 637.5\ \text{N}$

再由式(1) 得 $N_A = 3\ 000 - 637.5 - 1\ 125 = 1\ 237.5\ \text{N}$

则

$$N_A = 1\ 237.5\ \text{N},\quad N_B = 637.5\ \text{N},\quad N_D = 1\ 125\ \text{N}$$

注:系统受力为空间平行力系。

第 5-73 题:【$l = 10\ \text{cm},\ Z_B = 950\ \text{N}, Z_A = 300\ \text{N},\ X_A = X_B = 0$】

专家帮助:

解:A 处反力为 Z_A, X_A。B 处为 Z_B, X_B。

AB 轴所受力如第 5-73 题解图所示。

有平衡方程:

$$\sum M_y = 0,\quad rQ - P \times l\sin 30^\circ = 0$$

$$l = \frac{rQ}{P} \times 2 = \frac{0.2 \times 250}{1\ 000} \times 2 = 0.10 = 10\ \text{cm}$$

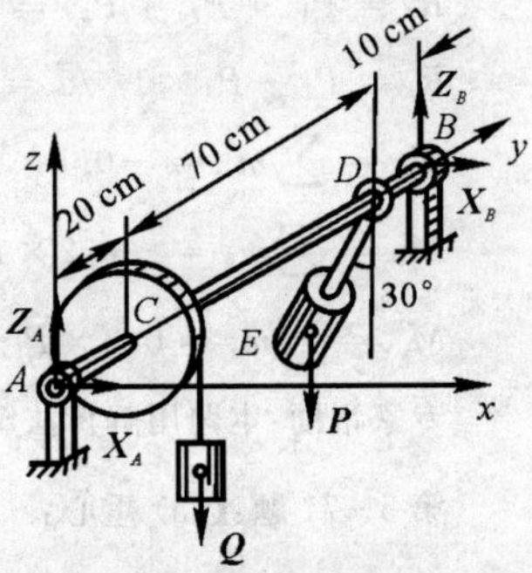

第 5-73 题解图

另由

$$\sum Z_i = 0,\quad Z_A + Z_B - Q - P = 0$$

$$\sum M_x = 0,\quad -0.2Q - P \times (0.7 + 0.2) + Z_B \times (0.7 + 0.2 + 0.1) = 0$$

得

$$Z_B = 950\ \text{N}$$

$$Z_A = Q + P - Z_B = 250 + 1\ 000 - 950 = 300\ \text{N}$$

由

$$\sum X_i = 0,\quad X_A + X_B = 0$$

$$\sum M_z = 0,\quad X_B = 0$$

得

$$X_A = X_B = 0$$

第 5-74 题:【$\dfrac{\overline{CO_1}}{\overline{CO_2}} = \dfrac{W_2}{W_1}$】

专家帮助:

解:如第 5-74 题解图所示,设坐标系 O_1xy。球 1 重心为(0,0),球 2 重心为($\overline{O_1O_2}$,0),总质心 y 的坐标为

$$y_c = \frac{W_1 \times 0 + W_2 \times 0}{W_1 + W_2} = 0$$

所以，两球重心 O_1O_2 连线上。

另

$$\overline{CO_1} = x_c = \frac{W_1 \times 0 + W_2 \times \overline{O_1O_2}}{W_1 + W_2} = \frac{W_2}{W_1 + W_2}(\overline{CO_1} + \overline{CO_2})$$

即可得

$$\frac{\overline{CO_1}}{\overline{CO_2}} = \frac{W_2}{W_1}$$

注意：解题前先设坐标系。

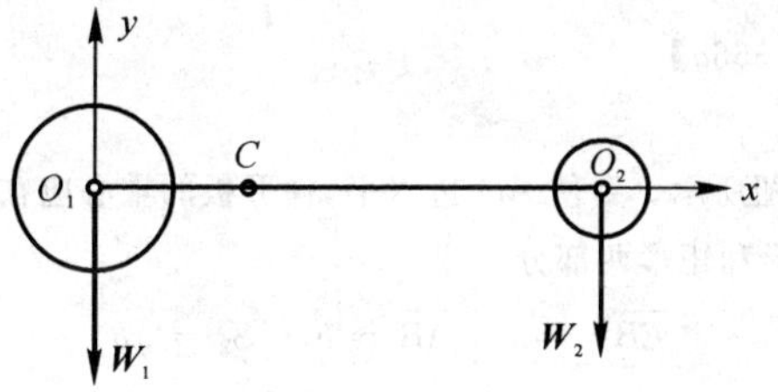

第 5－74 题解图

第 5－75 题：【a 的最大值为 350 mm】

专家帮助：

如第 5－75 题解图所示，当桌子有翻到趋势时，$N_c = 0$。

由　　$\sum M_{AB} = 0$，$Q\left(a - \frac{r}{2}\right) - P \times \frac{r}{2} = 0$

解得，a 的最大值为 350 mm。

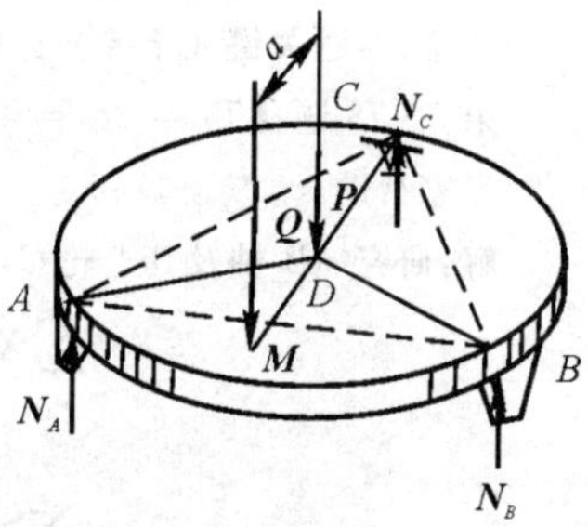

第 5－75 题解图

注意：本题解题方程少的思维技巧在于：N_A，N_B 未知，但不需要求出，因此，取通过 A 和 B 点的轴 AB。

第 5－76 题：【$S_4 = S_5 = S_6 = -4M/(3a)$(压)；$S_1 = S_2 = S_3 = 2M/(3a)$(拉)】

专家帮助：

解：　$\sum M_{FC} = 0: M + S_4 \cos 30° \times a \times \sin 60° = 0$

$$\sum M_{DA} = 0: S_5 \cos 30° \times a \times \cos 30° + M = 0$$

$$\sum M_{EB} = 0: S_6 \cos 30° \times a \times \cos 30° + M = 0$$

$$\sum M_{CB} = 0: S_1 \times a \times \cos 30° + S_4 \sin 30 \times a \times \cos 30° = 0$$

$$\sum M_{CA} = 0: -S_2 \times a \times \cos 30° - S_5 \sin 30 \times a \times \cos 30° = 0$$

$$\sum M_{AB} = 0: -S_3 \times a \times \cos 30° - S_6 \sin 30 \times a \times \cos 30° = 0$$

解之得

$$S_4 = S_5 = S_6 = -4M/(3a) \quad (\text{压})$$

$$S_1 = S_2 = S_3 = 2M/(3a)(\text{拉})$$

注意：利用力矩平衡方程解题可简化运算(见第 5－76 题解图)。

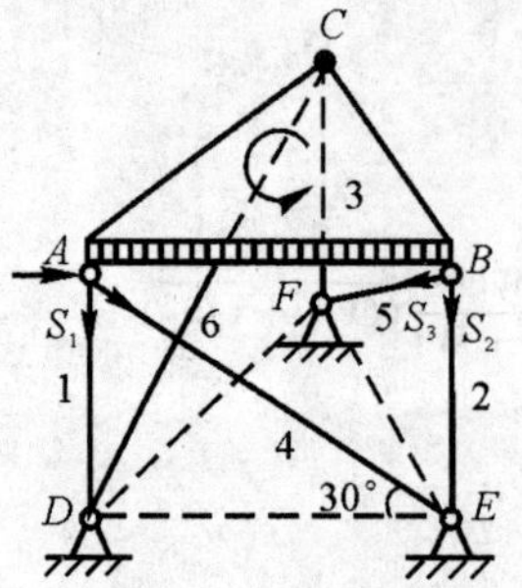

第 5 - 76 题解图

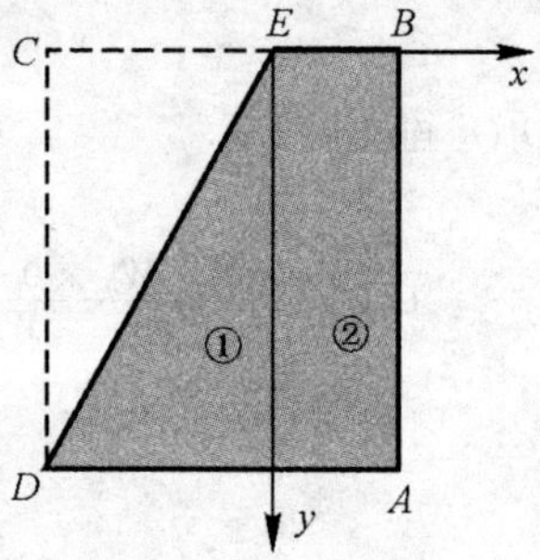

第 5 - 77 题解图

第 5 - 77 题:【$\overline{BE} = x = 0.366a$】

专家帮助:

解:设坐标如第 5 - 77 题解图所示。要使 AD 边水平,梯形板的重心应在 y 轴上,即 $x_c = 0$。把梯形板分为三角形和矩形两部分。设

$$\overline{EB} = x,\quad \overline{AB} = b,\quad S_2 = xb$$

$$x_2 = 0.5x,\quad S_1 = 0.5(a - x)b$$

由
$$x_c = \frac{\sum s_i x_i}{\sum s_i},\quad \frac{x}{2}bx - \frac{b}{6}(a - x)^2 = 0$$

解得
$$\overline{BE} = x = 0.366a$$

注意:本题关键在于要会分析出:要使 AD 边水平,梯形板的重心应在 y 轴上,即重心横坐标 $x_C = 0$。

第 5 - 78 题:【$T_2 = 2t_2 = 4\ 000$ N,$X_A = -6\ 375$ N,$Z_A = 1\ 299$ N,$X_B = -4\ 125$ N,$Z_B = 3\ 897$ N】

专家帮助:

解:研究 AB 轴及其上轮 C,D 的平衡,列平衡方程如下:

$$\sum X = 0:\ X_A + X_B + t_1 + T_1 + (T_2 + t_2)\sin 30^\circ = 0 \tag{1}$$

$$\sum Z = 0:\ Z_A + Z_B - (T_2 + t_2)\cos 30^\circ = 0 \tag{2}$$

$$\sum M_x = 0:\ (T_2 + t_2)\cos 30^\circ \times 150 - Z_B \times 200 = 0 \tag{3}$$

由
$$\sum M_y = 0:\ (-T_1 + t_1)r_1 + (T_2 - t_2)r_2 = 0$$

得
$$T_2 = 2t_2 = 4\ 000\ \text{N}$$

由(3)得

$$Z_B = 3\ 897\ \text{N}$$

由
$$\sum M_x = 0:(T_1 + t_1) \times 50 - (T_2 + t_2) \times \sin 30^\circ \times 150 - X_B \times 200 = 0$$

得
$$X_B = -4\ 125\ \text{N}$$

由(1)得
$$X_A = -7\ 500 - 6\ 000 \times 0.5 - X_B = -6\ 375\ \text{N}$$

由(2)得

$$Z_A = 6\ 000 \times 0.866 - Z_B = 1\ 299\ \text{N}$$

结果为

$$T_2 = 2t_2 = 4\ 000\text{N},\quad X_A = -6\ 375\ \text{N},\quad Z_A = 1\ 299\ \text{N},\quad X_B = -4\ 125\ \text{N},\quad Z_B = 3\ 897\ \text{N}$$

第 5 - 79 题:【$T = 0.144P, Y_A = 0.25P, X_B = -0.144P, Y_B = -0.25P, Z_B = P$】

专家帮助:

解:研究 AB 杆的平衡如第 5 - 79 题解图所示,得

$$\sum M_{xB}=0,\quad \frac{Pl\cos 60^\circ}{2}\times\sin 60^\circ - Y_A l\sin 60^\circ=0$$

所以
$$Y_A=\frac{P}{2}\cos 60^\circ=0.25P$$

$$\sum Z=0,\quad Z_B-P=0,\quad Z_B=P$$

$$\sum M_{yB}=0,\quad Tl\sin 60^\circ-P\frac{l}{2}\cos 60^\circ\cos 60^\circ=0$$

所以
$$T=\frac{P}{2}\cos 60^\circ\times\cos 60^\circ/\sin 60^\circ=0.144P$$

$$\sum Y=0:\ Y_A+Y_B=0\quad Y_B=-Y_A=-0.249P$$

$$\sum X=0:\ X_B+T=0\quad X_B=-T=-0.144P$$

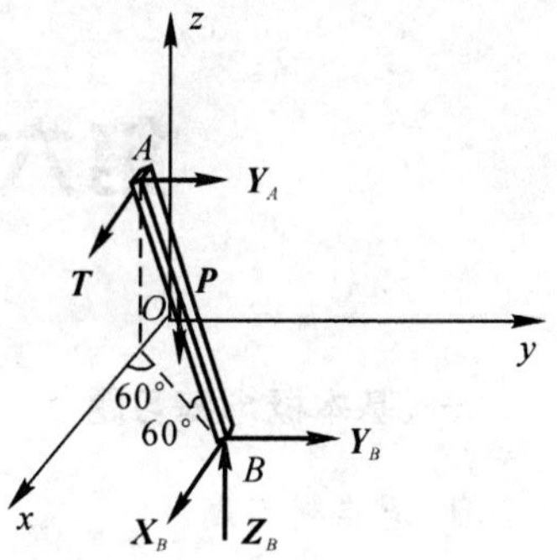

第 5-79 题解图

结果为　$T=0.144P,\quad Y_A=0.25P,\quad X_B=-0.144P,\quad Y_B=-0.25P,\quad Z_B=P$

[注意]:本题由于 $\boldsymbol{X}_B,\boldsymbol{Y}_B,\boldsymbol{Z}_B$ 三个力未知但不需要先求,因此,将矩式的轴选择在 B 点上,即 x_B,y_B 轴。

第 5-80 题:【$S_2=-5$ kN; $S_1=S_3=S_4=S_5=0$; $S_2=S_6=-5$ kN】

专家帮助:如第 5-80 题解图所示。

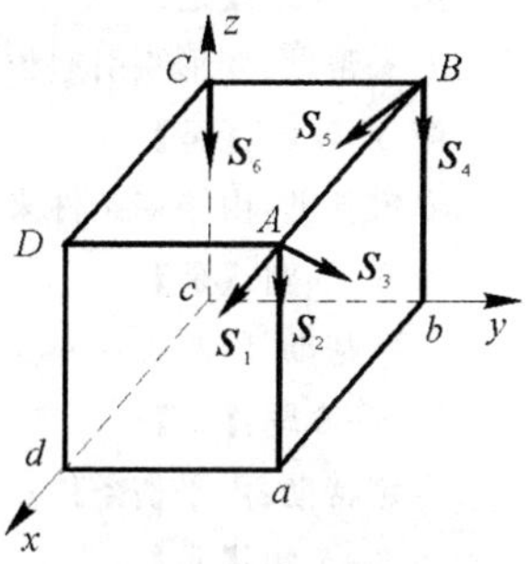

第 5-80 题解图

解:　由 $\sum M_{zA}=0$,得 $S_5=0$

$$\sum M_{yA}=0:-P\times 50-S_4\times 100-S_5\cos 45^\circ\times 100-S_6\times 100=0 \quad (1)$$

$$\sum M_x=0:-50\times S_2-25\times P-50\times S_4=0 \quad (2)$$

$$\sum Y=0:-S_1\cos 45^\circ-S_5\cos 45^\circ=0$$

得
$$S_1=0$$

$$\sum X=0:-S_3\times\frac{100}{\sqrt{100^2+50^2}}+0=0$$

得
$$S_3=0$$

由
$$\sum Z=0:-S_6-S_5\cos 45^\circ-S_4-P-S_2-S_1\cos 45^\circ-S_3\frac{50}{\sqrt{100^2+50^2}}=0$$

得
$$S_2+S_4+S_6+P=0 \quad (3)$$

由式(1)得
$$-50P-100S_4-100S_6=0 \quad (1a)$$

由式(2)得
$$S_4+S_2+0.5P=0 \quad (2a)$$

由式(1a)、式(3)、式(2a)得
$$S_4=0,\quad S_2=S_6=-5\ \text{kN}$$

结果为
$$S_1=S_3=S_4=S_5=0,\quad S_2=S_6=-5\ \text{kN}$$

注意:当利用矩式解题时,注意选择轴的位置,这样可简化运算。

第六章　轴向拉伸与压缩

一、基本概念练习题

1. 是非判断题

第 6－1 题:【非】

专家帮助:$N=\int_A \sigma \mathrm{d}A$,并不是代数和。

第 6－2 题:【非】

专家帮助:如发生均匀沉降的建筑物,虽然建筑物整体发生了位移,但是建筑物内并未产生变形。

第 6－3 题:【是】

专家帮助:变形将引起位移,但有位移却不一定有变形。

第 6－4 题:【是】

专家帮助:由平衡条件来确定。

第 6－5 题:【是】

专家帮助:因脆性材料无明显的屈服点。

第 6－6 题:【是】

专家帮助:由平衡条件和轴向拉压时的基本假设可知。

第 6－7 题:【非】

专家帮助:对于拉(压)弯等一些组合变形杆件,其横截面上也会产生轴力。

第 6－8 题:【是】

专家帮助:由轴向拉压的变形和受力特点可知。

第 6－9 题:【非】

专家帮助:由平衡条件和基本假设可知。

第 6－10 题:【非】

专家帮助:应力相同,而变形不同。

第 6－11 题:【非】

专家帮助:分清标距和端面间距离的区别。

第 6－12 题:【是】

专家帮助:熟悉弹性变形的定义。

第 6－13 题:【非】

专家帮助:分清比例极限和弹性极限的区别。

第 6－14 题:【非】

专家帮助:分清比例极限和弹性极限的区别。

第 6－15 题:【非】

专家帮助:弹性变形和塑性变形同时存在。

第 6－16 题:【是】

专家帮助:由延伸率的定义知。

第 6－17 题:【是】

专家帮助:由冷作硬化的定义知。

第 6 - 18 题:【非】

专家帮助:由冷作硬化的定义知。

第 6 - 19 题:【是】

专家帮助:由冷作硬化的定义知。

第 6 - 20 题:【非】

专家帮助:由冷作硬化的定义知。

第 6 - 21 题:【是】

专家帮助:由名义屈服极限的定义知。

第 6 - 22 题:【非】

专家帮助:脆性材料由取强度极限为其强度指标。

第 6 - 23 题:【非】

专家帮助:由名义屈服极限的定义知。

第 6 - 24 题:【是】

专家帮助:由名义屈服极限的定义知。

第 6 - 25 题:【是】

专家帮助:由材料性能试验可知。

第 6 - 26 题:【是】

专家帮助:由材料性能试验可知。

第 6 - 27 题:【非】

专家帮助:由材料性能试验可知。

第 6 - 28 题:【非】

专家帮助:注意应力集中的概念。

第 6 - 29 题:【是】

专家帮助:脆性材料宜受压而不宜受拉。

第 6 - 30 题:【非】

专家帮助:由材料性能试验可知。

第 6 - 31 题:【非】

专家帮助:注意应力公式中各变量间的关系。

第 32 题:【是】

专家帮助:由强度条件公式的建立可知。

2. 选择填空题

第 6 - 33 题:【B,C】

专家帮助:σ_e,σ_p,σ_s,σ_b,E,δ,ψ,μ,由材料性能试验可知。

第 6 - 34 题:【C,A】

专家帮助:注意相互作用力的定义。

第 6 - 35 题:【A,D】

专家帮助:弹性,屈服,强化,颈缩;注意低碳钢拉伸曲线中四个阶段及相应的应力极限的定义。

第 6 - 36 题:【B,C】

专家帮助:σ_s,σ_b 注意塑性和脆性材料极限应力的确定方法。

第 6 - 37 题:【A,C】

专家帮助:各图超静定次数分别为 1,3,1,2 ;熟练掌握超静定次数的判别方法。

第 6 - 38 题:【C,D】

专家帮助:5 kN,熟练掌握轴力的求法和轴力图的画法。

3. 单项选择题

第 6-39 题:【D】

专家帮助:注意截面法的适用范围。

第 6-40 题:【A】

专家帮助:由延伸率的定义可知。

第 6-41 题:【D】

专家帮助:注意强度计算公式中各符号的定义。

第 6-42 题:【B】

专家帮助:由拉压静不定问题中静不定次数判定的方法及对称性可知。

第 6-43 题:【D】

专家帮助:注意轴力的定义。

第 6-44 题:【B】

专家帮助:注意应力的定义。

第 6-45 题:【B】

专家帮助:注意应力的定义。

第 6-46 题:【C】

专家帮助:注意强度计算公式中各个符号的定义。

第 6-47 题:【C】

专家帮助:注意变形公式中各符号的定义。

第 6-48 题:【C】

专家帮助:注意泊松比的概念。

第 6-49 题:【C】

专家帮助:由低碳钢的材料性能试验可知。

第 6-50 题:【B】

专家帮助:注意弹性变形和塑性变形的区别。

第 6-51 题:【D】

专家帮助:注意应力集中产生的原因。

第 6-52 题:【A】

专家帮助:注意超静定问题求解的基本思想。

第 6-53 题:【B】

专家帮助:熟练掌握截面法求解内力。

第 6-54 题:【A】

专家帮助:注意名义屈服极限的概念。

第 6-55 题:【A】

专家帮助:掌握截面法求解内力的基本思想。

第 6-56 题:【C】

专家帮助:掌握弹性模量的物理意义。

第 6-57 题:【A】

专家帮助:熟练掌握截面法求解内力。

第 6-58 题:【C】

专家帮助:熟练掌握截面法求解内力,任意一截面上的内力为 $N(x)=-\int_0^{x_0}\gamma A\mathrm{d}x$。

第 6-59 题:【C】

专家帮助:熟练掌握内力与应力的求法。

第 6-60 题:【B】

专家帮助:由应力和变形公式可知。

第 6-61 题:【A】

专家帮助:由应力和变形公式可知。

第 6-62 题:【C】

专家帮助:熟练掌握轴力图的画法和应力公式的应用。

第 6-63 题:【A】

专家帮助:注意静不定问题中,杆 1、杆 2 和杆 3 的内力和变形间的关系。

第 6-64 题:【C】

专家帮助:注意抗拉刚度的定义。

第 6-65 题:【B】

专家帮助:根据拉伸变形计算公式分析,即可得出上述结果。

第 6-66 题:【D】

专家帮助:由平衡方程得 $N_{AB}=\frac{\sqrt{2}}{2}P$,$N_{BD}=-P$,变形协调条件为 $\frac{1}{2}P\Delta_{AC}=4\times\frac{N_{AB}^2 l_1}{2EA}+\frac{N_{BD}^2 l}{2EA}$。由变形协调条件即可求得 Δ_{AC}。

4. 多项选择题

第 6-67 题:【A,B,D】

专家帮助:熟练掌握轴力的求法和轴力图的做法。

第 6-68 题:【A,B】

专家帮助:熟练运用平衡方程求解未知力。

第 6-69 题:【B,E】

专家帮助:注意轴向拉(压)杆的受力和变形特点。

第 6-70 题:【A,C】

专家帮助:熟悉拉伸试验曲线。

二、基本计算练习题

第 6-71 题:【

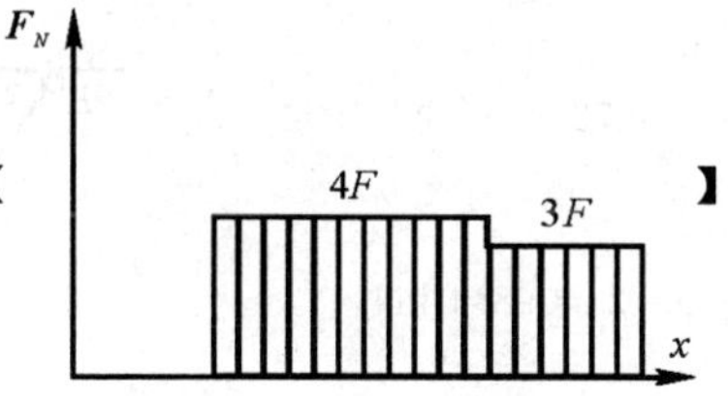

】

第 6-71 题解图

专家帮助:使用截面法,沿截面 1-1 将杆截开,取出左段,并画出受力图。由左段的平衡方程 $\sum F_x=0$,$F_{N1}=0$;同理,可以计算横截面 2-2 上的轴力,F_{N2} 由截面 2-2 左边一段的平衡方程 $\sum F_x=0$,得

$$F_{N2}-4F=0$$

$$F_{N2}=4F$$

由截面 3-3 左边一段的平衡方程 $\sum F_x=0$,得

$$F_{N3}+F-4F=0$$

$$F_{N3}=3F$$

整根杆的轴力图如第 6－71 题解图所示。

熟练掌握轴力图的做法。

第 6－72 题:【$F_{N1}=2F, F_{N2}=\sqrt{2}F$】

专家帮助:先取 ABE 为研究对象,受力如第 6－72 题解图(1) 所示,有

$$\sum M_E(\boldsymbol{F})=0, F_{N1}l-F\times 2l=0$$

可求得杆 1 的内力为

$$F_{N1}=2F$$

再取 AD 为研究对象,受力如第 6－72 题解图(2) 所示,有

$$\sum M_D(\boldsymbol{F})=0,\quad F_{N2}l\cos 45^\circ-Fl=0$$

可求得杆 2 的内力为

$$F_{N2}=\sqrt{2}F$$

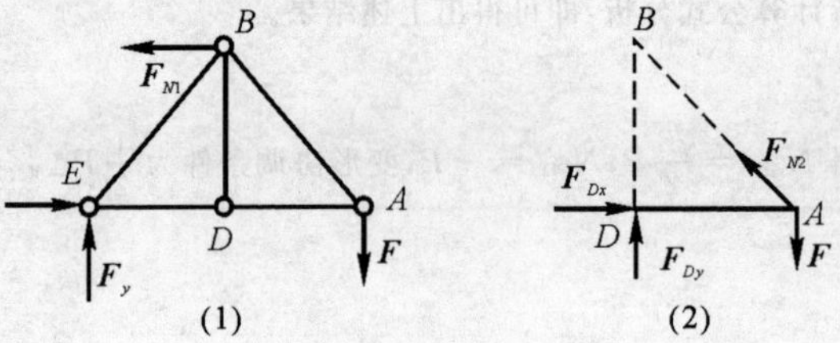

第 6－72 题解图

第 6－73 题:【$F=98.4$ kN】

专家帮助:注意强度计算公式中各符号的含义。

解:设 AB 杆轴力为 F_{N1},AC 杆轴力为 F_{N2},取节点 A 为研究对象,第 6－73 题解图所示,列平衡方程为

$$\frac{\sqrt{2}}{2}F_{N1}=\frac{1}{2}F_{N2} \tag{1}$$

$$\frac{\sqrt{3}}{2}F_{N2}+\frac{\sqrt{2}}{2}F_{N1}=F \tag{2}$$

对 AB 杆进行强度计算为

$$F_{N1\max}=[\sigma]_{钢}A_1=120\times 10^6\times 20\times 10^{-4}=240\times 10^3\ \text{N}$$

对 AC 杆进行强度计算为

$$F_{N2\max}=[\sigma]_{钢}A_2=60\times 10^6\times 12\times 10^{-4}=72\times 10^3\ \text{N}$$

整个结构都安全,所允许的许可载荷为

$$F'=\frac{\sqrt{3}}{2}F_{N2\max}+\frac{1}{2}F_{N2\max}=\frac{\sqrt{3}}{2}\times 72+\frac{1}{2}\times 72=98.4\ \text{kN}$$

$$F''=\frac{\sqrt{3}}{2}\times\sqrt{2}F_{N1\max}+\frac{\sqrt{2}}{2}F_{N1\max}=463.6\ \text{kN}$$

$$F=\min[F',F'']=98.4\ \text{kN}$$

第 6－73 题解图

第 6－74 题:【满足强度】

专家帮助:注意活塞杆内力的求解。

解:列活塞杆的平衡方程为

$$F=p\left[\pi\left(\frac{D}{2}\right)^2-\pi\left(\frac{d}{2}\right)^2\right]=2\times 10^6\times 3.14\times\left[\frac{0.075^2-0.018^2}{4}\right]=8.32\times 10^5\ \text{N}$$

对活塞进行强度校核:

$$\sigma = \frac{F_N}{A} = \frac{F}{\pi\left(\frac{d}{2}\right)^2} = \frac{8.32\times10^5}{3.14\times\frac{0.018^2}{4}} = 32.7\ \text{MPa} < [\sigma]$$

该活塞满足强度要求。

第 6－75 题:【$d \geqslant 18$ mm】

专家帮助:注意每根链环截面的轴力。

解:每根链环圆钢截面上轴力为

$$F_N = \frac{F}{2} = 15.4\ \text{kN}$$

链环圆钢应满足的强度条件为

$$\sigma = \frac{F_N}{A} = \frac{15.4}{\frac{\pi d^2}{4}} \leqslant [\sigma] = 60\ \text{MPa}$$

$$d \geqslant 18\ \text{mm}$$

链环圆钢直径应不小于 18 mm。

第 6－76 题:【$\Delta H = \Delta l_2 + \frac{3}{4.5}(\Delta l_1 - \Delta l_2) = 1.60\times10^{-3}$ m】

专家帮助:注意 AC 杆与 BD 杆的变形关系。

解:杆 1,杆 2 的轴力分别为 $\boldsymbol{F}_{N1}$,$\boldsymbol{F}_{N2}$(见第 6－76 题解图)。取杆 AB 为研究对象,作用在杆 AB 上的力 $\boldsymbol{F}$,$\boldsymbol{F}_{N1}$,$\boldsymbol{F}_{N2}$ 构成平面平行力系,建立平衡方程为

$$\begin{cases} F_{N1} + F_{N2} = F & (1) \\ F_{N1}\times4.5 = F\times3 & (2) \end{cases}$$

解方程组得

$$\begin{cases} F_{N1} = 66.67\ \text{kN} \\ F_{N2} = 33.33\ \text{kN} \end{cases}$$

分别计算杆 1,杆 2 的变形量为

$$\Delta l_1 = \frac{F_{N1}l}{EA_1} = \frac{66.67\times10^3\times2.5}{210\times19^9\times\frac{1}{4}\times3.14\times0.025^2} = 1.62\times10^3\ \text{m}$$

$$\Delta l_2 = \frac{F_{N2}l}{EA_2} = \frac{33.33\times10^3\times2.5}{210\times10^9\times\frac{1}{4}\times3.14\times0.018^2} = 1.56\times10^{-3}\ \text{m}$$

由于 AB 杆不变形,所以 H 点的垂直位移为

$$\Delta H = \Delta l_2 + \frac{3}{4.5}(\Delta l_1 - \Delta l_2) = 1.56\times10^3 + \frac{2}{3}(0.06\times10^{-3}) = 1.60\times10^{-3}\ \text{m}$$

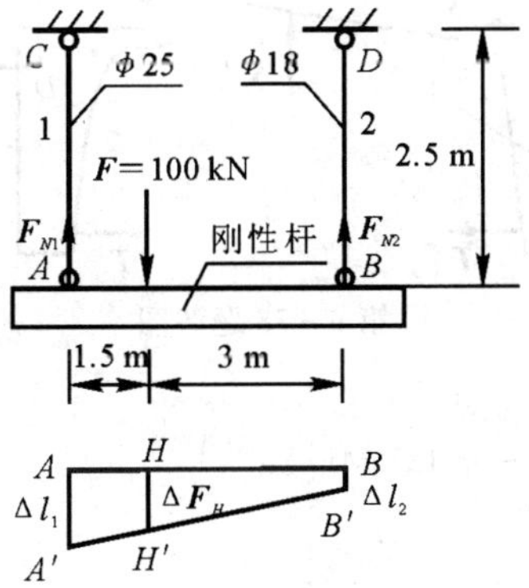

第 6－76 题解图

第 6-77 题:【$F_A = 70$ kN】

专家帮助:注意变形协调关系的正确建立。

(1) 如第 6-77 题解图所示,设 A,B 两端受到的约束反力分别为 $\boldsymbol{F}_A$,$\boldsymbol{F}_B$。沿杆轴列平衡方程为

$$F_A = F + F_B \tag{1}$$

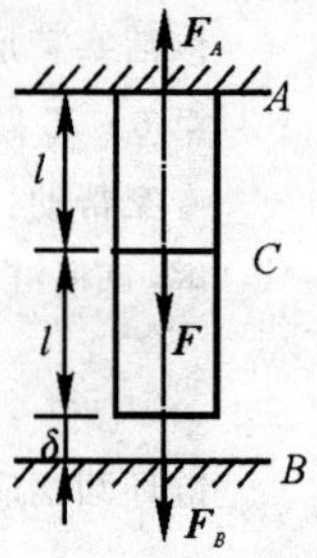

第 6-77 题解图

该问题属一次静不定问题。

(2) 列补充方程如下:

变形几何关系为

$$\Delta l_{AC} + \Delta l_{BC} = \delta$$

物理关系为

$$\Delta l_{AC} = \frac{F_A l}{EA}, \quad \Delta l_{BC} = \frac{F_B l}{EA}$$

补充方程为

$$F_A + F_B = \frac{EA\delta}{l} \tag{2}$$

(3) 联立式(1)、式(2) 求解,得

$$F_A = 70 \text{ kN}$$

第 6-78 题:【$1.5T + 2.25T = 3P$, $T = 6$ kN, $\sigma = \dfrac{T}{A} = 76.43$ MPa】

专家帮助:注意受力图的正确画法。

解:如第 6-78 题解图所示,由件 2 得

$$0.75T = 1.5S \quad T = 2S \tag{1}$$

由件 1 得

$$1.5T + 4.5S = 3P \tag{2}$$

将式(1) 代入式(2) 得

$$1.5T + 2.25T = 3P$$

$$T = \frac{3}{3.75} \times 7.5 = 6 \text{ kN}$$

$$\sigma = \frac{T}{A} = \frac{6 \times 10^3}{\frac{\pi}{4} \times 10^2} = \frac{24 \times 10}{\pi} = 76.43 \text{ MPa}$$

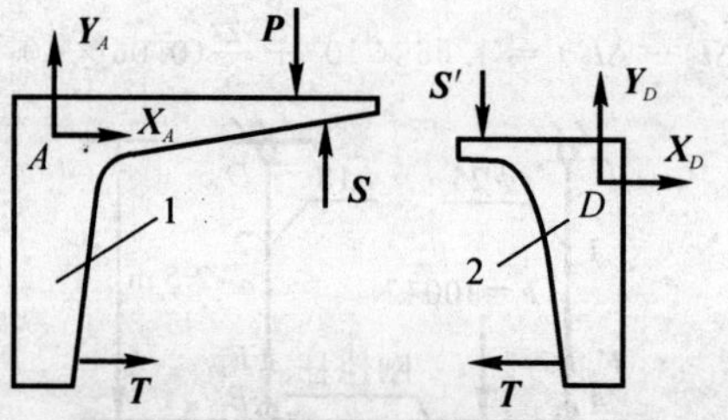

第 6-78 题解图

第 6-79 题:【$\sigma_1 = \dfrac{T_1}{A_1} = \dfrac{p}{\frac{\pi}{4} \times 10^2} = 127$ MPa

$$\sigma_2 = \frac{T_2}{A_2} = \frac{2p}{\frac{\pi}{4} \times 20^2} = 63.69 \text{ MPa}】$$

专家帮助：熟练掌握内力和应力的求解。

解：如第 6-79 题解图所示，1,2 杆均为拉：

可求得 $$P = T_1,\quad T_2 = 2P$$

$$\sigma_1 = \frac{T_1}{A_1} = \frac{p}{\frac{\pi}{4}\times 10^2} = \frac{10\times 10^3}{\frac{\pi}{4}\times 10^2} = 127\ \text{MPa}$$

$$\sigma_2 = \frac{T_2}{A_2} = \frac{2p}{\frac{\pi}{4}\times 20^2} = \frac{20\times 10^3}{\frac{\pi}{4}\times 20^2} = 63.69\ \text{MPa}$$

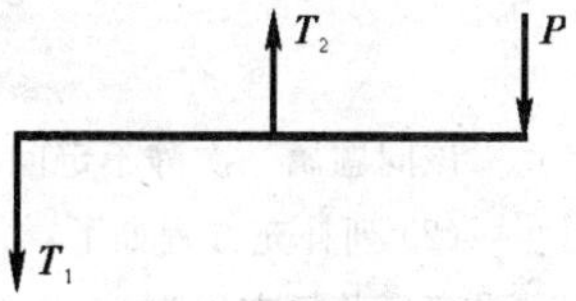

第 6-79 题解图

第 6-80 题：【$\sigma_{\max} = 16.67$ MPa(压)】

专家帮助：注意轴力图的画法。

解：其轴力图如第 6-80 题解图所示。

最大应力处在 AC,DB 处，即

$$\sigma_{\max} = \frac{20\times 10^3}{A} = \frac{20\times 10^3}{1\ 200} = 16.67\ \text{MPa(压)}$$

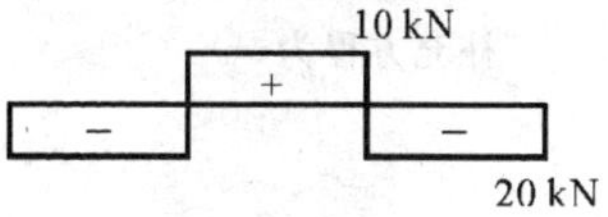

第 6-80 题解图

第 6-81 题：【$h = 3b = 111$ mm】

专家帮助：熟练运用强度条件公式来设计截面，其受力分析如第 6-81 题解图所示。

解：
$$S = \frac{\frac{1}{2}P}{\cos 30^\circ} = \frac{\sqrt{3}}{3}P$$

$$\sigma = \frac{S}{A} = \frac{\frac{\sqrt{3}}{3}P}{hb} \leqslant [\sigma]$$

$$3b^2 \geqslant \frac{\frac{\sqrt{3}}{3}P}{[\sigma]} = \frac{\frac{\sqrt{3}}{3}\times 1000\times 10^3}{140}$$

所以
$$b \geqslant \sqrt{\frac{\sqrt{3}\times 10^6}{140\times 3\times 3}} = 37\ \text{mm}$$

$$h = 3b = 111\ \text{mm}$$

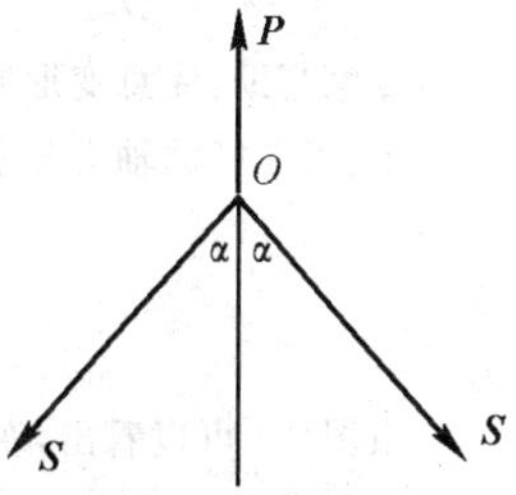

第 6-81 题解图

第 6-82 题：【$\sigma = 100.7$ MPa】

专家帮助：注意变形协调条件的建立。

解：显然 AC 与 BC 间的力及应力相等。

所以
$$\Delta l_{T1} + \Delta l_{T2} = \Delta l_1 + \Delta l_2$$

即
$$\alpha_1 \Delta T l_1 + \alpha_2 \Delta T l_2 = \frac{N_1 l_1}{E_1 A} + \frac{N_2 l_2}{E_2 A}$$

$$\sigma\left(\frac{l_1}{E_1} + \frac{l_2}{E_2}\right) = 12.5\times 10^{-6}\times 50\times 1.5 + 16.5\times 10^{-6}\times 50\times 1 = 1\ 762.5\times 10^{-6}$$

则
$$\sigma\left(\frac{1.5}{200\times 10^9} + \frac{1}{100\times 10^9}\right) = 1\ 726.5\times 10^{-6}$$

$$\sigma = \frac{200\times 10^9}{3.5}\times 1\ 726.5\times 10^{-6} = 100.7\ \text{MPa}$$

第 6-83 题：【$F_{N1} = \frac{5}{6}F, F_{N2} = \frac{1}{3}F, F_{N3} = -\frac{1}{6}F$】

专家帮助：注意变形协调条件的建立。

解：(1) 设杆 1，杆 2，杆 3 的轴力分别为 F_{N1}，F_{N2}，F_{N3}。

如第 6-83 题解图所示，选 AC 梁为研究对象，列其平衡方程为

$$F_{N1}+F_{N2}+F_{N3}=F$$

$$F_{N2}d+2F_{N3}d=0$$

该问题属一次静不定问题。

(2) 列补充方程如下：

变形几何方程为

$$\Delta l_2=\frac{1}{2}(\Delta l_1+\Delta l_3)$$

物理关系为

$$\Delta l_1=\frac{F_{N1}l}{EA},\quad \Delta l_2=\frac{F_{N2}l}{EA},\quad \Delta l_3=\frac{F_{N3}l}{EA}$$

补充方程为

$$F_{N2}=\frac{1}{2}(F_{N1}+F_{N3})$$

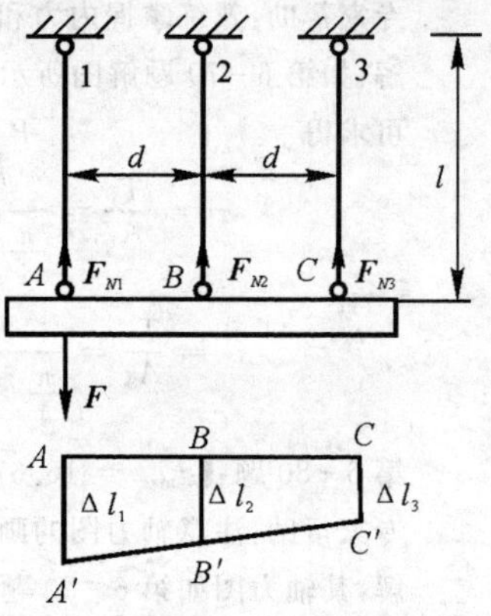

第 6-83 题解图

(3) 联立上式求解，得

$$F_{N1}=\frac{5}{6}F,\quad F_{N2}=\frac{1}{3}F,\quad F_{N3}=-\frac{1}{6}F$$

第 6-84 题：【补充方程为：$\frac{N_1l}{EA}=\frac{N_2l}{EA}+\delta$】

专家帮助：注意变形协调条件的建立。

解：设三杆的轴力分别为 N_1,N_2,N_3。取刚性杆为平衡对象，如第 6-84 题解图(1) 所示。由平衡条件得

$$\sum Y=0;\quad N_1+N_2+N_3-P=0 \tag{1}$$

$$\sum M_C=0;\quad N_1\times a=0 \tag{2}$$

由图(2) 可以看出，变形协调条件为

$$\Delta l_1=\Delta l_2+\delta \tag{3}$$

而 $\Delta l_1=\frac{N_1l}{EA}$，$\Delta l_2=\frac{N_2(l-\delta)}{EA}$，将其代入到式(3)，得补充方程为

$$\frac{N_1l}{EA}=\frac{N_2(l-\delta)}{EA}+\delta$$

又由于 δ 与 l 相比很小，故式中等号右边第一式中分子的 δ 可以略去，因此，补充方程为

$$\frac{N_1l}{EA}=\frac{N_2l}{EA}+\delta \tag{4}$$

联立式(1)、式(2)、式(4)，就可求出三杆的轴力 N_1,N_2,N_3。

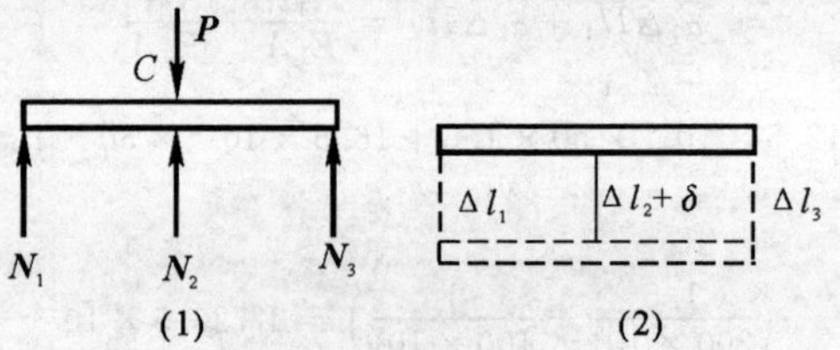

第 6-84 题解图

第七章　剪　切

一、基本概念练习题

1. 是非判断题

第 7-1 题:【非】

专家帮助:挤压发生在构件相互接触的局部面积上,这是同压缩的最大区别。

第 7-2 题:【是】

专家帮助:$\tau=\dfrac{Q}{A}\leqslant[\tau]$,注意剪切面的确定。

第 7-3 题:【是】

专家帮助:注意剪切强度公式建立的基本假设。

第 7-4 题:【非】

专家帮助:应为假定挤压应力在挤压面的正投影面上是均匀分布的。

第 7-5 题:【是】

专家帮助:注意挤压强度公式建立的基本假设。

第 7-6 题:【是】

专家帮助:注意剪应力互等定理的基本内容。

2. 选择填空题

第 7-7 题:【A,B】

专家帮助:$\dfrac{2F}{\pi d^2}$,$\dfrac{F}{t_1 d}$;注意剪切面有两个。

第 7-8 题:【A,D】

专家帮助:注意剪切面的确定,剪切面是一个曲面,即直径为 d,高为 h 的圆柱面。

第 7-9 题:【A,B】

专家帮助:注意剪切面和挤压面的确定。bh;$\dfrac{F}{bh}$;bc;$\dfrac{F}{bc}$

第 7-10 题:【B,A】

专家帮助:bh;$\dfrac{F}{2bh}$;$b\delta$;$\dfrac{F}{2b\delta}$;注意弄清楚受力机理。

第 7-11 题:【D,C】

专家帮助:$\dfrac{F\sin 75^\circ}{40\times 50}=19.32\ \text{MPa}$

第 7-12 题:【B,D】

专家帮助:$2t(4a+b+c)\tau_u$;注意剪切强度公式的灵活运用。

第 7-13 题:【D,B】

专家帮助:钉的剪切强度,钉的挤压强度,板的挤压强度,板的拉伸强度,板的拉伸强度。注意铆钉连接计算应包括的主要内容,弄清受力机理。

3. 单项选择题

第 7-14 题:【A】

专家帮助：注意区别剪切强度计算公式与圆杆扭转时横截面剪应力计算公式推导得出的基本假设。

第 7-15 题：【B】

专家帮助：实用挤压计算方法，就是假定挤压应力在挤压面的正投影面上是均匀分布的。

第 7-16 题：【D】

专家帮助：熟练掌握剪应力互等定理的基本内容。

第 7-17 题：【B】

专家帮助：注意当铆钉的分布情况不同时，钢板的轴力图将发生变化。

4. 多项选择题

第 7-18 题：【A，D】

专家帮助：注意区别剪切面和挤压面。

二、基本计算练习题

第 7-19 题：【剪切强度、挤压强度均满足要求】

专家帮助：剪切强度、挤压强度均满足要求。

解：(1) 设带轮通过键传递力矩为 M，如第 7-19 题解图(1) 所示，由平衡关系，得

$$M=(F_1-F_2)\frac{D}{2}=(8-4)\times10^3\times\frac{1}{2}=2\times10^3\ \text{N}\cdot\text{m}$$

受力如第 7-19 题解图(2) 所示，由第 7-19 题解图分析得

$$F=\frac{2M}{d}=\frac{2\times2\times10^3}{70\times10^{-3}}=57.14\times10^3\ \text{N}$$

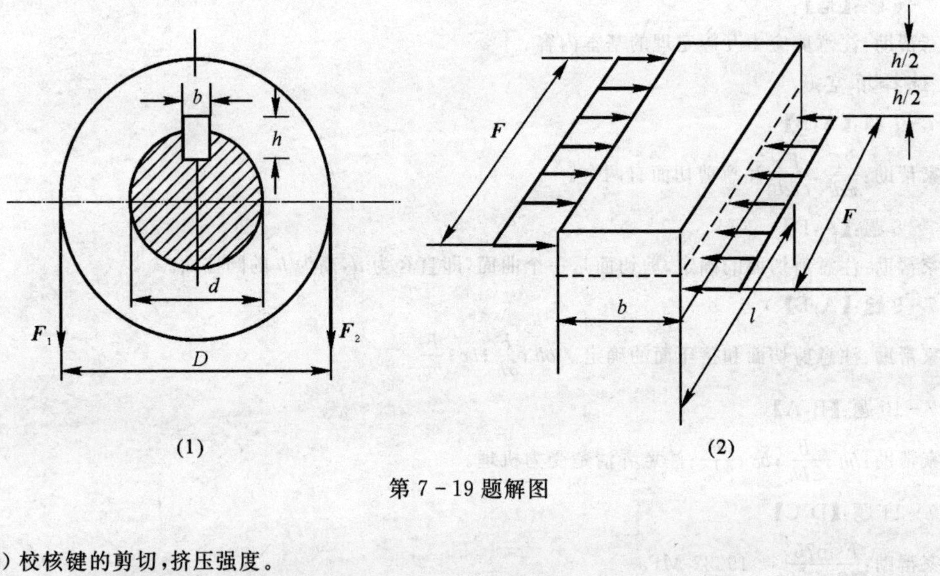

第 7-19 题解图

(2) 校核键的剪切，挤压强度。

$$\tau_m=\frac{Q}{A}=\frac{F}{bl}=\frac{57.14\times10^3}{20\times100\times10^{-6}}=28.57\times10^6\ \text{N/m}^2=28.57\ \text{MPa}<[\tau_m]$$

$$\sigma_{bs}=\frac{F_{bs}}{A_{bs}}=\frac{F}{\frac{h}{2}l}=\frac{2\times57.14\times10^3}{12\times100\times10^{-6}}=95.23\times10^6\ \text{N/m}^2=95.23\ \text{MPa}<[\sigma_{bs}]$$

故键的剪切强度、挤压强度均满足要求。

第 7-20 题：【$Q\geqslant822.4$ kN】

专家帮助：注意剪切面的确定和强度条件的建立。

解：
$$\tau = \frac{Q}{A} \geqslant \tau_b$$

则
$$Q \geqslant \tau_b A = 320 \times 10^6 \times (\pi \times 100 \times 10^{-3} + 2 \times 100 \times 10^{-3}) \times 5 \times 10^{-3} = 822.4 \text{ kN}$$

所以
$$Q \geqslant 822.4 \text{ kN}$$

第 7-21 题：【$d_{\min} = 34.03$ mm；$t_{\max} = 10.40$ mm】

专家帮助：注意剪切面和挤压面的确定，以及冲剪条件的建立。

解：如第 7-21 题解图所示。

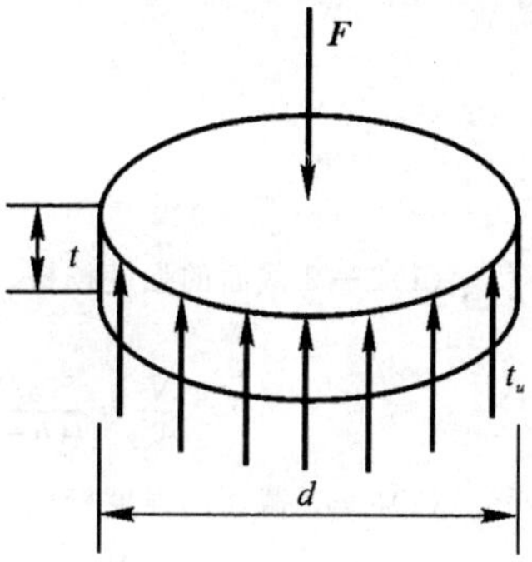

第 7-21 题解图

(1) 设冲床最大冲压力为 F，按冲头压缩强度求冲头 $d_{\min}$。由强度条件，有
$$\sigma = \frac{F_N}{\frac{\pi}{4}d^2} = \frac{F}{\frac{\pi}{4}d^2} \leqslant [\sigma]$$

得
$$d \geqslant \sqrt{\frac{4F}{\pi[\sigma]}} = \sqrt{\frac{4 \times 400 \times 10^3}{3.14 \times 440}} = 34.03 \text{ mm}$$
$$d_{\min} = 34.03 \text{ mm}$$

(2) 按钢板冲剪求板 $t_{\max}$，由剪断条件得
$$\tau_m = \frac{F_Q}{A} = \frac{F}{\pi d_{\min} t} \geqslant t_u$$

得
$$t \leqslant \frac{F}{\pi d_{\min} t_u} = \frac{400 \times 10^3}{3.14 \times 30.4 \times 360} = 10.40 \text{ mm}$$
$$t_{\max} = 10.40 \text{ mm}$$

第 7-22 题：【$l \geqslant 90$ mm，$\delta \geqslant 9$ mm，$h \geqslant 30 + 2\delta$ mm】

专家帮助：注意剪切、挤压面的确定和剪切、挤压强度公式的灵活应用。

解：因为
$$\sigma = \frac{N}{A} = \frac{p}{b \times (h - 2\delta)} = \frac{45 \times 10^3}{250 \times 10^{-3} \times (h - 2\delta)} \leqslant [\sigma_T]$$

所以
$$h - 2\delta \geqslant \frac{45 \times 10^3}{250 \times 10^{-3} \times 6 \times 10^6} = 0.03 \text{ m}$$

因为
$$\tau = \frac{Q}{A} = \frac{\frac{1}{2}p}{lb} \leqslant [\tau]$$

所以
$$l \geqslant \frac{\frac{1}{2}p}{b[\tau]} = \frac{\frac{1}{2} \times 45 \times 10^3}{250 \times 10^{-3} \times 1 \times 10^6} = 0.09 \text{ m}$$

因为
$$\sigma_{bs} = \frac{p_{bs}}{A_{bs}} = \frac{\frac{1}{2}p}{\delta b} \leqslant [\sigma_{bs}]$$

所以
$$\delta \geqslant \frac{\frac{1}{2}p}{[\sigma_{bs}]b} = \frac{\frac{1}{2} \times 45 \times 10^3}{250 \times 10^{-3} \times 10 \times 10^6} = 0.009 \text{ m}$$

所以
$$l \geqslant 90 \text{ mm}$$
$$\delta \geqslant 9 \text{ mm}$$
$$h \geqslant 30 + 2\delta \text{ mm}$$

第 7-23 题：【该结构安全】

专家帮助：注意危险截面的确定方法。

解：如第 7-23 题解图所示，2－2，3－3 截面为拉伸危险截面。

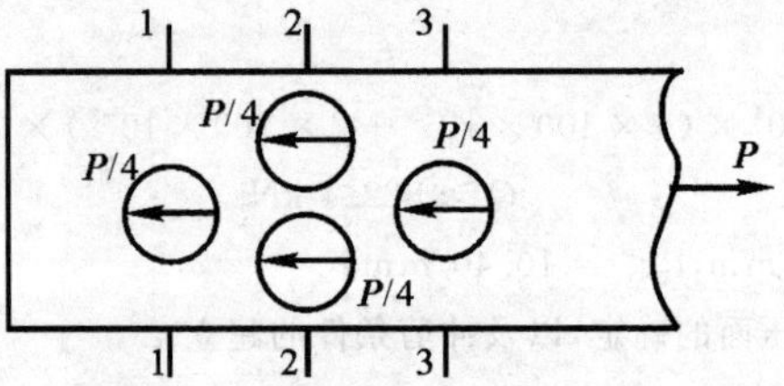

第 7-23 题解图

(1)2－2 截面的强度校核。

$$\sigma = \frac{N}{A} = \frac{3/4p}{t(b-2d)} = \frac{\frac{3}{4}\times 80\times 10^3}{10\times 10^3\times(80-2\times 16)\times 10^{-3}} = 125\ \text{MPa} < [\sigma]$$

(2)3－3 截面的强度校核。

$$\sigma = \frac{N}{A} = \frac{p}{t(b-d)} = \frac{80\times 10^3}{10\times 10^3\times(80-16)\times 10^{-3}} = 125\ \text{MPa} < [\sigma]$$

$$\tau = \frac{Q}{A} = \frac{p/4}{\frac{\pi}{4}d^2} = \frac{80\times 10^3}{\pi\times 16^2\times 10^{-6}} = 99.52\ \text{MPa} < [\tau]$$

$$\sigma_{bs} = \frac{p_{bs}}{A_{bs}} = \frac{p/4}{td} = \frac{\frac{1}{4}\times 80\times 10^3}{10\times 10^3\times 16\times 10^{-3}} = 125\ \text{MPa} < [\sigma_{bs}]$$

所以该结构安全。

第 7-24 题：【该螺栓满足强度要求。】

专家帮助：【弄清受力机理，注意剪切和挤压面的确定。】

解：

$$4p\,\frac{D}{2} = M_e$$

$$p = \frac{M_e}{2D} = \frac{2.5}{2\times 150\times 10^{-3}} = \frac{2.5}{0.3} = \frac{25}{3}\ \text{kN}$$

$$\tau = \frac{Q}{A} = \frac{p}{\frac{\pi}{4}d^2} = \frac{\frac{25}{3}\times 10^3}{\frac{\pi}{4}\times 12^2\times 10^{-6}} = 73.72\times 10^6\ \text{Pa} = 73.42\ \text{MPa} < [\tau]$$

$$\sigma_{bs} = \frac{p_{bs}}{A_{bs}} = \frac{p}{td} = \frac{\frac{25}{3}\times 10^3}{10\times 10^{-3}\times 12\times 10^{-3}} = 69.44\ \text{MPa} < [\sigma_{bs}]$$

所以该螺栓满足强度要求。

第 7-25 题：【$m = 64, n = 36$】

专家帮助：弄清受力机理，注意剪切和挤压面的确定。

解：两种铆钉的受力形式不同，如 7-25 题解图所示，连接筒盖与角铁的钉受拉，连接筒壁与角铁的钉受剪切和挤压。

(1) 求连接筒盖与角铁的钉数 m。设每个钉轴力为 F_N，则 $F_N = \frac{\pi D^2}{4m}p$，由钉的拉伸强度条件，得

$$\sigma = \frac{F_N}{\pi d^2} \leqslant [\sigma]$$

即

$$\frac{\pi D^2 P}{4M\pi d^2/4} \leqslant [\sigma]$$

得
$$m \geqslant \frac{D^2 p}{d^2 [\sigma]} = \frac{1\,000^2 \times 1}{20^2 \times 40} = 62.5$$
可取
$$m = 64$$

(2) 求连接筒壁与角铁的钉数 n。设每个钉的剪力为 F_Q，挤压力为 F_{bs}，则
$$F_Q = F_{bs} = \frac{\pi D^2}{4n} p$$

由铆钉的剪切强度条件，有
$$\tau_m = \frac{F_Q}{\pi d^2/4} \leqslant [\tau]$$
即
$$\frac{\pi D^2 p}{4n\pi d^2/4} \leqslant [\tau]$$
得
$$n \geqslant \frac{D^2 p}{d^2 [\tau]} = \frac{1\,000^2 \times 1}{20^2 \times 70} = 35.7$$

由铆钉的挤压强度条件，有
$$\sigma_{bs} = \frac{F_{bs}}{td} \leqslant [\sigma_{bs}]$$
即
$$\frac{\pi D^2 p}{4ntd} \leqslant [\sigma_{bs}]$$
得
$$n \geqslant \frac{\pi D^2 p}{4td[\sigma_{bs}]} = \frac{3.14 \times 1\,000^2 \times 1}{4 \times 10 \times 20 \times 160} = 24.5$$

综合钉的剪切强度、挤压强度计算，可取 $n = 36$ 。

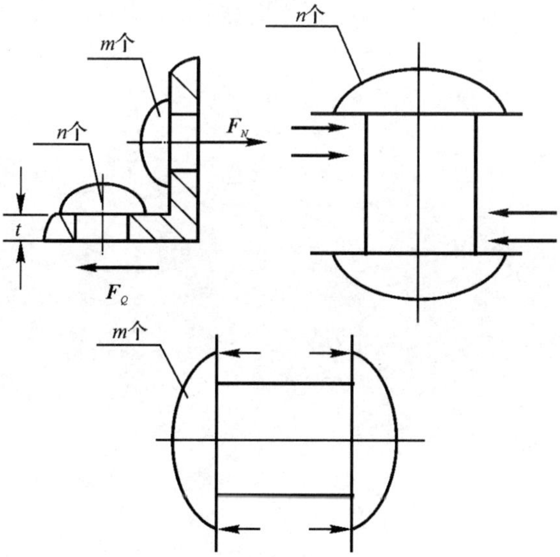

第 7 - 25 题解图

第 7 - 26 题：【$d > (75 + d) \times 10^{-3}$ m $= (75 + d)$ mm $= 135$ mm】

专家帮助：注意直径 d 的确定方法。

解：
$$\sigma = \frac{N}{A} > \sigma_b$$
$$N > \sigma_b A_1 = 400 \times 10^6 \times 5 \times 10^{-3} \times 30 \times 10^{-3} = 60 \times 10^3 \text{ N} = 60 \text{ kN}$$
所以只须加到 60 kN 就断了。

这样：

因为 $$\frac{N}{A_2} < [\sigma_1]$$

所以 $$\frac{N}{5 \times 10^{-3} \times (b-d)} < 160 \times 10^6 \tag{1}$$

又因为 $$\frac{N}{A_3} < [\tau]$$

所以 $$\frac{Q}{2a \times 5 \times 10^{-3}} < 100 \times 10^6 \tag{2}$$

又因为 $$\frac{P_{bs}}{A_{bs}} < [\sigma_{bs}]$$

所以 $$\frac{P_{bs}}{5 \times 10^{-3} d} < 320 \times 10^6 \tag{3}$$

由式(3) 得 $$d > 37.5 \times 10^{-3}\ \text{m} = 37.5\ \text{mm}$$

由式(2) 得 $$d > 60 \times 10^{-3}\ \text{m} = 60\ \text{mm}$$

由式(1) 得 $$d > (75+d) \times 10^{-3}\ \text{m} = (75+d)\ \text{mm}$$

第八章　扭　　转

一、基本概念练习题

1. 是非判断题

第 8-1 题:【是】

专家帮助:当圆杆扭转时,横截面上切应力 $\tau_\rho=\dfrac{M_T}{I_P}\cdot y$,其中,$M_T$ 和 I_P 对某固定截面为常量,故 τ_ρ 与 y 成正比。

第 8-2 题:【非】

专家帮助:由于当铸铁圆杆扭转时,其上任一点的应力状态的最大主应力方向在斜截面 $\alpha=\dfrac{\pi}{4}$ 处或 $\alpha=-\dfrac{\pi}{4}$ 处,且铸铁的抗拉能力较弱。因此,铸铁圆杆扭转破坏时将沿斜截面破坏。

第 8-3 题:【是】

专家帮助:对于低碳钢材料圆杆扭转破坏时,在其横截面上只有切应力 τ。由于低碳钢的抗剪能力不如抗拉和抗压能力,且任意一点的 $\tau_{max}=\tau$。因此,低碳钢圆杆扭转时,将沿横截面被剪断。

第 8-4 题:【是】

专家帮助:因为 $W_P=\dfrac{I_P}{\frac{D}{2}}$,而空心截面圆杆的 $I_P=\dfrac{\pi D^4}{32}(1-\alpha^4)$。

第 8-5 题:【是】

专家帮助:由于圆杆扭转的切应力和变形的公式推导的前提假设是平面假设。

第 8-6 题:【非】

专家帮助:当矩形截面杆扭转时,横截面周边上切应力和周边平行。

第 8-7 题:【是】

专家帮助:圆杆受扭时,杆内横截面上只有切应力。由剪应力互等定理知,单元体另外两截面上也只有切应力,且大小相等。

第 8-8 题:【非】

专家帮助:当圆杆扭转时,横截面上切应力 $\tau_\rho=\dfrac{M_T}{I_P}\cdot y$,其中,$M_T$ 和 I_P 对某固定截面为常量,故 τ_ρ 与 y 成正比。

第 8-9 题:【非】

专家帮助:薄壁圆管:$\tau=\dfrac{M_T}{2\pi r_0^2\delta}$;空心圆管:$\tau_\rho=\dfrac{M_T}{I_p}\rho=\dfrac{32M_T}{\pi D^4(1-\alpha^4)}$,故薄壁圆管和空心圆管的扭转切应力公式不同。

第 8-10 题:【是】

专家帮助:当圆杆受扭时,杆内横截面上只有切应力。由剪应力互等定理知,单元体另外两截面上也只有切应力,且大小相等。

第 8-11 题:【是】

专家帮助:因为非圆截面杆扭转时发生翘曲。

第 8-12 题:【是】

专家帮助:$t = \frac{M}{L} = 9\ 549\ \frac{N}{nL} = 9\ 549 \times \frac{10}{180 \times 40} = 13.3\ \mathrm{N \cdot m/m}$

第 8-13 题:【是】

专家帮助:由截面法,取 1-1 截面以右部分研究。因为 $M_T - 2 \times 4 = 0$;所以,$M_T = 8\ \mathrm{kN \cdot m}$

第 8-14 题:【非】

专家帮助:求出各段扭矩(从左至右):

$$M_{T1} = 4 + 2 - (3 + 6) = -3\ \mathrm{kN \cdot m}$$

$$M_{T2} = 2 - (3 + 6) = -7\ \mathrm{kN \cdot m}$$

$$M_{T3} = 2 - 6 = -4\ \mathrm{kN \cdot m}$$

$$M_{T4} = -6\ \mathrm{kN \cdot m}$$

则杆中最大扭矩 $|M_T|_{max}$ 为 7 kN·m。

第 8-15 题:【非】

专家帮助:

$$W_P = \frac{I_P}{\frac{2d}{2}} = \frac{\frac{\pi(2d)^4}{32}(1-\alpha^4)}{\frac{2d}{2}} = \frac{\pi d^3}{2 \times 16}\left(1 - \frac{1}{2^4}\right) \times 2^4 = \frac{15\pi d^3}{32}$$

其中,$\alpha = \frac{d}{2d} = \frac{1}{2}$。

第 8-16 题:【是】

专家帮助:(1) 轴内横截面上只有切应力,故无正应力;

(2) 由公式 $\sigma_{max} = \frac{\sigma_x + \sigma_y}{2} + \sqrt{\left(\frac{\sigma_x - \sigma_y}{2}\right)^2 + \tau_{xy}^2}$ 在轴上外表面任取一点,由此一点的应力状态可知:

$$\sigma_x = \sigma_y = 0, \quad \tau_{xy} = \tau_{max} \quad 或 \quad \tau_{xy} = -\tau_{max}$$

所以轴内最大正应力为

$$\sigma_{max} = |\tau_{xy}| = |\tau_{max}|$$

(3) 轴内最大切应力为

$$\tau_{max} = \frac{M_T}{W_P} = \frac{M_T}{\frac{\pi d^3}{16}} = \frac{16 M_T}{\pi d^3}$$

第 8-17 题:【非】

专家帮助:空心圆轴与实心圆轴重力比等于横截面面积之比:

$$\frac{W_2}{W_1} = \frac{A_2}{A_1} = \frac{\frac{\pi(d_1^2 - d_2^2)}{4}}{\frac{\pi D^2}{4}} = \frac{d_1^2 - (0.8d_1)^2}{D^2} = \frac{0.36 d_1^2}{D^2}$$

当两轴最大应力同为 $[\tau]$ 时,两轴的许可扭矩分别为

$$M_{T1} = W_P[\tau] = \frac{\pi}{16} D^3 [\tau]$$

$$M_{T2} = \frac{\pi}{16} d_1^3 (1 - \alpha^4)[\tau] = \frac{\pi}{16} d_1^3 (1 - 0.8^4)[\tau]$$

由于两轴的强度相等

$$M_{T1} = M_{T2}$$

于是

$$D^3 = (1 - 0.8^4) d_1^3, \quad \frac{d_1}{D} = \sqrt[3]{\frac{1}{1 - 0.8^4}} = 1.192$$

所以

$$\frac{W_2}{W_1}=0.36\times(\frac{d_1}{D})^2=0.51$$

第 8-18 题:【是】

专家帮助:因为要求的圆杆的 $[\theta]$ 比较严格。

第 8-19 题:【是】

专家帮助:由于推导的公式 $\tau_{max}=\frac{M_T}{W_P}$ 和 $\frac{d\varphi}{dx}=\frac{M_T}{GI_P}$ 是相对某一横截面而言的。

第 8-20 题:【非】

专家帮助:当开口薄壁杆件扭转时,横截面上最大切应力出现在厚度最大的矩形长边上,即 $\tau_{max}=\frac{M_T\delta_{max}}{I_n}$。

第 8-21 题:【是】

专家帮助:当闭口薄壁杆件扭转时,横截面上最大切应力出现在最小厚度处。

第 8-22 题:【非】

专家帮助:因为 $\theta=\frac{M_T}{GI_P}=\frac{32M_T}{G\pi d^4}$,当 d 略有增加,d^4 将有较大增加,θ 将显著减少,从而保证 $\theta\leqslant[\theta]$。因此,为保证此轴的扭转刚度,采用增加圆轴直径的措施最有效。

第 8-23 题:【非】

专家帮助:因为外力偶矩

$$M=9\ 549\,\frac{P}{N},\quad M_{T\,max}=M$$

所以

$$\tau_{max}=\frac{M_{T\,max}}{W_p}=\frac{16M}{\pi d^3}=16\times 9\ 549\times\frac{7.35\times 10^3}{\pi\times 0.5^3\times 60}=47.66\times 10^6\ \text{Pa}=47.66\ \text{MPa}$$

因此,圆轴内最大剪应力为 47.66 MPa。

第 8-24 题:【是】

专家帮助:题目中杆件受扭所受的外力偶矩常常没有直接给出,给出的常是由杆件所传递的功率(N)及转速(n),这时可由公式计算得到外力偶矩:$M=9\ 549\,\frac{N}{n}(\text{N}\cdot\text{m})$。

2. 选择填空题

第 8-25 题:【B,D】

专家帮助:

$$\tau_{max}=\frac{16M}{\pi D^3(1-\alpha^4)}=15.9\ \text{MPa}$$

$$\tau_{min}=\frac{32M}{\dfrac{\pi D^4(1-\alpha^4)}{\dfrac{d}{2}}}=\frac{16M}{\dfrac{\pi D^4(1-\alpha^4)}{d}}=12.4\ \text{MPa}$$

第 8-26 题:【A,C】

专家帮助:由公式

$$\varphi=\frac{M_T l}{GI_P},\quad M_T=M,\quad I_P=\frac{\pi d^4}{32}$$

所以

$$\varphi_{AB}=\frac{M\times\overline{AB}}{Gd^4\,\dfrac{\pi}{32}}=\frac{32\times 14\times 10^3\times(1+0.5)}{\pi\times 79\times 10^9\times 0.1^4}=1.55^\circ$$

$$\varphi_{AC}=\frac{32M\times\overline{AC}}{Gd^4\pi}=\frac{1}{1.5}\varphi_{AB}=1.03^\circ$$

第 8-27 题:【B,A】

专家帮助:已知实心轴 $D_1=280$ mm,两轴上 $M_{T1}=M_{T2}=M$。

两轴强度相同,

$$\tau_{max1}=\tau_{max2}$$

所以
$$\frac{16M_0}{\pi D_1^3}=\frac{16M_0}{\pi D^3(1-0.5^4)},\quad D^3=\frac{D_1^3}{1-0.5^4}$$

$$D=\frac{D_1}{\sqrt[3]{1-0.5^4}}=28.6\ \text{cm},\quad d=\frac{1}{2}D=14.3\ \text{cm}$$

第 8-28 题:【B,C】

专家帮助:掌握剪应力互等定理。

第 8-29 题:【B,C】

专家帮助:因为最大主应力方向 $\alpha_0=45°$,所以,左、右端面外力偶矩方向分别为 ↓,↑,则圆轴受到的扭矩为负号,圆轴沿螺旋线的破坏是沿着最大拉应力所在的斜截面方向,其破坏是由拉应力造成的。

第 8-30 题:【A,B】

专家帮助:开口薄壁杆扭转时,截面上最大切应力发生在最厚的矩形长边上;闭口薄壁杆扭转时截面上最大切应力发生在最小厚度处。

第 8-31 题:【C,B】

专家帮助:本题的关键在于搞清功率、转速、外力偶矩的关系式 $M_0=k\dfrac{P}{n}$ 中,各物理量的单位及其换算关系。按 1 W = 1 N·m/s 计算;根据 $P=M\omega$ 计算,$P=2\pi nM$;当 P 按 kW 计算、转速 n 按 r/s 来计算,则作用在轴上的转矩为 $M=P/(2\pi n)=1\,000/6.28=159.23$ N·m,如果转速 n 按每分钟转过的圈数来计算,则 $M=9\,552$ N·m。另外,根据马力和千瓦的功率之间的换算关系:1 kW = 0.735 hp,相应的值为 $M=7\,019$ N·m。

第 8-32 题:【A,A】

专家帮助:轴内 $\tau_{\max}=\dfrac{16M_{\mathrm{T\,max}}}{\pi d^3}$,由此可求得最大主应力 $\sigma_1=\tau_{\max}$,因此,轴内最大正应力 $\sigma_{\max}=\dfrac{16M_{\mathrm{T\,max}}}{\pi d^3}$。

第 8-33 题:【B,C】

专家帮助:轴 1 和套筒 2 满足
$$M_{T1}=M_{T2}$$
且
$$\varphi_1=\varphi_2$$
由
$$\varphi_1=\varphi_2\rightarrow\frac{M_{T1}l}{G_1I_{P1}}=\frac{M_{T2}l}{G_2I_{P2}}\xrightarrow{M_{T1}=M_{T2}}G_2I_{P2}=G_1I_{P1}$$
则 ① 为答案 B。

由
$$G_2I_{P2}=G_1I_{P1}\rightarrow G_2D_2^4(1-\alpha^4)=G_1D_1^4\xrightarrow{\alpha=\frac{D_1}{D_2}}D_1^4(G_1+G_2)=D_2^4G_2$$
则 ② 为答案 C。

第 8-34 题:【B,D】

专家帮助:当低碳钢材料圆轴扭转破坏时,将沿横截面被剪断。当铸铁材料圆轴扭转破坏时,将沿与杆轴线成 45° 斜截面被拉断。

第 8-35 题:【C,A】

专家帮助:A 点处的切应力
$$\tau_A=\frac{M_T}{I_P}\times(0.5-0.1)D=\frac{M_T}{\dfrac{I_P}{\dfrac{D}{2}}}\times0.8=0.8\tau_{\max}$$
则 ① 处为 0.8,此时的扭矩为
$$M_T=\frac{0.8\tau_{\max}}{0.4D}I_P=\frac{\pi}{16D}(D^4-d^4)\tau_{\max}$$

则 ② 处为答案 A。

第 8-36 题:【B,A】

专家帮助:由题意,增加了的截面面积为 $A_1 = 2A$,A 为原面积,则

$$\frac{\pi}{4}d_1^2 = 2\,\frac{\pi}{4}d^2,\quad d_1^2 = 2d^2 \qquad ①$$

$$d_1 = \sqrt{2}\,d \qquad ②$$

所以面积增加后的单位长度扭转角为

$$\theta = \frac{M_T}{GI_{P1}} = \frac{M_T}{Gd_1^4\,\frac{\pi}{32}} = \frac{M_T}{G\,\frac{\pi}{32}(2d^2)^2} = \frac{1}{4}\,\frac{M_T}{GI_P} = \frac{1}{4}\vartheta$$

故抗扭刚度为原来的 4 倍。

面积增加后的轴内最大切应力为

$$\tau_{max1} = \frac{M_T}{W_{P1}} = \frac{M_T}{d_1^3\,\frac{\pi}{16}} \longrightarrow \frac{M_T}{\frac{\pi}{16}2\sqrt{2}\,d^3} = \frac{1}{2\sqrt{2}}\tau_{max}$$

故,最大切应为原来的 0.35 倍。

第 8-37 题:【B,C】

专家帮助:由题意,$d_1 = \frac{1}{2}d, L_1 = 2L$

所以
$$\tau_{max1} = \frac{M_T}{W_{P1}} = \frac{M_T}{d_1^3\,\frac{\pi}{16}} = \frac{M_T}{\frac{\pi}{16}\left(\frac{1}{2}d\right)^3} = 8\tau_{max}$$

所以
$$\varphi_{AB1} = \frac{M_T L_1}{GI_{P1}} = \frac{M_T 2L}{Gd_1^4\,\frac{\pi}{32}} = \frac{32M_T L}{Gd^4\,\frac{\pi}{32}} = 32\varphi_{AB}$$

第 8-38 题:【A,C】

专家帮助:一低碳钢受扭圆轴,仅将轴的材料换成优质钢(如 45 号钢),则轴的 $[\tau]$ 值将增加,G 基本不变。因此将提高轴的强度,而刚度不改变。

第 8-39 题:【B,D】

专家帮助:作图(a) 和图(b) 的扭矩图,比较两个扭矩图的 $M_{T\,max}$ 值,知图(b) 的较小,因此,根据轴的强度、刚度的安排方式是图(b)。当从动轮的传递扭矩 $M_C > M_B$ 时,同样可得最大扭矩。

3. 单项选择题

第 8-40 题:【D】

专家帮助:阶梯圆轴的最大剪应力为

$$\tau_{max} = \frac{M_T}{W_p}$$

因此,τ_{max} 的值由 M_T 和 W_p 共同确定。

第 8-41 题:【D】

专家帮助:因为 $I_p = \frac{\pi D^4}{32}(1-\alpha^4)$,所以 $W_p = \frac{I_p}{\frac{D}{2}} = \frac{\pi D^3}{16}(1-\alpha^4)$。

第 8-42 题:【D】

专家帮助:因为公式推导的条件是线弹性材料的圆截面;另外非圆截面杆扭转时发生翘曲,平截面假设不再成立,因而圆杆的扭矩公式不能用于非圆截面杆。

第 8-43 题:【A】

专家帮助:这是因为单位长度扭转角$\frac{d\varphi}{dx} = \frac{M_T}{GI_P}$,所以$\frac{d\varphi}{dx}$ 与杆的长度 l 无关。

第 8-44 题:【C】

专家帮助:平面假设是由圆轴扭转的实验现象和轴内变形与其表面变形相似的假定而作出的假设。

第 8-45 题:【A】

专家帮助:这是因为图(a) 轴上无外力偶矩作用。

第 8-46 题:【D】

专家帮助:当空心圆杆扭转时,横截面上切应力沿半径线性分布,并垂直于半径,$\tau_{\max}$ 在外表面处,切应力对横截面的力矩的转向同扭矩 T 的转向。

第 8-47 题:【A】

专家帮助:等截面圆轴,弹性范围内加载。

第 8-48 题:【B】

专家帮助:圆轴扭转变形后,可以观察到如下现象:

(1) 各圆周线形状、大小和间距均无变化,只是绕轴线相对旋转了不同的角度;

(2) 各纵向线均倾斜了同一微小角度 γ,原来的小矩形变成了相同形状的平行四边形.

满足如上实验现象的只有图(b)。

第 8-49 题:【A】

专家帮助:1－1,2－2,3－3 截面上扭矩都相同,$M_T = M$,由公式 $\tau_{\max} = \dfrac{M_T}{W_P}$,且空心圆轴 $W_P = \dfrac{\pi D^3}{16}(1-\alpha^4)$。再比较三个截面的 W_P,知 $W_{P1} < W_{P2} < W_{P3}$,则 $\tau_{\max 1} > \tau_{\max 2} > \tau_{\max 3}$。

第 8-50 题:【C】

专家帮助:注意扭矩的符号规则:按右手螺旋法则,将扭矩用矢量表示,矢量方向与横截面外法线方向一致时扭矩为正,反之为负。一般假设截面上扭矩为正,再由静力平衡关系求之。本题只须判断左段即可知 C 对。

第 8-51 题:【C】

专家帮助:因为

$$\frac{\tau_{1\max}}{\tau_{2\max}} = \frac{\dfrac{M_{T1}}{W_{P2}}}{\dfrac{M_{T2}}{W_{P2}}} = \frac{M_{T1} d_2^3}{M_{T2} d_1^3} - \frac{M_{T1}}{M_{T2}}\left(\frac{d_2}{d_1}\right)^3 \tag{1}$$

又

$$\varphi_1 = \varphi_2 \to \frac{M_{T1} l}{G_1 I_{P1}} = \frac{M_{T2} l}{G_2 I_{P2}} \xrightarrow{\text{若 } G_1 > G_2} \frac{G_1}{G_2} = \frac{M_{T1}}{M_{T2}}\left(\frac{d_2}{d_1}\right)^3 \frac{d_2}{d_1} > 1 \tag{2}$$

且

$$d_1 > d_2, \quad \frac{d_2}{d_1} < 1 \tag{3}$$

把式(3) 代入式(2),知

$$\frac{M_{T1}}{M_{T2}}\left(\frac{d_2}{d_1}\right)^3 > 1$$

即

$$\frac{\tau_{1\max}}{\tau_{2\max}} = \frac{M_{T1}}{M_{T2}}\left(\frac{d_2}{d_1}\right)^3 > 1$$

因此,$\tau_{1\max} > \tau_{2\max}$,答案 C 对。

第 8-52 题:【D】

专家帮助:由 $\tau_{1\max} = \tau_{2\max} \to \dfrac{M_{T1}}{\pi d_1^3} = \dfrac{M_{T2}}{\pi D_2^3(1-\alpha^4)}$。又两轴强度相同,扭矩 $M_{T1} = M_{T2}$;所以

$$\frac{d_1^3}{D_2^3(1-\alpha^4)} = 1 \to \frac{d_1}{D_2} = (1-\alpha^4)^{\frac{1}{3}}$$

则

$$\frac{W_1}{W_2} = \frac{A_1}{A_2} = \frac{d_1^2}{D_2^2 - d_2^2} = \left(\frac{d_1}{D_2}\right)^2 (1-\alpha^2)^{-1} = (1-\alpha^4)^{2/3} (1-\alpha^2)^{-1}$$

第 8-53 题:【C】

专家帮助：将外层圆轴作为单独的空心圆轴考虑其应力分布。且外层$\tau_{\max1}=\dfrac{32M_T}{15\pi d^3}$，里层$\tau_{\max2}=\dfrac{16M_T}{\pi d^3}$，$\tau_{\max2}>\tau_{\max1}$。

第 8-54 题：【A】

专家帮助：横截面的切应力τ_P与ρ成正比，且$\tau_P=\dfrac{M_T}{I_P}\rho$，$T$和$I_P$是常量，因此，切应力在$oa$段上线性分布，且$a$点切应力值为$\tau_s$。$a$点以外的切应力大于$\tau_s$，都已屈服；按$\tau$-$\gamma$曲线，材料是理想弹塑性材料，所以应力不变，应变增大。答案应选 A。

第 8-55 题：【C】

专家帮助：由$\tau_{\max}=\dfrac{16M_T}{\pi D^3(1-\alpha^4)}=\dfrac{16M}{\pi(1-0.5^4)D^3}=[\tau]$，所以，最大许可荷载

$$M=\frac{\pi(1-0.5^4)D^3}{16}$$

又
$$A_2=2A\rightarrow\frac{\pi}{4}(D_2^2-0.5^2D_2^2)=2\times\frac{\pi}{4}(D^2-0.5^2D^2)\rightarrow D_2=\sqrt{2}D$$

所以

$$M_2=\frac{\pi(1-0.5^4)D_2^3}{16}=2\sqrt{2}M$$

答案 C 正确。

第 8-56 题：【D】

专家帮助：因为扭矩为内力，内力的大小取决于外力偶矩。

第 8-57 题：【A】

专家帮助：屈服极限τ_s提高，则$[\tau]$提高，故强度足够；刚度受G影响，因此，刚度不够。

第 8-58 题：【D】

专家帮助：因为
$$\tau_{AB}=\frac{4M_0}{\pi d^3},\ \tau_{BC}=\frac{16M_0}{\pi d^3};\quad \varphi_{AB}=\frac{4M_0}{G\pi d^4},\ \varphi_{BC}=\frac{32M_0}{G\pi d^4}$$

所以
$$\tau_{\max}=\tau_{BC},\quad \varphi_{\max}=\varphi_{BC}$$

第 8-59 题：【A】

专家帮助：单元体的直角改变量γ称为剪应变。本题图直角无改变，$\gamma=0$，故 A 对。

4. 多项选择题

第 8-60 题：【B，E】

专家帮助：横截面上剪应力τ_ρ沿半径线性分布，并垂直于半径。

第 8-61 题：【A，C，F】

专家帮助：剪应力互等定理在单元体上存在正应力时仍成立，且与材料性质无关，因此材料不一定要满足胡克定律。

第 8-62 题：【B，C】

专家帮助：剪应变为单元体的直角改变量。

第 8-63 题：【B】

专家帮助：由$\tau_{\max}=\dfrac{M_T}{W_P}=\dfrac{16M}{\pi d^3}$得外力偶矩为

$$M=\frac{\pi d^3\tau_{\max}}{16}=\frac{\pi\times90^3\times10^{-9}\times50\times10^6}{16}=7\ 156.9\ \text{N}\cdot\text{m}$$

又
$$M=9\ 549\frac{N}{n}$$

得功率
$$N=\frac{Mn}{9\ 549}=33.7\ \text{kW}$$

第 8－64 题:【B,C,E】

专家帮助:材料由钢变为铝,$[\tau]$降低,G值降低,则轴的强度降低。由于扭转角 $\varphi=\dfrac{M_T l}{GI_P}$,$\varphi$ 将增大。由于 $\tau_{max}=\dfrac{M_T}{W_P}$,$\tau_{max}$ 将不变。

二、基本计算练习题

第 8－65 题:【$|M_{T\,max}|=6\ kN\cdot m$, $M_{T\,max}|=3\ kN\cdot m$】

专家帮助:如第 8－65 题解图所示。

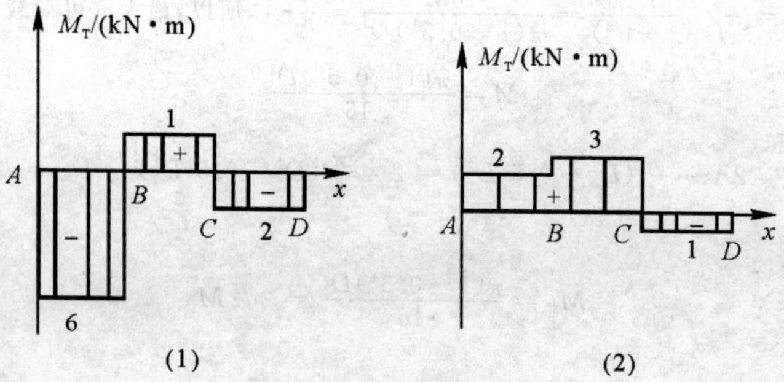

第 8－65 题解图

$$|M_{T\,max}|=6\ kN\cdot m,\quad M_{T\,max}|=3\ kN\cdot m$$

点评:当求各段扭矩时,通常假设截面处扭矩为正。因此,要掌握扭矩的正负规则。

第 8－66 题:【 截面上各点剪应力的数值为

$$\tau_A=\frac{M_P}{I_p}r_A=71.4\ MPa(\leftarrow)$$

$$\tau_B=\frac{M_T}{I_p}r_B=35.7\ MPa(\uparrow)$$

$$\tau_C=\frac{M_T}{I_p}r_C=0\ MPa$$

截面上最大剪应力(在 A 点所在的外圆周处)

$$\tau_{max}=\frac{M_T}{I_p}R=\tau_A=71.4\ MPa】$$

专家帮助:

(1) 由 $\tau_r=\dfrac{M_r}{I_p}r$,其中 $M_T=M=14\ kN\cdot m$

$$I_p=\frac{\pi d^4}{32},\quad r_A=\frac{d}{2},\quad r_B=\frac{d}{4},\quad r_C=0$$

截面上各点剪应力的数值为

$$\tau_A=\frac{M_p}{I_p}r_A=\frac{14\times10^3\times\frac{1}{2}\times0.1}{\pi\times0.1^4/32}=71.4\ MPa(\leftarrow)$$

$$\tau_B=\frac{M_T}{I_p}r_B=\frac{14\times10^3\times\frac{1}{4}\times0.1}{\pi\times0.1^4/32}=35.7\ MPa(\uparrow)$$

$$\tau_C=\frac{M_T}{I_p}r_C=0\ MPa$$

(2) 截面上最大剪应力(在 A 点处)

$$\tau_{\max}=\frac{M_T}{I_p}R=\tau_A=71.4\ \text{MPa}$$

点评：注意圆截面上剪应力的分布在半径上成线性分布，计算公式为 $\tau=\frac{M_T}{I_P}\rho$。

第 8-67 题：【$D=132\ \text{mm}$】

专家帮助：由强度条件有

$$\tau_{\max}=\frac{M_T}{\frac{\pi}{32}D^4}\times\frac{D}{2}\leqslant[\tau]$$

得
$$\frac{16M_T}{\pi D^3}\leqslant[\tau]$$

所以
$$D\geqslant\sqrt[3]{\frac{16M_T}{\pi[\tau]}}=\sqrt[3]{\frac{16\times18\times10^3}{\pi\times40\times10^6}}=131.8\ \text{mm}$$

故
$$D=132\ \text{mm}$$

点评：本题为三种强度计算之一，由强度条件进行截面设计(设计直径 D)。

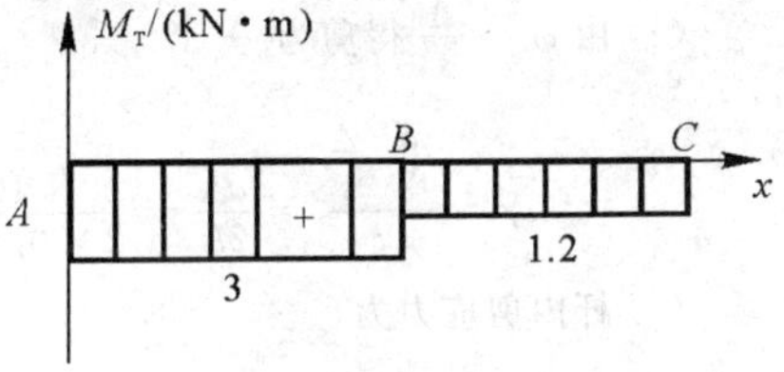

第 8-68 题解图

第 8-68 题：【$\tau_{\max}=\tau_{BC\max}=48.8\ \text{MPa}$】

专家帮助：如第 8-68 题解图所示。

由 $\tau_{\max}=\frac{M_T}{I_P}\times\frac{D}{2}$ 得

$$\tau_{AB\max}=\frac{M_{TAB\max}}{I_{pAB}}\times\frac{d_1}{2}=\frac{M_{TAB}}{\frac{\pi}{16}\times d_1^3}=\frac{3\times10^3\times16}{\pi\times(75\times10^{-3})^3}=36.2\ \text{MPa}$$

$$\tau_{BC\max}=\frac{M_{TBC\max}}{I_{pBC}}\times\frac{d_2}{2}=\frac{M_{TBC}}{\pi\times d_2^3}=\frac{1.2\times10^3\times16}{\pi\times(50\times10^{-3})^3}=48.8\ \text{MPa}$$

因此
$$\tau_{\max}=\tau_{BC\max}=48.8\ \text{MPa}$$

点评：本题思路关键在于由扭矩找出危险段。由于 AB，BC 段不是等直圆轴而是阶梯轴，危险段不是某一段，而是 AB 和 BC 两段。

第 8-69 题：【$N=197.4\ \text{kW}$】

专家帮助：由
$$M=9\,549\frac{N}{n}$$

$$M_T=M=9\,549\frac{N}{n}$$

$$\theta=\frac{M_T}{GI_p}=\frac{M}{G\frac{\pi}{32}d^4}=\frac{32\times9\,549N}{\pi nGd^4}$$

则传递功率为

$$N=\frac{\pi nGd^4\theta}{32\times9\,549}=\frac{\pi\times120\times0.02\times80\times10^9\times(10^{-1})^4}{32\times9\,549}=197.4\ \text{kW}$$

点评：本题为由扭转变形求扭矩，再求外力偶矩的题型。

第 8-70 题：【$d_{\min}=97.7\ \text{mm}$】

专家帮助：由强度条件有

$$\tau_{\max}=\frac{M_T}{W_P}=\frac{16M_T}{\pi d^3}\leqslant[\tau]=60\ \text{MPa}$$

得

$$d\geqslant\sqrt[3]{\frac{16M_T}{\pi[\tau]}}=\sqrt[3]{\frac{16\times3.7\times10^3}{\pi\times60\times10^6}}=67.97\ \text{mm}$$

由刚度条件有

$$\theta_{\max}=\frac{M_T}{GI_P}\times\frac{180^\circ}{\pi}=\frac{M_T\times 32}{G\pi d^4}\times\frac{180^\circ}{\pi}\leqslant[\theta]=0.3^\circ/\text{m}$$

得

$$d\geqslant\sqrt[4]{\frac{32M_T\times 180^\circ}{\pi^2\times G[\theta]}}=\sqrt[4]{\frac{32\times 3.7\times 180^\circ}{\pi^2\times 79\times 10^9\times 0.3}}=97.7\ \text{mm}$$

则确定圆轴应有的最小直径 $d_{\min}=97.7$ mm。

点评：本题为由强度条件和刚度条件分别进行截面设计、综合设计的题型。

第 8－71 题：【$\gamma=9.38\times10^{-4}$ rad；$\tau_{\max}=76.4$ MPa；$G=81.4$ GPa】

专家帮助：如第 8－71 题解图所示。

(1) 由 $\varphi=\dfrac{\Delta}{s}$ 得剪为

$$\gamma=\frac{\frac{d}{2}\frac{\Delta}{s}}{l}=\frac{d\Delta}{2ls}=\frac{10\times 1.5}{2\times 0.1\times 10^3\times 80}=9.38\times 10^{-4}\ \text{rad}$$

(2) 杆内剪应力为

$$\tau_{\max}=\frac{M_T}{I_P}R=\frac{M\frac{d}{2}}{\frac{\pi}{32}d^4}=\frac{16M}{\pi d^3}=\frac{16\times 15}{\pi\times 10}=76.4\ \text{N/mm}^2=76.4\ \text{MPa}$$

(3) 由 $\tau=G\gamma$ 得

$$G=\frac{\tau}{\gamma}=\frac{76.4\times 10^6}{9.38\times 10^{-4}}=81.4\times 10^9\,\text{Pa}=81.4\ \text{GPa}$$

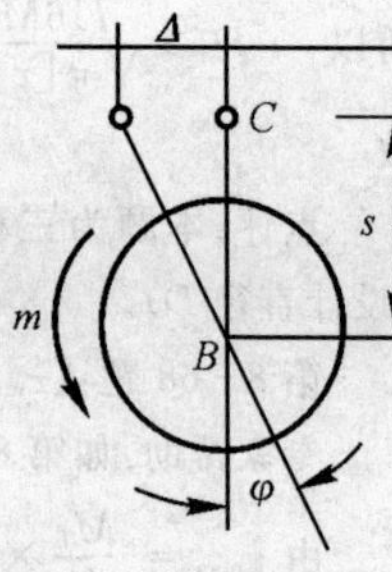

第 8－71 题解图

点评：解题时，注意将测得的 Δ 值转化为剪应变 γ 值。

第 8－72 题：【$l=1.089$ m】

专家帮助：由

$$\varphi=\frac{M_T L}{GI_P}\times\frac{180^\circ}{\pi}=6^\circ$$

又

$$\tau_{\max}=\frac{dM_T}{2I_P}$$

则

$$M_T=\frac{2I_P\tau_{\max}}{d}$$

所以

$$\frac{2I_P\tau_{\max}l\times 180^\circ}{\pi GI_P d}=6$$

则圆轴长度

$$l=\frac{6\pi Gd}{2\tau_{\max}\times 180^\circ}=\frac{3\pi\times 79\times 10^9\times 0.025}{95\times 10^6\times 180^\circ}=1.089\ \text{m}$$

点评：本题由应力和变形公式联立求解。

第 8－73 题：【$d_1=45$ mm；$D_2=46$ mm】

专家帮助：(1) 外力偶矩 $M=9\,549\dfrac{N}{n}$，扭矩 $M_T=M=9\,549\dfrac{N}{n}$。由

$$\tau_{\max}=\frac{M_T}{W_P}\leqslant[\tau]$$

对于实心圆轴

$$\tau_{1\max}=\frac{9\,549\frac{N}{n}}{\frac{\pi}{16}d_1^3}\leqslant[\tau]$$

$$d_1\geqslant\sqrt[3]{\frac{16\times 9\,549\frac{N}{n}}{\pi[\tau]}}=\sqrt[3]{\frac{16\times 9\,549\times 7.5}{\pi\times 100\times 40\times 10^6}}=\sqrt[3]{91.19\times 10^{-6}}=4.5\times 10^{-2}\ \text{m}=45\ \text{mm}$$

(2) 对于空心轴，有

$$\frac{16\times 9\ 549\,\dfrac{N}{n}}{\pi D_2^3(1-\alpha^4)}\leqslant[\tau]$$

$$D_2\geqslant\sqrt[3]{\frac{16\times 9\ 549}{\pi n[\tau]\times(1-\alpha^4)}}=46\ \text{mm}$$

点评：解题时注意两轴传递的外力偶矩相同，则扭矩也相同。然后分别由强度条件进行截面直径设计即可求解。

第 8-74 题：【$D=68$ mm】

专家帮助：外力偶矩为

$$M=9\ 549\times\frac{N}{n}=9\ 549\times\frac{60}{250}=2\ 291.76\ (\text{N}\cdot\text{m}),\quad M_{\text{T max}}=M$$

由
$$\tau_{\max}=\frac{M_{\text{T max}}}{W_{\text{P}}}=\frac{16M}{\pi D^3}\leqslant[\tau]=40\ \text{MPa}=40\ \text{N/mm}^2$$

得圆轴外径为

$$D\geqslant\sqrt[3]{\frac{16M}{\pi[\tau]}}=\sqrt[3]{\frac{16\times 9549\times 60\times 10^3}{\pi\times 250\times 40}}=66.3\ \text{mm}\tag{1}$$

由
$$\theta=\frac{M_{\text{T max}}}{GI_P}\times\frac{180^\circ}{\pi}\leqslant[\theta]=\frac{0.8^\circ}{10^3}$$

其中
$$I_{\text{P}}=\frac{\pi D^4}{32}$$

得
$$D\geqslant\sqrt[4]{\frac{32M\times 180}{G\pi^2[\theta]}}=\sqrt[4]{\frac{32\times 2\ 291.76\times 10^6\times 180}{80\times 10^3\times\pi^2\times 0.8}}=67.6\ \text{mm}\tag{2}$$

由式(1)，式(2) 计算得

$$66.3\ \text{mm}<67.6\ \text{mm}$$

则取 $D=68$ mm 作为圆轴的设计直径。

点评：本题由强度条件和刚度条件分别进行截面直径设计，再对结果进行比较，得最终的设计直径。

第 8-75 题：【(1) 强度满足要求，刚度满足要求；(2) $D_1=52.9$ mm】

专家帮助：

(1) 校核强度和刚度，由题意知，圆轴承受扭矩 $M_{\text{T}}=M_{\text{e}}=2$ kN/m

1) 计算极惯性矩 I_{P} 和扭转截面系数 W_{P}：

$$\alpha=\frac{d}{D}=\frac{D-2\delta}{D}=\frac{76-2\times 2.5}{76}=0.935$$

$$I_{\text{P}}=\frac{\pi D^4}{32}(1-\alpha^4)=\frac{\pi\times 76^4}{32}(1-0.935^4)=771\times 10^3\ \text{mm}^4$$

$$W_{\text{P}}=\frac{I_{\text{P}}}{D/2}=\frac{771\times 10^3}{76/2}=20.3\times 10^3\ \text{mm}^3$$

2) 校核强度：

$$\tau_{\max}-\frac{M_{\text{T}}}{W_{\text{P}}}=\frac{2\times 10^3}{20.3\times 10^{-6}}=98.5\times 10^6\ \text{Pa}=98.5\ \text{MPa}<[\tau]$$

满足强度要求。

3) 刚度校核：

$$\varphi=\frac{M_{\text{T}}}{GI_{\text{P}}}\times\frac{180^\circ}{\pi}=\frac{2\times 10^3}{80\times 10^9\times 771\times 10^{-9}}\times\frac{180^\circ}{\pi}=1.86^\circ/\text{m}<[\varphi]$$

满足刚度要求。

(2) 设计实心圆轴的直径 D_1：

1) 保持强度不变，强度不变即保持实心轴的最大切应力 $\tau_{\max1}$ 等于空心轴的最大剪应力 $\tau_{\max}=98.5\ \text{MPa}$，即

$$\tau_{\max1}=\frac{M_T}{W_{P1}}=\tau_{\max}$$

式中，$W_{P1}=\dfrac{\pi}{16}D_{11}^3$ 代入即得

$$D_{11}=\sqrt[3]{\frac{16M_T}{\pi\tau_{\max}}}=\sqrt[3]{\frac{16\times2\times10^3}{\pi\times98.5\times10^6}}=46.9\times10^{-3}\ \text{m}=46.9\ \text{mm}$$

2) 保持刚度不变。刚度不变即保持两轴的单位长度扭转角相等，即

$$\varphi_1=\frac{M_T}{GI_P}\times\frac{180^\circ}{\pi}=\varphi$$

式中，$I_{P1}=\dfrac{\pi}{32}D_{12}^4$，代入即得

$$D_{12}=\sqrt[4]{\frac{32\times M_T\times180^\circ}{G\times\pi^2\times\varphi}}=\sqrt[4]{\frac{32\times2\times10^3\times180^\circ}{80\times10^9\times\pi^2\times1.86^\circ}}=52.9\ \text{mm}$$

即在保持强度不变和刚度不变的条件下，实心轴的直径 $D_1=\max\{D_{1i}\}=52.9\ \text{mm}$。

(3) 讨论：在保持强度和刚度不变的条件下，比较空心轴和实心轴的重力。由工程实际确定了轴长 l 一定，如选用同一材料，其重度 γ 一定，两轴横截面面积分别为 A 和 A_1，则两种轴的重力分别为 $W=Al\gamma$，$W_1=A_1l\gamma$。则两轴的重力比为 $\alpha=\dfrac{W}{W_1}=\dfrac{A}{A_1}$。式中 $A=\dfrac{\pi}{4}(D^2-d^2)=\dfrac{\pi}{4}(76^2-71^2)=578\ \text{mm}^2$。

1) 保持强度不变时实心轴的横截面面积为

$$A_{11}=\frac{\pi}{4}D_{11}^2=\frac{\pi}{4}\times46.9^2=1\ 730\ \text{mm}^2$$

故
$$\alpha_1=\frac{W}{W_{11}}=\frac{A}{A_{11}}=\frac{578}{1\ 730}=0.334$$

2) 保持刚度不变时，实心轴的横截面面积为

$$A_{12}=\frac{\pi}{4}D_{12}^2=\frac{\pi}{4}\times52.9^2=2\ 198\ \text{mm}^2$$

故
$$\alpha_1=\frac{W}{W_{12}}=\frac{A}{A_{12}}=\frac{578}{2\ 198}=0.263$$

即空心轴的重力仅为实心轴重力的 26.3%。

所以，采用空心轴可有效地减轻轴的重力，节约材料。因此，空心轴在工程中，特别是在航空航天工业中得到广泛的应用。

点评：解题时注意“强度和刚度保持不变”的含义。

第 8-76 题：【(1) 强度满足要求；(2) 刚度也满足要求】

专家帮助：(1) $M_1=9\ 549\dfrac{N_1}{n}=9\ 549\times\dfrac{13}{200}=620.7\ \text{N}\cdot\text{m}$

$$M_3=9\ 549\frac{N_3}{n}=9\ 549\times\frac{30}{200}=1\ 432.4\ \text{N}\cdot\text{m}$$

$$M_2=M_3-M_1=811.7\ \text{N}\cdot\text{m}$$

(2) 作扭矩图，如第 8-76 题解图所示，AC 和 DB 为危险段。

(3) 据 $I_P=\dfrac{\pi}{32}D^4$ 和 $W_P=\dfrac{\pi}{16}D^3$ 知，在 AC 段有 $W_{P1}=\dfrac{\pi}{16}d_1^3$，在 BD 段有 $W_{P2}=\dfrac{\pi}{16}d_2^3$。

(4) 强度校核。

AC 段：
$$\tau_{1\max}=\frac{16M_1}{\pi d_1^3}=\frac{16\times620.7}{\pi\times0.04^3}=49.4\ \text{MN/m}^2=49.4\ \text{MPa}$$

BC 段：
$$\tau_{2\max}=\frac{16M_3}{\pi d_2^3}=21.3\ \mathrm{MPa}$$

都小于[τ]，则强度满足要求。

(5) 刚度校核。

AC 段：
$$\theta_{1\max}=\frac{M_1}{GI_{P1}}\frac{620.7\times 32}{80\times 10^9\times\pi\times 0.04^4}=0.03\ \mathrm{rad/m}=1.71°/\mathrm{m}<[\theta]$$

BD 段：
$$\theta_{2\max}=\frac{M_3}{GI_{P2}}\frac{1\,432.4\times 32}{80\times 10^9\times\pi\times 0.07^4}=0.007\ \mathrm{rad/m}=0.4°/\mathrm{m}<[\theta]$$

则刚度也满足要求。

点评：解题时注意由扭矩图分析出危险段。

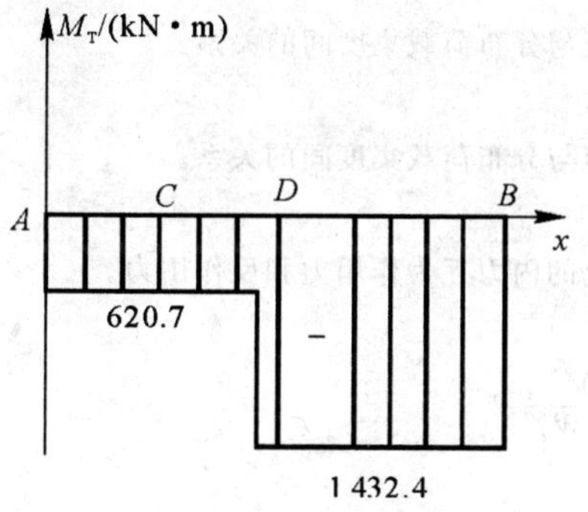

第 8－76 题解图

第九章　弯曲应力分析与强度计算

一、基本概念练习题

1. 是非判断题

第 9-1 题:【是】

专家帮助:熟练掌握剪力、弯矩与分布荷载集度间的关系。

第 9-2 题:【是】

专家帮助:熟练掌握剪力、弯矩与分布荷载集度间的关系。

第 9-3 题:【非】

专家帮助:注意左、右两段杆上的内力互为作用力和反作用力。

第 9-4 题:【非】

专家帮助:$\sigma_{\max}=\dfrac{M_{\max}}{I_z/y_{\max}}=\dfrac{M_{\max}}{W_z}$。

第 9-5 题:【非】

专家帮助:$\sigma_{\max}=\dfrac{M_{\max}}{I_z/y_{\max}}=\dfrac{M_{\max}}{W_z}$。

第 9-6 题:【是】

专家帮助:理解平面弯曲的定义。

2. 选择填空题

第 9-7 题:【D,C】

专家帮助:$a=\dfrac{L}{5}$。

第 9-8 题:【B,C】

专家帮助:熟练掌握弯矩图和剪力图的规律。

第 9-9 题:【B,A】

专家帮助:掌握正应力和剪应力的分布规律。

第 9-10 题:【B,D】

专家帮助:熟练掌握惯性矩的计算。

第 9-11 题:【B,C】

专家帮助:熟练掌握抗弯刚度的计算。

第 9-12 题:【B,C】

专家帮助:熟练掌握剪力和弯矩正负号的判别。

第 9-13 题:【A,B】

专家帮助:熟练掌握截面法求解剪力和弯矩。

第 9-14 题:【B,C】

专家帮助:熟练掌握绘制剪力图和弯矩图的规律。

第 9-15 题:【B,D】

专家帮助:熟练掌握剪力、弯矩和荷载集度间的关系。

第 9-16 题:【B,D】

专家帮助：理解抗弯刚度的定义和物理意义。

第 9－17 题：【B,C】

专家帮助：掌握矩形梁和圆形梁受弯时截面上的剪应力分布规律。

第 9－18 题：【B,C】

专家帮助：掌握工字形截面梁受弯时截面上的剪应力分布规律。

第 9－19 题：【A,A】

专家帮助：理解中性轴的定义。

第 9－20 题：【B,D】

专家帮助：注意弯曲中心和纵向对称面的区别。

3. 单项选择题

第 9－21 题：【B】

专家帮助：熟练掌握弯矩、剪力正负号的判别。

第 9－22 题：【B】

专家帮助：注意力的平移定理和弯矩图的画法。

第 9－23 题：【C】

专家帮助：注意力的平移定理和弯矩、剪力图的画法。

第 9－24 题：【D】

专家帮助：注意力对点之矩的性质。

第 9－25 题：【C】

专家帮助：注意弯曲正应力公式中各符号的物理意义。

第 9－26 题：【D】

专家帮助：注意正应力和剪应力的应力分布图。

第 9－27 题：【D】

专家帮助：$\sigma = \frac{M}{I_z} y_i$。

第 9－28 题：【C】

专家帮助：注意利用剪力图的规律快速作图。

第 9－29 题：【D】

专家帮助：熟练掌握弯矩图和剪力图的规律。

第 9－30 题：【C】

专家帮助：熟练掌握弯矩图和剪力图的规律。

第 9－31 题：【A】

专家帮助：熟练掌握弯矩图和剪力图的规律。

第 9－32 题：【D】

专家帮助：深刻理解中性轴的定义。

第 9－33 题：【C】

专家帮助：理解中性层的定义。

第 9－34 题：【D】

专家帮助：理解抗弯刚度的定义。

第 9－35 题：【A】

专家帮助：理解抗弯截面模量的定义。

第 9－36 题：【B】

专家帮助：理解惯性矩的物理意义。

第 9-37 题:【C】

专家帮助:理解 S_z 的定义。

第 9-38 题:【A】

专家帮助:掌握工字形截面梁受弯时,正应力和剪应力的分布情况。

第 9-39 题:【A】

专家帮助:注意剪应力强度起控制作用的情况。

第 9-40 题:【D】

专家帮助:理解弯曲中心的定义。

第 9-41 题:【C】

专家帮助:注意剪应力的分布情况。

第 9-42 题:【C】

专家帮助:熟练掌握弯矩图和剪力图的规律。

第 9-43 题:【B】

专家帮助:熟练掌握 S_z 和 I_z 的求法。

第 9-44 题:【A】

专家帮助:通过正应力和剪应力的分布来判别。

第 9-45 题:【C】

专家帮助:熟练掌握弯曲位移的求解方法。

第 9-46 题:【A】

专家帮助:理解弯曲中心的定义。

第 9-47 题:【D】

专家帮助:熟练掌握绘制弯矩图和剪力图的规律。

第 9-48 题:【C】

专家帮助:熟练掌握惯性矩和抗弯截面模量的求法。

第 9-49 题:【B】

专家帮助:熟练掌握绘制弯矩图和剪力图的规律。

第 9-50 题:【B】

专家帮助:理解中性层的定义。

第 9-51 题:【D】

专家帮助:理解抗弯刚度的定义。

第 9-52 题:【C】

专家帮助:熟练掌握绘制弯矩图和剪力图的规律。

4. 多项选择题

第 9-53 题:【A,B,C】

专家帮助:熟练掌握剪力方程和弯矩方程。

第 9-54 题:【A,C,D】

专家帮助:熟练掌握剪力方程和弯矩方程。

第 9-55 题:【B,C,D】

专家帮助:熟练掌握绘制弯矩图和剪力图的规律。

第 9-56 题:【A,B,D】

专家帮助:熟练掌握弯曲正应力和剪应力的计算。

二、基本计算练习题

第 9-57 题:

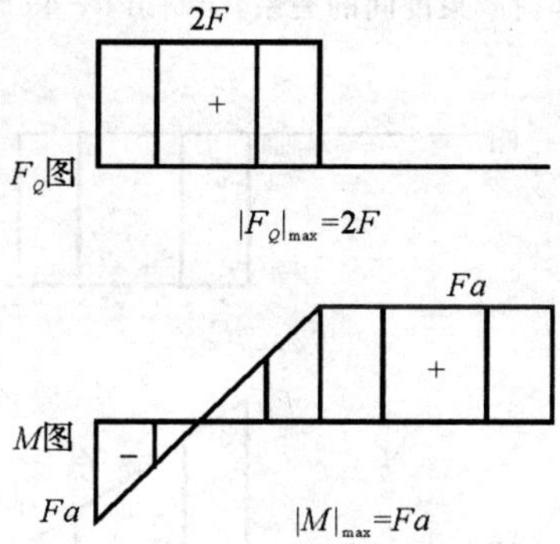

第 9－57 题解图

专家帮助：注意利用剪力、弯矩和荷载集度间的关系，绘制如第 9－57 题解图。

第 9－58 题：

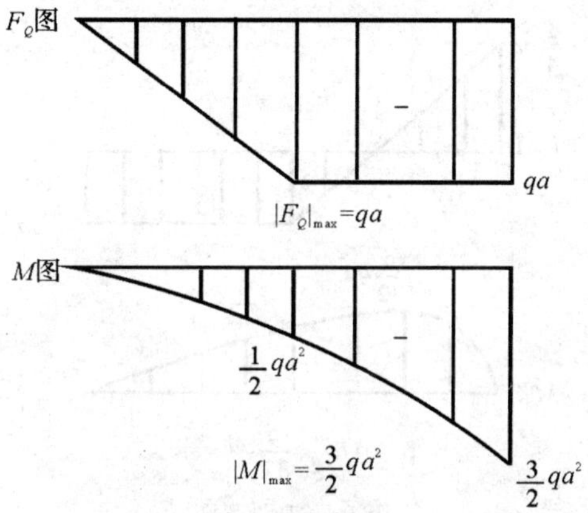

第 9－58 题解图

专家帮助：注意利用剪力、弯矩和荷载集度间的关系，绘制第 9－58 题解图。

第 9－59 题：

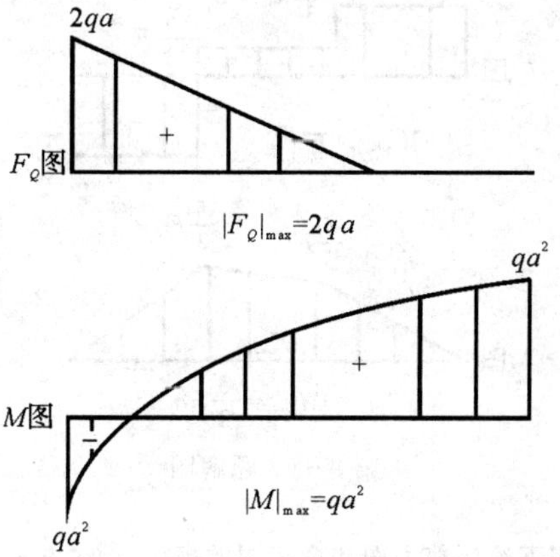

第 9－59 题解图

专家帮助：注意利用剪力、弯矩和荷载集度间的关系，绘制第 9－59 题解图。

第 9－60 题：

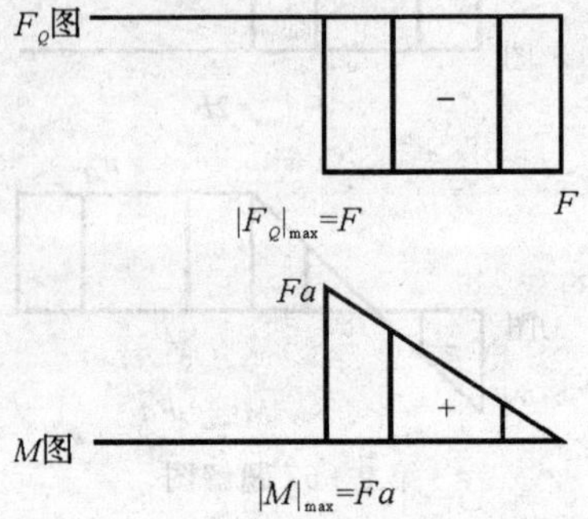

第 9－60 题解图

专家帮助：注意利用剪力、弯矩和荷载集度间的关系，绘制第 9－60 题解图。

第 9－61 题：

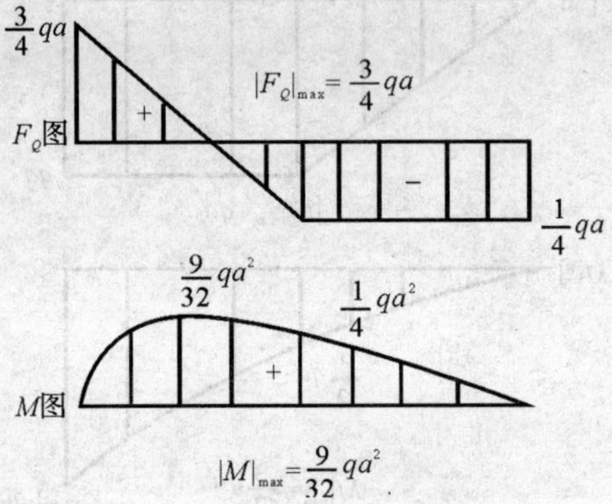

第 9－61 题解图

专家帮助：注意利用剪力、弯矩和荷载集度间的关系，绘制第 9－61 题解图。

第 9－62 题：

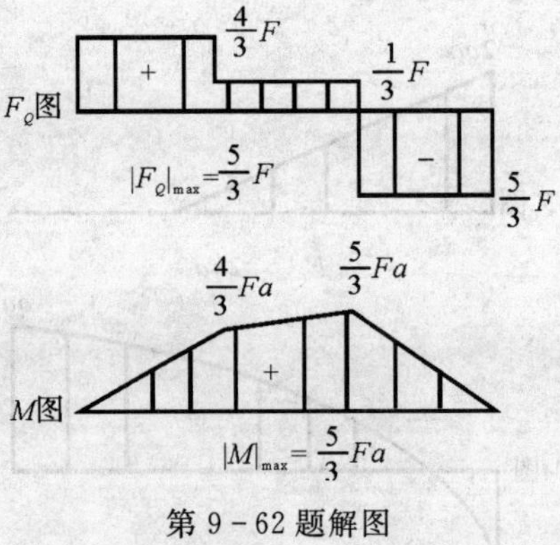

第 9－62 题解图

专家帮助：注意在集中力作用下绘制剪力图和弯矩图的规律，如第 9－62 题解图。

第 9－63 题：

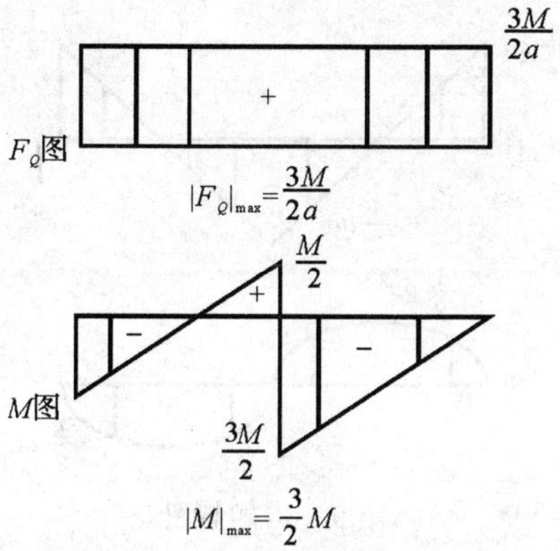

第 9－63 题解图

专家帮助：注意在集中力偶作用下绘制剪力图和弯矩图的规律，如第 9－63 题解图。

第 9－64 题：

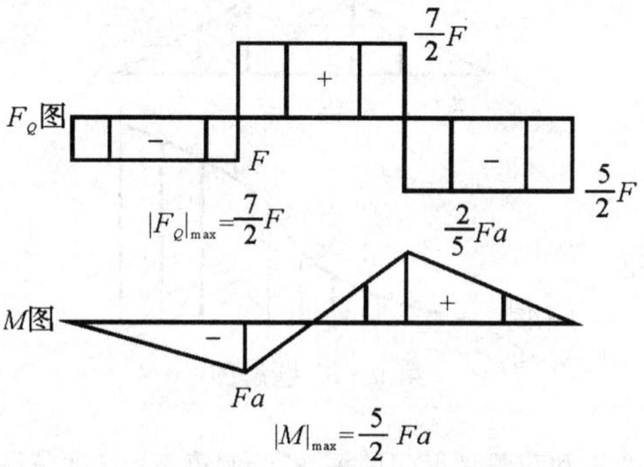

第 9－64 题解图

专家帮助：注意在集中力作用下绘制剪力图和弯矩图的规律，如第 9－64 题解图。

第 9－65 题：

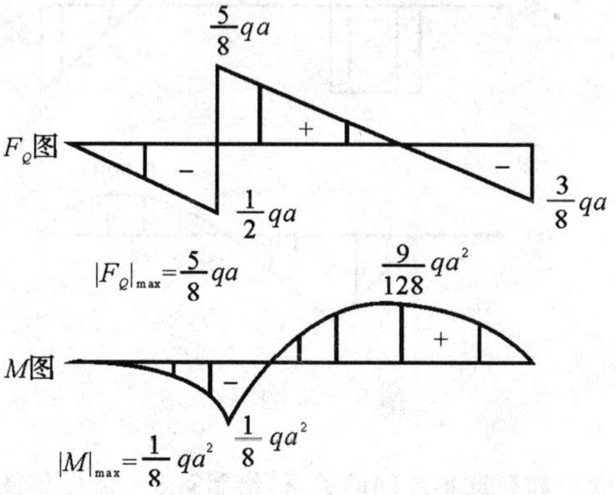

第 9－65 题解图

专家帮助：注意利用剪力、弯矩和荷载集度间的关系，绘制第 9－65 题解图。

第 9－66 题：

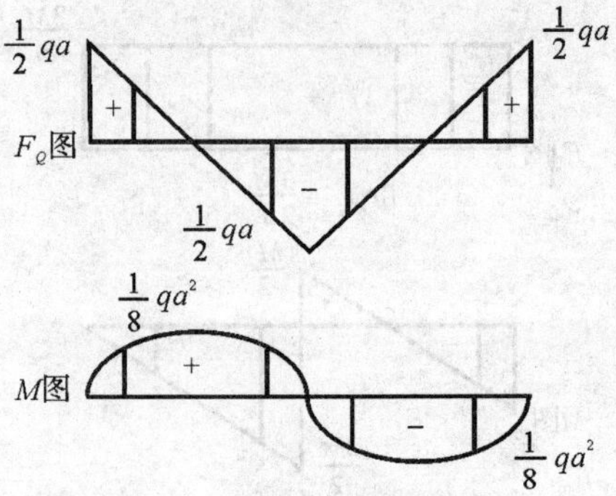

第 9－66 题解图

专家帮助：注意利用剪力、弯矩和荷载集度间的关系，绘制第 9－66 题解图。

第 9－67 题：

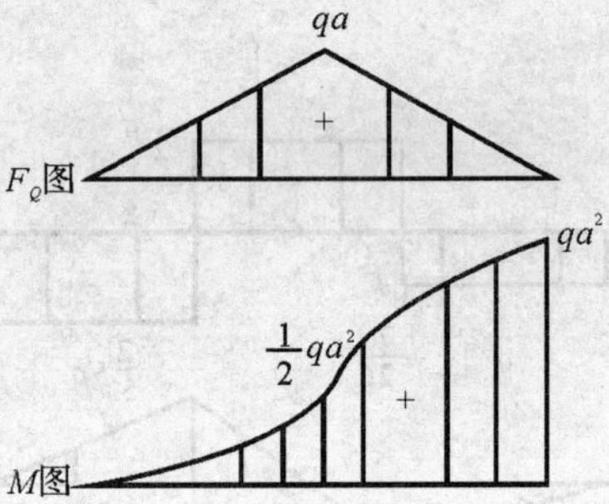

第 9－67 题解图

专家帮助：注意利用剪力、弯矩和荷载集度间的关系，绘制第 9－67 题解图。

第 9－68 题：

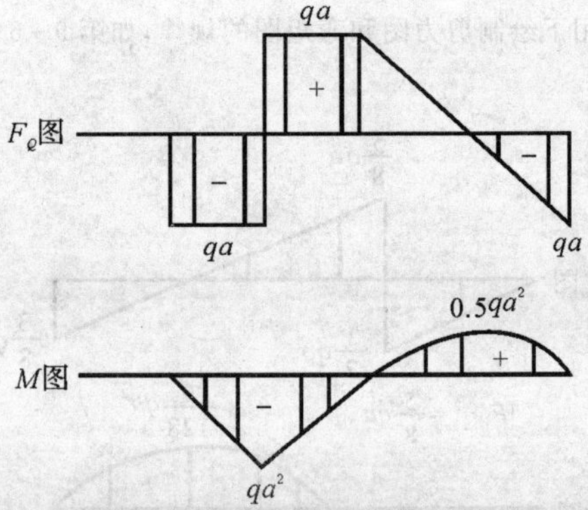

第 9－68 题解图

专家帮助：注意利用剪力、弯矩和荷载集度间的关系，绘制第 9－68 题解图。

第 9－69 题：

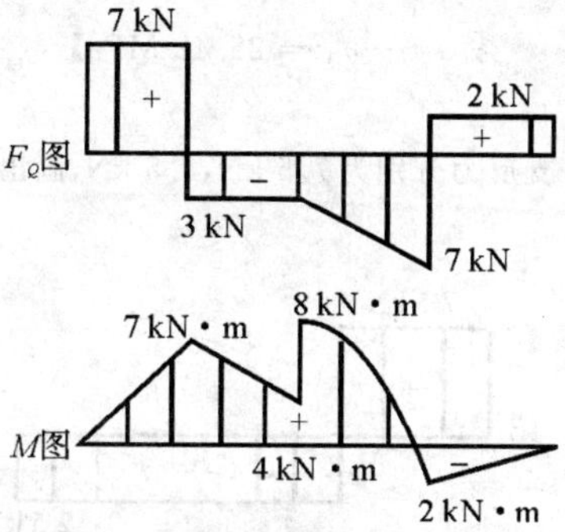

第 9－69 题解图

专家帮助：注意利用剪力、弯矩和荷载集度间的关系，绘制第 9－69 题解图。

第 9－70 题：

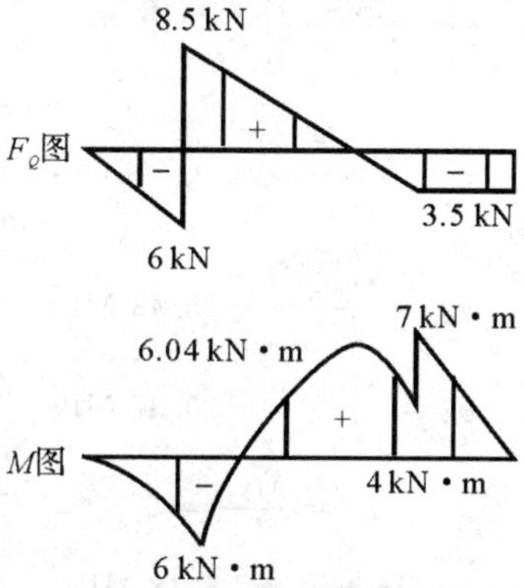

第 9－70 题解图

专家帮助：注意利用剪力、弯矩和荷载集度间的关系，绘制第 9－70 题解图。

第 9－71 题：【$b=\frac{\sqrt{3}}{3}d,\ h=\frac{\sqrt{6}}{3}d$】

专家帮助：注意，当矩形的抗弯截面模量最大时最合理。

解：若从正应力强度条件考虑，要求截出的矩形截面的抗弯截面模量最大。矩形的抗弯截面模量为

$$W_z=\frac{bh^2}{6}=\frac{b^2(d^2-b^2)}{6}$$

对上式 b 求导数并令其为零，得

$$(W_z)'_b=\frac{d^2}{6}-\frac{b^2}{2}=0$$

解得

$$b=\frac{\sqrt{3}}{3}d,\quad h=\sqrt{d^2-b^2}=\frac{\sqrt{6}}{3}d$$

第 9－72 题：【

$$\sigma_A=\frac{My_A}{I_z}=-25.48\ \text{MPa}$$

$$\sigma_B=\frac{My_B}{I_z}=-20.37\ \text{MPa}$$

$$\sigma_C = \frac{My_C}{I_z} = 0$$

$$\sigma_D = -\sigma_A = 25.48\ \text{MPa}】$$

专家帮助：熟悉正应力的计算。

解：(1) 由平衡方程求得梁左、右支反力分别为 7.5 kN，2.5 kN，画出梁的内力图和弯矩图如第 9-72 题解图所示。

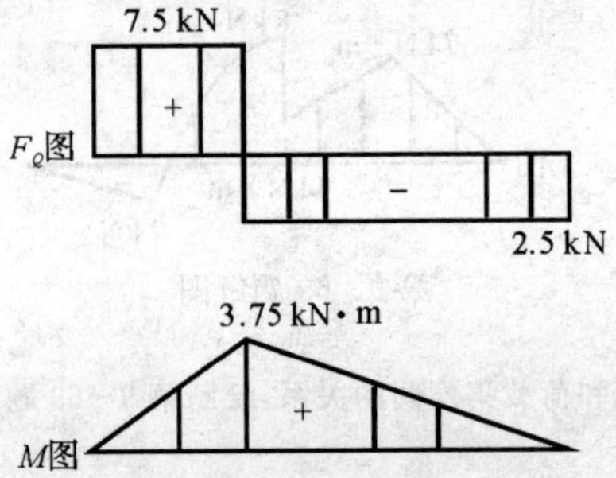

第 9-72 题解图

(2) m－m 截面上有

$$M = 2.5\ \text{kN}\cdot\text{m},\quad y_A = -5\ \text{cm},\quad y_B = -4\ \text{cm},\quad y_C = 0,\quad y_D = 5\ \text{cm}$$

(3) 计算 A,B,C,D 各点的应力为

$$\sigma_A = \frac{My_A}{I_z} = -25.48\ \text{MPa}$$

$$\sigma_B = \frac{My_B}{I_z} = -20.37\ \text{MPa}$$

$$\sigma_C = \frac{My_C}{I_z} = 0$$

$$\sigma_D = -\sigma_A = 25.48\ \text{MPa}$$

(4) 计算最大正应力为

$$\sigma_{\max} = \frac{M_{\max} y_{\max}}{I_{\max}} = 38.22\ \text{MPa}$$

同理可求(b)。

第 9-73 题：【$\sigma^-_{\max} = \dfrac{M_C y_1}{I_z} = 33.9\ \text{MPa} < [\sigma^-]$，满足强度要求。】

专家帮助：注意，最大拉应力不一定发生在弯矩绝对值最大的截面上。

解：先画出弯矩图如第 9-73 题解图所示。截面为 T 字形，须算出形心 C 的位置及截面对中性轴的惯性矩，即

$$y_1 = 0.072\ \text{m},\quad y_2 = 0.038\ \text{m},\quad I_z = 0.573\times 10^{-5}\ \text{m}^4$$

因为材料的抗拉与抗压性能不同，截面对中性轴不对称，所以须对最大拉应力与最大压应力分别进行校核。

(1) 校核最大拉应力。首先要分析最大拉应力发生在哪里。由于截面对中性轴不对称，而正、负弯矩又都存在，因此，最大拉应力不一定发生在弯矩绝对值最大的截面上。应该对最大正弯矩和最大负弯矩两个截面上的拉应力进行分析比较。在最大正弯矩的 C 截面上，最大拉应力发生在截面的下边缘，其值为

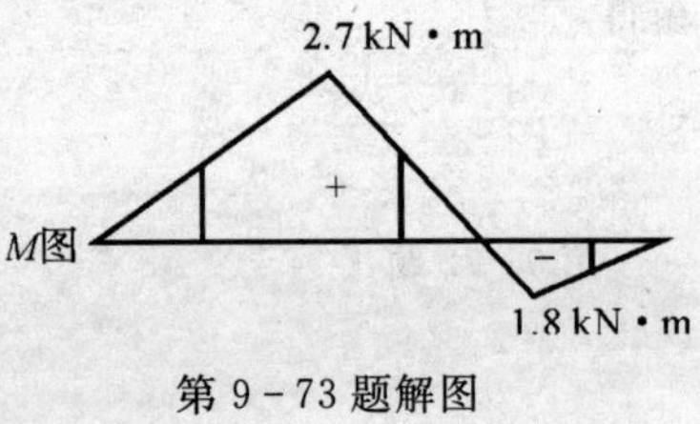

第 9-73 题解图

$$\sigma_{\max} = \frac{M_C y_2}{I_z}$$

在最大负弯矩的 B 截面上，最大拉应力发生在截面的上边缘，其值为

$$\sigma_{\max} = \frac{M_B y_1}{I_z}$$

在上两式中，$M_C > M_B$ 而 $y_2 < y_1$，应比较 $M_C y_2$ 与 $M_B y_1$ 的值：

$$M_C y_2 = 2.7 \times 10^3 \times 0.038 = 103 \text{ N} \cdot \text{m}^2$$

$$M_B y_1 = 1.8 \times 10^3 \times 0.072 = 129 \text{ N} \cdot \text{m}^2$$

因为 $M_C y_2 < M_B y_1$，所以最大拉应力发生在 B 截面上，即

$$\sigma_{\max}^{+} = \frac{M_B y_1}{I_z} = \frac{129}{0.573 \times 10^{-5}} = 22.5 \times 10^6 \text{ Pa} = 22.5 \text{ MPa} < [\sigma^{+}]$$

满足强度要求。

(2) 校核最大压应力。首先确定最大压应力发生在哪里。与分析最大拉应力一样，要比较 C，B 两个截面。在 C 截面上，最大压应力发生在上边缘，B 截面上的最大压应力发生在下边缘。因 M_C 与 y_1 分别大于 M_B 与 y_2，所以最大压应力一定发生在 C 截面上。即

$$\sigma_{\max}^{-} = \frac{M_C y_1}{I_z} = \frac{2.7 \times 10^3}{0.573 \times 10^{-5}} \times 0.072 = 33.9 \text{ MPa} < [\sigma^{-}]$$

满足强度要求。

第 9-74 题：【胶缝满足剪切强度条件，也满足木板的正应力强度要求。】

专家帮助：注意剪力图和弯矩图的画法。

解：(1) 内力分析画出梁的剪力图和弯矩图如第 9-74 题解图所示。

(2) 校核胶缝的切应力强度。梁由四块木板胶接而成。当胶缝有足够的强度时，四块板作为一个整体弯曲变形，因此，各胶层所受的切应力与横截面上相同高度处的切应力相同。矩形截面中性轴处的切应力最大，故中性层上的胶缝承受的切应力也最大。由图可见，梁内最大剪力发生在 CB 段各截面上，$F_{Q\max} = (2/3)F$，由胶缝的剪切强度条件有

$$\tau_{\max} \leqslant [\tau]$$

得

$$\tau_{\max} = \frac{3}{2} \times \frac{F_{Q\max}}{A} = \frac{3}{2} \times \frac{2}{3} \times \frac{4 \times 10^3}{50 \times 80 \times 10^{-6}} = 1 \text{ MPa}$$

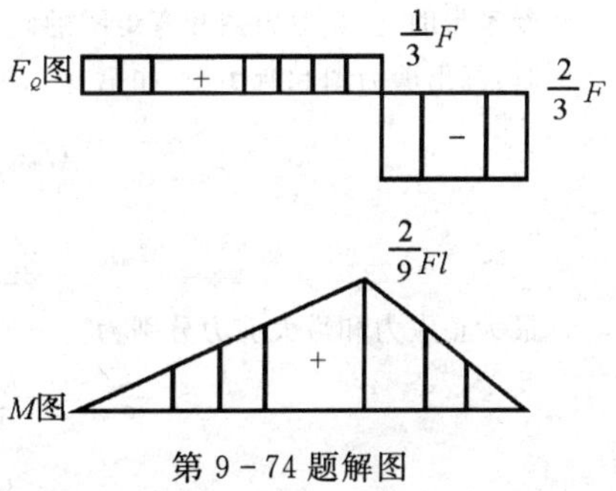

第 9-74 题解图

胶缝满足剪切强度条件。

(3) 校核木板的正应力强度。

由 M 图可见

$$M_{\max} = \frac{2}{9} Fl = 356 \text{ N} \cdot \text{m}$$

$$\sigma_{\max} = \frac{M_{\max}}{W_z} = 6.7 \text{ MPa} < [\sigma]$$

也满足木板的正应力强度要求。

第 9-75 题：【可选 32a 号工字钢，其 $W_z = 692 \text{ cm}^3$】

专家帮助：注意剪力图和弯矩图的画法。

解：画出剪力图和弯矩图，如第 9-75 题解图所示，可知最大剪力和弯矩分别为

$$Q_{\max} = 84 \text{ kN}, \quad M_{\max} = 96 \text{ kN} \cdot \text{m}$$

先按正应力强度选择工字钢型号。由正应力强度条件有

$$\sigma_{\max} = \frac{M_{\max}}{W_z} \leqslant [\sigma]$$

得

$$W_z \geqslant \frac{M_{\max}}{[\sigma]} = \frac{96 \times 10^3}{160 \times 10^6} = 6 \times 10^{-4}\ \text{m}^3 = 600\ \text{cm}^3$$

可选 32a 号工字钢，其 $W_z = 692\ \text{cm}^3$。

再校核剪应力强度。查型钢表，32a 号工字钢的 $I_z/S_z = 27.5\ \text{cm}, b = 9.5\ \text{mm}$，故

$$\tau_{\max} = \frac{Q_{\max} S_z}{I_z b} = \frac{Q_{\max}}{(I_z/S_z)\,b} = \frac{84 \times 10^3}{27.5 \times 10^2 \times 9.5 \times 10^{-3}} = 32.15\ \text{MPa} < [\tau]$$

满足剪应力强度条件。

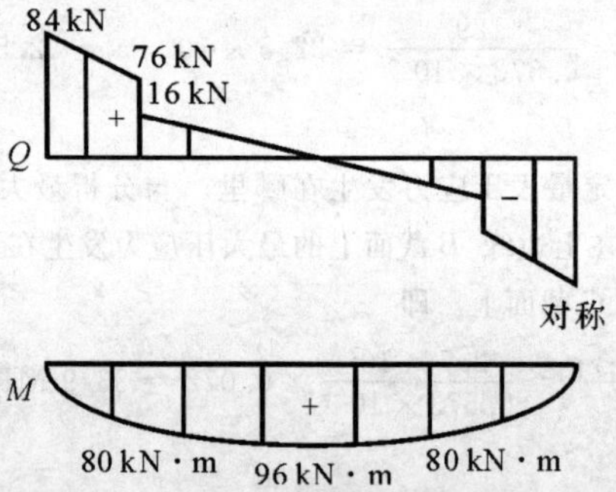

第 9－75 题解图

第 9－76 题：【满足强度要求。】

专家帮助：注意剪力图和弯矩图的画法。

解：画出剪力图和弯矩图，如第 9－76 题解图所示。可知梁上的最大剪力和最大弯矩分别为

$$Q_{\max} = \frac{1}{2} ql = \frac{1}{2} \times 2 \times 3 = 3\ \text{kN}$$

$$M_{\max} = \frac{3}{32} ql^2 = \frac{3}{32} \times 2 \times 3^2 = 1.687\,5\ \text{kN} \cdot \text{m}$$

最大正应力和最大剪力分别为

$$\sigma_{\max} = \frac{M_{\max}}{W_z} = \frac{6M_{\max}}{bh^2} = 8.79\ \text{MPa} < [\sigma]$$

$$\tau_{\max} = \frac{3}{2} \frac{Q_{\max}}{A} \frac{3}{2} \frac{Q_{\max}}{bh} = 0.47\ \text{MPa} < [\tau]$$

满足强度要求。

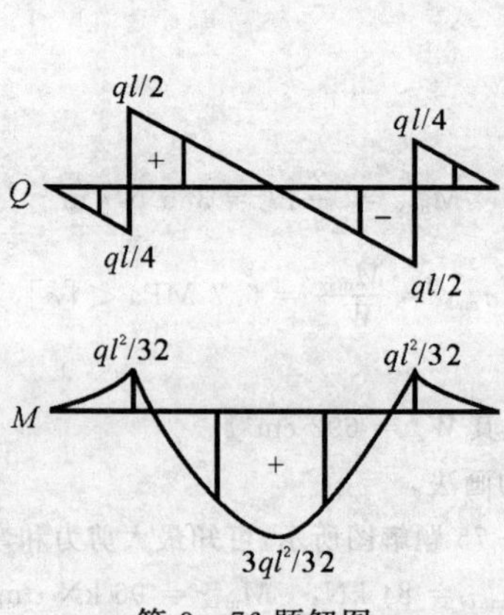

第 9－76 题解图

第十章　弯曲位移分析与刚度计算

一、基本概念计算题

1. 是非判断题

第 10－1 题:【非】

专家帮助:变形是指物体的形状和尺寸发生的变化,例如,拉伸、压缩、剪切、弯曲、扭转等。所以梁的变形应该指的是弯曲。

第 10－2 题:【是】

专家帮助:变形是指物体的形状和尺寸发生的变化,例如,拉伸、压缩、剪切、弯曲、扭转等。

第 10－3 题:【是】

专家帮助:这是位移的物理定义,应将它与变形区分开来。

第 10－4 题:【非】

专家帮助:变形相同的梁,是梁的弯矩相同,但是由于约束的不同,梁位移可能不同。

第 10－5 题:【是】

专家帮助:例如外伸梁的外伸部分不作用任何外力,但是由于简支部分有力的作用,也会使外伸梁部分有位移产生。

第 10－6 题:【是】

专家帮助:描述梁位移的两个量即挠度和转角。

第 10－7 题:【是】

专家帮助:这就是梁转角的定义。

第 10－8 题:【非】

专家帮助:变形引起位移,有位移却不一定有变形。所以弯矩为 0,即变形为 0,但是其位移可以不为 0。例如悬臂梁。

第 10－9 题:【是】

专家帮助:平面弯曲的轴线一定在一个平面内。根据平面弯曲的完整的定义,轴线与外力作用面在同一个平面,那么平面弯曲的挠曲线必定与外力作用面重合或平行的平面曲线。

第 10－10 题:【非】

专家帮助:大变形情况下,位移变化已经不是线性变化,不能用叠加法。大变形有自己的解法。

第 10－11 题:【非】

专家帮助:曲率与挠曲线方程之间是求两次导的关系,所以不成正比。

第 10－12 题:【非】

专家帮助:梁的位移大小与梁的抗弯刚度 EI 成反比。

第 10－13 题:【是】

专家帮助:两个材料、尺寸完全相同的梁,具有相同的变形,但两个梁的位移完全不同,这是由于梁的约束条件不同所致。所以单纯用弯曲位移度量弯曲变形具有不完整性。

第 10－14 题:【是】

专家帮助:在这里要区分弯曲变形与弯曲位移的概念,即使两个材料、尺寸完全相同的梁,具有相同的变形,但两个梁的位移完全不同,这是由于梁的约束条件不同所致。如第 10－14 题解图所示。

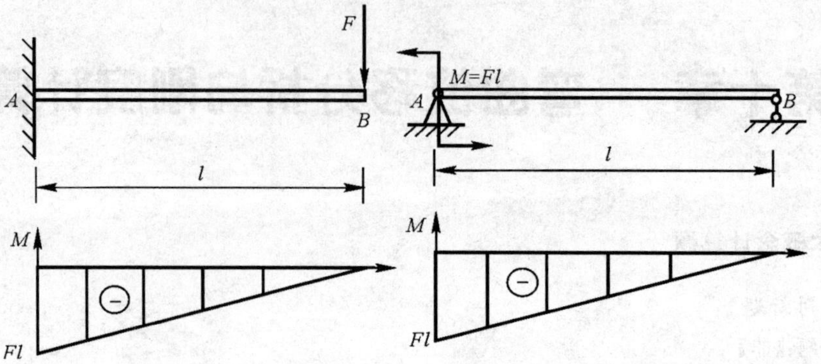

第 10－14 题解图

所以，变形引起位移，有位移却不一定有变形。弯曲位移不能完全反应弯曲变形的程度，因而单纯用弯曲位移度量弯曲变形具有不完整性。

第 10－15 题:【是】

专家帮助:近似了的微分方程省略了分母下面的 y 一阶导数的平方，分母近似为 1。

第 10－16 题:【非】

专家帮助:还要满足小变形条件，大变形条件下近似微分方程误差太大。

第 10－17 题:【非】

专家帮助:约束条件不同，挠曲线形状不同，例如如第 10－17 题解图所示。

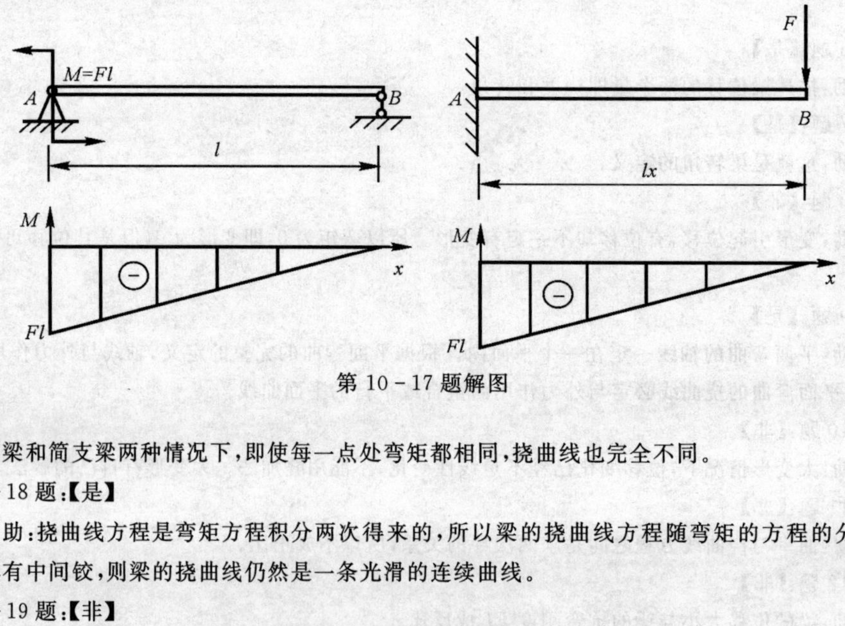

第 10－17 题解图

在悬臂梁和简支梁两种情况下，即使每一点处弯矩都相同，挠曲线也完全不同。

第 10－18 题:【是】

专家帮助:挠曲线方程是弯矩方程积分两次得来的，所以梁的挠曲线方程随弯矩的方程的分段而分段，只要梁不具有中间铰，则梁的挠曲线仍然是一条光滑的连续曲线。

第 10－19 题:【非】

专家帮助:当跨度增大一倍以后，查表可得最大挠度变为原来的 8 倍。

第 10－20 题:【是】

专家帮助:即叠加原理的表述。

第 10－21 题:【非】

专家帮助:材料不同，则材料的弹性模量 E 不同，那么梁 EI 抗弯刚度不同，即使其他条件相同，两梁所对应的截面的挠度和转角也不会相同。

第 10-22 题:【非】

专家帮助:等截面直梁在弯曲变形时,挠曲线的挠度最大值发生在转角等于零的截面处。因为,对挠度方程求导一次即为转角方程。

第 10-23 题:【是】

专家帮助:这是完整的梁的挠曲线近似微分方程 $EIy''(x)=M(x)$。在应用中,有三个成立条件,有的地方可忽略第三条。

第 10-24 题:【是】

专家帮助:因为做等效平移,所以 A 处转角及挠度不变。

第 10-25 题:【是】

专家帮助:如第10-25题解图所示,图(1)可以看做是图(2)与图(3)的叠加。而当梁上作用均布载荷时,根据对称性,在 C 处的转角为 0,所以两个图的转角相同。

第 10-26 题:【非】

专家帮助:两种情况下弯矩相同,所以位移相同,但是放置位置不同导致中性轴位置不同,那么最大拉应力与最大压应力大小不同所以同一截面的应力分布不同。

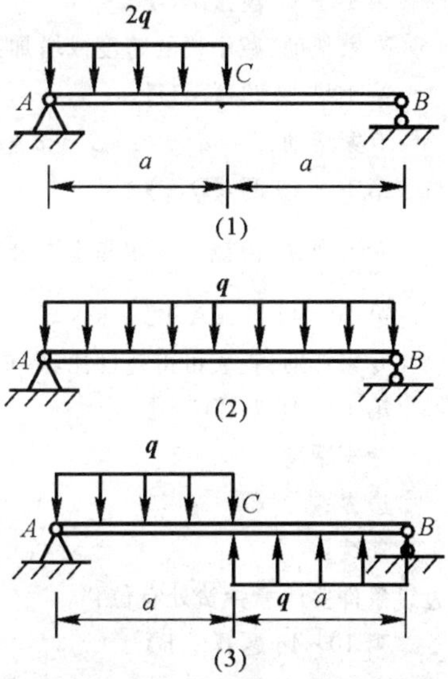

第 10-25 题解图

第 10-27 题:【是】

专家帮助:根据对称性,弯矩此时不改变梁的挠度,而改变梁的转角。

第 10-28 题:【非】

专家帮助:从平衡方程就可得,弯矩为 0,剪力不为 0。

第 10-29 题:【是】

专家帮助:这正是近似微分方程的近似之处,与真正的变形有误差。

第 10-30 题:【是】

专家帮助:因为这是在弹性变形阶段,因此,对应力计算是正确的,但是该变形已经属于大变形,近似微分方程求解出来的结果会有较大误差而不能应用。

第 10-31 题:【是】

专家帮助:由挠曲线近似微分方程

$$EIy''=M(x)$$

再根据载荷集度、剪力与弯矩之间的微分的关系式,即

$$\mathrm{d}M(x)/\mathrm{d}x=Q(x),\quad \mathrm{d}Q(x)/\mathrm{d}x=q(x)$$

所以 $EIy''=q(x)$。对挠曲线求四次导,若结果是常数,则该梁有均布载荷作用。

第 10-32 题:【非】

专家帮助:弯矩最大,转角不一定最大,也可能为 0,因为挠度求导为转角,所以挠度最大,可能是转角为 0 的地方。

2. 选择填空题

第 10-33 题:【A,B】

专家帮助:$EIy''=M(x)$,$y'=\theta$。

第 10-34 题:【B,D】

专家帮助:由 $\sigma=\dfrac{M}{W_z}$,$y=\dfrac{pl^3}{nEI}$ 可得,8;16。

第 10-35 题:【A,C】

专家帮助：边界、位移具有连续性或光滑连续性。

第 10－36 题：【A,C】

专家帮助：参看转角的定义。中性，转角。

第 10－37 题：【A,B】

专家帮助：挠度，$y = f(x)$。

第 10－38 题：【B,D】

专家帮助：超静定梁，多余约束反力的数目。

第 10－39 题：【A,B】

专家帮助：变形为小变形，且 $\sigma \leqslant \sigma_p$ 或弹性小变形。

第 10－40 题：【B,A】

专家帮助：应力小于比例极限 $\sigma \leqslant \sigma_p$；小变形条件，剪力对变形的影响可以忽略不计。

第 10－41 题：【B,C】

专家帮助：减小梁的跨度或增加梁的约束；增大梁的抗弯刚度；调整加载方式。

第 10－42 题：【B,D】

专家帮助：$x = a, y = 0; x = a+1, y = 0$；在外伸梁的支撑处，既要考虑连续性条件，还要考虑边界条件。

第 10－43 题：【D,C】

专家帮助：由挠度公式和应力公式可比较得 $\sigma = \dfrac{M}{W_z}, y = \dfrac{pl^3}{nEI}$。

第 10－44 题：【A,B】

专家帮助：查表可得挠度比，弯矩最大值为 $2PL$ 相同，所以应力比为 1。

第 10－45 题：【C,B】

专家帮助：

边界：$x_1 = 0,\quad y_1 = 0,\quad x_2 = L,\quad y_2 = -qL/(8k)$

连续：$x_1 = x_2 = L,\quad y_1 = y_2,\quad \theta_1 = \theta_2$

边界条件要注意弹簧处有位移。

第 10－46 题：【D,B】

专家帮助：查表可得挠度公式，与梁长度 L 的 4 次方成正比；弯矩 M 最大值为 $ql^2/8$，所以与梁长度平方成正比。

第 10－47 题：【C,D】

专家帮助：

边界：$x_1 = 0,\quad y_1 = 0,\quad x_2 = L,\quad y_2 = 0$

连续：$x_1 = x_2 = L,\quad y_1 = y_2,\quad \theta_1 = \theta_2$

在外伸梁的支撑处，既要考虑连续性条件，还要考虑边界条件。

第 10－48 题：【A,C】

专家帮助：CA，AB 两段；4；

边界：$x_1 = a,\quad y_1 = 0,\quad x_2 = a + l,\quad y_2 = 0$

连续：$x_1 = x_2 = a,\quad y_1 = y_2,\quad \theta_1 = \theta_2$

第 10－49 题：【A,B】

专家帮助：要注意 B 端有弹簧，所以挠度不为 0，而与弹簧刚度有关，且注意挠度的正负。

$$y_B = -\frac{R_B}{K},\quad -\frac{ql^4}{8EI} + \frac{R_B l}{3EI} = -\frac{R_B}{K}$$

第 10－50 题：【A,B】

专家帮助：$\rho = \dfrac{8EI}{ql^2}$

第 10－51 题:【D,B】

专家帮助:$y_C = \theta_B \cdot a = \dfrac{Fal^2}{16EI}$,由对称性得,$\theta_B = -\theta_A$。

第 10－52 题:【A,B】

专家帮助:

边界条件:　$x_1 = 0,\quad y_1 = -\dfrac{ql}{4K},\quad x = L_1,\quad y_3 = 0,\quad \theta_2 = \theta_3$

连续条件:　$x_1 = x_2 = \dfrac{l}{2},\quad y_1 = y_2,\quad x_2 = x_3 = \dfrac{3l}{4},\quad y_2 = y_3,\quad \theta_2 = \theta_3$

第 10－53 题:【A,D】

专家帮助:在有集中力的地方用连续性条件;在有铰链的地方 C 处,位移连续,转角不连续;在固定端和 D 处支撑用边界条件。

边界:　$x = 0,\quad y = 0,\quad \theta = 0,\quad x = 3a,\quad y = 0$

连续:　$x = a,\quad y_1 = y_2,\quad \theta_1 = \theta_2,\quad x = 2a,\quad y_2 = y_3$

第 10－54 题:【B,C】

专家帮助:AB 段为纯弯曲,M 为 $0.4F$,然后利用公式 $\dfrac{1}{\rho} = \dfrac{M}{EI}$,即可求得曲率半径 ρ;而 C 点的挠度用叠加法和对称性查表可得。

3.单项选择题

第 10－55 题:【B】

专家帮助:根据梁的挠度定义进行判断。

第 10－56 题:【D】

专家帮助:根据梁的挠度和转角定义进行判断。

第 10－57 题:【C】

专家帮助:根据梁的挠度和转角的符号规定进行分析。

第 10－58 题:【B】

专家帮助:铰链处挠度连续,转角不连续,B 处挠度为 0。

第 10－59 题:【C】

专家帮助:梁上某一截面的位移连续条件是左、右侧截面挠度和转角分别相等,所以是四个条件。

第 10－60 题:【B】

专家帮助:不能应用于等截面曲梁,因梁有初弯曲后,其曲率数学公式在此和弯矩关系式已发生变化,不可套用直梁的近似微分方程。

第 10－61 题:【D】

专家帮助:由 $\dfrac{1}{\rho} = \dfrac{M}{EI}$ 可知应选 D。

第 10－62 题:【D】

专家帮助:由挠曲线求导两次得弯矩,看所得结果的正负与弯矩正负号规定是否一致,一致不用加负号,否则加负号。

第 10－63 题:【C】

专家帮助:由边界条件和连续性条件来确定积分常数,所以积分常数主要反映了边界的特性,也就是支撑情况对梁的变形和影响。

第 10－64 题:【D】

专家帮助:挠度最大的截面,转角不一定为零,例如,悬臂梁自由端;挠度最大的截面,转角不一定最大,例如,简支梁中点受集中力中点挠度最大,转角为 0。

第 10－65 题:【D】

专家帮助:弯矩为 0,曲率必为 0,可从公式$\frac{1}{\rho}=\frac{M}{EI}$看出。

第 10－66 题:【A】

专家帮助:铰链一般只能保证挠度相等而不能保证转角相等。

第 10－67 题:【D】

专家帮助:不同截面,受力不同,都要进行分段。

第 10－68 题:【B】

专家帮助:应用边界条件,则当 $x=0$,挠度为 0,转角为 0,可得 $C=0,D=0$。

第 10－69 题:【D】

专家帮助:由 A 到 B 不受任何力,由边界条件可知,B 点挠度、转角都为 0。

第 10－70 题:【D】

专家帮助:C 处为曲线拐点,所以曲率为 0。

第 10－71 题:【C】

专家帮助:挠度不同,转角相同,因为 CB 无变形,但由于是自由端,q 引起了 B 的位移。

第 10－72 题:【C】

专家帮助:A 图两个转角一正一负,B,D 图两个转角不等,C 图由于后半部分无变形,所以转角相等。

第 10－73 题:【D】

专家帮助:圆弧段变形吸收了能量,所以转角挠度都不同。

第 10－74 题:【D】

专家帮助:考虑弹簧的变形。

第 10－75 题:【D】

专家帮助:当 $x=a,y_{左}=y_{右}$,所以,铰链处挠度相同,转角不同。

第 10－76 题:【C】

专家帮助:由公式 $y=-\frac{Pl^3}{3EI}$ 可得。

第 10－77 题:【D】

专家帮助:B 点的转角与 q 作用的长度有关,由公式 $\theta=-\frac{ql^3}{6EI}$ 可得。

第 10－78 题:【D】

专家帮助:挠度与抗弯刚度 EI、梁长度、外力偶的关系 $y=\frac{Ml^2}{nEI}$,可比较得 D 挠度最小。

第 10－79 题:【B】

专家帮助:不同放置,I 不同,第一种放置法 $I=bh^3/12=b^4 2/3$;第二种放置法 $I=hb^3/12=b^4 1/6$。比较可得答案为 B。

第 10－80 题:【A】

专家帮助:由叠加原理及对称性可得,C 处挠度不变,转角改变。

第 10－81 题:【B】

专家帮助:由叠加原理及对称性可得,C 处挠度改变,转角不变。

第 10－82 题:【A】

专家帮助:面积相同的情况下,圆形截面 I 最小,所以挠度最大。

第 10－83 题:【B】

专家帮助:弯矩有一正两负,0 端固定,则后面两段互相抵消,起作用的只有长度为 a 的一段。

第 10－84 题:【B】

专家帮助：由挠曲线近似微分方程 $EIy''=M(x)$，再根据载荷集度、剪力与弯矩之间的微分关系式，即 $\mathrm{d}M(x)/\mathrm{d}x=Q(x)$，$\mathrm{d}Q(x)/\mathrm{d}x=q(x)$，得 $EIy''=q(x)$。对挠曲线求四次导，若是常数，则有均布载荷作用；没有常数项和一次项，说明当 $x=0$ 时挠度和转角为 0，所以有固定端。

第 10－85 题：【D】

专家帮助：因为距离中性轴的最大距离发生改变，所以强度改变；而 I 不发生变化，所以刚度不会发生改变。

第 10－86 题：【D】

专家帮助：如第 10－86 题解图所示，θ_B 大小与 Δl 有关，与 q 无关。因为根据梁位移的对称性，对于当均布载荷中点转角为 0 时，在叠加时不考虑。$\Delta l=\dfrac{Nl}{EA}$，直径变为 $0.5d$，面积为原来的 1/4，转角 $\theta_B=\Delta l/l$，为原来的 4 倍。

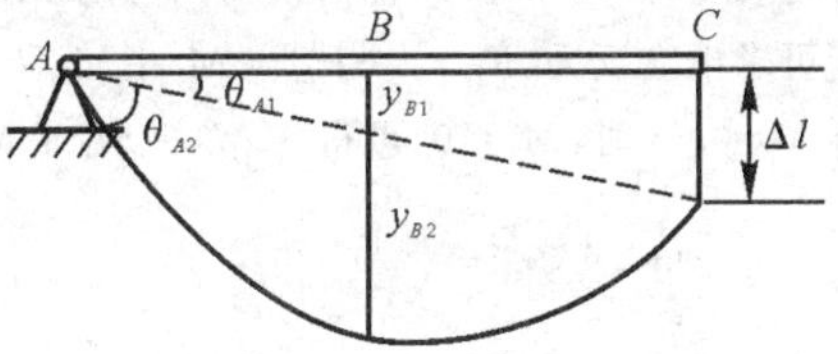

第 10－86 题解图

第 10－87 题：【A】

专家帮助：如第 10－87 题解图所示。

$$y_{中}=y_{1中}-y_{2中}，\quad y_{2中}=y_{中}$$

所以

$$y_{中}=\frac{1}{2}y_{1中}$$

查表可得

$$y_{中}=\frac{1}{2}\frac{5q_0l^4}{384EI}$$

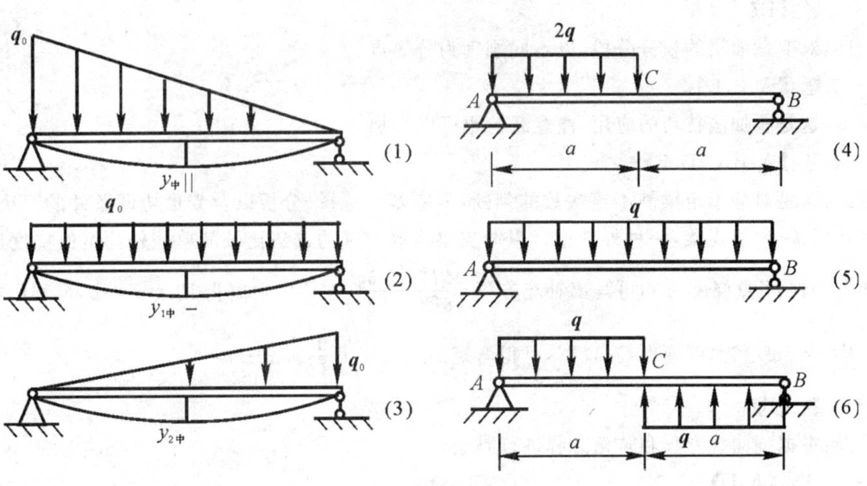

第 10－87 题解图

而图(4)可看做是图(5)与图(6)的叠加，由于图(6)q 反对称，所以 C 处无挠度。故带入本题的数据，则 A 正确。

第 10－88 题：【C】

专家帮助：利用等效平移力即可得，C 处的弯矩为 $M+\frac{1}{3}Pl$，注意外力偶 M 对挠度的影响只与其位置有关，通过查表也可发现。

第 10－89 题：【B】

专家帮助：通过减小梁的长度和惯性矩，再综合比较即可得。

第 10－90 题：【C】

专家帮助：应用逐段刚化法。

第 10－91 题：【D】

专家帮助：由对称性只取一半进行研究即可。查表 $y_c=\frac{Pa^2}{6EI}[3\times(2a)-a]$。

第 10－92 题：【D】

专家帮助：由挠曲线近似微分方程 $EIy''=M(x)$，挠曲线的凹凸与 $M(x)$ 正负有关，若要挠曲线出现拐点，则拐点处 $M=0$。由力系平衡可求出支反力，$R_A=-R_B=M_1+M_2/l$，弯矩方程为 $M(x)=M_1+R_Ax=-M_1+M_1+M_2/lx$。依题意，当 $X=l/3$ 时，$M=0$，可得 $-M_1+M_1+M_2/l(l/3)=0$，$M_1=0.5\,M_2$。

4. 多项选择题

第 10－93 题：【B，C，D，E，F】

专家帮助：在这里要区分弯曲变形与弯曲位移的概念，即使两个材料、尺寸完全相同的梁，具有相同的变形，但两个梁的位移完全不同，这是由于梁的约束条件不同所致。变形引起位移，有位移却不一定有变形。弯曲位移不能完全反应弯曲变形的程度，因而单纯用弯曲位移来度量弯曲变形具有不完整性。

第 10－94 题：【B，C，D，E】

专家帮助：注意连续性条件和边界条件的应用以及梁在积分时如何划分不同的段。后面 CD 段不必进行积分了，因为 M 为 0，转角为常数。

第 10－95 题：【A，C，D】

专家帮助：对边界条件以及积分法的掌握，要先会写弯矩方程。而中点转角不为 0，因为杆件有伸长，中点就有转角。

第 10－96 题：【E】

专家帮助：对变截面梁的积分分段，以不同刚度为分界点。

第 10－97 题：【A，B，E】

专家帮助：这是叠加法技巧的应用，注意载荷也可以叠加。

第 10－98 题：【A，B，C，D，F】

专家帮助：这是对静不定梁静不定次数的判断，静定基的选择、分析以及变形协调条件的写法的考查，静定基有两种选择，一种简支梁，一种外伸梁。以简支梁为静定基的选法比较简单。外伸梁的挠度比较难求。利用变形协调条件，C 点挠度为 0，可写出补充方程 $\frac{R_cl^3}{48EI}-\frac{5ql^4}{384EI}=0$，可解得 $R_c=5ql/8$，再利用静力平衡条件求 $R_A=R_B=3ql/16$。可画出 Q，M 图，可得弯矩的最大值为 $\frac{1}{32}ql^2$。

第 10－99 题：【B】

专家帮助：根据挠曲线方程和转角方程进行判断。

第 10－100 题：【A，D】

专家帮助：应力在比例极限下是正确的，而变形是错误的，这是因为该变形已经不在小变形条件下，近似微分方程误差太大已经不能再用了。

二、基本计算练习题

第 10－101 题：【主轴的刚度足够。】

专家帮助:利用叠加法求最大挠度和转角。

(1) 计算主轴的转角核挠度。

主轴的惯性矩: $I=\frac{\pi}{64}(D^4-d^4)=188\times10^{-8}\ \text{m}^4$

在 F_1 的独立作用下,有

$$\theta_{B_1}=\frac{Ml}{3EI}=\frac{F_1al}{3EI}$$

$$y_{C_1}=\frac{F_1a^3}{3EI}+\theta_{B_1}a=\frac{F_1a^2}{3EI}(l+a)$$

在 F_2 的独立作用下,有

$$\theta_{B_2}=-\frac{F_2l^2}{16EI}$$

$$y_{C_2}=\theta_{B_2}a=-\frac{F_2al^2}{16EI}$$

将 F_1 与 F_2 引起的变形叠加,有

$$\theta_B=\theta_{B_1}+\theta_{B_2}=\frac{F_1al}{3EI}-\frac{F_2l^2}{16EI}$$

代入数据得

$$\theta_B=0.422\times10^4$$

$$y_C=y_{C_1}+y_{C_2}=\frac{F_1a^2}{3EI}(l+a)-\frac{F_2l^2}{16EI}a$$

代入数据得

$$y_C=5.91\times10^{-6}$$

(2) 刚度校核。

$$\theta_B=0.423\times10^{-4}\leqslant[\theta_B]=1\times10^{-3}$$

$$y_C=5.91\times10^{-6}\leqslant[y_C]=\frac{l}{10^4}=4\times10^{-6}$$

所以,主轴的刚度足够。

第 10-102 题:【$[q]=10.368\ \text{kN/m}$】

专家帮助:既要对强度进行校核,也要对刚度进行校核。

按梁的强度条件求解悬臂梁的最大弯矩发生在固定端处,且 $M_{\max}=ql^2/2$。由强度条件有

$$\sigma_{\max}=\frac{M_{\max}}{W}=\frac{ql^2/2}{bh^2/6}\leqslant[\sigma]$$

有 $$q\leqslant\frac{bh^2[\sigma]}{3l^2}=12.96\ \text{kN/m}$$

(2) 按梁的刚度条件求解。

该悬臂梁最大挠度发生在自由端,且

$$y_{\max}=\frac{ql^4}{8EI}$$

由刚度条件 $$y_{\max}=\frac{ql^4}{8EI}\ \frac{ql^4}{8E\frac{bh^2}{12}}\leqslant[y]$$

有 $$q\leqslant\frac{8Ebh^3[y]}{12l^4}=10.368\ \text{kN/m}$$

所以,考虑强度和刚度条件,取 $[q]=10.368\ \text{kN/m}$。

第 10-103 题:【$R_A=6.5\ \text{kN}$,$R_B=9.5\ \text{kN}$,剪力图与弯矩图如第 10-103 题解图(1)(2) 所示】

专家帮助:(1) 判断该梁为一次静定梁。

(2) 选静定基为悬臂梁如第 10－103 题解图(3) 所示。

(3) 补充方程为 $y_B=0$。

即
$$y_{qB}+y_{RB}=0$$

查表可得

$$y_{R_B}=\frac{R_B\times 2.4^2\times(3\times 2.4-2.4)}{6EI}=\frac{R_B\times 2.4^3}{3EI}$$

$$y_{qB}=-\frac{q\times 2.4^2}{24EI}(2.4^2-4\times 2.4\times 3.2+6\times 3.2^2)$$

代入补充方程可得 $R_B=9.5\ \text{kN}$。由

$$\sum Y=0.5\times 3.2+9.5+R_A=0$$

得
$$R_A=6.5\ \text{kN}$$

由
$$\sum M_A=0:\frac{1}{2}\times 5\times 3.2^2-R_B\times 2.4+M_A=0$$

得
$$M_A=2.8\ \text{kN}\cdot\text{m}$$

(4) 画剪力图、弯矩图如第 10－103 题解图(1)(2) 所示。

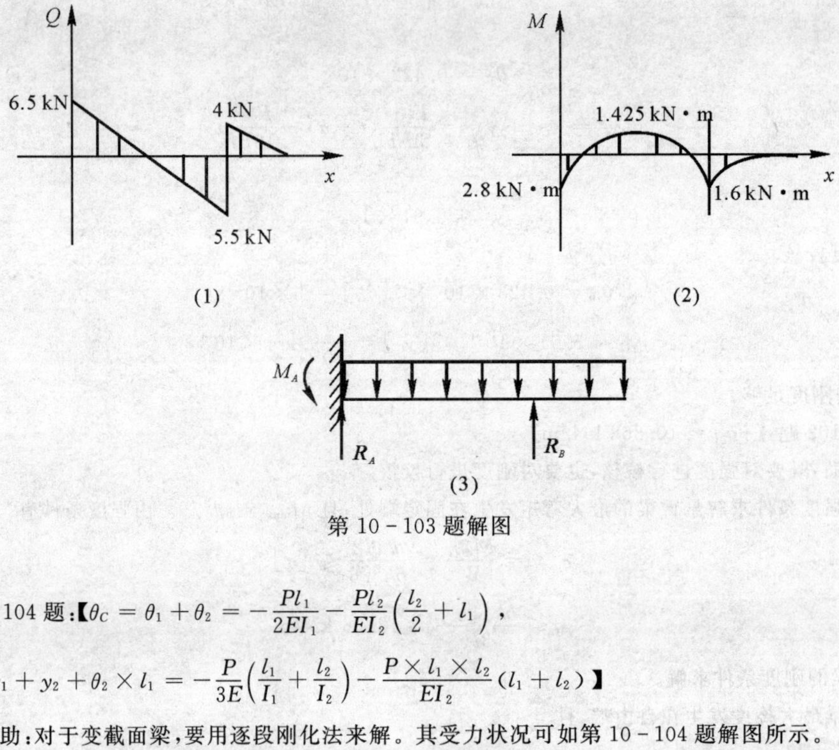

第 10－103 题解图

第 10－104 题：【$\theta_C=\theta_1+\theta_2=-\frac{Pl_1}{2EI_1}-\frac{Pl_2}{EI_2}\left(\frac{l_2}{2}+l_1\right)$，

$y_C=y_1+y_2+\theta_2\times l_1=-\frac{P}{3E}\left(\frac{l_1}{I_1}+\frac{l_2}{I_2}\right)-\frac{P\times l_1\times l_2}{EI_2}(l_1+l_2)$】

专家帮助：对于变截面梁，要用逐段刚化法来解。其受力状况可如第 10－104 题解图所示。

查表可得

$$y_1=-\frac{Pl_1^3}{3EI_1}$$

$$\theta_1=-\frac{Pl^2}{2EI_2}$$

$$y_2=-\frac{Pl_1^3}{3EI_2}-\frac{Pl_1l_2}{2EI_2}$$

$$\theta_2=-\frac{Pl_2}{2EI_2}-\frac{Pl_1l_2}{EI_2}$$

$$\theta_C = \theta_1 + \theta_2 = -\frac{Pl_1}{2EI_1} - \frac{Pl_2}{EI_2}\left(\frac{l_2}{2} + l_1\right)$$

$$y_C = y_1 + y_2 + \theta_2 \times l_1 = -\frac{P}{3E}\left(\frac{l_1^3}{I_1} + \frac{l_2^3}{I_2}\right) - \frac{Pl_1 l_2}{EI_2}(l_1 + l_2)$$

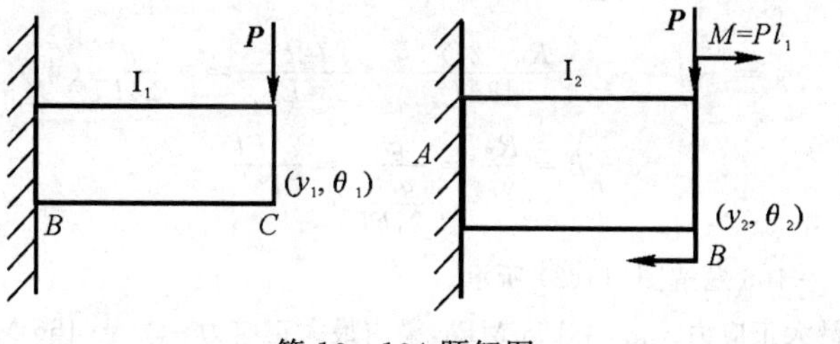

第 10－104 题解图

第 10－105 题:【选 18 号工字钢。】

专家帮助:既要考虑强度条件,还要考虑刚度条件,综合选取。

(1) 按梁的强度条件设计梁的最大弯矩发生在中间截面处,且 $M_{\max} = (1/4)Fl$。

由强度条件有

$$\sigma_{\max} = \frac{M_{\max}}{W} = \frac{Fl/4}{W} \leqslant [\sigma]$$

$$W \geqslant \frac{Fl}{4[\sigma]} = \frac{22 \times 10^3 \times 4}{4 \times 160 \times 10^6} = 137.5\ \text{cm}^3$$

查表,16 号工字钢的抗弯截面模量 $W = 141\ \text{cm}^3$,由强度条件可选 16 号工字钢。

(2) 按梁的刚度条件设计梁的最大挠度也发生在中间截面处,且 $y_{\max} = (Fl^3)/(48EI)$,由刚度条件 $y_{\max} = (Fl^3)/(48EI) \leqslant [y]$,有

$$I \geqslant (Fl^3)/(48E[y]) = (22 \times 10^3 \times 4^3 \times 100)/(48 \times 200 \times 10^9) = 1\ 466.7\ \text{cm}^4$$

查表,18 号工字钢的惯性矩 $I = 1\ 660\ \text{cm}^4$,由刚度条件可选 18 号工字钢。综合考虑强度和刚度条件,故选 18 号工字钢。

第 10－106 题:【$k = \dfrac{2EI}{l^3}$,剪力图与弯矩图如第 10－106 题解图(1)(2) 所示】

专家帮助:依题意 $M_B = 0$,考虑左半段梁 AB,有

$$\sum M_{B左} = 0,\quad R_A = \frac{1}{2}ql$$

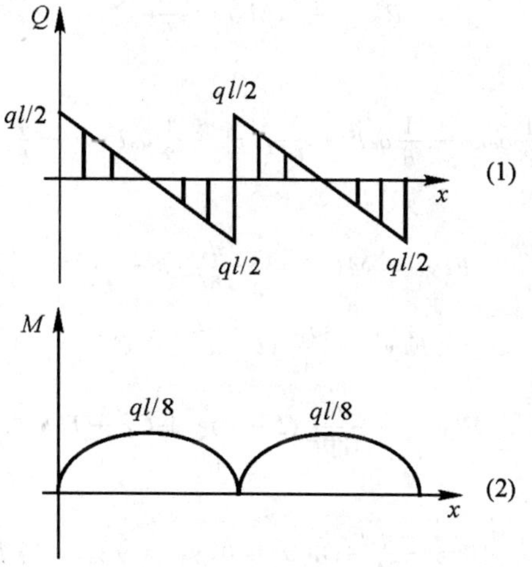

第 10－106 题解图

由对称性有

$$R_C = R_A = \frac{1}{2}ql$$

$$\sum Y = 0: R_B = 2ql - 2\times\frac{1}{2}ql$$

$$y_B = y_{RB} + y_q = \frac{R_B\ (2l)^3}{48EI} - \frac{5q\ (2l)^4}{384EI} = -\frac{ql^4}{24EI}(\downarrow)$$

所以
$$k = \frac{R_B}{y_B} = \frac{ql}{\frac{ql^4}{24EI}} = \frac{24EI}{l^3}$$

作剪力、弯矩如第 10 - 106 题解图(1)(2) 所示。

第 10 - 107 题:【杆最大正应力 $\sigma_{\max} = 185$ MPa,梁内最大正应力 $\sigma_{\max} = 156$ MPa】

专家帮助:判断静不定次数为一次,解除拉杆约束,代之以轴力 N,则补充方程为 $yB = \Delta l$。由叠加法,有

$$y_B = y_q + y_N$$

$$\Delta l = \frac{Nl_{CB}}{EA},\quad y_q = -\frac{ql^4}{8EI},\quad y_N = \frac{Nl^3}{3EI}$$

查表得 16 号工字钢　　$I = 1\ 130\ \text{cm}^4,\quad W = 141\ \text{cm}^3$

代入,得

$$-\frac{ql^4}{8EI} + \frac{Nl^3}{3EI} = \frac{Nl_{CB}}{EA}$$

可得 $N = 14.5$ kN。有

$$M_{\max} = -\frac{1}{2}ql^2 + Nl = -22\ \text{kN}$$

杆最大正应力
$$\sigma_{\max} = \frac{N}{A} = \frac{14.5\times10^3}{\frac{\pi}{4}\times0.01^2} = 185\ \text{MPa}$$

梁内最大正应力
$$\sigma_{\max} = \frac{M_{\max}}{W} = 156\ \text{MPa}$$

第 10 - 108 题:【(a)$\theta_B = y'(x)\,|_{x=l} = -\dfrac{q_0 l^3}{24EI}$,$y_B = y(x)\,|_{x=l} = -\dfrac{q_0 l^4}{30EI}$

(b)$\theta_A = y'_1\,|_{x_1=0} = -\dfrac{P(l+a)}{Kl^2} + \dfrac{Pla}{6EI}$,$y_c = -P(l+a)\left[\dfrac{a^2}{3EI} + \dfrac{l+a}{Kl^2}\right]$】

专家帮助:(a) 如第 10 - 108 题解图所示:根据平衡条件求支反力,为

$$R_A = \frac{q_0 l}{2},M_A = \frac{q_0 l^2}{6}$$

弯矩方程为

$$M(x) = \frac{1}{2}q_0 lx - \frac{1}{6}q_0 l^2 + \frac{1}{6l}q_0 x^3 - \frac{1}{2}q_0 l^2 = -\frac{q_0}{6l}\ (l-x)^3$$

挠曲线微分方程及其积分为

$$EIy'' = M(x) = -\frac{q_0}{6l}\ (l-x)^3$$

$$EIy' = \frac{q_0}{24l}\ (l-x)^4 + C$$

$$EIy = -\frac{q_0}{120l}\ (l-x)^5 + Cx + D$$

由边界条件确定积分常数:

由 $x = 0,\theta_A = y'\,|_{x=0} = 0$ 得,$C = \dfrac{-q_0 l^3}{24}$;由 $x = 0, y_A = y\,|_{x=0}$,得 $D = \dfrac{q_0 l^4}{120}$。所以,挠曲线方程为

$$y(x)=-\frac{q_0}{120lEI}(l-x)^5-\frac{q_0l^3}{24EI}x+\frac{q_0l^4}{120EI}$$

转角方程为

$$y'(x)=\frac{q_0}{24lEI}(l-x)^4-\frac{q_0l^3}{24EI}$$

$$\theta_B=y'(x)\big|_{x=l}=-\frac{q_0l^3}{24EI}$$

$$y_B=y(x)\big|_{x=l}=-\frac{q_0l^4}{30EI}$$

(b) 如第 10－108 题解图(2) 所示：

(1) 求支反力：　$R_A=\frac{Pa}{l}$，　$R_B=\frac{P(a+l)}{l}$

(2) 分段列弯矩方程：

AB 段：　$M(x_1)=-R_Ax_1$，　$(0\leqslant x\leqslant l)$

BC 段：　$M(x_2)=-R_Ax_2+R_B(x_2-l)$，　$(l\leqslant x_2\leqslant l+a)$

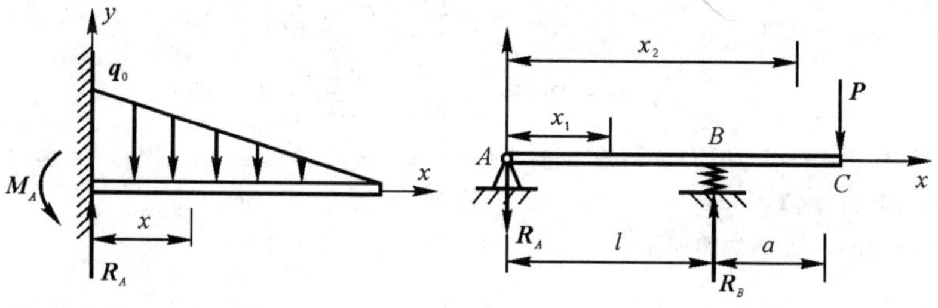

(1)　　　　(2)

第 10－108 题解图

(3) 列挠曲线近似微分方程并积分：

AB 段$(0\leqslant x_1\leqslant l)$有

$$EIy''_1=M(x_2)=-R_Ax_1$$

$$EIy'_1=-\frac{1}{2}R_Ax_1^2+C_1$$

$$EIy_1=-\frac{1}{6}R_Ax_1^3+C_1x_1+D_1$$

BC 段$(l\leqslant x_2\leqslant l+a)$有

$$EIy''_2=M(x_2)=-R_Ax_2+R_B(x_2-l)$$

$$EIy'_2=-2^{R}_{A}x_2^2+\frac{1}{2}R_B(x_2-l)^2+C_2$$

$$EIy_2=-\frac{1}{6}R_Ax_2^3+\frac{1}{6}R_B(x_2-l)^3+C_2x_2+D_2$$

(4) 根据边界条件和连续性条件确定积分常数：

根据边界条件，当 $x_1=0,y_1=0$ 时，得 $D_1=0$。

当 $x_1=l,y_1=-\frac{R_A}{K}$ 时，有

$$\frac{1}{EI}\left(-\frac{1}{6}R_Al^3+C_1l\right)=-\frac{R_A}{K}$$

所以

$$C_1=-\frac{EIR_B}{Kl}+\frac{R_Al^2}{6}$$

由光滑连续性条件：由 $x_1 = x_2 = l, y'_1 = y'_2$，有

$$-\frac{1}{2}R_A l^2 + C_1 = -\frac{1}{2}R_A l^2 + R_B\,\frac{(l-l)^2}{2} + c_2$$

所以
$$c_1 = c_2$$

由 $x_1 = x_2 = l, y_1 = y_2 = -\dfrac{R_B}{K}$，即可得 $D_2 = 0$。

(5) 将积分常数代回得梁的转角、挠度方程分别为

$$EIy'_1 = -\frac{Pa}{2l}x_1^2 - \frac{PEI(l+a)}{Kl^2} + \frac{1}{6}Pla$$

$$EIy_1 = -\frac{Pa}{6l}x_1^3 - \frac{PEI(l+a)}{Kl^2}x_1 + \frac{1}{6}Plax_1$$

$$EIy'_2 = -\frac{Pa}{2l}x_2^2 + \frac{P(l+a)}{2}(x_2-l)^2 - \frac{PEI(l+a)}{Kl^2} + \frac{1}{6}PlA$$

$$EIy_2 = -\frac{Pa}{6l}x_2^3 + \frac{P(l+a)}{6l}(x_2-l)^3 - \frac{PEI(l+a)}{Kl^2}x_2 + \frac{1}{6}Plax_2$$

所以
$$\theta_A = y'_1|_{x_1=0} = -\frac{P(l+a)}{Kl^2} + \frac{Pla}{6EI}$$

$$y_c = -P(l+a)\left(\frac{a^2}{3EI} + \frac{l+a}{Kl^2}\right)$$

第 10-109 题：【$\theta_A = -qa^3/6EI(\downarrow), \theta_B = y_1 \mid x_1 = 2a = 0, y_C = y_2 \mid x_2 = 3a = -qa^4/8EI(\downarrow), y_D = y_1|_{x=a} = -qa^4/12EI(\downarrow)$】

专家帮助：如第 10-109 题解图所示。

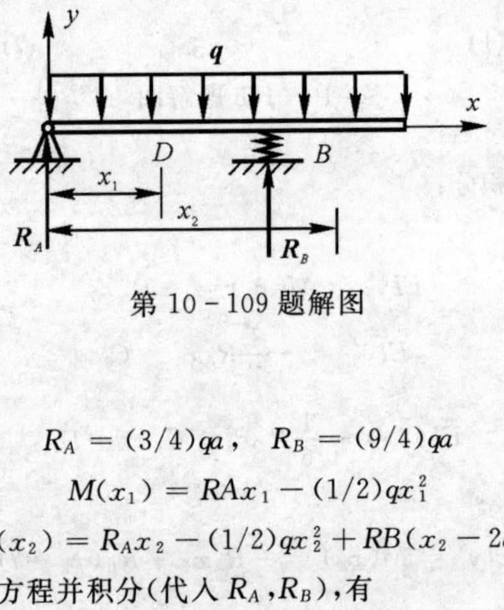

第 10-109 题解图

(1) 求支反力，列弯矩方程为

$$R_A = (3/4)qa, \quad R_B = (9/4)qa$$

AB 段($0 \leqslant x1 \leqslant 2a$)： $M(x_1) = RAx_1 - (1/2)qx_1^2$

BC 段($2a \leqslant x2 \leqslant 3a$)： $M(x_2) = R_A x_2 - (1/2)qx_2^2 + RB(x_2 - 2a)$

(2) 分段列出挠曲线近似微分方程并积分(代入 R_A, R_B)，有

AB 段：
$$EIy''_1 = (3/4)qax_1 - (1/2)qx_1^2$$
$$EIy'_1 = (3/8)qax_1^2 - (1/6)qx_1^3 + C_1$$
$$EIy_1 = (1/8)qax_1^3 - (1/24)qx_1^4 + C_1x_1 + D_1$$

BC 段：
$$EIy''_2 = (3/4)qax_2 - (1/2)qx_2^2 + (9/4)qa(x^2 - 2a)$$
$$EIy'_2 = (3/8)qax_2^2 - (1/6)qx_2^3 + (9/8)qa(x_2 - 2a)^2 + C_2$$
$$EIy_2 = (1/8)qax_2^3 - (1/24)qx_2^4 + (3/8)qa(x_2 - 2a)^3 + C_2x_2 + D_2$$

(3) 根据边界光滑连续性条件确定常数：

由边界条件 $x_1 = 0, y_1 = 0$，和 $x_1 = 2a, y_1 = 0$ 可得

$$C_1 = -(1/6)qa^3, \quad D_1 = 0$$

由连续性条件 $x_1 = x_2 = 2a, y'_1 = y'_2, y_1 = y_2$ 可得

$$C_1=C_2=-(1/6)qa^3,\quad D_1=D_2=0$$

(4) 挠曲线方程和转角方程

$$EIy'_1=(3/8)qax_1^2-(1/6)qx_1^3-(1/6)qa^3$$
$$EIy_1=(1/8)qax_1^3-(1/24)qx_1^4-(1/6)qa^3x_1$$
$$EIy'_2=(3/8)qax_2^2-(1/6)qx_2^3+(9/8)qa(x_2-2a)^2-(1/6)qa^3$$
$$EIy_2=(1/8)qax_2^3-(1/24)qx_2^4+(3/8)qa(x_2-2a)^3-(1/6)qa^3x_2$$

(5) 求截面 $ABCD$ 的位移，得

$$x_1=0,\quad y'_1=\theta_A=-qa^3/6EI(\downarrow)$$
$$x_1=2a,\quad \theta_B=y_1|_{x_1}=2a=0$$
$$x_2=3a,\quad y_C=y_2|_{x_2=3a}=-qa^4/8EI(\downarrow)$$
$$x_1=a,\quad y_D=y_1|_{x=a}=-qa^4/12EI(\downarrow)$$

第 10－110 题:【$y_B=y_2|_{x_2=l}=-\dfrac{71Pl^4}{384EI},\theta_B=y'_2|_{x_2=l}=-\dfrac{13ql^3}{48EI}$】

专家帮助:如第 10－110 题解图所示。

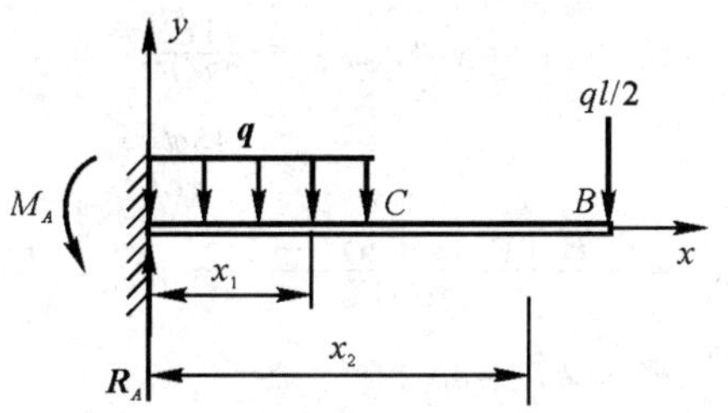

第 10－110 题解图

(1) 求支反力，有

$$R_A=ql$$
$$M_A=(5/8)ql^2$$

(2) 列弯矩方程，有

AC 段$\left(0\leqslant x_1\leqslant\dfrac{l}{2}\right)$：$M_1(x_1)=-\left[\dfrac{ql}{2}(l-x_1)+\dfrac{1}{2}q\left(\dfrac{l}{2}-x_1\right)^2\right]$

CB 段$\left(\dfrac{l}{2}\leqslant x_2\leqslant l\right)$：$M_2(x_2)=-\dfrac{1}{2}ql(l-x_2)$

(3) 列挠曲线微分方程并积分，有

$$EIy''_1=M_1(x_1)=-\left[\frac{ql}{2}(l-x_1)+\frac{1}{2}q\left(\frac{l}{2}-x_1\right)^2\right]$$
$$EIy'_1=\frac{ql}{4}(l-x_1)^2+\frac{1}{6}q\left(\frac{l}{2}-x_1\right)^3+C_1$$
$$EIy_1=-\left[\frac{ql}{12}(l-x_1)^3+\frac{1}{24}q\left(\frac{l}{2}-x_1\right)^4\right]+C_1x_1+D_1$$
$$EIy''_2=-\frac{1}{2}ql(l-x_2)$$
$$EIy'_2=\frac{1}{4}ql(l-x_2)^2+C_2$$
$$EIy_2=-\frac{1}{12}ql(l-x_2)^3+C_2x_2+D_2$$

(4) 确定积分常数，由边界条件 $x_1=0,y'_1=0$，得

$$C_1=-(13/48)ql^3$$

由 $x_1=0, y_1=0$,得

$$D_1=(11/128)ql^4$$

由连续性条件 $x_1=x_2=l/2, y'_1=y'_2$ 得

$$C_2=-(13/48)ql^3$$

由 $x_1=x_2=l/2, y_1=y_2$ 得

$$D_2=(11/128)ql^4$$

(5) 写出各段挠曲线方程和转角方程为

$$\theta_1(x)=y'_1(x)=\frac{1}{EI}\left[\frac{ql}{4}(l-x_1)^2+\frac{q}{6}\left(\frac{l}{2}-x_1\right)^3-\frac{13}{48}ql^3\right]$$

$$\theta_2(x)=y'_2(x)=\frac{1}{EI}\left[\frac{ql}{4}(l-x_2)^2-\frac{13}{48}ql^3\right]$$

$$y_1(x_1)=\frac{1}{EI}\left[-q\frac{l}{12}(l-x_1)^3-\frac{1}{24}q\left(\frac{l}{2}-x_1\right)^4-\frac{13}{48}ql^3x_1+\frac{11}{128}ql^4\right]$$

$$y_2(x_2)=\frac{1}{EI}\left[-q\frac{l}{12}(l-x_2)^3-\frac{13}{48}ql^3x_2+\frac{11}{128}ql^4\right]$$

$$y_B=y_2\,|_{x_2=l}=-\frac{71Pl^4}{384EI}$$

$$\theta_B=y'_2\,|_{x_2=l}=-\frac{13ql^3}{48EI}$$

第 10-111 题:【(a) $y=2y_{A_1}=-\dfrac{Pa[12(a+b)^2-4a^2]}{24EI}$;$\theta_{B_1}=\dfrac{Pa(2b+a)(3a+2b)}{6(2a+2b)EI}$

$\theta_{B_2}=\dfrac{Pa(2b+a)(2a+3b)}{6(2a+2b)EI}$;$\theta_B=\theta_{B_1}+\theta_{B_2}$

(b) $y_A=\dfrac{ql^4}{16EI}$;$\theta_B=\dfrac{ql^3}{12EI}$】

专家帮助:利用对称性、叠加法查表可得。

(a) 如第 10-111 题解图(1) 所示,查表可得

$$y_{A_1}=-\frac{Pa[3(2a+2b)^2-4a^2]}{48EI}=-\frac{Pa[12(a+b)^2-4a^2]}{48EI}$$

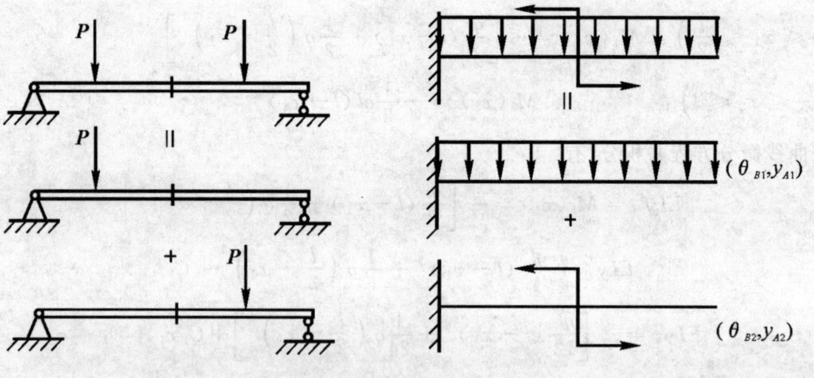

(1) (2)

第 10-111 题解图

由对称性 $y_{A_2}=y_{A_1}$ 有

$$y=2y_{A_1}=-\frac{Pa[12(a+b)^2-4a^2]}{24EI}$$

$$\theta_{B_1}=\frac{Pa(2b+a)(3a+2b)}{6(2a+2b)EI}$$

$$\theta_{B_2}=\frac{Pa\,(2b+a)\,(2a+3b)}{6\,(2a+2b)\,EI}$$

$$\theta_B=\theta_{B_1}+\theta_{B_2}$$

(b) 如第 10－111 题解图(2) 所示，查表可得

$$y_{A_1}=-\frac{ql^4}{8EI}$$

$$y_{A_2}=\frac{M\dfrac{l}{2}}{EI}\left(l-\frac{l}{4}\right)=\frac{3ql^4}{16EI}$$

所以
$$y_A=y_{A_1}+y_{A_2}=\frac{ql^4}{16EI}(\uparrow)$$

$$\theta_{B_2}=-\frac{ql^3}{6EI}$$

$$\theta_{B_2}=\frac{M\dfrac{l}{2}}{EI}=\frac{ql^3}{4EI}$$

所以
$$\theta_B=\theta_{B_1}+\theta_{B_2}=\frac{ql^3}{12EI}$$

第 10－112 题:【$\theta_{B左}=-\dfrac{qa^3}{EI}$，$\theta_{B右}=-\dfrac{qa^3}{3EI}$，$y_C=\dfrac{37qa^4}{24EI}$】。

专家帮助:梁为组合梁，其受力可分解为如第 10－112 题解图所示：

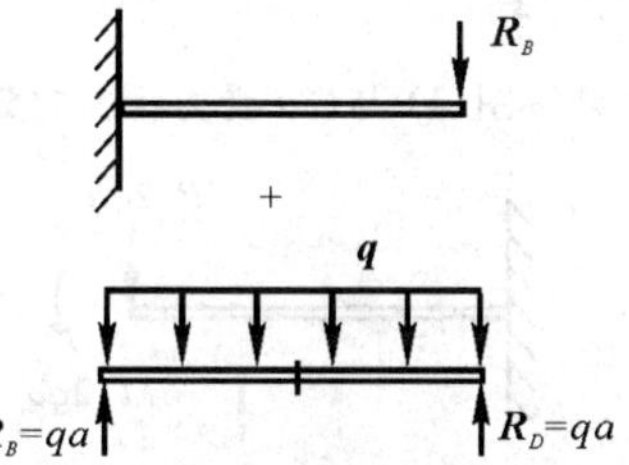

第 10－112 题解图

AB 段为悬臂梁和 BD 为简支梁，所以 $\theta_{B左}\neq\theta_{B右}$。

$$\theta_{B左}=-\frac{qa\ (2a)^2}{2EI}=-\frac{qa^3}{EI},\quad y_B=\frac{qa\ (2a)^3}{3EI}=\frac{8qa^4}{3EI}$$

$$\theta_{B右}=-\frac{q\ (2a)^3}{24EI}=-\frac{qa^3}{3EI}$$

$$y_C=y_{C1}+\frac{1}{2}y_B=\frac{5q\ (2a)^4}{384EI}+\frac{1}{2}\ \frac{8qa^4}{3EI}=\frac{37qa^4}{24EI}$$

第 10－113 题:【$\theta_C=\dfrac{ql^2}{24EI}(5l+12a)$；$y_C=\dfrac{qal^2}{24EI}(5l+6a)$】

专家帮助:本题可用叠加法，采用逐段刚化看做第 10－113 题解图(1) 与(2) 的叠加。

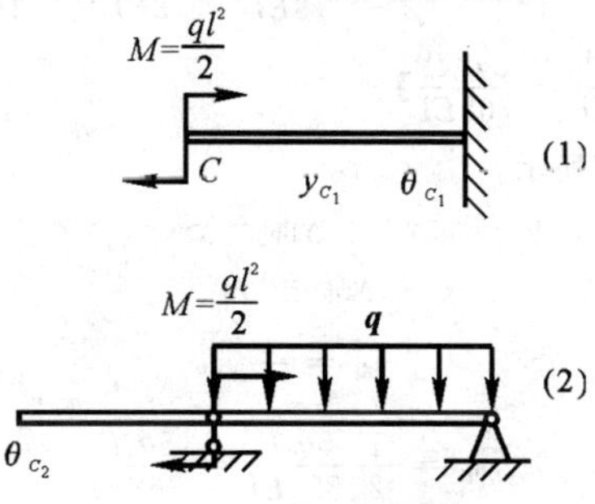

第 10－113 题解图

并应用叠加法，查表可得

$$\theta_{C_2}=\theta_B=\theta_{B_1}+\theta_{B_2}=-\frac{Ml}{3EI}-\frac{ql^3}{24EI}=-\frac{5ql^3}{24EI}$$

$$\theta_C=\theta_{C_1}+\theta_{C_2}=-\frac{Ma}{EI}-\frac{5ql^3}{24EI}=-\frac{ql^2}{24EI}(5l+12a)$$

$$y_C=y_{C_1}+|\theta_B\times a|=\frac{\frac{1}{2}ql^2a^2}{2EI}+\frac{5ql^3}{24EI}=\frac{qal^2}{24EI}(5l+6a)$$

第 10－114 题：【$y_C=\frac{qal}{4EA}+\frac{5qa^4}{384EI}$(↓)；$\theta_A=\frac{ql}{2EI}+\frac{qa^3}{24EI}$(↲)】

专家帮助：如第 10－114 题解图所示。

求支座反力为

$$R_A=N_B=\frac{1}{2}qa$$

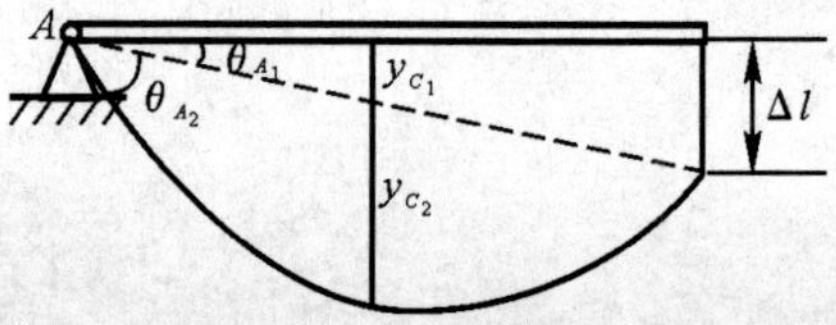

第 10－114 题解图

则杆 BD 伸长 $$\Delta l=\frac{Nl}{EA}=\frac{qal}{2EA}$$

则 $$y_C=y_{C_1}+y_{C_2}=\frac{qal}{4EA}+\frac{5qa^4}{384EI}(\downarrow)$$

$$\theta_A=\theta_{A_1}+\theta_{A_2}=\frac{\Delta l}{a}+\frac{qa^3}{24EI}=\frac{ql}{2EI}+\frac{qa^3}{24EI}(↲)$$

第 10－115 题：【$\theta_c=\frac{3qa^3}{EI}$；$y_c=\frac{5qa^4}{3EI}$】

专家帮助：原题可看做第 10－115 题解图(1) 与(2) 受力状况的叠加。

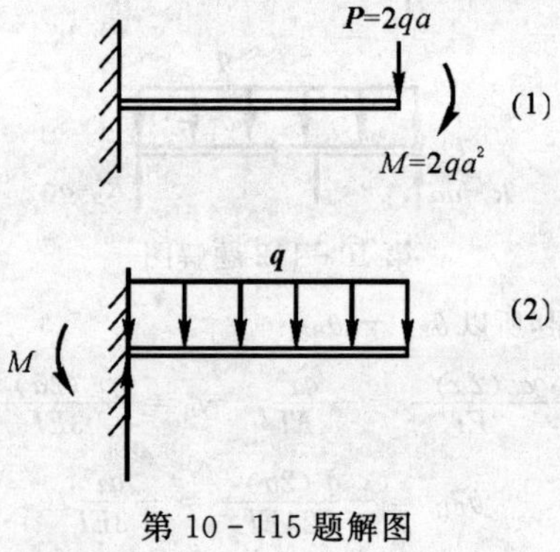

第 10－115 题解图

查表可得

$$\theta_c=\theta_{cp}+\theta_{cM}=\frac{2qaa^2}{2EI}+\frac{2qa^2a}{EI}=\frac{3qa^3}{EI}$$

$$y_c=y_{cp}+y_{cM}=\frac{2qaa^2}{3EI}+\frac{2qa^2a}{2EI}=\frac{5qa^4}{3EI}$$

第 10－116 题：【$y_{中}=\frac{1}{2}\frac{5q_0l^4}{384EI}=\frac{5q_0l^4}{768EI}$】

专家帮助：如第 10－116 题解图所示。

$$y_{中}=y_{1中}-y_{2中}$$

又 $$y_{2中}=y_{中}$$

所以 $$y_{中}=\frac{1}{2}y_{1中}$$

查表可得 $$y_{中}=\frac{1}{2}\frac{5q_0l^4}{384EI}=\frac{5q_0l^4}{768EI}$$

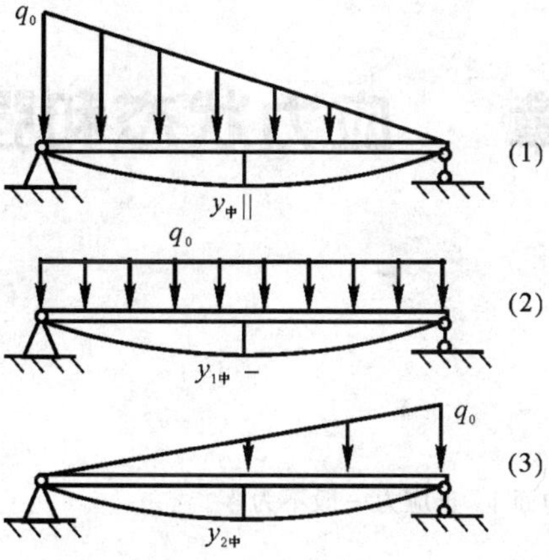

第 10－116 题解图

第 10－117 题:【$y_B=\dfrac{8qa^4}{3EI}-\dfrac{7qa^4}{24EI}=\dfrac{57qa^4}{24EI}$】

专家帮助:因为该变形是对称的,跨度中点 E 截面的转角为零,挠曲线在 E 点处的切线是水平的,将结构拆成如第 10－117 题解图(1)(2)(3) 所示结构,显然有 $y_E=y_B$。再将图(1) 中的 y_B 的计算看成图(2) 和图(3) 两种基本结构变形的叠加。

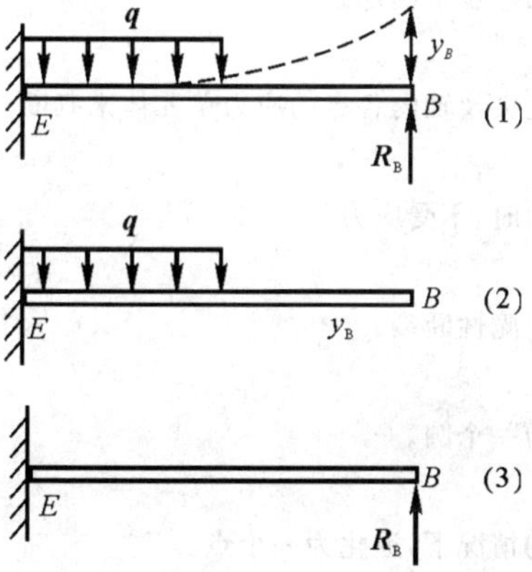

第 10－117 题解图

在图(2) 中,设 B 截面的挠度为 y_{B1},则有

$$y_{B1}=-\frac{qa^4}{8EI}-\frac{qa^4}{6EI}=-\frac{7qa^4}{24EI}$$

在图(3) 中,设 B 截面的挠度为 y_{B2},有

$$y_{B2}=\frac{R_Ba^3}{3EI}=\frac{8qa^4}{3EI}$$

在图(1) 中的 $y_B=y_{B1}+y_{B2}$ 即

$$y_B=\frac{8qa^4}{3EI}-\frac{7qa^4}{24EI}=\frac{57qa^4}{24EI}\downarrow$$

第十一章　应力状态和强度理论

一、基本概念练习题

1.是非判断题

第 11-1 题:【非】

专家帮助:剪应力达到极值的面上,正应力一般不为零。

第 11-2 题:【非】

专家帮助:是否应屈服与应力状态、材料的性质有关:

第 11-3 题:【是】

专家帮助:由拉伸梁的应力分布决定的。

第 11-4 题:【非】

专家帮助:只有过该点的横截面上的正应力为零。

第 11-5 题:【非】

专家帮助:应由主应力不为零的数量来确定。

第 11-6 题:【是】

专家帮助:可由纯剪切单元的定义及轴内各点的应力单元体来判断。

第 11-7 题:【非】

专家帮助:中性层各点在纯弯曲时,不受应力。

第 11-8 题:【非】

专家帮助:塑性材料也可能发生脆性断裂。

第 11-9 题:【非】

专家帮助:按莫尔圆的做法知为一个圆。

第 11-10 题:【非】

专家帮助:在三个主应力相等的情况下,退化为一个点。

第 11-11 题:【非】

专家帮助:只有形状的改变。

第 11-12 题:【是】

专家帮助:$\sigma_1 - \sigma_3 = (80 + 20) = (60 + 40)$。

第 11-13 题:【非】

专家帮助:形状改变,但比能不会改变。

第 11-14 题:【是】

专家帮助:断裂的性质与应力状态有关系。

第 11-15 题:【非】

专家帮助:某方向上有无线应变,应由应力状态根据广义胡克定律来确定。

第 11-16 题:【非】

专家帮助:冰处于三向压应力状态,呈塑性,不易破坏;铸铁管处在二向拉应力状态,呈脆性,易破坏。

第 11-17 题:【是】

专家帮助:易知三个主应力为 50,0,－50。

第 11-18 题:【是】

专家帮助:可由体积应变能公式计算得知。

第 11-19 题:【是】

专家帮助:屈服时,单向拉伸有 $\sigma=\sigma_s$,纯剪有 $2\tau=\sigma_s$ 所以 $\sigma=2\tau$。

第 11-20 题:【是】

专家帮助:因为主平面上的主应力取极值,切应力为零。

2.选择填空题

第 11-21 题:【B,A】

专家帮助:单向;纯剪切(或平面)。

第 11-22 题:【D,B】

专家帮助:根据平面应力状态的主应力计算公式进行计算。

第 11-23 题:【A,C】

专家帮助:据单向应力状态任意斜截面上应力计算公式进行分析。

第 11-24 题:【A,C】

专家帮助:因为有一对主应力为已知,所以,可根据平面应力状态的主应力计算公式进行计算。

第 11-25 题:【B,B】

专家帮助:各向同性材料中,最大主应力和最大伸长线应变的方向是一致的。

第 11-26 题:【D,B】

专家帮助:根据应力圆的定义和作图方法进行分析。

第 11-27 题:【A,C】

专家帮助:根据平面应力状态的主应力计算公式进行分析和计算。

第 11-28 题:【B,D】

专家帮助:因圆柱形薄壁容器在内均布压力作用下纵截面上承受拉应力。

第 11-29 题:【A,D】

专家帮助:可根据应力与应变的关系进行分析计算。

第 11-30 题:【C,B】

专家帮助:可根据该单元体的平衡条件进行分析计算。

3.单项选择题

第 11-31 题:【B】

专家帮助:先求主应力,再由应力状态定义可知。

第 11-32 题:【C】

专家帮助:由应力分析知 1－1 截面为最大拉应力作用面。

第 11-33 题:【B】

专家帮助:用广义胡克定律判断。

第 11-34 题:【D】

专家帮助:一点的应力状态的概念:所谓一点处的应力状态就是通过受力构件内某一点的各个截面上的应力情况。

第 11-35 题:【D】

专家帮助:熟悉弯曲时横截面上正应力分布规律是关键。

第 11-36 题:【D】

专家帮助:抓住主平面的特点。

第 11-37 题:【A】

专家帮助:学会作应力圆是关键的一个知识点。

第 11 - 38 题:【C】

专家帮助:应力圆的圆心总是在正应力轴上。

第 11 - 39 题:【A】

专家帮助:由截面法可以得出结论。

第 11 - 40 题:【C】

专家帮助:该斜面是主平面。

第 11 - 41 题:【B】

专家帮助:应用广义胡克定律。

第 11 - 42 题:【B】

专家帮助:具体计算一下便知。

第 11 - 43 题:【B】

专家帮助:内侧受压时外侧受拉,脆性材料抗拉能力差。

第 11 - 44 题:【A】

专家帮助:三向应力状态下,各种材料都呈脆性断裂。

第 11 - 45 题:【D】

专家帮助:可从梁横截面上正应力分布规律作出判断。

第 11 - 46 题:【A】

专家帮助:由横力弯曲时横截面上应力分布规律及中性层定义作出判断。

第 11 - 47 题:【B】

专家帮助:可由广义胡克定律计算得到。

第 11 - 48 题:【C】

专家帮助:先求主应力,再用强度理论。

第 11 - 49 题:【D】

专家帮助:用广义胡克定律或莫尔圆法。

4. 多项选择题

第 11 - 50 题:【C,E】

专家帮助:熟悉弯扭组合应力分布图。

第 11 - 51 题:【C,D,E】

专家帮助:熟练掌握基本概念是最低要求。

第 11 - 52 题:【A,C,D,F】

专家帮助:学会应用应力圆解决问题。

第 11 - 53 题:【A,D】

专家帮助:熟练掌握单元体与应力圆的对应关系。

第 11 - 54 题:【A,B,D】

专家帮助:具体计算一遍。

第 11 - 55 题:【A,C,E】

专家帮助:广义胡克定律本质就是能解三个未知数。

二、基本计算练习题

第 11 - 56 题:【$\sigma_1 = 52.17$ MPa,$\sigma_2 = 0$,$\sigma_3 = -42.17$ MPa】

专家帮助:掌握用二步法求主平面的方位。

解:(1) 主应力:

$$\sigma_m = \frac{\sigma_x + \sigma_y}{2} \pm \sqrt{\left(\frac{\sigma_x + \sigma_y}{2}\right)^2 + \tau_x^2} = \frac{-20+30}{2} \pm \sqrt{\left(\frac{-20-30}{2}\right)^2 + (-40)^2} = \begin{cases} 52.17 \\ -42.17 \end{cases} \text{MPa}$$

$$\sigma_1 = 52.17\ \text{MPa},\quad \sigma_2 = 0,\quad \sigma_3 = -42.17\ \text{MPa}$$

(2) 主方向：

$$\tan 2\alpha_p = -\frac{2\tau_x}{\sigma_x - \sigma_y} = -\frac{8}{5}$$

将 x 面逆转 58° 即为 σ_1 作用面。

第 11－57 题：【$\sigma_{15^\circ} = 34$ MPa；$\tau_{15^\circ} = -32.3$ MPa】

专家帮助：

解：解析法：

$$\sigma_x = 20,\quad \sigma_y = 80,\quad \tau_x = -20$$

$$\sigma_{15^\circ} = \frac{\sigma_x + \sigma_y}{2} + \frac{\sigma_x - \sigma_y}{2}\cos 2\alpha - \tau_x \sin 2\alpha = 50 - 20\cos 30^\circ - (-20)\sin 30^\circ = 34\ \text{MPa}$$

$$\tau_{15^\circ} = \frac{\sigma_x - \sigma_y}{2}\sin 2\alpha + \tau_x \cos 2\alpha = -32.3\ \text{MPa}$$

第 11－58 题：【$\sigma_1 = 52$ MPa，$\sigma_2 = 0$，$\sigma_3 = -42$ MPa；$\alpha_{p_1} = 58^\circ$；$\alpha_{p_2} = -32^\circ$】

专家帮助：用直径作出应力圆是作应力圆的基本要求。

解：(1) 以 $D_x(-20,-40)$ 和 $D_y(30,40)$ 为直径作圆。

(2) 将 D_x 点逆转30° 到 P 点。

(3) 读得 15° 截面上力（P 点的坐标）为

$$\sigma_{15^\circ} = -3\ \text{MPa},\quad \tau_{15^\circ} = -46\ \text{MPa}$$

主力（A，B 点的坐标）为

$$\sigma_1 = 52\ \text{MPa},\quad \sigma_2 = 0,\quad \sigma_3 = -42\ \text{MPa}$$

主方向

$$\alpha_{p_1} = 58^\circ$$
$$\alpha_{p_2} = -32^\circ$$

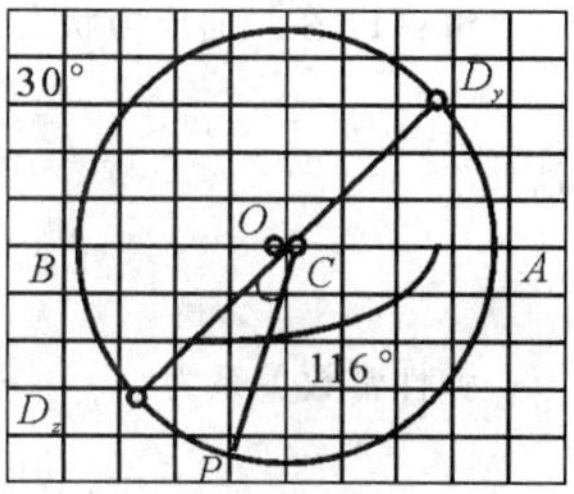

第 11－58 题解图

第 11－59 题：【$\sigma_1 = \sigma$，$\sigma_2 = \tau$，$\sigma_3 = -\tau$】

专家帮助：应力分析中的角是按一定规则来表示的。

解：建立坐标系 xOy 如第 11－59 题解图(1) 所示。

DXY 面内：

$$\sigma_m = \frac{\sigma_x + \sigma_y}{2} \pm \sqrt{\left(\frac{\sigma_x - \sigma_y}{2}\right)^2 + \tau_x^2} = \pm\tau$$

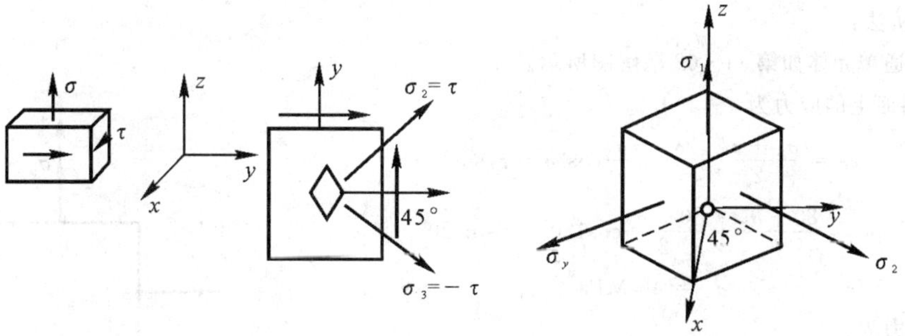

(1)　　(2)

第 11－59 题解图

主向：

$$\sigma_{-45^\circ}=\sigma_\alpha\frac{\sigma_x+\sigma_y}{2}+\frac{\sigma_x-\sigma_y}{2}\cos2\alpha-\tau_x\sin2\alpha=\tau\sin(-90^\circ)$$

$$-\tau=\sigma_3$$

主应力： $\sigma_1=\sigma$， $\sigma_2=\tau$， $\sigma_3=-\tau$

其应力状态如第 11－59 题解图(2) 所示。

第 11－60 题：【$\sigma_{-70^\circ}=0.16\ \text{MPa}$；$\tau_{-70^\circ}=-0.19\ \text{MPa}$】

专家帮助：

解：(1) 取 A 点单元体如第 11－60 题解图所示。

(2)A 截面内力为 $Q=2\ \text{kN}$， $M=2.4\ \text{kN}\cdot\text{m}$

(3) 横截面上 A 点应力为$\tau_A=\dfrac{3}{2}\dfrac{Q}{A}=0.25\ \text{MPa}$

(4)A 点纤维面倾角： $\alpha=-70^\circ$

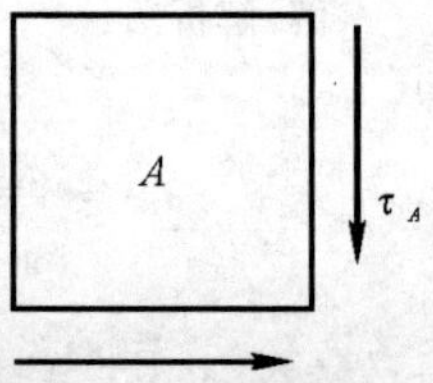

第 11－60 题解图

所以

$$\sigma_{-70^\circ}=-\tau_x\sin2\alpha=-0.25\times\sin(-70^\circ\times2)=0.16\ \text{MPa}$$

$$\tau_{-70^\circ}=\tau_x\cos2\alpha=0.25\times\cos(-70^\circ\times2)=-0.19\ \text{MPa}$$

第 11－61 题：【$\sigma_1=53.75\ \text{MPa}$，$\sigma_3=-26.25\ \text{MPa}$】

专家帮助：应力特征量的性质，弹性常数之间的关系都属基本知识。

解：(1) 在二向应力状态下有

$$\sigma_x+\sigma_y=\sigma_\alpha+\sigma_{\alpha+90^\circ}=\sigma_1+\sigma_3=27.5\ \text{MPa} \qquad (1)$$

且

$$\tau_{\max}=\frac{\sigma_1-\sigma_3}{2},\quad \sigma_1-\sigma_3=2\tau_{\max},\quad \tau_{\max}=G\gamma_{\max}$$

弹性常数关系为

$$G=\frac{E}{2(1+\mu)},\quad \tau_{\max}=\frac{E}{2(1+\mu)}\gamma_{\max}$$

所以

$$\sigma_1-\sigma_3=2\frac{\text{E}}{2(1+\mu)}\gamma_{\max}=80\ \text{MPa} \qquad (2)$$

由式(1)，(2) 得

$$\sigma_1=53.75\ \text{MPa},\quad \sigma_3=-26.25\ \text{MPa}$$

第 11－62 题：【$\sigma_1=80\ \text{MPa}$，$\sigma_2=40\ \text{MPa}$，$\sigma_3=0$】

专家帮助：斜单体同样可用解析法和图解法进行分析。

解：用解析法：

(1) 取普通单元体如第 11－62 题解图所示。

(2)60° 斜面上的应力为

$$\sigma_{60^\circ}=\frac{\sigma_x+\sigma_y}{2}+\frac{\sigma_x-\sigma_y}{2}\cos2\alpha-\tau_x\sin2\alpha$$

$$50=\frac{80+\sigma_y}{2}+\frac{80-\sigma_y}{2}\cos120^\circ-0\sin120^\circ$$

得 $\sigma_y=40\ \text{MPa}$

(3) 主应力为

$$\sigma_1=80\ \text{MPa},\quad \sigma_2=40\ \text{MPa},\quad \sigma_3=0$$

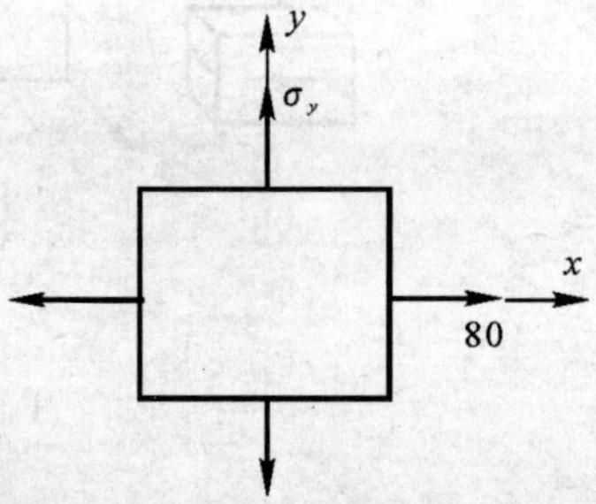

第 11－62 题解图

第 11－63 题：【A_1 对应：$\sigma_1=140\ \text{MPa}$；A_2 对应：$\sigma_1=30\ \text{MPa}$，D_1CD_2 对应：$\alpha=\angle D_1CD_2/2=75^\circ$；$A_1CD_2$ 对应：$\alpha_{P_1}=\angle A_1CD_2/2=30^\circ$】

专家帮助：

解：用图解法：如第 11－63 题解图(1)，(2) 所示。

(1) 在 $\sigma-\tau$ 平面上，找 $D_1(38,28)$，$D_2(114,-48)$ 两点。

(2) 找出 D_1D_2 线段的中垂线与 σ 轴的交点 C。

(3) 以 CD_1 为半径，C 为圆心作应力圆。

(4) 读图。

A_1 对应：　$\sigma_1 = 140\ \text{MPa}$

A_2 对应：　$\sigma_1 = 30\ \text{MPa}$

D_1CD_2 对应：　$\alpha = \angle D_1CD_2/2 = 75°$

A_1CD_2 对应：　$\alpha_{P_1} = \angle A_1CD_2/2 = 30°$

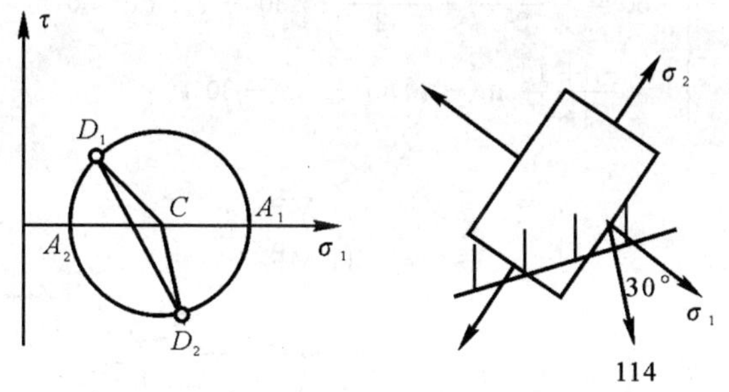

第 11－63 题解图

第 11－64 题：【$\sigma_1 = 104\ \text{MPa}, \sigma_2 = 70\ \text{MPa}, \sigma_3 = -73.5\ \text{MPa}; \tau_{\max} = \frac{\sigma_1 - \sigma_3}{2} = 88.8\ \text{MPa}$】

专家帮助：该类单元体是工程力学要求会作分析的最复杂类型。其应力状态如第 11－64 题解图所示。

(1) 正应力 70° 作用面为一个主平面。

(2) 分析平行正应力 70° 斜面上的应力。

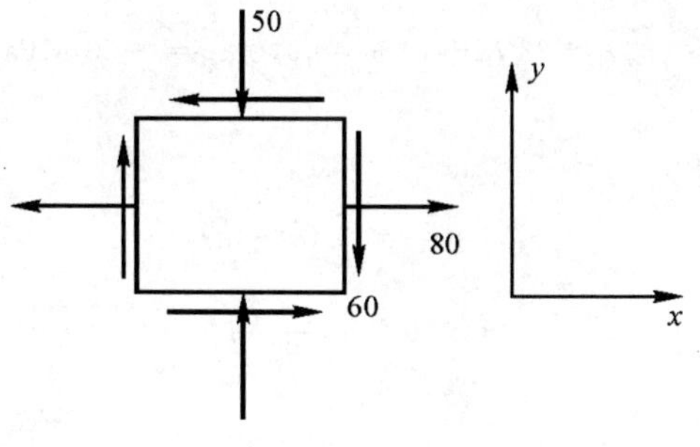

第 11－64 题解图

则

$$\sigma_x = 80\ \text{MPa},\quad \sigma_y = -50\ \text{MPa},\quad \tau_x = 60\ \text{MPa}$$

$$\left.\begin{matrix}\sigma_1\\ \sigma_2\end{matrix}\right\} = \frac{\sigma_x + \sigma_y}{2} \pm \sqrt{\left(\frac{\sigma_x - \sigma_y}{2}\right)^2 + \tau_x^2} = 15 \pm 88.5\ \text{MPa}$$

所以

$$\sigma_1 = 104\ \text{MPa},\quad \sigma_2 = 70\ \text{MPa},\quad \sigma_3 = -73.5\ \text{MPa}$$

$$\tau_{\max} = \frac{\sigma_1 - \sigma_3}{2} = 88.8\ \text{MPa}$$

第 11-65 题:【$\sigma_1 = 0, \sigma_2 = -7\ \text{MPa}, \sigma_3 = -50\ \text{MPa}$】

专家帮助:这是一般应力分析题型的反问题。

(1) 应力为

$$\sigma_x, \tau_x, \sigma_y = -10\ \text{MPa}$$

(2) $-15°$ 斜面上的应力为

$$\sigma_{-15°} = \frac{\sigma_x + \sigma_y}{2} + \frac{\sigma_x - \sigma_y}{2}\cos 2\alpha - \tau_x \sin 2\alpha$$

$$\tau_{-15°} = \frac{\sigma_x + \sigma_y}{2}\sin 2\partial + \tau_x \cos 2\alpha$$

即

$$\begin{cases} -50 = \dfrac{\sigma_x - 10}{2} + \dfrac{\sigma_x + 10}{2}\cos 30° - \tau_x \sin(-30°) \\ 0 = \dfrac{\sigma_x + 10}{2}\sin(-30) + \tau_x \sin(-30°) \end{cases}$$

解得

$$\begin{cases} \sigma_x = -47\ \text{MPa} \\ \tau_x = -11\ \text{MPa} \end{cases}$$

(3) 主应力为

$$\sigma = \frac{\sigma_x + \sigma_y}{2} \pm \sqrt{\left(\frac{\sigma_x - \sigma_y}{2}\right)^2 + \tau_x^2} = \begin{cases} -7 \\ -50 \end{cases}$$

所以 $\sigma_1 = 0, \sigma_2 = -7\ \text{MPa}, \sigma_3 = -50\ \text{MPa}$。

第 11-66 题:【$G = 27.5\ \text{MPa}$】

专家帮助:知道普通单元体后,可求得任一方向上的应变。

(1) 横截面上剪应力为

$$\tau = \frac{T}{W_t} = \frac{T}{\frac{\pi}{16}D^3\left(1 - \frac{d}{D}\right)^4} = 33\ \text{MPa}$$

(2) 主应力为

$$\sigma_1 = \tau = 33\ \text{MPa}, \quad \sigma_2 = 0, \quad \sigma_3 = -33\ \text{MPa}$$

(3) 由广义胡克定律,得

σ_1 作用方向,就 $45°$ 斜向有

$$\varepsilon_{45°} = \varepsilon_1 = \frac{1}{E}(\sigma_1 - \mu\sigma_3)$$

$$6 \times 10^{-4} = \frac{1+\mu}{E}\sigma_1$$

得

$$G = \frac{E}{2(1+\mu)} = 27.5\ \text{MPa}$$

第 11-67 题:【$\sigma_1 = 50\ \text{MPa}, \sigma_2 = 10\ \text{MPa}, \sigma_3 = -10\ \text{MPa}$】

专家帮助:单元体与应力圆的对应关系是基础知识。

由应力图读得

$$\sigma_1 = 50\ \text{MPa}, \quad \sigma_2 = 10\ \text{MPa}, \quad \sigma_3 = -10\ \text{MPa}$$

单元体及 A 截面如第 11-67 题解图所示。

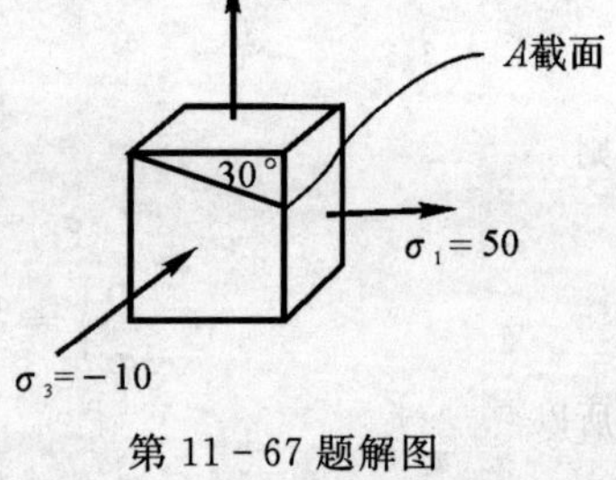

第 11-67 题解图

第 11-68 题:【$\sigma_1 = 54\ \text{MPa}, \sigma_2 = 0, \sigma_3 = -110\ \text{MPa}$】

专家帮助:

(1) 应力：

$$\sigma_{0^\circ} = \sigma_x, \quad \sigma_{0^\circ+90^\circ} = \sigma_y$$

$$\begin{cases} \sigma_{45^\circ} = \dfrac{\sigma_x + \sigma_y}{2} - \tau_x \\ \sigma_{45^\circ+90^\circ} = \dfrac{\sigma_x + \sigma_y}{2} + \tau_x \end{cases}$$

$$\begin{cases} \sigma_{90^\circ} = \sigma_y \\ \sigma_{90^\circ+90^\circ} = \sigma_x \end{cases}$$

(2) 广义胡克定律：

$$\varepsilon_{0^\circ} = \frac{1}{E}(\sigma_x - \mu\sigma_y)$$

$$\varepsilon_{90^\circ} = \frac{1}{E}(\sigma_y - \mu\sigma_x) \tag{1}$$

解式(1) 得

$$\sigma_x = -55.9 \text{ MPa}$$

$$\sigma_y = -0.22 \text{ MPa}$$

又

$$\sigma_{45^\circ} = \frac{1}{E}\left[\frac{\sigma_x + \sigma_y}{2}(1-\mu) - (1+\mu)\tau_x\right] \tag{2}$$

解式(2) 得

$$\tau_x = 76.9 \text{ MPa}$$

(3) 主应力：

$$\sigma_m = \frac{\sigma_x + \sigma_y}{2} \pm \sqrt{\left(\frac{\sigma_x - \sigma_y}{2}\right)^2 + \tau_x^2} = -28.1 \pm 81.8 = \begin{cases} 54 \text{ MPa} \\ -110 \text{ MPa} \end{cases}$$

第 11 - 69 题：【$P = 63$ kN】

专家帮助：先求轴力是关键，手段还是胡克定律。

1) M 点的横向单元体如第 11 - 69 题解图所示。

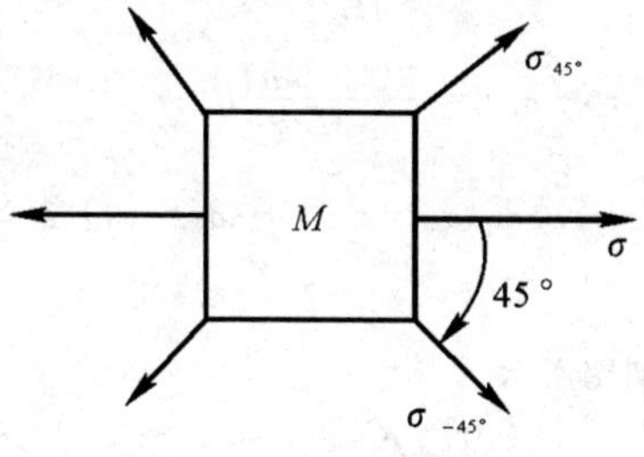

第 11 - 69 题解图

2) 广义胡克定律得

$$\varepsilon_{-45^\circ} = \frac{1}{E}(\sigma_{45^\circ} - \mu\sigma_{45^\circ}) = \frac{1}{E}\frac{\sigma}{2}(1-\mu) = 1.05 \times 10^{-4}$$

而

$$\sigma_{-45^\circ} = \frac{\sigma}{2} = \frac{N_1}{2A_1}$$

所以

$$N_1 = 8 \text{ kN}, \quad N_{CD} = 18 \text{ kN}, \quad N_{AC} = 18 - P$$

3) 协调方程为

$$\frac{(18-P)2a}{EA_2} + \frac{18a}{EA_2} + \frac{18 \times 2a}{EA_1} = 0$$

解得 $$P = 63\ \text{kN}$$

第 11－70 题:【$\Delta t = \varepsilon_\gamma t = -\dfrac{3PD\mu}{4E} = 2.7\times 10^{-3}\ \text{mm}$】

专家帮助:该题要求反复应用广义胡克定律。

设轴向为 x,周向为 θ,径向为 γ。

(1) 内压为二向应力状态,有

$$\sigma_1 = \sigma_\theta,\quad \sigma_2 = \sigma_x,\quad \sigma_3 = \sigma_\gamma = 0$$

$$\sigma_\theta = \frac{PD}{2t},\quad \sigma_x = \frac{PD}{4t}$$

轴向应变为

$$\varepsilon_x = \frac{1}{E}(\sigma_x - \mu\sigma_\theta) = \frac{PD}{4Et}(1-2\mu)$$

所以

$$P = \frac{4Et\varepsilon_x}{D(1-2\mu)} = 1.2\ \text{MPa}$$

(2) 外圆周总伸长量为

$$\varepsilon_\theta = \frac{1}{E}(\sigma_\theta - \mu\sigma_x) = \frac{PD}{4Et}(2-\mu)$$

$$\Delta S = \varepsilon_\theta S = \frac{PD}{4Et}(2-\mu)\pi D = 1.6\ \text{mm}$$

(3) 外径增量为

$$\Delta D = \frac{\Delta S}{\pi} = 0.51\ \text{mm}$$

(4) 壁厚的改变量。由广义胡克定律,有

$$\varepsilon_\gamma = \frac{1}{\text{E}}[\sigma_\gamma - \mu(\sigma_x + \sigma_\theta)] = \frac{-\mu}{E}(\sigma_x + \sigma_\theta) = -\frac{\mu}{E}\,\frac{3PD}{4t}$$

壁厚改变量为

$$\Delta t = \varepsilon_\gamma t = -\frac{3PD\mu}{4E} = 2.7\times 10^{-3}\ \text{mm}$$

第 11－71 题:【$u_\gamma = \dfrac{1-2\mu}{6E}(\sigma + \sigma_2 + \sigma_3) = \dfrac{2(1-2\mu)}{3E}P^2$;

$$u_f = \frac{1+\mu}{6E}((\sigma_1-\sigma_2)^2 + (\sigma_2-\sigma_3)^2 + (\sigma_3-\sigma_1)^2】$$

专家帮助:

(1) 建立坐标系如第 11－71 题解图所示。

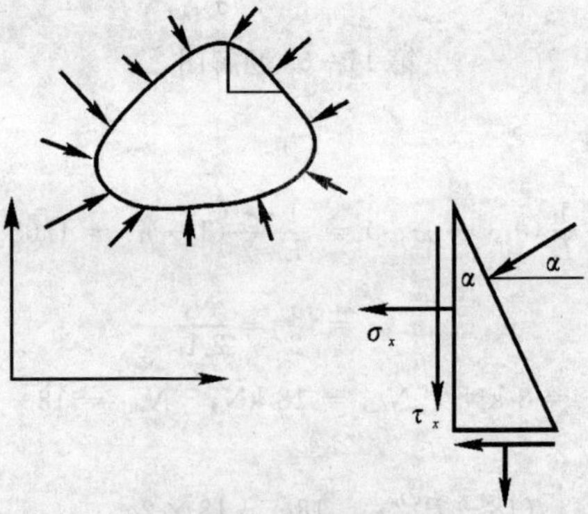

第 11－71 题解图

(2) 在边界上任取两直角边与 x 和 y 轴平行的三角形单元。因 α 是主平面，P 是 α 所唯一对应的主应力，即 P 与 α 是一一对应的关系，而

$$P = \frac{\sigma_x + \sigma_y}{2} \pm \sqrt{\left(\frac{\sigma_x - \sigma_y}{2}\right)^2 + \tau_x} = \text{cons}(\text{一个})$$

所以
$$\frac{\sigma_x + \sigma_y}{2} + \sqrt{\left(\frac{\sigma_x - \sigma_y}{2}\right)^2 + \tau_x} = \frac{\sigma_x - \sigma_y}{2} - \sqrt{\left(\frac{\sigma_x - \sigma_y}{2}\right)^2 + \tau_x}$$

解得

$$P = \sigma_x = \sigma_y, \quad \tau_x = 0$$

(3) 比能的计算。因为

$$\sigma_1 = 0, \quad \sigma_2 = \sigma_3 = -P$$

为体变能，所以

$$u_V = \frac{1-2\mu}{6E}(\sigma_1 + \sigma_2 + \sigma_3)^2 = \frac{2(1-2\mu)}{3E}P^2$$

$$u_f = \frac{1+\mu}{6E}[(\sigma_1 - \sigma_2)^2 + (\sigma_2 - \sigma_3)^2 + (\sigma_3 - \sigma_1)^2] = \frac{1+\mu}{3E}P^2$$

第十二章　组合变形

一、基本计算练习题

1.是非判断题

第 12-1 题:【非】

专家帮助:与杆件截面形状和具体受力情况及材料性质有关。

第 12-2 题:【是】

专家帮助:当圆杆弯曲变形时,其中性层上的正应力为零。

第 12-3 题:【非】

专家帮助:拉弯扭变形与弯扭组合变形的单元体类型一样。

第 12-4 题:【非】

专家帮助:利用圆形截面的几何性质得到的结果,仅适用于圆形截面的杆件。

第 12-5 题:【非】

专家帮助:对于上、下边缘的点,处于单向应力状态。

第 12-6 题:【非】

专家帮助:最多只能是二向应力状态。

第 12-7 题:【非】

专家帮助:也可能在短边中点。

第 12-8 题:【非】

专家帮助:长边中点、短边中点、四个尖点都有可能。

第 12-9 题:【是】

专家帮助:由应力类型确定材料是材料力学的一项任务。

第 12-10 题:【非】

专家帮助:应力仍然是力。

第 12-11 题:【是】

专家帮助:应尊重一点的客观受力情况。

第 12-12 题:【是】

专家帮助:对于线性问题,叠加原理总是成立的。

第 12-13 题:【非】

专家帮助:截面形心是截面的几何属性,与其他无关。

第 12-14 题:【非】

专家帮助:仅对圆形或正方形截面的梁可以做这样的处理。

第 12-15 题:【是】

专家帮助:可利用点的应力叠加原理判断。

第 12-16 题:【是】

专家帮助:按二向应力分析方法可方便求得。

第 12-17 题:【是】

专家帮助:与弯扭组合同属一类应力状态。

第 12 - 18 题:【非】

专家帮助:应变分析中有三个独立量,至少应有三个应变片和三片应变花。

第 12 - 19 题:【非】

专家帮助:中性轴在中心层上,可由中性轴的性质确定。

第 12 - 20 题:【非】

专家帮助:由中性轴的性质确定中性轴方程。

第 12 - 21 题:【非】

专家帮助:基本变形下的应力分布规律是全书的重要基础。

第 12 - 22 题:【非】

专家帮助:只与截面的几何形状大小有关。

第 12 - 23 题:【是】

专家帮助:矩形截面在扭转时平面假设不成立。

第 12 - 24 题:【非】

专家帮助:为拉弯组合变形,应力相当于轴向拉时的 4 倍。

第 12 - 25 题:【非】

专家帮助:由中性轴与对称轴的夹角公式可知一般是空间曲线。

第 12 - 26 题:【非】

专家帮助:若不同截面上的弯矩分量的比值不同,将是空间弯曲。

第 12 - 27 题:【非】

专家帮助:最大压应力危险点要按第二强度理论来算。

第 12 - 28 题:【非】

专家帮助:中性层只是不在对称面上。

第 12 - 29 题:【非】

专家帮助:也可能是拉扭或拉弯扭。

第 12 - 30 题:【是】

专家帮助:弯扭组合变形的应力单元是一样的,应用强度理论后结果一样。

第 12 - 31 题:【是】

专家帮助:内力图的正负是按变形划分的,目的之一是为了分析应力方向。

第 12 - 32 题:【是】

专家帮助:偏心距离足够小时,压缩产生压应力要远大于因偏心产生的弯曲正应力。

2.选择填空题

第 12 - 33 题:【A,B】

专家帮助:偏心压缩实际是“弯曲 + 压缩”的组合。

第 12 - 34 题:【A,A】

专家帮助:偏心压缩实际是“弯曲 + 压缩”的组合。

第 12 - 35 题:【A,C】

专家帮助:偏心压缩实际是“弯曲 + 压缩”的组合。

第 12 - 36 题:【A,D】

专家帮助:根据平面应力圆的作图法分析。

第 12 - 37 题:【A,B】

专家帮助:根据中性轴和形心的概念来分析。

第 12 - 38 题:【A,B】

专家帮助:根据叠加法,危险点的应力由弯曲应力和扭转切应力叠加而成。

第 12 - 39 题:【A,D】

专家帮助:中心点;中性轴。

第 12 - 40 题:【A,C】

专家帮助:通过分析弯曲变形、弯曲中心和截面形心主惯性轴等概念即得。

第 12 - 41 题:【B,D】

专家帮助:因为前者为偏心拉伸(是组合变形),后者是轴向拉伸(是基本变形)。

第 12 - 42 题:【A,B,C,D,B】

专家帮助:从公式 $\sigma_{eq3}=\sqrt{\sigma^2+4\tau^2}$,$\sigma_{eq3}=\frac{1}{W}\sqrt{M^2+M_T^2}$ 的推导过程可得。

第 12 - 43 题:【A,B】

专家帮助:拉—弯—弯;正方形。

第 12 - 44 题:【A,B,D】

专家帮助:弯扭,拉弯扭;圆形截面。

3. 单项选择题

第 12 - 45 题:【D】

专家帮助:分清基本变形的应力分布,再用叠加原理。

第 12 - 46 题:【B】

专家帮助:熟悉基本变形的应力分布是基础。

第 12 - 47 题:【A】

专家帮助:中性层上只有扭转剪应力。

第 12 - 48 题:【A】

专家帮助:由四种组合变形的应力状态可以确定。

第 12 - 49 题:【D】

专家帮助:从公式的推导过程可以确定为第四种。

第 12 - 50 题:【C】

专家帮助:从三个主应力的正负关系可确定为 C。

第 12 - 51 题:【A】

专家帮助:为单向应力状态。

第 12 - 52 题:【D】

专家帮助:该公式计算得到的是尖角处的应力。

第 12 - 53 题:【B】

专家帮助:D 为正方形截面弯曲梁最大应力计算公式。正方形截面上的 W_y 与 W_z 相等,根据力作用的叠加原理,A,C 正确。

第 12 - 54 题:【A】

专家帮助:根据力作用叠加原理,任意点应力计算正确。$\frac{M_y}{W_y}\left(\frac{M_z}{W_z}\right)$ 是计算 M_y (M_z) 单独作用时的危险点。

第 12 - 55 题:【D】

专家帮助:过点 4 的应力最大。

第 12 - 56 题:【D】

专家帮助:截取 AB 段进行受力分析,可得 AB 段受压缩和弯曲作用。

第 12 - 57 题:【D】

专家帮助:对斜梁进行受力分析,将力向梁的轴线方向与垂直与轴线方向分解。

第 12-58 题:【D】

专家帮助:为压缩和两个对称面的弯曲。

第 12-59 题:【D】

专家帮助:拉扭组合的外边界上的单元体上均有正应力存在,故不可能出现纯剪切应力状态。

第 12-60 题:【C】

专家帮助:通过受力分析得到危险点的应力状态,对于铸铁材料应采用第三强度理论校核,注意铸铁的拉伸强度小于压缩强度。

第 12-61 题:【B】

专家帮助:底面增大后,变形为压弯组合变形,强度降低。

第 12-62 题:【C】

专家帮助:开口后形成偏心拉伸,变形形式为拉弯组合变形。

第 12-63 题:【A】

专家帮助:分别求解两种情况下的支座反力,注意两种情况下的活动铰支座支反力的方向的区别,然后分别作出轴力图与弯矩图。

第 12-64 题:【C】

专家帮助:在平面弯曲和斜弯曲情形下,横截面与应力平面的交线上各点的正应力值均为零,这条交线称为中性轴。

第 12-65 题:【D】

专家帮助:力 P 引起拉弯组合变形,力 Q 引起弯扭组合变形。

第 12-66 题:【D】

专家帮助:用截面法对梁的右段进行受力分析,注意空间力偶系平衡的充要条件是合力偶矩等于零。

第 12-67 题:【D】

专家帮助:材料的失效形式不仅取决于应力状态,还取决于材料的性质。

第 12-68 题:【B】

专家帮助:也可能有拉应力。

第 12-69 题:【C】

专家帮助:扭转与横力弯曲引起的剪切应力不在单元体的同一个面上。

第 12-70 题:【D】

专家帮助:第三强度理论。

第 12-71 题:【A】

专家帮助:应按受力情况及材料性质确定。

第 12-72 题:【B】

专家帮助:AB 杆在自重的作用下为横力弯曲变形,在惯性力的作用下为压缩变形。$O-O$ 杆在自重的作用下为压缩变形,在惯性力的作用下为弯曲变形。

第 12-73 题:【A】

专家帮助:弯矩是力对中性轴的矩。

第 12-74 题:【C】

专家帮助:力的作用面与挠曲线在同一平面内的弯曲呈平面弯曲。

第 12-75 题:【D】

专家帮助:力对极轴的矩为扭矩。

第 12-76 题:【C】

专家帮助:将表面力向轴心简化。

4. 多项选择题

第 12-77 题:【A,B,D】

专家帮助:图示单元体上仅有正应力存在,单向拉伸变形与弯曲变形以及拉弯组合变形时仅有正应力存在。

第 12-78 题:【C,D】

专家帮助:图示单元体上有正应力与切应力,分析不同变形时的应力状态。

第 12-79 题:【A,D,E,F】

专家帮助:有扭转变形时,莫尔圆的坐标零点在应力圆内。

第 12-80 题:【B,C,E】

专家帮助:该公式适用于拉剪耦合的情况。

第 12-81 题:【A,C,D,F】

专家帮助:在材料服从胡克定律而且变形很小的情况下,使用叠加原理得到组合变形时的应力,胡克定律适用于材料的线弹性阶段。

第 12-82 题:【A,B,D,E】

专家帮助:因为在小变形和应力不超过比例极限情况下,内力、应力、位移、应变都是线性的。

第 12-83 题:【A,C,D】

专家帮助:拉弯扭组合为二项应力状态;汽轮机轴发生弯扭组合变形,为二项应力状态;风中的烟囱发生的剪切与弯曲的组合变形,为二项应力状态。

第 12-84 题:【E,F】

专家帮助:不同方向的弯曲组合变形。

二、基本计算练习题

第 12-85 题:【16 号工字钢】

专家帮助:首先分清变形类型,分类计算,最后叠加。

解:(1) 外力分析:为两个对称面弯曲,为

$$M_{y\max} = \frac{pL\sin 15°}{4} = 1.94\ \text{kN} \cdot \text{m}$$

$$M_{z\max} = \frac{pL\cos 15°}{4} = 7.24\ \text{kN} \cdot \text{m}$$

(2) 危险点计算:

$$\sigma_{\max} = \frac{M_{y\max}}{W_y} + \frac{M_{z\max}}{W_z} \leqslant 160 \times 10^6$$

选 22a 号工字钢,有

$$W_y = 40.9 \times 10^{-6},\quad W_z = 309 \times 10^{-6}$$

$$\sigma_{\max} = 70.8\ \text{MPa} < [160\ \text{MPa}]$$

再选 16a 号工字钢,有

$$\sigma_{\max} = 143\ \text{MPa}$$

若选 14 号工字钢,则不满足强度条件,所以选 16 号工字钢。

第 12-86 题:【$\dfrac{v^2}{\left(\dfrac{M_e x^2}{2E}\right)^2} = \dfrac{\cos^2\theta}{I_z^2} + \dfrac{\sin^2\theta}{I_y^2}$】

专家帮助:与数学结合是综合性题型的一大类。

解:(1) 自由端挠度为

$$v_y = \frac{M_z l^2}{2EI_z},\quad v_z = \frac{M_z l^2}{2EIy}$$

其中

$$M_y = M_e \sin\theta, \quad M_z = M_e \cos\theta$$

挠度：

$$v^2 = \sqrt{v_y^2 + v_z^2} = \frac{M_e l^2}{2E}\sqrt{\frac{\cos^2\theta}{I_z^2} + \frac{\sin^2\theta}{I_y^2}}$$

(2) 截面形心轨迹

$$\frac{v^2}{\left(\frac{M_e x^2}{2E}\right)^2} = \frac{\cos^2\theta}{I_z^2} + \frac{\sin^2\theta}{I_y^2}$$

可见 x 截面形心轨迹为椭圆。

第 12－87 题:【$d = 95.5$ mm】

专家帮助:找出可能的危险点后,因为是平面应力,必须用强度理论计算相当应力。

解:(1) 外力分析。在横向力作用下,横截面受内力偶,所以为弯扭组合。

(2) 内力分析如第 12－87 题解图所示。

(3) 强度条件。由强度条件有

$$\frac{1}{W}\sqrt{M^2 + 0.75M_T^2} \leqslant [\sigma]$$

$$d \geqslant \sqrt[3]{\frac{32\sqrt{M^2 + 0.75M_T^2}}{\pi[\sigma]}} = 95.5 \text{ mm}$$

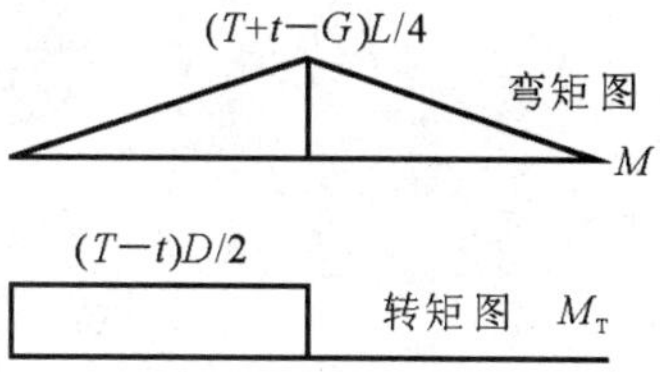

第 12－87 题解图

第 12－88 题:【$a = 0.02$ m,$c = 0.147$ m】

专家帮助:外力会引起接头部位发生挤压、剪切、偏心拉组合变形。

解:(1) 外力分析。外力会引起接头部位发生挤压、剪切、偏心拉组合变形。

(2) 内力分析。挤压力为 P;挤压面积为 $0.25a$;剪切力为 P;剪切面积为 $0.25L$;偏心距为 $c + a/2 - c/2 = 1/2(c + a)$。

(3) 强度条件。挤压时,

$$\sigma_{b5} = \frac{P}{0.25a} \leqslant [\sigma_{bs}] \tag{1}$$

剪切时,

$$\tau = \frac{P}{0.25L} \leqslant [\tau] \tag{2}$$

偏心拉时,

$$\sigma_t = \frac{P}{0.25c} + \frac{P\,\frac{1}{2}(a + c)6}{0.25c^2} \leqslant [\sigma_t] \tag{3}$$

$$\sigma_c = \frac{P}{0.25c} - \frac{P\,\frac{1}{2}(a + c)6}{0.25c^2} \leqslant [\sigma_c] \tag{4}$$

因为$[\sigma_c] > [\sigma_t]$,故式(3) 满足时,式(4) 也成立。

解式(1)、式(2)、式(3) 得 $a = L = 0.02$ m,$c = 0.147$ m。

第 12－89 题:【$a > 9.6$ m】

专家帮助:可以作为在自重和水压力作用下的悬臂梁发生压弯组合变形处理。

解:(1) 外力分析。自重和水压力分别为轴向力和弯矩,所以该梁为压弯组合变形。

(2) 内力分析。

轴力:

$$N = (7 \times a \times 1) \times 20 \times 10^3 \text{ N}$$

弯矩：$$M=\left(\frac{1}{2}\times 6\times 10\times 10^3\right)\times(6\times 1)\times\left(\frac{1}{3}\times 6\right)=360\times 10^3\ \text{N}\cdot\text{m}$$

(3) 危险点应力。由

$$\frac{N}{A}\geqslant\frac{M}{W}$$

得
$$\frac{140a\times 10^3}{1\times a}\geqslant\frac{360\times 10^3}{1\times a^2/6}$$

得
$$a>9.6\ \text{m}$$

第 12-90 题：【$d=63.4\ \text{mm}$】

专家帮助：正确分析各段杆件发生的变形。由内力图确定危险点，应用强度理论计算。

解：(1) 外力分析。该杆件为两个对称面弯曲和扭转变形组合。

(2) 内力分析。如第 12-90 题解图所示。

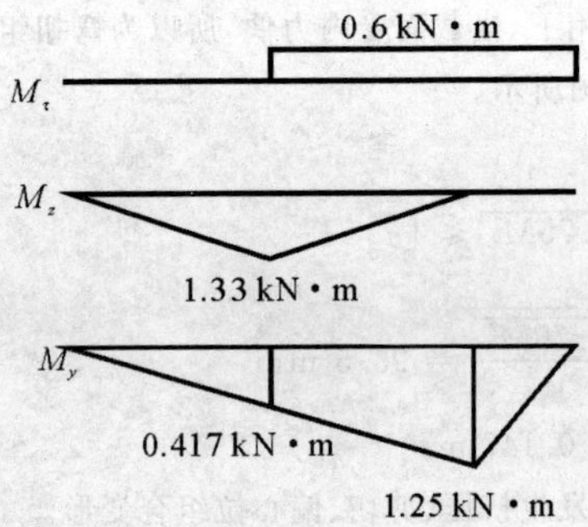

第 12-90 题解图

(3) 强度条件。圆轴可用合弯矩计算为

$$M_B=\sqrt{0.417^2+1.33^2}=1.4\ \text{kN}\cdot\text{m}$$
$$M_D=1.25\ \text{kN}\cdot\text{m}$$

所以 B 为危险面，有

$$\sigma_{\text{eq3}}=\frac{1}{W}\sqrt{M^2+M_{\text{T}}^2}=\frac{32\sqrt{M^2+M_{\text{T}}^2}}{\pi d^3}\leqslant[\sigma]$$

$$d=63.4\ \text{mm}$$

第 12-91 题：【满足强度】

专家帮助：对于 1—1 截面，外力将形成压缩和弯曲变形。

解：I—I 截面内力计算。

(1) 支反力：　　$F_{AY}=70\ \text{kN}(\uparrow)$，　$F_{AX}=72\ \text{kN}(\rightarrow)$

在 I—I 截面上：　　$M=18\ \text{kN}\cdot\text{m}$，　$N=70\ \text{kN}$(压)

(2) I—I 截面几何量为

$$A=5\,890.5\ \text{mm}^2$$

$$W=\frac{\pi}{32}D^3(1-\alpha^4)=1.67\times 10^5\ \text{mm}^3$$

(3) 强度校核计算为

$$\sigma_{\max}=\frac{N}{A}+\frac{M}{W}=120\ \text{MPa}=[\sigma]$$

所以，该杆件强度条件满足要求。

第 12-92 题：【$\sigma_{\min}=-\dfrac{64P}{3a^2}$】

专家帮助：重力坝的计算模型，在压弯变形下，要求内坝角不出现拉力。

解：(1) 外力分析：重力坝受有横向力和轴向力。

(2) 内力分析：从 P_1 作用点向下为 x 轴正向。

$$N(x) = -P_1$$

$$M(x) = \frac{1}{2}\frac{p_0 x^2}{12a}\frac{x}{3}$$

(3) 几何性质计算为

$$A(x) = a\left(a+\frac{x}{24}\right)$$

$$W(x) = \frac{a}{6}\left(a+\frac{x}{24}\right)^2$$

(4) 左侧面应力为

$$\frac{N(x)}{A(x)}+\frac{M(x)}{W(x)} \leqslant 0, 0 \leqslant x \leqslant 12a$$

$$\frac{P_1}{a\left(a+\frac{x}{24}\right)} \geqslant \frac{\frac{P_0}{72}\frac{x^3}{a}}{\frac{a}{6}\left(a+\frac{x}{24}\right)^2}$$

x 在 0 到 $12a$ 变化时，不等式左侧递减，右侧递增，故 $x = 12a$ 成立，其他 x 值也成立，即 $P_1 = 96P_0 a$。而

$$P = \frac{1}{2}\times 12a \times P_0 = 6P_0 a, \quad P_1 = 16P$$

(5) 最大压应力计算为

$$\sigma_{\min} = \left(\frac{N}{A}-\frac{M}{W}\right)_{x=12a} = -\frac{16P}{1.5a^2}-\frac{4Pa\times 6}{a(1.5a)^2} = -\frac{64P}{3a^2}$$

第 12－93 题：【满足强度要求】

专家帮助：

解：(1) 作 AB 段的弯矩图如第 12－93 题解图所示。

危险面为 D 截面，距离 A 端 1 m，有

$$M_y = 8\ \text{kN}\cdot\text{m}, \quad M_z = 10\ \text{kN}\cdot\text{m}, \quad M_T = -4\ \text{kN}\cdot\text{m}, \quad N = 20\ \text{kN}$$

(2) 危险点应力计算如下

$$\sigma = \frac{N}{A}+\frac{1}{W}\sqrt{M_y^2+M_z^2} = 131\ \text{MPa}, \quad \tau = 20\ \text{MPa}$$

$$\sigma_{eq3} = \sqrt{\sigma^2+4\tau^2} = 136.5\ \text{MPa}$$

许用应力的相对误差为 $\frac{136.5-130}{130} = 5\%$，因此强度够。

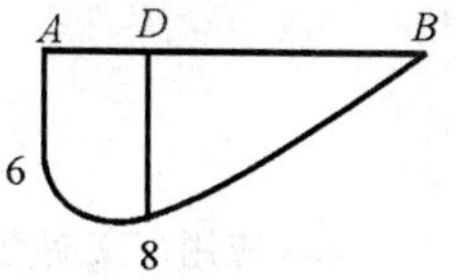

第 12－93 题解图

第 12－94 题：【$\Delta px = -\frac{\tau_0 l^2}{Ebh}(\leftarrow)$；$\Delta py = -\frac{2\tau_0 l^3}{Ebh^3}(\downarrow)$】

专家帮助：组合变形下的位移，可分别计算基本变形，然后将位移按矢量叠加。

解：(1) 外力及内力：

$$m = \tau_0\frac{h}{2}$$

轴力

$$N = \tau_0(l-x)$$

弯矩

$$M = -\frac{\tau_0 h}{2}(l-x)$$

(2) B 端的位移为

$$\Delta x = \int\frac{N(x)\mathrm{d}x}{EA} = \frac{1}{Ebh}\int_0^l \tau_0(l-x)\mathrm{d}x = \frac{\tau_0 l^2}{2Ebh}(\rightarrow)$$

B 端的铅垂向位移为

$$EIv'' = M(x) = -\frac{\tau_0 h}{2}(l-x)$$

边界为 $v'|_{x=0} = 0, v|_{x=0} = 0$。得到挠度方程、转角方程为

$$v = \frac{\tau_0 h}{12EI}(x-l)^3 - \frac{\tau_0 h}{4EI}l^2 x + \frac{\tau_0 h l^3}{12EI}$$

$$v' = \frac{\tau_0 h}{12EI}(l-x)2 - \frac{\tau_0 h}{4EI}l^2$$

故 B 的形心位移为

$$v_B = -\frac{\tau_0 h l^3}{6EI}(\downarrow)$$

$$v'_B = -\frac{\tau_0 h l^2}{4EI}(\text{顺时针})$$

(3)P 点的位移为

$$\Delta px = \Delta Bx + \theta_B \frac{h}{2} = \frac{\tau_0 l^2}{2Ebh} - \frac{\tau_0 h l^2}{4EI}\frac{h}{2} = -\frac{\tau_0 l^2}{Ebh}(\leftarrow)$$

$$\Delta py = vBy = -\frac{\tau_0 h l^3}{6EI} = -\frac{2\tau_0 l^3}{Ebh^2}(\downarrow)$$

第 12 - 95 题:【满足强度要求】

专家帮助:该题为知道应变求应力问题,可用广义胡克定律求解。

解:(1)A,B 两点所在的截面的内力为 $M = Pa$,$M_T = M_0$。

(2)A,B 点的应力状态如第 12 - 95 题解图所示。

$$\sigma = \frac{M}{W},\quad \tau = \frac{M_0}{2W}$$

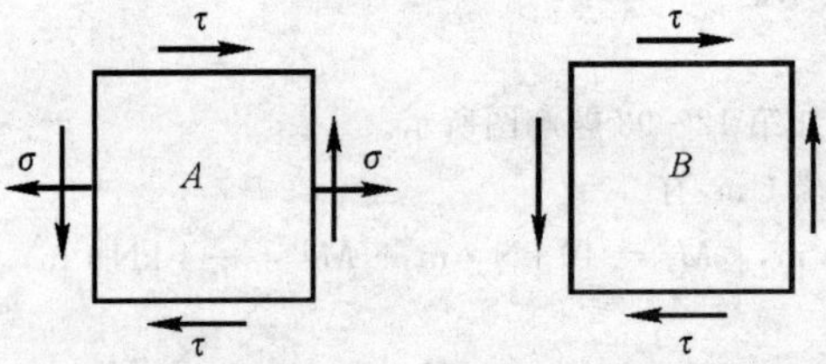

第 12 - 95 题解图

(3) 应用广义胡克定律,有

A 点:

$$\varepsilon_0 = \frac{1}{E}(\sigma_X - \mu\sigma_y) = \frac{1}{E}\sigma_x = \frac{M}{EW}$$

$$M = E\varepsilon_0 W = 480\ \text{N}\cdot\text{m}$$

B 点:

$$\varepsilon_{45^\circ} = \varepsilon_1 = \frac{1}{E}(\sigma_1 - \mu\sigma_3) = \frac{1+\mu}{E}\frac{M_0}{2W}$$

$$M_0 = \frac{2EW\varepsilon_{45^\circ}}{1+\mu} = 720\ \text{N}\cdot\text{m}$$

(4) A 点为危险点相当应力为

$$\sigma_{eq3} = \frac{1}{W}\sqrt{M^2 + M_T^2} = 144\ \text{MPa}$$

所以满足强度。

第 12 - 96 题:【按第一强度理论:$\sigma_{eq1} = 75.5$ MPa;按第三强度理论:$\sigma_{eq3} = 151.0$ MPa】

专家帮助:正确计算危险面上的内力大小是问题关键。

解：(1) 几何量计算为

$$A = \frac{\pi}{4}d^2 = 706.9\ \text{mm}^2$$

$$W = \frac{\pi}{32}d^3 = 2\,650.7\ \text{mm}^3,\quad W_p = 2W = 5\,301.4\ \text{mm}^3$$

(2) 截面 B 的内力和应力内力弯矩为

$$M_B = FR = 0.2\ \text{kN}\cdot\text{m}$$

内力扭矩为

$$T_B = FR = 0.2\ \text{kN}\cdot\text{m}$$

主应力为

$$\sigma = \frac{M_B}{W} = 75.5\ \text{MPa}$$

$$\tau = \frac{T_B}{W_p} = 37.7\ \text{MPa}$$

$$\sigma_m = \frac{\sigma}{2} \pm \sqrt{\left(\frac{\sigma}{2}\right)^2 + \tau^2} = \begin{cases} 91.1\ \text{MPa} \\ -15.6\ \text{MPa} \end{cases}$$

对 B 截面铅垂直径上顶点，有

$$\sigma_1 = 91.1\ \text{MPa},\quad \sigma_2 = 0,\quad \sigma_3 = -15.6\ \text{MPa}$$

对下顶点，有

$$\sigma_3 = -91.1\ \text{MPa},\quad \sigma_2 = 0,\quad \sigma_1 = 15.6\ \text{MPa}$$

因此，按第一强度理论，危险点为上顶点，有

$$\sigma_{eq1} = 91.1\ \text{MPa}$$

按第三强度理论，上、下顶点都是危险点，即

$$\sigma_{eq3} = 106.7\ \text{MPa}$$

(3) 截面 C 的内力和应力：

内力：$T_C = F \times 2R = 0.4\ \text{kN}\cdot\text{m}$

周边各点：$\tau = \dfrac{T_C}{W_p} = 75.5\ \text{MPa}$

周边各点的主应力分别为

$$\sigma_1 = 75.5\ \text{MPa},\quad \sigma_2 = 0,\quad \sigma_3 = -75.5\ \text{MPa}$$

按第一强度理论：$\sigma_{eq1} = 75.5\ \text{MPa}$

按第三强度理论：$\sigma_{eq3} = 151.0\ \text{MPa}$

第十三章　压杆稳定

一、基本概念练习题

1. 是非判断题

第 13-1 题:【是】

专家帮助:临界应力是杆的属性,只要是用近似方程推导,得到的公式是一样的。

第 13-2 题:【非】

专家帮助:用近似方程得到的临界应力是临界状态的。

第 13-3 题:【是】

专家帮助:从临界应力图上可明确。

第 13-4 题:【非】

专家帮助:横截面减小,刚度减小,临界应力也将减小。

第 13-5 题:【非】

专家帮助:在中长杆或短杆情况下,该结论不一定成立。

第 13-6 题:【是】

专家帮助:压杆临界应力计算公式。

第 13-7 题:【是】

专家帮助:压杆临界应力计算公式。

第 13-8 题:【是】

专家帮助:压杆稳定条件为 $\sigma < \sigma_{\alpha} = \pi^2 E/\lambda^2$。

第 13-9 题:【是】

专家帮助:λ 反映了压杆长度、杆端约束情况及杆的截面形状和尺寸等因素对临界力的影响。

第 13-10 题:【是】

专家帮助:压杆临界应力计算公式。

第 13-11 题:【是】

专家帮助:柔度反映了杆的截面形状和尺寸等因素。

第 13-12 题:【非】

专家帮助:中长杆是弹塑性失稳,与材料和柔度有关。

第 13-13 题:【非】

专家帮助:中长杆的失稳现象发生在杆内应力超过材料的比例极限之后,称为非弹性失稳。

第 13-14 题:【是】

专家帮助:中长杆的柔度 λ 介于小柔度杆的柔度 λ_2 与大柔度杆的柔度 λ_1 之间,对这类压杆的临界力须根据弹塑性稳定理论确定。

第 13-15 题:【是】

专家帮助:失稳情况比较复杂,须根据实际杆件的情况具体分析。

第 13-16 题:【是】

专家帮助:压杆临界应力计算公式。

第 13-17 题:【是】

专家帮助:弯曲理论。

第 13-18 题:【非】

专家帮助:发生在最大柔度所对应的平面内。

第 13-19 题:【是】

专家帮助:若采用精确解方程就不然了。

第 13-20 题:【是】

专家帮助:根据长度系数的概念和计算公式分析。

2. 选择填空题

第 13-21 题:【A,D】

专家帮助:减小杆长,选择合理的截面,加强约束,用高弹性模量材料。

第 13-22 题:【B,B】

专家帮助:柔度;柔度。

第 13-23 题:【C,B】

专家帮助:$\pi^2 EI/l^2$。

第 13-24 题:【A,B】

专家帮助:减小,增大。

第 13-25 题:【B,C】

专家帮助:$\theta = \arctan(\cot^2\alpha)$。

第 13-26 题:【C,D】

专家帮助:1 : 1 : 3/4,1 : 2 : 3π/16。

第 13-27 题:【B,D】

专家帮助:根据受力分析图可知 *CD* 杆的受力改变了。

第 13-28 题:【C,B】

专家帮助:y 轴,z 轴。

3. 单项选择题

第 13-29 题:【D】

专家帮助:失稳是弯曲变形,由无数个面累加位移造成的。

第 13-30 题:【A】

专家帮助:考虑连续性。

第 13-31 题:【C】

专家帮助:加载端有约束,是弹簧约束,其约束能力小于铰支约束。

第 13-32 题:【D】

专家帮助:比一端固定一端自由的约束弱,更易失稳。

第 13-33 题:【A】

$$\lambda = \frac{\mu l}{\sqrt{\frac{I}{A}}} = \mu l\sqrt{\frac{A}{I}} = \mu l\sqrt{\frac{a^2}{\frac{a^4}{12}}} = \sqrt{12}\mu\frac{l}{a}$$

专家帮助:长细比。

第 13-34 题:【B】

专家帮助:结构的临界力由结构中临界压力最小的压杆决定。

第 13-35 题:【D】

专家帮助:此时,为各面等柔度杆。

第 13-36 题:【B】

专家帮助：当细长杆刚好承受着临界力时，杆件处于随遇平衡状态，干扰去除后不能恢复到原来的直线平衡状态。

第 13-37 题：【A】

专家帮助：压杆柔度定义。

第 13-38 题：【A】

专家帮助：可由临界应力公式判定。

第 13-39 题：【B】

专家帮助：同等条件下，第二种情况的约束比第一种弱。

第 13-40 题：【B】

专家帮助：可由约束的强弱次序判定。

第 13-41 题：【A】

专家帮助：根据压杆稳定的临界力公式的普遍形式 $P_{cr}=\frac{\pi EI}{(\mu l)^2}$ 来计算。

第 13-42 题：【B】

专家帮助：一但一根杆失稳，另一根也将不能保持直线状态。

第 13-43 题：【C】

专家帮助：气体压力改变了杆件的力学特性，材料变硬了。

第 13-44 题：【D】

专家帮助：因为不同约束杆件临界应力计算公式不同。

第 13-45 题：【B】

专家帮助：合理的截面尺寸应当使得杆件截面高度和宽度方向的临界应力相等。

第 13-46 题：【B】

专家帮助：临界应力计算公式。

第 13-47 题：【B】

专家帮助：根据压杆稳定的临界力公式的普遍形式 $P_{cr}=\frac{\pi EI}{(\mu l)^2}$，对不同形状的截面 I 的表达不同。

第 13-48 题：【D】

专家帮助：等柔度杆是最为合理的。

第 13-49 题：【D】

专家帮助：任意方向。

4. 多项选择题

第 13-50 题：【A,B,C】

专家帮助：材料不一定均匀以及材料不一定各向同性时的各个方向的力学性能不同，会导致失稳；力不是轴心压时的变形为压弯组合变形，可能会导致失稳。

第 13-51 题：【B,C,D,F】

专家帮助：压杆稳定临界力计算公式。

第 13-52 题：【A,B,D,E】

专家帮助：欧拉公式成立的条件有材料性质是均匀、连续、各向同性，在线弹性范围内，弯曲公式应用范围（小变形、平面假设）。

第 13-53 题：【B,C】

专家帮助：当杆件沿任意方向的柔度相等时，杆件可以沿任意方向失稳。

第 13-54 题：【D,E】

专家帮助：根据约束条件来确定力的分布情况；根据经济条件确定截面形状。

第 13 - 55 题:【A,B】

专家帮助:临界应力和临界载荷计算公式。

第 13 - 56 题:【A,B,E】

专家帮助:答案 E 可能出现的情况为 AB 杆与 CD 杆的材料不同。

第 13 - 57 题:【A,C,E】

专家帮助:当 $\theta = \pi/2$ 时,竖向杆的压力达到其最大值而横向杆的轴力为零;同理当 $\theta = 0$ 时,横向杆的压力达到其最大值而竖向杆的轴力为零;当 $\theta = \pi/4$ 时,两根杆的压力达到共同作用的最大值。

二、基本计算练习题

第 13 - 58 题:【$P_{cr} = \sigma_{cr} A = 16.8\ \text{kN}$】

专家帮助:(1) 柔度为

$$i = \sqrt{\frac{I}{A}} = \frac{d}{4}$$

$$\lambda = \frac{\mu l}{i} = \frac{4\mu l}{d} = 80$$

(2) 特征柔度为

$$\lambda_p = \sqrt{\frac{\pi^2 E}{\sigma_p}} = 101.8$$

$$\lambda_0 = \frac{a - \sigma_s}{b} = 57.1$$

可见 $\lambda_0 < \lambda < \lambda_p$ 属于柔度杆,故

$$\sigma_{cr} = a - b\lambda = 214\ \text{MPa}$$

$$P_{cr} = \sigma_{cr} A = 16.8\ \text{kN}$$

第 13 - 59 题:【$P_{cr} = \sigma_{cr} A = 121\ \text{kN}$】

专家帮助:(1) 最小柔度为

$$i = \sqrt{\frac{I}{A}} = \frac{1}{4}\sqrt{D^2 + d^2} = 12.5\ \text{mm}$$

又

$$\lambda = \frac{\mu l}{i} \geqslant \lambda_p$$

$$l \geqslant \frac{i\lambda_p}{\mu} = 1.778\ \text{m}$$

所以

$$l_{min} = 1.78\ \text{m}$$

(2) 临界压力为

$$\lambda = \frac{\mu l}{i} = \frac{3}{4}\left(\frac{\mu l_{min}}{i}\right) = \frac{3}{4}\lambda_p = 75$$

$$\sigma_{cr} = a - b\lambda = 304 - 1.12 \times 75 = 220\ \text{MPa}$$

$$P_{cr} = \sigma_{cr} A = 121\ \text{kN}$$

第 13 - 60 题:【$\theta = \arctan(\cot^2\alpha)$】

专家帮助:(1) 杆内力为

$$N_1 = P\cos\theta$$

$$N_2 = P\sin\theta$$

故

$$\tan\theta = \frac{N_2}{N_1}$$

(2) 杆 1 和杆 2 的临界力为

$$P_{cr1}=\frac{\pi^2 EI}{(l\cos\alpha)^2}$$

$$P_{cr2}=\frac{\pi^2 EI}{(l\sin\alpha)^2}$$

(3)θ 角为

同时杆 1、杆 2 失稳时 P 最大，此时

$$N_1=P_{cr1},\quad N_2=P_{cr2}$$

所以

$$\tan\theta=\cot^2\alpha$$

$$\theta=\arctan(\cot^2\alpha)$$

第 13－61 题：【$P_{cr}=2\times\frac{\pi^2 EI}{0.5l^2}=\frac{\pi^3 d^4 E}{8l^2}$】

专家帮助：(1) 在纸面内作为整体失稳，有

$$P_{cr}=\frac{\pi^2 EI}{(\mu l)^2}$$

其中 $$\mu=2,\quad I=2\left[\frac{\pi d^4}{64}+\frac{\pi d^2}{4}\times\left(\frac{a}{2}\right)^2\right]$$

所以 $$P_{cr}=\frac{\pi^3 Ed^2}{128l^2}(d^2+4a^2)$$

(2) 整体纸面外失稳计算为

$$\mu=2$$

$$I=2\times\frac{\pi d^4}{64}$$

$$P_{cr}=\frac{\pi^3 d^4 E}{128l^2}$$

(3) 局部失稳为

$$\mu=0.5$$

$$P_{cr}=2\times\frac{\pi^2 EI}{0.5l^2}=\frac{\pi^3 d^4 E}{8l^2}$$

所以临界压力为整体纸面外失稳时的临界压力。

第 13－62 题：【$y=\frac{ak^2}{\pi^2/(l^2-k^2)}\sin\frac{\pi x}{l}$】

专家帮助：(1) 内力计算为

$$M=-P(y+y_0)=-P\left(y+a\sin\frac{\pi x}{l}\right)$$

(2) 近似方程为

$$EIy''=-P\left(y+a\sin\frac{\pi x}{l}\right)$$

令 $k^2=\frac{P}{EI}$，有

$$y''+k^2y=-k^2a\sin\frac{\pi x}{l}$$

通解为

$$y=A\sin kx+B\cos kx+\frac{ak^2}{\pi^2/l^2-k^2}\sin\frac{\pi x}{l}$$

(3) 边界条件为

$$x=0,\quad y=0;\quad x=l,\quad y=0$$

得
$$A = B = 0$$
$$y = \frac{ak^2}{\pi^2/l^2 - k^2}\sin\frac{\pi x}{l}$$

第 13－63 题:【$\left[\frac{l}{D}\right]_{\min} = 65$】

专家帮助:由欧拉公式适用条件得 $\lambda \geqslant \lambda_p$。

而
$$\mu = 0.5,\quad i = \sqrt{\frac{I}{A}} = \frac{1}{4}\sqrt{D^2 - d^2} = \frac{D}{4}\sqrt{1+\alpha^4}$$
$$\frac{\mu l}{i} = \frac{2l}{1.3D} = 100$$

所以
$$\left[\frac{l}{D}\right]_{\min} = 65$$

第 13－64 题:【$P_{cr} = \frac{4.49^2 EI}{l^2} = \frac{\pi^2}{(0.7l)^2}EI$】

专家帮助:内力为
$$M = -[Py - Q(l-x)]$$

近似方程为
$$y'' = -\frac{P}{EI}y + \frac{P}{EI}\frac{Q}{P}(l-x)$$

令 $k^2 = \frac{P}{EI}$,则
$$y'' + k^2 y = \frac{Q}{P}(l-x)$$

其通解为
$$y = A\sin kx + B\cos kx + \frac{Q}{P}(l-x)$$

边界条件为
$$x = 0,\quad y = 0,\quad y' = 0;\quad x = l,\quad y = 0$$

所以
$$\begin{aligned} &A\times 0 + B\times 1 + Ql/P = 0\\ &Ak\times 1 + Bk\times 0 - Q/P = 0\\ &A\sin kl + B\cos kl = 0 \end{aligned}$$

$A,B,Q/P$ 不能都为 0,故
$$\begin{vmatrix} 0 & 1 & l \\ k & 0 & -1 \\ \sin kl & \cos kl & 0 \end{vmatrix} = 0$$

解得
$$kl = 4.49$$

即
$$P_{cr} = \frac{4.49^2 EI}{l^2} = \frac{\pi^2}{(0.7l)^2}EI$$

第 13－65 题:【$P_{cr} = |N_5| = \frac{\pi^2}{(\mu l)^2}EI = \frac{\pi^3 d^2 E}{80\ 000}$】

专家帮助:五根杆长为
$$l_1 = l_2 = l_3 = l_4 = l = 25d,\quad l_5 = 25\sqrt{2}d$$

五根杆的内力为
$$N_1 = N_2 = N_3 = N_4 = \frac{\sqrt{2}}{2}P(\text{拉}),\quad N_5 = -P(\text{压})$$

五根杆是压杆，其中

$$\lambda = \frac{\mu l_5}{i} = 141.4 > 100$$

所以

$$P_{cr} = |N_5| = \frac{\pi^2}{(\mu l)^2}EI = \frac{\pi^3 d^2 E}{80\ 000}$$

第 13-66 题：【$n = \frac{P_{cr}}{N_{CD}} = 2.77 > n_{st} = 2.5$】

专家帮助：AB 拉弯变形，有

$$N = 10\sqrt{2}\ \text{kN}, \quad M_{max} = 15\sqrt{2}\ \text{kN} \cdot \text{m}$$

CD 杆为压杆，有

$$N_{CD} = 20\sqrt{2}\ \text{kN}$$

所以，结构的安全性包括 AB 的强度问题和 CD 的稳定性问题。

(1)AB 的强度计算为

$$\sigma_{max} = \frac{N}{A} + \frac{M}{W} = 156 < [\sigma] = 160$$

(2)CD 的稳定性计算为

$$\lambda = \frac{\mu l}{i} = \frac{1 \times 1 \times 4}{0.03} = 133 > \lambda_p = 100$$

$$P_{cr} = \frac{\pi^2}{(\mu l)^2}EI = 78.5\ \text{kN}$$

工作安全因数为

$$n = \frac{P_{cr}}{N_{CD}} = 2.77 > n_{st} = 2.5$$

所以整个结构是安全的。

第 13-67 题：【$\Delta t_{cr} = \frac{2\pi^2 I}{A\alpha\ (\mu l)^2} = 130.5℃$】

专家帮助：该题为一次超静定问题。

(1) 几何协调关系计算。变形后为菱形，由对称性，只取 AB 来研究，如第 13-67 题解图所示。

$$AA' = \sqrt{2}AA'' = \sqrt{2}B'B'' = BB'$$

$$\Delta l_t - \Delta l_{N(AC)} = \Delta l_{N(BD)}$$

(2) 静力关系有

$$N_{AC} = N_{BD}$$

(3) 物理关系有

$$\frac{N_{AC}l}{EA} = \Delta l_{N(AC)}$$

$$\frac{N_{BD}l}{EA} = \Delta l_{N(BD)}$$

由上述关系得

$$N_{AC} = N_{BD} = 0.5EA\alpha\Delta t$$

(4) 临界压力计算为

AC，BD 的柔度为

$$\lambda_P = \sqrt{\frac{\pi^2 E}{\sigma_p}} = 99.3$$

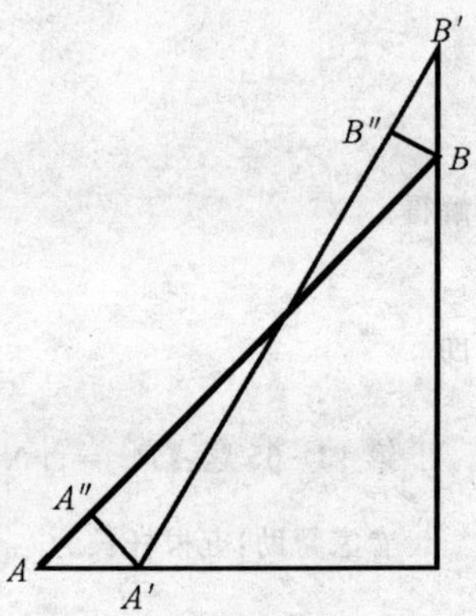

第 13-67 题解图

$$\lambda = \frac{\mu l}{i} = 110 > \lambda_p$$

故

$$P_{cr} = \frac{\pi^2}{(\mu l)^2}EI = N_{AC} = N_{BD} = 0.5EA\alpha\Delta t_{cr}$$

解得临界升温幅度为

$$\Delta t_{cr} = \frac{2\pi^2 I}{A\alpha(\mu l)^2} = 130.5℃$$

第 13 - 68 题:【稳定性够】

专家帮助:(1)BC 上的动压力为

$$N_{st} = \frac{1}{2}W$$

$$(\Delta_B)_{st} = \frac{N_{st}l_2}{E_2A_2} = 2\times10^{-4}\ \text{m}$$

D 点处静挠度为

$$(\Delta_D)_{st} = \frac{Wl_1^3}{48E_1I_1} + \frac{1}{2}(\Delta_B)_{st} = 4.9\times10^{-3}\ \text{m}$$

动荷因数为

$$K_d = 1 + \sqrt{1 + \frac{2H}{(\Delta_D)_{st}}} = 6.05$$

BC 动压力为

$$N_d = K_dN_{st} = 8.71\ \text{kN}$$

(2)BC 稳定性计算:

因为

$$\lambda = \frac{\mu l}{i_2} = \frac{l}{\sqrt{I_2/A_2}} = 40$$

$$\lambda_s < \lambda < \lambda_p$$

所以

$$\sigma_{cr} = a - b\lambda = 287\ \text{MPa}$$

$$P_{cr} = \sigma_{cr}A_2 = 28.7\ \text{kN}$$

$$n = \frac{P_{cr}}{N_d} = 3.3 > n_{st}$$

所以 BC 的稳定性够。

第 13 - 69 题:【$b = 29$ cm,$a = 1.6$ m】

专家帮助:(1) 计算距离 b。

由 $\lambda_{xy} = \lambda_{xz}$,$\lambda = \dfrac{\mu l}{\sqrt{I/A}}$ 得

$$I_y = I_z$$

$$2\left[I'_{y_c} + \left(\frac{b}{2} - z_1\right)^2 A'\right] = 2I'_z \tag{1}$$

查表可得

$$I'_{y_c} = 305\ \text{cm}^4,\quad I'_z = 7\ 600\ \text{cm}^4,\quad A' = 48.5\ \text{cm}^2,\quad z_1 = 2.24\ \text{cm}$$

将其代入式(1)得

$$b = 29\ \text{cm}$$

(2) 许可轴向压力计算。

$$i = \sqrt{I/A} = \sqrt{I'/A'} = 12.5 \text{ cm}$$

$$\lambda = \mu l / i = 64 < 123$$

所以

$$\sigma_{cr} = 235 - 0.006\lambda = 234.6 \text{ MPa}$$

$$[P]' = 2\sigma_{cr}A'/n_{st} = 1\ 442.8 \text{ kN}$$

再从铆钉连接截面按强度确定$[P]''$

$$[P]'' = \frac{1}{n}\sigma_s(2A' - 2 \times 17 \times 14) = 1\ 398 \text{ kN}$$

所以许可轴向压力为

$$[P] = 1\ 398 \text{ kN}$$

(3) 连接板间距 a，将连接板之间每段单根槽钢视为两端铰支，并使其柔度与整个柱子的柔度相等，即

$$64 = \frac{\mu a}{i'}$$

其中，$i' = 2.5$ cm，$\mu = 1$。所以

$$a = 1.6 \text{ m}$$

第十四章　动荷应力

一、基本概念练习题

1. 是非判断题

第 14 - 1 题:【是】

专家帮助:用动静法求解时,正确加载惯性力是关键。

第 14 - 2 题:【是】

专家帮助:冲击过程较复杂,利用功能原理可简化问题。

第 14 - 3 题:【是】

专家帮助:振动载荷下的应力可转化为静应力与增大倍数的乘积。

第 14 - 4 题:【是】

专家帮助:动荷系数表示动载荷与静载荷二者的比值。

第 14 - 5 题:【非】

专家帮助:如自由落下。

第 14 - 6 题:【是】

专家帮助:可由竖向冲击动荷系数分析。

第 14 - 7 题:【非】

专家帮助:抗冲击能力与杆件的刚度大小是反向关系。

第 14 - 8 题:【非】

专家帮助:动应力与静应力产生的原因不同,影响应力的因素不同。

第 14 - 9 题:【是】

专家帮助:属减小刚度以减小冲击、应力的措施。

第 14 - 10 题:【非】

专家帮助:为了获得较大的应变能。

第 14 - 11 题:【非】

专家帮助:冲击应力与冲击物的能量是正相关的。

第 14 - 12 题:【非】

专家帮助:如当动荷方向与静力方向是反方向时应力反倒小。

第 14 - 13 题:【是】

专家帮助:动荷应力与刚度有关。

第 14 - 14 题:【非】

专家帮助:必须是冲击点的静位移。

第 14 - 15 题:【非】

专家帮助:物体做自由落体运动,内部所有质点具有相同的加速度。

第 14 - 16 题:【非】

专家帮助:动荷载中,对有一定加速度的问题,主要依靠将惯性力等效为静力来分析。

2. 选择填空题

第 14 - 17 题:【B,D】

专家帮助:动静法和达朗贝原理。

第14-18题:【B,C】

专家帮助:不变,服从胡克定律。

第14-19题:【A,D】

专家帮助:能量方法。

第14-20题:【B,D】

专家帮助:为了安全起见。

第14-21题:【A,C】

专家帮助:不相等,分别为竖向和水平冲击。

第14-22题:【B,C】

专家帮助:根据能量法分析冲击应力与静位移。

第14-23题:【A,D】

专家帮助:25.3,无法确定。因为此时应按冲击问题来计算,而题目所给条件不够。

第14-24题:【B,C】

专家帮助:刚体,守恒。

3.单项选择题

第14-25题:【C】

专家帮助:动荷系统中的静位移都是指冲击点的。

第14-26题:【D】

专家帮助:只能通过实际计算得出结论,只考虑一个因素是不全面的。

第14-27题:【B】

专家帮助:做等加速度旋转的构件,其内各点具有切线方向和径向两个方向的加速度。

第14-28题:【C】

专家帮助:达朗贝尔原理:在质点受力运动的任何时刻,作用于质点的主动力、约束力和惯性力互相平衡。

第14-29题:【A】

专家帮助:同一根绳上的张力在不计磨擦时是相同的。

第14-30题:【C】

专家帮助:教材中的冲击模型不计被冲击物的惯性。

第14-31题:【D】

专家帮助:由动应力表达式判定。

第14-32题:【A】

专家帮助:减小杆长即减小了静位移,动荷因数增大。

第14-33题:【A】

专家帮助:由竖向冲击因数判定。

第14-34题:【B】

专家帮助:指冲击点的位移。

第14-35题:【C】

专家帮助:C所示结构使受冲击点的静位移增加最大。

第14-36题:【D】

专家帮助:由能量分析可得,当水平冲击能量不变时,冲击位移不变。

第14-37题:【D】

专家帮助:悬臂梁直径增加,动荷系数增大,同时梁的抗弯截面系数也增大。

第 14 - 38 题:【A】

专家帮助:脆性材料对应力更为敏感。

第 14 - 39 题:【D】

专家帮助:这是温度伸缩缝。

第 14 - 40 题:【B】

专家帮助:向心加速度为 $a = v^2/r$。

4. 多项选择题

第 14 - 41 题:【C,D,E,F】

专家帮助:形式上的平衡关系、应力与平衡关系与加载形式无关,弹性系数、力学性能指标是材料自身性能。

第 14 - 42 题:【A,E,F】

专家帮助:匀速转动圆盘动荷载源于向心力。

第 14 - 43 题:【B,C,D,E,F】

专家帮助:在载荷作用下构件各部分的加速度比较显著,这种载荷称为动载荷,B,C,D,E,F 四种情况下的加速度均须考虑。

第 14 - 44 题:【B,C】

专家帮助:保持冲击能量不变,减小冲击物体质量,使物体高度增加,同时 Δ_{st} 和静载荷减小。

第 14 - 45 题:【B,D,F】

专家帮助:由能量分析可得,当水平冲击能量不变时,冲击位移不变,冲击载荷不变。静载荷和冲击物质量成正比。

第 14 - 46 题:【B,C】

专家帮助:杆件受重力同时还受向心力,二力方向相同时合力最大,方向相反时合力最小。

第 14 - 47 题:【A,C,E,F】

专家帮助:由能量法出发分析,两种冲击情况不完全相同,图(a) 中的质量是逐渐加进去的,而图(b) 是一次性全部加上去的。

第 14 - 48 题:【A,D,F】

专家帮助:教材中所用的冲击模型及计算方法不计冲击过程中的能量损失,故计算出的冲击动应力、位移、冲击力都比实际的偏大。动应力不超过比例极限的情况下,仍然满足胡克定律,且弹性模量与静载荷作用下相同。

二、基本计算练习题

第 14 - 49 题:【 $\sigma_d = K_d \cdot \sigma_{st} = 16.9\ \text{MPa}$】

专家帮助:根据功能原理求动荷因数是动荷问题的关键。

(1) 悬臂梁自由端的静挠度为

$$\Delta_{st} = \frac{Pl^3}{3EI} = 20.8\ \text{mm}$$

(2) 动荷因数为

$$K_d = \sqrt{\frac{v^2}{g\Delta_{st}}} = 2.21$$

(3) 最大静应力为

$$\sigma_{st} = \frac{M}{W_z} = \frac{Pl}{\pi d^3/32} = 7.64\ \text{MPa}$$

(4) 最大动应力为

$$\sigma_d = K_d \sigma_{st} = 16.9\ \text{MPa}$$

第 14－50 题:【转速 $[n] = 116\ \text{r/min}$,$(\Delta_x)_C = 2.4\ \text{cm}$】

专家帮助:求 C 的惯性力时,仍用原始尺寸法。

(1)BC 杆的几何量为

$$W = \frac{1}{6}bh^2 = 8 \times 10^{-8}$$

(2) 惯性力作用下的内力,在 B 截面处为最大,即

$$M = \frac{G}{g}a_n l = \frac{G}{g}\omega^2 Rl = 0.098\omega^2$$

(3) 强度条件为

$$\frac{M}{W_z} \leqslant [\sigma]$$

$$\omega \leqslant 12.12\ \text{rad} \cdot \text{s}^{-1}$$

即
$$[n] = \frac{60}{2\pi} \times 12.12 = 116\ \text{r/min}$$

(4)C 挠度为

$$(\Delta_x)_C = \frac{l^3}{3EI} \times 0.098\omega^2 = 2.4\ \text{cm}$$

第 14－51 题:【$(y_C)_d = K_d y_c = \frac{5Ql^3}{48EI}\left(1+\sqrt{1+\frac{6EIH}{Ql^3}}\right)$】

专家帮助:在教材中挠曲线方程是多项式形式,本题已直接给出了。

(1) 动荷因数为

$$\Delta_{st} = (y_A)_{st} = \frac{Ql^3}{3EI}$$

$$K_d = 1+\sqrt{1+\frac{2H}{\Delta_{st}}} = 1+\sqrt{1+\frac{6EIH}{Ql^3}}$$

(2)C 点的挠度为

$$(y_C)_d = K_d y_c = \frac{5Ql^3}{48EI}\left(1+\sqrt{1+\frac{6EIH}{Ql^3}}\right)$$

第 14－52 题:【$(\sigma_d)_{max} = K_d \sigma_{st} = \frac{\omega G}{W}\sqrt{\frac{3EIl}{Gg}}$】

专家帮助:本题也可以按竖向冲击直接求解,冲击系会略有区别。

(1) 由机械能守恒定理得

$$T = U_d$$

其中

$$T = \frac{1}{2}\frac{G}{g}(\omega l)^2$$

$$U_d = \frac{1}{2}F_d\Delta_d = \frac{1}{2}(K_d G)(K_d \Delta_{st})$$

得动荷因数为

$$K_d = \sqrt{\frac{v^2}{g\Delta_{st}}}$$

其中

$$\Delta_{st} = \frac{Gl(l-l_1)^2}{3EI}$$

(2) 最大静应力为

$$\sigma_{st}=\frac{G(l-l_1)}{W}$$

(3) 最大动应力为

$$(\sigma_d)_{max}=K_d\sigma_{st}=\frac{\omega G}{W}\sqrt{\frac{3EIl}{Gg}}$$

第 14-53 题:【稳定性满足】

专家帮助:结构的安全性须考虑组成结构的各杆件的安全性。

(1) 梁的强度安全性计算:

最大静应力为

$$\sigma_{st,max}=\frac{Pa}{W_z}$$

B 点的静位移为

$$\Delta_{st}=\frac{2Pa^3}{3EI}+2\frac{Pa}{EA}=2.326\times10^{-3}\ \text{m}$$

动荷因数为

$$K_d=1+\sqrt{1+\frac{2H}{\Delta_{st}}}=3.8$$

最大梁内动应力为

$$(\sigma_d)_{max}=K_d\sigma_{st\cdot max}=114<[\sigma]=\frac{\sigma_s}{n}=120\ \text{MPa}$$

所以梁是安全的。

(2)CD 杆的稳定性校核:

动压力为

$$P_d=K_dP_{CD}=K_d\times2P=38\ \text{kN}$$

柔度为

$$\lambda=\frac{\mu l}{i}=120>\lambda_P=\pi\sqrt{\frac{E}{\sigma_P}}=99.3$$

临界压力为

$$P_{cr}=\sigma_{cr}A=\frac{\pi^2E}{\lambda^2}\frac{\pi d^2}{4}=269\ \text{kN}$$

稳定因数为

$$\frac{P_{cr}}{P_d}=7.07>n_{st}=3.0$$

所以杆的稳定性也满足。

第 14-54 题:【$\sigma_d=K_d\sigma_{st}=\frac{W}{A}\left[1+\sqrt{\frac{v^2}{g\left(\frac{Wa}{EA}+\frac{Wl^3}{3EI}\right)}}\right]$】

专家帮助:本题是利用机械能守恒定律求动荷系数的综合题。

解:(1) 制动前各量的计算:

动能为 $\frac{1}{2}\frac{W}{g}v^2$

变形能为 $\frac{1}{2}W\Delta_{st}$

变形量为 $\Delta_{st}=\frac{Wa}{EA}+\frac{Wl^3}{3EI}$

(2) 制动后系统的能量的计算:

变形能为 $$\frac{1}{2}W_d\Delta_d$$

势能损失为 $$W(\Delta_d-\Delta_{st})$$

动能为 $$0$$

(3) 根据能量守恒定律，动能和势能的减少等于系统变形能的增加，有

$$\frac{1}{2}\frac{W}{g}v^2+W(\Delta_d-\Delta_{st})=\frac{1}{2}W_d\Delta_d-\frac{1}{2}W\Delta_{st} \tag{1}$$

又在弹性范围内

$$\frac{W_d}{W}=\frac{\Delta_d}{\Delta_{st}} \tag{2}$$

将式(2)代入式(1)得

$$\Delta_d^2+2\Delta_{st}\Delta_d+\Delta_{st}^2-\frac{v^2}{g}\Delta_{st}=0$$

解之得

$$K_d=\frac{\Delta_d}{\Delta_{st}}=1+\sqrt{\frac{v^2}{g\Delta_{st}}}$$

(4) 绳中应力为

$$\sigma_d=K_d\sigma_{st}=\frac{W}{A}\left[1+\sqrt{\frac{v^2}{g\left(\frac{Wa}{EA}+\frac{Wl^3}{3EI}\right)}}\right]$$

第14-55题:【$K_d=45.7$, $\sigma_1=\sigma_2=-11.4$ MPa, $\varepsilon_3=\frac{1}{E}[\sigma_3-\mu(\sigma_1+\sigma_2)]=-2.51\times10^{-3}$】

专家帮助:(1) 动荷因数为

$$\Delta_{st}=\frac{Pl}{EA}=10^{-4}\ \text{m}$$

$$K_d=1+\sqrt{1+\frac{2H}{\Delta_{st}}}=45.7$$

(2) 柱截面上的应力为

$$\sigma_{d,\max}=K_d\sigma_{st}=K_d\frac{P}{A}=45.7\ \text{MPa}$$

(3) 柱体在刚性基础中任意一点的主应力为

$$\sigma_3=\sigma_{d,\max}=-45.7$$

应用广义胡克定律，有

$$\sigma_1-\mu(\sigma_2+\sigma_3)=0$$
$$\sigma_2-\mu(\sigma_1+\sigma_3)=0$$

解得

$$\sigma_1=\sigma_2=-11.4\ \text{MPa}$$

主应变为

$$\varepsilon_3=\frac{1}{E}[\sigma_3-\mu(\sigma_1+\sigma_2)]=-2.51\times10^{-3}$$

第14-56题:【$N_{BD}=\frac{5a^2Q}{l^2+10a^2}=54.5$ N, $(N_{BD})_d=K_dN_{BD}=2.33$ kN】

专家帮助:先求解静力学问题中的超静定问题，方可求得冲击点的静位移，进而得到竖向冲击动荷因数。

(1) 静载下超静定问题的计算为

$$f_B=\Delta l_{AB}$$

即 $$\frac{N_{BD}l^3}{3E_gI}=\frac{N_{AD}l}{E_mA}-\frac{N_{BD}l}{E_mA}$$

其中

$$N_{AD} = Q - N_{BD}$$

解得

$$N_{BD} = \frac{5a^2Q}{l^2 + 10a^2} = 54.5\ \mathrm{N}$$

(2)D－D 截面的静位移为

$$\Delta_{st} = \frac{N_{AD}l}{E_m A} = 1.145 \times 10^{-5}\ \mathrm{m}$$

动荷因数为

$$K_d = 1 + \sqrt{1 + \frac{2H}{\Delta_{st}}} = 42.8$$

(3)B 端的动荷载为

$$(N_{BD})_d = K_d N_{BD} = 2.33\ \mathrm{kN}$$

第十五章　交变应力

一、基本计算练习题

1. 是非判断题

第 15－1 题:【是】

专家帮助:因为试样几何量不变,所以材料的持久极限只与这三个因素有关。

第 15－2 题:【非】

专家帮助:应力集中是影响材料持久极限的重要因素。

第 15－3 题:【是】

专家帮助:由疲劳极限的概念可知该题是正确的说法。

第 15－4 题:【是】

专家帮助:由这些参数的计算式可知只要有三个已知参数,其他的就可以确定。

第 15－5 题:【是】

专家帮助:交变应力指的是构件内的应力,而荷载是外力。

第 15－6 题:【非】

专家帮助:疲劳的原因是裂纹产生、扩展到断裂的过程,材料的性质是不会变的。

第 15－7 题:【非】

专家帮助:质量因数是个比较量,可能大于、小于、或等于 1。

第 15－8 题:【非】

专家帮助:刚好是因数越大。

第 15－9 题:【非】

专家帮助:刚度大更易疲劳,不只与强度有关。

第 15－10 题:【是】

专家帮助:对于一定形状大小的构件,减小应力集中、提高表面质量是提高构件疲劳强度最为有效的方法。

第 15－11 题:【非】

专家帮助:三向拉应力状态。

第 15－12 题:【是】

专家帮助:尺寸越大,尺寸因数越大。

第 15－13 题:【非】

专家帮助:应按照构件组合变形疲劳计算。

第 15－14 题:【非】

专家帮助:刚好相反。

第 15－15 题:【非】

专家帮助:$r=-1$。

第 15－16 题:【非】

专家帮助:构件的持久极限还和构件工作环境,如温度、介质等有关。

2. 选择填空题

第 15－17 题:【C,B】

专家帮助：60 MPa，－20 MPa，－1/3。

第 15－18 题：【B,C】

专家帮助：0,1。

第 15－19 题：【C,B】

专家帮助：$-1 \leqslant r \leqslant 1$。

第 15－20 题：【C,A】

专家帮助：$K_\sigma > 1$。

第 15－21 题：【A,B】

专家帮助：从影响有效应力集中因数 K_σ 的若干因素入手分析。

第 15－22 题：【A,B】

专家帮助：无关，有关。

3. 单项选择题

第 15－23 题：【C】

专家帮助：疲劳的破坏特征最为显著的是断裂前无显著变形。

第 15－24 题：【B】

专家帮助：教材中只考虑三个因素。

第 15－25 题：【A】

专家帮助：从这两个因数的图中可以清楚地发现这一规律。

第 15－26 题：【A】

专家帮助：组合变形的疲劳校核，先分开计算安全因数，再计算总的安全因数。

第 15－27 题：【D】

专家帮助：与试件的材料、变形形式、循环特征有关。

第 15－28 题：【D】

专家帮助：加大断面，工作应力必然减小，尺寸因数也减小。

第 15－29 题：【C】

专家帮助：大尺寸时，处于高应力状态的晶粒多。

第 15－30 题：【B】

专家帮助：疲劳的裂纹解释说认为，疲劳是裂纹形成和扩展造成的。

第 15－31 题：【A】

专家帮助：低应力脆断是疲劳的主要特征。

第 15－32 题：【A】

专家帮助：材料持久极限的定义。

第 15－33 题：【B】

专家帮助：对称循环的破坏性最大。

第 15－34 题：【D】

专家帮助：最小应力与最大应力的比值。

第 15－35 题：【A】

专家帮助：变形由拉弯变形转化成了单向拉伸变形。

第 15－36 题：【C】

专家帮助：刚度大更易形成应力集中。

第 15－37 题：【C】

专家帮助：在该平面上的点与应力循环是一一对应的。

第 15－38 题：【A】

专家帮助：σ_b 强度极限，σ_s 屈服极限，σ_{-1} 对称循环的持久极限。

4. 多项选择题

第 15-39 题：【A,B,C】

专家帮助：教材中对特定材料的疲劳只考虑了三个因素。

第 15-40 题：【A,C,D】

专家帮助：疲劳失效应力小于屈服应力，断裂前无明显塑性变形，材料断口分成光滑和粗糙两个区域。塑性材料的破坏沿最大剪应力方向。

第 15-41 题：【A,C,D,E】

专家帮助：教材中只考虑了这四个方面。

第 15-42 题：【C,D,E】

专家帮助：影响构件持久极限的因素有构件外形、构件尺寸和构件表面质量。

第 15-43 题：【B,E】

专家帮助：正确应用该平面上的点性质至关重要。

第 15-44 题：【A,C】

专家帮助：该平面上的点的性质是关键。

第 15-45 题：【A,B,C,E】

专家帮助：最小应力与最大应力的比值称为循环特征。

第 15-46 题：【A,C,E】

专家帮助：循环参数的计算应十分熟练。

二、基本计算练习题

第 15-47 题：【$r=\dfrac{\sigma_{\min}}{\sigma_{\max}}=0.957$】

专家帮助：循环参数的计算是基本要求，必须十分熟练。

解：最大工作应力为

$$\sigma_{\max}=\frac{P_{\max}}{A}=\frac{P_{\max}}{\pi d^2/4}=561\ \text{MPa}$$

最小工作应力为

$$\sigma_{\min}=\frac{P_{\min}}{A}=537\ \text{MPa}$$

平均应力为

$$\sigma_m=\frac{1}{2}(\sigma_{\max}+\sigma_{\min})=549\ \text{MPa}$$

应力幅度为

$$\sigma_a=\frac{1}{2}(\sigma_{\max}-\sigma_{\min})=12\ \text{MPa}$$

循环特征为

$$r=\frac{\sigma_{\min}}{\sigma_{\max}}=0.957$$

第 15-48 题：【$[\sigma_{-1}]=\dfrac{\sigma_{-1}}{n}\dfrac{\varepsilon_\sigma\beta}{k_\sigma}=37.6\ \text{MPa}$】

专家帮助：构件的许用应力是由光滑小试样修正得到的。

$$[\sigma]=\frac{\sigma_{-1}^0}{n},\quad \sigma_{-1}^0=\frac{\varepsilon_\sigma\beta}{k_\sigma}\sigma_{-1}$$

$$\frac{D}{d}=1.6,\quad \frac{r}{d}=0.03$$

查表可得

$$\beta=0.813,\quad \varepsilon_\sigma=0.81,\quad k_\sigma=2.45$$

许用应力为

$$[\sigma_{-1}]=\frac{\sigma_{-1}}{n}\frac{\varepsilon_\sigma\beta}{k_\sigma}=37.6\ \text{MPa}$$

第 15 - 49 题:【$r=\frac{\sigma_{\min}}{\sigma_{\max}}=-1$】

专家帮助:可直接应用概念进行计算,静应力是基础。

(1) 轮轴中段受纯弯曲,其弯矩为

$$M=Pa$$

最大应力为 $$\sigma_{\max}=\frac{M}{W}=\frac{Pa}{\pi d^3/32}=75.5\ \text{MPa}$$

最小应力为 $$\sigma_{\min}=-75.5\ \text{MPa}$$

(2) 循环特征为

$$r=\frac{\sigma_{\min}}{\sigma_{\max}}=-1$$

第 15 - 50 题:【$\sigma_{-1}^0=\frac{\varepsilon_\sigma\beta}{K_\sigma}\sigma_{-1}=80.2\ \text{MPa}$】

专家帮助:三个修正因数的决定因素应熟练掌握。

由 $\left.\begin{matrix}\frac{d}{D}=0.15\\ \sigma_b=600\ \text{MPa}\end{matrix}\right\}$ 查 K_σ 表得 $K_\sigma=2.00$。

由 $\left.\begin{matrix}\text{碳钢}\\ D=40\end{matrix}\right\}$ 查 ε_σ 表得 $\varepsilon_\sigma=0.88$。

由 $\left.\begin{matrix}\sigma_b=600\ \text{MPa}\\ \text{车削加工}\end{matrix}\right\}$ 查 β 表得 $\beta=0.93$。

所以圆杆的持久极限为

$$\sigma_{-1}^0=\frac{\varepsilon_\sigma\beta}{K_\sigma}\sigma_{-1}=80.2\ \text{MPa}$$

第 15 - 51 题:【不会疲劳】

专家帮助:对称循环下的构件疲劳校核需要首先计算持久极限和最大工作应力。

(1) 查表:

由 $\left.\begin{matrix}\frac{D}{d}=1.2\\ \sigma_b=500\ \text{MPa}\\ \frac{r}{d}=0.05\end{matrix}\right\}$ 查 K_σ 表得 $K_\sigma=1.78$。

由 $\left.\begin{matrix}D=96\\ \text{碳钢}\end{matrix}\right\}$ 查 ε_σ 表得 $\varepsilon_\sigma=0.73$。

由 $\left.\begin{matrix}\text{车削}\\ \sigma_b=500\ \text{MPa}\end{matrix}\right\}$ 查 β 表得 $\beta=0.94$。

(2) 工作应力为

$$\sigma_{\max}=\frac{M}{W}=\frac{M\times 32}{\pi D^3}=47.7\ \text{MPa}$$

$$r=-1$$

(3) 疲劳强度为

$$n_\sigma=\frac{\sigma_{-1}^0}{\sigma_{\max}}=\frac{\varepsilon_\sigma\beta\sigma_{-1}}{K_\sigma\sigma_{\max}}=1.64>[n_\sigma]=1.4$$

所以构件不会疲劳。

第 15-52 题:【不会疲劳】

专家帮助:构件的持久极限和最大工作应力计算是关键。

(1) 查因数:

由 $\left.\begin{array}{l}\dfrac{d}{D}=0.86\\ \sigma_b=600\ \text{MPa}\\ \dfrac{r}{60}=0.08\end{array}\right\}$ 查 K_τ 表得 $K_\tau=1.2$。

由 $\left.\begin{array}{l}D=70\\ \text{碳钢}\end{array}\right\}$ 查 ε_τ 表得 $\varepsilon_\tau=0.74$。

由 $\left.\begin{array}{l}\text{车削}\\ \sigma_b=600\ \text{MPa}\end{array}\right\}$ 查 β 表得 $\beta=0.92$。

(2) 持久极限为

$$\tau_{-1}^0=\frac{\varepsilon_\tau\beta}{K_\tau}\tau_{-1}=73.7\ \text{MPa}$$

(3) 安全因数为

$$n_\tau=\frac{\tau_{-1}^0}{\tau_{\max}}$$

其中

$$\tau_{\max}=\frac{M_T}{W_p}=\frac{16M_T}{\pi d^3}=23.6\ \text{MPa}$$

解得

$$n_\tau=3.12>[n_\tau]=2$$

所以构件不会疲劳。

第 15-53 题:【$[P]\leqslant 41.9$ kN】

专家帮助:由疲劳强度条件确定许可载荷是基本要求。

(1) 因数:

由 $\left.\begin{array}{l}\dfrac{d_0}{d}=0.125\\ \sigma_b=600\ \text{MPa}\end{array}\right\}$ 查 K_σ 表得 $K_\sigma=2.0$。

由 $\left.\begin{array}{l}d=40\\ \text{碳钢}\end{array}\right\}$ 查 ε_σ 表得 $\varepsilon_\sigma=0.88$。

由 $\left.\begin{array}{l}\text{未加工}\\ \sigma_b=600\ \text{MPa}\end{array}\right\}$ 查 β 表得 $\beta=0.72$。

(2) 持久极限为

$$\sigma_{-1}^0=\frac{\varepsilon_\sigma\beta}{K_\sigma}\sigma_{-1}=63.4\ \text{MPa}$$

(3) 许可载荷为

$$\frac{\sigma_{-1}^0}{[n_\sigma]}\geqslant\frac{[P]}{\dfrac{\pi d^2}{4}-5\times10^{-3}\times40\times10^{-3}}$$

解得

$$[P]\leqslant 41.9\ \text{kN}$$

第三部分　基本概念

第一章　静力分析基础

1. 等效力系

如果作用在物体上的力系可用另一力系代替，而不改变原来力系对物体的效应，则该力系称为原力系的等效力系(等效替换)。

2. 力系的简化

用简单的力系等效替换一个复杂的力系，称为力系的简化。

3. 力系的平衡条件

当物体处于平衡状态时，将作用于其上的力系所必须满足的条件称为力系的平衡条件。

4. 平衡(equilibrium)

平衡是物体机械运动的特殊形式，是指物体相对地球处于静止或作匀速直线运动时的状态。

5. 刚体(rigid body)

通常将这种在受力情况下保持形状和大小不变的物体通常称为刚体(rigid body)。

6. 力的外效应(effect of motion)

力使物体运动状态发生改变的效应，称为力的外效应(effect of motion)。

7. 力的内效应(effect of deformation)

力使物体变形的效应，称为力的内效应(effect of deformation)。

8. 二力构件

工程中常有一些只受两个力作用而平衡的构件，称为二力构件(members subjected to the action of two forces)。

9. 自由体

没有受任何限制，可以自由运动的物体称为自由体(free body)。

10. 非自由体

在某些方向的运动受到限制的物体称为非自由体(nonfree body)。

11. 约束

阻碍物体运动的限制条件称为约束(constraint)。

12. 约束反力

约束对被约束物体的作用力，称为约束反力(reactions of constraint)，或称为(约束力)(constraint force)。

13. 柔索

工程实际中的柔软缆绳、皮带、钢丝绳、链条等类物体统称为柔索(flexible cable)。

14. 柔性约束

由柔索构成的约束称为柔性约束。

15. 圆柱形铰链结构

两个构件在连接处的相同圆孔中，通过插入圆柱形销钉连接起来，这样所形成的结构称为圆柱形铰链结构。

16. 固定铰支座

使用光滑圆柱销钉将构件或结构与固定支座连接，则该支座就称为固定铰支座。

17. 活动铰支座

如果在铰链支座底部和支撑面之间安装一排圆辊，就构成了辊轴支座，也称为活动铰支座。

18. 链杆

两端用光滑铰链与其他物体相连，并且中间不受任何外力作用的刚杆称为链杆。

19. 光滑球形铰链

一个物体的球形窝内放入另一物体的球形部分，球窝和球的直径相差甚小，忽略摩擦，就构成了光滑球形铰链(smooth ball and socket joint)。

20. 解除约束

当进行受力分析时，须将受约束的物体(研究对象)从它周围的物体中分离出来，这个过程称为解除约束。

21. 主动力

一些载荷使物体产生运动或使物体产生运动趋势，称其为主动力(applied forces)。

22. 取分离体

根据问题的已知条件和要求的内容，恰当地选择一个物体或几个物体组成的系统作为研究对象，并将研究对象从周围物体中分离出来，画出其外形简图，这个过程称为取研究对象或取分离体(isolated body)。

23. 受力图

画有研究对象及其所受的全部力(包括主动力和约束力)的简图，称为受力图。

第二章 汇交力系

1. 汇交力系

各力作用线相交于一点的力系称为汇交力系(concurrent force system)。

2. 力多边形

各分力矢和合力构成的多边形,称为力多边形。

3. 封闭边

表示合力矢的边称为力多边形的封闭边。

4. 力多边形法则

这种用力多边形求合力矢 $\boldsymbol{R}$ 的几何作图规则,称为力多边形法则。

5. 汇交力系合成的解析法

汇交力系合成的解析法是指用解析法计算力系合力的大小,确定合力的方向。

6. 力 $\boldsymbol{F}$ 在 x 轴的投影

通过力 $\boldsymbol{F}$ 的两端点 A 和 B 分别作垂直 x 轴的平面 C 和 D。两平面与 $\boldsymbol{F}$ 分别相交于 a 点和 b 点,则线段 ab 的长度加上适当的正负号,称为力 $\boldsymbol{F}$ 在 x 轴上的投影。

7. 力 $\boldsymbol{F}$ 与 x 轴正向之间的夹角

过 A 点作平行于 x 轴的直线 x_1,则力 $\boldsymbol{F}$ 与 x_1 轴之间的夹角 α,即为力 $\boldsymbol{F}$ 与 x 轴正向之间的夹角。

8. 二次投影法

求力 $\boldsymbol{F}$ 在 x 轴和 y 轴上的投影,可先将力 $\boldsymbol{F}$ 投影到 Oxy 平面,得到力 $\boldsymbol{F}$ 在这个平面上的投影矢量 $\boldsymbol{F}'$,再将 $\boldsymbol{F}'$ 分别投影到 x 轴和 y 轴上。这种方法在实际计算时应用很多,称为二次投影法。

第三章　力偶理论

1. 力偶系

刚体上作用的一组力偶称为力偶系。

2. 力对点之矩

在力学中以乘积 Fd 作为力 F 使刚体绕点 O 转动效应强弱的度量，即 Fd 表示力 F 对点 O 的矩的大小。力对点之矩(moment of force about a point)简称力矩。

3. 矩心

刚体绕点 O 转动时的点 O 称为力矩中心或矩心(centre of moment)。

4. 力臂

力到矩心的垂直距离称为力臂，通常用 d 表示。

5. 力偶

由大小相等、方向相反、作用线平行的一对力组成的力系称为力偶。

6. 力偶矩

矢积 $\boldsymbol{r}_{AB}\times\boldsymbol{F}$ 称为力偶矩(moment vector couple)，记作 $\boldsymbol{M}$，即 $\boldsymbol{M}=\boldsymbol{r}_{AB}\times\boldsymbol{F}$。

7. 力偶臂

两力线间的垂直距离称为力偶臂。

8. 空间力偶系

如果力偶系各力偶的作用面并不彼此平行或重合，则该力偶系为空间力偶系(system of couples in space)。

第四章　平面一般力系

1. 平面力系

平面一般力系(two dimensional forces system)是各力作用线在同一个平面内,且任意分布的力系,简称平面力系。

2. 简化中心

在力系作用平面内任选一点 O,将该力系向 O 点简化,点 O 称为简化中心。

3. 主矢

$\sum_{i=1}^{n} F_i$ 为平面力系各力的矢量和,称为该平面力系的主矢。

4. 主矩

$\sum_{i=1}^{n} M_O(\boldsymbol{F}_i)$ 为平面力系各力对简化中心之矩的代数和,称为该平面力系对简化中心 O 的主矩。

5. 固定端或称插入端

这是一种常见的约束形式,它是由物体的一部分嵌入并固定在另一物体内形成的。

6. 分布载荷

沿直线分布的同向平行力,称分布载荷。

7. 均布载荷

若分布力的载荷集度处处相同,则称为均匀分布或均布载荷。

8. 非均布载荷

若分布力的载荷集度不是处处相同,则称为非均布载荷。

9. 物体系统

由几个物体彼此通过约束连接起来所组成的系统称为物体系统(multibody system)。

10. 外力

系统以外的物体对系统的作用力称为该系统的外力(external constraint forces)。

11. 内力

系统内各物体之间相互作用的力称为该系统的内力(internal constraint forces)。

12. 静定问题

如果所研究问题的未知量的数目少于或等于独立平衡方程的数目,所有未知量都能由平衡方程求出,这样的问题称为静定问题(statically determinate problems)。

13. 静不定问题

如果所研究问题的未知量的数目多于独立的平衡方程数目,未知量不能全部由刚体静力平衡方程求出,这样的问题称为静不定问题(或超静定问题)(statically indeterminate problems)。

14. 摩擦力

当物体沿接触面运动或有运动趋势时，由于接触面间的不平整，产生了对运动的阻力，这种阻力称为摩擦力(friction force)。

15. 滑动摩擦

当两个相互接触的物体有相对滑动或相对滑动趋势时，彼此间存在着阻碍滑动的机械作用，这种现象称为滑动摩擦。

16. 滑动摩擦力

阻碍滑动的机械作用称为滑动摩擦力(sliding friction force)。

17. 静滑动摩擦

当两接触物体间仅有相对滑动趋势，但仍保持相对静止时，彼此间存在的阻碍作用称为静滑动摩擦。

18. 静摩擦力

阻碍运动的阻力称为静滑动摩擦力(static friction force)，简称静摩擦力。

19. 极限摩擦力

F_{max} 是物体达到临界状态时的摩擦力，称为极限摩擦力(maximum static friction force)，即两接触物体间静滑动摩擦力的最大值。

20. 静滑动摩擦因数

$F_{max}=fN$ 这就是静滑动摩擦定律。式中，f 称为静滑动摩擦因数，是一个无量纲的正数。

21. 动滑动摩擦

当两接触物体间有相对滑动时，彼此间的阻碍作用称为动滑动摩擦。

22. 动滑动摩擦力

当两接触物体间有相对滑动时，其阻力为动滑动摩擦力(dynamic sliding friction force)。

23. 动滑动摩擦因数

由动摩擦力 F 的公式 $F=f'N$ 表示，式中 f' 称为动滑动摩擦因数，它与接触物体的材料和表面状况有关。

24. 全反力

对静滑动摩擦，支撑面的反力包括法向反力 $\boldsymbol{N}$ 和静滑动摩擦力 $\boldsymbol{F}$，它们的合力 $\boldsymbol{R}$ 成为支撑面的全反力。

25. 摩擦角

全反力相对接触面的法线有一偏角 φ。在平衡临界状态下，上述偏角达到最大值 φ_m，角 φ_m 被称为摩擦角(angle of friction)。

26. 自锁

如果与物体上的全部主动力的合力 $\boldsymbol{Q}$ 的作用线在摩擦角以内，那么无论这个力有多大，总有一个全反力 $\boldsymbol{R}$ 与之等值反向，使物体保持静止，这种现象称为自锁(self-lock)现象。

27. 自锁条件

把 $\boldsymbol{Q}$ 与法线间的夹角 α 满足的条件 $\alpha \leqslant \varphi_m$，称为自锁条件。

28. 滚动摩阻(rolling resistance)

这是指一个物体沿另一个物体的表面作相对滚动或具有滚动趋势时的阻碍作用。

29. 滚动摩擦阻力偶

支撑面有阻碍滚子产生滚动的约束反力偶，这个反力偶被称为滚动摩擦阻力偶。

30. 极限滚动摩阻

滚动摩阻力偶矩有一个范围值，此值介于零与最大值之间，即 $0 \leqslant M_{\delta} \leqslant M_{\delta\max}$。式中，$M_{\delta\max}$ 称为极限滚动摩阻。

31. 滚动摩阻系数

$M_{\delta\max} = \delta N$ 这就是滚动摩擦定律。其中，δ 为比例常数，称为滚动摩阻系数。

第五章　空间力系和重心

1. 空间一般力系

空间一般力系是指各力作用线在空间任意分布的力系。

2. 力对点之矩

在空间情况下力对点之矩为一矢量，其定义为

$$\boldsymbol{M}_O(\boldsymbol{F})=\boldsymbol{r}\times\boldsymbol{F}=\begin{vmatrix}\boldsymbol{i} & \boldsymbol{j} & \boldsymbol{k}\\ x & y & z\\ X & Y & Z\end{vmatrix}=(yZ-Zy)\boldsymbol{i}+(zX-zZ)\boldsymbol{j}+(xY-yX)\boldsymbol{k}$$

$$\boldsymbol{r}=x\boldsymbol{i}+y\boldsymbol{j}+z\boldsymbol{k},\quad \boldsymbol{F}=X\boldsymbol{i}+Y\boldsymbol{j}+Z\boldsymbol{k}$$

其中，$\boldsymbol{r}$ 为力 $\boldsymbol{F}$ 作用点的矢径。

3. 力对轴之矩

在空间情况下力对轴之矩为一代数量，其大小等于此力在垂直于该轴的平面上的投影对该轴与此平面的交点之矩，其正负号按右手螺旋法则来确定。在直角坐标系下有

$$M_x(\boldsymbol{F})=M_O(\boldsymbol{F}_{yz})$$

$$M_y(\boldsymbol{F})=M_O(\boldsymbol{F}_{xz})$$

$$M_z(\boldsymbol{F})=M_O(\boldsymbol{F}_{xy})$$

4. 力对点之矩与力对轴之矩的关系定理

力对已知点之矩在通过该点的任意轴上的投影等于同一力对该轴之矩。在直角坐标系 $Oxyz$ 下有

$$M_x(\boldsymbol{F})=\boldsymbol{M}_O(\boldsymbol{F})\cdot\boldsymbol{i}=M_O(\boldsymbol{F}_{yz})=(yZ-Zy)$$

$$M_y(\boldsymbol{F})=\boldsymbol{M}_O(\boldsymbol{F})\cdot\boldsymbol{j}=M_O(\boldsymbol{F}_{xz})=(zX-zZ)$$

$$M_z(\boldsymbol{F})=\boldsymbol{M}_O(\boldsymbol{F})\cdot\boldsymbol{k}=M_O(\boldsymbol{F}_{xy})=(xY-yX)$$

即在直角坐标系下有：

$$M_O(\boldsymbol{F})=M_x(\boldsymbol{F})\boldsymbol{i}+M_y(\boldsymbol{F})\boldsymbol{j}+M_z(\boldsymbol{F})\boldsymbol{k}$$

5. 合力矩定理

空间力系的合力 $\boldsymbol{F}_R$ 对任一点 O 之矩，等于力系中各力 $\boldsymbol{F}$ 对同一点 O 之矩的矢量和。

$$M_O(\boldsymbol{F}_R)=\sum M_O(\boldsymbol{F})$$

合力 $\boldsymbol{F}_R$ 对某轴之矩等于力系中各力对同一轴之矩的代数和，即

$$M_x(\boldsymbol{F}_R)=\sum M_x(\boldsymbol{F}_i)$$

6. 空间力系的主矢

$$\boldsymbol{F}'_R=\boldsymbol{F}_1+\boldsymbol{F}_2+\cdots+\boldsymbol{F}_n=\sum_{i=1}^{n}\boldsymbol{F}_i$$

7. 空间力系的主矩

$$\boldsymbol{M}_O=\boldsymbol{M}_O(\boldsymbol{F}_1)+\boldsymbol{M}_O(\boldsymbol{F}_2)+\cdots+\boldsymbol{M}_O(\boldsymbol{F}_n)=\sum_{i=1}^{n}\boldsymbol{M}_O(\boldsymbol{F}_i)$$

主矢与简化中心的选取无关，一般情况下，主矩与简化中心的选取有关。

8. 空间力系合成的最终结果

空间一般力系的最终合成结果有四种可能：一个合力、一个合力偶、一个力螺旋和平衡。这四种结果可由力系的主矢和力系对任意一点的主矩来判断。

9. 空间力系的平衡条件

空间任意力系平衡的充分与必要条件为该力系的主矢和对任意点的主矩都为零。即

$$\boldsymbol{F}'_R=\boldsymbol{0},\quad \boldsymbol{M}_O=\boldsymbol{0}$$

10. 空间力系的平衡方程

$$\sum X=0,\quad \sum M_x(\boldsymbol{F})=0$$
$$\sum Y=0,\quad \sum M_y(\boldsymbol{F})=0$$
$$\sum Z=0,\quad \sum M_z(\boldsymbol{F})=0$$

11. 平行力系中心

只要平行力系中各力的大小及作用点的位置确定，无论平行力系中力的方向如何，其合力作用线必定通过确定的一点，该点称为平行力系中心。

12. 平行力系中心的坐标公式为

$$x_C=\frac{\sum F_i x_i}{\sum F_i},\quad y_C=\frac{\sum F_i y_i}{\sum F_i},\quad z_C=\frac{\sum F_i z_i}{\sum F_i}$$

13. 计算重心的坐标公式为

设一物体的重心的坐标为 x_C,y_C,z_C，则其计算的公式为

$$x_C=\frac{\sum G_i x_i}{\sum G_i},\quad y_C=\frac{\sum G_i y_i}{\sum G_i},\quad z_C=\frac{\sum G_i z_i}{\sum G_i}$$

对于连续体，当计算其重心时，将上式中的求和用相应的积分替代。

第六章　轴向拉伸与压缩

1. 内力

内力是因外载荷引起的构件各部分之间所产生的附加作用力。

2. 轴力

轴向拉压杆的内力称为轴力，用符号 N 表示。

3. 截面法

用假想截面切开杆件，可以暴露出杆件在该截面上的内力，按照有利于简化分析的原则，取截面某一侧的部分进行分析。保留选定的部分上的外力，按照对内力正方向的假定在截面上添加内力，应用平衡方程可以求出内力，这种求解内力的方法称为截面法。

4. 应力

内力按照确定的规律分布在截面上，该分布的集度称应力。拉压时的强度条件为

$$\sigma_{\max}=\frac{N_{\max}}{A}\leqslant[\sigma]$$

5. 极限应力、安全因数和许用应力

极限应力、安全因数和许用应力为

$$[\sigma]=\frac{\sigma^{\circ}}{n}$$

式中，σ° 称为材料的极限应力，塑性材料的极限应力为材料的屈服极限，脆性材料的极限应力为材料的强度极限；n 称为安全因数，它是大于 1 的数；$[\sigma]$ 称为许用应力。

6. 危险截面

对等直杆，最大正应力发生在轴向力绝对值最大截面上，该截面称危险截面。

7. 拉压变形公式

拉压变形公式为

$$\Delta l=\frac{Nl}{EA}\quad(\text{胡克定律})$$

式中，Δl 称为变形量；N 称为轴向力；l 称为杆件长度；E 为弹性模量；A 为截面面积。

8. 抗拉(压) 刚度

由拉压变形公式可知，EA 称为抗拉(压) 刚度。

9. 泊松比

泊松比是材料弹性常数之一，无量纲，用 μ 表示。可用 $\mu=\left|\frac{\varepsilon'}{\varepsilon}\right|$ 求得。

10. 比例极限 σ_p

线弹性阶段结束时(a 点) 所对应的应力数值。

11. 弹性极限 σ_e

弹性阶段结束时(b 点) 所对应的应力数值。

12. 屈服极限 σ_s

下屈服点 c' 所对应的应力数值。

13. 强度极限 σ_b

试件破坏之前所能承受的最高应力数值。

14. 材料弹性模量

材料弹性模量为 E，即

$$E=\tan\alpha=\frac{\sigma}{\varepsilon}$$

式中，σ，ε 分别为比例极限内的正应力和线应变。

15. 延伸率

延伸率为 δ，即

$$\delta=\frac{l_1-l}{l}\times 100\%$$

式中，l_1 为杆拉断后测得的总长；l 为杆厚长。

16. 断面收缩率

断面收缩率为 ψ，

$$\psi=\frac{A-A_1}{A}\times 100\%$$

式中，A 为初始截面面积；A_1 为拉断后的截面面积。

17. 冷作硬化

低碳钢试件拉至塑性变形阶段，然后卸载，当重新加载时，材料的比例极限提高，塑性降低，该现象称为冷作硬化。

18. 静不定问题

静不定结构的特点是结构内部或外部存在多余约束，未知力的数目比能列出的平衡方程的数目要多，仅仅根据平衡条件不能求出全部未知力，必须根据变形和物理条件列出与多余约束数相同的补充方程，这类问题称之为静不定问题。

19. 静不定次数

多余约束的数目，称为静不定次数。

20. 温度应力

由于温度变化引起物体的膨胀和收缩，从而引起杆件内的应力，称为热应力或温度应力。

21. 装配应力

对静不定结构，加工误差 δ 往往引起与温度应力相似的应力，这种应力称为装配应力。

22. 应力集中

因杆件外形尺寸突然发生变化（如切口、切槽、油孔、螺纹、轴肩等），而引起局部应力急剧增大的现象，称为应力集中。

第七章　剪　切

1. 剪切面

剪切面是指受剪构件将发生错动的面。

2. 单剪切

构件上只有一个剪切面称为单剪切。

3. 双剪切

构件上有两个剪切面称为双剪切。

4. 剪力

受剪面上的内力，称为剪力。

5. 剪切强度条件

剪切强度条件为

$$\tau=\frac{Q}{A}\leqslant[\tau]$$

式中，Q 为剪力；A 为剪切面面积。

6. 挤压破坏

当挤压面上的挤压力比较大时，就可能导致铆钉或钢板产生显著的塑性变形，这种破坏方式称为挤压破坏。

7. 挤压应力

作用在挤压面上单位面积上的挤压力，习惯上称为挤压应力，用 σ_{bs} 表示。

8. 挤压强度条件

挤压强度条件为

$$\sigma_{bs}=\frac{F_{bs}}{A_{bs}}\leqslant[\sigma_{bs}]$$

式中，F_{bs} 为挤压力；A_{bs} 为挤压面积。

第八章 扭　　转

1. 扭转变形

在杆件的两端作用两个大小相等、方向相反，且作用平面垂直于杆件轴线的力偶，致使杆件的任意横截面发生绕轴线的相对转动，即称扭转变形。

2. 扭矩

矢量方向垂直于横截面的内力偶矩称为扭矩。

3. 外力偶矩

外力偶矩为

$$M = 9\ 549\,\frac{N}{n}$$

式中，N 为功率，单位为千瓦(kW)；n 为转速，单位为转 / 分(r/min)。

4. 纯剪切

从变形体中取出一个微小的正六面体(单元体)，只有四个侧面上作用着剪应力 τ，且该单元体上的各截面上再无其他应力作用，这种应力状态称为纯剪切(应力状态)。

5. 薄壁圆管扭转时横截面上的应力

用相邻的两个横截面和相邻的两个纵截面，从薄壁圆管中截出一个单元体，且剪应力的大小为

$$\tau = \frac{M_{\mathrm{T}}}{2\pi\delta r_0^2}$$

式中，M_{T} 为扭矩；δ 为薄壁圆筒的壁厚；r_0 为薄壁圆筒的平均半径。

6. 剪应力互等定理

在单元体的侧面互相垂直的两个平面上，剪应力必然成对存在，且大小相等；剪应力的方向皆垂直于两个平面的交线，且共同指向或共同背离这一交线，以使单元体保持平衡。

7. 剪切胡克定律

当剪应力不超过剪切比例极限 τ_{p} 时，剪应力 τ 与剪应变成正比，即

$$\tau = G\gamma$$

式中，G 为剪切弹性模量；γ 为剪应变。

8. 剪切弹性模量

在剪切胡克定律中，比例常数 G 称为剪切弹性模量。

9. 圆轴扭转时的应力

当圆轴扭转时，横截面上的剪应力垂直于半径，并沿半径线性分布，距圆心为 ρ 处的剪应力为

$$\tau_{\rho} = \frac{M_{\mathrm{T}}}{I_{\mathrm{P}}}y$$

式中，M_{T} 为扭矩；I_{P} 为极惯性矩；y 为距圆心的距离。

10. 截面的极惯性矩

截面的极惯性矩为

$$I_P=\int_A \rho^2 \mathrm{d}A$$

I_P 称为截面的极惯性矩。

11. 圆轴扭转时的平面假设

圆轴扭转时的平面假设是指圆轴扭转变形前的横截面，在变形后仍保持为同样大小的圆形平面且半径仍为直线，相邻两截面间的距离保持不变，仅刚性地转过了一个角度。

12. 圆轴扭转时横截面上的最大剪应力

圆轴扭转时横截面上的最大剪应力发生在轴的外表面处，有

$$\tau_{\max}=\frac{M_T}{W_P}$$

式中，M_T 为扭矩；W_P 为抗扭截面模量。

13. 圆轴抗扭截面模量

圆轴抗扭截面模量为

$$W_P=\frac{I_P}{y_{\max}}=\frac{I_P}{R}$$

式中，I_P 为极惯性矩；R 为半径。

14. 极惯性矩和抗扭截面模量计算

极惯性矩和抗扭截面模量都是截面图形的几何性质，可以根据定义由积分法求出。具体的计算方法参见截面图形的几何性质相关内容。

对于实心圆轴，有

$$I_P=\frac{\pi}{32}d^4 \approx 0.1d^4$$

$$W_P=\frac{\pi}{16}d^3 \approx 0.2d^3$$

对于空心圆轴，设内、外径之比 $\alpha=d/D$，有

$$I_P=\frac{\pi}{32}(D^4-d^4)=\frac{\pi}{32}D^4(1-\alpha^4)\approx 0.1D^4(1-\alpha^4)$$

$$W_P=\frac{I_P}{D/2}=\frac{\pi}{16}D^3(1-\alpha^4)\approx 0.2D^3(1-\alpha^4)$$

15. 圆轴扭转时的强度条件

$$\tau_{\max}=\frac{M_{T\max}}{W_P}\leqslant[\tau]$$

16. 扭转角

圆轴扭转时的变形用一个横截面相对另一个横截面转过的角度 φ 来度量，称为扭转角。

17. 圆轴扭转时的变形

圆轴扭转时的变形为

$$\varphi=\frac{M_T l}{GI_P}$$

式中，φ 为扭转角；M_T 为扭矩；G 为剪切弹性模量；l 为轴长度；I_P 为极惯性矩。

18. 圆轴的抗扭刚度

GI_P 称为圆轴的抗扭刚度，它可以衡量圆轴抵抗扭转变形的能力。

19. 单位长度扭转角

单位长度扭转角为

$$\theta=\frac{\varphi}{l}=\frac{M_T}{GI_P}$$

式中，θ 为单位长度扭转角；M_T 为扭矩；G 为剪切弹性模量；I_P 为极惯性矩。

20. 圆轴扭转时的刚度条件

圆轴扭转时的刚度条件为

$$\theta=\frac{M_T}{GI_P}\leqslant[\theta]$$

式中，θ 为单位长度扭转角；M_T 为扭矩；G 为剪切弹性模量；I_P 为极惯性矩；$[\theta]$ 为许用单位长度扭转角。

第九章　弯曲应力分析与强度计算

1.梁

以弯曲变形为主的杆件通称梁。

2.弯曲

弯曲是指外力(载荷和约束反力)的作用线垂直于杆件轴线的受力形式。

3.剪力和弯矩

用一假想的横截面将梁一截为二,考虑左段或右段平衡,则截面两侧必须存在一个内力和一个内力偶,该力称为剪力,用 Q 表示;该力偶称为弯矩,用 M 表示。

4.剪力与弯矩图

表示梁的内力(Q,M)随梁轴线(横截面位置)x 变化规律的内力图。

5.平面弯曲

若梁横截面具有一个或两个对称轴,由各横截面的对称轴组成的面称为梁的对称面。若外力作用在对称面内,则梁的轴线受力变弯后仍在对称面内,这种弯曲称为平面弯曲。

6.横力弯曲

若梁横截面上的内力既有剪力 Q,又有弯矩 M,则这种弯矩称为横力弯曲(横弯)。

若梁的横截面上剪力 Q 为零,只有弯矩 M,则称这种弯曲为纯弯曲(纯弯)。

7.中性层

梁下部各层纵向被拉伸,上部被压缩,中间有一层既不伸长,也不缩短,称为中性层。

8.中性轴

中性层与横截面的交线称为中性轴。

9.抗弯刚度

EI_z 是梁的抗弯刚度。

10.弯曲正应力强度条件

弯曲正应力强度条件为

$$\sigma_{\max}=\frac{M_{\max}}{W_z}\leqslant[\sigma]$$

11.弯曲剪应力强度条件

弯曲剪切强度条件为

$$\tau_{\max}=\frac{Q_{\max}S_{z\max}^{*}}{bI_z}\leqslant[\tau]$$

12.等强度梁

满足关系式

$$\sigma_{\max}=\frac{M(x)}{W(x)}=[\sigma]$$

或者

$$W(x)=\frac{M(x)}{[\sigma]}$$

的梁称为等强度梁，即该类梁的 $W(x)$ 沿梁轴线 $M(x)$ 而变化。

第十章　弯曲位移分析与刚度计算

1. 挠度

挠度是横截面形心沿垂直方向的线位移。

2. 转角

转角是变形后横截面的角位移。

3. 挠曲线

梁变形后的轴线在加载平面内成为一条光滑连续的曲线，称为挠曲线，用 $y(x)$ 表示。

4. 挠曲线近似微分方程

挠曲线近似微分方程为

$$\frac{\mathrm{d}^2 y(x)}{\mathrm{d}x^2}=\frac{M(x)}{EI}$$

5. 二重积分法

用不定积分进行两次积分求梁的转角和挠曲线方程的方法，通常称为二重积分法。

6. 曲率公式

曲率公式为

$$\frac{1}{\rho(x)}=\frac{M(x)}{EI}$$

式中，$\rho(x)$ 为 x 处的曲率半径；$M(x)$ 为弯矩；EI 为抗弯刚度。

7. 叠加法求梁的位移

将梁的载荷分为若干种简单载荷，分别求出各简单载荷作用下该梁的位移，将它们叠加起来即为原载荷产生的位移。

8. 梁的刚度条件

梁的刚度条件为

$$|y|_{\max}\leqslant[y]$$
$$|\theta|_{\max}\leqslant[\theta]$$

9. 超静定梁

梁的支座反力数目超过了独立静力平衡方程的数目，未知力使用静力平衡方程是不能确定的，这类梁称为静不定梁或超静定梁。两者的数目差称为静不定次数。

10. 多余约束

凡是多于独立平衡方程的约束称为多余约束。

11. 静定基

即去掉载荷及多余约束后形成的静定基本系统称为静定基。

12. 相当系统

在静定基上施加原载荷和多余约束力的系统称为相当系统。

第十一章　应力状态和强度理论

1. 一点应力状态

一点应力状态是指过一点各个方位面上的应力情况。

2. 单元体

为了研究一点的应力状态，一般取围绕该点的一个六面体，当六面体的各边边长充分小时，便可以认为代表该点，该微小六面体称为单元体。

3. 任意斜截面上的应力

任意斜截面上的应力为

$$\sigma_\alpha = \frac{\sigma_x + \sigma_y}{2} + \frac{\sigma_x - \sigma_y}{2}\cos 2\alpha - \tau_{xy}\sin 2\alpha$$

$$\tau_\alpha = \frac{\sigma_x - \sigma_y}{2}\sin 2\alpha + \tau_{xy}\cos 2\alpha$$

4. 解析法

解析法是用解析数学来分析一点的应力状态的方法。

5. 应力圆

一点的应力状态可以在应力平面上用一个圆来表示，该圆叫该点的应力圆。

6. 图解法

利用应力圆来对一点的应力状态进行分析的方法称为图解法。

7. 主应力

主平面上的应力称为主应力。

8. 主方向

主平面所在的方位称为主方向。

9. 主平面

无切应力的面称为主平面。

10. 三向应力状态

三对主应力都不为零的应力状态称为三向应力状态。

11. 最大切应力

最大切应力为

$$\tau_{\max} = \frac{\sigma_1 - \sigma_3}{2}$$

12. 广义胡克定律

广义胡克定律为

$$\begin{cases}\varepsilon_x=\dfrac{1}{E}[\sigma_x-\mu(\sigma_y+\sigma_z)]\\ \varepsilon_y=\dfrac{1}{E}[\sigma_y-\mu(\sigma_z+\sigma_x)],\\ \varepsilon_z=\dfrac{1}{E}[\sigma_z-\mu(\sigma_x+\sigma_y)]\end{cases}\quad\begin{cases}\gamma_{xy}=\dfrac{\tau_{xy}}{G}\\ \gamma_{yz}=\dfrac{\tau_{yz}}{G}\\ \gamma_{zy}=\dfrac{\tau_{zy}}{G}\end{cases}$$

13. 最大拉应力理论的强度条件(第一强度理论)

最大拉应力理论的强度条件为

$$\sigma_1\leqslant[\sigma]$$

14. 最大伸长线应变理论的强度条件(第二强度理论)

最大伸长线应变理论的强度条件为

$$\sigma_1-\mu(\sigma_2+\sigma)\leqslant[\sigma]$$

15. 最大切应力理论的强度条件(第三强度理论)

最大切应力理论的强度条件为

$$\sigma_1-\sigma_3\leqslant[\sigma]$$

16. 形状改变比能理论的强度条件(第四强度理论)

形状改变比能理论的强度条件为

$$\sqrt{\frac{1}{2}[(\sigma_1-\sigma_2)^2+(\sigma_2-\sigma_3)^2+(\sigma_3-\sigma_1)^2]}\leqslant[\sigma]$$

第十二章　组合变形

1. 组合变形

当一个构件同时发生几种基本变形时，称该构件发生的变形为组合变形。

2. 叠加法

对线弹性范围的变形，在求某点的应力或位移时，可以认为各力或变形单独作用或发生，分别计算，最后叠加，得到所有力一起作用下或各变形同时发生时某点的应力或位移。

3. 扭转与弯曲组合变形强度条件

扭转与弯曲组合变形强度条件为

$$\sigma_{r3}=\sqrt{\tau^2+4\tau^2}\leqslant[\sigma]$$

$$\sigma_{r4}=\sqrt{\tau^2+3\tau^2}\leqslant[\sigma]$$

式中，τ 为危险面或危险点的扭转切应力；σ 为危险点处由弯曲或拉压变形产生的正应力。

4. 圆或空心圆截面杆弯扭组合变形强度条件

圆或空心圆截面杆弯扭组合变形强度条件为

$$\sigma_{r3}=\frac{1}{W}\sqrt{M^2+T^2}\leqslant[\sigma]$$

$$\sigma_{r4}=\frac{1}{W}\sqrt{M^2+\frac{3}{4}T^2}\leqslant[\sigma]$$

第十三章 压杆稳定

1. 压杆稳定

压杆稳定是指杆件在压力作用下能否保持原有直线形式的平衡状态的问题。

2. 稳定平衡

在去除干扰后构件如能恢复原有的平衡形式，则称原有的平衡为稳定的平衡。

3. 不稳定平衡

在去除干扰后构件如不能恢复原有的平衡形式，且远离原有的平衡形式，则称原有的平衡为不稳定的平衡。

4. 随遇平衡

在去除干扰后构件既不能恢复原有的平衡形式，也不会进一步远离原有的平衡形式，则称原有的平衡为随遇平衡。

5. 临界压力

使构件处于随遇平衡时的压力称为临界压力。

6. 欧拉公式

欧拉公式为

$$F_{cr}=\frac{\pi^2 EI}{(\mu l)^2}$$

式中，F_{cr} 为临界压力；EI 为抗弯刚度；μ 为长度因数；l 为压杆长度。

7. 柔度

柔度是与杆长和长度因数成正比，与惯性半径成反比的关系，即

$$\lambda=\frac{\mu l}{i}$$

式中，μ 为长度因数；l 为压杆长度；i 为截面的惯性半径，$i=\sqrt{\frac{I}{A}}$。

第十四章 动荷应力

1. 动荷载

动荷载即是加速度不能忽略的荷载。

2. 动静法

依据达朗贝原理，将惯性力和原有力一起作用于构件上，组成形式上的平衡力系，利用静力学方法求解具有一定加速度的内效应的方法称为动静法。

3. 能量法

能量法是利用功和能的概念，以及相关的定理或原理来进行力学分析的方法。

4. 冲击动荷系数

冲击动荷系数是指动荷下的响应与静荷下的反应的比值。

第十五章　交变应力

1. 疲劳

疲劳是构件在交变应力作用下，当应力小于强度极限甚至小于屈服应力时即发生的断裂现象。

2. 交变应力

交变应力是呈周期性变化的应力。

3. 疲劳极限

光滑小试样经过无数次循环不发生断裂的最大应力即为该种材料的疲劳极限。

4. 平均应力

平均应力为

$$\sigma_{m}=\frac{1}{2}(\sigma_{max}+\sigma_{min})\tau_{m}=\frac{1}{2}(\tau_{max}+\tau_{min})$$

5. 应力幅度

应力幅度为

$$\sigma_{a}=\frac{1}{2}(\sigma_{max}-\sigma_{min}) \quad 或 \quad \tau_{a}=\frac{1}{2}(\tau_{max}-\tau_{min})$$

6. 循环特征

循环特征或应力比为

$$r=\frac{\sigma_{min}}{\sigma_{max}} \quad 或 \quad r=\frac{\tau_{min}}{\tau_{max}}$$

7. 对称循环

对称循环是指循环特征等于－1的循环。